# Orange教程

## 用“搭积木”和“连连看”实现数据挖掘与分析

张 祚 编著

中国地质大学出版社
ZHONGGUO DIZHI DAXUE CHUBANSHE

# 前　言

企业员工自然离职中有哪些新发现？中国高校校徽设计间有“神秘”关联吗？谁是泰坦尼克号的幸存者？什么是引发心脏病的“元凶”？如果你对如何通过分析和挖掘数据解决以上问题感兴趣，但又为没有编程基础而苦恼，不妨试一试 Orange——一款可以通过“搭积木”和“连连看”的简单方式实现数据挖掘与分析的强大工具。

Orange 作为一款基于组件的数据挖掘软件，包括一系列的数据可视化、探索、预处理、分析和建模等部件——笔者将这些部件比作“积木”。用户可以在直观、友好的用户界面中找到所需的“积木”，然后通过连接所选“积木”来实现复杂的数据分析和挖掘——笔者将这一过程比作“搭积木”和“连连看”。

随着大数据和各种信息处理技术的快速发展和普及应用，通过快速、有效的分析从数据中挖掘有价值的信息，不但能为公共部门、各个产业部门特别是对数据信息依赖度高的部门提供决策支持，也对科学研究的深入开展至关重要。然而，如何跨越熟练掌握代码的技术门槛，是数据挖掘分析普及所面临的难题。

毫无疑问，Orange 最重要的特征就是通过无代码和可视化搭建实现在多个学科领域的数据挖掘。虽然和其他分析平台或工具相比，Orange 在专业性方面并不具有优势，但作为一款免费获取和开放使用的工具，Orange 灵活、友好的使用方式，较低的使用门槛，使之无论是对政府决策、行业竞争、科学研究，还是对数据爱好者的学习而言，都具有快速普及的潜力。

从科学研究来看，编程代码门槛对包括社会科学在内的大量学科的研究者享受大数据的红利、充分挖掘数据造成了一定的阻碍。而 Orange 有望成为这些非计算机专业、代码基础薄弱的研究人员科研时的必备工具。此外，Orange 的功能模块覆盖广泛的学科领域，利用它从事科学研究，也有助于打破学科藩篱，促进学科交叉融合创新。

在上述背景下，笔者在梳理 Orange 开发历程和主要特点的基础之上，介绍了 Orange 的安装、基本操作界面和操作方法。同时，精选了 13 个模块共 152

个部件逐一进行介绍。然后，总结了工作流的3种基本类型，并进一步通过15个主题各异、更加详细的案例来介绍在Orange中如何使用各种功能的小部件通过“连连看”的拖曳方式构建工作流，最终实现数据分析和挖掘。

本书的出版得到了国家自然科学基金项目（72174071）以及华中师范大学公共管理学院的资助。此外，笔者的硕士研究生窦玉倩、李宗蔚、张梦薇和刘晓歌协助参与了主要章节的数据收集和资料整理工作，在此一并表示衷心感谢。

由于笔者水平所限，加上目前尚无与Orange直接相关书籍可参考，书中疏漏之处在所难免，恳请各位读者及专家不吝批评指正。

张 祚

**2022年9月**

# 目　录


**第一章　Orange 总体概述** ……………………………………………………… (1)

一、软件的开发历程 ……………………………………………………… (1)

二、软件的主要特点 ……………………………………………………… (2)

三、软件的安装 ……………………………………………………… (3)

四、软件的基本界面与模块扩展 ……………………………………………………… (5)

五、软件的基本操作 ……………………………………………………… (5)

**第二章　Orange"搭积木"：认识模块部件** ……………………………………………………… (11)

一、"搭积木"概述 ……………………………………………………… (11)

二、Data（数据） ……………………………………………………… (13)

三、Visualize（可视化） ……………………………………………………… (77)

四、Model（模型） ……………………………………………………… (113)

五、Evaluate（评估） ……………………………………………………… (141)

六、Unsupervised（无监督） ……………………………………………………… (154)

七、Image Analytics（图像分析） ……………………………………………………… (182)

八、Time Series（时间序列） ……………………………………………………… (193)

九、Text Mining（文本挖掘） ……………………………………………………… (213)

十、Networks（网络） ……………………………………………………… (250)

十一、Geo（地理） ……………………………………………………… (264)

十二、Explain（解释） ……………………………………………………… (271)

十三、Associate（联系） ……………………………………………………… (275)

十四、Survival Analysis（生存分析） ……………………………………………………… (279)

**第三章　Orange"连连看"：数据分析案例** ……………………………………………………… (280)

一、Orange"连连看"概述 ……………………………………………………… (280)

二、企业员工自然离职中的发现 ……………………………………………………… (282)

三、热点关注度的多维度分析 ……………………………………………………… (284)

四、中国高校校徽设计间的关联 ……………………………………………………… (287)

五、特色小（城）镇的分层聚类 ……………………………………………………… (289)

六、新冠肺炎疫情数据的获取与处理 ……………………………………………………… (294)

七、新冠肺炎疫情的地图可视化分析…………………………………………………（297）
八、不同区域的新冠肺炎疫情变化趋势………………………………………………（301）
九、动物园里动物类别的推测与验证…………………………………………………（305）
十、缺失值的填充与离群值的筛选……………………………………………………（309）
十一、美国公众人物的推文透露了什么？……………………………………………（312）
十二、什么是引发心脏病的“元凶”？………………………………………………（315）
十三、谁是泰坦尼克号的幸存者？……………………………………………………（319）
十四、跨国航空流的网络分析…………………………………………………………（324）
十五、城市特征与二氧化碳排放量的数据挖掘………………………………………（327）
十六、是“魔法故事”还是“动物故事”？…………………………………………（332）
**第四章　Orange在科学研究中的应用与展望** ……………………………………（336）
**主要参考文献**…………………………………………………………………………（339）

# 第一章 Orange 总体概述

随着大数据和各种信息处理技术的快速发展与普及应用，通过快速、有效的分析从数据中挖掘有价值的信息，能为公共部门、各个产业部门特别是对数据信息依赖度高的部门提供决策支持，也对科学研究的深入开展至关重要。

然而，如何跨越熟练掌握代码的技术门槛来实现数据处理，是普及数据挖掘分析的难题。在此背景下，让开发者或分析师使用最少的编码知识来快速完成数据挖掘分析的方法被提出（Takatsuka et al.，2002），即无须编码或通过少量编码就可以在图形界面中以可视化建模的方式组合、搭建功能模块，来实现数据挖掘和应用开发。该方法自提出之后便得到了广泛关注和认可，而本书向各位读者介绍的 Orange 软件，其最重要的特征就是通过无代码和可视化搭建实现在多个学科领域的数据挖掘（Demsar et al.，2013）。

虽然与其他数据分析平台或工具相比，Orange 在专业性方面并不具有优势，但作为一款免费获取和开放使用的工具，Orange 灵活、友好的使用方式，较低的使用门槛，使其具有在多个领域快速普及的潜力。以科学研究领域为例，代码门槛给社会科学类研究者挖掘分析数据带来了一定的阻碍，使其无法在研究时享受大数据的红利，而 Orange 有望成为这些非计算机专业、少代码基础或无代码基础的研究人员从事科研工作的必备工具。此外，Orange 的功能模块覆盖的学科领域广泛，也有助于打破学科藩篱，促进学科交叉融合创新。

## 一、软件的开发历程

Orange 是一个通过 Python 脚本和可视化编程实现数据分析的免费开源软件，能够通过丰富的工具箱部件，以可视化方式构建数据分析工作流，主要用于数据可视化、机器学习、数据挖掘和数据分析。Orange 由斯洛文尼亚卢布尔雅那大学（University of Ljubljana）计算机和信息科学学院的生物信息学实验室以及开源社区共同开发，其官方网址为 https://orangedatamining.com 或 https://orange.biolab.si（图 1-1-1）。

早在 1996 年，卢布尔雅那大学和约瑟夫·斯蒂芬研究所（Jožef Stefan Institute）就开始了 ML*（C++机器学习框架）的开发。1997 年，开发者用为 ML* 开发的 Python 绑定程序与新兴的 Python 模块搭建了一个称为 Orange 的联合框架（Demsar et al.，2013）。在接下来的几年中，大多数用于数据挖掘和机器学习的主要算法都是用 C++（Orange 的核心）或 Python 模块开发的。Orange 主要的开发历程如下：①2002 年，使用 Python 大部件（Python megawidgets）设计了用于创建灵活的图形用户界面的第一批原型；②2003 年，使用 PyQt Python 绑定程序为 Qt 框架重新设计和开发了图形用户界面，定义了可视化编程框架，并开始了小部件（完成各种数据分析任务的图形组件）的开发；③2005 年，开发者创建了生物信息学中数据分析的扩展模块；④2008 年，开发了 Mac OS X DMG 和基于 Fink 的安装软件包；⑤2009 年，创建和维护了 100 多个小部件，并且从 2009 年开始 Orange 官方网站根据每日编译周期提供安装软件包；⑥2012 年，新的对象层次结构取代了旧的模块

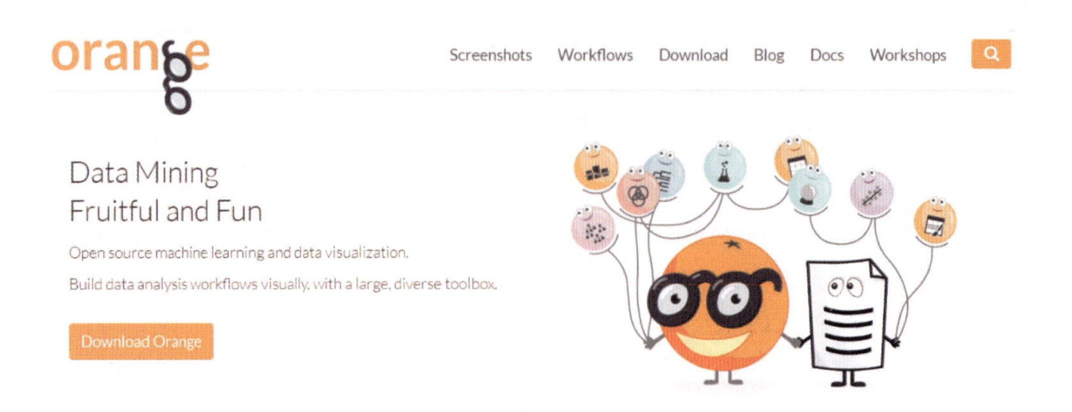


图 1-1-1　Orange 官方网站界面

结构；⑦2013 年，对主要的图形用户界面进行了重新设计；⑧2015 年，发布了 Orange 3.0；⑨2016年，Orange 版本为 3.3，每月进行系统更新或维护；⑩2021 年 7 月，Orange 的版本更新到 3.29.3；⑪2022 年 4 月，Orange 的版本更新到 3.32.0。

## 二、软件的主要特点

作为机器学习和数据挖掘套件的工具箱集合，Orange 的开发既面向有经验的工程师和程序员，也面向对数据挖掘和分析感兴趣的学生。Orange 的操作符合“无代码编程”的特点，不需要高超的编程或数学能力，即可通过简单且高度可视化的操作进行交互式的数据分析和灵活的组件组装。只要建立相应工作流，就可揭示隐藏在复杂数据下的底层机制和直观概念，从而跨越数据科学的门槛，实现“人人可得的数据科学”。

综合而言，相较于 WEKA（waikato environment for knowledge analysis）、RapidMiner、KNIME（konstanz information miner）等知名的可视化数据挖掘开源软件，Orange 具备以下主要特点（杨振瑜等，2013）。

（1）编程流程可视化。Orange 通过可视化的编程方式设计数据分析和建模的工作流。该软件对用户常用的模块组合有记忆和智能推荐的功能。

（2）可进行交互式数据分析。在基于 Orange 构建的可视化分析工作流中，每个部件（widget，本书将其比作“积木”）能够相互连接，实现全过程联动，并且分析结果和可视化结果会根据不同的操作选择和参数调整实现快速更改。

（3）拥有强大的部件工具箱。目前最新版的 Orange3.32.0 中共有 21 个模块，内含 253 个部件，可承担多个学科领域的数据分析任务。此外，作为一款开源软件，Orange 中部件的数量还将持续增加，且功能不断更新。

（4）提供脚本接口。Orange 具备 Python 接口，为编程新的算法和数据分析程序提供了基础。

（5）免费且极易操作。作为一款免费的开源软件，Orange 不但功能强大，而且极其容易操作，通过“连连看”的拖曳方式连接各个部件，就能完成建模与数据分析，既适用于有不同程度编程基础的专业研究人员，也适用于零基础的数据分析爱好者。

从具体的分析功能实现来看，同一个数据分析功能，可能在众多分析软件中都能实现，只是实现的程度、方式，以及软件是否开源和收费有所差异。以层次聚类（hierarchical clustering）分析为例，包括 Orange 在内的诸多软件都在一定程度上具备该功能（表 1-2-1）。

**表 1-2-1　可实现层次聚类功能的软件对比**

| 软件类型 | 软件名称 | 具体功能 |
| --- | --- | --- |
| 开源软件 | ALGLIB | 在 C++和 C#上以 O（$2^n$）的内存和 O（$3^n$）的运行时间实现了几个层次聚类算法 |
| | ELKI | 包括多种层次聚类算法，以及各种连接方法，同时能高效运行，从树状图和其他各种聚类分析算法中完成聚类提取 |
| | Octave | 与 MATLAB 类似的 GNU 在"连接"功能中实现层次聚类 |
| | R | 能提供多个具有层次聚类功能的工具包 |
| | SciPy | 在 Python 中实现层次聚类，包括高效的 Slink 算法 |
| | Scikit-learn | 能实现 Python 中的层次聚类 |
| | WEKA | 包括层次聚类分析功能 |
| | Orange | 通过良好的可视化和交互方式实现层次聚类分析并生成相对应的树形图 |
| 付费软件 | MATLAB | 包括基本层次聚类分析功能 |
| | NCSS | 包括基本层次聚类分析功能 |
| | SPSS | 包括基本层次聚类分析功能 |
| | Stata | 包括基本层次聚类分析功能 |
| | SAS | 可在群聚程序中进行层次聚类分析 |
| | Mathematica | 包括层次聚类分析工具包 |
| | Qlucore Omits Explorer | 包括层次聚类分析等功能 |
| | CrimeStat | 包括一个能够为地理位置提供图形输出的最近邻层次聚类算法 |

## 三、软件的安装

Orange 主要有以下 4 种安装方式（对于初学者，推荐优先选择第一种安装方式）。

第一种，独立安装。直接在官网下载发布的最新版本。Orange 分别为 Windows、macOS、Linux/Source 3 种不同的操作系统提供了对应的下载地址（图 1-3-1）。具体下载地址见 https：//orangedatamining. com/download，按照软件的提示界面一步步操作即可安装。

第二种，解压 Orange 压缩包。不需要安装程序，只需要下载压缩包并解压，打开 Orange 的快捷程序即可正常使用软件。具体下载地址为 https：//orangedatamining. com/download。

第三种，使用 Anaconda 安装。在安装 Miniconda 后，创建一个新的 Conda 环境，并安装 Orange3，请运行：

# Add conda-forge to your channels for access to the latest release

图 1-3-1　Orange 软件官方下载界面

```
conda config --add channels conda-forge

# Create and activate an environment for Orange
conda create python=3 --yes --name orange3
conda activate orange3

# Install Orange
conda install orange3
```

若要安装附加组件，请运行：

```
conda install orange3-<addon name>
```

第四种，使用 pip 命令安装。也就是从 Python 软件包索引中安装 Orange。请运行：

```
pip install orange3
```

此外，在成功安装了 Orange 以后，建议关注表 1-3-1 中所列的有参考价值的资源（或联系方式）。

**表 1-3-1　有参考价值的 Orange 资源列表**

| 名称 | 地址 |
|---|---|
| 官方博客 | https://orangedatamining.com/blog |
| GitHub | https://github.com/biolab/orange3 |
| Stack Exchange | https://datascience.stackexchange.com/questions/tagged/orange |
| 部件目录 | https://orangedatamining.com/widget-catalog |
| 脚本说明 | http://docs.biolab.si/3/data-mining-library |
| 官方案例 | https://orangedatamining.com/workflows |
| 常见问题 | https://orangedatamining.com/faq |
| 官方联系方式 | https://orangedatamining.com/contact |

当然，也建议关注本书配套的微信公众号“LOO 橙之光”（公众号二维码见本书封面勒口处）。

## 四、软件的基本界面与模块扩展

图 1-4-1 展示了 Orange 的基本操作界面，它可以划分为 6 个部分：菜单栏、模块区、说明区、便捷功能栏、工作区、欢迎界面。按照图中编号，对各部分介绍如下。

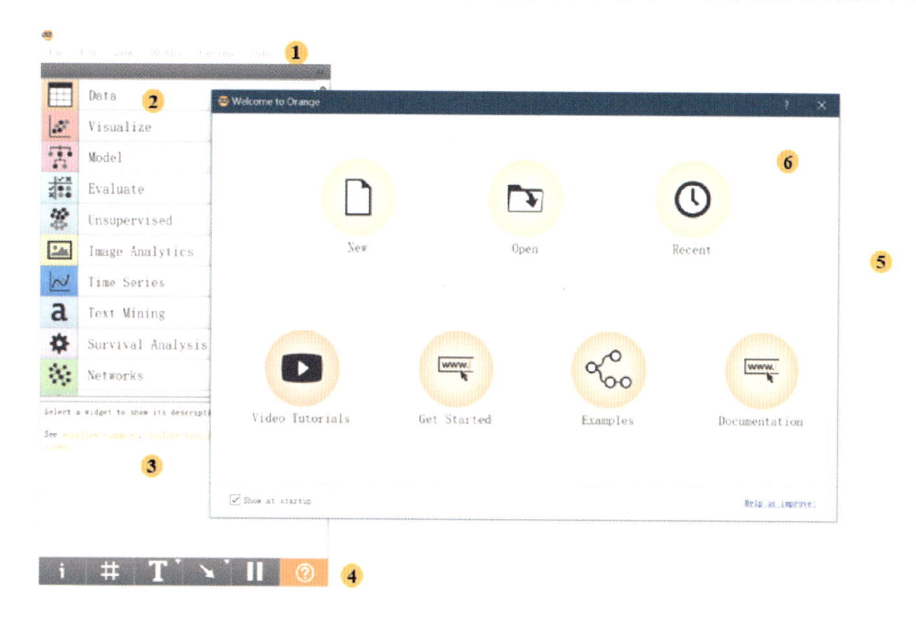


图 1-4-1　Orange 的基本操作界面

①菜单栏：顶部主菜单栏的每个菜单项都包括下拉菜单和子菜单，具体信息见表 1-4-1。

②模块区：包括软件下载时自带的模块以及完成软件安装后自选下载的扩展模块，每个模块含有与其相对应的部件。

③说明区：随着鼠标的移动，此处会出现不同的说明文字，可以帮助理解。

④便捷功能栏：提供查看工作流信息、对齐部件、添加注释、添加箭头、锁定工作流、查看帮助 6 项功能。

⑤工作区：工作区是 Orange 搭建数据分析工作流的主要区域。可从左侧部件区拖曳（或点击）部件，添加需要使用的部件，并通过鼠标拖曳、连接这些部件。

⑥欢迎界面：默认软件启动时自动弹出，显示基本功能和帮助资料，也可以通过勾选“Show at startup”取消默认弹出。

## 五、软件的基本操作

在探索性数据分析的环境中，Orange 的底层代码能将现有部件有机整合在一起，具有交互性和快速构建模型等优势。作为数据挖掘组件的层次结构工具箱，Orange 不仅支持数字组合，还结合了符号、字符串、数字属性以及元数据信息，它可以简化数据分析工作流的组装，并能从现有组件的组合中总结数据挖掘方法。当使用 Orange 时，可以通过“搭积木”

**表 1－4－1　Orange 菜单栏具体信息**

| 菜单名 | 界面 | 具体功能 |
| --- | --- | --- |
| File（文件） | File　Edit　View　Widget　Options　He<br>New　Ctrl+N<br>Open　Ctrl+O<br>Open and Freeze　Ctrl+Alt+O<br>Reload Last Workflow　Ctrl+R<br>Open Recent<br>Open Report...<br>Close Window　Ctrl+F4<br>Save　Ctrl+S<br>Save As ...<br>Workflow Info　Ctrl+I<br>Quit | ■ 建立新文件<br>■ 打开文件<br>■ 打开并锁定文件<br>■ 加载上一个工作流<br>■ 打开最近的文件<br>■ 打开报告<br>■ 关闭窗口<br>■ 保存<br>■ 保存为<br>■ 工作流信息<br>■ 退出 |
| Edit（编辑） | Edit　View　Widget　Options<br>Undo Move　Ctrl+Z<br>Redo　Ctrl+Y<br>Remove　Backspace<br>Duplicate　Ctrl+D<br>Copy　Ctrl+C<br>Paste　Ctrl+V<br>Select all　Ctrl+A | ■ 撤销操作<br>■ 重复操作<br>■ 移除<br>■ 复制并粘贴<br>■ 复制<br>■ 粘贴<br>■ 全选 |
| View（视图） | View　Widget　Options　Help<br>Window Groups<br>✓ Expand Tool Dock　Ctrl+Shift+D<br>Log<br>Show report　Shift+R<br>Zoom in　Ctrl++<br>Zoom out　Ctrl+-<br>Reset Zoom　Ctrl+0<br>Show Workflow Margins<br>Bring Widgets to Front　Ctrl+Down<br>Display Widgets on Top | ■ 窗口工作组<br>■ 展开部件区<br>■ 日志<br>■ 显示报告<br>■ 放大<br>■ 缩小<br>■ 重置缩放<br>■ 显示工作流边距<br>■ 将部件放在最前面<br>■ 在顶部显示部件 |
| Widget（部件） | Widget　Options　Help<br>Open<br>Rename　F2<br>Remove　Backspace<br>Help　F1 | ■ 打开<br>■ 重命名<br>■ 移除<br>■ 帮助 |
| Options（选项） | Options　Help<br>Settings<br>Reset Widget Settings...<br>Add-ons... | ■ 设置<br>■ 重置部件设置<br>■ 扩展模块 |
| Help（帮助） | Help<br>About<br>Welcome<br>Video Tutorials<br>Example Workflows<br>Documentation | ■ 版本信息<br>■ 欢迎界面<br>■ 视频教程<br>■ 工作流示例<br>■ 部件文档 |

的方式将这些丰富多样的部件随意排列组合，以“连连看”的方式轻松操作，实现“输入—分析—可视化—输出”全流程。下面通过一个简单的例子来介绍 Orange 的基本操作流程。

1. 数据导入

通过 File（文件）部件加载本地保存的数据文件。本案例选择了从软件自带的数据库（一般在 Orange 软件本地安装目录的 Lib \ site - packages \ Orange \ datasets 中）加载鸢尾花数据集（Iris. tab）。鸢尾花数据集是常用的分类实验数据集，由 Fisher（1936）收集整理，如图 1 - 5 - 1 所示，可以在 URL 方框中对数据的行列属性进行更改。

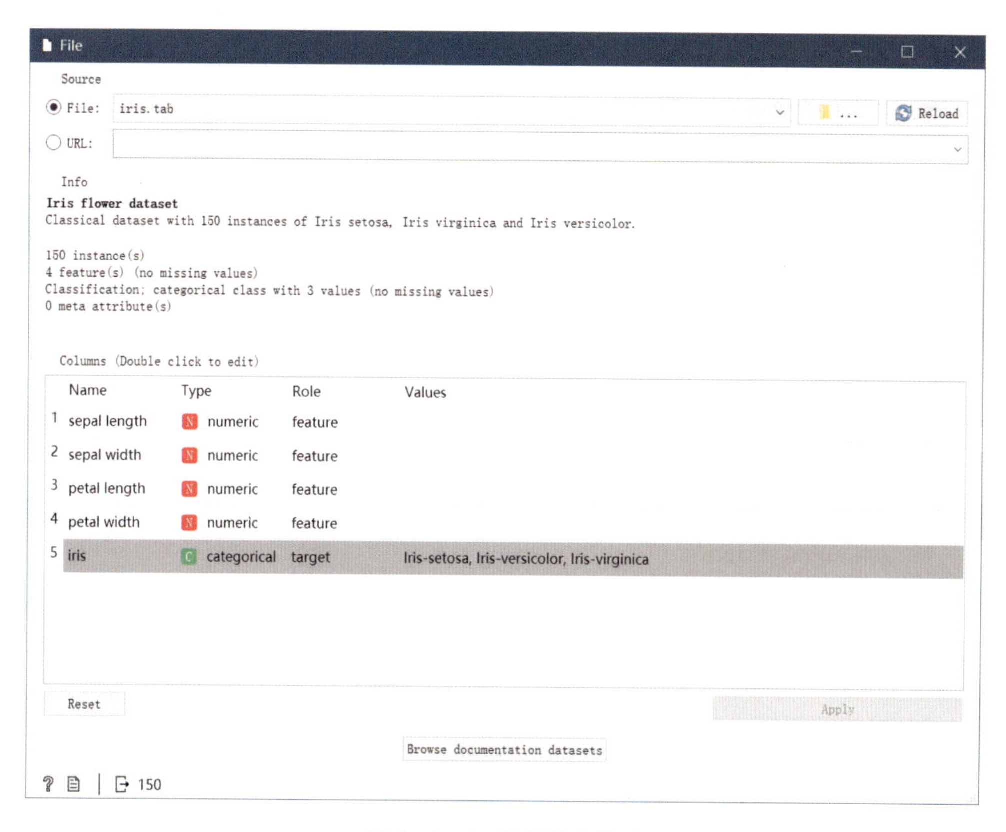


图 1 - 5 - 1　数据导入界面

**【说明】**

Orange 可以从标准电子表格文件（如 CSV 和 Excel）中加载数据，也可以读取以制表符分隔的本机格式的文件。本机格式从带有功能（列）名称的标题行开始。第二标题行提供了属性类型，该属性类型可以是连续的或离散的，例如时间或字符串。第三标题行包含元信息，以标识相关要素、无关要素或元要素。以下是本机格式数据集 lenses. tab 中的前几行。

| age | prescription | astigmatic | tear _ rate | lenses |
|---|---|---|---|---|
| discrete | discrete | discrete | discrete | discrete class |
| young | myope | no | reduced | none |
| young | myope | no | normal | soft |
| young | myope | yes | reduced | none |

### 2. 挑选分析部件并连接

将加载后的数据发送给其他部件，此处可以直接将左侧模块区的部件拖曳到右侧工作区，也可以在 File（文件）部件右边缘处单击，拖出连接线后，在弹出的部件搜索框中找到自己想要使用的部件并予以连接。

【说明】

这里我们具体用到的分析部件包括：①使用 Logistic Regression（逻辑回归）部件对 Iris数据进行分类，并用 Test & Score（测试和评分）部件查看模型得分（图 1-5-2）；②通过 Confusion Matrix（混淆矩阵）部件显示不同类型的错误分类（图 1-5-3），并发现鸢

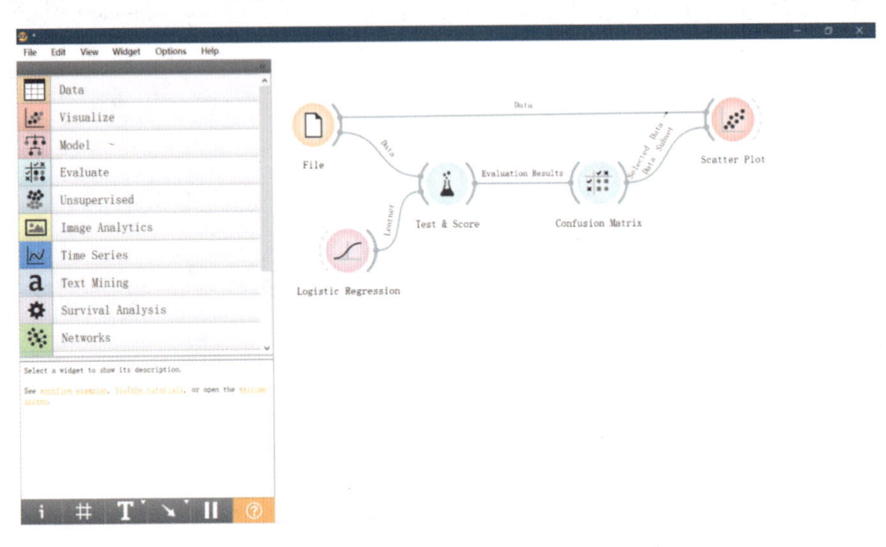


图 1-5-2　主要分析部件

图 1-5-3　Confusion Matrix 部件显示的结果

尾花数据集中 Iris－versicolor 与 Iris－virginica 有所混淆；③通过 Scatter Plot（散点图）部件显示此数据集的错误分类在“petal length（花瓣长度）—petal width（花瓣宽度）”的投影中散点分布（图 1－5－4）。

图 1－5－4　Scatter Plot 部件显示的结果

### 3. 保存结果

如果要在散点图中选定想要输出的数据结果，可以通过使用 Save Data（保存数据）部件添加保存路径（图 1－5－5），获得保存的数据文件。此外，如果在使用过程中对某一部件

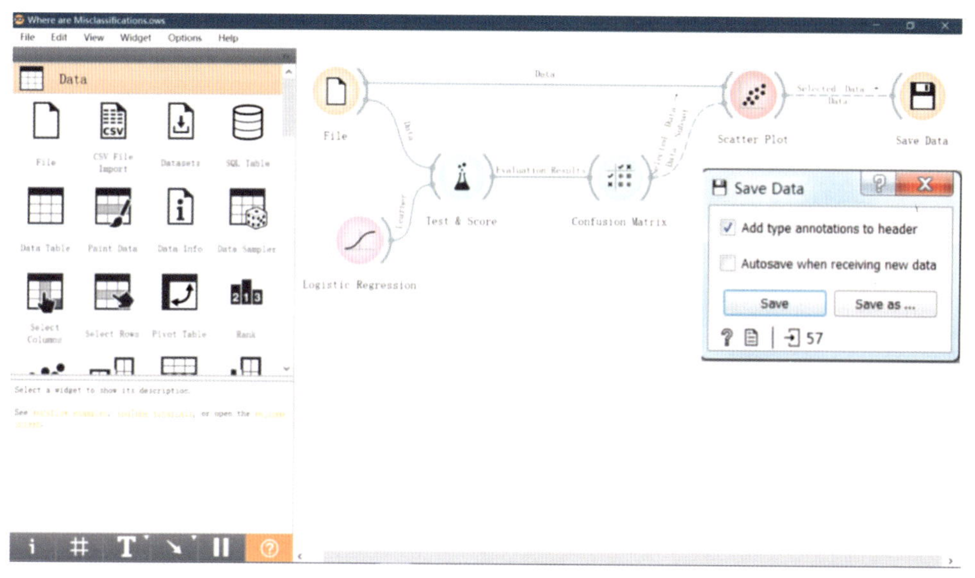


图 1－5－5　保存数据界面

有疑问，可以右键点击 Help，查看帮助文档，同时也可以进行其他的便捷操作（如重命名、复制、移除等）。

以上案例旨在帮助读者对 Orange 部件进行“搭积木”和“连连看”的建模分析过程有一个初步的了解。从这个例子不难发现，Orange 的操作步骤不多，也不复杂，但要用好它，前提条件是了解其包含的部件的功能和用法。对各种部件更详细的介绍具体见本书第二章，更多、更详细的关于各种部件组合应用的案例具体见本书第三章。

# 第二章　Orange“搭积木”：认识模块部件

## 一、“搭积木”概述

如果把 Orange 中的部件比作“积木”，那么挑选、排列部件并搭建分析工作流所需部件的过程就是“搭积木”。要完成“搭积木”，需要充分了解 Orange 提供了哪些可供使用的“积木”，这些“积木”又有什么具体的功能。

本章以 Orange 3.29.3 版本为基础，对部分部件进行介绍。当然，部件的具体使用说明同样适用于更新后的版本。Orange 3.29.3 总共涵盖 19 个模块中的 231 个部件，默认安装 5 个模块（Data、Visualize、Model、Evaluate、Unsupervised），共 92 个部件。如果要安装更多功能模块下的“积木”，可在软件内点击菜单栏中的“Options”—“Add－ons”，并勾选对应的模块下载、更新（图 2－1－1）。

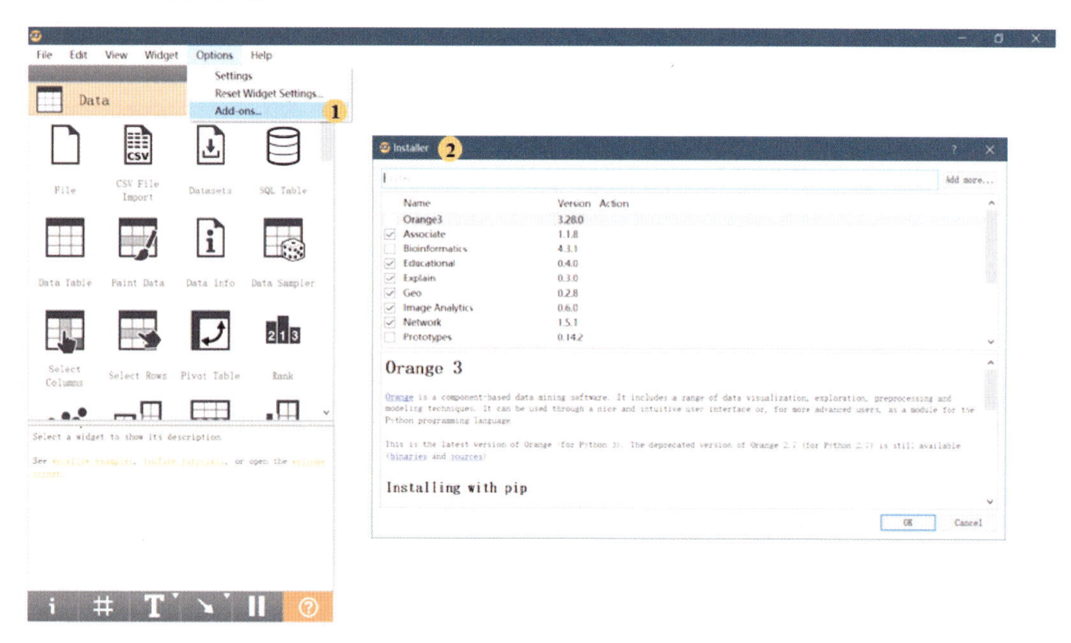


图 2－1－1　Orange 添加部件的界面

由于 Orange 可供扩展的全部部件数量较为庞大，且涉及的学科门类众多，限于篇幅，本书从中精选了 13 个模块，共 152 个部件（表 2－1－1）进行详细介绍。对于部件的应用举例，所使用的数据大多数是软件自带，少部分由编者提供。所有使用的数据在具体对应的部件介绍中都给予了说明。

此外，在正式认识 Orange 的各个部件之前，还需要分清部件的输入和输出类型。按照是否具有输入和输出功能，可将部件划分为 A 类（仅有输入功能）、B 类（兼具输入和输出功能）和 C 类（仅有输出功能）。其中，A 类部件仅在其右侧有连线端口（显示为灰色弧形虚线），B 类部件的左右两侧都有连线端口，C 类部件仅在其左侧有连线端口（图 2-1-2）。此外，为帮助读者了解不同部件到底属于哪一类，本书将在随后部件的详细介绍中说明每个部件的输入项和输出项。

**表 2-1-1　本章介绍的 13 个模块和 152 个部件**

| 序号 | 模块 | 部件 | 数量 |
| --- | --- | --- | --- |
| 1 | Data（数据） | File（文件）、CSV File Import（CSV 文件导入）、Datasets（数据集）、SQL Table（SQL 表）、Data Table（数据表）、Paint Data（绘制数据）、Data Info（数据信息）、Data Sampler（数据采样器）、Select Columns（选择列）、Select Rows（选择行）、Pivot Table（数据透视表）、Rank（排序）、Correlations（相关性）、Merge Data（合并数据）、Concatenate（连接）、Select by Data Index（按数据索引选择）、Transpose（转置）、Randomize（随机化）、Preprocess（预处理）、Apply Domain（变换应用域）、Impute（填充）、Outliers（离群值）、Edit Domain（编辑域）、Python Script（Python 脚本）、Create Instance（创建实例）、Color（着色）、Continuize（数值化）、Create Class（创建类别）、Discretize（离散化）、Feature Constructor（特征构建器）、Feature Statistics（特征统计）、Neighbors（邻近）、Purge Domain（清除域）、Save Data（保存数据） | 34 |
| 2 | Visualize（可视化） | Tree Viewer（查看树）、Box Plot（箱线图）、Violin Plot（小提琴图）、Distributions（分布）、Scatter Plot（散点图）、Line Plot（线图）、Bar Plot（条形图）、Sieve Diagram（筛网图）、Mosaic Display（马赛克图）、FreeViz、Linear Projection（线性投影）、Radviz（径向坐标可视化）、Heat Map（热图）、Venn Diagram（维恩图）、Silhouette Plot（轮廓图）、Pythagorean Tree（毕达哥拉斯树）、Pythagorean Forest（毕达哥拉斯森林）、CN2 Rule Viewer（CN2 分类规则查看器）、Nomogram（列线图） | 19 |
| 3 | Model（模型） | Constant（常量）、CN2 Rule Induction（CN2 规则归纳）、Calibrated Learner（校准器）、kNN（k 近邻）、Tree（树）、Random Forest（随机森林）、Gradient Boosting（梯度提升）、SVM（支持向量机）、Linear Regression（线性回归）、Logistic Regression（逻辑回归）、Naïve Bayes（朴素叶贝斯）、AdaBoost（自适应提升算法）、Neural Network（神经网络）、Stochastic Gradient Descent（随机梯度下降法）、Stacking（堆叠）、Save Model（保存模型）、Load Model（加载模型） | 17 |
| 4 | Evaluate（评估） | Test and Score（测试和评分）、Predictions（预测）、Confusion Matrix（混淆矩阵）、ROC Analysis（ROC 分析）、Lift Curve（提升曲线）、Calibration Plot（校准图） | 6 |
| 5 | Unsupervised（无监督） | Distance File（距离文件）、Distance Matrix（距离矩阵）、t-SNE（t 分布邻域嵌入算法）、Distance Map（距离图）、Hierarchical Clustering（层次聚类）、k-Means（k-均值）、Louvain Clustering（卢万聚类）、DBSCAN（DBSCAN 聚类算法）、Manifold Learning（流形学习）、PCA（主成分分析）、Correspondence Analysis（对应分析）、Distances（距离）、Distance Transformation（距离变换）、MDS（多维尺度变换）、Save Distance Matrix（保存距离矩阵）、Self-Organizing Map（自组织映射） | 16 |
| 6 | Image Analytics（图像分析） | Import Images（导入图像）、Image Viewer（图像浏览器）、Image Embedding（图像嵌入）、Image Grid（图像网格）、Save Images（保存图像） | 5 |

续表 2-1-1

| 序号 | 模块 | 部件 | 数量 |
|---|---|---|---|
| 7 | Time Series（时间序列） | Yahoo Finance（雅虎财经）、As Timeseries（转换时间序列）、Interpolate（插值）、Moving Transform（移动变换）、Line Chart（折线图）、Periodogram（周期图）、Correlogram（相关图）、Spiralogram（螺旋图）、Granger Causality（格兰杰因果关系）、ARIMA Model（ARIMA 模型）、VAR Model（向量自回归模型）、Model Evaluation（模型评价）、Time Slice（时间切片）、Aggregate（聚合）、Difference（差分）、Seasonal Adjustment（季节性调整） | 16 |
| 8 | Text Mining（文本挖掘） | Corpus（语料库）、Import Documents（导入文件）、The Guardian（卫报）、NY Times（纽约时报）、Pubmed（已发布数据库）、Twitter（推特）、Wikipedia（维基百科）、Preprocess Text（预处理文本）、Corpus to Network（语料库到网络）、Bag of Words（词袋）、Document Embedding（文档嵌入）、Similarity Hashing（相似散列）、Sentiment Analysis（情感分析）、Tweet Profiler（推文探查器）、Topic Modeling（主题建模）、Corpus Viewer（语料库查看器）、Word Cloud（词云）、Concordance（索引）、Document Map（文件地图）、Word Enrichment（文字丰富）、Duplicate Detection（重复检测）、Statistics（统计） | 22 |
| 9 | Networks（网络） | Network File（网络文件）、Network Explorer（网络资源管理器）、Network Generator（网络生成器）、Network Analysis（网络分析）、Network Clustering（网络集群）、Network of Groups（群组网络）、Network from Distances（距离网络）、Single Mode（单一模式）、Save Network（保存网络） | 9 |
| 10 | Geo（地理） | Geocoding（地理编码）、Geo Map（地理地图）、Choropleth Map（Choropleth 地图） | 3 |
| 11 | Explain（解释） | Explain Model（解释模型）、Explain Prediction（解释预测） | 2 |
| 12 | Associate（联系） | Frequent Itemsets（频繁项集）、Association Rules（关联规则） | 2 |
| 13 | Survival Analysis（生存分析） | Kaplan-Meier Plot（Kaplan-Meier 生存曲线） | 1 |

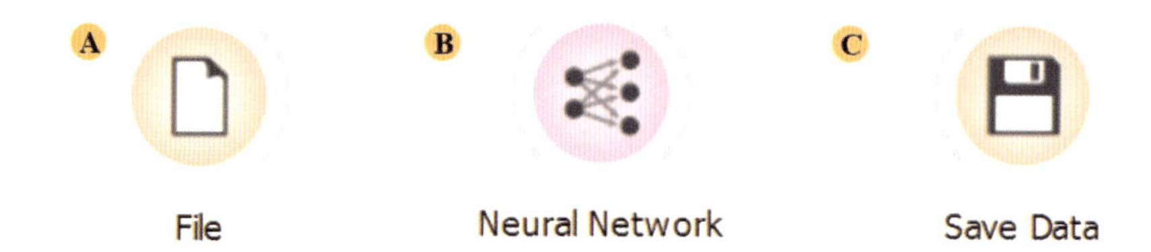


图 2-1-2 Orange 部件的基本输入和输出类型

## 二、Data（数据）

Data 模块共有 34 个部件，主要用于对数据进行一系列处理。在数据输入方面，既支持不同格式的数据输入，也支持自定义的数据输入；在数据处理方面，能够实现数据选择、数据统计、数据转换、数据清洗和数据输出等功能。

## （一）File（文件）

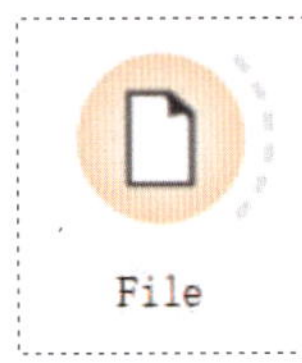


利用 File 部件，可以从输入文件中读取属性值数据。

### 1. 输入项

无。

### 2. 输出项

文件中的数据集。

### 3. 基本介绍

该部件可用于读取输入的数据文件（带有数据实例的数据表）并将数据集发送到其输出通道中。最近打开的文件的历史记录将保存在部件中。这个部件还包含了 Orange 预装的样本数据集。支持读取的数据文件格式包括 Excel（.xlsx）、以 tab 为分隔符的文本文件（.txt）、逗号分隔值文件（.csv）、网址（url）。

### 4. 操作界面

File 部件的操作界面如图 2－2－1 所示。按照图中编号，对各处操作介绍如下。

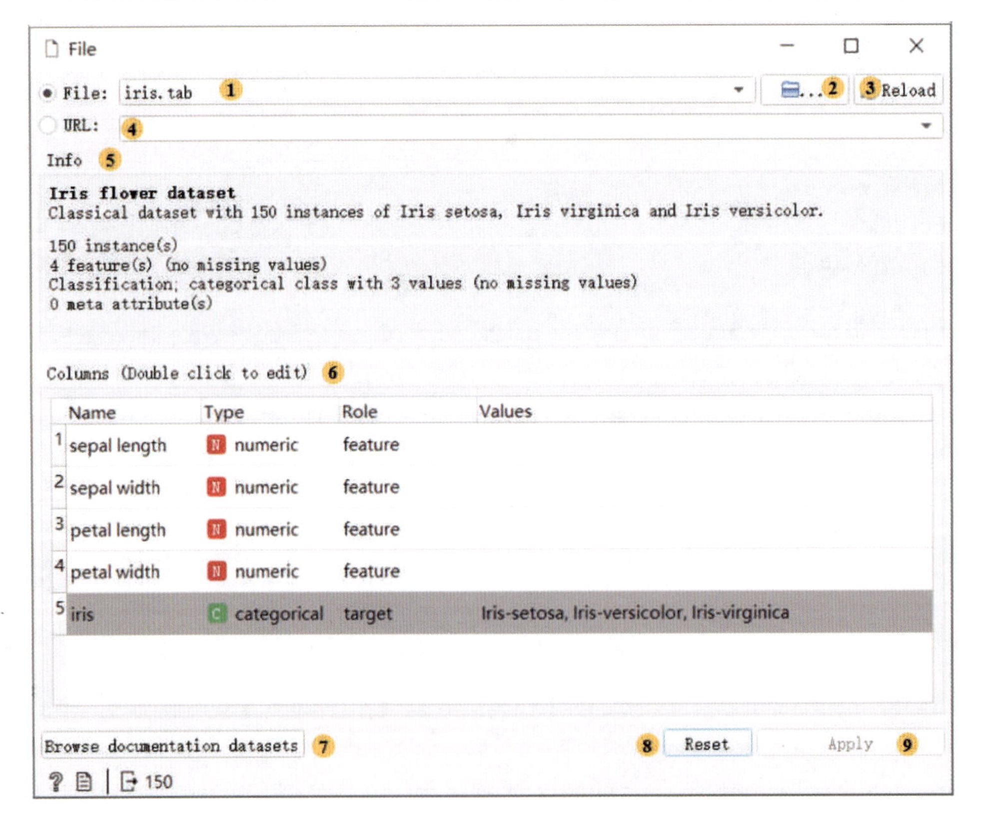


图 2－2－1　File 操作框

①打开历史记录，或加载其他示例文件。

②浏览数据文件夹，打开新的数据文件。

③重新加载当前选定的数据文件。

④在 URL 地址栏中输入网址来获取数据。

⑤显示已加载数据集的信息，包括数据集的大小、数量和类型等。

⑥展示数据集的特征信息。用户可以通过双击对数据集的属性进行编辑，包括更改属性名称，选择每个属性的变量类型（类别型、数值型、文本型、日期/时间型），并选择如何进一步定义属性（特性、目标或元数据）。用户也可以选择忽略某个属性。

⑦浏览数据集文档。

⑧对编辑的数据属性进行重置。

⑨将编辑的数据属性应用到数据集中。

5. 操作实例

大多数 Orange 工作流会从 File 部件开始。在图 2-2-2 的架构中，File 部件用于读取发送到 Date Table 和 Box Plot 部件的数据。

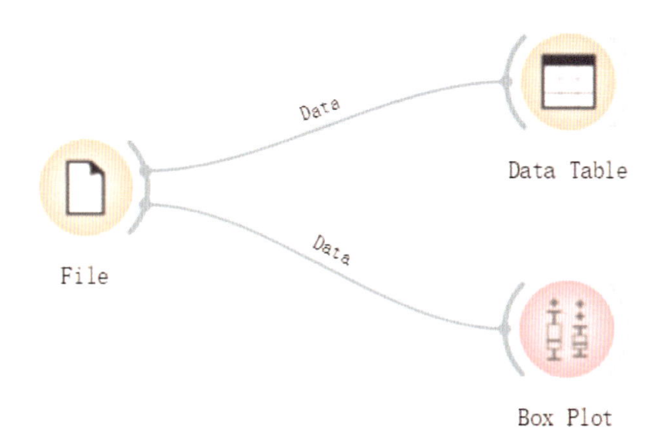


图 2-2-2　File 部件连接应用示意图

## （二）CSV File Import（CSV 文件导入）

|  CSV File Import | 利用 CSV File Import 部件，可以将逗号分隔值文件（.csv）导入数据表。 |
| --- | --- |

1. 输入项

无。

2. 输出项

CSV 文件数据集。

3. 基本介绍

该部件可用于读取逗号分隔值文件，并将数据集发送到其输出通道中。文件分隔符可以是逗号、分号、空格、制表符或手动定义的分隔符。最近打开的文件的历史记录保留在部件中。

4. 操作界面

CSV File Import 部件的操作界面如图 2-2-3 所示。按照图中编号，对各处操作介绍如下。

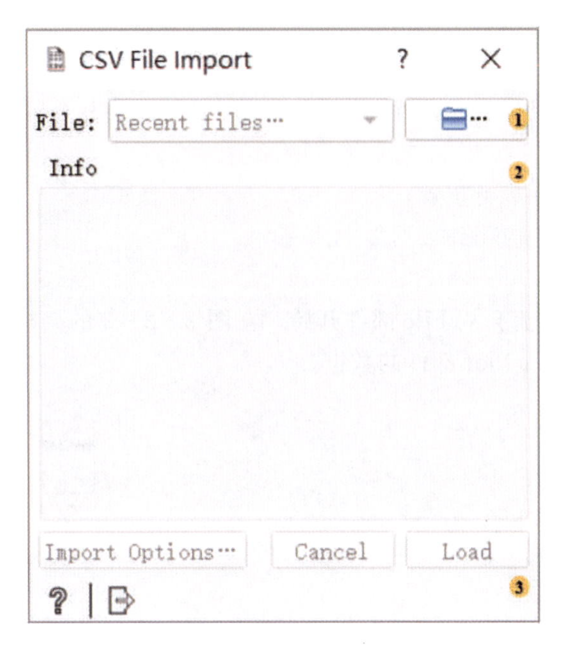


图 2-2-3 CSV File Import 操作框（一）

①点击文件夹图标，打开对话框，以导入本地 .csv 文件。它可用于加载第一个文件或更改现有文件（加载新数据）。

②导入数据集的相关信息，包括实例（行）、变量（要素或列）和元变量（特殊列）的数量。

③Import Options：重新打开导入对话框，用户可以在其中设置分隔符、编码、文本字段等。Cancel：取消数据导入。Load：再次重新加载导入文件，将原始文件中所做的更改添加到数据中。点击“Import Options”，可出现如图 2-2-4 所示的操作框。

④文件编码：默认值为 UTF-8。

⑤导入设置。

- 单元格分隔符：如逗号、分号、空格等。
- 引号字符：如单引号或双引号，用于定义被视为文本的字段。
- 数字分隔符：用于分组，如千位分隔符，“1，000”；小数分隔符，“1.234”。

⑥列类型：用于选择预览中的列并设置其类型，单击右键可修改列类型。

- 自动：Orange 将自动尝试确定列类型（默认）。
- 数字：用于连续数据类型，例如（1.23、1.32、1.42、1.32）。
- 分类：用于离散数据类型，例如（棕色、绿色、蓝色）。
- 文本：用于字符串数据类型，例如（约翰、奥利维亚、迈克、简）。

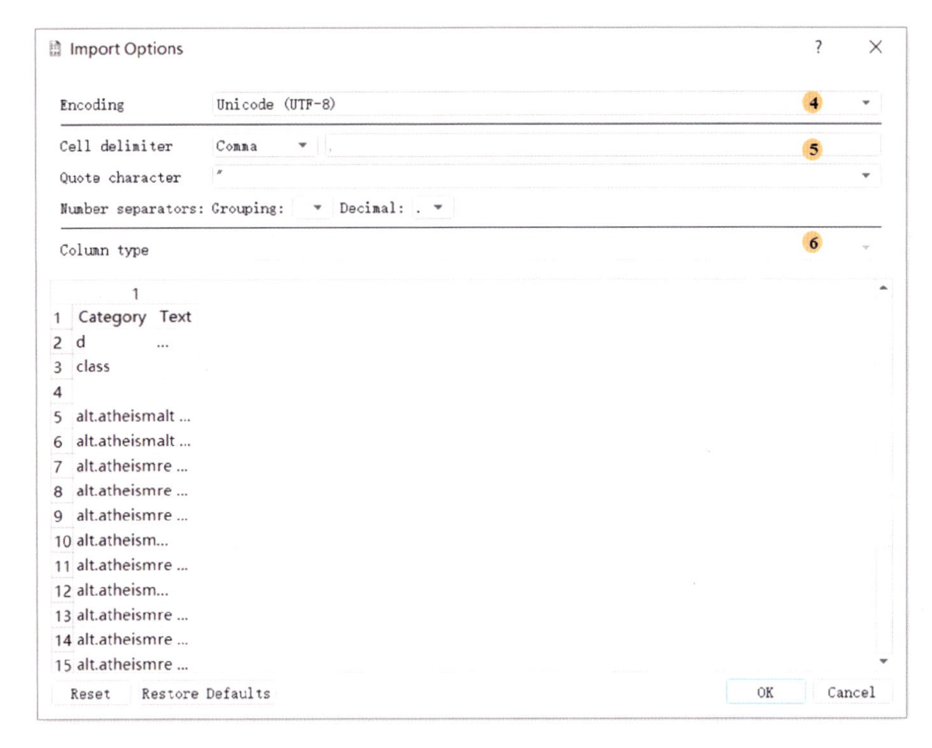


图 2-2-4　CSV File Import 操作框（二）

- 日期/时间：时间变量，例如（1970-01-01）。
- 忽略：不要输出列。

### 5. 操作实例

将 CSV File Import 部件与其他部件构建如图 2-2-5 所示的连接。该部件的工作方式几乎与 File 部件完全一样，添加了用于导入不同类型的 .csv 选项。在此工作流中，部件从文件夹中读取数据并将其发送到 Data Table 查看。

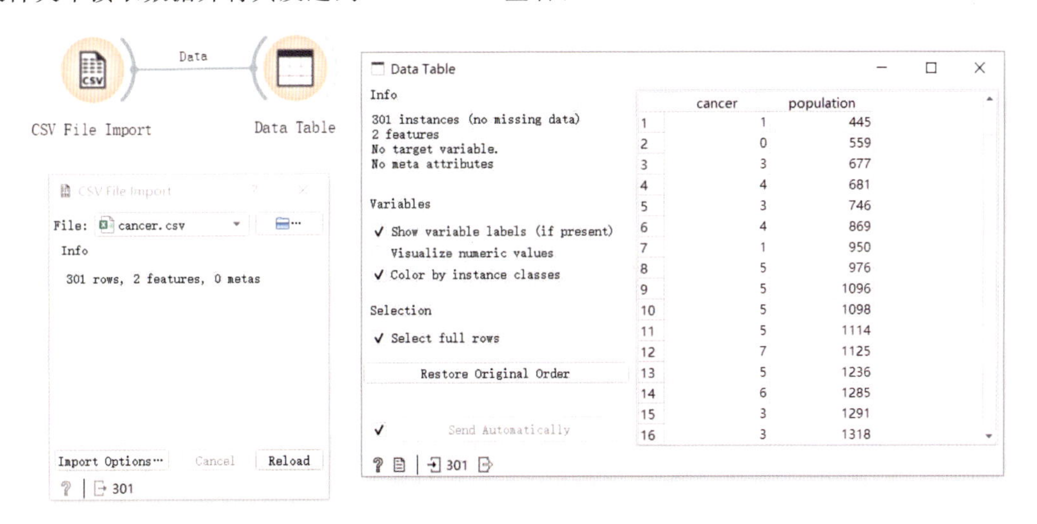


图 2-2-5　CSV File Import 部件连接应用示意图

## （三）Datasets（数据集）

利用 Datasets 部件，可以从在线数据库中加载数据集。

### 1. 输入项

无。

### 2. 输出项

数据集。

### 3. 基本介绍

该部件从服务器检索选择的数据集，并将其发送到输出部件中。文件已被下载到本地，因此在没有网络的情况下依旧可用。每个数据集都提供了有关数据大小、实例数、变量数、目标和标记的说明及信息。

### 4. 操作界面

Datasets 部件的操作界面如图 2-2-6 所示。按照图中编号，对各处操作介绍如下。

Datasets

Search for data set ...

| | Title | Size | Instances | Variables | Target | Tags |
|---|---|---|---|---|---|---|
| ● | Titanic | 44.1 KB | 2201 | 4 | C categorical | |
| ● | Breast Cancer ... | 1.8 MB | 24 | 9486 | C categorical | biology |
| ● | Smoking effec... | 1.8 MB | 79 | 3000 | C categorical | genomics |
| ● | Zoo | 7.0 KB | 101 | 17 | C categorical | biology |
| | Bone marrow ... | 582.0 KB | 96 | 1000 | C categorical | genomics |
| | HDI | 65.1 KB | 188 | 66 | N numeric | economy, geo |
| | Abalone | 187.5 KB | 4177 | 8 | N numeric | biology |
| | Adult | 4.1 MB | 32561 | 15 | C categorical | economy |
| | Attrition - Pre... | 838 bytes | 3 | 18 | C categorical | economy, synthetic,... |
| | Attrition - Train | 182.2 KB | 1470 | 18 | C categorical | economy, synthetic |
| | Auto MPG | 17.3 KB | 398 | 9 | N numeric | |
| | Bank Marketing | 466.1 KB | 4119 | 20 | C categorical | economy |

Description

**Titanic**

This data set provides information on the fate of passengers on the fatal maiden voyage of the ocean liner Titanic, summarized according to economic status (class), sex, age and survival.

**See Also**

Nomogram - Visualizing Probabilities

**References**

Dawson Robert J. MacG. (1995) The 'Unusual Episode' Data Revisited. Journal of Statistics Education 3(3).

2201

图 2-2-6　Datasets 操作框

①可用数据集的内容。在本地搜索出的数据集将在数据框中显示。每个数据集都用大小、实例和变量的数量、目标变量的类型和标签进行描述。

②所选数据集的正式描述。

5. 操作实例

将 Datasets 部件与其他部件构建如图 2-2-7 所示的连接。Orange 工作流可以从 Datasets 部件开始，在此示例中，部件从联机存储库（Kickstarter 数据）检索数据集，该存储库随后将这些数据输出到 Data Table 和 Distributions 中。

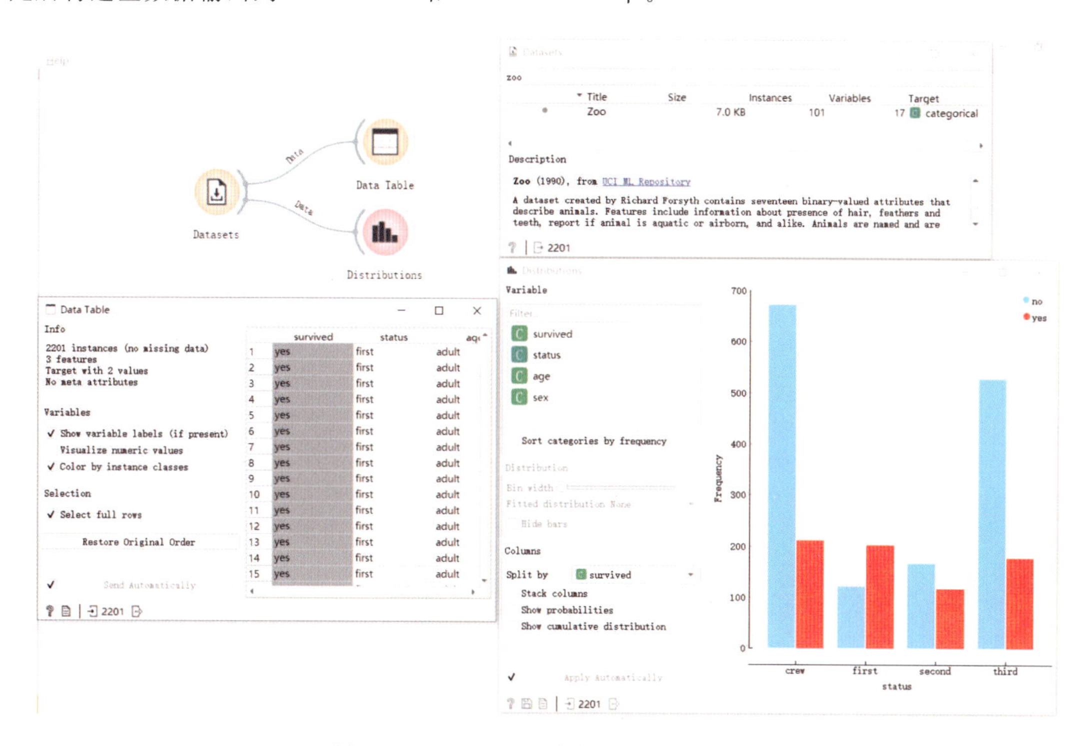


图 2-2-7 Datasets 部件连接应用示意图

## （四）SQL Table（SQL 表）

|  SQL Table | 利用 SQL Table 部件，可以从 SQL 数据库中读取数据。 |
|---|---|

1. 输入项

无。

2. 输出项

数据库中的数据集。

3. 基本介绍

该部件可以用于访问存储在 SQL 数据库中的数据，也可以连接到 PostgreSQL（需要 psycopg2 模块）或 SQL Server（需要 pymssql 模块）。

为了处理大型数据库，Orange 支持在数据库中执行部分计算，而无须下载数据，当然这只适用于 PostgreSQL 数据库，并且需要在服务器上安装分位数和 tsm _ system _ time 扩展。如果没有安装这些扩展，数据将被下载到本地。

4. 操作界面

SQL Table 部件的操作界面如图 2-2-8 所示。按照图中编号，对各处操作介绍如下。

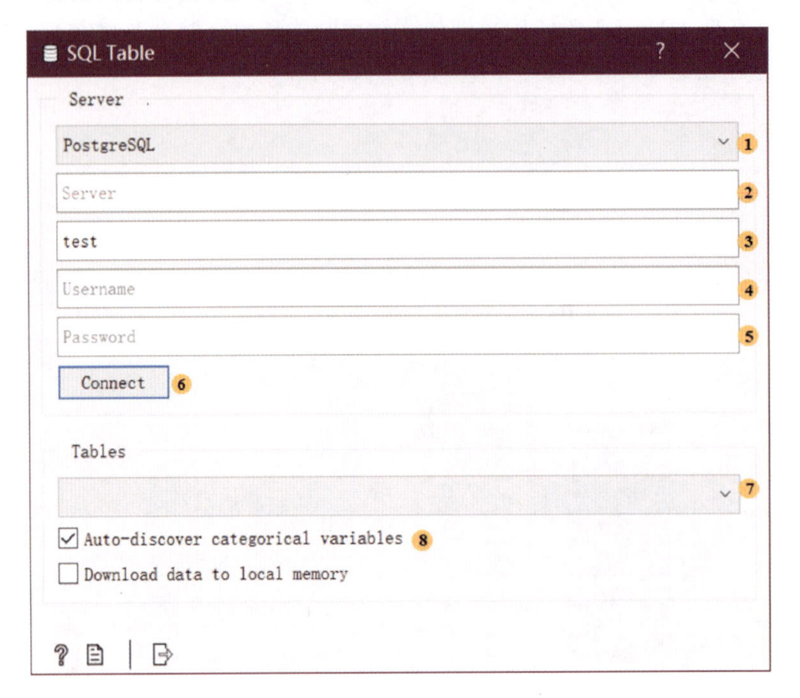


图 2-2-8　SQL Table 操作框

①数据库类型：包括 PostgreSQL 和 SQL Server 两类。

②主机名。

③数据库名称。

④用户名。

⑤密码。

⑥连接到数据库。

⑦选择表格。

⑧自动发现分类变量：若勾选，则自动将少于 20 个不同值的 INT 和 CHAR 列强制转换为分类变量；若未勾选，INT 将被视为数字，CHAR 将被视为文本。

下载到本地内存：若勾选，会将所选表下载到本地计算机。

5. 操作实例

略。

## （五）Data Table（数据表）

Data Table

利用 Data Table 部件，可以在电子表格中显示输入的数据属性值，便于快速理解和认识数据信息。

### 1. 输入项

具有不同属性信息的数据。

### 2. 输出项

从表中选择的数据。

### 3. 基本介绍

该部件通过输入一个或者多个数据集，将其显示为电子表格，其中的数据可以按照属性值进行排序。同时，该部件支持手动选择数据实例。

### 4. 操作界面

Data Table 部件的操作界面如图 2-2-9 所示。按照图中编号，对各处操作介绍如下。

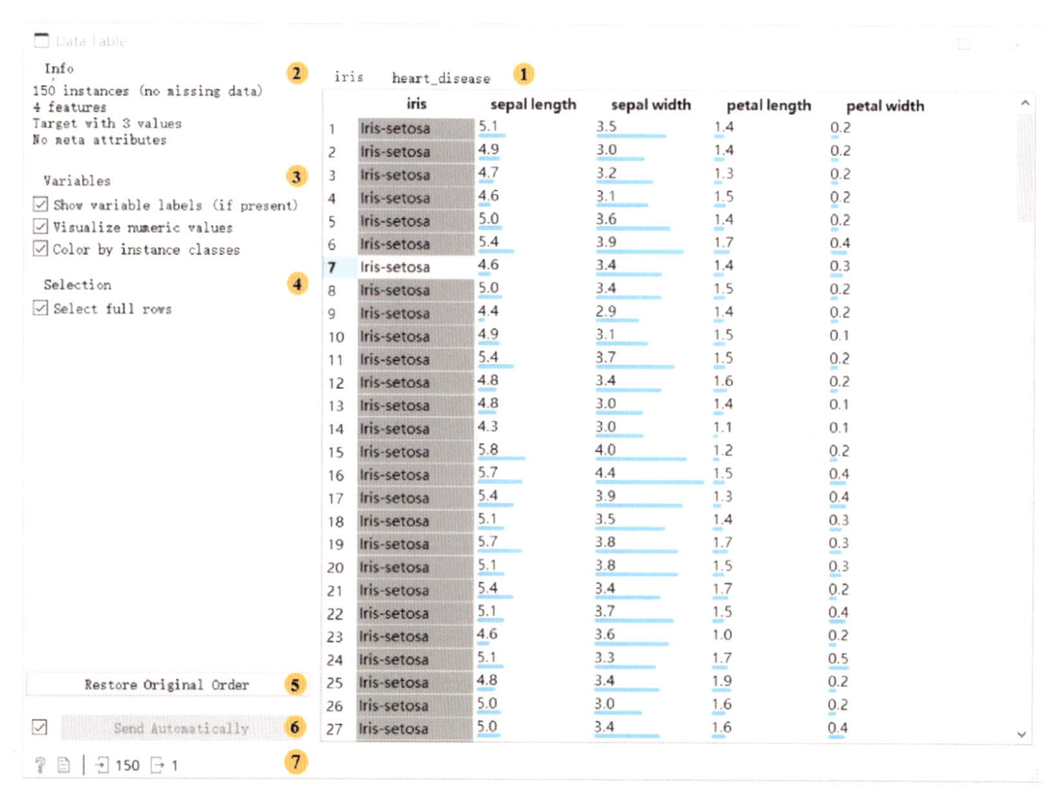


图 2-2-9　Data Table 操作框

①数据集的名称（通常是输入数据文件）：双击列首可以对属性值进行排序。

②有关当前数据集的大小、属性数量和类型的信息。

③变量。

- 显示变量标签。
- 变量数值可视化：连续属性的值可以用条形图显示。
- 按照类别着色：不同的类别可使用不同颜色表示。

④可以选择数据实例（行）并将其发送到部件的输出通道。

⑤在基于属性的排序之后，点击“Restore Original Order”（还原原始顺序）按钮可以对数据实例重新排序。

⑥自动发送。

⑦状态栏：左侧显示文件图标（单击可生成报告）及部件输入和输出的实例数，若出错，则在右侧显示警告和错误信息。

5. 操作实例

将 Data Table 部件和其他部件构建如图 2-2-10 所示的连接。在 File、File（1）部件中分别导入 Iris. tab、heart _ disease. tab 数据，与 Data Table 连接，即可显示导入数据的各属性值。将 Data Table（1）与 Data Table 连接，第一个数据表中选定的实例将被传递到第二个数据表中，如果选择了“Send Automatically”（自动发送），则一个数据集更改也会引起另一数据集的变化。

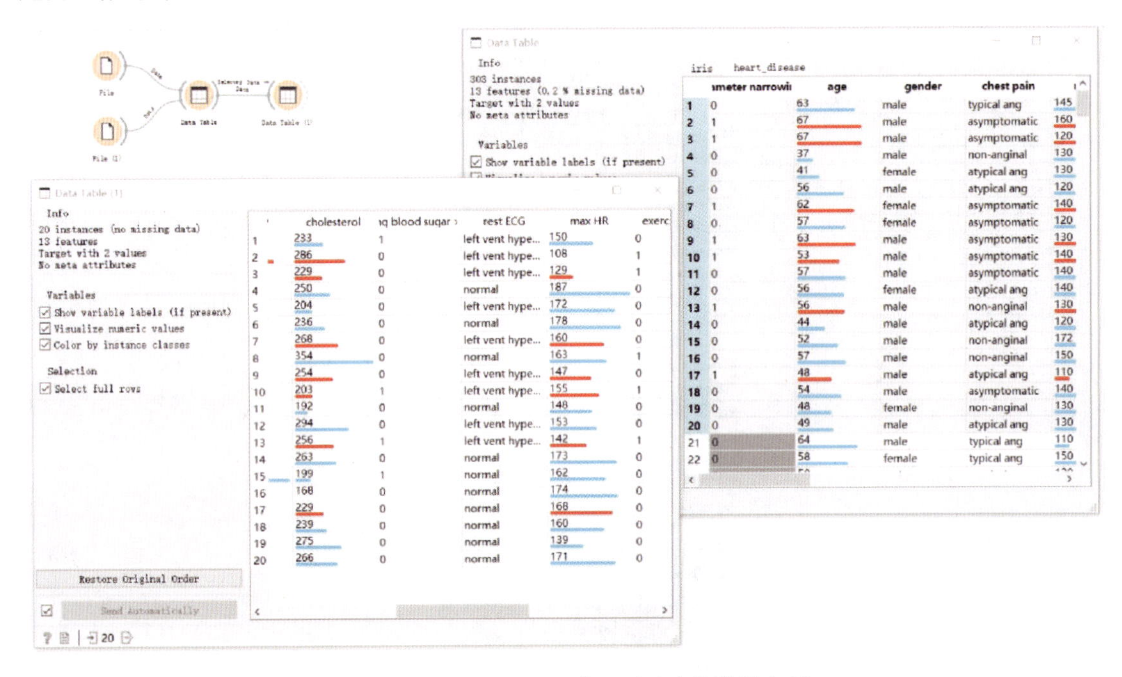


图 2-2-10　Data Table 中显示选定的数据实例

## （六）Paint Data（绘制数据）

利用 Paint Data 部件，可以用画笔在二维平面上绘制单个数据点或者较大数据集，便于快速获得简洁数据。

1. 输入项

手动绘制的数据。

2. 输出项

具有属性信息的数据点或数据集。

3. 基本介绍

该部件可用于在二维平面上手动地绘制数据点来支持创建新的数据集，可以绘制单个数据点，也可以绘制更大数量的数据集。若数据被用于监督学习，则数据点可以被归类。

4. 操作界面

Paint Data 部件的操作界面如图 2-2-11 所示。按照图中编号，对各处操作介绍如下。

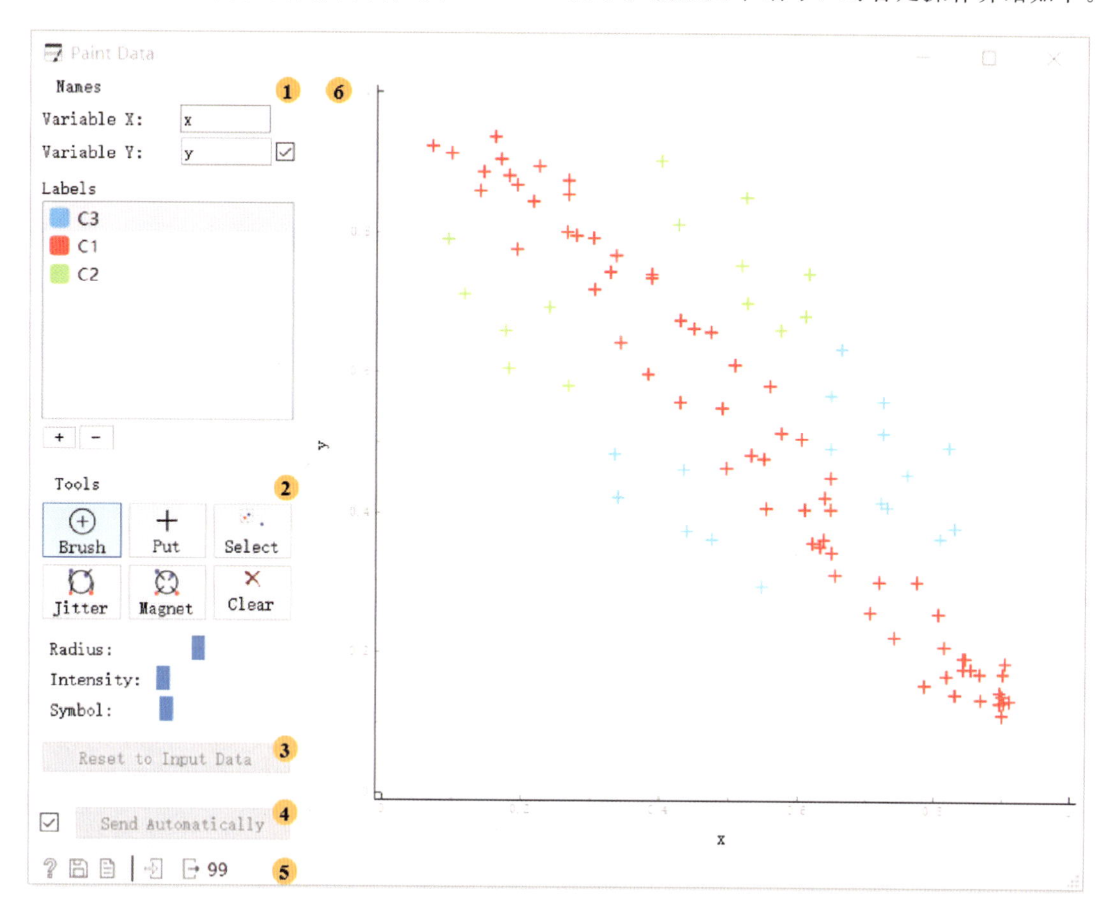


图 2-2-11　Paint Data 操作框

①命名及类别。

■ 横轴。

■ 纵轴。

■ 类别标签：选择指定的数据类并进行绘制，类别可添加或减少，以不同颜色来区分。

②绘图工具：包括画笔（数据集）、放置（数据点）、选择（选定数据并移动）、分散（以鼠标点为中心使数据扩散）、磁铁（以鼠标点为中心使数据聚集）、清除（清除所有已绘数据）。

■ 半径：用于对界面进行放大或缩小。

■ 密度：用于调整绘制数据点的密集程度。

■ 符号：用于对绘制数据图标进行放大和缩小。

③重置为输入数据（在有输入数据的情况下）。

④自动发送：若需要，则勾选，数据信息的更改将自动发送到其他部件中。

⑤状态栏：左侧显示文件图标（单击可生成报告）及部件输入和输出的实例数，若出错，则在右侧显示警告和错误信息。

⑥图像绘制及展示区域。

5. 操作实例

①将 Paint Data 部件与其他部件构建如图 2－2－12 所示的连接。

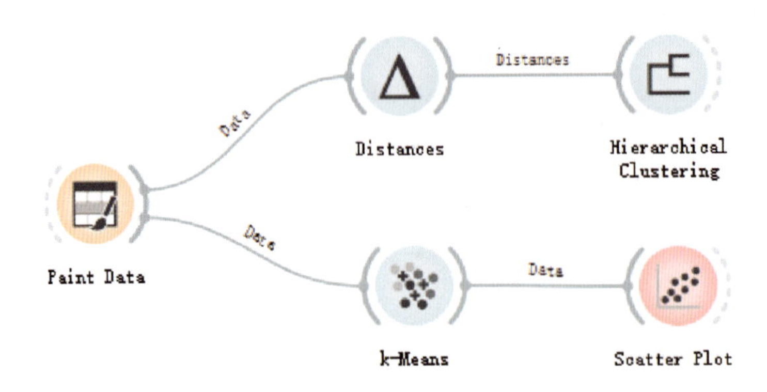


图 2－2－12　Paint Data 部件连接应用示意图

②点击 Paint Data 并绘制包含 4 个类的数据，依次连接 Distances 和 Hierarchical Clustering，即可在聚类分析图中显示所绘制数据的分类结果，如图 2－2－13 所示。

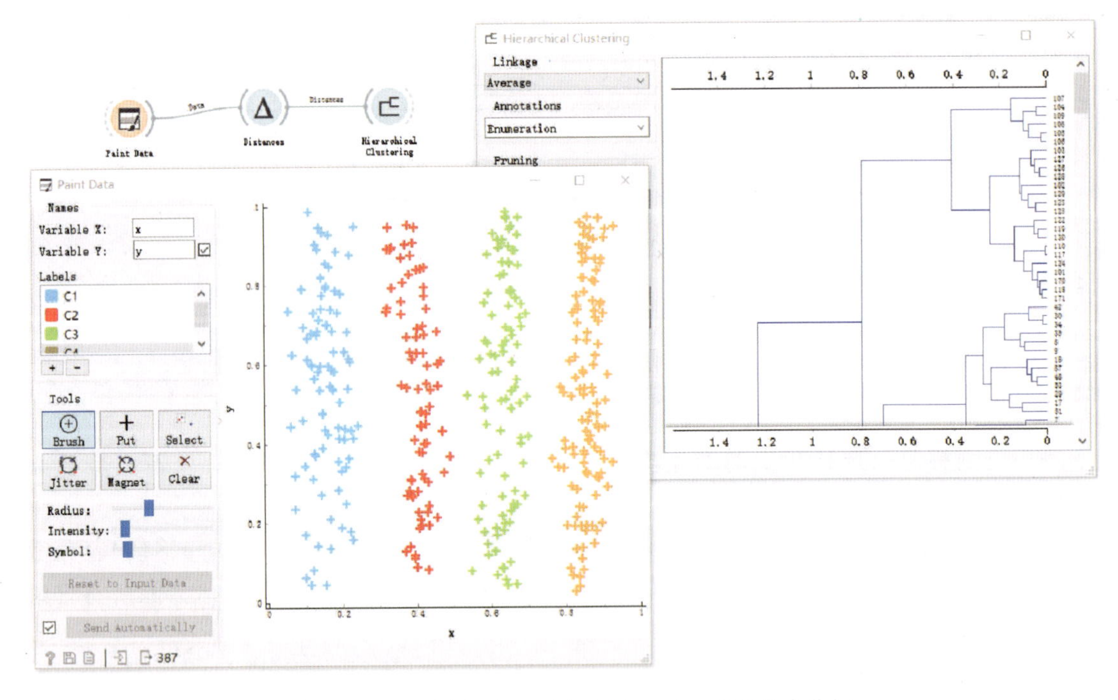


图 2－2－13　利用 Hierarchical Clustering 进行分类分析

③将 k－Means 连接到 Paint Data，再连接 Scatter Plot，即可显示 k－Means 分类结果，

如图 2-2-14 所示。从图中可以看出，k-Means 总体上比 Hierarchical Clustering 更好地识别了聚类，它返回分数排名，其中最佳分数（具有最高值的分数）表示最可能的聚类数。此外，Hierarchical Clustering 不能将正确的类组合在一起。

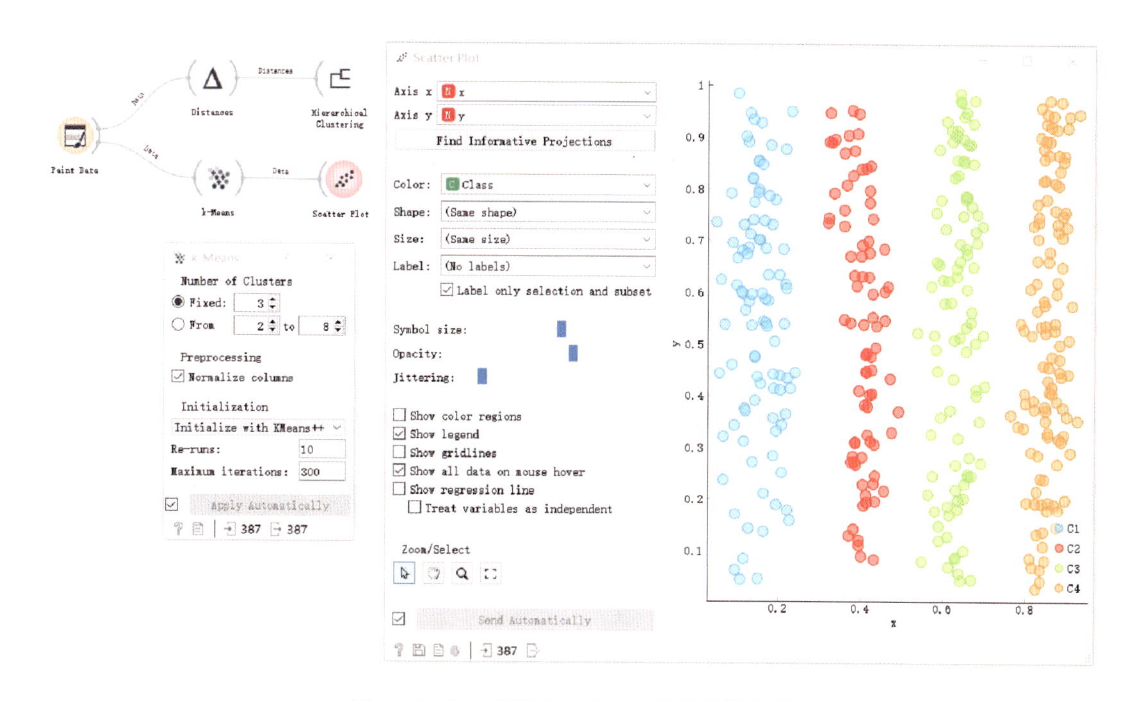


图 2-2-14　利用 k-Means 进行分类分析

## （七）Data Info（数据信息）

利用 Data Info 部件，可以显示所选数据集的大小、特征、元属性等信息，便于快速理解和使用数据。

### 1. 输入项

带有属性信息的数据。

### 2. 输出项

无。

### 3. 基本介绍

该部件的功能为显示输入数据的属性信息，可显示有关数据集大小、特征、目标、元属性和位置等信息，是一个专门的数据信息展示部件。

### 4. 操作界面

Data Info 部件的界面如图 2-2-15 所示。按照图中编号，对各处信息介绍如下。

①名称：输入数据集的名称。

②大小：输入数据集的行数和列数。

③特征：数据属性包括数值型、字符型、离散型等，以及进一步定义的属性信息。

④目标信息：有无已分类的目标结果。

⑤数据元属性。

⑥数据存储位置：内存。

⑦数据属性：名称、描述、作者、时间、参考文献。

⑧状态栏：左侧显示文件图标（单击可生成报告）及部件输入的实例数，若出错，则在右侧显示警告和错误信息。

5. 操作实例

将 Data Info 部件和其他部件构建如图 2-2-16 所示的连接。在 File 中导入 Iris. tab数据，将 File 与 Data Info 相连接，即可获得 Iris 整个数据集的信息。将 Scatter Plot 连接到 File，在 Scatter Plot 中选择 Iris-setosa 数据，并将 Scatter Plot 连接到一个新的 Data Info 上，命名为“Data Info-select”，即可显示手动选定的子集信息。

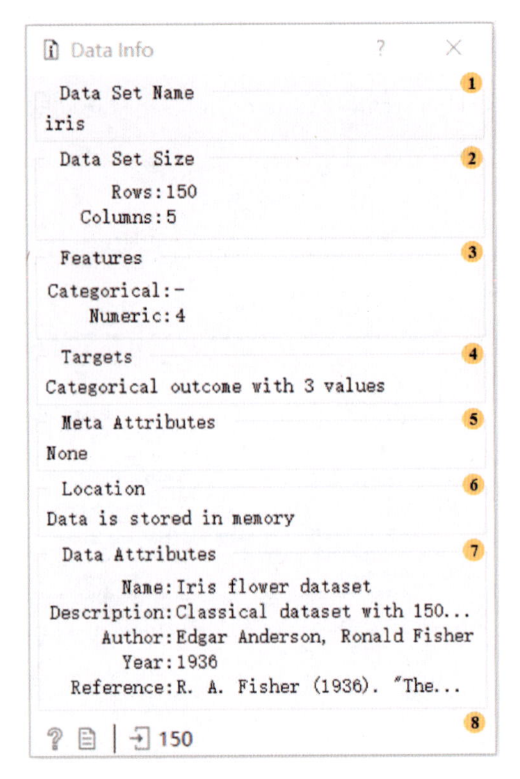


图 2-2-15 Data Info 操作框

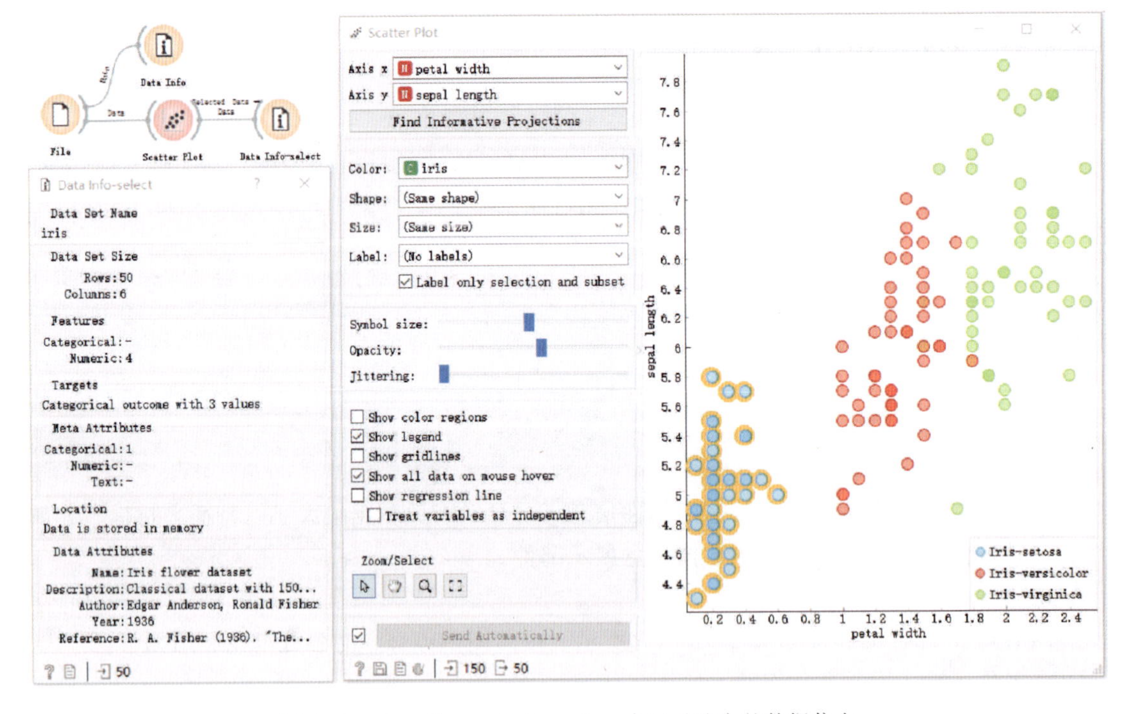


图 2-2-16 在 Data Info-select 中显示选定的数据信息

## （八）Data Sampler（数据采样器）

Data Sampler

利用 Data Sampler 部件，可从输入数据集中选择数据实例子集。

### 1. 输入项

数据集。

### 2. 输出项

采样的数据实例和样本外数据。

### 3. 基本介绍

Data Sampler 部件中有多种数据采样方法，在提供输入数据集并连接 Data Sampler 之后，可输出一个样本数据集和一个补充数据集。

### 4. 操作界面

Data Sampler 部件的操作界面如图 2－2－17 所示。按照图中编号，对各处操作介绍如下。

①抽样类型。

■ 固定数据比例：返回整个数据的选定百分比。

■ 固定样本大小：可选定实例量，并可放回抽样（勾选“Sample with replacement”）。

■ 交叉验证：将数据实例划分为指定数量的互补子集。按照典型的验证模式，除用户选择的子集外，所有子集都将作为数据样本输出，所选择的子集将作为剩余数据输出。

■ 自展法。

②选项。

■ 可复制（确定性）抽样：可以跨用户进行。

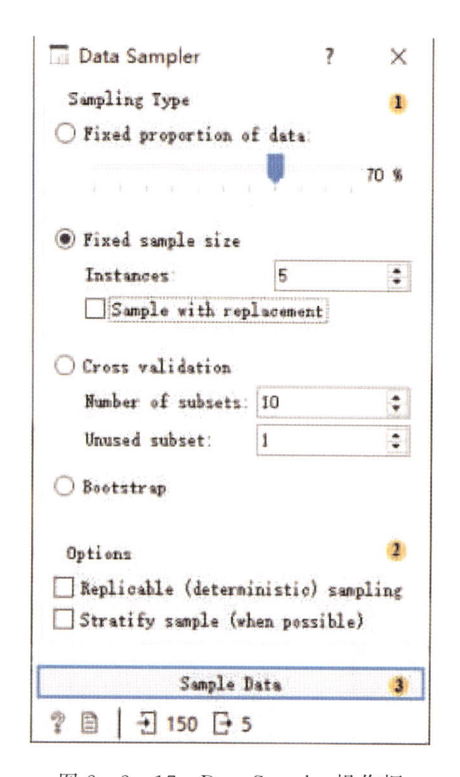


图 2－2－17　Data Sampler 操作框

■ 分层抽样（如果可能）：模拟输入数据集的组成。

③执行抽样。

### 5. 操作实例

将 Data Sampler 部件与其他部件构建如图 2－2－18 所示的连接。首先，选择导入 Iris. tab 数据，并将其输出到 Data Sampler 中；其次，为简单起见，我们选择抽取 5 个固定样本；最后，我们可以在 Data Table 中观察选中的采样数据。若要输出抽样样本以外的数据，请将输出连接到 Data Table（1），然后双击部件之间的连线，选择“Remaining Data→Data”（剩余数据→数据）。

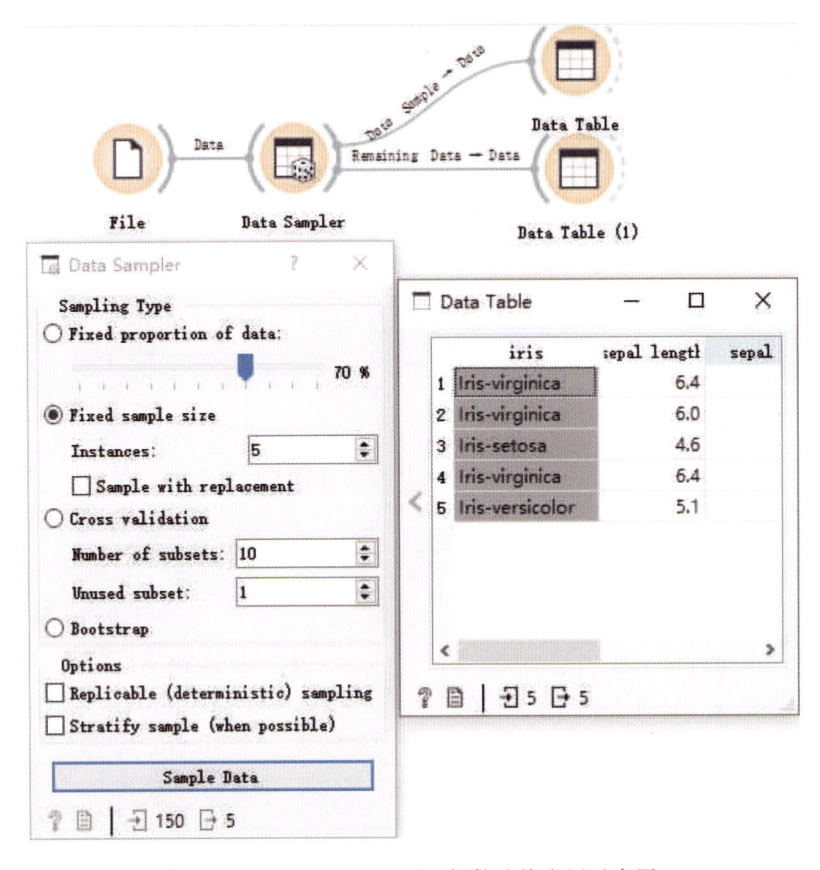


图 2-2-18　Data Sampler 部件连接应用示意图

## （九）Select Columns（选择列）

利用 Select Columns 部件，可以手动选择数据属性和组成数据域。

### 1. 输入项

数据集。

### 2. 输出项

包含部件中设置列的数据集。

### 3. 基本介绍

该部件由用户自由决定使用哪些属性以及如何使用来手动组成数据域，方便区分一般属性、类别属性和元属性。例如，构建分类模型时，数据域由一组一般属性和一个离散的类别属性组成，在建模中不使用元属性，但是一些部件可以使用它们作为实例标签。

Orange 有 3 种数据类型——离散型、数值型（连续型）、字符串型（文本型），分别用字母 C、N、T 来标记。

### 4. 操作界面

Select Columns 部件的操作界面如图 2-2-19 所示。按照图中编号，对各处操作介绍如下。

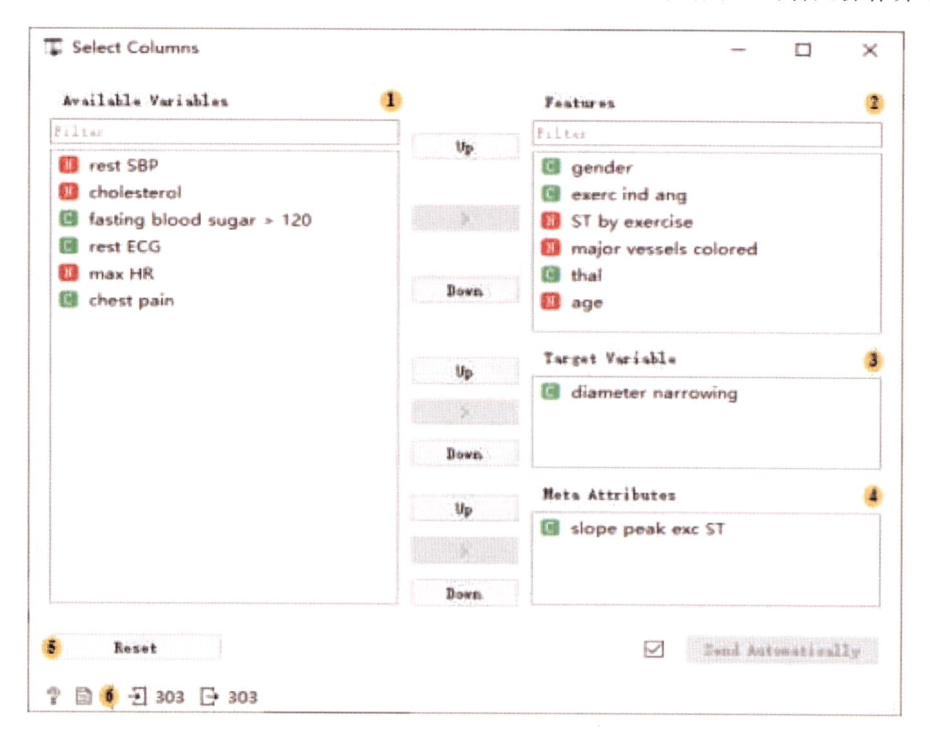


图 2-2-19　Select Columns 操作框

①可用变量：显示的变量不会出现在输出数据文件中。

②特征：显示新数据文件中的数据属性。

③目标变量：显示输出数据文件中的目标变量。

④元变量：虽然该变量包含在新数据集中，但是大多分析中都不考虑它。

⑤重置及自动发送。

⑥生成报告。

### 5. 操作实例

将 Select Columns 部件与其他部件构建如图 2-2-20 所示的连接。首先，选择导入 Iris. tab数据，并将其输出到 Select Columns 中；其次，选择只输出“petal length”（花瓣长度）和“petal width”（花瓣宽度）两个属性；最后，可以在 Data Table 中查看原始数据集和带有选定列的数据集，如图 2-2-20 所示。

## （十）Select Rows（选择行）

利用 Select Rows 部件，可以根据数据特征的条件选择数据实例。

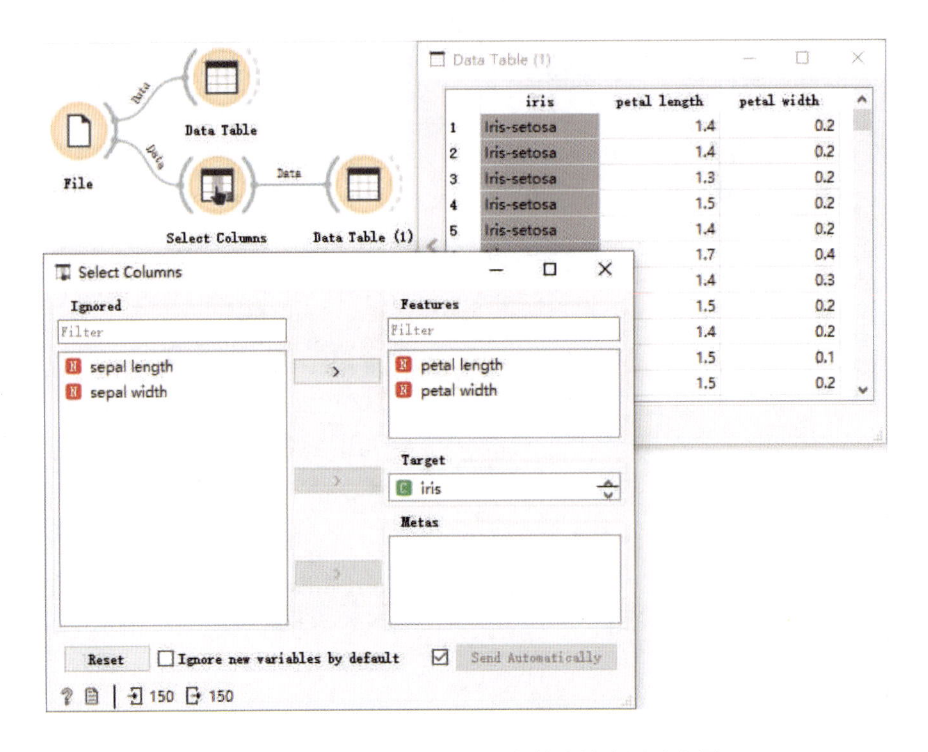


图 2-2-20　Select Columns 部件连接应用示意图

1. 输入项

数据集。

2. 输出项

■ 匹配数据：符合条件的实例。

■ 非匹配数据：不符合条件的实例。

■ 带有附加列的数据，显示是否选择了实例。

3. 基本介绍

该部件基于用户定义的条件从输入数据集中选择一个子集，与选择规则匹配的实例将被放置在“Matching Data”（匹配数据）输出通道中。数据选择标准为匹配“Conditions”（条件）中所有术语的项目。

通过属性选择，选中运算符列表中符合条件的实例，必要时运用条件术语对实例进行选择。离散属性、连续属性和字符串属性的运算符不同。

4. 操作界面

Select Rows 部件的操作界面如图 2-2-21 所示。按照图中编号，对各处操作介绍如下。

①条件：包括添加条件、一次添加所有可能的变量、一次删除所有列出的变量。

②清除数据：包括清除未使用的特征、清除未使用的类别。

③自动发送。

5. 操作实例

将 Select Rows 部件与其他部件构建如图 2-2-22 所示的连接。首先，选择导入

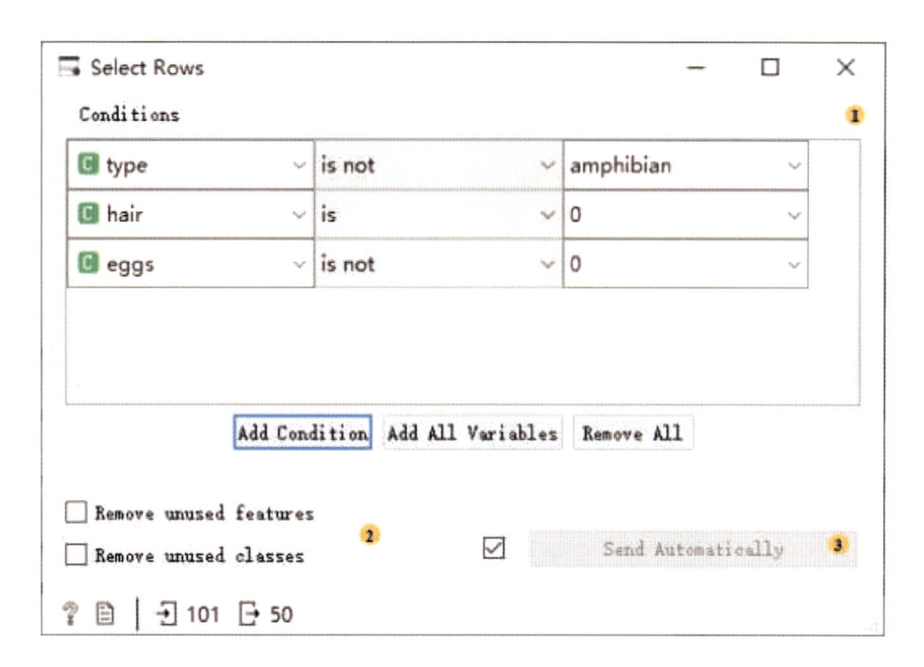


图 2-2-21　Select Rows 操作框

zoo. tab 数据，可在 Data Table 中查看原始数据集；其次，将 Select Rows 连接到 File，在部件中选择输出“fish”（鱼）和“reptile”（爬行动物），可以在 Data Table（1）中查看已选定行的数据集。

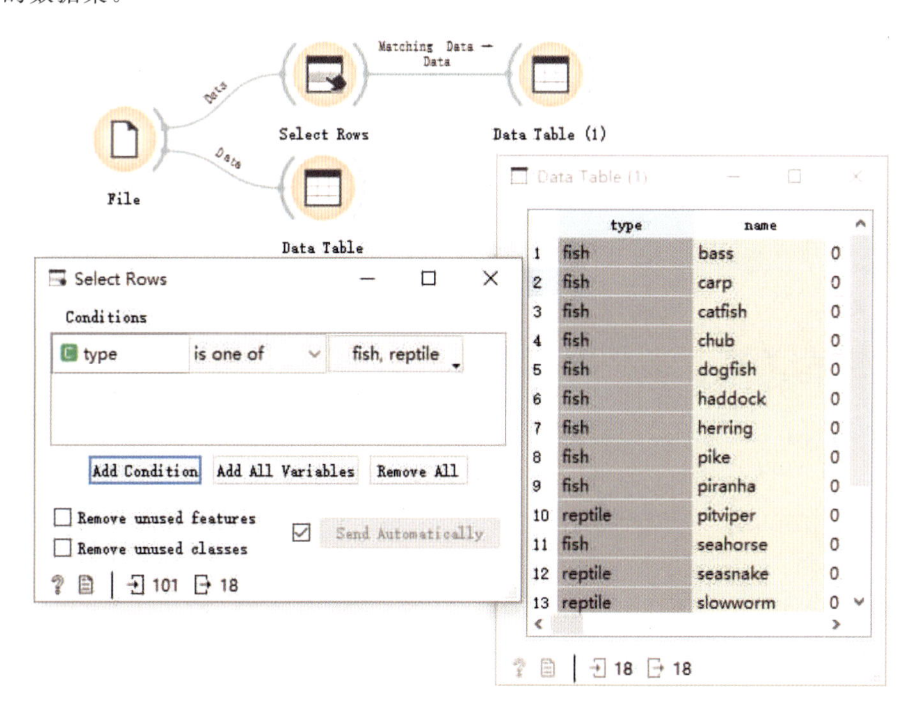


图 2-2-22　Select Rows 部件连接应用示意图

## （十一）Pivot Table（数据透视表）

利用 Pivot Table 部件，可以根据数据的行、列值重建数据表，方便数据的整合。

### 1. 输入项

带有行、列值的数据集。

### 2. 输出项

- 数据透视表：也就是列联表。
- 过滤后的数据：选择的数据子集。
- 分组数据：由行值定义的组数据。

### 3. 基本介绍

该部件将大量表的数据汇总为新统计表，可统计的信息包括总和、平均值、计数等。此外，它还支持从表中选择一个子集并按行值分组，但这些行值必须是离散型变量，注意有且仅有数值型变量不能在表中显示。

### 4. 操作界面

Pivot Table 部件的操作界面如图 2－2－23 所示。按照图中编号，对各处操作介绍如下。

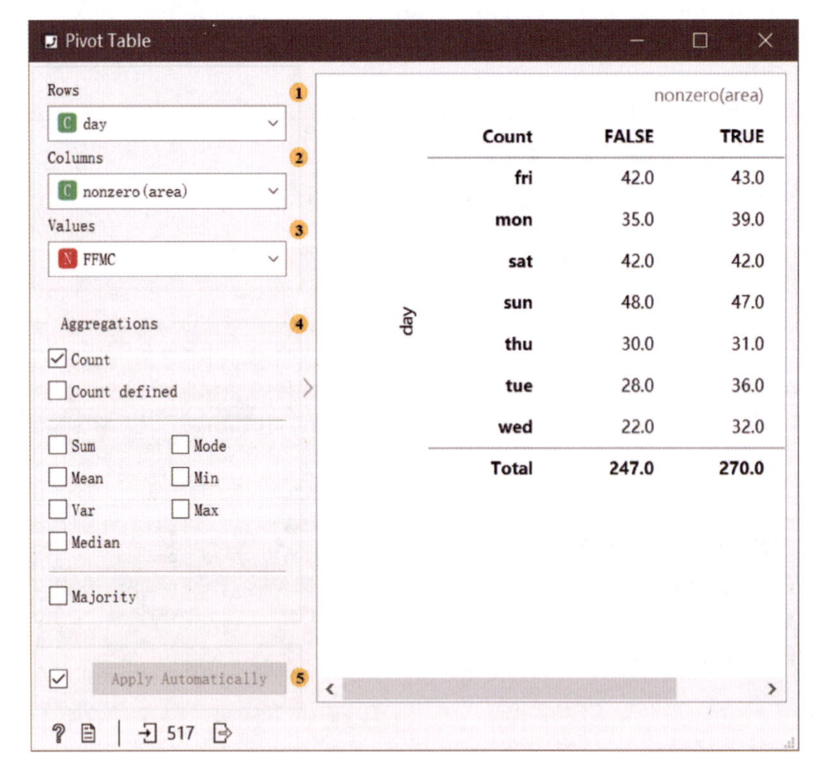


图 2－2－23　Pivot Table 操作框

①行值：离散型或数值型变量，其中数值型变量应为整数。
②列值：离散型变量，且变量值在表中应为列数据。
③值：用于汇总，在表中应为单元格内的值。
④汇总方式。

- 计数：汇总给定行和列的实例数值。
- 指定计数：汇总指定行和列的实例数值。
- 总和、众数、平均值、最小值、方差、最大值、中位数：适用于数值型变量。
- 多数：适用于离散型变量。

⑤自动应用：若需要，则勾选，操作框里的选择和改动将即时起效。

5. 操作实例

①将 Pivot Table 部件与其他部件构建如图 2-2-24 所示的连接。

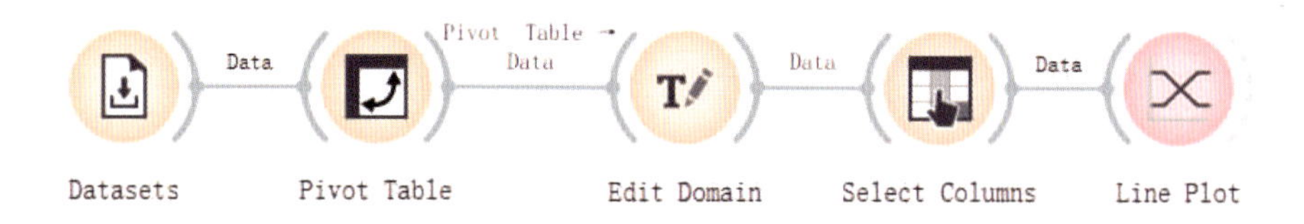


图 2-2-24 Pivot Table 部件连接应用示意图

②点击 Datasets 里的“Forest Fires”（森林火灾），该数据集包含发生火灾的日期（图 2-2-25）。选择“Count”（计数）作为汇总方式，并将“month”（月）作为行值，将“day”（日）作为列值，从而汇总表内所有日期发生的森林火灾数。另外，由于使用了 Count 方法，因此单元格内的值不被计算在内。

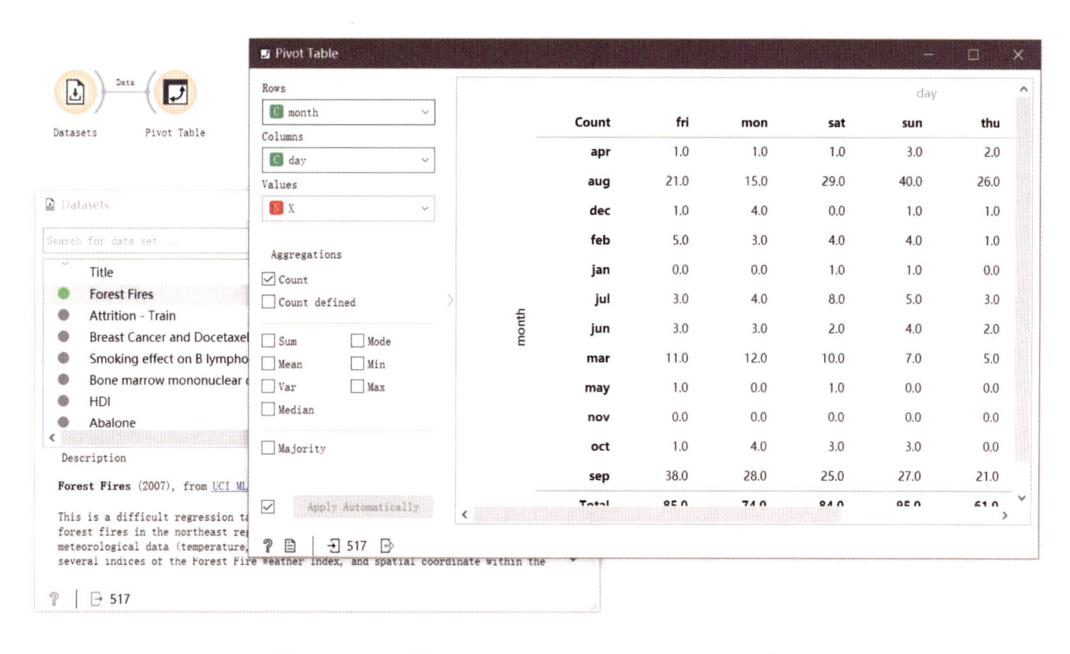


图 2-2-25 使用 Pivot Table 处理 Forest Fires 数据

③在 Line Plot 部件中绘制计数图之前，需要稍微整理一下数据。使用 Edit Domain 部件对行值进行重新排序，即按照 1 月到 12 月的顺序显示。同样地，使用 Select Columns 部件对日期进行重新排序，即按照从星期一到星期日的顺序显示（图 2－2－26）。

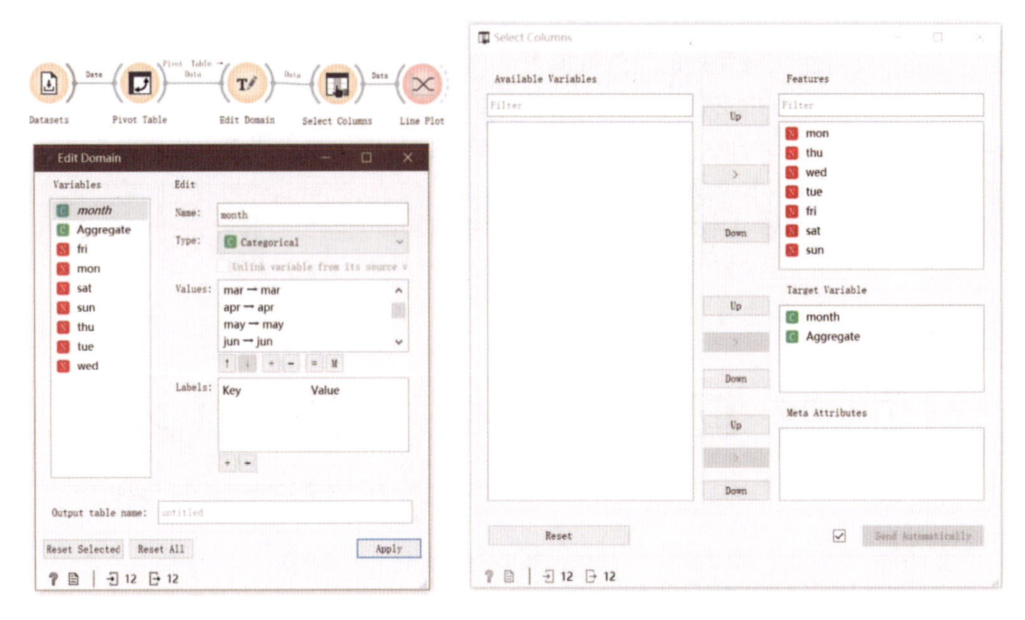


图 2－2－26　使用 Edit Domain 和 Select Columns 进行数据整理

④最后，将整理好的数据传递给 Line Plot。可以看出，森林火灾在 8 月和 9 月最为常见，而折线在周末时呈现上升趋势，说明周末的火灾发生频率要比平日高（图 2－2－27）。

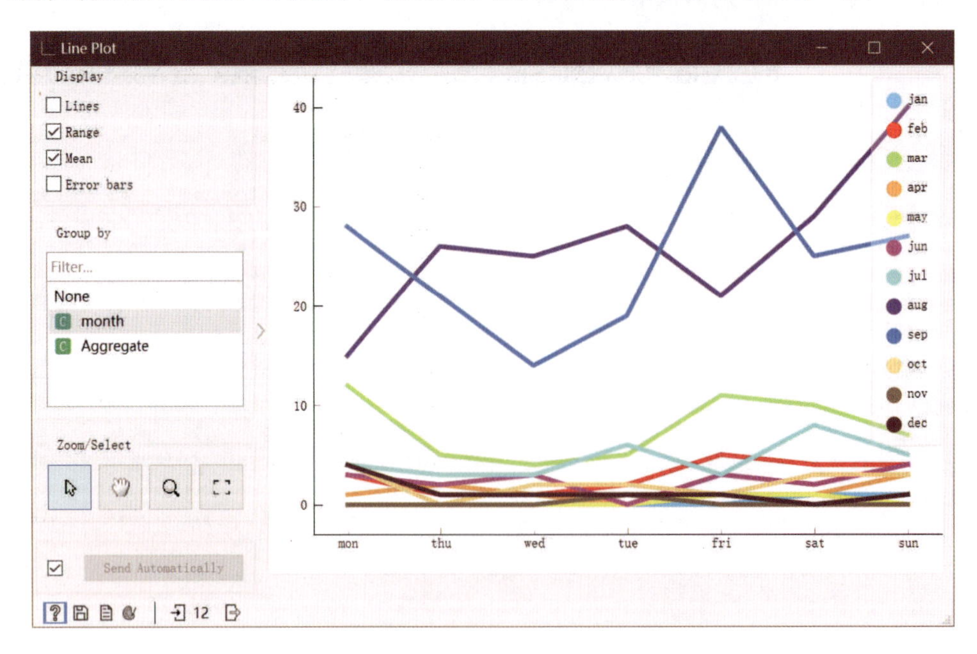


图 2－2－27　利用 Line Plot 显示结果

## （十二）Rank（排序）

Rank

利用 Rank 部件，可以对分类数据或回归数据中的特征得分进行排序。

### 1．输入项

数据集；评分器（对数据特征进行评分的模型）。

### 2．输出项

精简后的数据（具有选定属性的数据集）；分数（具有特征得分的数据表）；特征（属性列表）。

### 3．基本介绍

该部件基于适用的内部评分器以及任何支持评分的关联外部模型，根据变量与离散型或数值型目标变量的相关性对其进行评分，除此之外，该部件还可以处理无监督数据，但只能通过外部评分器。

### 4．操作界面

Rank 部件的操作界面如图 2-2-28 所示。按照图中编号，对各处操作介绍如下。

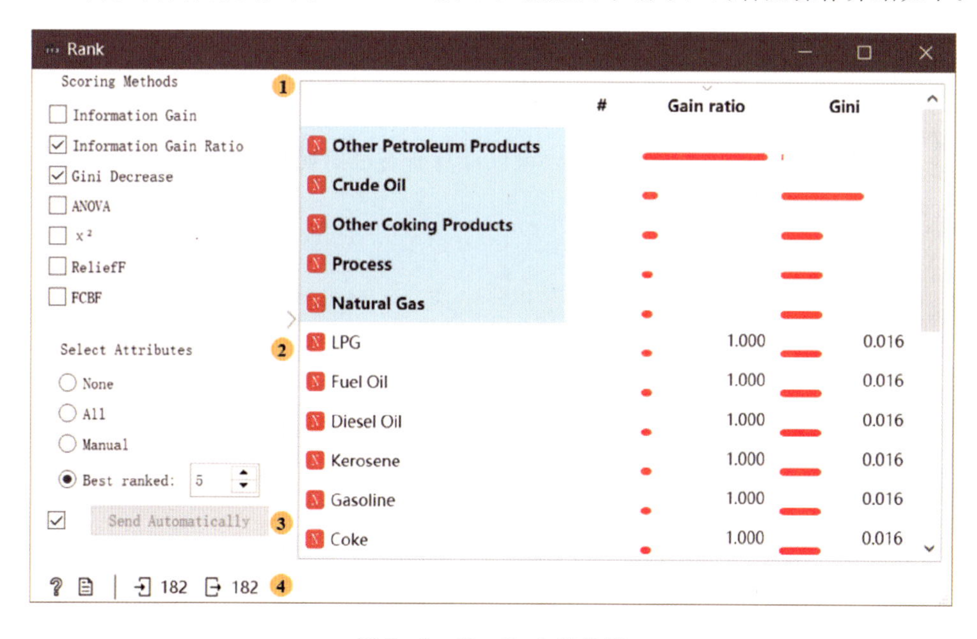


图 2-2-28　Rank 操作框

①评分方法。

■ 信息增益：预期的信息量，即信息熵（信息复杂度）的减少程度。

■ 信息增益比：信息增益与属性固有信息的比率，可减少信息增益中对多值特征的偏见。

■ 基尼减少率：频率分布值之间的不等式。

■ 方差分析：不同类别的特征之间平均值的差异。

■ $x^2$：特征与类别之间的依赖关系，用卡方统计量度量。

■ ReliefF 算法：属性在相似实例数据上区分类别的能力。

■ 基于快速相关性的滤波器：基于熵的度量，还可以识别由于特征之间的成对相关性而产生的冗余。

另外，还可以连接 Linear Regression（线性回归）、Logistic Regression（逻辑回归）、Random Forest（随机森林）、PCA（主成分分析）等部件对数据进行评分。

②属性选择。

■ None：不会输出任何属性。

■ All：输出所有属性。

■ Manual：从右边的表格中手动选择属性。

■ Best ranked：输出 $n$ 个最佳排名的属性。

③自动发送：若需要，则勾选，操作框里的选择和改动将即时起效。

④状态栏：左侧显示文件图标（单击可生成报告）及部件输入和输出的实例数，若出错，则在右侧显示警告和错误信息。

5. 操作实例

略。

## （十三）Correlations（相关性）

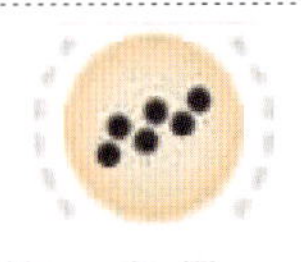


利用 Correlations 部件，可以计算所有成对属性的相关性。

1. 输入项

数据集。

2. 输出项

输入的数据集；选定的一对特征；具有相关性得分的数据表。

3. 基本介绍

该部件用来计算数据集中所有要素的 Pearson 相关性或 Spearman 相关性分数，但只能用于检测单调关系。

4. 操作界面

Correlations 部件的操作界面如图 2－2－29 所示。按照图中编号，对各处操作介绍如下。

①选择相关性方法：包括 Pearson 相关和 Spearman 相关。

②单击下拉菜单可选择属性对。

③直接输入属性名或在窗口内点击可选择属性对。

④状态栏：左侧显示文件图标（单击可生成报告）及部件输入和输出的实例数，若出错，则在右侧显示警告和错误信息。

5. 操作实例

①将 Correlations 部件与其他部件构建如图 2－2－30 所示的连接。

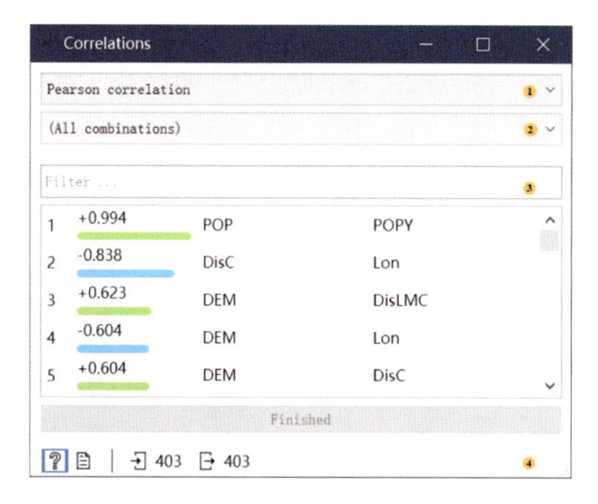


图 2-2-29　Correlations 操作框

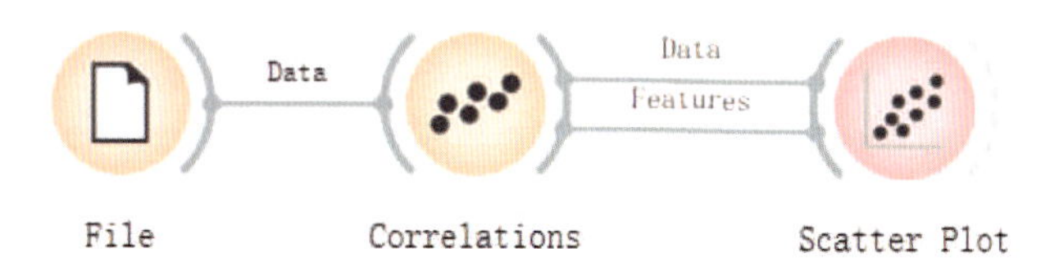


图 2-2-30　Correlations 部件连接应用示意图

②该部件只能为数值型变量计算相关性，因此点击 Data 模块里的 File 部件，选择导入 LOO _ CN _ CTowns _ Geo 数据，并将其连接到 Correlations，可以从图2-2-31Correlations 部件的结果中看到，绿色的表示正相关属性特征，蓝色的表示负相关属性特征。要想进一步查看属性对的相关关系，可以在 Correlations 结果图中选择负相关的属性对，如“DEM-POP”，

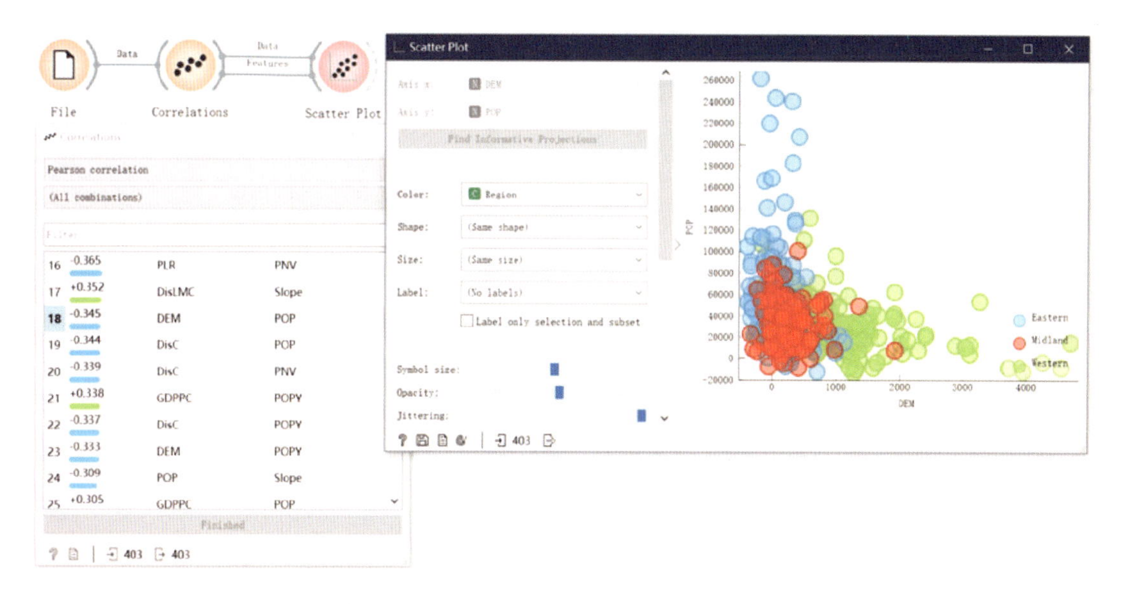


图 2-2-31　Correlations 与 Scatter Plot 结果图

将 Scatter Plot 连接到 Correlations，并按图 2-2-32 编辑部件间的连线以选择数据的输出通道，即 Data-Data、Features-Features，观察右侧散点图，可以看出这两个特征确实属于负相关关系。

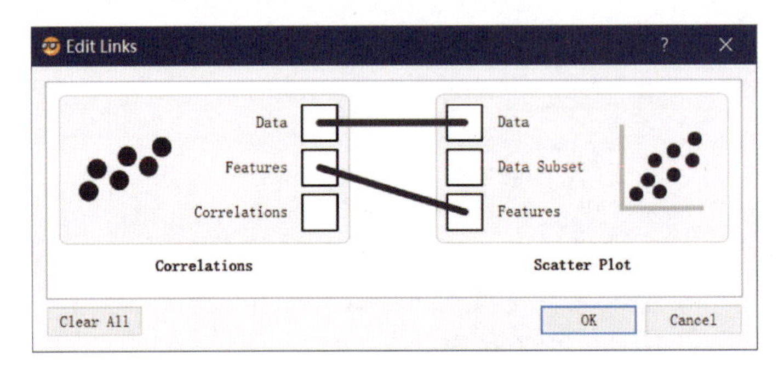


图 2-2-32　通过 Edit Links 窗口选择数据通道

## （十四）Merge Data（合并数据）

利用 Merge Data 部件，可以根据所选属性的值合并两个数据集。

### 1. 输入项

选择的数据和额外数据。

### 2. 输出项

包含从额外数据中添加要素的数据集。

### 3. 基本介绍

该部件可根据所选属性（列）的值合并两个数据集（选择的数据和额外数据）。两个数据集中的行通过用户选择的属性进行匹配。部件的输出对应输入数据的实例，来自额外数据的属性（列）被附加到这些实例中。

如果所选属性不包含唯一值（即属性具有重复值），部件将发出警告。相反，可以匹配多个属性。

### 4. 操作界面

Merge Data 部件的操作界面如图 2-2-33 所示。按照图中编号，对各处操作介绍如下。

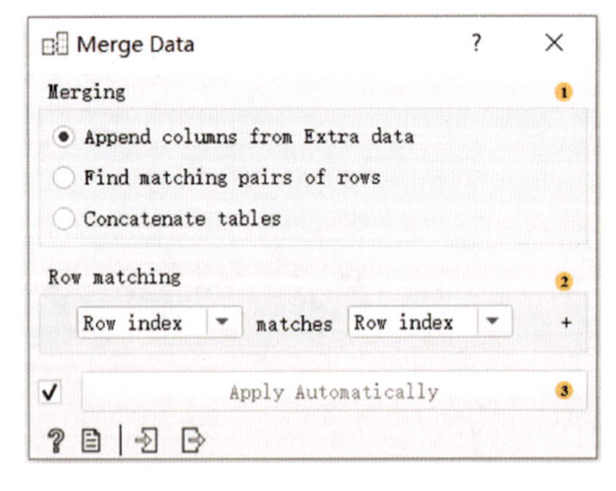


图 2-2-33　Merge Data 操作框

①合并类型。

■ 从额外数据中附加列：可输出数据中的所有行，并由额外数据中的列进行增强。若缺少额外列中的数据，则保留不带匹配项的行。

■ 查找匹配的实例对：可输出数据中匹配的行，由额外数据中的列进行增强。未被匹配的行将不显示在输出项中。

■ 串联表：对称地处理两个数据。输出方式类似于“从额外数据中附加列”，并在末尾附加了额外数据的不匹配值。

②行匹配：显示输入数据的属性列表，单击加号图标可添加要合并的属性。最终结果必须为每个行的唯一组合。

③勾选“Apply Automatically”则自动应用更改。

5. 操作实例

①将 Merge Data 部件和其他部件构建如图 2-2-34 所示的连接。在下面的示例中，我们将仅包含事实数据的 zoo. tab 文件与包含图像的 zoo-images. tab 文件合并。这两个文件共享一个字符串属性的名称。

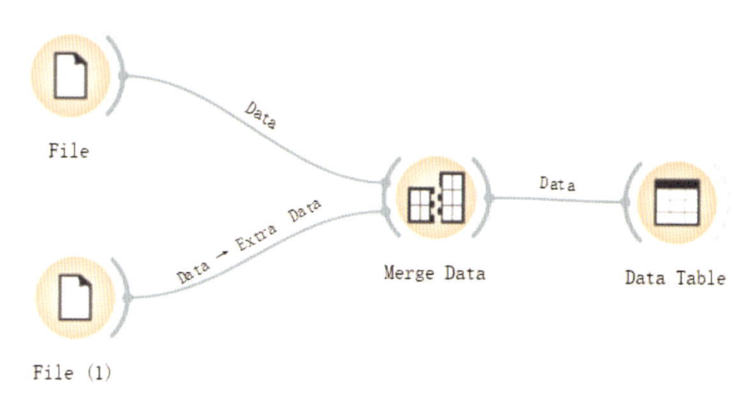


图 2-2-34 Merge Data 部件连接应用示意图

②勾选第一项“Append columns from Extra Data”（从额外数据中附加列），输出数据表如图 2-2-35 所示。即使未找到与属性名称相匹配的实例，数据表中仍然显示了所有行，包括缺失值。

## （十五）Concatenate（连接）

利用 Concatenate 部件，可以连接来自多个源的数据。

1. 输入项

主数据（定义属性集的数据集）；附加数据集。

2. 输出项

级联数据。

3. 基本介绍

该部件可将多组实例（数据集）拼接组合在一起。例如将两组分别包含 10 个实例和 5

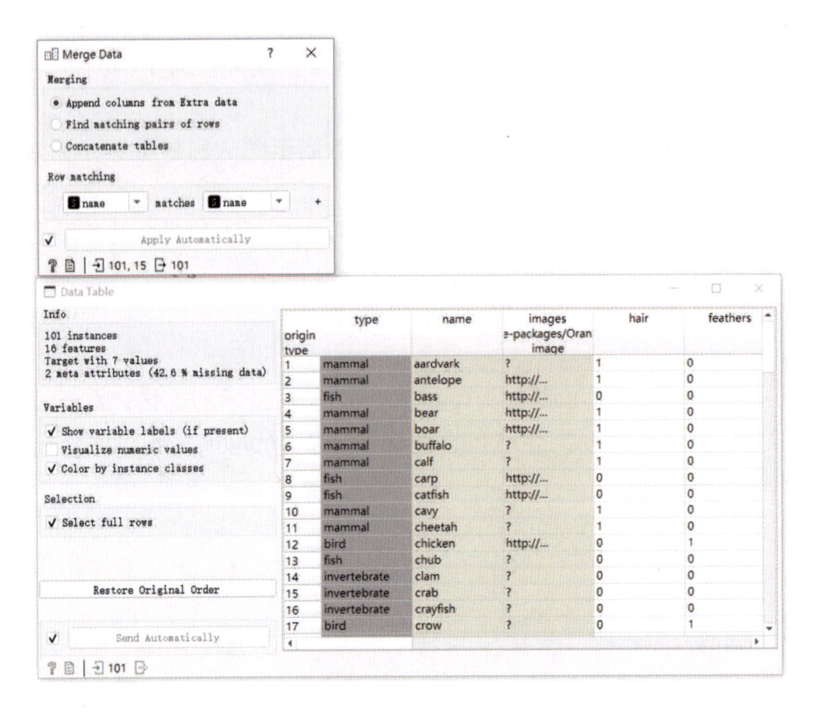


图 2-2-35　勾选“Append columns from Extra Data”后的输出结果

个实例的数据集组合，会生成一个包含 15 个实例的新数据集。

4. 操作界面

Concatenate 部件的操作界面如图 2-2-36 所示。按照图中编号，对各处操作介绍如下。

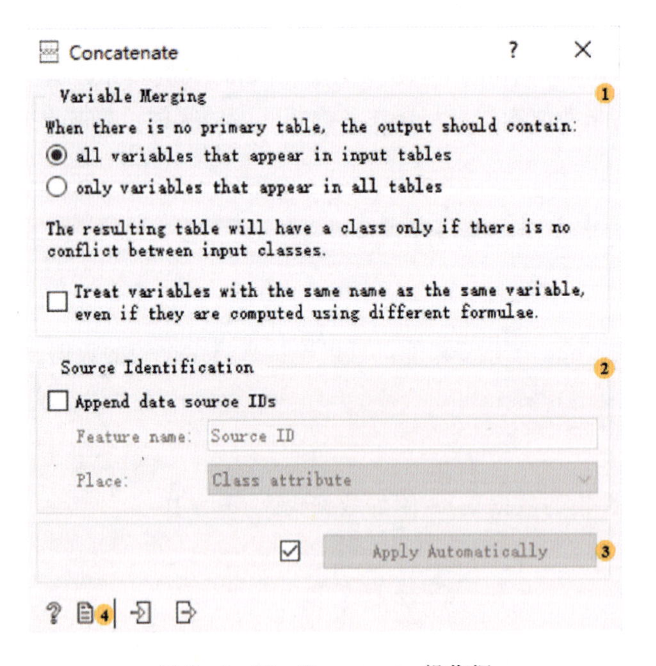


图 2-2-36　Concatenate 操作框

①变量合并。

■ 当没有主表时，输出项应包含“所有出现在输入表中的变量”或“仅出现在所有表中的变量”。

■ 结果表中只显示在输入类之间没有冲突的变量，输出时可选择“将相同名称的变量视为相同变量，即使变量是使用不同的公式计算的”。

②附加数据源标识。

③自动应用更改。

④生成报告。

5. 操作实例

将 Concatenate 部件与其他部件构建如图 2－2－37 所示的连接。如图所示，该部件可用于合并来自两个独立文件的数据。本操作实例使用了修改后的动物园数据集。在第一个 File 部件中，只加载了以字母 a 和 b 开头的动物名称，而在第二个文件中，只加载了以字母 c 开头的动物名称。连接后，我们在 Data Table 部件中可以查看首字母从 a 到 c 的动物名称的完整表。

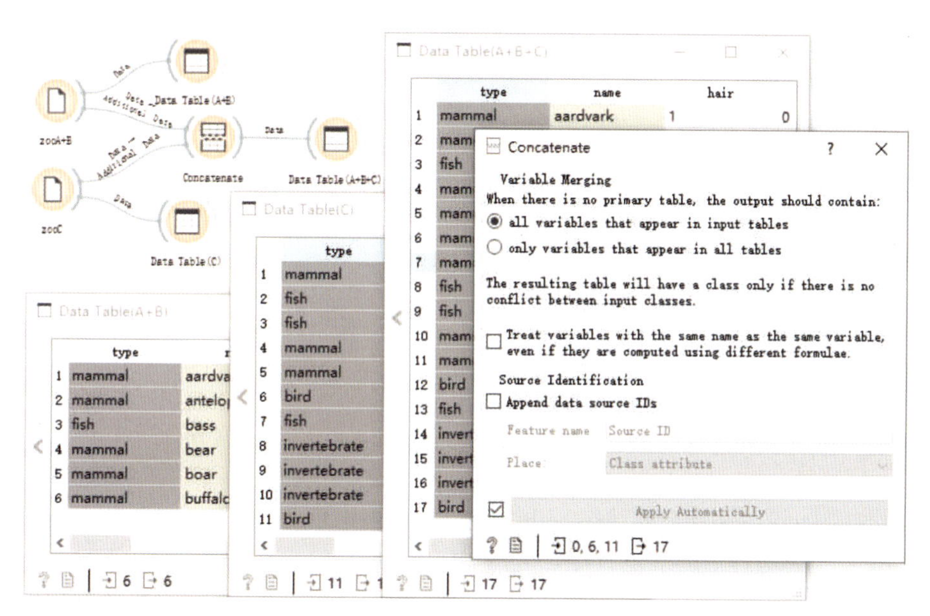


图 2－2－37　Concatenate 部件连接应用示意图

## （十六）Select by Data Index（按数据索引选择）

利用 Select by Data Index 部件，可以通过数据子集中的索引匹配实例。

1. 输入项

参考数据集和要匹配的子集。

2. 输出项

匹配数据（参考数据集中可以按索引与子集匹配的数据）；不匹配的数据（剩余无法按索引匹配的子集数据）；带注释的数据（参考数据集中带有定义匹配项的附加列）。

3. 基本介绍

该部件可以按索引匹配数据。参考数据集中的每一行都有一个索引，此部件可以依据索引与数据子集进行匹配，通常用于转换后的数据，例如从 PCA 中检索得到的原始数据。

4. 操作界面

Select by Data Index 部件的操作界面如图 2-2-38 所示。按照图中编号，对各项信息介绍如下。

①有关参考数据集的信息，该数据用作索引参考。

②有关数据子集的信息，该数据集的索引用于在参考数据集中找到匹配的数据，默认情况下，匹配数据在输出项中。

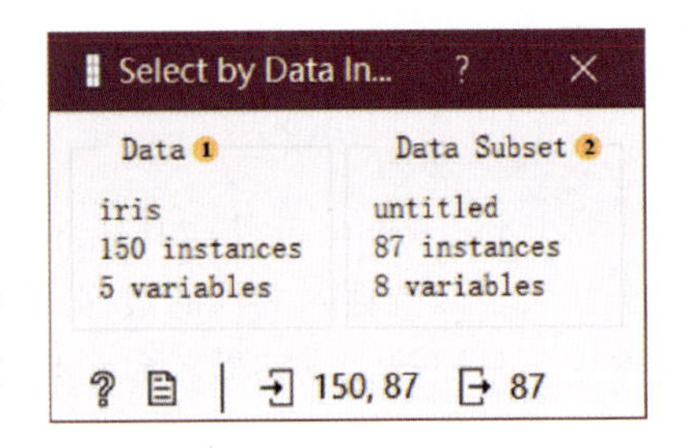


图 2-2-38 Select by Data Index 操作框

5. 操作实例

①将 Select by Data Index 部件与其他部件构建如图 2-2-39 所示的连接。

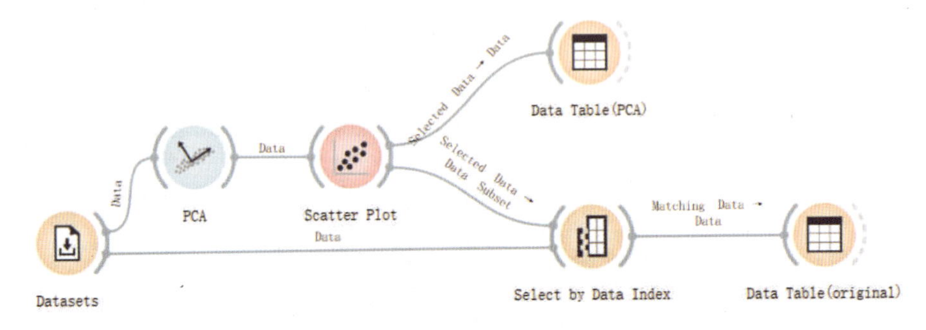


图 2-2-39 Select by Data Index 部件连接应用示意图

②点击 Datasets，选择导入 Iris. tab 数据，然后使用 PCA 转换此数据，同时可以在 Scatter Plot 中投影转换后的数据（图 2-2-40）。

③在 Scatter Plot 中选择一个子集，也可以选择整个数据集，从 Data Table（PCA）中可以观察到数据已转换。如果想要看到具有原始特点的数据，则必须使用 Select by Data Index 进行检索。将参考数据和 Scatter Plot 中的子集连接到 Select by Data Index，该部件按索引将子集与参考数据集相匹配，并输出匹配的数据，随后在 Data Table（original）中进行检查，以确认输出的数据来自参考数据集（图 2-2-41）。

## （十七）Transpose（转置）

利用 Transpose 部件，可以转置数据表。

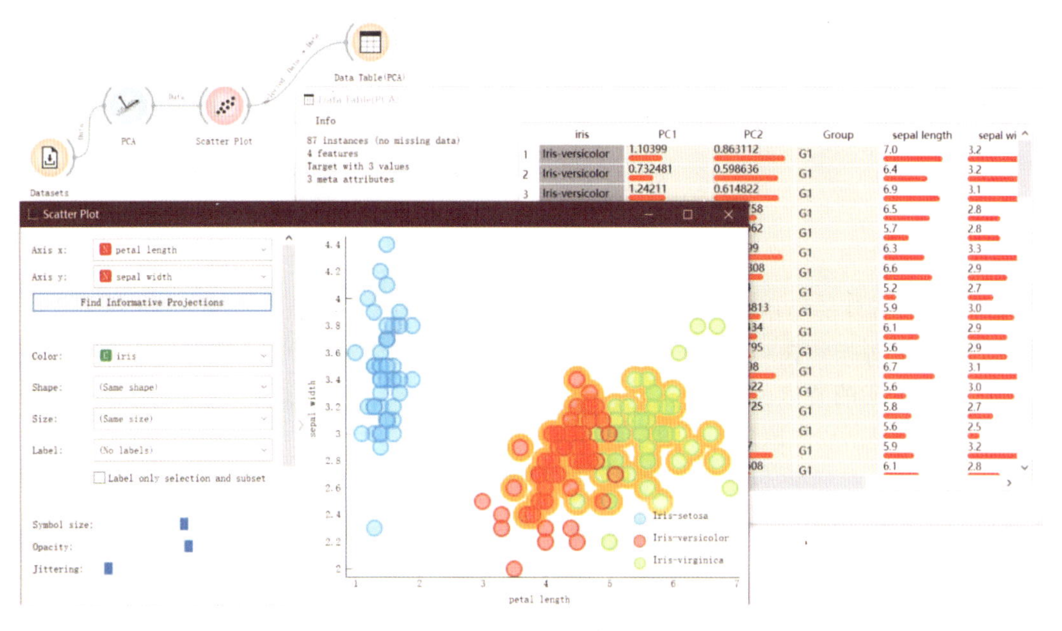


图 2－2－40　Scatter Plot 和 Data Table（PCA）操作框

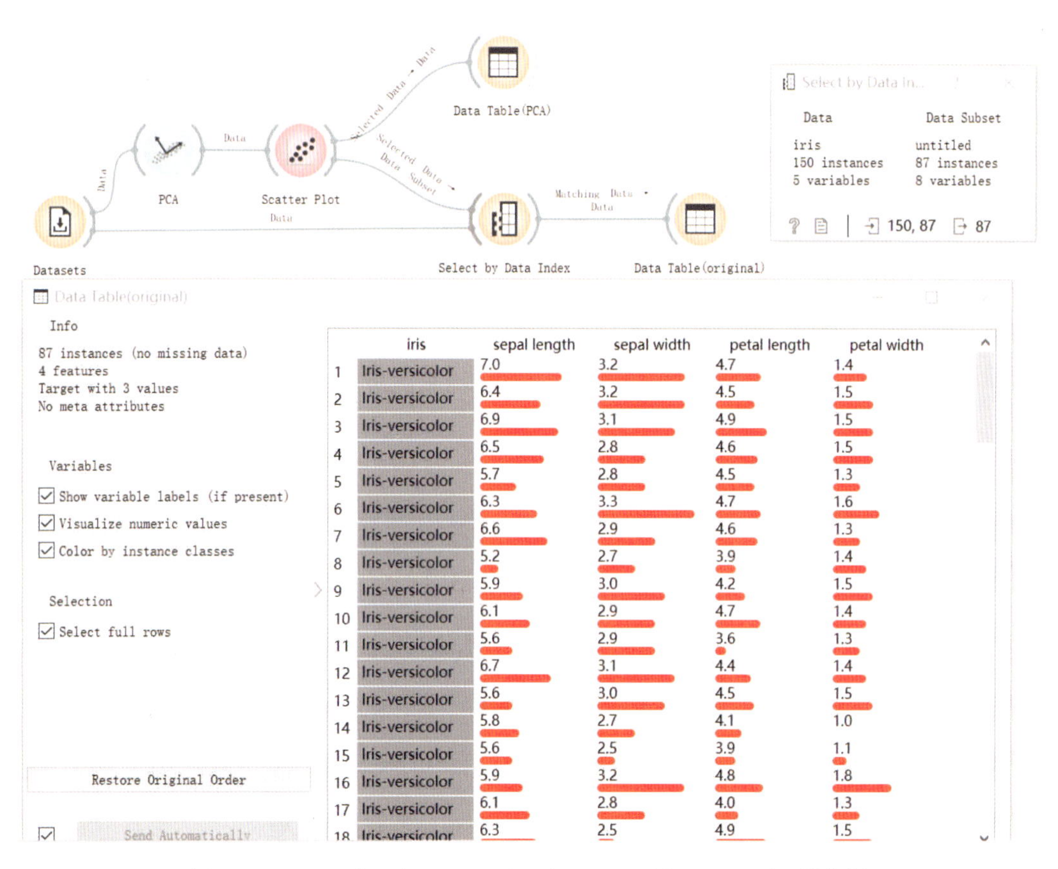


图 2－2－41　Select by Data Index 和 Data Table（original）操作框

1. 输入项

数据集。

2. 输出项

转置后的数据集。

3. 基本介绍

略。

4. 操作界面

Transpose 部件的操作界面如图 2-2-42 所示。按照图中编号，对各处操作介绍如下。

①选择转置后的要素名称。

■ 一般转置：按照原数据集的要素名直接进行转置，可以添加前缀。

■ 从变量中选择：将数据表中的某一要素名作为转置前缀。

②自动应用：若需要，则勾选，操作框里的选择和改动将即时起效。

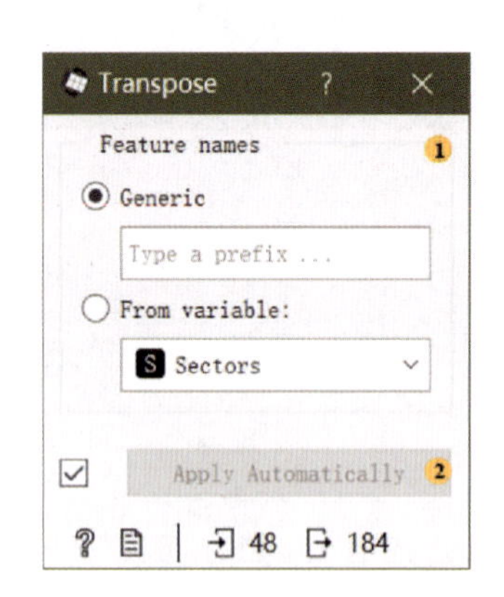


图 2-2-42 Transpose 操作框

5. 操作实例

略。

## （十八）Randomize（随机化）

利用 Randomize 部件，可以在输入时接收数据集，并输出相同的数据集，其中类、特征和元属性被随机排列。

1. 输入项

数据集。

2. 输出项

随机数据集。

3. 基本介绍

略。

4. 操作界面

Randomize 部件的操作界面如图 2-2-43 所示。按照图中编号，对各处操作介绍如下。

①选择需随机排列的数据集的列组，有类别型数据、特征型数据、元属性数据 3 个选项。

②选择需随机排列的数据集的比例。

③勾选则生成可复制的输出数据集。

④勾选“Apply Automatically”则自动应用更改。

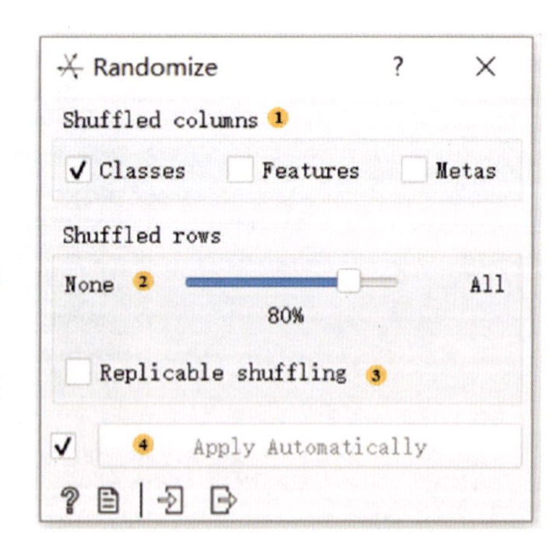


图 2-2-43 Randomize 操作框

### 5. 操作实例

将 Randomize 部件和其他部件构建如图 2-2-44 所示的连接。该部件通常放在其他部件，如 File 之后。Data Table 中的数据按顺序排列，Data Table（1）中的数据则随机排列。

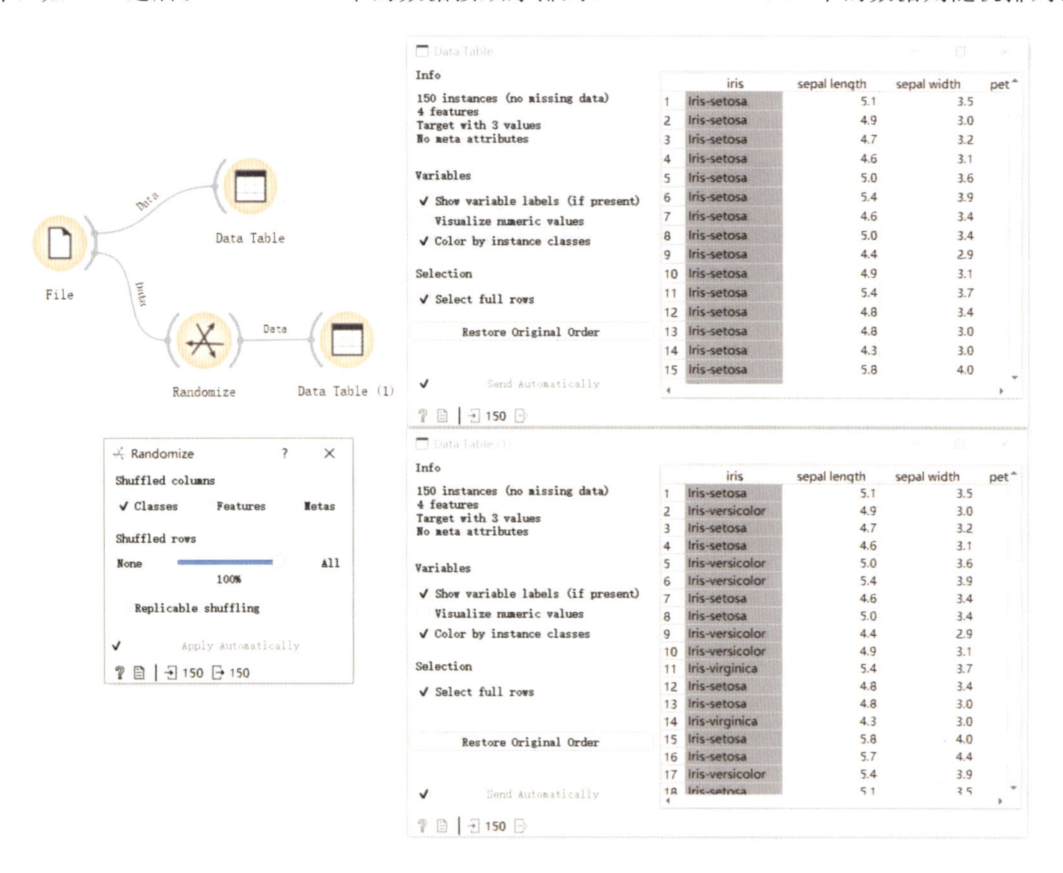


图 2-2-44　Randomize 部件连接应用示意图

## （十九）Preprocess（预处理）

Preprocess

利用 Preprocess 部件，可以使用所选方法对数据集进行预处理。

### 1. 输入项

数据集。

### 2. 输出项

使用选定方法预处理的数据。

### 3. 基本介绍

该部件提供了几种预处理方法，这些方法可以组合在一个预处理通道中。它们提供了高级的技术和更大的参数调整，对于获得更高质量的分析结果至关重要。

### 4. 操作界面

Preprocess 部件的操作界面如图 2-2-45 所示。按照图中编号，对各项操作介绍如下。

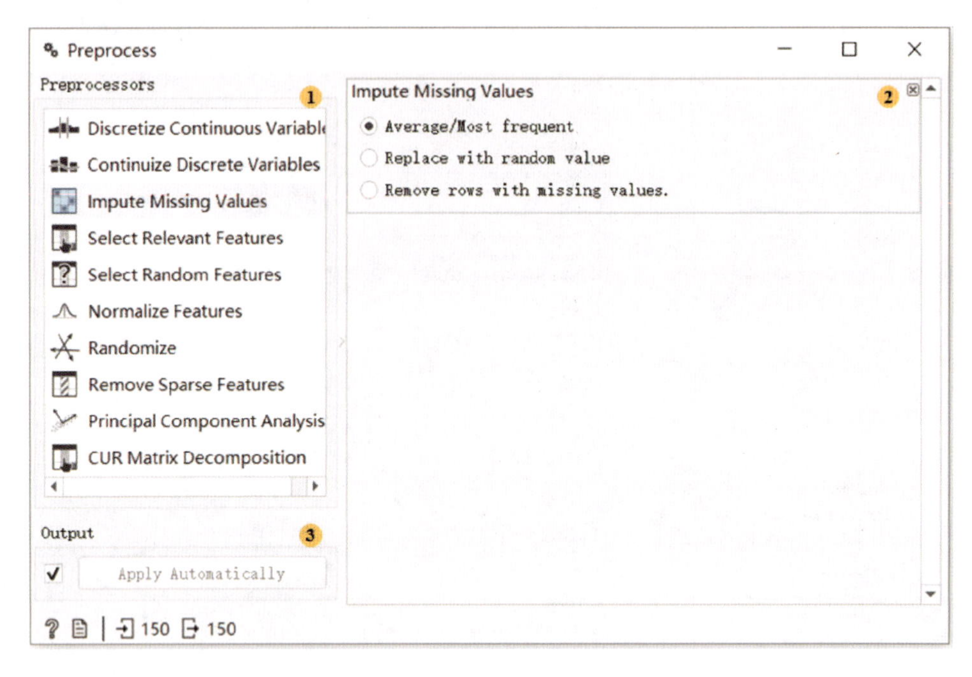


图 2-2-45 Preprocess 操作框

①预处理器列表：Preprocess 部件中包含 10 种预处理器，以下按照图中顺序依次进行介绍。

■ 连续值的离散化

- Entropy-MDL 离散化：使用预期信息来确定垃圾箱。
- 同等频率离散化：按频率进行相等的频率离散分割（每个条柱中的实例数相同）。
- 相等宽度离散：创建相等宽度的条柱（各个条柱的跨度相同）。
- 删除数字特征：完全删除数字要素。

■ 离散值的延续

- 最常见的基数：将最常见的离散值视为 0，而将其他值视为 1。
- 各值的特征：为每个值的一个要素创建列，将 1 放在实例中具有该值的位置，将 0 放在实例中没有该值的位置。
- 删除非二进制要素：仅保留值为 0 或 1 的分类要素，并将其转换为连续要素。
- 删除分类功能。
- 按序号处理离散值，并将它们视为数字：如果离散值是类别，则将在数据显示中为每个类别分配一个数字。

■ 填充缺失值

- 将缺失值（NaN）替换为平均值（对于连续值）或最频繁值（对于离散值）。
- 替换为随机值：将缺失值替换为每个变量范围内的随机值。
- 删除缺少值的行。

■ 选择相关特征

• 此预处理器只输出信息最丰富的特征。得分可以由信息增益（Information Gain）、增益比（Gain Ratio）、基尼指数（Gini Index）、ReliefF 算法（ReliefF）、基于快速相关性的滤波器（FCBF）、方差分析（ANOVA）、卡方检验（Chi2）和单变量线性回归（Univariate Linear Regresion）来决定。

• 特征数量：指输出多少变量。“Fixed”指返回固定数量的得分最高变量，“Percentile”指返回所选的特征最高百分比。

■ 随机选择特征：数据中固定数量或百分比的特征。主要用于高级测试和教育目的。

■ 标准化特征：类似于缩放，可以通过标准差、跨度来缩放。

■ 随机化实例：随机排列类值并破坏示例和类之间的连接。

■ 删除稀少特征：保留数量在用户自定义的阈值以上的特征，其余将被删除。

■ 主要组件分析：输出 PCA 转换结果，类似于 PCA 部件。

■ CUR 矩阵分解：是一种维数还原方法，类似于 SVD。

②预处理通道。双击左框中要使用的预处理器，部件将按照双击选择顺序对数据进行相应处理，具体功能设置在右框预处理通道。

③勾选“Apply Automatically”则自动应用更改。

### 5. 操作实例

将 Preprocess 部件和其他部件构建如图 2-2-46 所示的连接。本例选用 heart_disease.tab 数据集。在该部件中选择“Impute Missing Values”（填充缺失值）和“Normalize Features”（标准化特征），然后观察数据表中的变化并进行对比。

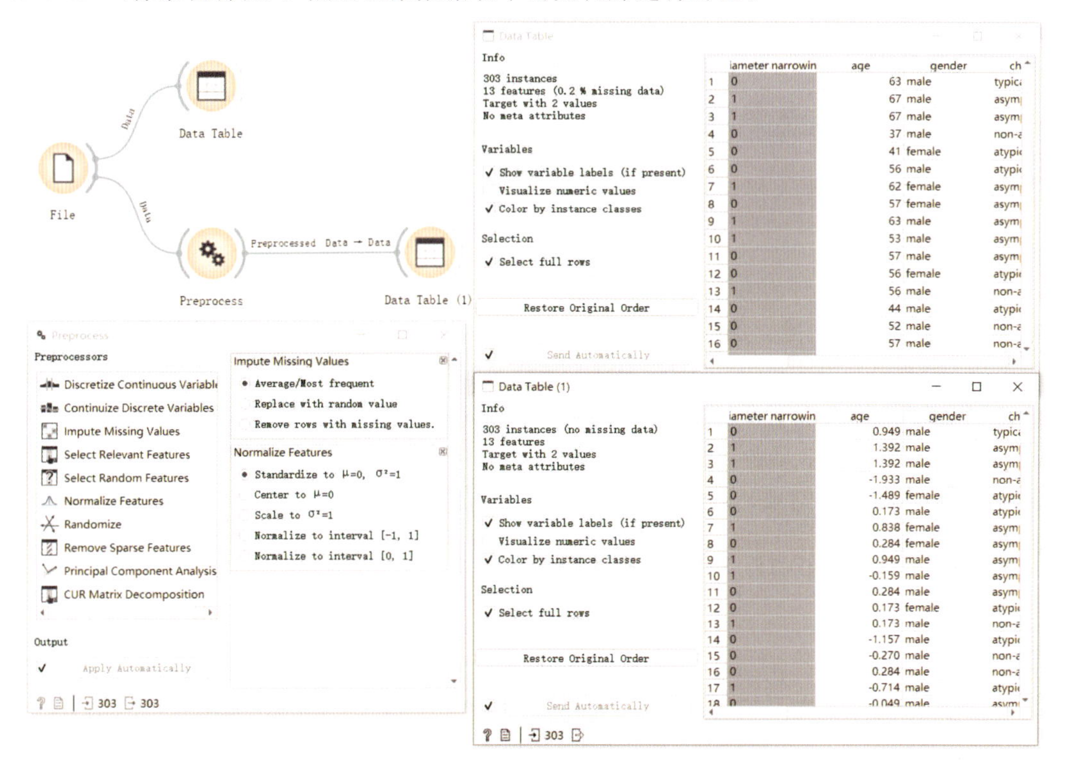


图 2-2-46　Preprocess 部件连接应用示意图

## （二十）Apply Domain（变换应用域）

利用 Apply Domain 部件，可以转换给定的模板和数据集。

1. 输入项

输入数据集；模板数据集。

2. 输出项

转换的数据集。

3. 基本介绍

该部件接收用于转换的数据集和模板数据集，并将新数据映射到转换后的空间。例如，如果我们使用 PCA 转换一些数据，并且希望在同一空间中观察新数据，则可以使用该部件将新数据映射到由原始数据创建的 PCA 空间中。

4. 操作界面

Apply Domain 部件的操作界面如图 2－2－47 所示。

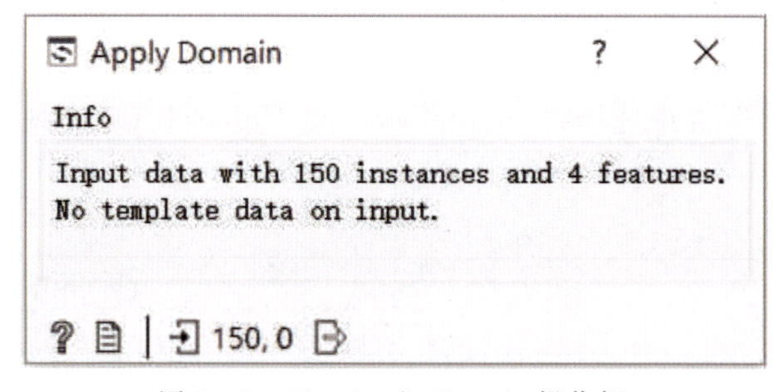


图 2－2－47　Apply Domain 操作框

5. 操作实例

将 Apply Domain 部件和其他部件构建如图 2－2－48 所示的连接。本示例选用 Iris. tab 数据集，为了创建两个独立的数据集，我们使用 Select Rows 部件，并将条件设置为“iris is one of iris－setosa，iris－versicolor”。将 Select Rows 中未使用的数据发送到 Apply Domain 部件中，再利用 PCA 部件对数据进行转换，并选择能够解释 96％方差的前两个主成分。Apply Domain 将对输入数据进行转换，再使用 Concatenate 部件将新、旧数据连接在一起。观察 Scatter Plot 中的结果，对比新、旧数据之间的变化。

## （二十一）Impute（填充）

利用 Impute 部件，可以替换数据中所有属性的未知值，或通过特定方法替换指定属性中的未知值。

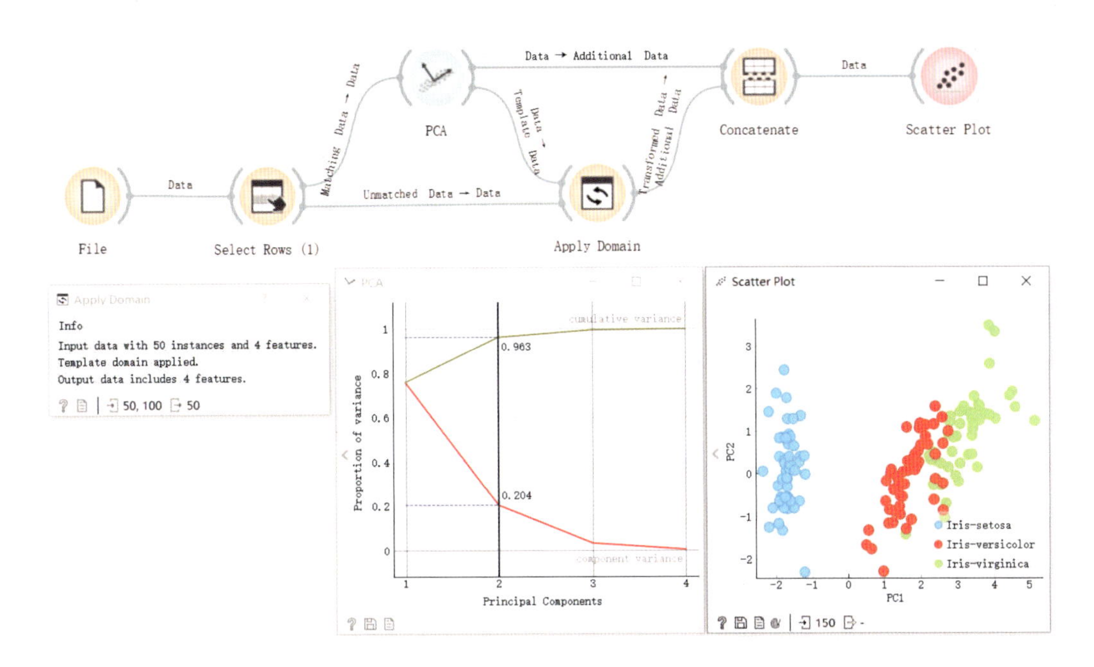


图 2－2－48　Apply Domain 部件连接应用示意图

### 1. 输入项

任何属性的数据集；归因学习算法。

### 2. 输出项

具有新估算值的数据集。

### 3. 基本介绍

该部件利用归因法来处理数据中的缺失值，即用数据计算出的值或由用户设置的值来替换缺失值。这也是该部件优于其他算法和可视化方法的特点之一，其中默认插补方法为 1－NN 学习法。

### 4. 操作界面

Impute 部件的操作界面如图 2－2－49 所示。按照图中编号，对各处操作介绍如下。

①默认方法：用户可以为所有属性指定通用的填充技术。

- 不使用填充：对缺失的值不执行任何操作。
- 平均值/众数值：对于连续型变量，使用平均值；对于离散型变量，使用众数值。
- 特定值：用户设定一个新的值来填充缺失值。
- 基于模型填充：根据其他属性的值构建一个模型来预测缺失的值，即为每一个属性构造一个单独的模型。默认模型是 1－NN 学习器，它从最相似的示例中获取值。该算法可以由用户连接到输入信号学习器进行插补的算法代替。但是，如果数据中存在离散或连续的属性，则目前只有 1－NN 学习器可以做到同时处理它们。未来，Orange 具有更多学习器时，该部件会为离散模型和连续模型提供单独的输入信号。
- 随机值：计算每一个属性的值的分布，从中随机选择值进行插补。
- 删除缺少值：删除缺少值的示例，若选择了填充类值，则此方法也适用于类属性。

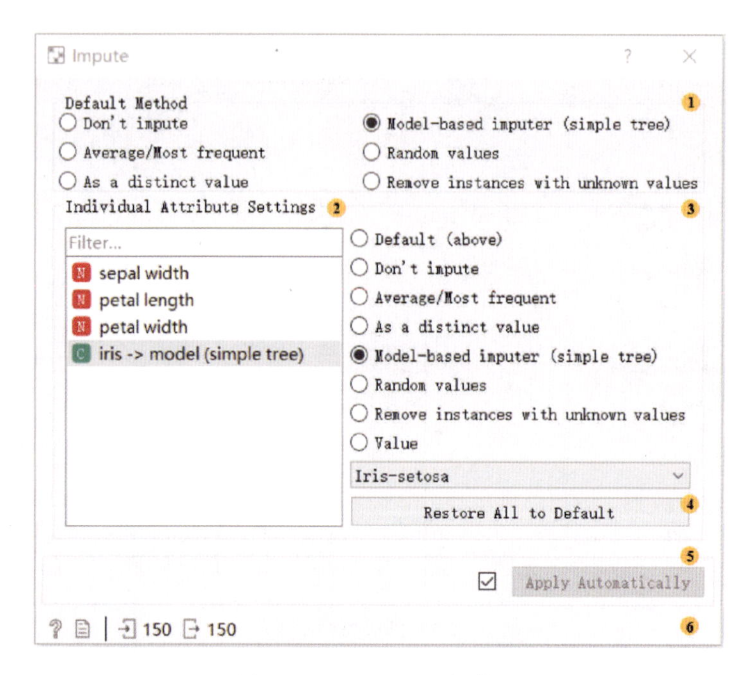


图 2-2-49　Impute 操作框

②为单个或多个属性值指定特定的填充方法：该操作将覆盖针对数据集的默认方法，也可自定义填充属性值。在了解各个属性值的缺失情况后，根据不同属性值的特点选择恰当的填充方法，以提高数据填充的准确性。对于其他没有指定填充方法的属性值，将按照默认填充方法填充未知数据。

③各属性的插补方法：选项与默认方法类似。

④全部还原为默认值：将单个属性重置为默认值。

⑤自动应用：若需要，则勾选，操作框里的选择和改动将即时起效。

⑥状态栏：左侧显示文件图标（单击可生成报告）及部件输入和输出的实例数，若出错，则在右侧显示警告和错误信息。

5. 操作实例

将 Impute 部件和其他部件构建如图 2-2-50 所示的连接。在 File 中导入 Iris. tab 数据，连接 Data Table 可以看出，数据存在 1、2、51、52、101、103 这 6 处缺失。将 Impute 连接到 File，在默认方法中选择“Model-based imputer”（基于模型填充），单个属性设置同上，接着连接 Data Table，缺失的数据通过模型得到填充，对比于原数据可知填充准确性较高。

## （二十二）Outliers（离群值）

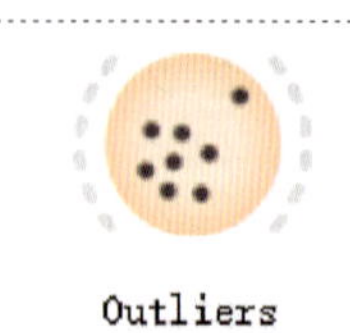


利用 Outliers 部件，可以在选定离群值检测方法的情况下分析数据异常情况，并计算出离群值和异常值。

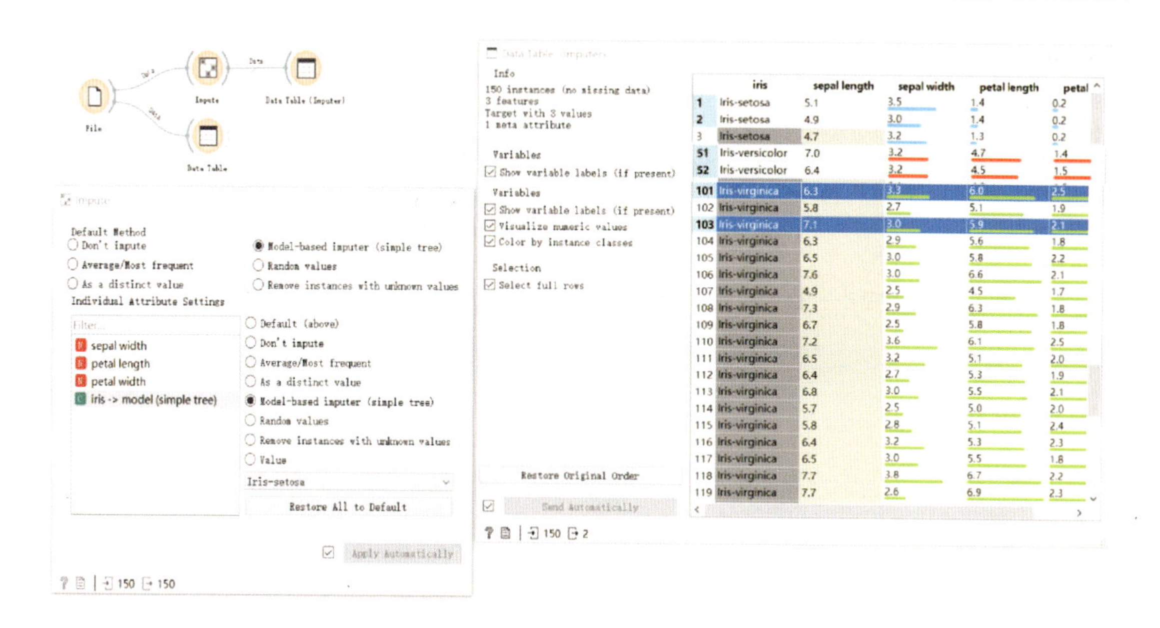


图 2－2－50　Impute 部件连接应用示意图

### 1．输入项

具有任何属性的数据集。

### 2．输出项

离群值（实例得分计为离群值）；异常值（实例得分未计为异常值）；数据（附加了离群值变量的数据集）。

### 3．基本介绍

该部件通过选择一种离群值检测方法对数据集进行异常值分析，计算反映结果异常程度的分数，给出离群值及异常值，默认的 4 种方法能够处理所有类型的数据集。

### 4．操作界面

Outliers 部件的操作界面如图 2－2－51 所示。按照图中编号，对各处操作介绍如下。

①离群值检测方法：下拉框中有 4 种方法，如图 2－2－52—图 2－2－55 所示。

■　单类支持向量机：将数据分为与核心相似及不相似两类，适用于检测非高斯分布的数据。

■　协方差估计法：用马氏距离拟合省略点到中心点的距离，适用于检测高斯分布的数据。

■　局部异常因子：从 $k$ 个最近邻获得局部密度，测量给定数据点相对于其相邻点的局部密度，适用于检测中高等维度数据。

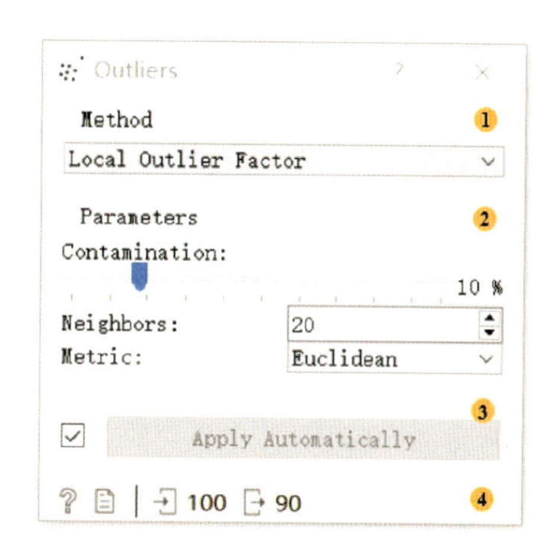


图 2－2－51　Outliers 操作框（一）

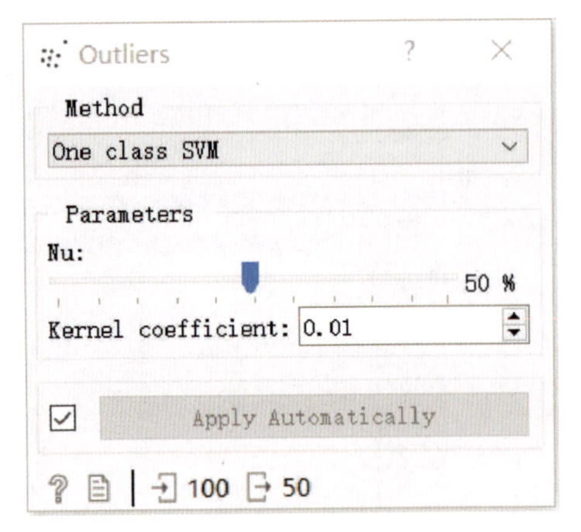


图 2-2-52　Outliers 操作框（二）

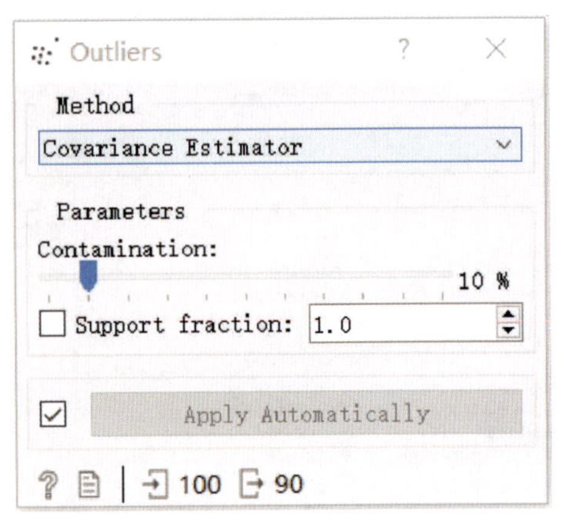


图 2-2-53　Outliers 操作框（三）

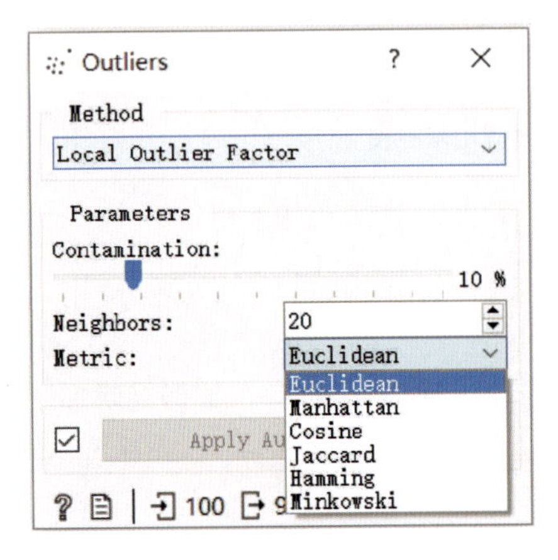


图 2-2-54　Outliers 操作框（四）

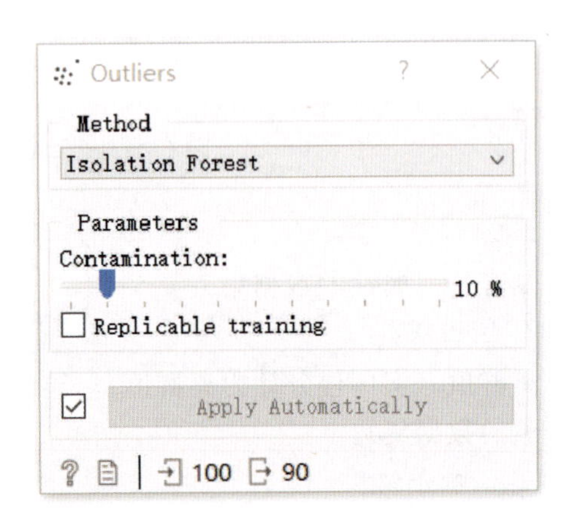


图 2-2-55　Outliers 操作框（五）

■ 孤立森林：在随机选择要素中再选择一个分割值，使之处在最大值和最小值之间，以此来隔离观测值，适用于检测高维数据。

②设置参数：以下对不同离群值检测方法下的参数设置进行介绍。

■ 单类支持向量机（图 2-2-52）。

Nu：指训练误差分数的上限和支持向量分数的下限。

内核系数：是一个伽马参数，指定单个数据示例的影响程度。

■ 协方差估计法（图 2-2-53）。

污染程度：数据集中异常值的比例。

支持比例：指定估算中包含的点数比例。

■ 局部异常因子（图 2-2-54）。

污染程度：数据集中异常值的比例。

邻居：设定邻居数量。

距离度量方法：包含 6 种度量方法。

■ 孤立森林（图 2-2-55）。

污染程度：数据集中异常值的比例。

复制训练：修复随机种子。

③自动应用：若需要，则勾选，操作框里的选择和改动即时起效。

④状态栏：左侧显示文件图标（单击可生成报告）及部件输入和输出的实例数，若出错，则在右侧显示警告和错误信息。

5. 操作实例

①将 Outliers 部件与其他部件构建如图 2-2-56 所示的连接。

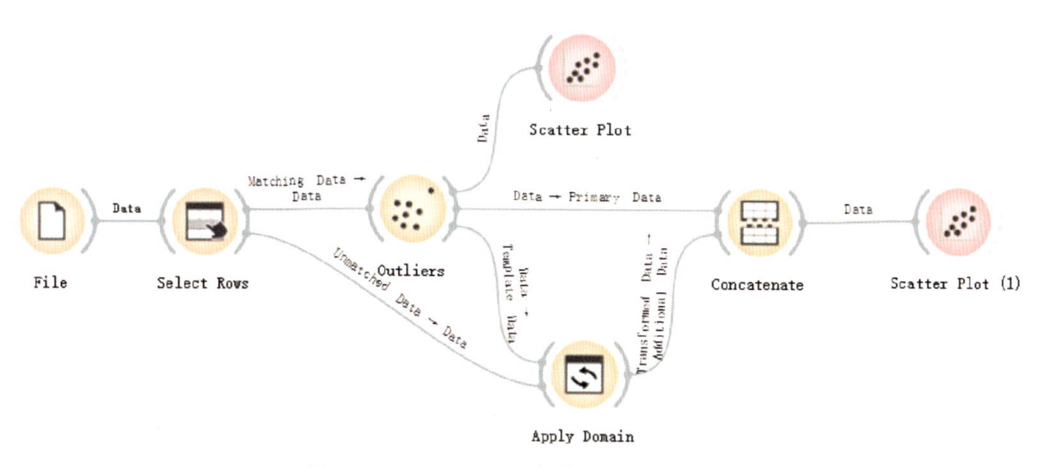


图 2-2-56　Outliers 部件连接应用示意图

②点击 Data 模块里的 File 部件，选择导入 Iris. tab 数据，连接 Select Rows，将数据筛选为两部分，一部分为“setosa”子集，一部分为“versicolor and virginica”子集，在 Outliers 中选择“Local Outlier Factor”（局部异常因子）进行离群值计算，再连接 Scatter Plot 查看“versicolor and virginica”子集的可视化离群结果，如图 2-2-57 所示。

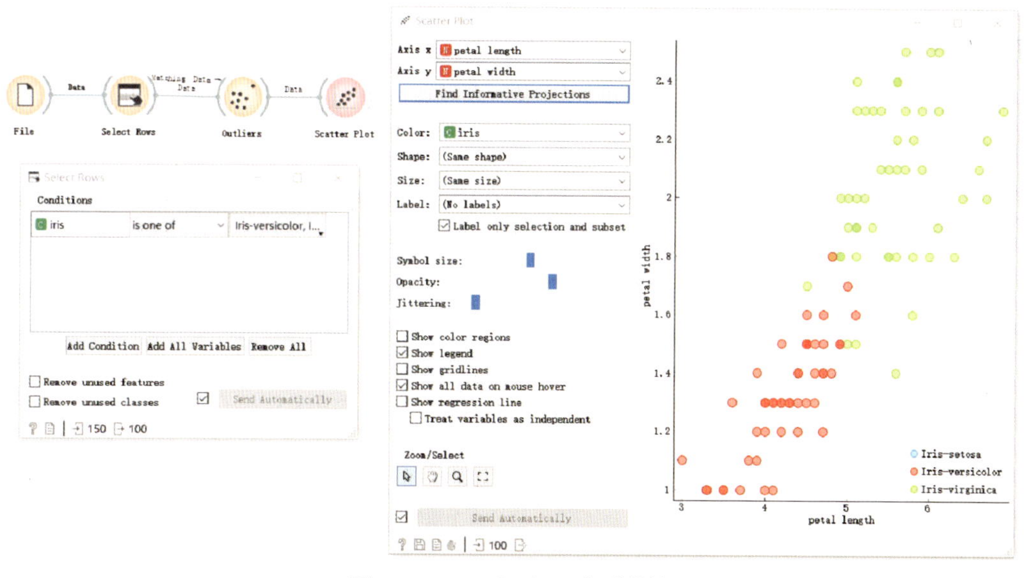


图 2-2-57　Outliers 离群结果

③将 Select Rows 中未匹配的数据连接到 Apply Domain，并连接 Outliers，接着顺次连接 Concatenate 和 Scatter Plot，进行离群值检测，对比两个散点图，如图 2-2-58 所示。

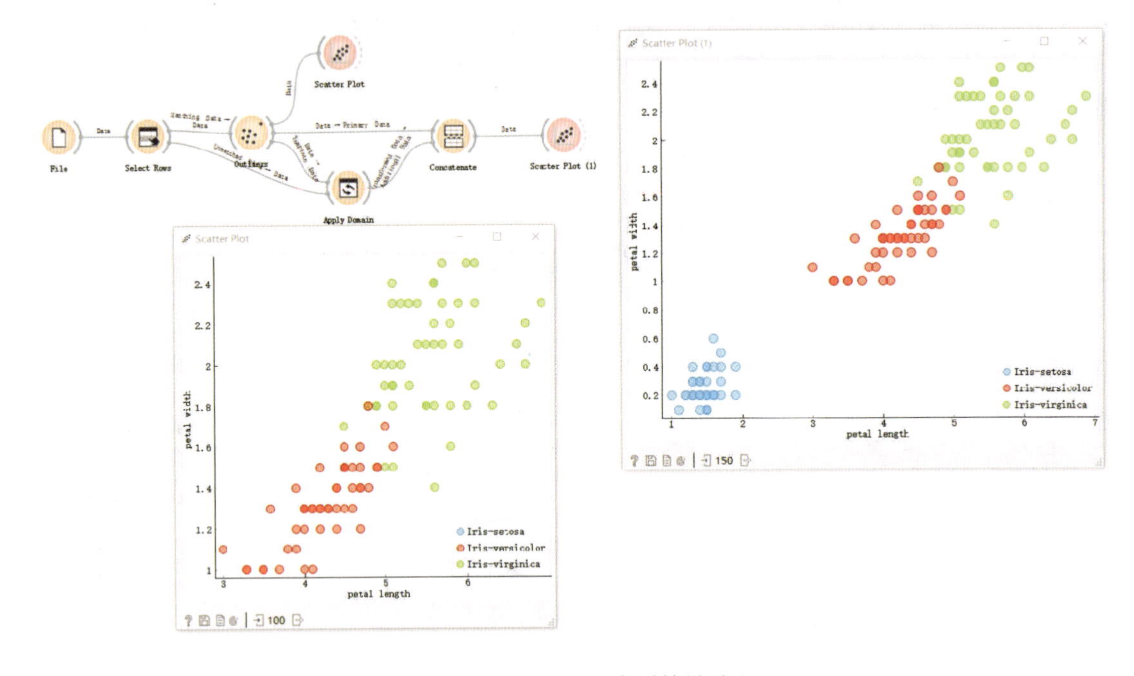


图 2-2-58　Outliers 离群结果对比

## （二十三）Edit Domain（编辑域）

Edit Domain 部件可以用来编辑或更改数据集的域。

### 1. 输入项

输入数据集。

### 2. 输出项

域被编辑的数据集。

### 3. 基本介绍

略。

### 4. 操作界面

Edit Domain 部件的操作界面如图 2-2-59 所示。按照图中编号，对各处操作介绍如下。

①变量：显示输入数据集的所有变量（包括元变量）。

②编辑：支持修改变量的名称、数据类型和特征值（仅支持类别数据），也支持对变量添加、修改、删除标签。

③重置所选变量、重置所有对域的更改以及应用。

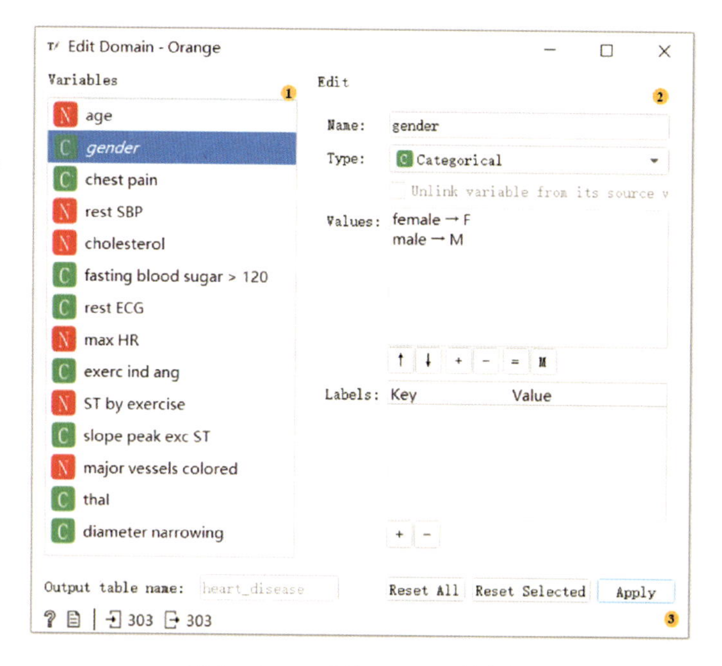


图 2-2-59　Edit Domain 操作框

5. 操作实例

将 Edit Domain 部件与其他部件构建如图 2-2-60 所示的连接。首先，选择导入 heart_disease.tab 数据，并将其传递到 Edit Domain；其次，在 Edit Domain 中选择编辑 gender 变量，在值列表框中将 female 和 male 的值分别改成 F、M，代表女性、男性，添加一个标签“Binary”来标记该属性是二进制的；最后，可在 Data Table 观察到已编辑的数据。

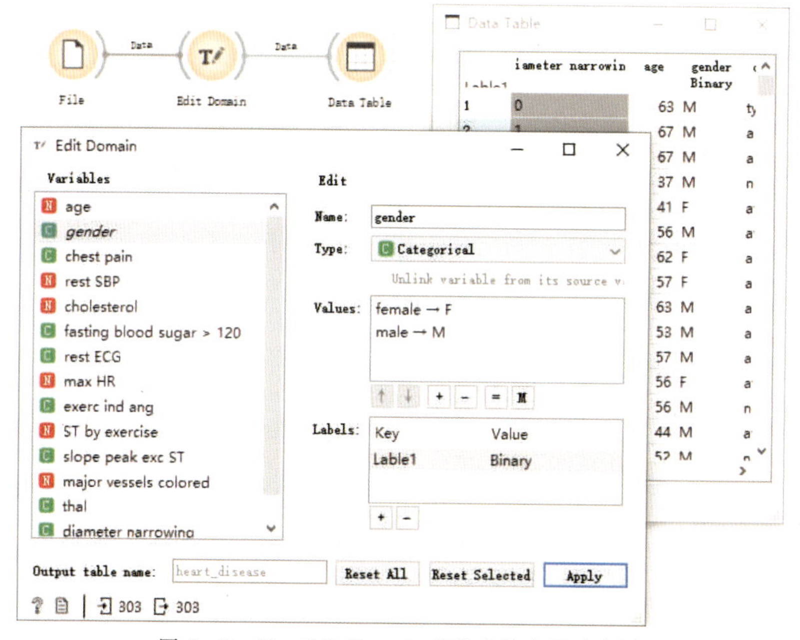


图 2-2-60　Edit Domain 部件连接应用示意图

## （二十四）Python Script（Python 脚本）

利用 Python Script 部件，可以连接或绑定来自多个源的数据。

### 1. 输入项

- 数据（Orange. data. Table）：与变量 in _ data 绑定的输入数据集。
- 学习器（Orange. classification. Learner）：与变量 in _ learner 绑定的输入学习器。
- 分类器（Orange. classification. Learner）：与变量 in _ classifier 绑定的输入分类器。
- 对象：与变量 in _ object 绑定的输入 Python 对象。

### 2. 输出项

- 数据（Orange. data. Table）：从变量 out _ data 检索的数据集。
- 学习器（Orange. classification. Learner）：从变量 out _ learner 检索的学习器。
- 分类器（Orange. classification. Learner）：从变量 out _ classifier 检索的分类器。
- 对象：从变量 out _ object 检索的 Python 对象。

### 3. 基本介绍

当现有的窗口部件中未实现适当的功能时，可以使用 Python Script 部件执行 Python 脚本。该脚本可命名的变量名称有 in _ data，in _ distance，in _ learner，in _ classifier 和 in _ object（来自输入信号）。如果信号未连接或未收到任何数据，那么这些变量将为 None。

执行脚本后，将提取脚本本地名称中的变量并将其作为部件的输出项。现有的窗口部件可以进一步连接到其他窗口部件，以使输出结果可视化。

### 4. 操作界面

Python Script 部件的操作界面如图 2 - 2 - 61 所示。按照图中编号，对各处操作介绍如下。

①信息框：包含 Orange 里 Python 脚本基本运算符的名称。

②库：该控件用于管理多个脚本，按“+”将添加新条目，按“—”将删除该脚本，按“Update”将保存脚本（快捷键为“Ctrl+S”），按“More”将显示更多条目。

③运行：执行脚本（快捷键为“Ctrl+R”）。

④Python 脚本编辑器：用于编辑脚本（它支持一些基本的语法突出显示）。

⑤控制台：显示脚本的输出。

### 5. 操作实例

将 Python Script 部件与其他部件构建如图 2 - 2 - 62 所示的连接。首先，选择导入 zoo. tab 数据，将其传递给 Python Script；其次，新建一个库，并在脚本编辑框输入语言（红框所示），以过滤掉离散值大于 5 的“attributes”，在该数据中只有“leg attribute”被过滤掉；最后，可在 Data Table 中观察到删除“leg attribute”后的其他数据。

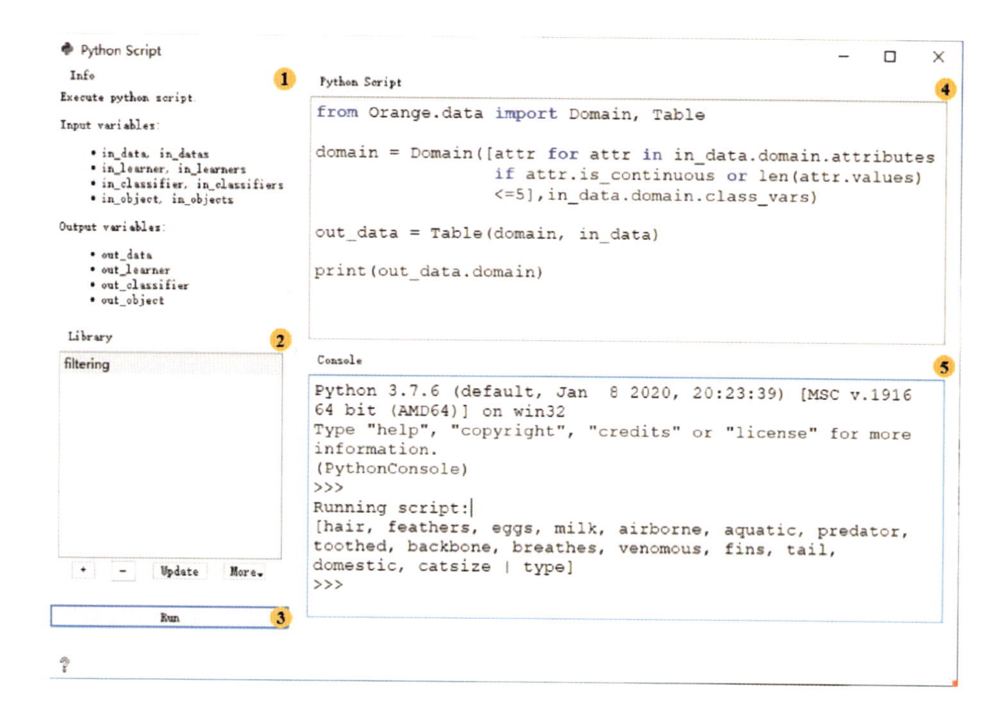


图 2-2-61　Python Script 操作框

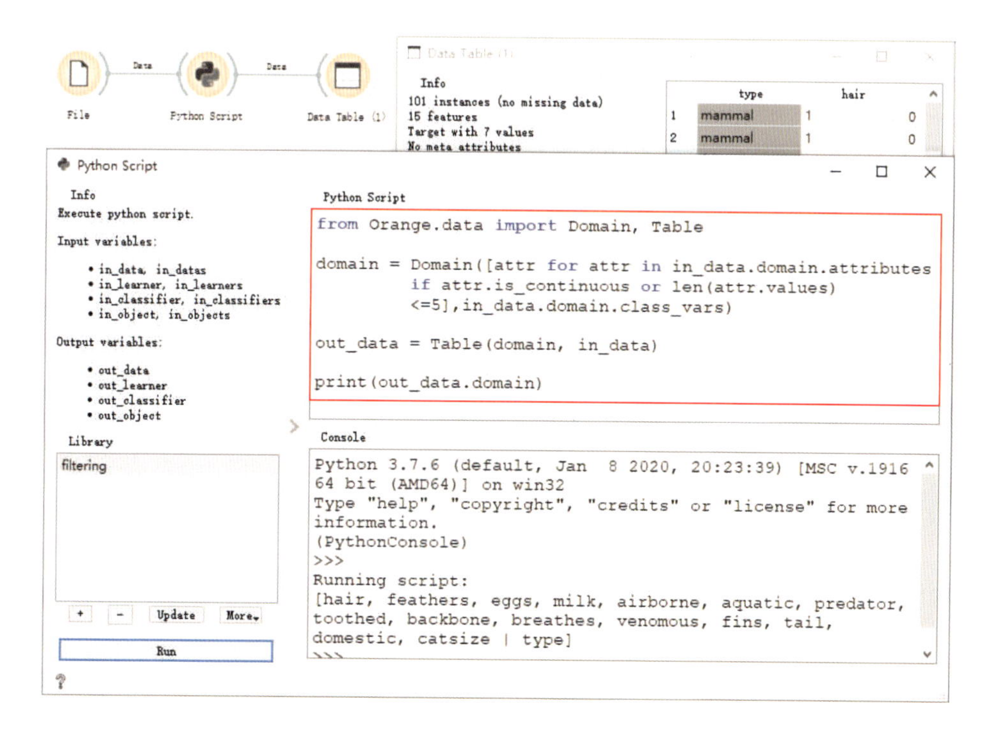


图 2-2-62　Python Script 部件连接应用示意图

## （二十五）Create Instance（创建实例）

利用 Create Instance 部件，可以用交互方式在输入数据集中创建实例。

1. 输入项

输入数据集和参考数据集。

2. 输出项

已添加所创建实例的数据集。

3. 基本介绍

该部件根据输入数据创建一个新的实例，并将输入数据集的所有变量显示在一个分为两列的表中。

4. 操作界面

Create Instance 部件的操作界面如图 2-2-63 所示。按照图中编号，对各处操作介绍如下。

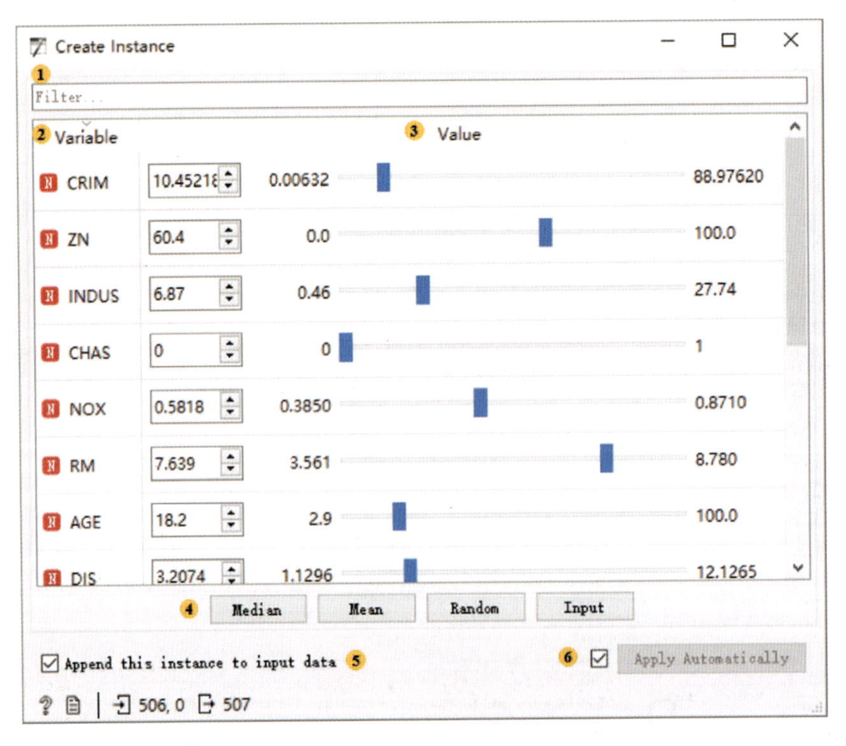


图 2-2-63 Create Instance 操作框

①按变量名筛选表。

②变量名称及类型。

③提供用于值编辑的控件。

④设置过滤变量的值。

- Median：输入数据集中变量的中位数。
- Mean：输入数据集中变量的平均值。
- Random：输入数据集中变量范围内的随机值。
- Input：变量在参考数据集中的中位数。

⑤将此实例附加到输入数据：若勾选此选项，则创建的实例会被添加到输入数据集中，否则输出时将显示单个实例。为区分新创建的数据和原始数据，添加了“Source ID”变量。

⑥自动应用：若需要，则勾选，操作框里的选择和改动将即时生效。

5. 操作实例

将 Create Instance 部件与其他部件构建如图 2-2-64 所示的连接。使用 Scatter Plot 部件可以检查创建的实例是否是某种离群值。首先，选择导入 housing. tab 数据集，将其传递给 Create Instance，并在 Create Instance 中编辑变量值以创建一个新的数据实例；其次，将创建的实例提供给 PCA，它的两个组件可以传递到 Scatter Plot 部件中进行检查。创建的实例在图中是红色的，因此若它出现在远离原始数据的地方（蓝色），则可以认为它是一个离群值。

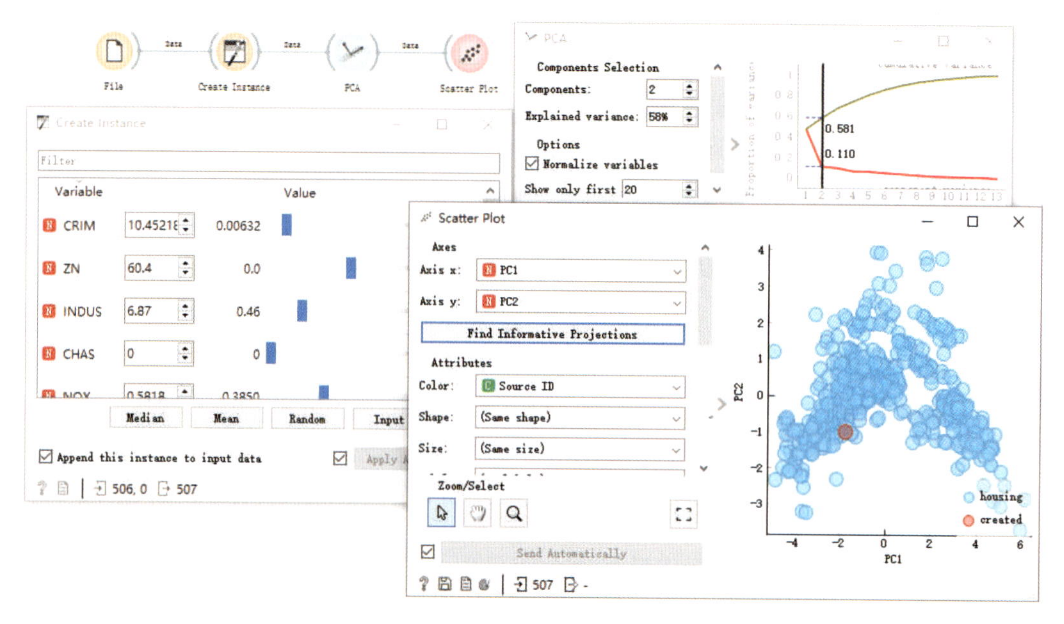


图 2-2-64 Create Instance 部件连接应用示意图

## （二十六）Color（着色）

利用 Color 部件，可以设置变量的颜色图例，方便可视化。

1. 输入项

输入数据集。

2. 输出项

具有新颜色图例的数据集。

3. 基本介绍

该部件可用于根据数据类型修改图例颜色，离散型变量通过单击逐个修改，连续型变量通过选择色带修改。

4. 操作界面

Color 部件的操作界面如图 2-2-65 所示。按照图中编号，对各处操作介绍如下。

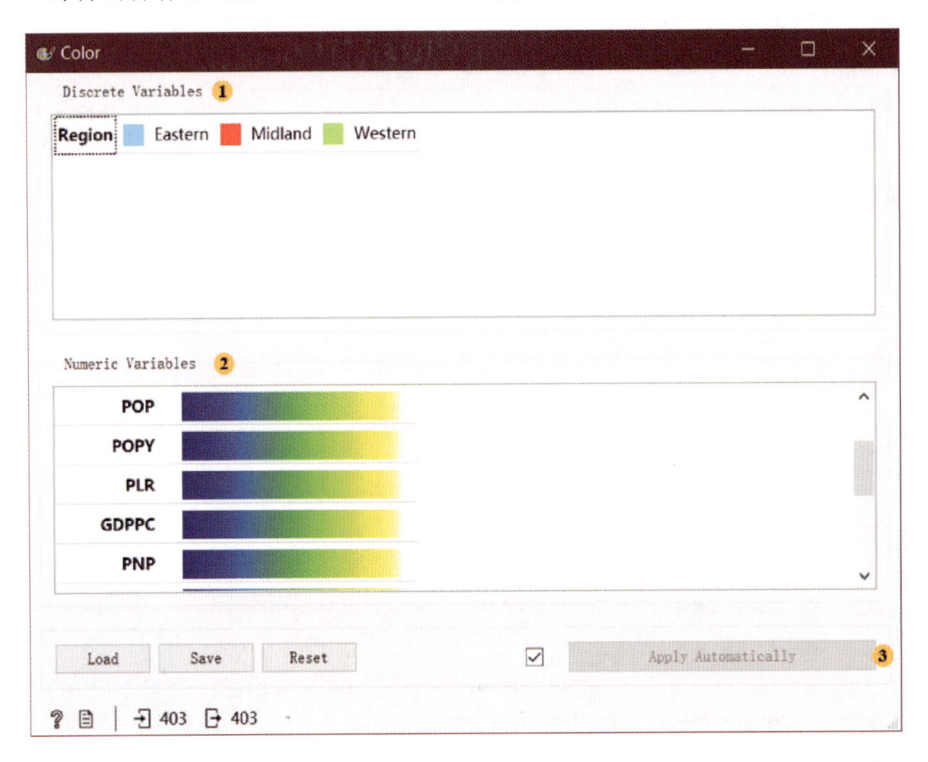


图 2-2-65 Color 操作框

①离散型变量列表：通过双击设置每个变量的颜色，或通过单击变量名称来重命名变量。

②连续型变量列表：单击颜色条来选择其他调色板。如果要对所有变量使用相同的调色板，可以先更改一个变量，然后单击右侧出现的“Copy to all”即可复制到所有变量。同样地，也可以通过单击变量名称来重命名变量。连续型变量的调色板按其特性进行分组和标记（图 2-2-66）。

- Linear 调色板的设计使得颜色变化与值的变化相匹配。
- Diverging 调色板末端有两种颜色，中间是中心色（白色或黑色）。
- Color-blind friendly 调色板对不同类型的色盲都友好。
- Other 调色板包括 Isoluminant、Rainbow 调色板，前者所有的颜色都具有相同的亮度，后者在以二进制存储数值的部件中有很好的可视化效果。

③下载、保存、重置及自动应用。

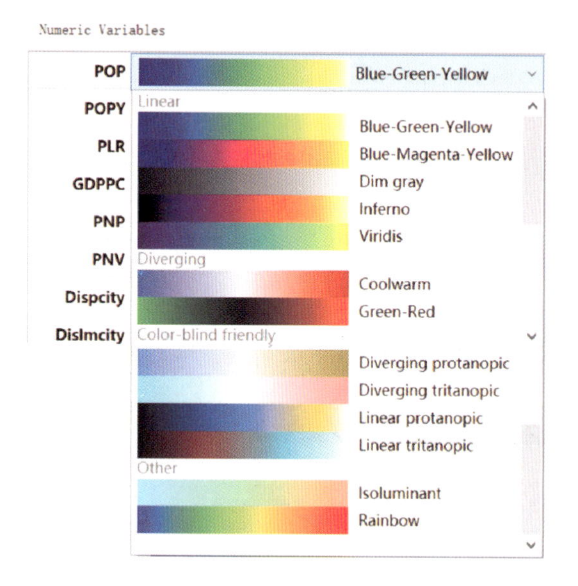


图 2-2-66　Color 部件的颜色图例

5. 操作实例

将 Color 部件与其他部件构建如图 2-2-67 所示的连接，点击 Data 里的 File，选择导入 LOO_CN_CTowns_Geo 数据，打开 Color 部件进行颜色设置，同时打开 Scatter Plot 查看对散点图的更改。

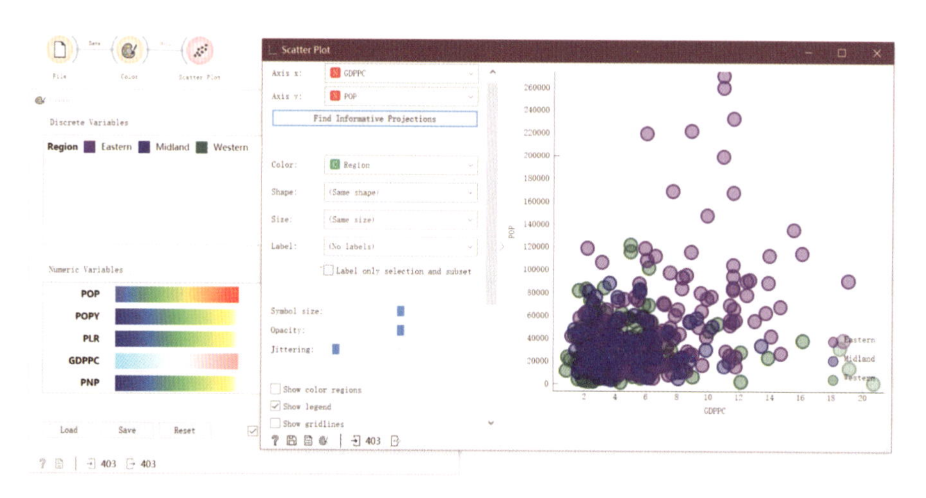


图 2-2-67　Color 部件连接应用示意图

## （二十七）Continuize（数值化）

|  Continuize | 利用 Continuize 部件，可将离散型变量转换为数值型变量。 |
|---|---|

1. 输入项

输入数据集。

2. 输出项

转换后的数据集。

3. 基本介绍

该部件接收输入的数据集后再输出相同的数据集，将其中的离散型变量（包括二进制变量）替换为数值型变量。

4. 操作界面

Continuize 部件的操作界面如图 2-2-68 所示。按照图中编号，对各处操作介绍如下。

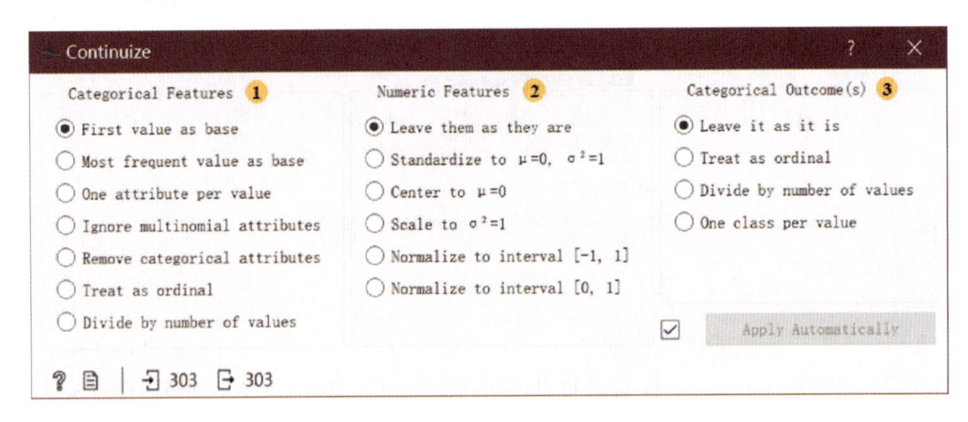


图 2-2-68　Continuize 操作框

①离散型特征。

■ 第一个值作为基本值：一个具有 $N$ 个值的离散型变量将被转换成 $N-1$ 个数值型变量，基本值是列表中的第一个值，除此之外的每个变量都是原始值之一的指标值。在默认情况下，属性值按字母顺序排列，也可以编辑更改它们的顺序。

■ 频数值作为基本值：与上述类似，不同之处在于选择频数最高的值作为基本值。

■ 每一个值作为一个属性：此选项为每个原始变量的值都构建一个数值型变量。

■ 忽略多项式属性：从数据中删除非二进制离散型变量。

■ 作为序数：将变量转换为列举原始值的数值型变量。

■ 除以值本身的数字：与“作为序数”处理相同，但数值标准化范围为 0～1。

②数值型特征。

■ 保留原本数值。

■ 按 $\mu=0$，$\sigma^2=1$ 进行标准化处理。

■ 按 $\mu=0$ 进行数据处理。

■ 按 $\sigma^2=1$ 进行数据处理。

■ 标准化为值域在 $[-1，1]$ 的数值。

■ 标准化为值域在 $[0，1]$ 的数值。

③离散型结果。

■ 保持原样。

- 作为序数。
- 除以值本身的数字。
- 每一个值作为一个类别。

5. 操作实例

①将 Continuize 部件与其他部件构建如图 2-2-69 所示的连接。

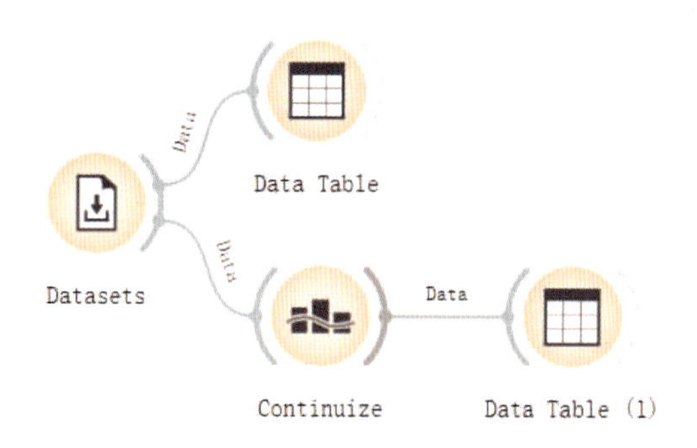


图 2-2-69　Continuize 部件连接应用示意图

②点击 Datasets，选择导入 heart _ disease. tab 数据，同时打开 Data Table 部件查看数据（图 2-2-70）。

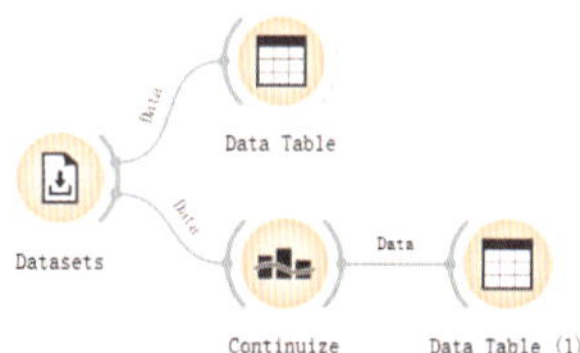


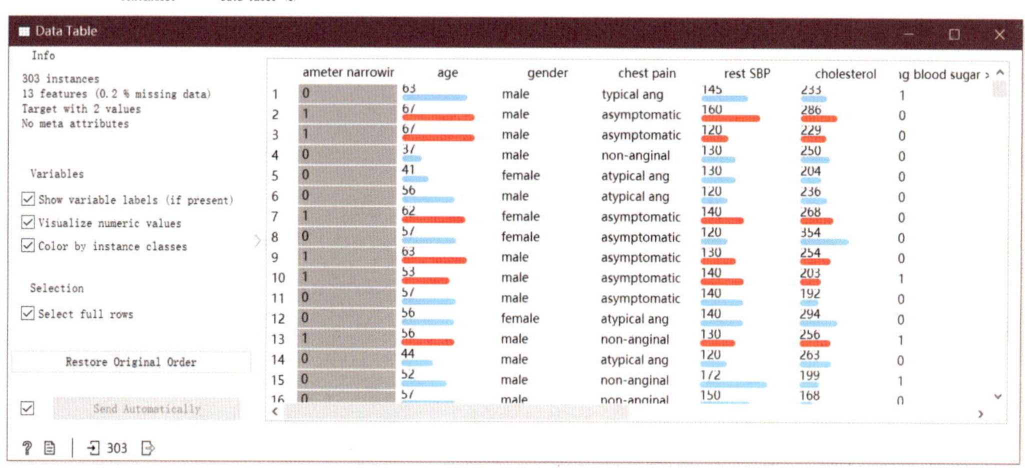


图 2-2-70　导入 heart - disease. tab 数据并查看

③打开 Continuize 部件进行数值化设置后，在 Data Table（1）中查看（图 2-2-71）。

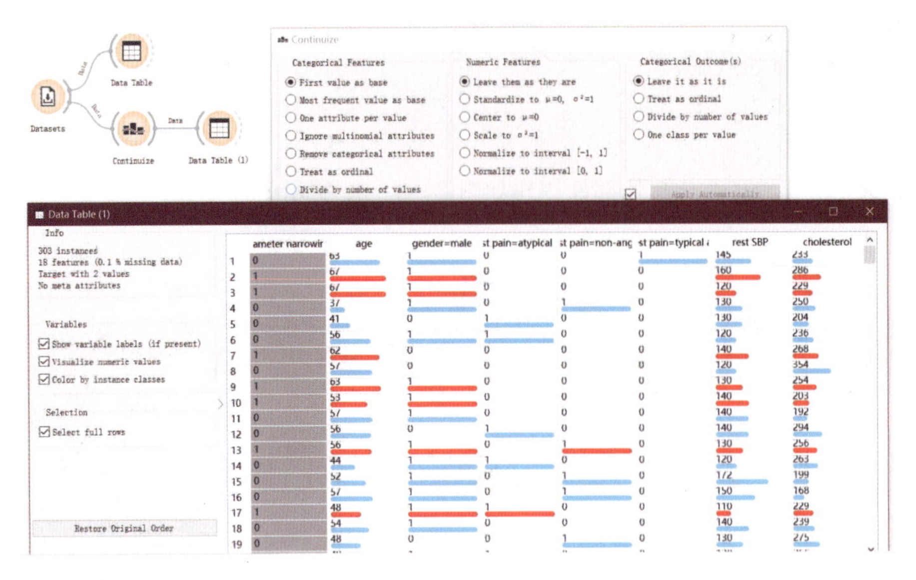


图 2-2-71 设置 Continuize 后进行查看

## (二十八) Create Class (创建类别)

利用 Create Class 部件，可以在字符串属性中创建类属性。

### 1. 输入项

输入数据集。

### 2. 输出项

具有新的类属性的数据集。

### 3. 基本介绍

该部件从现有的字符串属性中创建一个新的类属性，即匹配所选属性的字符串值，并为匹配实例构建一个新的用户定义值。

### 4. 操作界面

Create Class 部件的操作界面如图 2-2-72 所示。按照图中编号，对各处操作介绍如下。

①来源列：选择列来创建新的类属性。

②匹配项：包括名称、子字符串和实例 3 项。

■ 名称：新类属性的名称。

■ 子字符串：以正则化定义子字符串，以匹配上述新创建的类属性。

■ 实例：与子字符串匹配的实例数。

③新类属性的名称。

④匹配方式：从字符串的开头开始匹配，或按大小写进行匹配。

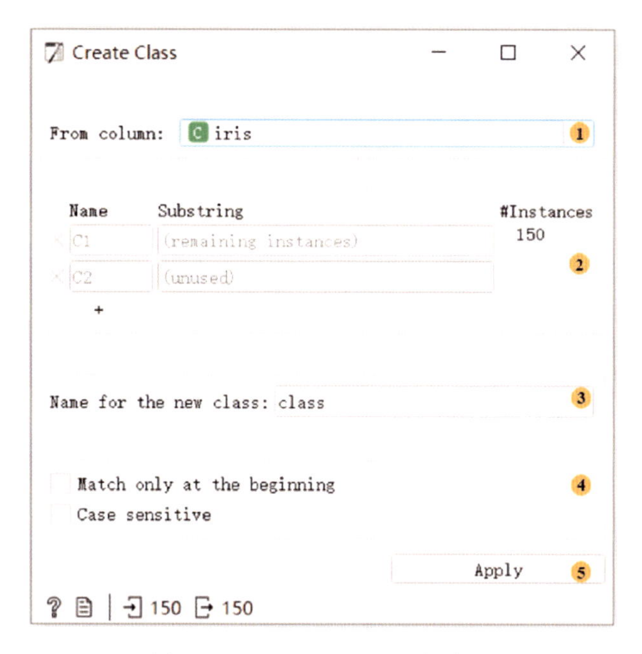


图 2-2-72 Create Class 操作框

⑤提交结果。

## 5. 操作实例

将 Create Class 部件与其他部件构建如图 2-2-73 所示的连接。本实例选用 Iris. tab 数

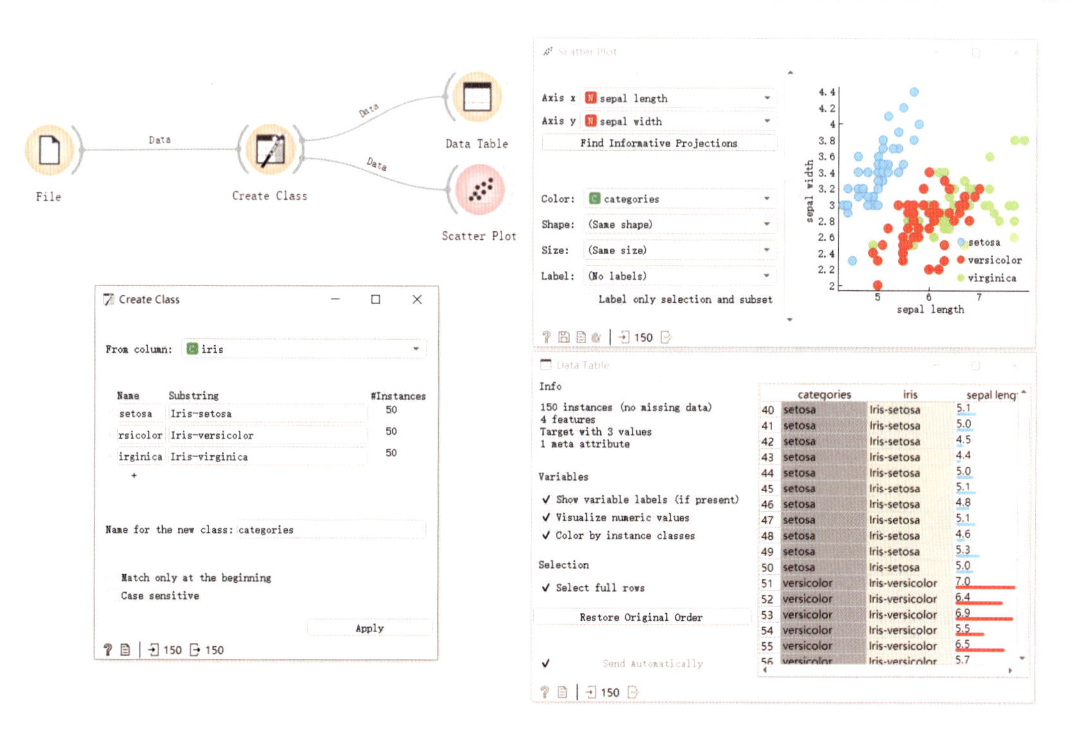


图 2-2-73 Create Class 部件连接应用示意图

据集，在 Create Class 中选择“iris”作为创建新类的列，并设置与“iris”列中属性相匹配的名称，如“setosa”与“iris - setosa”相匹配。然后将新列的名称设置为“categories”。最后，我们可以在 Data Table 中查看新的列，或者在 Scatter Plot 中查看用不同颜色的散点展示的数据。

## （二十九）Discretize（离散化）

利用 Discretize 部件，可以用选定的方法将输入数据集的连续型变量离散化。

1. 输入项

输入数据集。

2. 输出项

具有离散值的数据集。

3. 基本介绍

该部件通过选取不同的离散化方法将输入数据集的连续型变量输出为离散型变量。

4. 操作界面

Discretize 部件的操作界面如图 2 - 2 - 74 所示。按照图中编号，对各处操作介绍如下。

图 2 - 2 - 74　Discretize 操作框

①默认离散化方法。

■ Equal－frequency discretization：按给定数量间隔分割属性，使得每个间隔间包含相同数量的实例。

■ Equal－width discretization：平均分割最小和最大观测值之间的范围。

■ Leave numeric：保留数值型变量。

■ Entropy－MDL discretization：由 Fayyad 和 Irani 发明，是一种自上而下的离散化方法，它在一个信息增益最大的切口处递归地分割属性，直到该增益小于最小描述长度。这种方法可能导致出现任意数量的间隔，包括单个间隔，在这种情况下，属性将被删除。

■ Remove numeric variables：移除数值型变量。

■ Manual：手动设置间隔。

②属性个性化设置：显示每个属性的特定离散值，并允许更改。左边的列表中显示了每个属性的截止点。在右边可以为每个属性选择特定的离散化方法。

③勾选“Apply Automatically”则自动应用更改。

### 5. 操作实例

将 Discretize 部件与其他部件构建如图 2－2－75 所示的连接。此例中展示了具有连续属性和离散属性的 Iris. tab 数据集，在 Data Table 中可以观察两个数据集的区别。

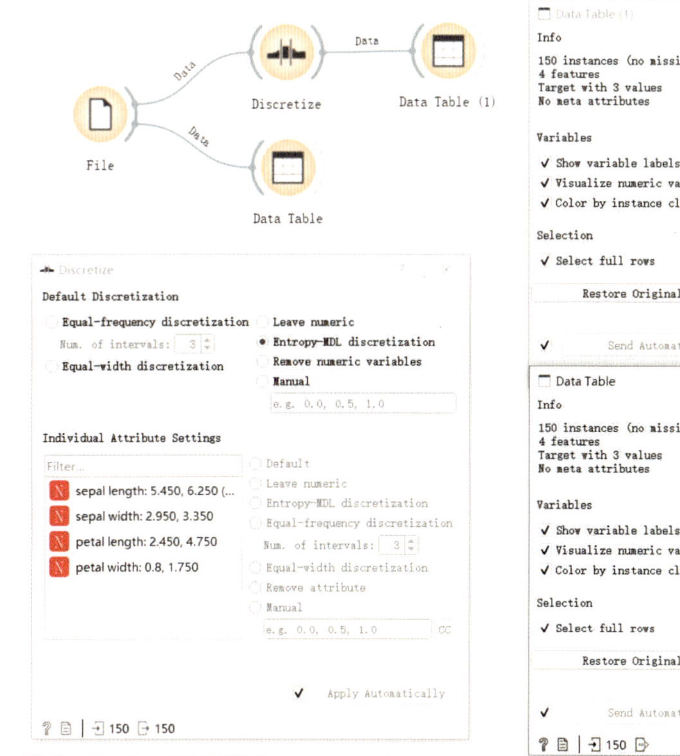


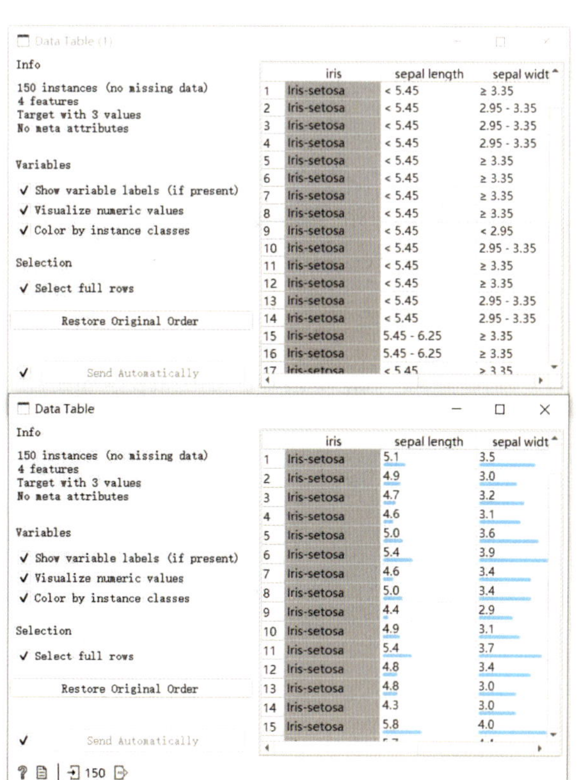


图 2－2－75 Discretize 部件连接应用示意图

## （三十）Feature Constructor（特征构建器）

利用 Feature Constructor 部件，可以将特征列手动添加到数据集中，并添加新的功能。

1. 输入项

任何属性类型的数据集。

2. 输出项

具有新的附加属性的数据集。

3. 基本介绍

该部件通过 Python 指令对数据集添加新功能，即选择特征的类型（如离散型、连续型、文本型）及其参数（如名称、值、表达式等），对现有一个或多个组合进行加减等计算或者对现有数据集进行分类。对于连续型变量，只需要在 Python 中构建一个表达式；对于离散型变量，构建表达式后还需要赋值。

4. 操作界面

Feature Constructor 部件的操作界面如图 2-2-76 所示。按照图中编号，对各处操作介绍如下。

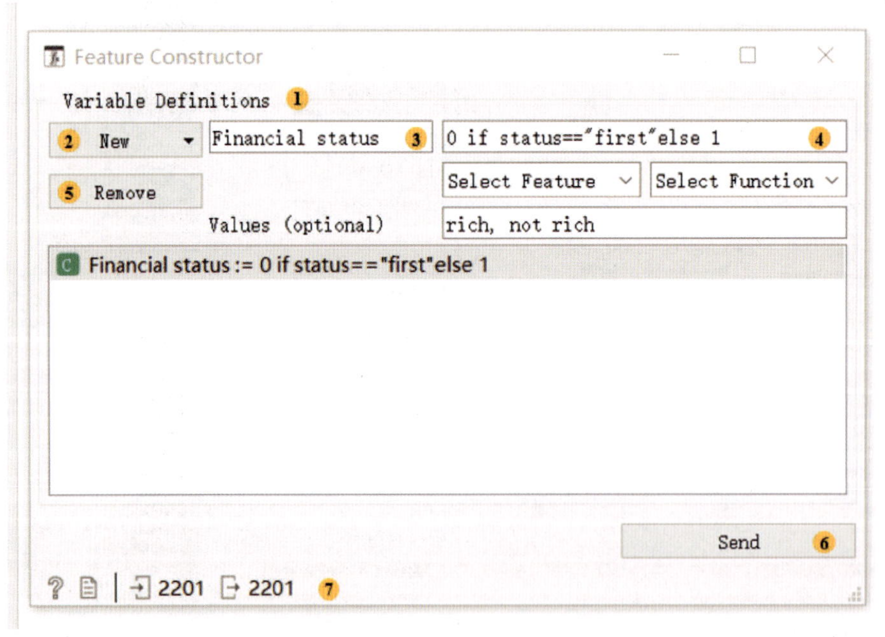


图 2-2-76　Feature Constructor 操作框（一）

①构建特征列表。

②添加新的特征：选择特征类型，如图 2-2-77 所示，类型有连续型、离散型（需要赋值）、文本型、日期/时间型 4 种，可以复制当前选定的变量类型。

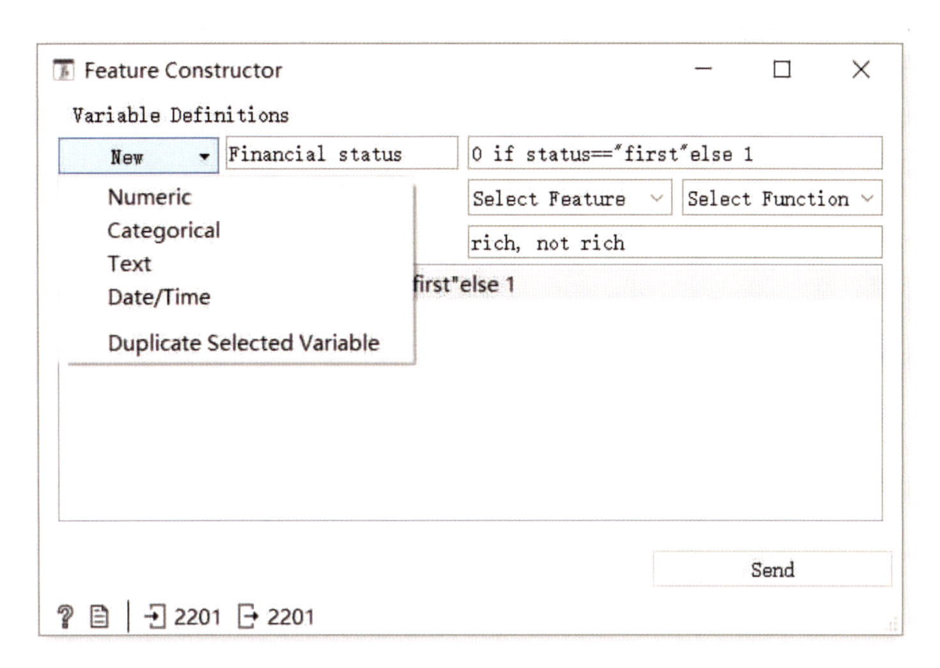


图 2-2-77　Feature Constructor 操作框（二）

③新属性值的名称。

④Python 表达式：如图 2-2-78 所示。

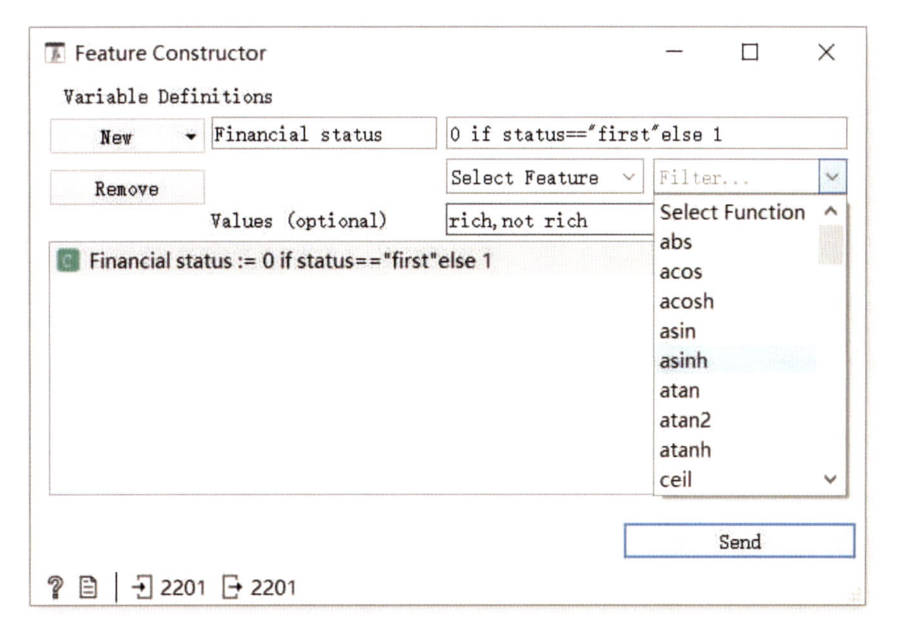


图 2-2-78　Feature Constructor 操作框（三）

- 表达式。
- 选择属性：选择数据中已有的属性名称输入到表达式中。

■ 选择功能：选择计算机语言输入到表达式中。

■ 设置值：当选择离散型变量时，需填写设置值。

⑤删除已编辑的指令。

⑥单击“Send”，更改将发送到其他部件中。

⑦状态栏：左侧显示文件图标（单击可生成报告）及部件输入和输出的实例数，若出错，则在右侧显示警告和错误信息。

5. 操作实例

将 Feature Constructor 部件与其他部件构建如图 2-2-79 所示的连接。在 File 中导入 titanic. tab 数据，在此对数据添加一个新的离散特征，连接 Feature Constructor，选择“Categorical”，在指令框中输入“0 if status==" first" else 1”，将数据集分为“rich”与“not rich”两类。连接 Data Table 和 Data Table（1），对比原始数据可知，增加了一列具有新属性值的数据。

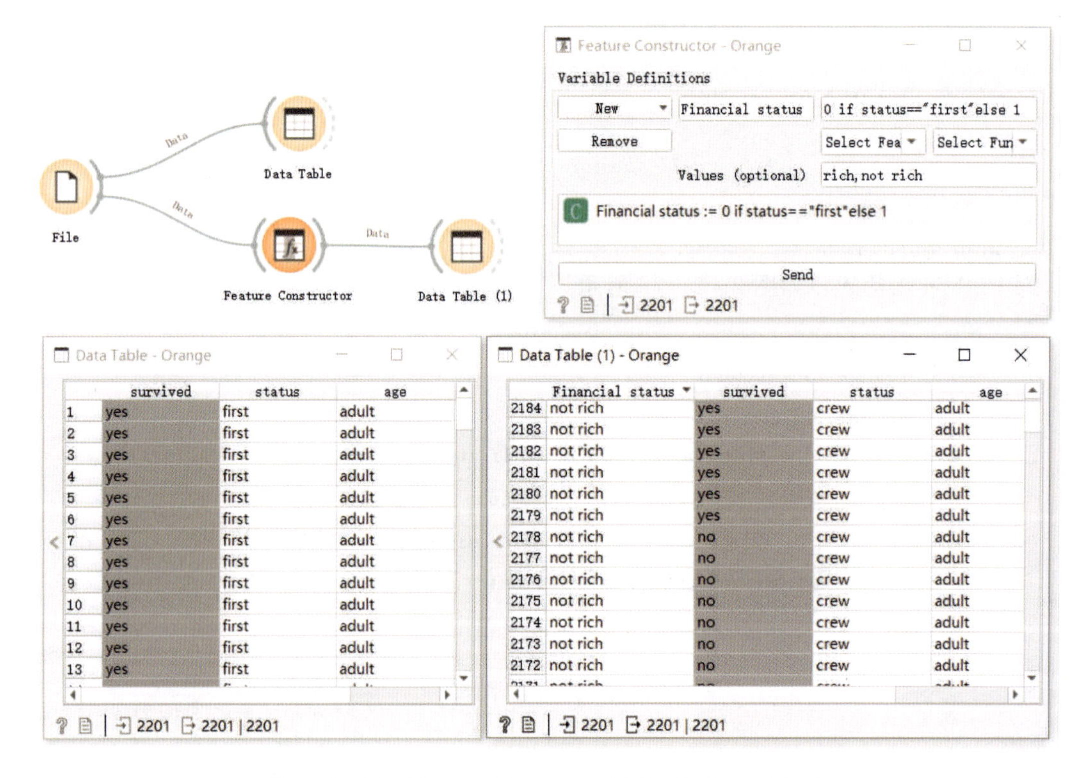


图 2-2-79 Feature Constructor 部件连接应用示意图

## （三十一）Feature Statistics（特征统计）

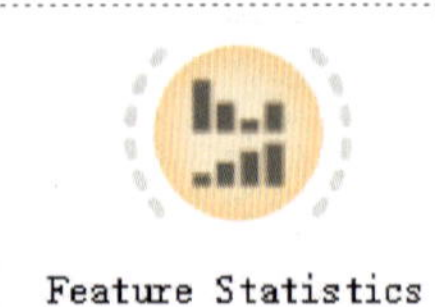


利用 Feature Statistics 部件，可以显示数据集的名称、分布、最大值、最小值等属性信息，并将其显示在数据表中。

### 1. 输入项

任何属性类型的数据集。

### 2. 输出项

精简数据（仅包含选定特征的表）；统计信息（该表包含所选功能的统计信息）。

### 3. 基本介绍

该部件提供了一种快速检查和查找给定数据集中属性信息的方法，最常在 File 部件之后使用，以检查和查找给定数据集中潜在的信息。

### 4. 操作界面

Feature Statistics 部件的操作界面如图 2－2－80 所示。按照图中编号，对各项信息介绍如下。

图 2－2－80　Feature Statistics 操作框

①选择变量对右侧直方图进行调色：若变量类型为离散型，则使用离散的调色板；若变量类型为连续型，则使用连续调色板。

②变量类型：离散型、连续型、日期/时间型、文本型。

③属性名称。

④特征值的直方图：对应①中所选变量，若变量为离散型，则在直方图中为每个类型分配各自的条形图；若变量为数值型，则适当地将值离散化。

⑤特征值的集中趋势：若变量类型为离散型，则此列显示为模式；若变量类型为数值型，则此列显示为平均值。

⑥特征值的离散度：若变量类型为离散型，则此列显示为熵；若变量类型为数值型，此列显示为变异系数。

⑦最小值：针对数字和顺序分类特征计算而得。

⑧最大值：针对数字和顺序分类特征计算而得。

⑨数据集中缺失值的数量及百分比。

⑩自动发送：若需要，则勾选，操作框里的选择和改动即时起效。

⑪状态栏：左侧显示文件图标（单击可生成报告）及部件输入和输出的实例数，若出错，则在右侧显示警告和错误信息。

5. 操作实例

将 Feature Statistics 部件与其他部件构建如图 2-2-81 所示的连接。在 File 中导入 heart _ disease. tab 数据，连接 Feature Statistics，从中可以明显看出数据名称、分布、最大值、最小值等属性信息，连接 Data Table，即可显示选定的数据集属性，同时可以显示数据集所有属性值并导出，如图 2-2-81 所示。

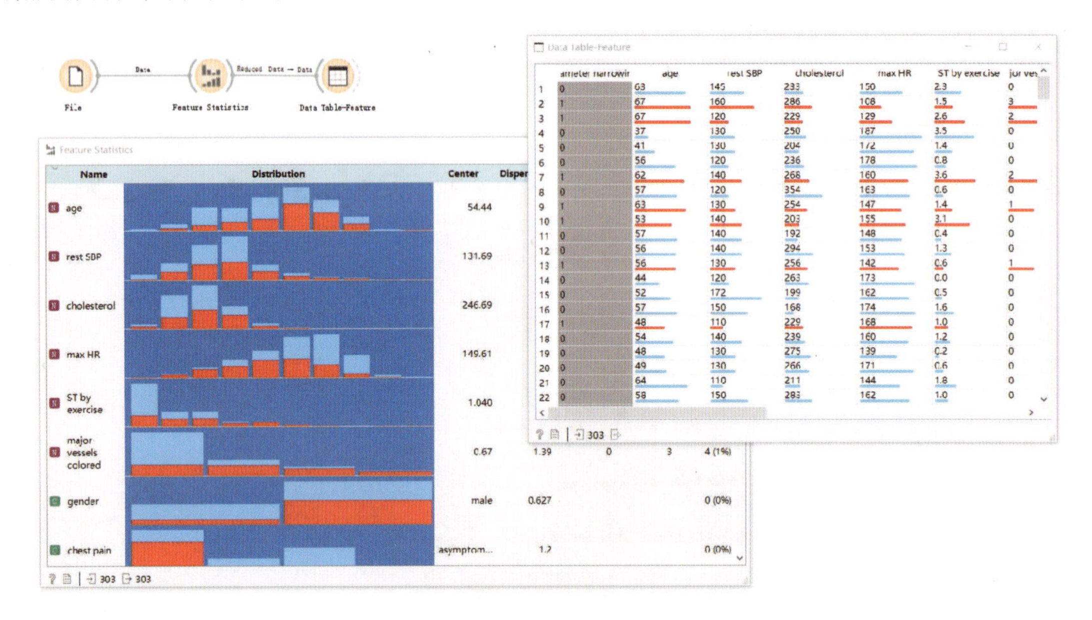


图 2-2-81　Feature Statistics 部件连接应用示意图

## （三十二）Neighbors（邻近）

利用 Neighbors 部件，可以根据参考资料计算数据中距离最近的 $n$ 个邻居数据。

1. 输入项

输入数据集；用于计算邻居的参考数据。

2. 输出项

依据参考资料的邻居数据表。

3. 基本介绍

该部件可以计算给定参考数据和给定距离的最近邻居。参考数据可以是一个实例或多个实例。在选定参考实例的情况下，从数据中输出最近的 $n$ 个实例，其中 $n$ 由部件中的 “Number of neighbors” 设置。当参考资料包含更多实例时，部件将计算每个数据实例的组合距离，并将其作为到参考资料的最小距离。窗口部件输出具有最小组合距离的 $n$ 个数据实例。

4. 操作界面

Neighbors 部件的操作界面如图 2-2-82 所示。按照图中编号，对各处操作介绍如下。

①距离度量：计算邻居的距离度量方法，支持的计算方法包括欧几里得算法等 9 种。

②输出最接近设定数量的邻居。

③自动应用更改。

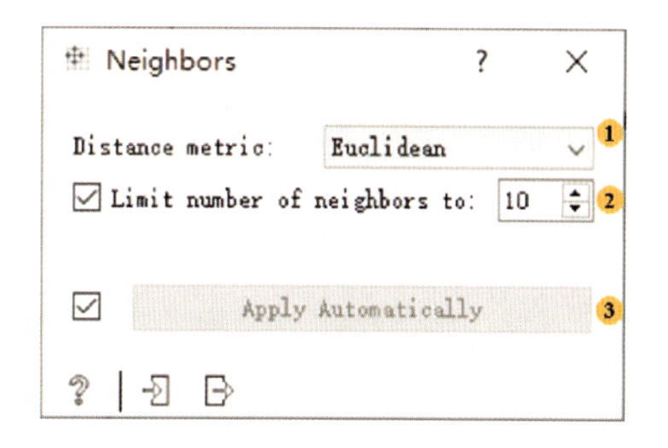


图 2-2-82　Neighbors 操作框

5. 操作实例

将 Neighbors 部件与其他部件构建如图 2-2-83 所示的连接。首先，选择导入 Iris. tab数据，将其分别传递给 Neighbors 和 Data Table，在数据表中，选择一个鸢尾花实例作为参考；其次，新建数据表 Data Table（1），将其连接到 Neighbors，选择检索 10 个最接近所选数据的实例，并在新数据表中观察。

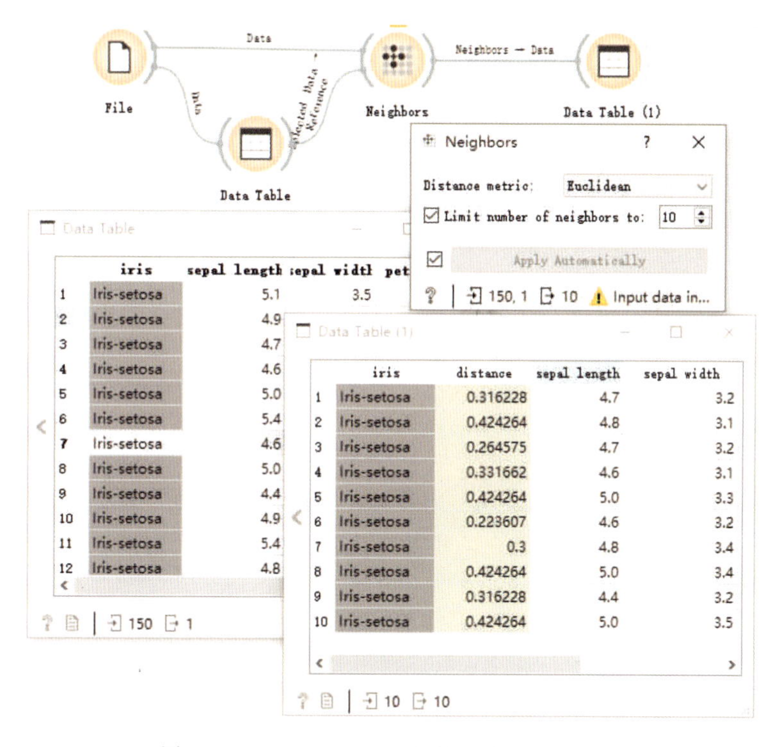


图 2-2-83　Neighbors 部件连接应用示意图

## （三十三）Purge Domain（清除域）

利用 Purge Domain 部件，可以删除未使用的属性值和无用的属性，对剩余的值进行排序。

### 1. 输入项

输入数据集。

### 2. 输出项

过滤后的数据集。

### 3. 基本介绍

具有文本属性的数据有时包含数据中不出现的值。即使原始数据中没有出现这种情况，也可以通过过滤数据、选择实例的子集等操作删除属性中具有特定值的所有实例。因为这样的值会使数据的呈现变得混乱，尤其会干扰各种可视化效果，所以应该被删除。

在清理属性值之后，它可能变成单值，或者在极端的情况下，根本没有值，在这种情况下，就可以删除该属性。属性值默认是按字母顺序排序的。

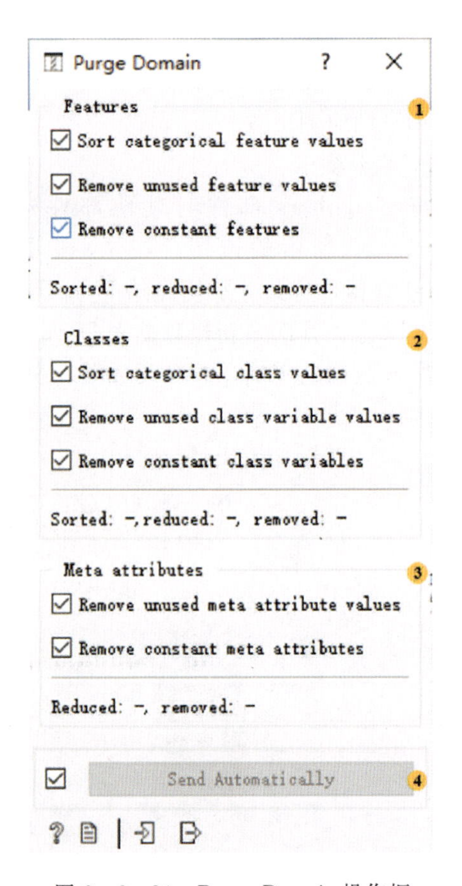


图 2-2-84　Purge Domain 操作框

### 4. 操作界面

Purge Domain 部件的操作界面如图 2-2-84所示。按照图中编号，对各处操作介绍如下。

①特征。

- 对分类特征值进行排序。
- 删除未使用的特征值。
- 删除常量值。
- 关于过滤过程的信息。

②类别。

- 对分类的类值进行排序。
- 删除未使用的类变量值。
- 删除常量类变量。
- 关于过滤过程的信息。

③元属性。

- 删除未使用的元属性值。
- 删除常量元属性。

④自动发送。

### 5. 操作实例

①将 Purge Domain 部件与其他部件构建如图 2-2-85 所示的连接。

②首先，选择导入 heart _ disease. tab 数据，将其连接到 Scatter Plot，通过散点图我们以“chest pain”为分类标准，以“ST by exercise”和“max HR”分别为 $x$ 轴和 $y$ 轴，选定部分数据；其次，将选定数据传递给 Purge Domain，对选定的数据进行过滤，如图 2-2-86 所示。最后，用可视化部件观察过滤后的实例子集，将 Distributions 和 Box Plot 连接到

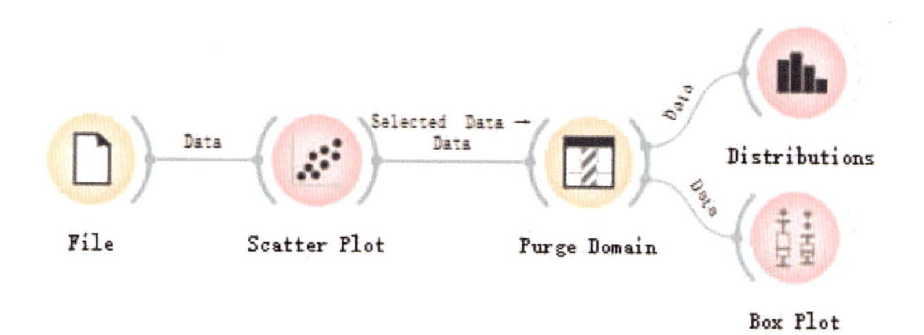


图 2-2-85　Purge Domain 部件连接应用示意图

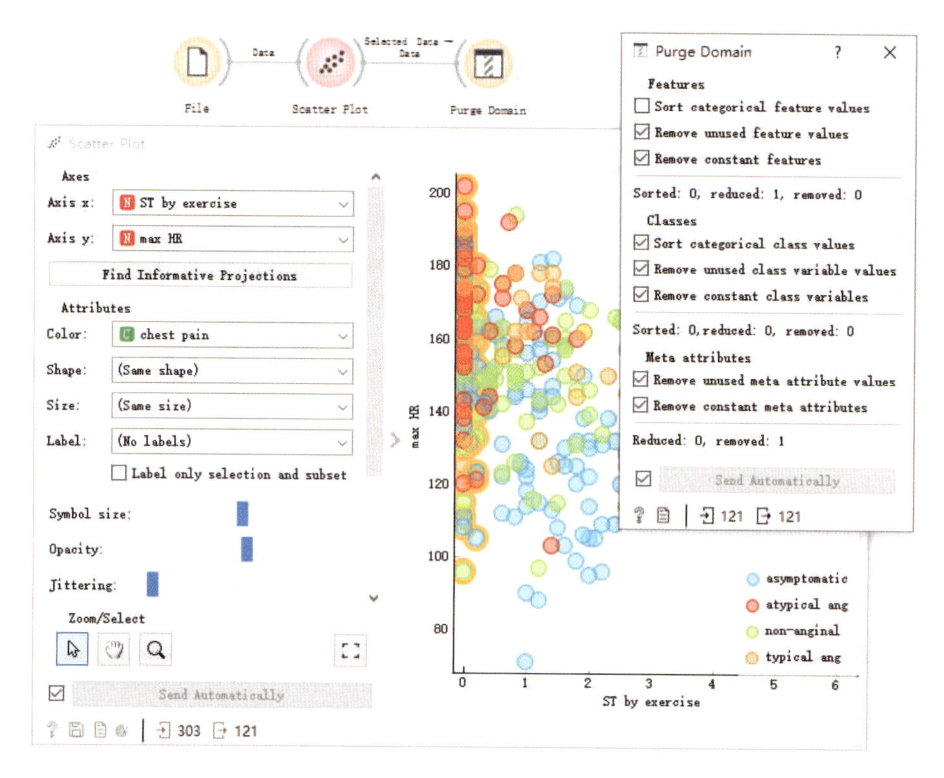


图 2-2-86　使用 Purge Domain 对选定数据进行过滤

Purge Domain，选择“gender”和“chest pain”为输出变量观察数据，如图 2-2-87 所示。

## （三十四）Save Data（保存数据）

利用 Save Data 部件，可以将 Orange 中的数据保存到文件。

1. 输入项

数据集。

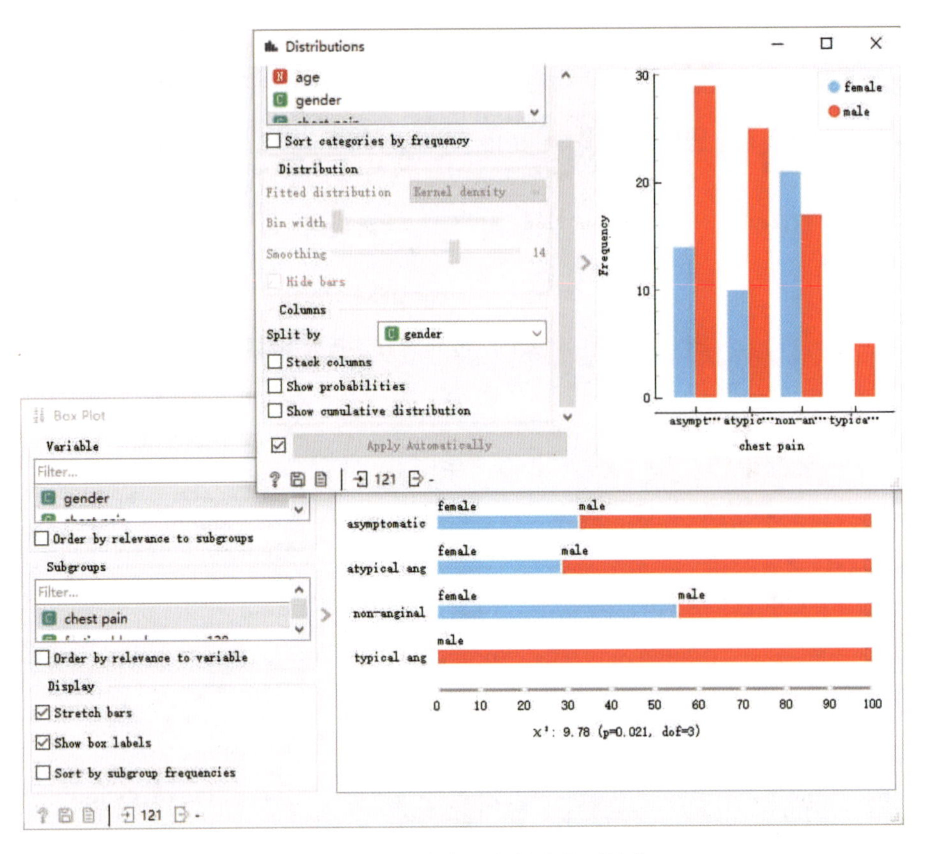


图 2-2-87　将输出实例子集可视化

### 2. 输出项

无。

### 3. 基本介绍

该部件接收输入通道中传递来的数据集，并将其保存到具有指定名称的数据文件中，文件类型可以是 .tab、.csv、.pkl、.xlsx、.dat、.xyz 或压缩文件（仅适用于 tab、csv、pkl 格式下）。

需要注意的是，该部件不会在每次接收到新的输入数据时都保存，因为这会不断覆盖文件，只有在设置了新文件名或用户按下“Save”按钮后，才会进行保存。如果将文件保存到与工作流相同的目录或该目录的子集中，则该部件会记住相对路径，否则文件将被存储在绝对路径中。为避免数据流失，默认为开启自动保存。

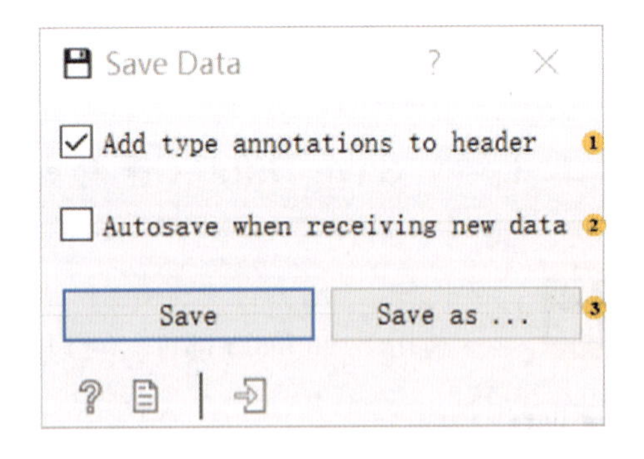


图 2-2-88　Save Data 操作框

### 4. 操作界面

Save Data 工具的操作界面如图 2-2-88 所示。按照图中编号，对各处信息介绍如下。

①向标题添加类型批注。

②接收新数据时自动保存。

③通过覆盖现有文件进行保存或另存为一个新文件。

5. 操作实例

略。

## 三、Visualize（可视化）

Visualize 模块共有 19 个部件，主要针对数据进行一系列可视化表达。在数据分布可视化方面，它既能够以点状、线状、柱状等传统形式表达，也能够以箱型、小提琴型等创意形式表达。当涉及多维度数据可视化时，也支持通过降维投影、自定义维度来实现。在模型可视化方面，该模块的部件还可以实现结果查看、属性排序、生成随机森林等多种功能。

### （一）Tree Viewer（查看树）

利用 Tree Viewer 部件，可以实现对分类树和回归树的可视化。

1. 输入项

决策树（包括分类树和回归树两种类型）。

2. 输出项

从树节点中选择的实例；附加一列的数据。

3. 基本介绍

该部件具有对分类树和回归树进行可视化的功能。用户可以选择一个树节点，指示部件输出与该节点相关的数据，从而支持探索性数据分析。

4. 操作界面

Tree Viewer 部件的操作界面如图 2－3－1 所示。根据图中编号，对各处操作介绍如下。

①输入的决策树数据信息。

②显示选项：包括缩放、宽度、深度、边缘宽度和定义目标类，可以分别对决策树进行设置。其中，边缘宽度包括以下 3 个选项。

- 固定：所有边的宽度都将相等。
- 相对于根：边的宽度将与相应节点中实例占所有实例的比例相对应。
- 相对于父节点：边的宽度将与相应节点中实例占其父节点中实例的比例相对应。

5. 操作实例

将 Tree Viewer 部件与其他部件构建如图 2－3－2 所示的连接。单击 Tree Viewer 部件中的任何节点都将输出相关数据实例。本例选用 Iris. tab 数据集。首先应将 File 与 Scatter Plot 相连接，然后选择一个实例，最后将 Tree Viewer 与 Scatter Plot 相连接。

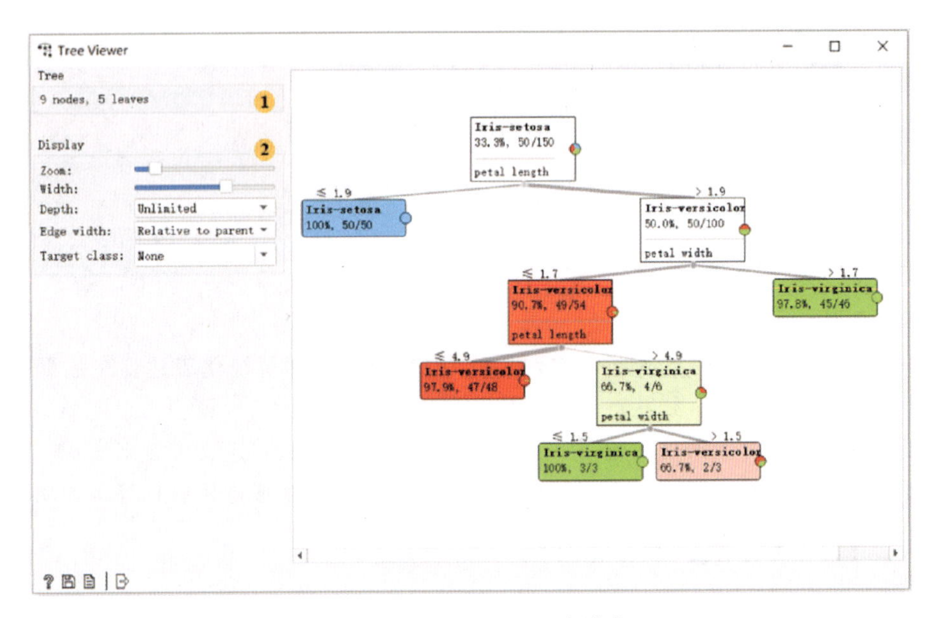


图 2-3-1 Tree Viewer 操作框

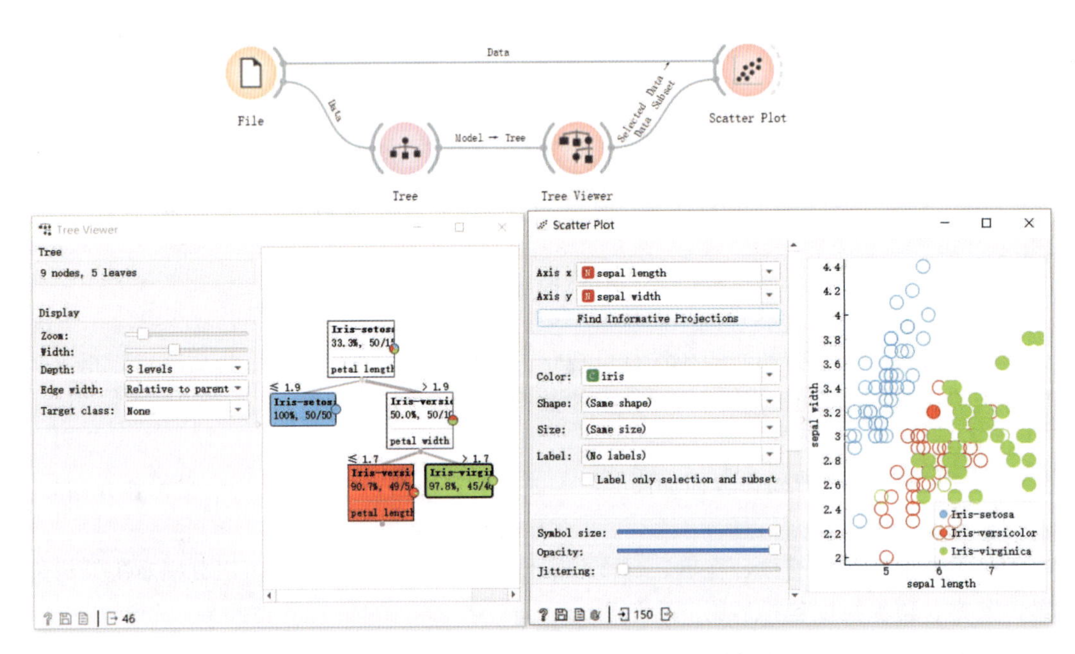


图 2-3-2 Tree Viewer 部件连接应用示意图

## （二）Box Plot（箱线图）

利用 Box Plot 部件，可以显示属性值的分布，它能用于检查新数据并快速发现其异常，例如重复值、异常值等。

### 1. 输入项

输入数据集。

### 2. 输出项

从图中选择的实例；附加一列的数据。

### 3. 基本介绍

该部件可以箱线等可视化的形式显示属性值的分布情况。利用该部件能快速发现重复值、异常值等数据异常问题，可以选择分布范围并输出。

### 4. 操作界面

Box Plot 部件的操作界面如图 2-3-3、图 2-3-4 所示。根据图中编号，对各处操作介绍如下。

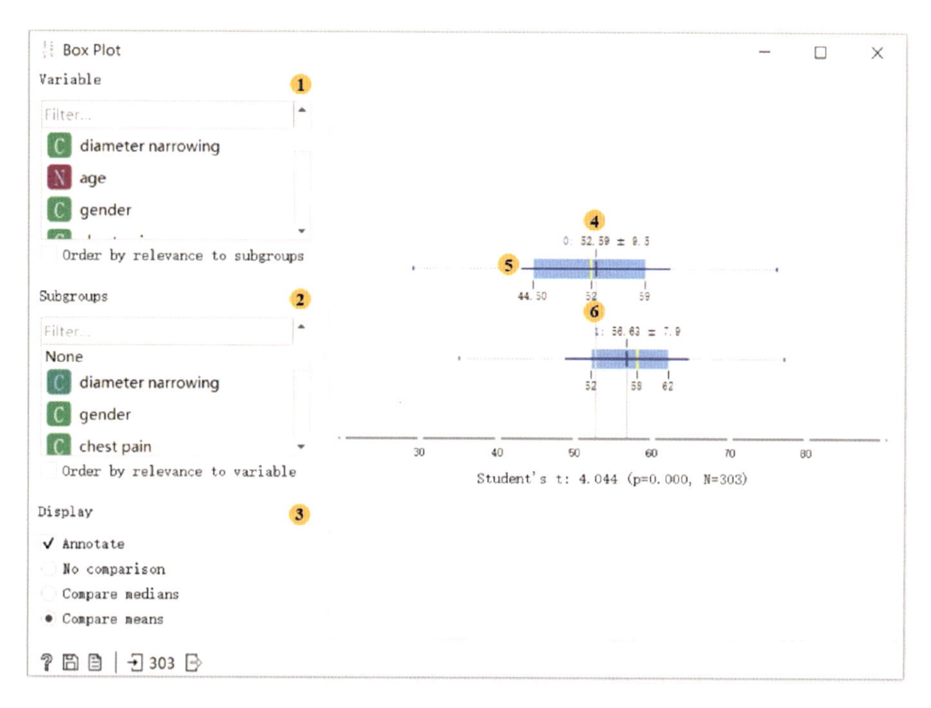


图 2-3-3　Box Plot 操作框（一）

①选择要绘制的变量。勾选“Order by relevance to subgroups”可通过 Chi2 或对所选子组的方差分析来对变量进行排序。

②选择子组可以查看由离散子组显示的箱线图。

③当实例按子组分组时，可以更改显示模式。勾选“Annotate”时，在右框中会显示“箱”两端的值（第一分位数和第三分位数）、平均值和中位数。

- 无对比。
- 对比中位数：以黄色垂线为基线。
- 对比平均值：以蓝色垂线为基线。

④深蓝色的垂线表示平均值，蓝色细线表示标准偏差。

⑤蓝色突出显示的区域表示第一分位数（25%）和第三分位值（75%）间的值。

⑥黄色垂直线表示中位数。

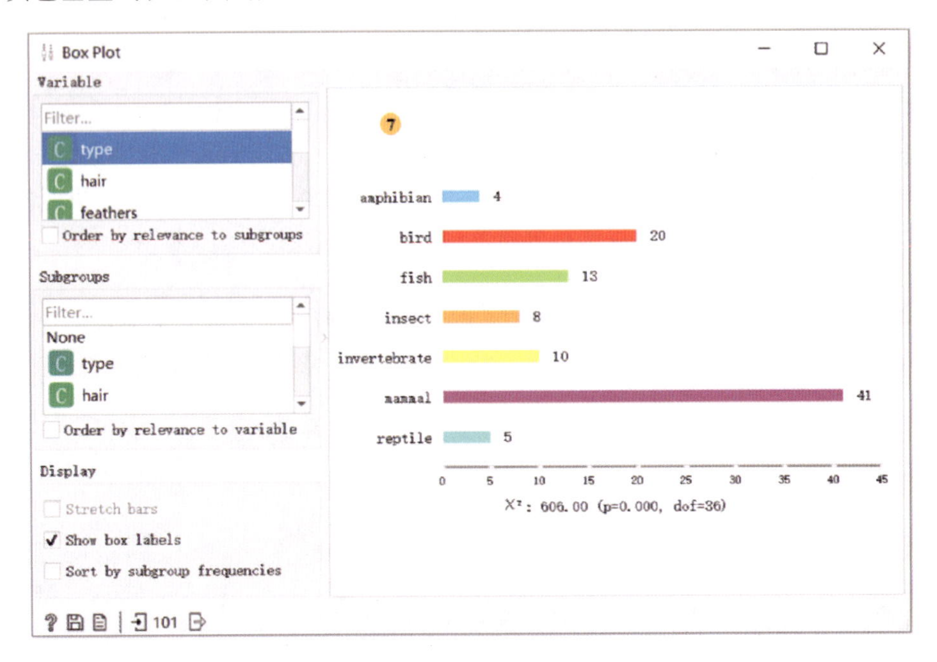


图 2-3-4　Box Plot 操作框（二）

⑦对于离散属性，彩条表示每个特定属性值的实例数量。如图 2-3-4 中显示了 zoo. tab 数据集中不同动物类型的数量：41 种哺乳动物（mammal），13 种鱼类（fish），20 种鸟类（bird）等。

5. 操作实例

将 Box Plot 部件与其他部件构建如图 2-3-5 所示的连接。Box Plot 部件可以用于查找

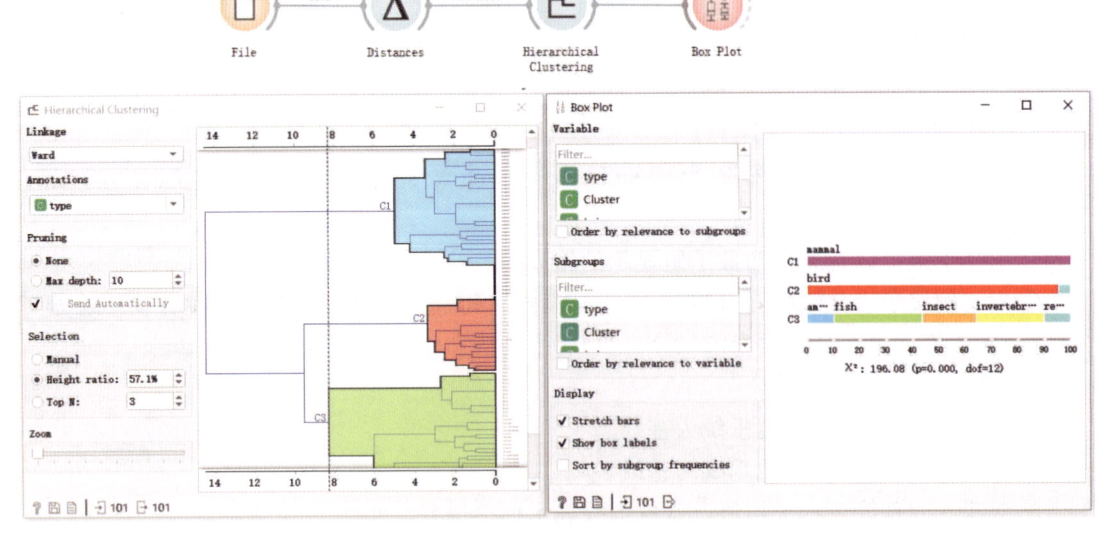


图 2-3-5　Box Plot 部件连接应用示意图

特定数据集的属性，本例选用 zoo. tab 数据集。首先，通过 Distances 部件建立一个带有距离和层次聚类的聚类工作流；其次，在 Hierachical Clustering 部件中拖动顶部标尺以确定聚类数的阈值；最后，将 Box Plot 与 Hierachical Clustering 相连接，按照变量与所选子组的相关性标出变量的顺序，这里选择 type 变量，选择 Cluster 作为子组，根据所选子组的情况对其进行排序。

## （三）Violin Plot（小提琴图）

Violin Plot

利用 Violin Plot 部件，可以使小提琴图中特征值的分布可视化。

### 1. 输入项

任何属性的数据集。

### 2. 输出项

从图中选定的数据；带有附加列的完整数据。

### 3. 基本介绍

该部件显示了定量数据在不同变量的多个级别上的分布，以便进行比较。它与 Box Plot 作用类似，但不同点在于，Violin Plot 可以对数据的基础分布进行核密度估计。

### 4. 操作界面

Violin Plot 部件的操作界面如图 2-3-6 所示。根据图中编号，对各处操作介绍如下。

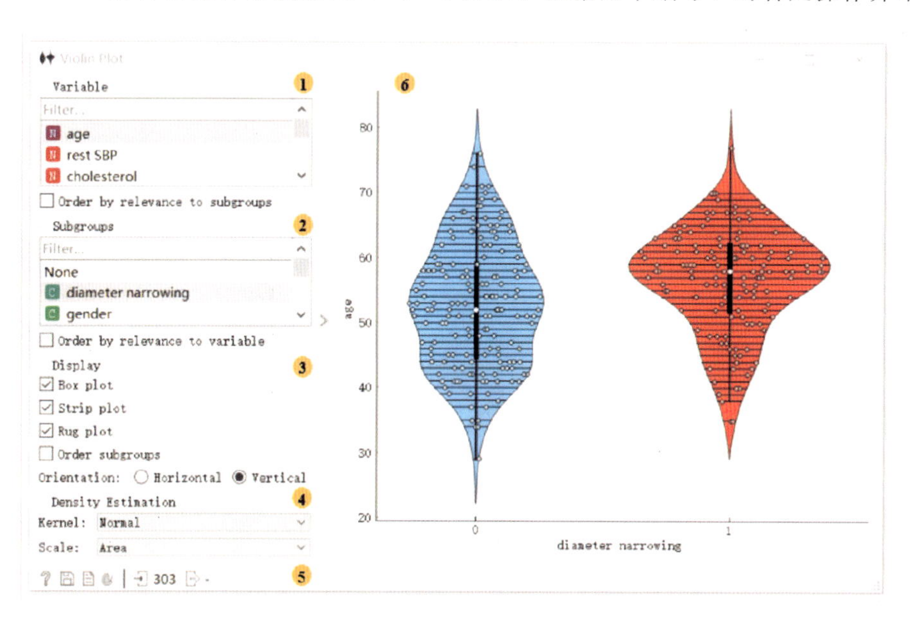


图 2-3-6　Violin Plot 操作框

①变量设置。

■ 选择要绘制的变量。

■ 按与子组的相关性排序：按 Chi2 或 ANOVA 方法对所选子组的变量进行排序。

②子组设置。

■ 选择要查看的子组的小提琴图。

■ 按与变量的相关性排序：在所选变量上按 Chi2 或 ANOVA 方法对子组进行排序。

③显示选项。

■ 箱线图：显示基础箱线图。

■ 带状图：显示以点表示的基础数据。

■ 地毯图：显示以线条表示的基础数据。

■ 子组排序：按中位数对小提琴图进行排序（升序）。

■ 方向：确定“小提琴”的方向是水平的还是垂直的。

④密度估算。

■ 内核：用于估计密度的内核，选项包括 Normal、Epanechnikov 和 Linear。

■ 缩放：选择每个小提琴图宽度缩放的方法。若选择“Area”，则每个小提琴图将具有相同的区域；若选择“Count”，则小提琴图的宽度将根据该箱中的观测值数量进行缩放；若选择“Width”，则每个小提琴图将具有相同的宽度。

⑤状态栏：左侧显示文件图标（单击可生成报告）及部件输入和输出的实例数，若出错，则在右侧显示警告和错误信息。

⑥小提琴图显示区域。

### 5. 操作实例

将 Violin Plot 部件与其他部件构建如图 2-3-7 所示的连接。在 File 中导入 heart _ disease. tab 数据，连接 Violin Plot，通过选择不同属性来观察数据集的统计情况。同时还可以连接 Outliers 以消除异常值。

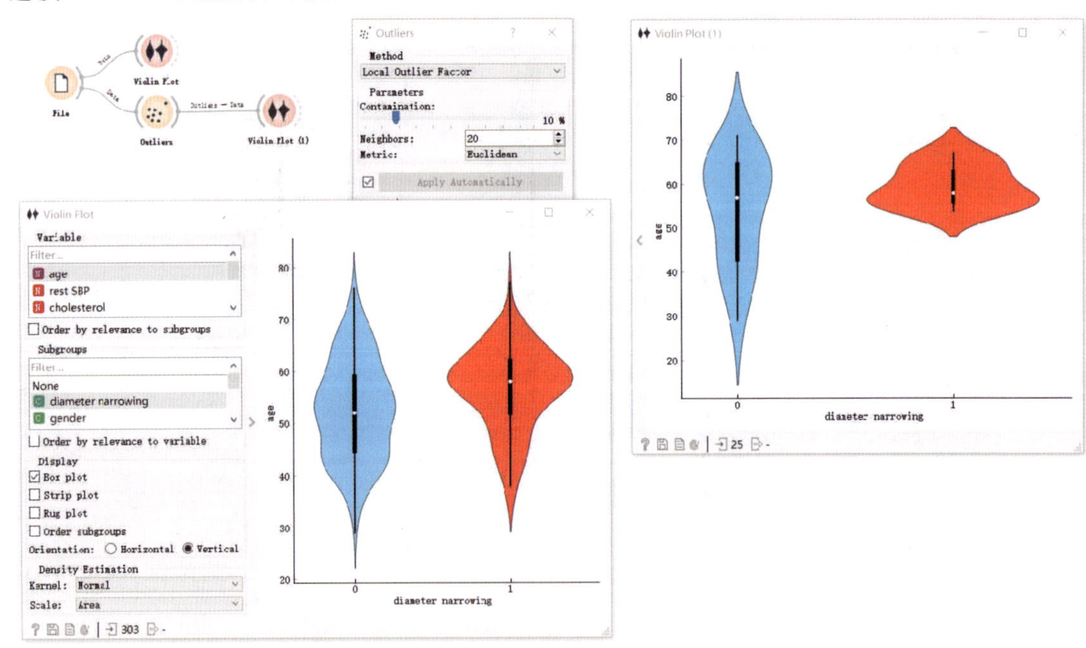


图 2-3-7 Violin Plot 部件连接应用示意图

## （四）Distributions（分布）

利用 Distributions 部件，可以显示单个属性的值分布。

1. 输入项

带有分布属性的数据集。

2. 输出项

具有离散或连续属性的值分布图。

3. 基本介绍

对于离散属性，该部件的图显示了每个属性值在数据中出现的次数；如果数据包含一个类变量，那么每个属性值的类分布也将显示出来。对于连续属性，属性值显示为函数图；连续属性的类概率通过高斯内核密度估计获得，而曲线的外观使用精密刻度（平滑或精确）设置。

4. 操作界面

Distributions 部件的操作界面如图 2-3-8 所示。根据图中编号，对各处操作介绍如下。

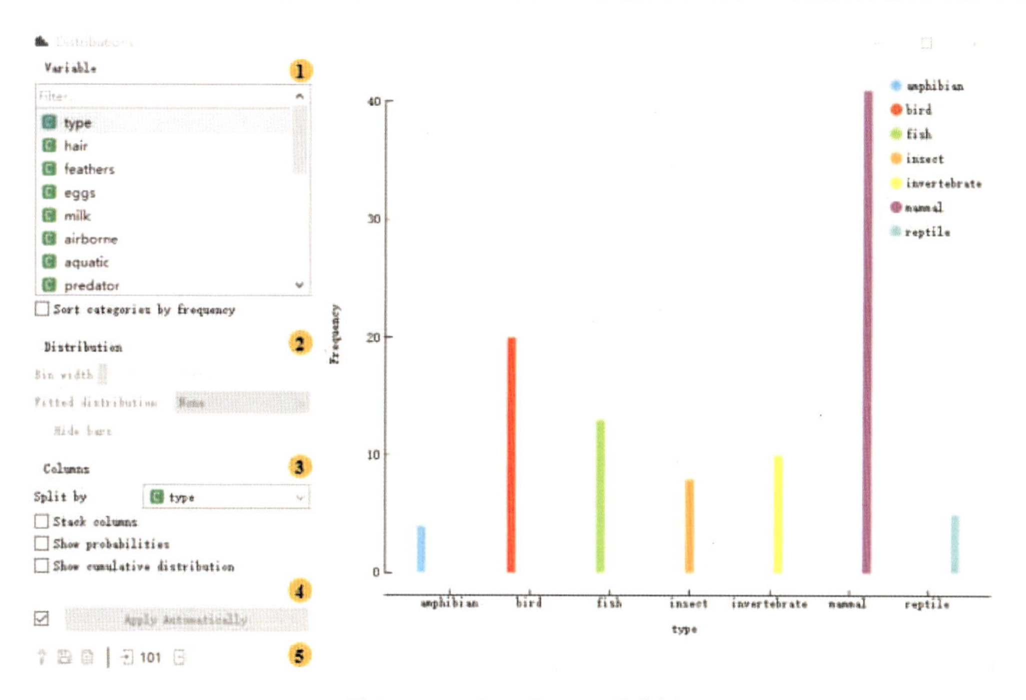


图 2-3-8　Distributions 操作框

①变量：显示该数据分布的变量列表，可以选择以频数对类别进行排序。

②分布。

- 组距。
- 合适的分布模型。

③组别。

- 拆分某个类的实例的值。
- 堆叠栏。
- 显示概率。
- 显示累积分布。

④自动应用数更改。

⑤状态栏。

5. 操作实例

将 Distributions 部件与其他部件构建如图 2－3－9 所示的连接。首先，选择导入 Iris. tab 数据，点击 Data Table，将显示所有的样本数据；其次，将 Distributions 连接到 File，在变量中选择“petal width”，在分布中选择适合该数据集的核密度分布，在纵列中选择“Iris”，即可知 Iris 数据中 3 种花的花瓣宽度分布。

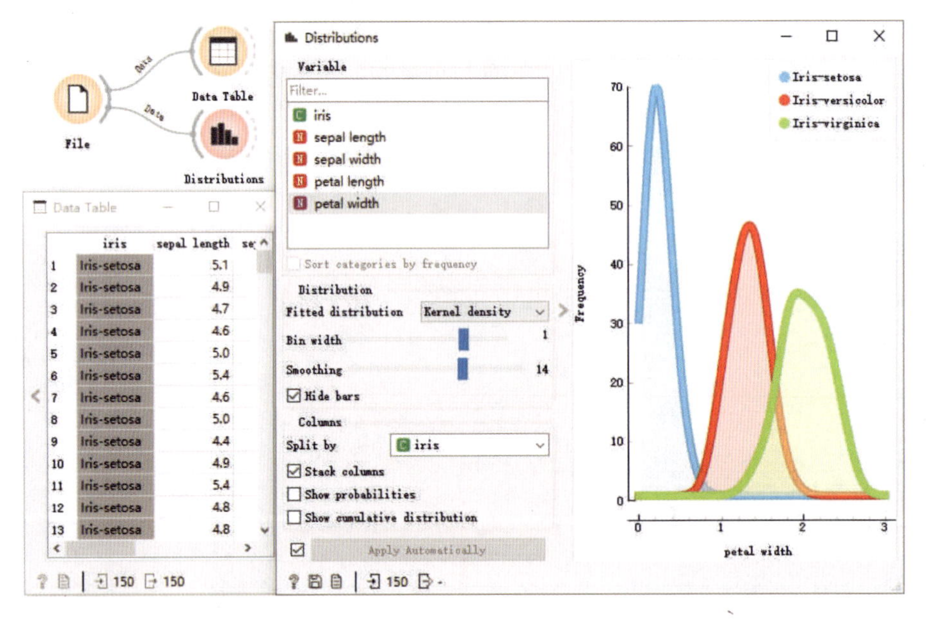


图 2－3－9　Distributions 部件连接应用示意图

## （五）Scatter Plot（散点图）

利用 Scatter Plot 部件，可以对数据集进行探索性分析，以散点图的形式对其进行可视化表达。

1. 输入项

数据（具有任何属性的数据集或单个的子集）；特征（带有属性特征的列表）。

2. 输出项

从图中选定的数据；带有附加列的数据。

3. 基本介绍

该部件通过点的集合组成的二维散点图来使数据的连续性属性可视化。每个点均有确定的 $x$ 轴、$y$ 轴属性值，可以在部件的左侧调整图形的各种属性，如颜色、点的大小和形状、轴标题、点的离散程度（Leban et al.，2006）。

4. 操作界面

Scatter Plot 工具的操作界面如图 2－3－10 所示。根据图中编号，对各处操作介绍如下。

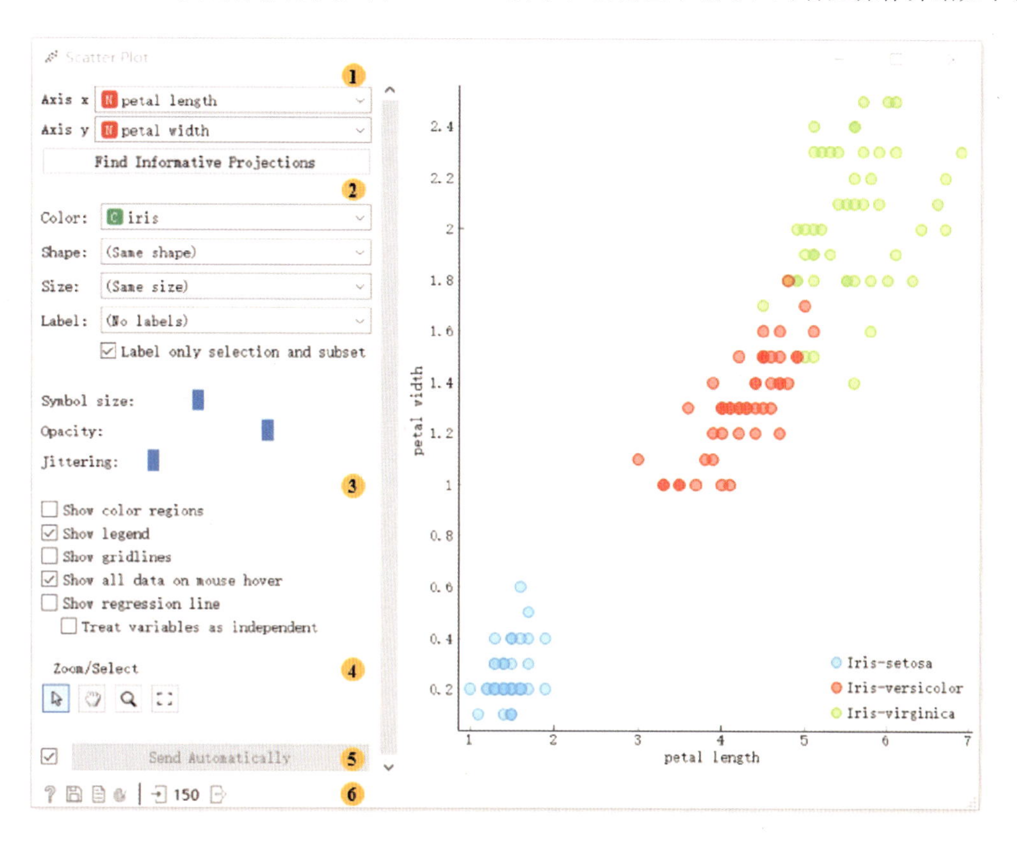


图 2－3－10 Scatter Plot 操作框（一）

①坐标轴设置。

■ $x$ 轴、$y$ 轴：通过“Find Informative Projections”来优化投影，此功能通过平均分类精度对属性进行评分，并在返回最高评分时实现可视化同步更新。

■ 图形设置：如果在“Color”设置中选择了离散型变量，则得分的计算方法为，对于每个数据实例，在投影的 2D 空间中（即在属性对的组合上）找到 10 个最近的邻居，检查其中具有的相同颜色数量，投影的总分就是同色邻居的平均数。连续型变量得分的计算方法与之类似，不同之处在于确定系数用于测量投影的局部均匀性，如图 2－3－11 所示。

②点属性设置。

■ 颜色：离散型数据显示为颜色，连续型数据显示为灰度点。

■ 形状。

■ 大小。

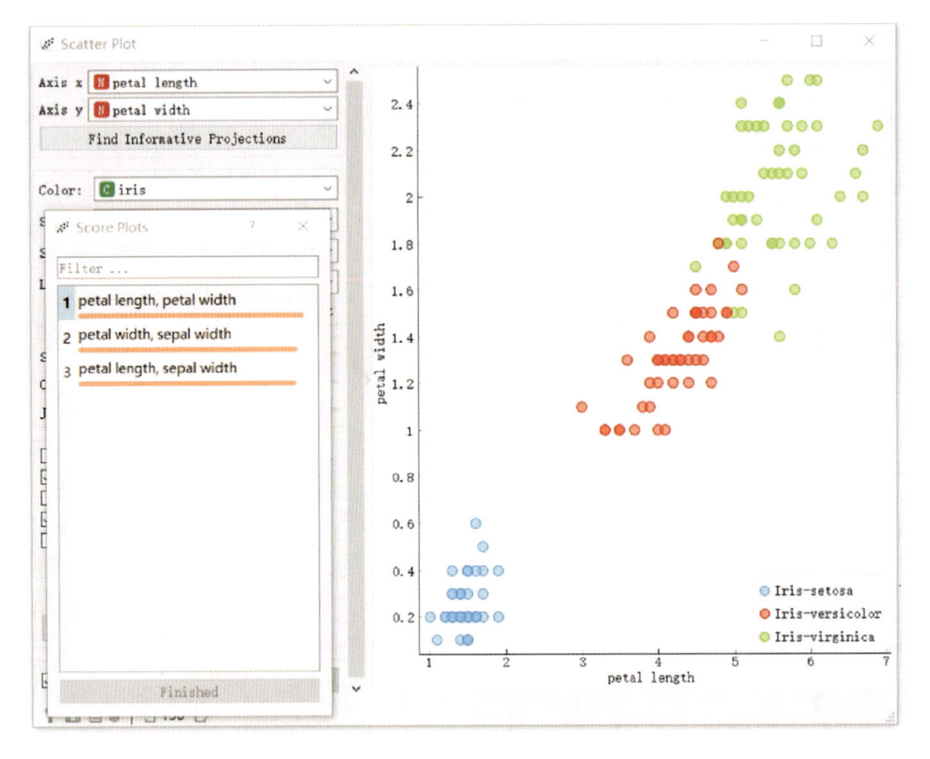


图 2-3-11　Scatter Plot 操作框（二）

■　标签：标签是否仅应用于选定的数据或数据集。

■　数据点大小：拖动设置。

■　数据点透明度：拖动设置。

■　数据点分散程度：拖动设置数据点的分散程度，防止数据重叠。

③图属性设置。

■　显示颜色区域：不同属性对应不同颜色，数据实例集中区域颜色深。

■　显示图例：在右侧图形中显示，拖动可改变其位置。

■　显示网格线：在右侧图形中显示。

■　显示鼠标悬停时的属性信息：显示光标所在点的数据属性信息。

■　显示回归线：右侧图形中显示连续属性的回归线。

■　是否将变量视为独立变量。

④选择及缩放。

■　默认工具：在选定的矩形区域内选择数据实例。

■　平移：可以在窗格周围移动散点图。

■　缩放：使用鼠标滚动来放大和缩小窗格。

■　重置缩放：将图像重置为最佳大小。

⑤自动发送：若需要，则勾选，操作框里的选择和改动即时发送。

⑥状态栏：左侧显示文件图标（单击可生成报告）及部件输入和输出的实例数，若出错，则在右侧显示警告和错误信息。

5. 操作实例

将 Scatter Plot 部件与其他部件构建如图 2－3－12 所示的连接。在 File 中导入 Iris. tab 数据，顺次连接 Tree、Tree Viewer，通过树模型对数据进行分类，连接 Scatter Plot，单击树的任何节点都将向散点图发送选定的数据实例，同时可用填充符号标记选定的实例。

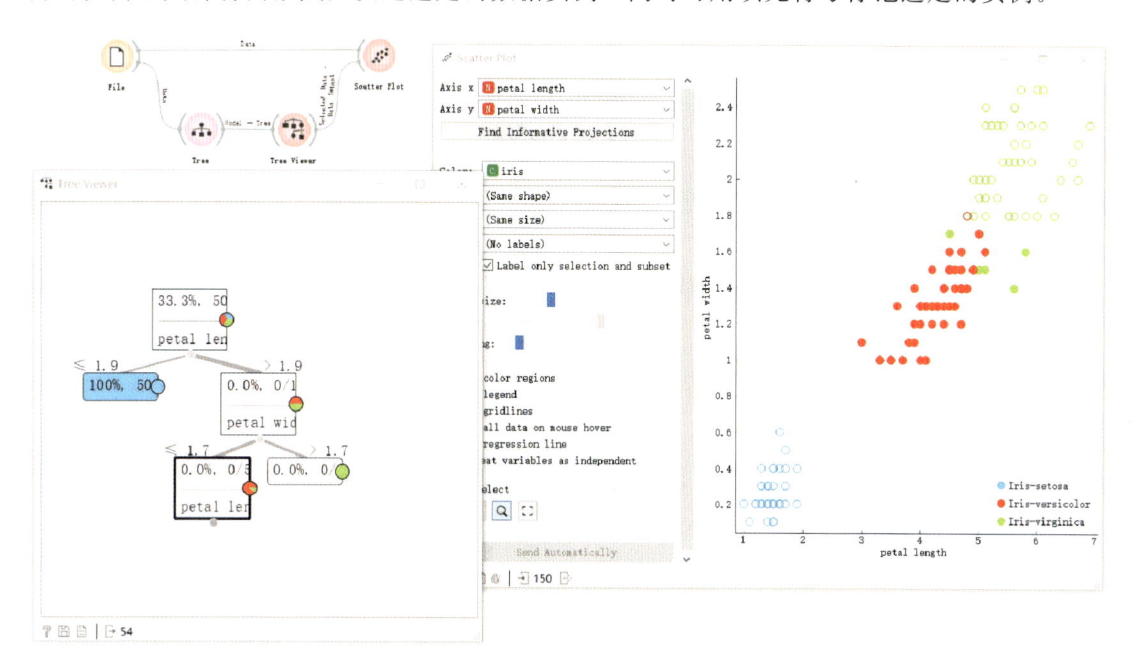


图 2－3－12　Scatter Plot 部件连接应用示意图

## （六）Line Plot（线图）

利用 Line Plot 部件，可以使数据配置文件可视化。

1. 输入项

输入数据集。

2. 输出项

从图中选择的实例；带有附加列的数据。

3. 基本介绍

该部件是一种将数据显示为一系列点的图，这些点通过直线段连接。它仅适用于数值型数据。

4. 操作界面

Line Plot 部件的操作界面如图 2－3－13 所示。根据图中编号，对各处操作介绍如下。

①显示选项：包括线、范围、平均值和误差线 4 种。

②分组：选择一个分类属性用于数据实例的分组。

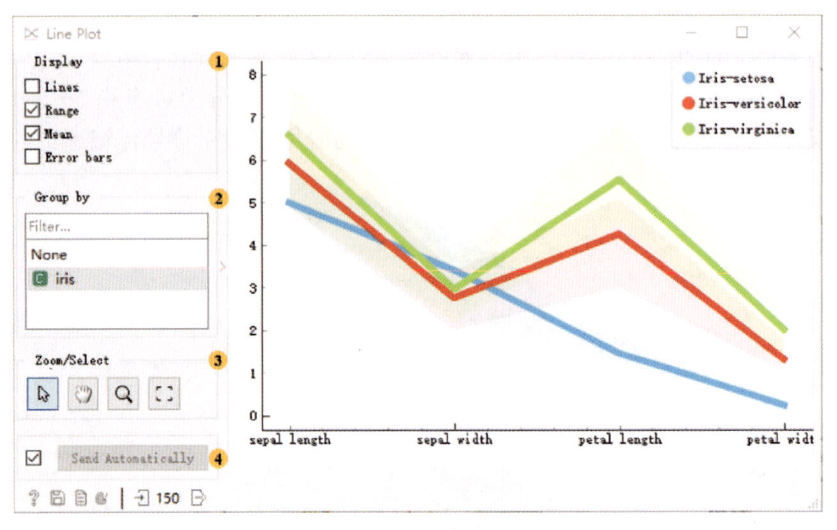


图 2-3-13　Line Plot 操作框

③缩放/选择：浏览图形的选项，包括选择、平移、缩放、还原图像。

④自动发送更改。

### 5. 操作实例

将 Line Plot 部件与其他部件构建如图 2-3-14 所示的连接。首先，选择导入 Iris. tab 数据并将其连接到 Line Plot，按 Iris 属性分组显示 Iris 样本数据，该图显示了花瓣长度(petal length) 的分离情况；其次，将 Scatter Plot 连接到 File，我们可以在散点图中观察并确认花瓣长度的确是分隔类的一个有效属性，尤其是当用花瓣宽度 (petal width) 增强时，在 Line Plot 部件的线图中也能很好地将 Iris 类别分开。

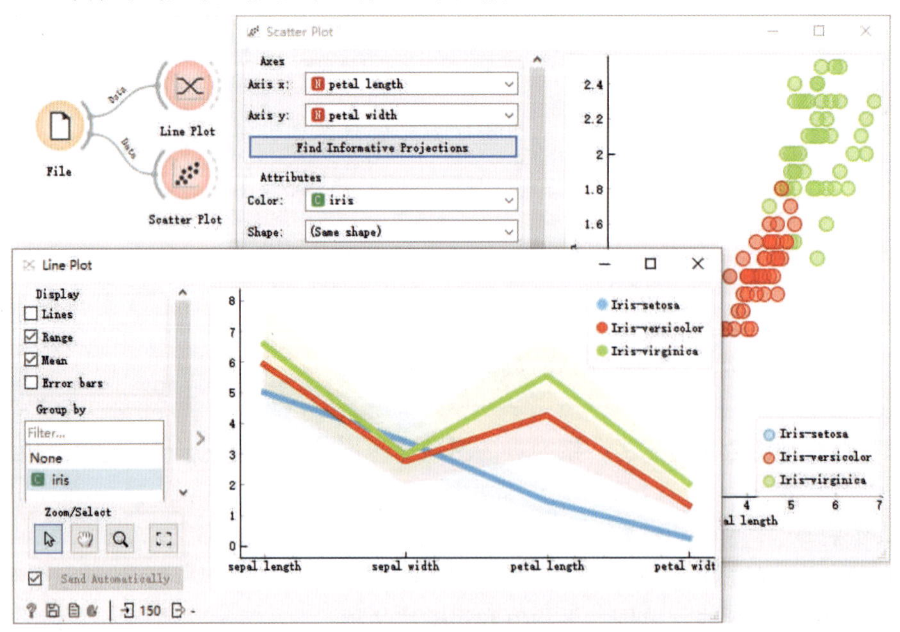


图 2-3-14　Line Plot 部件连接应用示意图

## （七）Bar Plot（条形图）

Bar Plot

利用 Bar Plot 部件，可以用条形图的形式显示数据集属性信息和选定的数据信息，便于对比分析。

### 1. 输入项

带任何属性的数据集。

### 2. 输出项

从图中选定的数据。

### 3. 基本介绍

该部件通过建立条形图来使数据的属性信息可视化。$x$ 轴显示每个数据实例对应的属性类型，$y$ 轴显示每个数据实例对应的属性值。可以在部件的左侧调整条形图的各种属性，如颜色、轴标题等信息。

### 4. 操作界面

Bar Plot 部件的操作界面如图 2－3－15 所示。根据图中编号，对各处操作介绍如下。

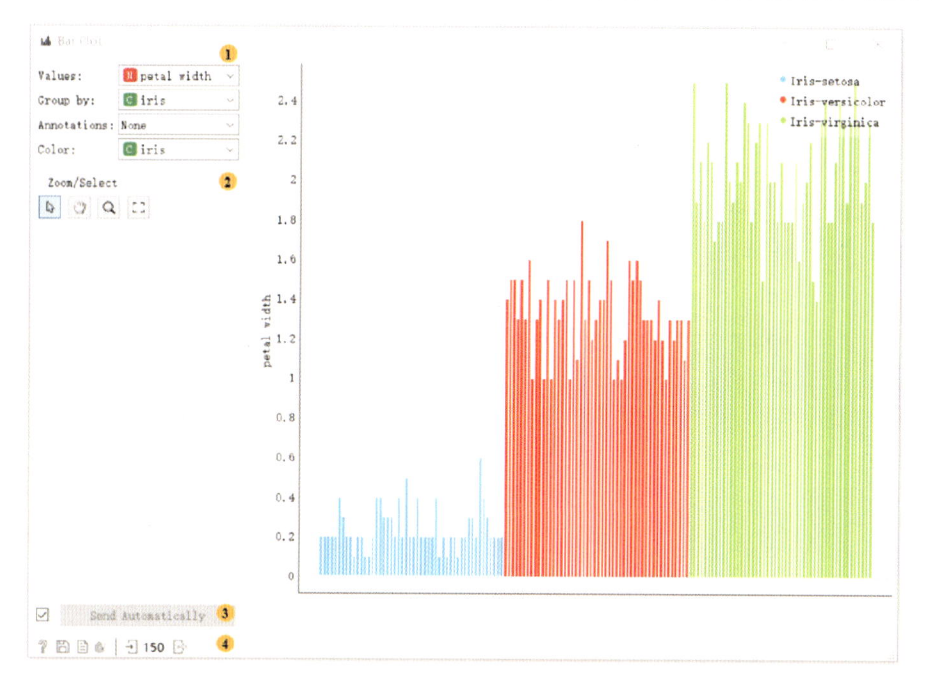


图 2－3－15 Bar Plot 操作框

①坐标轴设置。

- 变量：$y$ 轴所代表的变量。
- 分组：需分组的数据集。
- 注解：$x$ 轴各属性类型的注解。

■ 颜色。

②选择及缩放。

■ 默认工具：在选定的矩形区域内选择数据实例。

■ 平移：可以在窗格周围移动条形图。

■ 缩放：使用鼠标滚动来放大和缩小窗口。

■ 重置缩放：将图像重置为最佳大小。

③自动发送：若需要，则勾选，操作框里的选择和改动将即时发送。

④状态栏：左侧显示文件图标（单击可生成报告）及部件输入和输出的实例数，若出错，则在右侧显示警告和错误信息。

5. 操作实例

①将 Bar Plot 部件与其他部件构建如图 2-3-16 所示的连接。

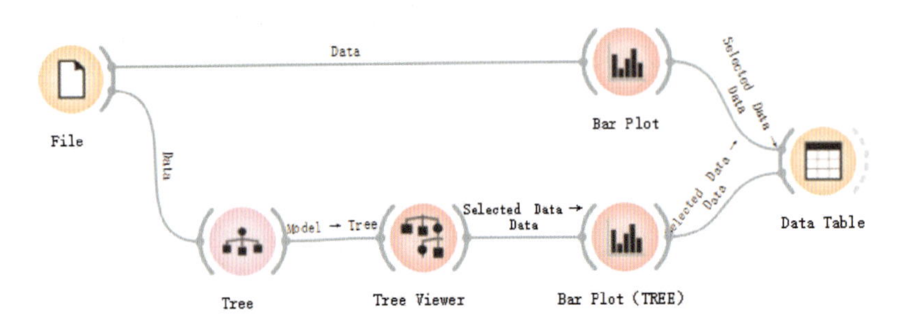


图 2-3-16　Bar Plot 部件连接应用示意图

②点击 Data 里的 File，选择导入 Iris. tab 数据，连接 Bar Plot，即可显示原数据的条形图，连接 Data Table 可显示选定的条形图数据实例，如图 2-3-17 所示。

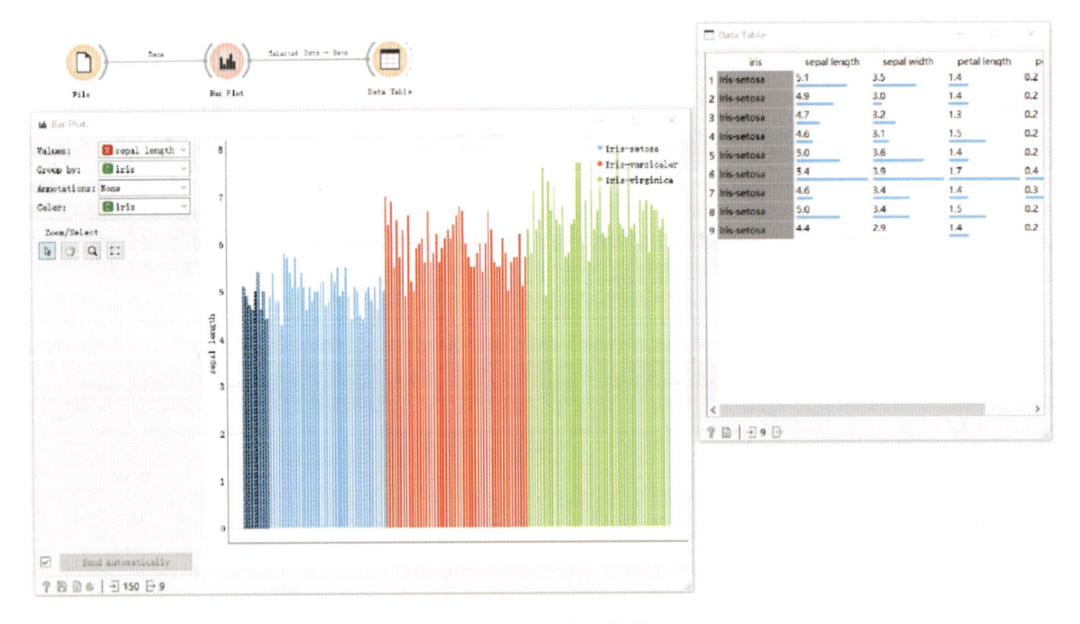


图 2-3-17　Bar Plot 结果（一）

③在 File 后顺次连接 Tree、Tree Viewer、Bar Plot，即可在条形图中显示树模型分类后的选定结果，同样也能够在 Data Table 中显示，如图 2-3-18 所示。

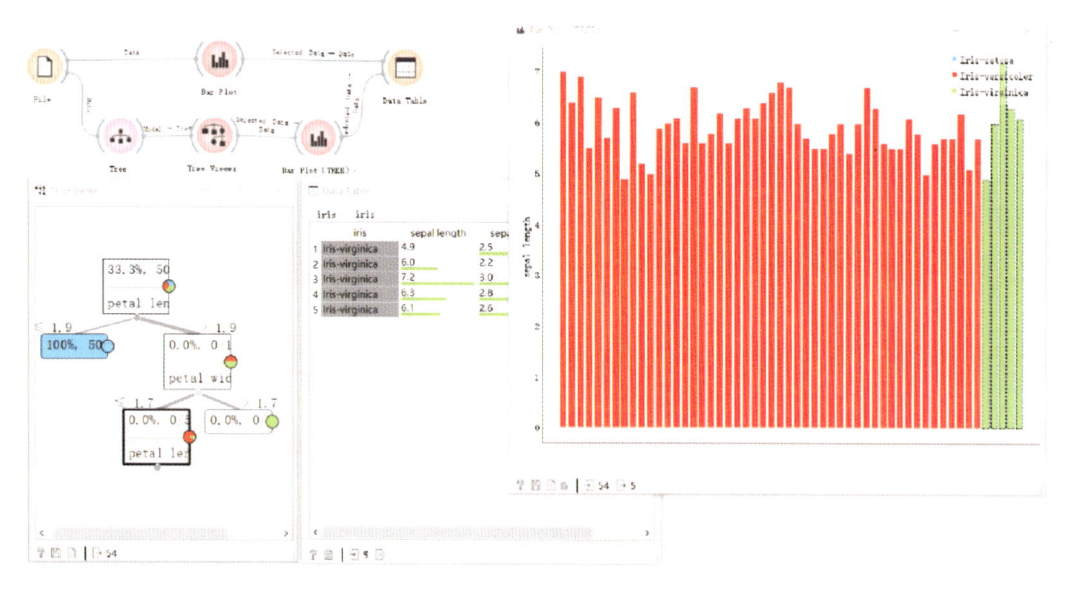


图 2-3-18　Bar Plot 结果（二）

## （八）Sieve Diagram（筛网图）

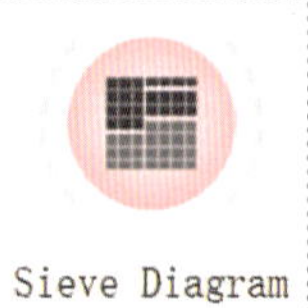


利用 Sieve Diagram 部件，可以绘制成对变量的筛网图。

### 1. 输入项

输入数据集。

### 2. 输出项

成对变量的筛网图。

### 3. 基本介绍

筛网图是一种图形化方法，用于使双向列联表中的频率可视化，并在独立性假设下将它们与预期频率进行比较。它是 Riedwyl 和 Schüpbach 在 1983 年的一份技术报告中提出的，后来被称为镶木地板图。在筛网图中，每个矩形的面积与预期频率成正比，而观察到的频率由每个矩形中正方形的数量表示。观察频率与预期频率之间的差异（与标准 Pearson 残差成比例）显示为阴影密度，并用颜色表示其与独立性的偏差是正（蓝色）还是负（红色）。

### 4. 操作界面

Sieve Diagram 工具的操作界面如图 2-3-19 所示。根据图中编号，对各处操作介绍如下。

①属性：选择要在筛网图中显示的属性。

②得分组合：将属性组合按得分进行排序，找到最佳的属性组合。

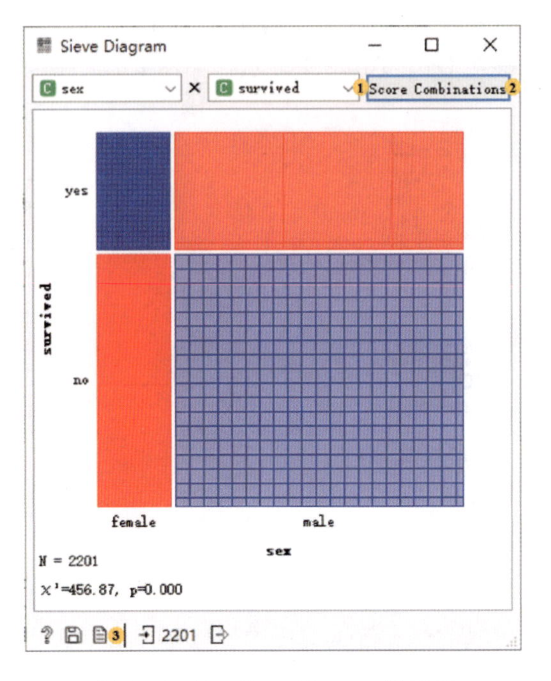


图 2-3-19　Sieve Diagram 操作框

③保存图像及生成报告。

5. 操作实例

将 Sieve Diagram 部件与其他部件构建如图 2-3-20 所示的连接。首先，选择导入

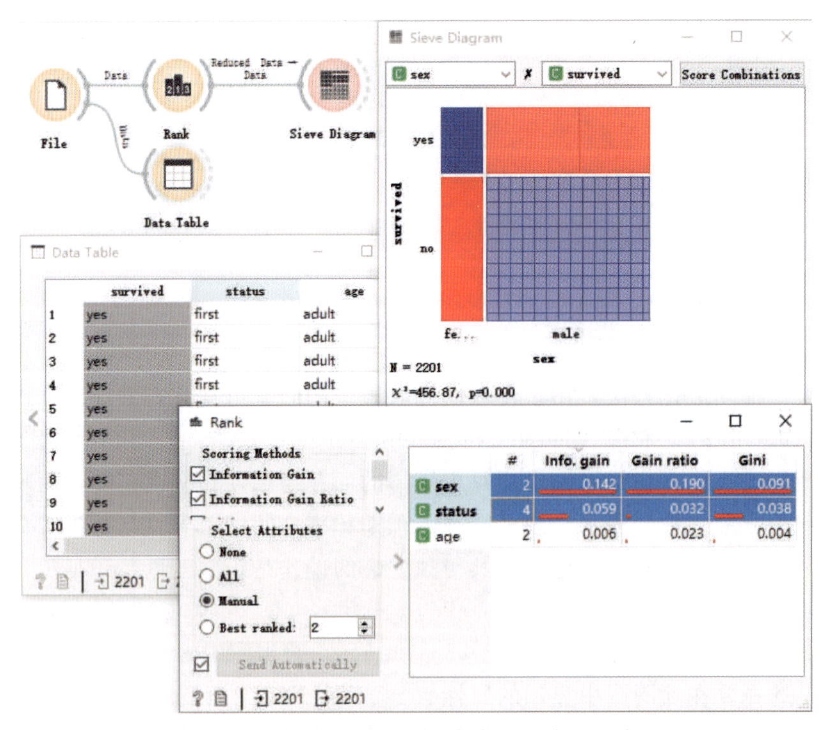


图 2-3-20　Sieve Diagram 部件连接应用示意图

titanic. tab 数据，将其传递给 Rank 部件并选择最佳属性“sex”和“status”；其次，将 Sieve Diagram 连接到 Rank，并选择“score combination”（得分组合）中分数最高的“sex”（性别）和“survived”（幸存）输入到筛网图中，该图表明这两个变量高度相关（$p=0.000$），例如观察到的女性幸存频率和预期频率之间呈负相关。

## （九）Mosaic Display（马赛克显示）

Mosaic Display

利用 Mosaic Display 部件，可以以马赛克图形式对选择的数据实例进行可视化。

1. 输入项

数据集；实例的子集。

2. 输出项

从图中选择的数据实例。

3. 基本介绍

马赛克图是双向频率表或列联表的图形表示。它由 Hartigan 和 Kleiner 于 1981 年提出，并由 Friendly 在 1994 年进行了扩展和完善，用于使来自两个或多个定性变量的数据可视化，为用户提供了更有效地识别不同变量之间关系的方法。

4. 操作界面

Mosaic Display 部件的操作界面如图 2-3-21 所示。根据图中编号，对各处操作介绍如下。

图 2-3-21　Mosaic Display 操作框

①选择变量。

②内部着色：可以根据类别或皮尔逊残差对内部进行着色，若勾选“Compare with total”，则会对所有实例进行比较。

③保存图像及生成报告。

5. 操作实例

将 Mosaic Display 部件与其他部件构建如图 2－3－22 所示的连接。首先，选择导入 titanic. tab数据，将其连接到 Mosaic Display；其次，关注“status”（状态）、“sex”（性别）和“survived”（幸存率）变量，并根据“Pearson residuals”（皮尔逊残差）对内部进行着色，以证明观察值与拟合值之间的差异；最后我们可以观察到男性和女性的幸存率明显偏离了拟合值。

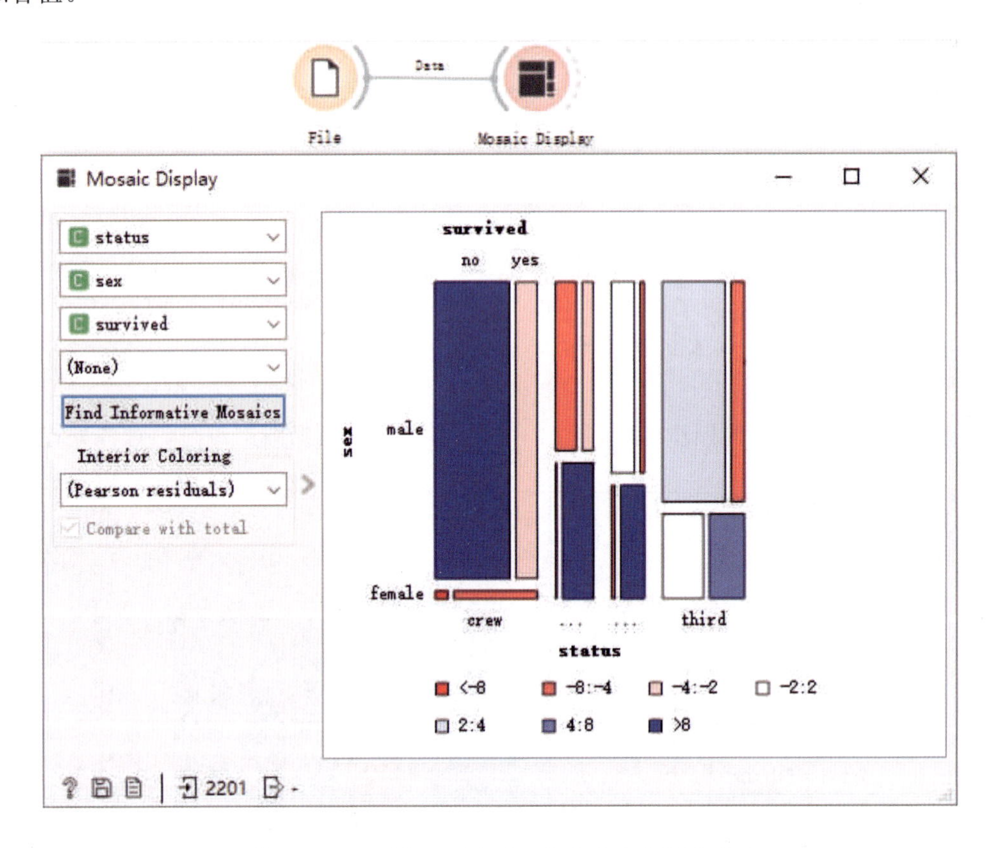


图 2－3－22　Mosaic Display 部件连接应用示意图

## （十）FreeViz

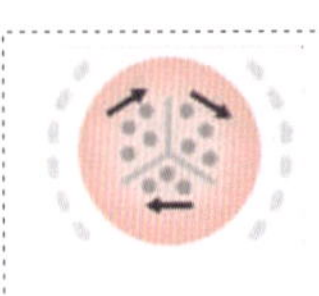


FreeViz 工具可以用来显示多变量投影。

1. 输入项

数据集；实例的子集。

2. 输出项

从图中选择的实例；带有附加列的数据；组件（FreeViz 向量）。

3. 基本介绍

该部件使用了粒子物理学中的原理：同一类中的点彼此吸引，不同类中的点相互排斥，同时产生的合力被施加在属性的锚，即每个维度轴的单位向量上。虽然这些点不能移动（在投影空间中的投影），但属性的锚可以移动，因此优化过程采用了提升优化算法，最后将锚放置在使力处于平衡状态的位置。“Start”按钮用于调用优化过程，优化的结果可能取决于锚的初始位置。锚的初始形状为圆形，也可以手动设置为任意形状。在所有线性投影中，如果单位向量的投影较其他投影短，则表明其相关属性对特定分类任务的作用不大。这些向量，即它们对应的锚点，可以使用“Hide radius”从可视化结果中隐藏。

4. 操作界面

FreeViz 部件的操作界面如图 2-3-23 所示。根据图中编号，对各处操作介绍如下。

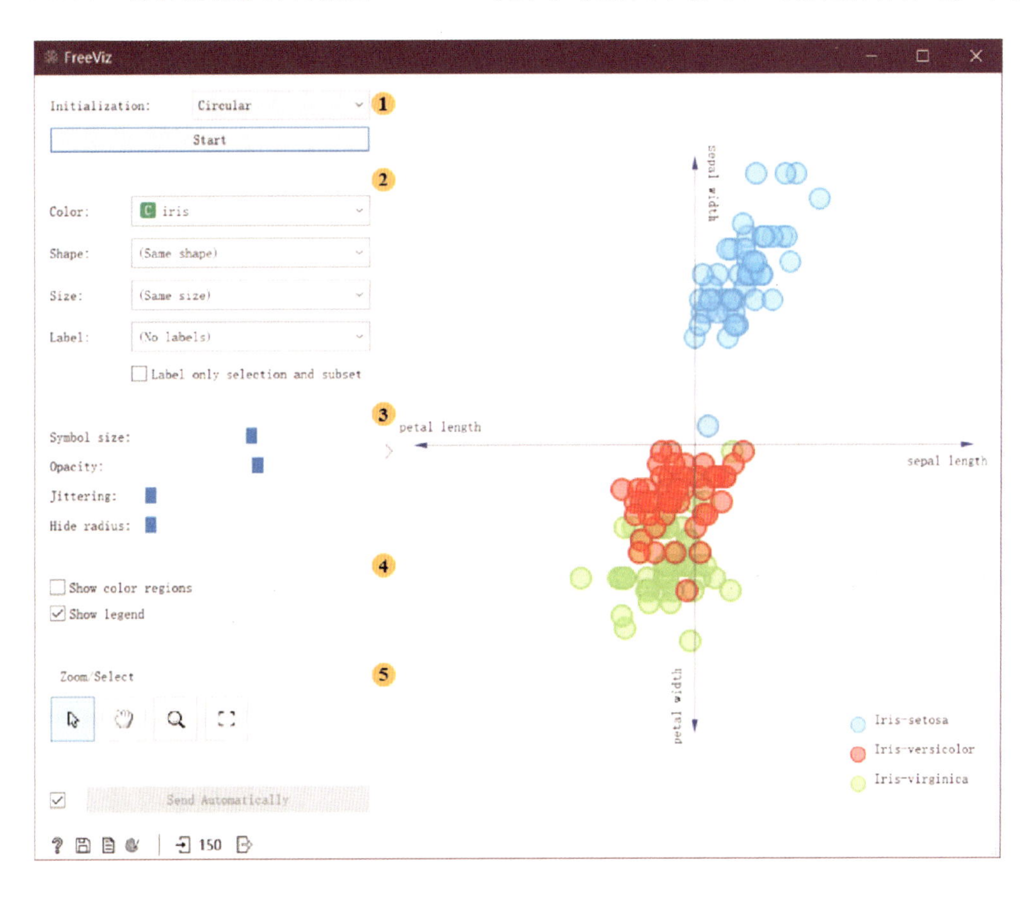


图 2-3-23 FreeViz 操作框

①锚点的初始形态：锚点的初始形状可以为圆形，也可以是其他任意形状。点击“Start”按钮，可以对各类变量重新排列投影，并将锚点移动到能区分不同类别的最佳位置。

②锚点的显示设置：包括颜色、形状、大小、标签 4 项。其中，离散型数据以不同颜色显示，数值型数据以颜色深浅表示数值大小。仅对选择的数据和子集设置标签。

③锚点的其他调整。

- 符号大小。
- 透明度。
- 设置分散程度以防止点重叠，尤其是对于离散型数据。
- 对半径的隐藏程度。

④调整图属性。

- 显示颜色区域：根据实例的颜色对区域着色。
- 显示图例：位于图片右下方，单击可拖动。

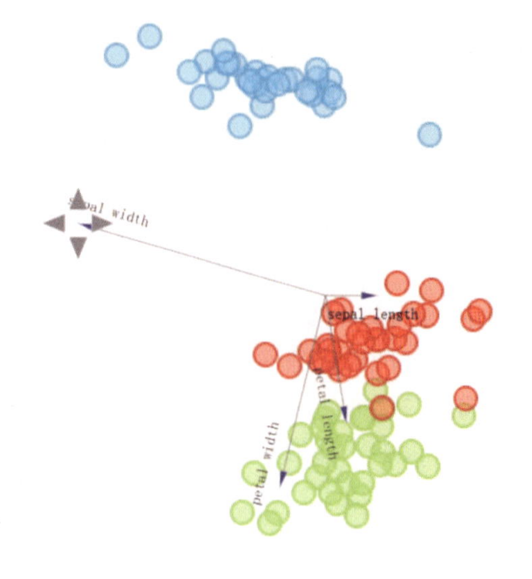


图 2-3-24　手动移动锚点

⑤选择、平移、缩放和还原图像。

⑥手动移动锚点：将鼠标指针悬停在锚点的上方，单击鼠标左键，可以将所选锚点移动到所需位置（图 2-3-24）。

5. 操作实例

将 FreeViz 部件与其他部件构建如图 2-3-25 所示的连接。首先使用 Datasets 导入 Iris. tab 数据，随后使用 FreeViz 进行探索性数据分析。如图在图形框中选择数据点，并发送到 Data Table 进行查看。

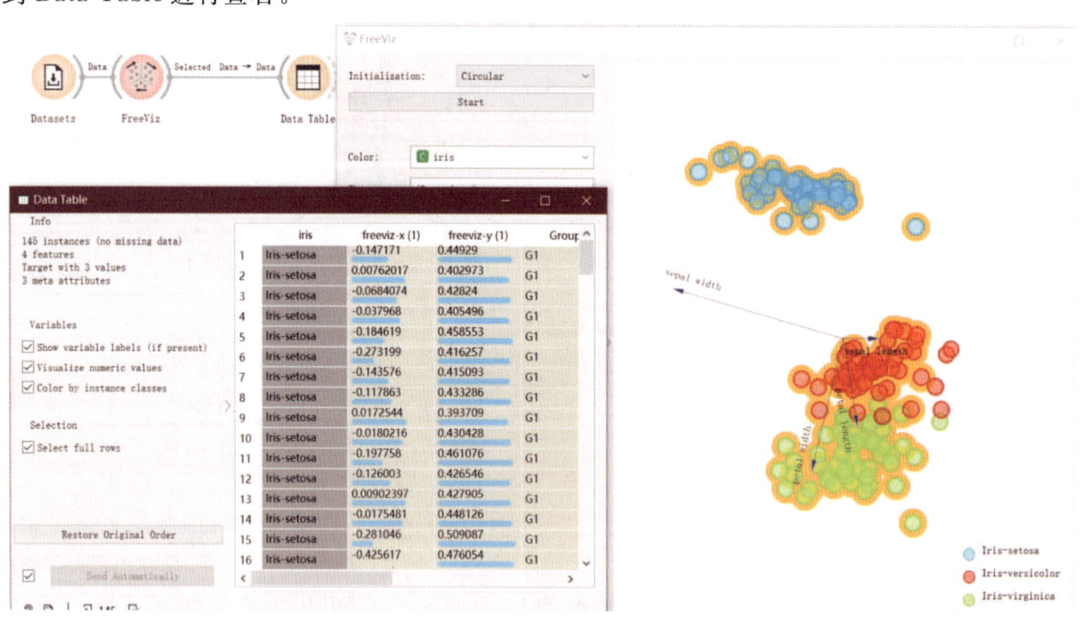


| | iris | freeviz-x (1) | freeviz-y (1) | Group |
|---|---|---|---|---|
| 1 | Iris-setosa | -0.147171 | 0.44929 | G1 |
| 2 | Iris-setosa | 0.00762017 | 0.402973 | G1 |
| 3 | Iris-setosa | -0.0684074 | 0.42824 | G1 |
| 4 | Iris-setosa | -0.037968 | 0.405496 | G1 |
| 5 | Iris-setosa | -0.184619 | 0.458553 | G1 |
| 6 | Iris-setosa | -0.273199 | 0.416257 | G1 |
| 7 | Iris-setosa | -0.143576 | 0.415093 | G1 |
| 8 | Iris-setosa | -0.117863 | 0.433286 | G1 |
| 9 | Iris-setosa | 0.0172544 | 0.393709 | G1 |
| 10 | Iris-setosa | -0.0180216 | 0.430428 | G1 |
| 11 | Iris-setosa | -0.197758 | 0.461076 | G1 |
| 12 | Iris-setosa | -0.126003 | 0.426546 | G1 |
| 13 | Iris-setosa | 0.00902397 | 0.427905 | G1 |
| 14 | Iris-setosa | -0.0175481 | 0.448126 | G1 |
| 15 | Iris-setosa | -0.281046 | 0.509087 | G1 |
| 16 | Iris-setosa | -0.425617 | 0.476054 | G1 |

图 2-3-25　FreeViz 部件连接应用示意图

## （十一）Linear Projection（线性投影）

| 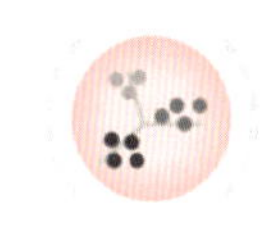 Linear Projection | Linear Projection 是具有探索性数据分析功能的线性投影方法。 |
|---|---|

1. 输入项

数据集；实例的子集；自定义的投影向量。

2. 输出项

从图中选择的实例；带有附加列的数据；投影向量。

3. 基本介绍

该部件显示类标记数据的线性投影，它支持各种类型的投影，如圆形环绕、线性判别分析（Koren & Carmel，2003）、主成分分析和自定义投影。

4. 操作界面

Linear Projection 部件的操作界面如图 2-3-26 所示。根据图中编号，对各处操作介绍如下。

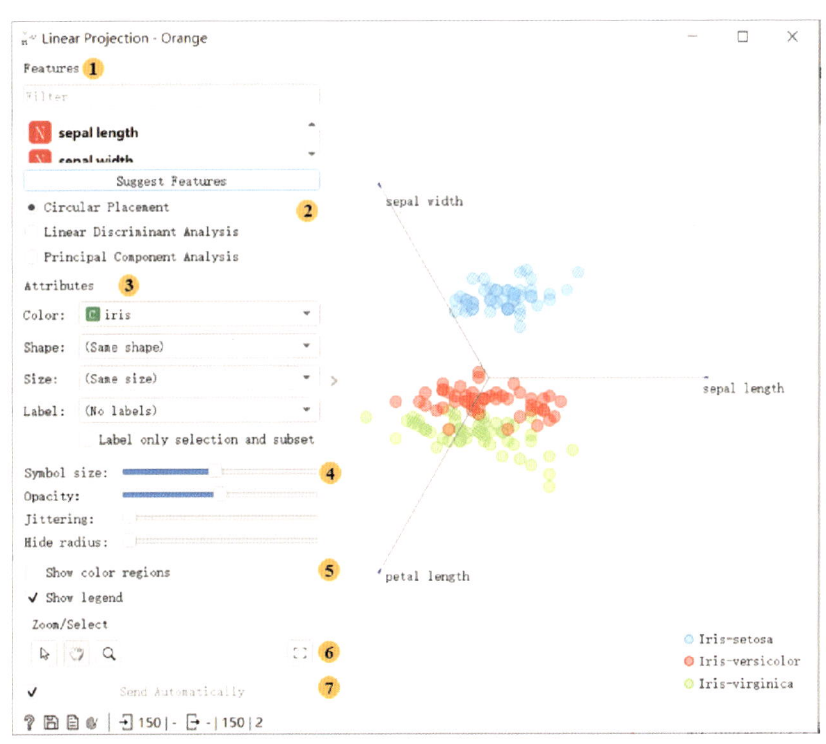


图 2-3-26　Linear Projection 操作框

①可选择的投影轴：可选择需要进行投影的特征，或使用建议特征功能优化投影。该功能可以对属性进行评分，并返回评分最高的属性，同时进行可视化更新。

②选择投影方法：圆形环绕、线性判别分析、主成分分析。

③数据点的显示设置：可对颜色、形状、大小和标签进行设置。关于颜色，离散型数据以不同颜色表示，数值型数据以颜色深浅表示数值大小。仅对选择的数据和子集设置标签。

④数据点的其他调整。

- 符号大小。
- 透明度。
- 设置分散程度以防止点重叠，尤其是对于离散型数据。
- 对半径的隐藏程度。

⑤调整图属性。

- 显示颜色区域：根据实例的颜色对区域着色。
- 显示图例：位于图片右下方，单击可拖动。

⑥选择、平移、缩放和还原图像。

⑦自动发送：若需要，则勾选，操作框里的选择和改动将即时发送。

5. 操作实例

将 Linear Projection 部件与其他部件构建如图 2-3-27 所示的连接。点击 Datasets 导入 Iris 数据，Linear Projection 和其他可视化部件的工作原理一样。随后，将其连接到 Data Table 部件以查看所选子集的详细信息。

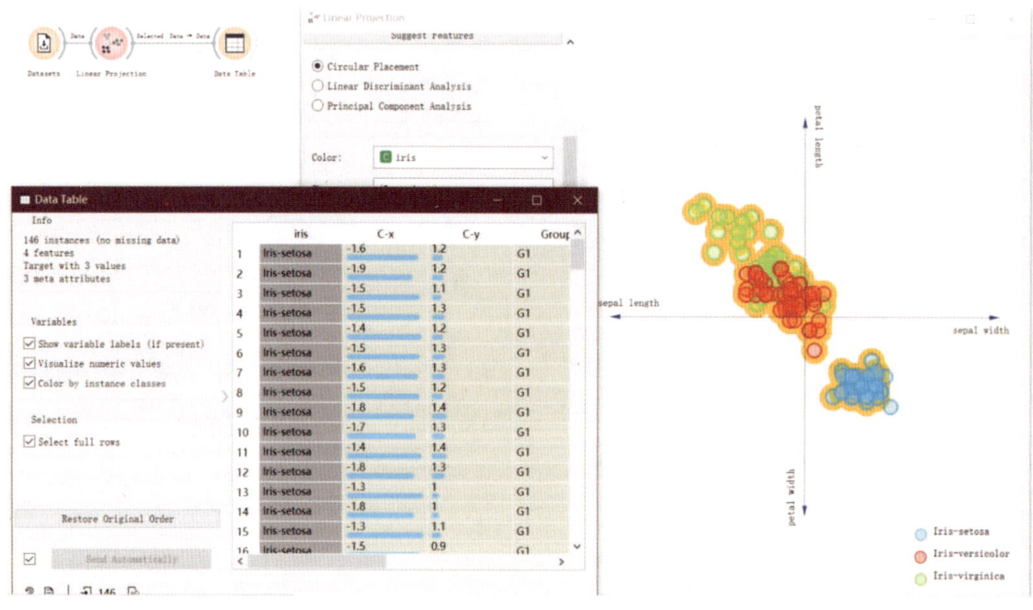


图 2-3-27　Linear Projection 部件连接应用示意图

## （十二）Radviz（径向坐标可视化）

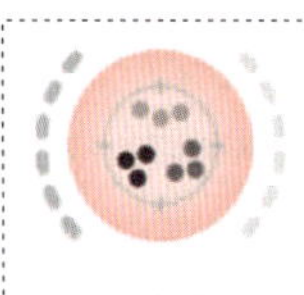

Radviz

利用 Radviz 部件，可以实现具有探索性数据分析和智能数据可视化增强功能的径向坐标可视化。

1. 输入项

数据集。

2. 输出项

从 Radviz 图中选择的实例；附加一列的数据。

3. 基本介绍

该部件可以很好地分离不同类的数据实例，使可视化结果能提供更多的信息。Radviz 是一种非线性的多维可视化技术，可以在二维投影中显示由 3 个或多个变量定义的数据。可视化变量被表示为在一个单位圆的周长上等间距的锚点。数据实例显示为圆内的点，其位置由一个物理学原理决定：每个点都由连接在另一端的可变锚的弹簧固定在适当的位置上。

4. 操作界面

Radviz 部件的操作界面如图 2-3-28 所示。根据图中编号，对各处操作介绍如下。

图 2-3-28　Radviz 操作框

①筛选可用变量列表。

②数据点的显示设置：可对显示点的颜色、形状、大小、标签进行设置。关于颜色，离散型数据由不同颜色表示，数值型数据由渐变色表示。

③数据点的其他设置：可对数据点的符号大小、透明度、分散程度进行设置。尤其是对离散型数据，需要设置分散程度以防止点重叠。

④显示颜色区域和显示图例。

⑤选择、平移、缩放、还原图像。

⑥自动发送：若需要，则勾选，操作框里的选择和改动将即时发送。

⑦在此可视化部件中，数据实例根据选择的类进行着色，可视化空间根据计算的类概率着色。

5. 操作实例

略。

## （十三）Heat Map（热图）

Heat Map

利用 Heat Map 部件，可以为成对变量绘制热图。

1. 输入项

数据集。

2. 输出项

从图中选中的实例。

3. 基本介绍

热图是一种在双向矩阵中按类显示属性值的图形化方法，它只适用于包含连续变量的数据集。具体数值用颜色表示（取决于所选色带）：颜色深浅可随数值大小变化。结合 $x$ 轴上的类和 $y$ 轴上的属性，可以清晰地看到哪些属性值最强，哪些最弱，从而为每个类找到典型特征和取值范围。

4. 操作界面

Heat Map 部件的操作界面如图 2－3－29 所示。根据图中编号，对各处操作介绍如下。

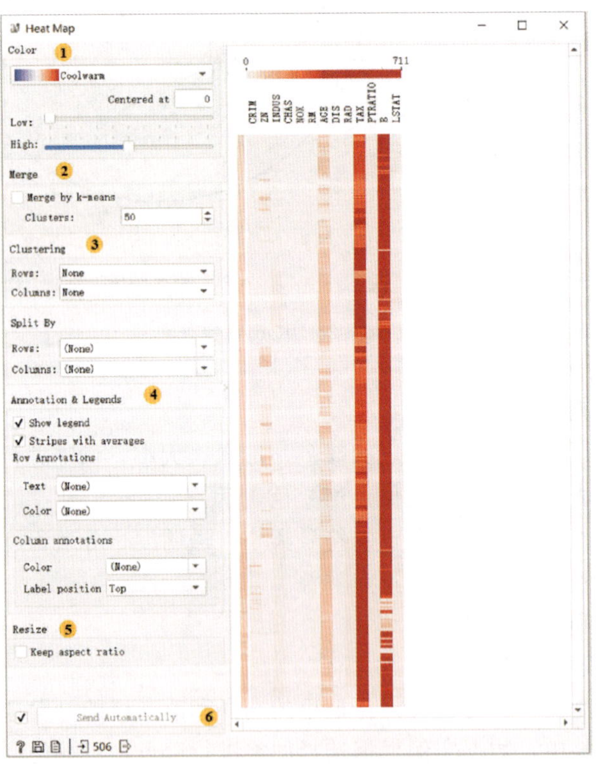


图 2－3－29　Heat Map 操作框

①可选择的色带：可选择色带并对色彩进行调整。

②合并数据：当数据行数较多时，可以通过 k－Means 算法将其合并为 $n$ 个聚类，行数默认为 50。

③对列和行排序。

■　聚类：通过欧氏距离和平均链接上的层次聚类的相似性来聚类数据。

■　分裂：如果数据包含类变量，行将自动按类分割。

④注释与图例。

■　包括“显示图例”和“带平均值的条纹”两个选项框。若勾选后者，右侧将显示一条带有平均值属性的新行。

■　行注释：向右侧的每个实例添加行注释。

■　列注释：将列标签放在指定位置。

⑤保持长宽比：每个值将以一个正方形（与地图成比例）显示。

⑥勾选“Send Automatically”将自动提交更改。

### 5. 操作实例

将 Heat Map 部件与其他部件构建如图 2－3－30 所示的连接。本例选用 housing. tab 数据集，该数据涉及波士顿郊区的住房价格，其中属性“B”代表各城镇黑人所占比例，属性“TAX”代表每一万美元的全额房产税率。为了获得更清晰的热图，我们使用 Select Columns 部件并从数据集中删除这两个属性。然后再次把数据输入 Heat Map 中，就可以看到其他的决定因素，例如“AGE”和“ZN”。

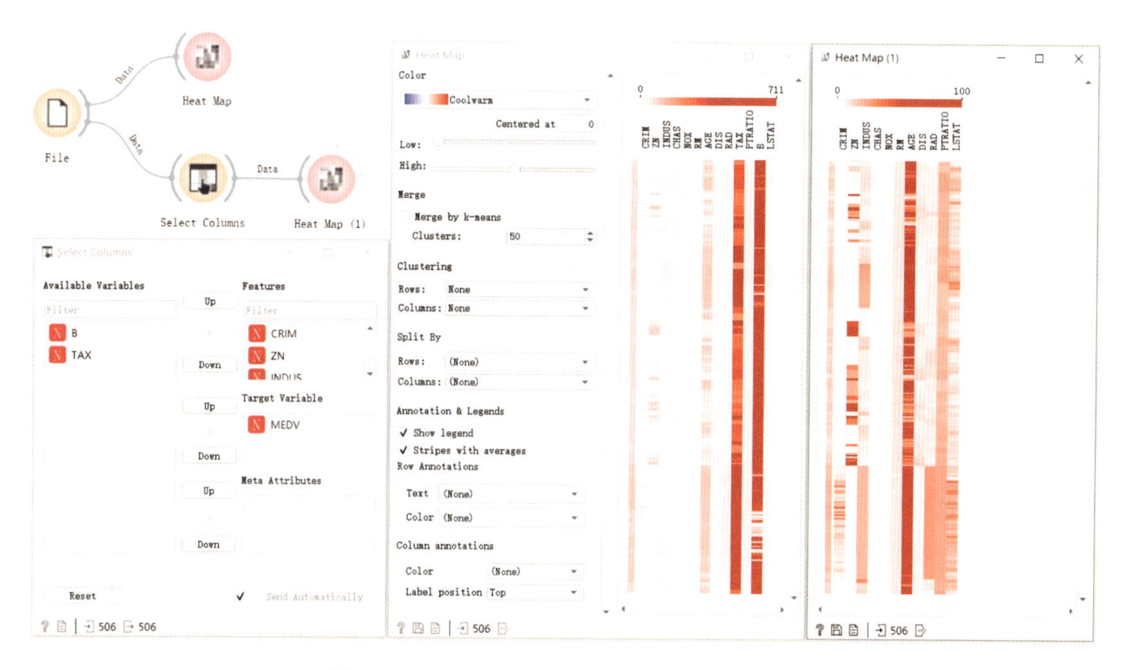


图 2－3－30　Heat Map 部件连接应用示意图

## （十四）Venn Diagram（维恩图）

利用 Venn Diagram 部件，可以通过圆形图的形式对两个及以上数据子集的相交部分进行可视化。

### 1. 输入项

具有任何属性的数据集。

### 2. 输出项

从图中选定的数据；带有附加列的完整数据，显示是否选择了实例。

### 3. 基本介绍

该部件通过显示公共数据实例或共享要素的数量来显示数据集之间的逻辑关系，以圆形的相交部分来显示将输出的相应实例或特征。同时该部件能够探索不同的预测模型。

### 4. 操作界面

Venn Diagram 部件的操作界面如图 2-3-31 所示。根据图中编号，对各处操作介绍如下。

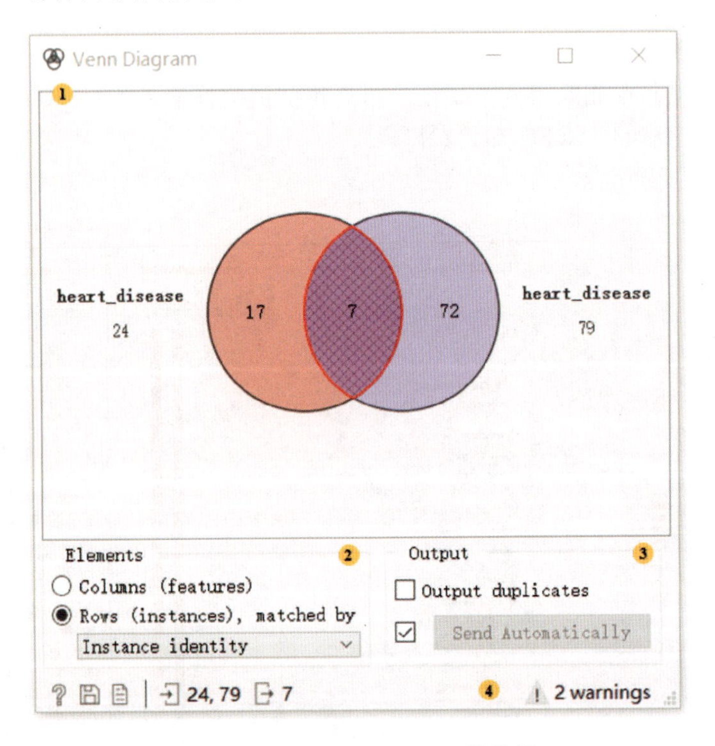


图 2-3-31　Venn Diagram 操作框

①图片结果显示区：将各个数据子集和重叠区域可视化。

②元素设置。

■ 列（特征）：选择一个字符串变量进行匹配，若数据集没有公共字符串变量，则会显示警告。

■ 行（实例）：选择通用功能进行匹配，若实例来自数据集中相同变量的同一行则能够进行匹配；反之，不能匹配。

③输出。

■ 重复输出。

■ 自动发送：若需要，则勾选，操作框里的选择和改动将即时发送。

④状态栏：左侧显示文件图标（单击可生成报告）及部件输入和输出的实例数，若出错，则在右侧显示警告和错误信息。

5. 操作实例

①将 Venn Diagram 部件与其他部件构建如图 2-3-32 所示的连接。

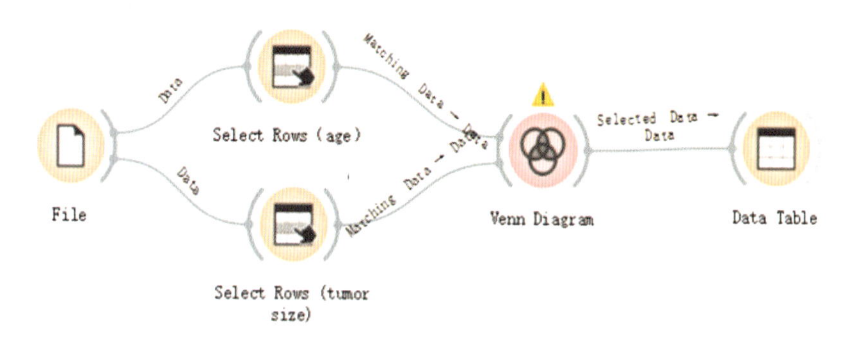


图 2-3-32 Venn Diagram 部件连接应用示意图

②点击 Data 里的 File，选择导入 heart _ disease. tab 数据，连接 Select Rows，将两个筛选条件分别设置为“age is beween 40-50”“cholesterol is between 200-210”，连接 Venn Diagram，结果框中圆形分别显示的为各子集，相交部分即为筛选所得结果，如图 2-3-33 所示。连接 Data Table，即可显示 Venn Diagram 中相交部分数据的属性信息。

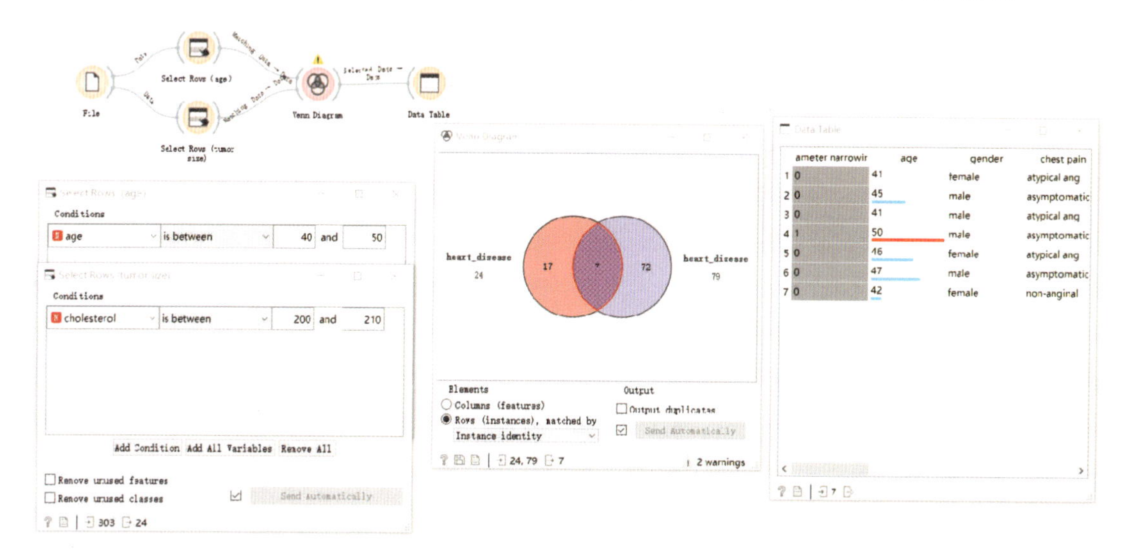


图 2-3-33 Venn Diagram 结果

③同时 Venn Diagram 还可以用于探索不同的预测模型。将 Random Forest、SVM、Naive Bayes 连接到 Test and Score，并连接各自的 Confusion Matrix，选择错误分类，然后将其发送到 Venn Diagram，即可看到每种预测的方法都可视化了所有错误分类实例。在 Venn Diagram 中，3 个圆的交集即为用 3 种方法标识的分类错误的实例，如图 2-3-34 所示。同样，在 Data Table 和 Scatter Plot 中都可查看交集中的数据信息。

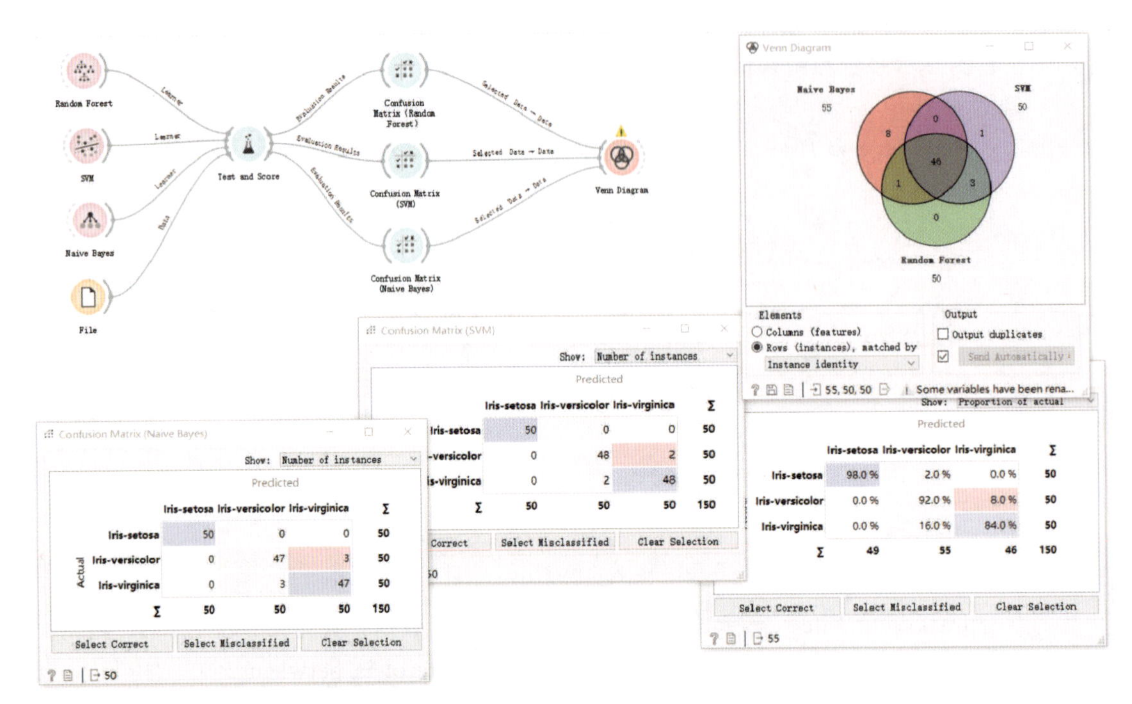


图 2-3-34　Venn Diagram 预测结果

## （十五）Silhouette Plot（轮廓图）

利用 Silhouette Plot 部件，可以用轮廓图的形式反映数据集群内的一致性。

### 1. 输入项

任何属性的数据集。

### 2. 输出项

从图中选定的数据；带有附加列的完整数据，显示是否选择了一个点。

### 3. 基本介绍

该部件以轮廓图表示数据集群内的一致性，提供了直观评估集群质量的方法。轮廓得分是一个对象与其他集群相比，与其自身集群的相似程度的度量，轮廓得分趋近于 1 表示数据实例接近集群的中心，趋近于 0 表示数据实例位于两个集群之间的边界上，趋近于−1 表示聚类效果不好。

### 4. 操作界面

Silhouette Plot 部件的操作界面如图 2－3－35 所示。根据图中编号，对各处操作介绍如下。

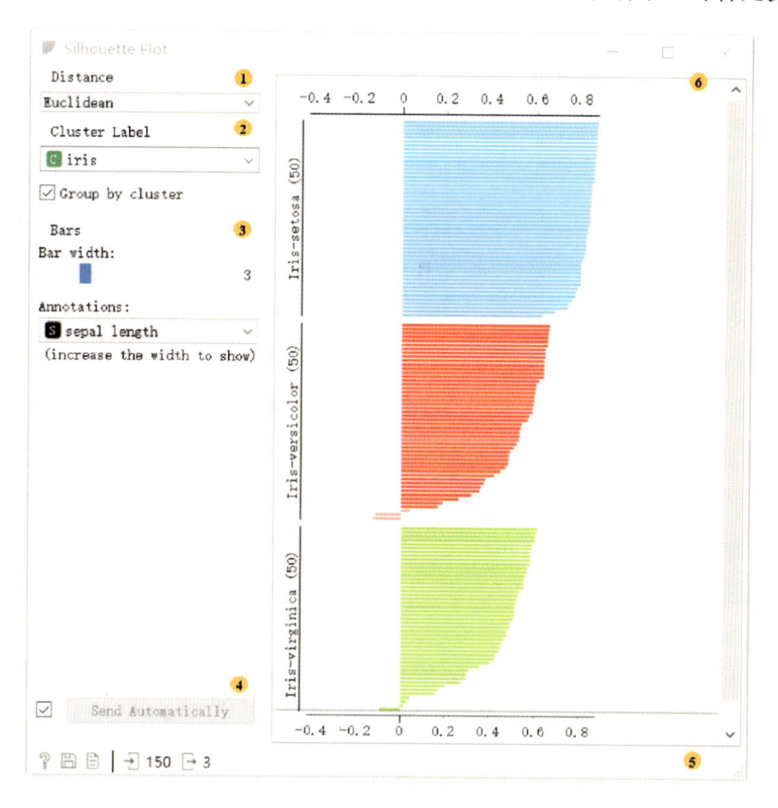


图 2－3－35　Silhouette Plot 操作框

①距离度量方法。

■　欧氏距离：两点之间的直线距离。

■　曼哈顿距离：两点之间的绝对差值之和。

■　余弦距离：两个向量在空间中夹角的余弦值。

②集群标签：是否按集群对实例进行分组。若勾选，则可以在选项框中自行选择集群。

③显示设置。

■　控制条：通过滑动滑块调节宽度。

■　注释：对轮廓图注释。

④自动发送：若需要，则勾选，操作框里的选择和改动即时发送。

⑤状态栏：左侧显示文件图标（单击可生成报告）及部件输入和输出的实例数，若出错，则在右侧显示警告和错误信息。

⑥轮廓图显示区域。

### 5. 操作实例

将 Silhouette Plot 部件与其他部件构建如图 2－3－36 所示的连接。在 File 中导入 Iris. tab数据，顺次连接 Silhouette Plot、Scatter Plot，通过轮廓图显示数据集信息，轮廓图中选定的实例也可以在散点图中显示。从图中可知，在 Silhouette Plot 中选定的轮廓得分较低的数据实例刚好位于 Scatter Plot 中两个聚类的交界线上，从而可知 Silhouette Plot 部件具有准确性。

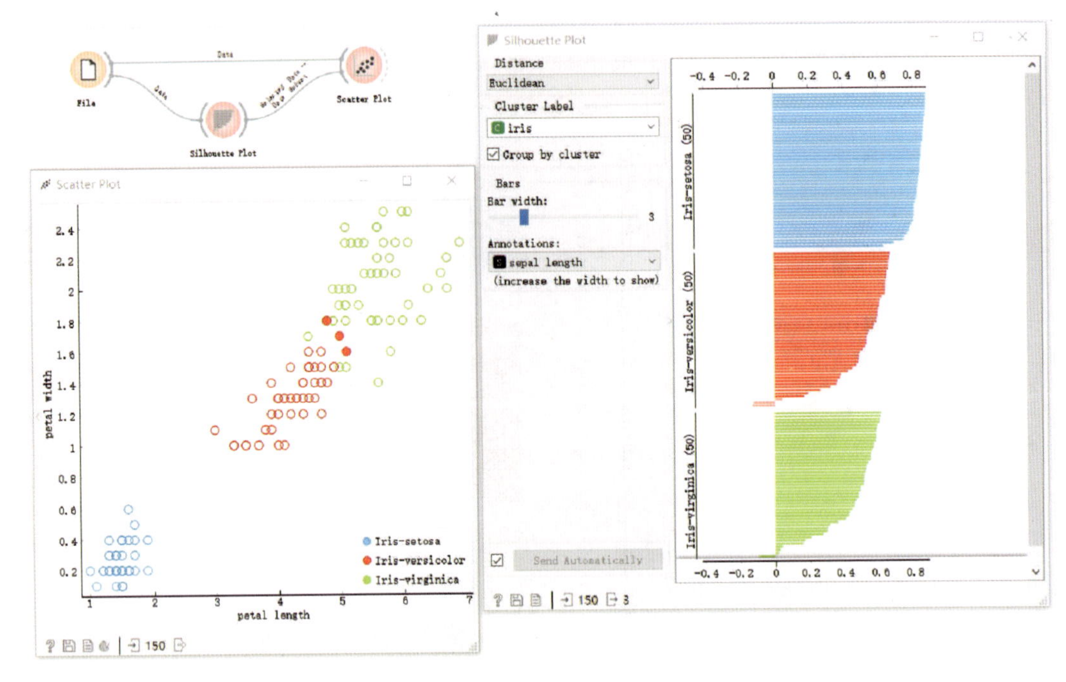


图 2-3-36　Silhouette Plot 部件连接应用示意图

## （十六）Pythagorean Tree（毕达哥拉斯树）

Pythagorean Tree 部件可以用于对分类树和回归树进行可视化。

### 1. 输入项

树模型；从树中选择的实例。

### 2. 输出项

所选实例。

### 3. 基本介绍

毕达哥拉斯树是平面分形工具，可用于描绘通用树层次结构。在我们的案例中，它们用于可视化和探索树模型。

### 4. 操作界面

Pythagorean Tree 部件的操作界面如图 2-3-37 所示。根据图中编号，对各处操作介绍如下。

①输入树模型的信息。

②显示设置。

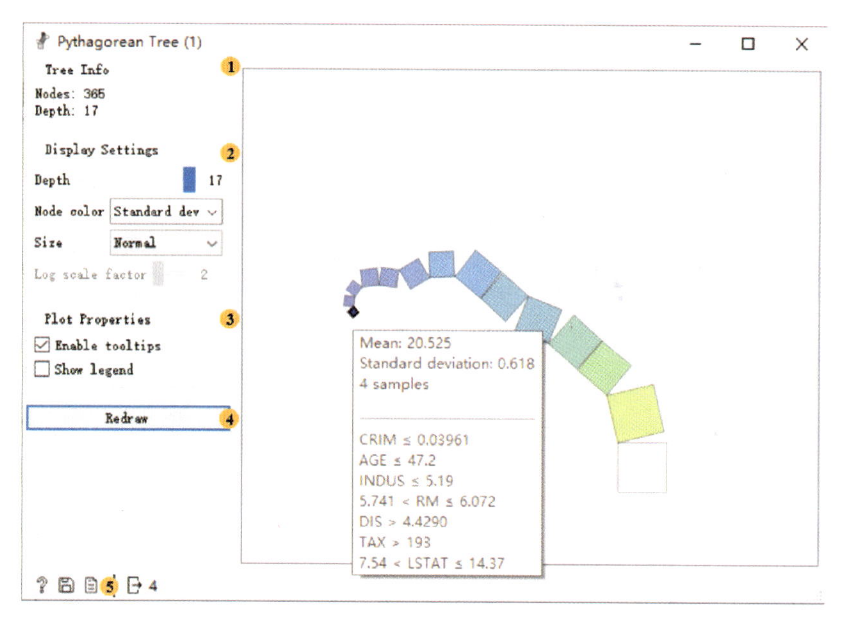


图 2-3-37 Pythagorean Tree 操作框

■ 深度。

■ 节点颜色：树节点的颜色强度将对应于目标类别的概率。

■ 面积：选择一种方法来计算代表节点的正方形的面积。方法有以下 3 种。

- 标准：保持节点面积与节点中训练数据子集的面积相对应。
- 平方根：节点面积的相应转换。
- 对数：节点面积的相应转换。

■ 对数比例因子：仅在选择对数转换时才启用。

③绘图属性：启用工具提示；显示图例。

④重新绘制。

⑤存储及生成报告。

5. 操作实例

将 Pythagorean Tree 部件与其他部件构建如图 2-3-38 所示的连接。首先，选择导入 Iris. tab数据，将其连接到 Tree，对样本数据进行正向修剪；其次，将 Tree Viewer 和 Pythagorean Tree 分别连接到 Tree，我们观察到它们都可以将 Tree 部件处理后的分类结果可视化，但是 Pythagorean Tree 可视化占用的空间更少，结构更紧凑，即使对于较小的 Iris 数据集也是如此。

## （十七）Pythagorean Forest（毕达哥拉斯森林）

Pythagorean Forest

利用 Pythagorean Forest 部件，可以使随机森林中的树模型可视化。

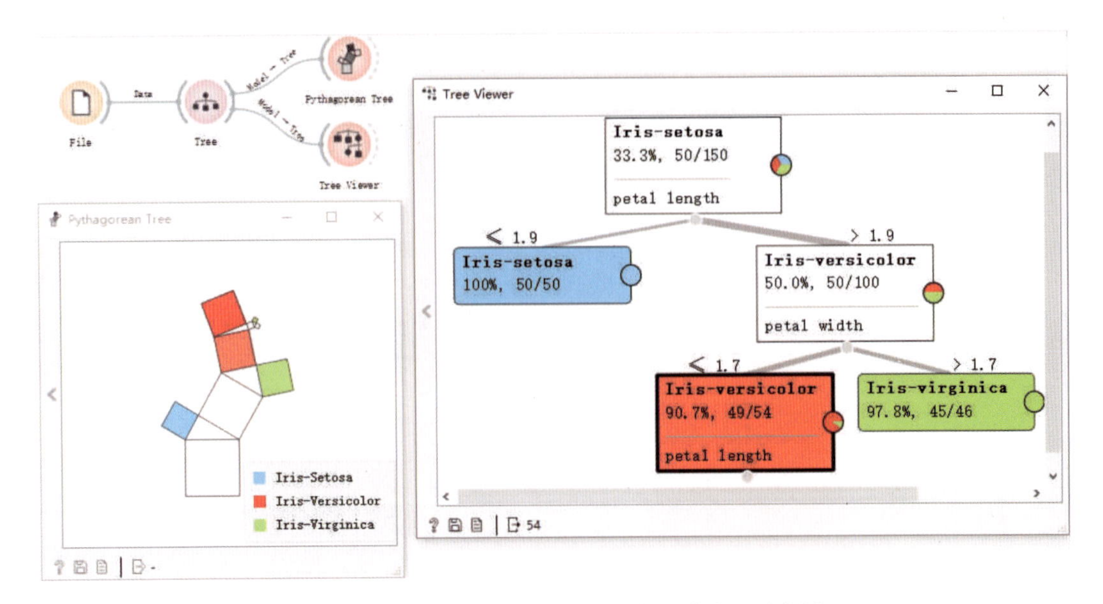


图 2-3-38　Pythagorean Tree 部件连接应用示意图

1. 输入项

随机森林中的树模型。

2. 输出项

选定的树模型。

3. 基本介绍

Pythagorean Forest 将从 Random Forest 部件中获得的所有决策树模型显示为毕达哥拉斯树，每个可视化都与一棵随机构造的树有关（Beck et al.，2014）。在可视化中，最好的树是树枝最短、颜色最浓的树，这意味着能很好地分割树枝的特征很少。该部件可显示分类和回归结果，分类需要数据集里的离散目标变量，而回归则需要连续目标变量，且它们都应该以树模型作为输入项。

4. 操作界面

Pythagorean Forest 部件的操作界面如图 2-3-39 所示。根据图中编号，对各处操作介绍如下。

①有关随机森林中树模型的信息。

②显示参数。

- 深度：设置树生长的深度。
- 节点颜色：设置为树着色的目标类别。
- 面积：选择一种方法来计算代表节点的正方形的面积。
- 缩放：查看树可视化文件的大小。

③存储及生成报告。

5. 操作实例

将 Pythagorean Forest 部件与其他部件构建如图 2-3-40 所示的连接。首先，导入 housing. tab 数据，将其连接到 Random Forest，从而建立一系列的决策树；其次，将生成

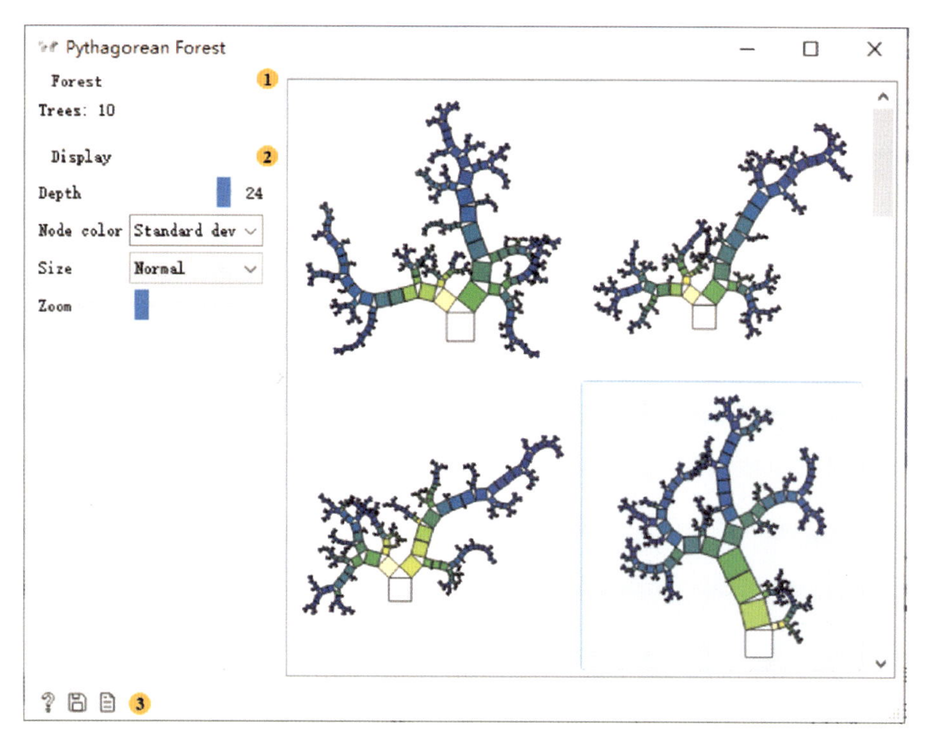


图 2-3-39　Pythagorean Forest 操作框

的 10 棵决策树传递到 Pythagorean Forest 部件中予以显示；最后，可使用 Pythagorean Tree 部件对其进行进一步观察和分析。

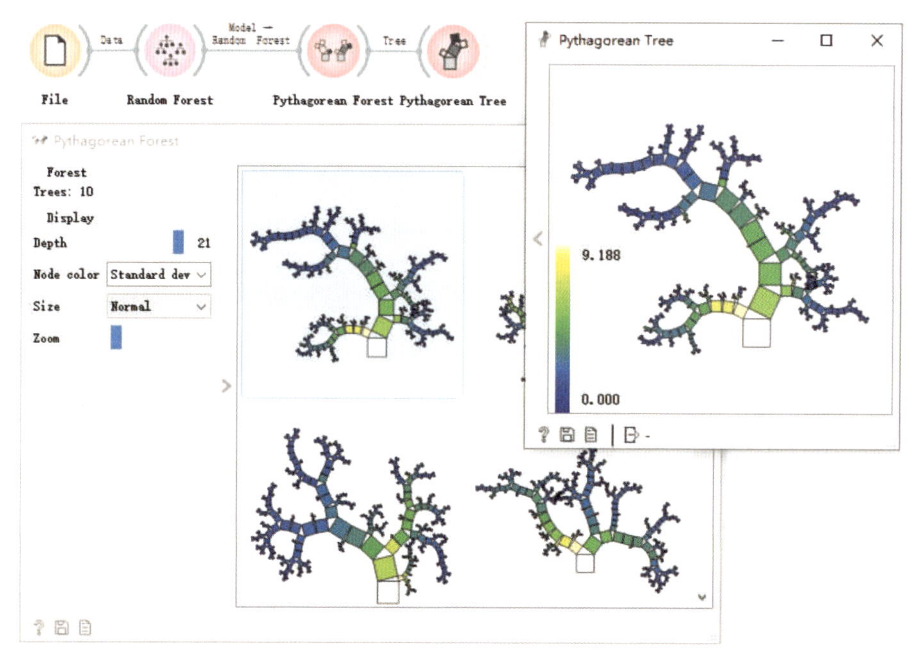


图 2-3-40　Pythagorean Forest 部件连接应用示意图

## （十八）CN2 Rule Viewer（CN2 分类规则查看器）

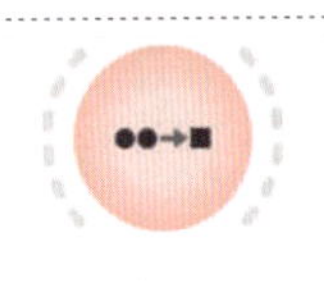


利用 CN2 Rule Viewer 部件，可以显示 CN2 分类规则的结果。如果连接了数据，则在选择分类规则时，可以分析哪些实例符合条件。

### 1. 输入项

要过滤的数据集；CN2 分类规则查看器（包括一系列诱导规则）。

### 2. 输出项

过滤的数据：所有选定规则覆盖的数据实例。

### 3. 基本介绍

略。

### 4. 操作界面

CN2 Rule Viewer 部件的操作界面如图 2－3－41 所示。根据图中编号，对各处操作介绍如下。

CN2 Rule Viewer

| | IF conditions | | THEN class | Distribution | Probabilities [%] | Quality | Length |
|---|---|---|---|---|---|---|---|
| 0 | sex=female AND status=first AND age≠adult | → | survived=yes | [0, 1] | 33 : 67 | -0.00 | 3 |
| 1 | sex=female AND status≠third AND age≠adult | → | survived=yes | [0, 13] | 7 : 93 | -0.00 | 3 |
| 2 | sex≠female AND status=second AND age≠adult | → | survived=yes | [0, 11] | 8 : 92 | -0.00 | 3 |
| 3 | sex≠female AND status=second | → | survived=no | [154, 14] | 91 : 9 | -0.414 | 2 |
| 4 | status=crew AND sex≠male | → | survived=yes | [3, 20] | 16 : 84 | -0.559 | 2 |
| 5 | status=second | → | survived=yes | [13, 80] | 15 : 85 | -0.584 | 1 |
| 6 | sex≠female AND status=third AND age≠child | → | survived=no | [387, 75] | 84 : 16 | -0.640 | 3 |
| 7 | sex=female AND status≠third | → | survived=yes | [4, 140] | 3 : 97 | -0.183 | 2 |
| 8 | status≠third AND age≠adult | → | survived=yes | [0, 5] | 14 : 86 | -0.00 | 2 |
| 9 | status=crew | → | survived=no | [670, 192] | 78 : 22 | -0.765 | 1 |
| 10 | sex≠female AND status≠first | → | survived=no | [35, 13] | 72 : 28 | -0.843 | 2 |
| 11 | status=first | → | survived=no | [118, 57] | 67 : 33 | -0.910 | 1 |
| 12 | age≠adult | → | survived=no | [17, 14] | 55 : 45 | -0.993 | 1 |
| 13 | status=third | → | survived=no | [89, 76] | 54 : 46 | -0.996 | 1 |
| 14 | TRUE | → | survived=no | [1490, 711] | 68 : 32 | -0.908 | 0 |

Restore original order ①　☑ Compact view ②

图 2－3－41　CN2 Rule Viewer 操作框

①恢复诱导规则的原始顺序。

②紧凑化视图：防止视图拥挤，从而进行扁平化展示。

### 5. 操作实例

将 CN2 Rule Viewer 部件与其他部件构建如图 2－3－42 所示的连接。首先，读取 titanic. tab数据，并训练 CN2 规则分类器；其次，使用 CN2 Rule Viewer 查看，可以探索不同的 CN2 算法并了解调整参数如何影响学习过程。

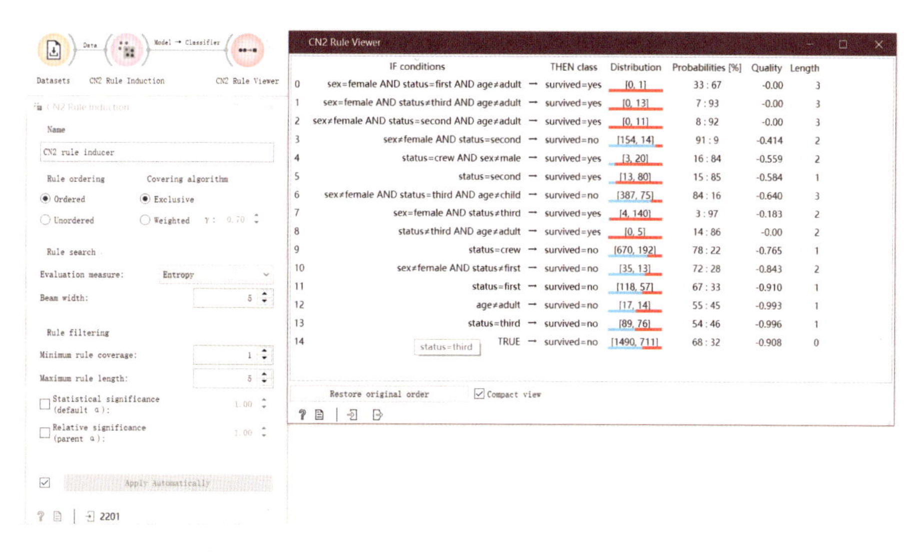


图 2-3-42　CN2 Rule Viewer 部件连接应用示意图

## （十九）Nomogram（列线图）

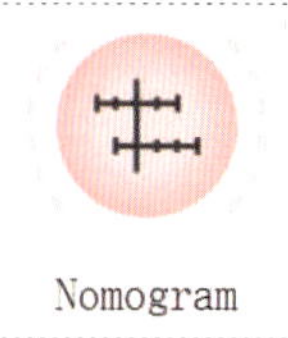


利用 Nomogram 部件，可以对 Naive Bayes 和 Logistic Regression 分类器进行可视化。

### 1. 输入项

训练后的分类器；输入数据集。

### 2. 输出项

属性特征：选定的变量，默认为 10。

### 3. 基本介绍

该部件可以用于进行一些分类器（如 Naive Bayes 和 Logistic Regression）的可视化呈现，以观察训练数据的结构和属性对分类概率的影响。除了对分类器进行可视化之外，这个部件还提供了对分类概率预测的交互支持。

当绘制的数据集中有太多属性时，可以只选择排名最高的属性进行显示。比如对于 Naive Bayes 分类器来说，可以从“No sorting”（不排序）、“Name”（名称）、“Absolute importance”（绝对重要性）、“Positive influence”（正向影响）和“Negative influence”（负向影响）中进行选择；对于 Logistic Regression 分类器来说，可以从“No sorting”（不排序）、“Name”（名称）和“Absolute importance”（绝对重要性）中进行选择。

所选目标类别的概率是通过“one - vs - all”原则来计算的，在处理多类别数据（“alternating probabilities”之和不等于 1）时应考虑此原则。为了避免这种不便，也可以选择标准化概率。

### 4. 操作界面

Nomogram 部件的操作界面如图 2-3-43 所示。根据图中编号，对各处操作介绍如下。

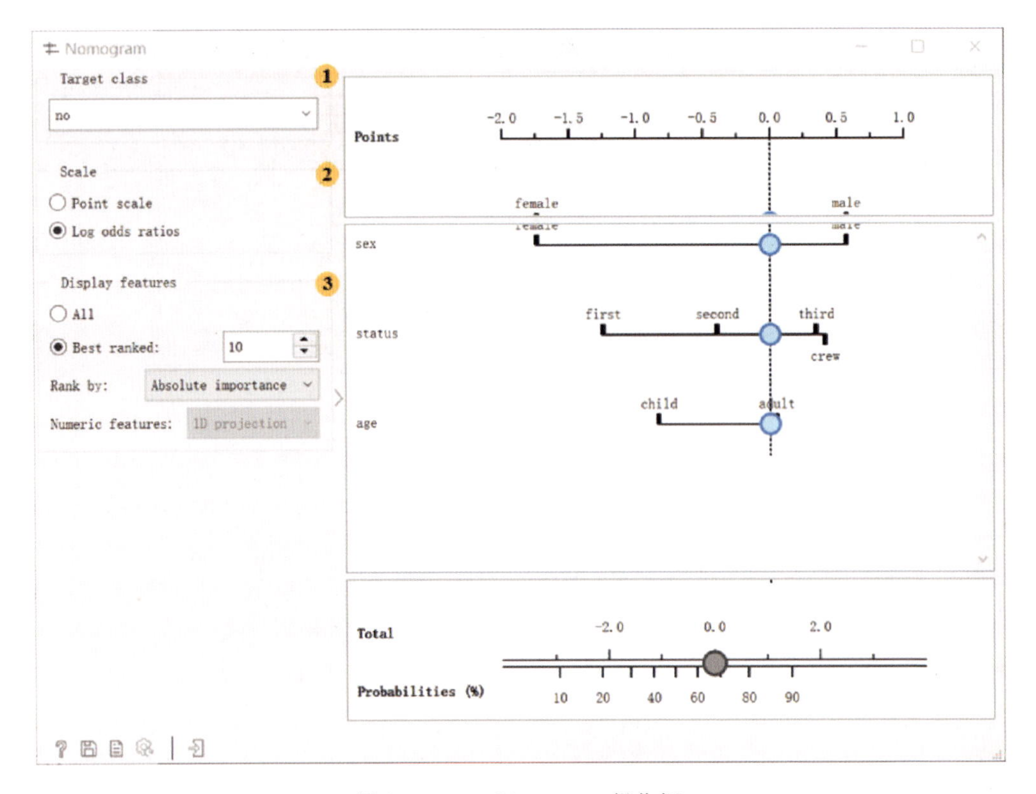


图 2-3-43　Nomogram 操作框

①目标类别：选择建模概率的目标类别，选择是否将概率标准化。

②刻度线。

刻度线通常默认为“Log odds ratios”（对数优势比）。为了更容易理解和解释选项，也可以使用“Point Scale”（得分标尺）。单元刻度是通过重新缩放对数比值得到的，即最大的绝对对数优势比代表 100 分。

③显示的属性。

- 所有属性。
- 排名最高的前 $n$ 个属性。
- 排序选项：可以选择不排序，也可以选择按属性的名称、绝对重要性、正向影响或负向影响排序。
- 数值型属性用 2D 方式绘制（仅适用于 Logistic Regression 分类器）。

5. 操作实例

将 Nomogram 部件与其他部件构建如图 2-3-44 所示的连接。导入 titanic. tab 数据集，通过 Data Table 可以看出，在泰坦尼克号的 2201 名乘客中有 1490（约 68%）名死亡。为了进行预测，每个属性的贡献被衡量为一个点得分，通过对点的得分求和来确定概率，当该属性的值未知时，其贡献为 0 分。因此，如果对乘客的情况一无所知，总得分就为 0，相应的概率等于无条件先验概率。示例中的列线图中的蓝点可以点击鼠标左键移动，如图显示了当乘客是头等舱的成年男性时的情况，点得分的总和为－0.63，相应的未幸存概率约为 53%。

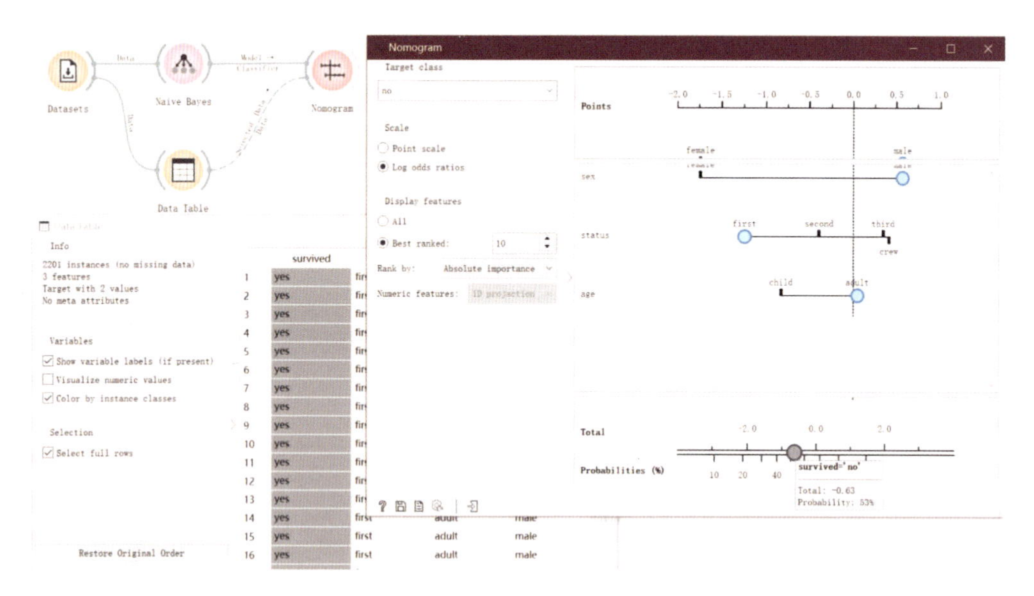


图 2-3-44 Nomogram 部件连接应用示意图

## 四、Model（模型）

Model 模块共有 17 个部件，主要针对数据进行一系列模型计算。在数据输入方面，支持连续型变量、离散型变量、文本变量等多种类型的输入；在数据处理方面，可以针对不同数据类型实现归纳、分类、回归、预测等功能，也能够叠加模型提高准确性。

### （一）Constant（常量）

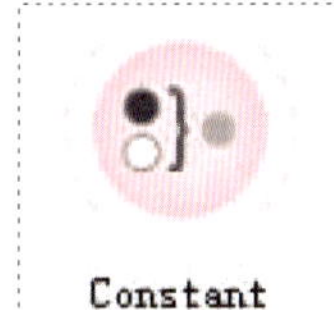


利用 Constant 部件，可以预测训练集中最常见的类或平均值。

1. 输入项

输入数据集；预处理方法。

2. 输出项

多数/平均学习算法；训练模型。

3. 基本介绍

该部件可以预测分类任务的多数和回归任务的平均值。对于分类，当使用“Predictions”预测类的值时，该部件将在训练集中返回类的相对频率；当存在两个或更多的多数类时，分类器会随机选择预测类，但对于特定示例始终返回相同的类。对于回归，它将学习类变量的平均值，并返回具有相同平均值的预测变量。该部件通常用作其他模型的基准。

4. 操作界面

Constant 部件的操作界面如图 2-4-1 所示。根据图中编号，对各处操作介绍如下。

①名称：显示在其他部件中的名称，默认名称为“Constant”。

②自动应用更改和生成报告。

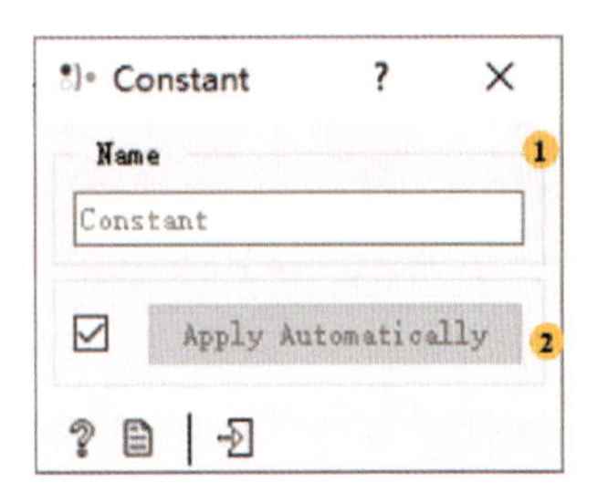


图 2－4－1　Constant 操作框

5. 操作实例

将 Constant 部件与其他部件构建如图 2－4－2 所示的连接。在典型的分类示例中，我们将使用此部件的默认分数与其他学习算法（如 kNN）的分数进行比较。首先，选择导入 Iris. tab 数据，并将其连接到 Test and Score；其次，将 Constant 和 kNN 连接到 Test and Score，并观察 kNN 在恒定基线下表现如何。

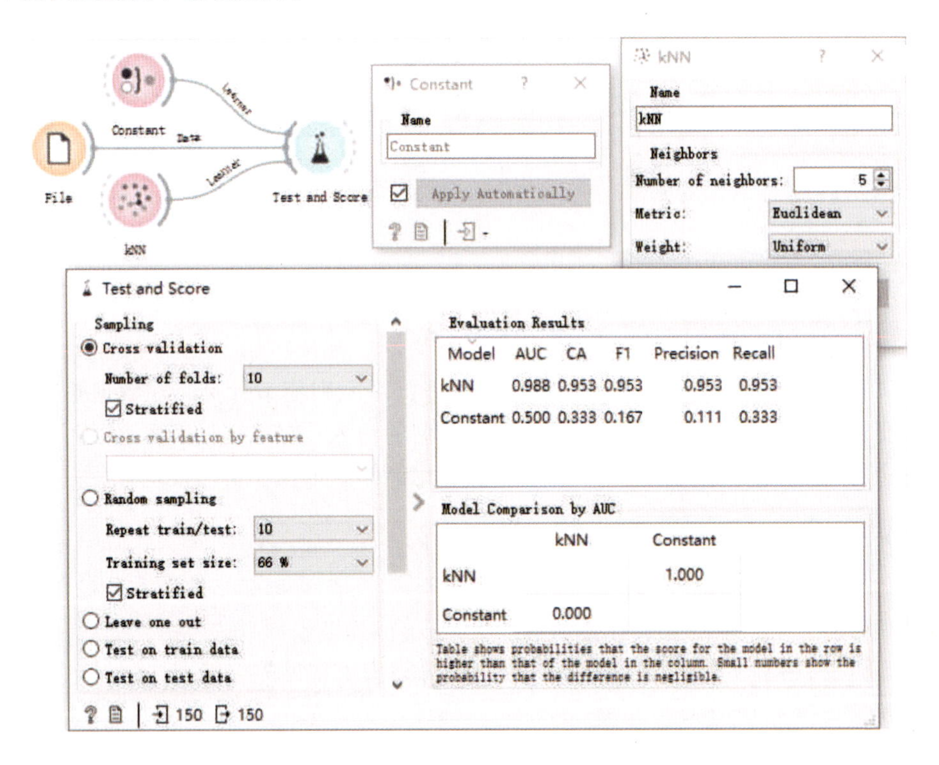


图 2－4－2　Constant 部件连接应用示意图

## （二）CN2 Rule Induction（CN2 规则归纳）

利用 CN2 Rule Induction 部件，可以用 CN2 算法从数据中得出规则。

1. 输入项

输入数据集；预处理方法。

2. 输出项

CN2 学习算法；训练模型。

3. 基本介绍

CN2 算法仅适用于分类。即使在可能存在噪声的域中，也可以有效地归纳简单的、易于理解的规则形式（Clark & Niblett，1989；Clark & Boswell，1991；Fürnkranz，1999；Lavrac et al.，2004）。

4. 操作界面

CN2 Rule Induction 部件的操作界面如图 2-4-3 所示。根据图中编号，对各处操作介绍如下。

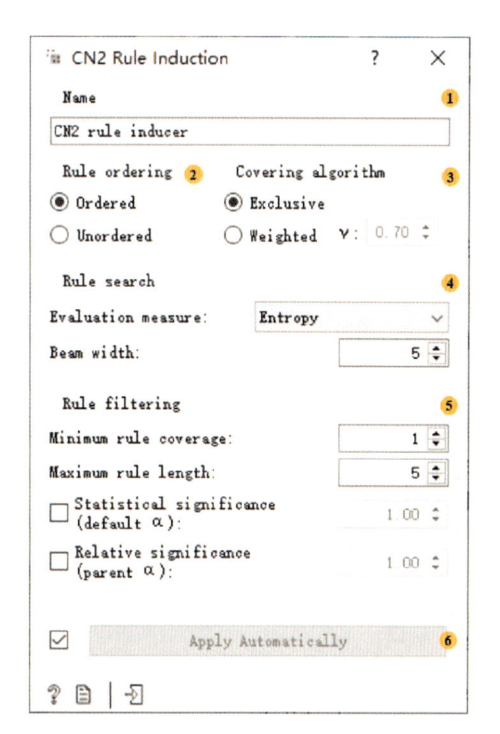


图 2-4-3 CN2 Rule Induction 操作框

①名称。

②规则排序。

■ 有序的：诱导有序规则（决策列表）。

■ 无序的：诱导无序规则（规则集）。

③覆盖算法。

■ 互斥的：涵盖学习实例后，将其从进一步考虑中移除。

■ 加权：覆盖学习实例后，减小其权重（乘以 γ），从而减小它对算法进一步迭代的影响。

④规则搜索。

■ 评价措施：熵值、拉普拉斯精度、加权相对精度。

■ 集束宽度：记住迄今为止找到的最佳规则，并监视固定数量的替代方案。

⑤规则过滤。

■ 最小规则覆盖率：找到的规则必须能覆盖尽可能多的示例。无序规则必须涵盖许多目标类示例。

■ 最大规则长度：找到的规则可以组合选择器（条件）的最大允许数量。

■ 统计显著性。

■ 相对显著性。

⑥自动应用更改。

5. 操作实例

将 CN2 Rule Induction 部件与其他部件构建如图 2-4-4 所示的连接。首先，选择导入 zoo.tab 数据，将其传递给 CN2 Rule Induction 并进行相应设置；其次，将 CN2 Rule Viewer 连接到 CN2 Rule Induction，可使用前者查看并解释构建的模型。

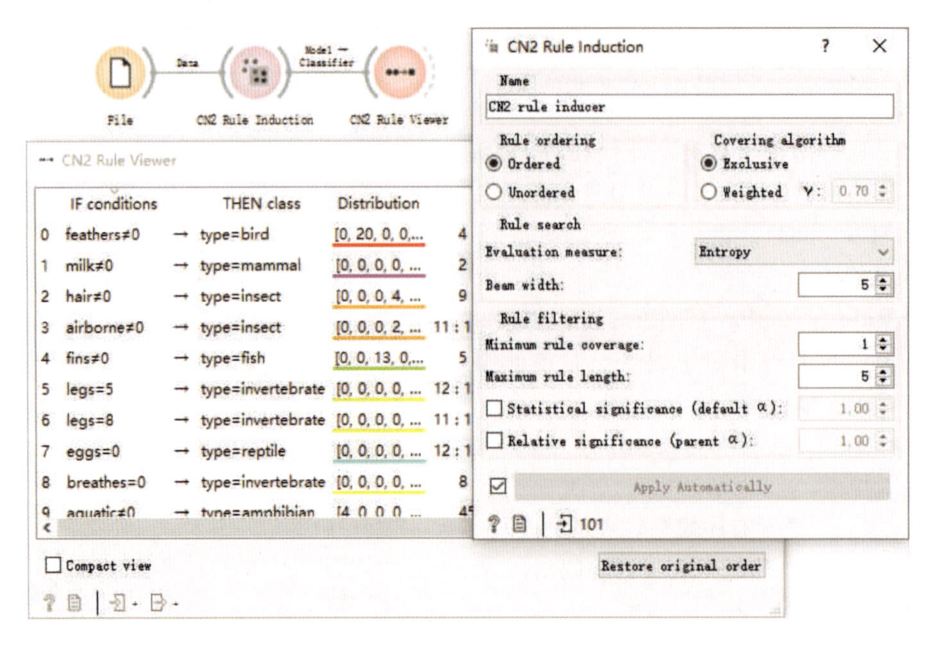


图 2-4-4　CN2 Rule Induction 部件连接应用示意图

## (三) Calibrated Learner (校准器)

利用 Calibrated Learner 部件，可以用概率校准和决策阈值优化包装另一个学习器。

### 1. 输入项

输入数据集。

### 2. 输出项

校准的学习算法；使用校准器的训练模型。

### 3. 基本介绍

使用该部件可以产生一个模型，用于校准类的概率分布和优化决策阈值。但是，该部件仅用于二元分类的任务。

### 4. 操作界面

Calibrated Learner 部件的操作界面如图 2-4-5 所示。根据图中编号，对各处操作介绍如下。

①名称：将在其他部件中出现的名称。默认名称由学习器、校准和优化参数组成。

②概率校准：包括“S”形校准、等压校准和无校准 3 个选项。

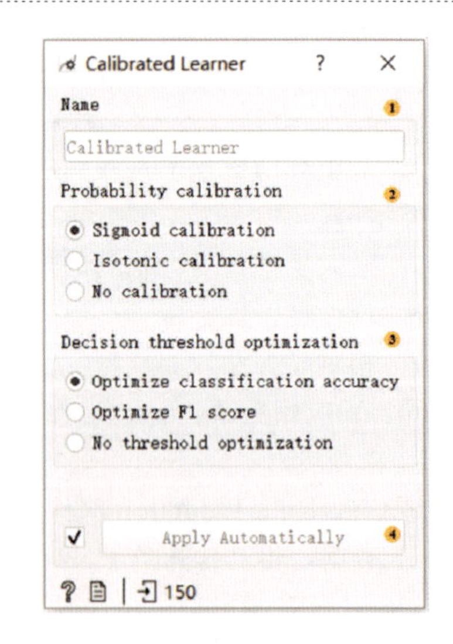


图 2-4-5　Calibrated Learner 操作框

③决策阈值优化：包括优化分类准确度、优化 F1 得分、无阈值优化 3 个选项。

④勾选“Apply Automatically”则自动应用更改。

5. 操作实例

将 Calibrated Learner 部件与其他部件构建如图 2-4-6 所示的连接。由于该部件需要二元类值，所以选用 titanic. tab 数据集。我们选用“Logistic Regression”作为基础学习器，用默认设置进行校准，即选择“Sigmoid calibration”和“Optimize classification accuracy”，可以将校正前后的逻辑回归的结果对比。

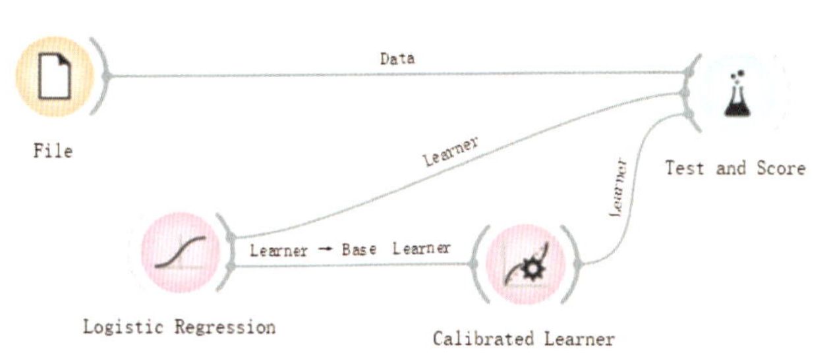


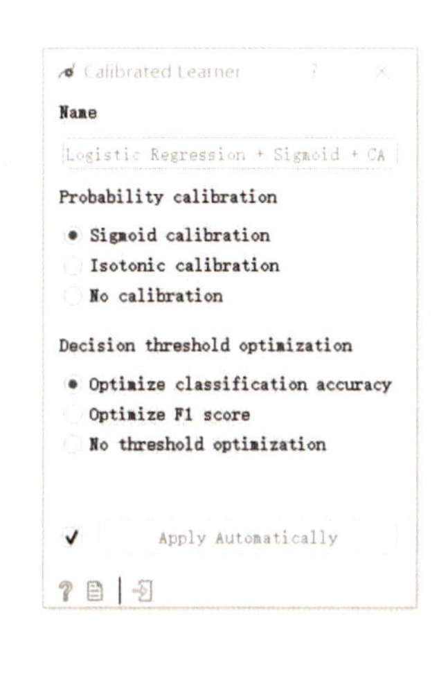


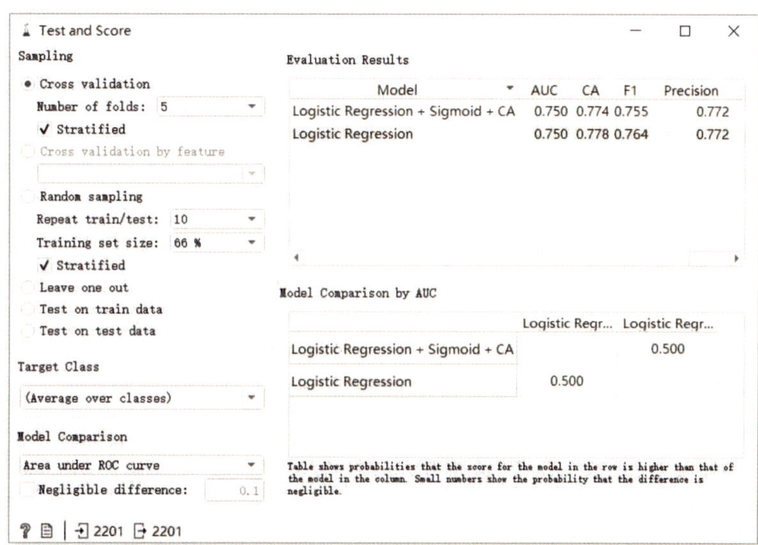


图 2-4-6 Calibrated Learner 部件连接应用示意图

## （四）kNN（k 近邻）

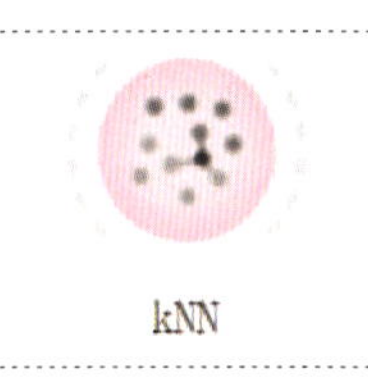


利用 kNN 部件，可以使用 kNN 算法在特征空间中搜索 $k$ 个最近的实例，并运用它们的平均值进行预测。

1. 输入项

输入数据集。

2. 输出项

kNN 学习器；训练模型。

3. 基本介绍

略。

4. 操作界面

kNN 部件的操作界面如图 2-4-7 所示。根据图中编号，对各处操作介绍如下。

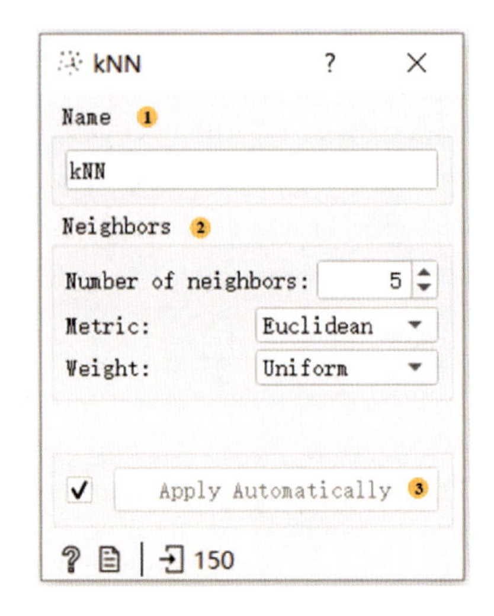


图 2-4-7　kNN 操作框

①将在其他部件中出现的名称，默认为 kNN。

②设置最近邻居的数量、距离参数和权重作为模型标准。

■ 度量

- Euclidean（欧氏距离）：两点之间的直线距离。
- Manhattan（曼哈顿距离）：两点之间的绝对差值之和。
- Chebyshev（切比雪夫距离）：属性间绝对差异的最大值。
- Mahalanobis（马氏距离）：点之间的距离及其分布。

■ 权重

- Uniform（一致）：每个邻域的所有点的权重相等。
- Distance（距离）：查询点的较近邻居比较远邻居权重更高。

③选“Apply Automatically”自动提交更改，否则手动勾选“Apply”。

5. 操作实例

①实例一：将 kNN 部件与其他部件构建如图 2-4-8 所示的连接。本例是一个分类任务，选用 Iris. tab 数据集。将 kNN 的结果与 Constant 模型常数进行对比，可以发现 kNN 的预测精度高于 Constant。

②实例二：将 kNN 部件与其他部件构建如图 2-4-9 所示的连接。本例是一个回归任务，选用 housing. tab 数据集。此工作流展示了如何使用 kNN 进行输出，并可以在 Predictions 部件中观察预测值。

## （五）Tree（树）

利用 Tree 部件，可以在设定参数的情况下将数据集修剪为树状，可用于分类及回归任务。

1. 输入项

任何属性类型的数据集；预处理方法。

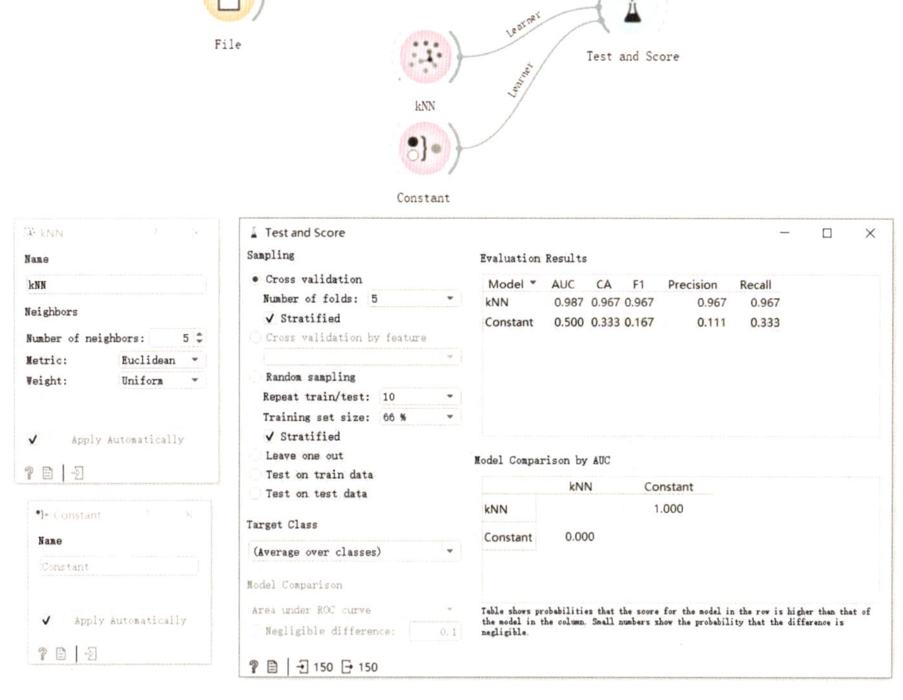


图 2-4-8 kNN 部件连接应用示意图（一）

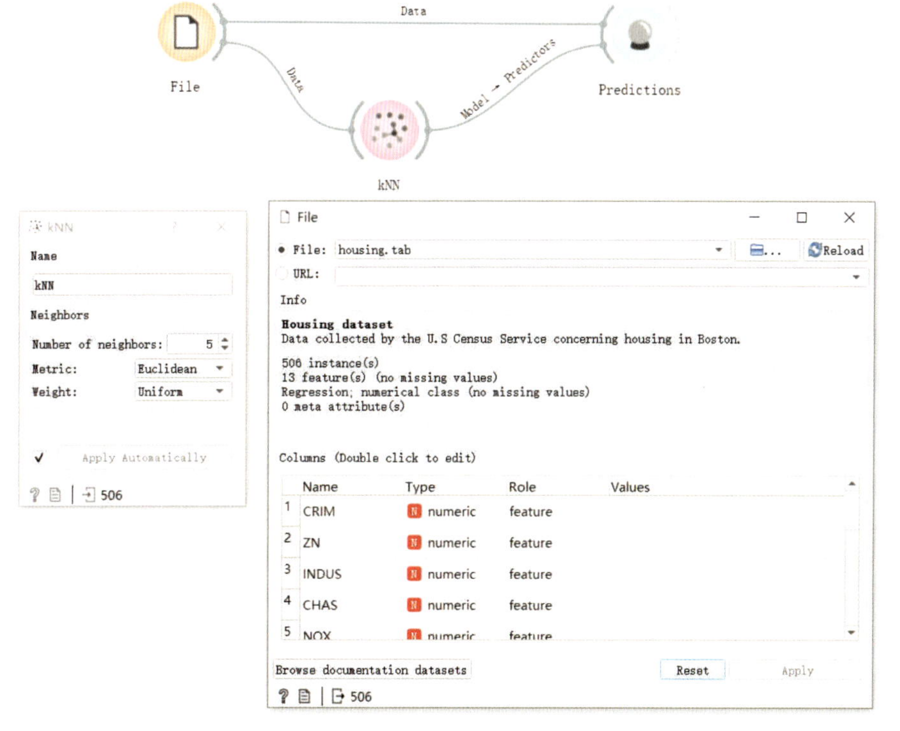


图 2-4-9 kNN 部件连接应用示意图（二）

2. 输出项

决策树学习算法；训练模型。

3. 基本介绍

Tree 部件按照类别纯度将数据分为多个节点并通过树状图的方式展示结果，决策树一般是随机森林的基本单元。树模型也可以用于分类和回归任务，适用于离散型数据和连续型数据。

4. 操作界面

Tree 部件的操作界面如图 2-4-10 所示。根据图中编号，对各处操作介绍如下。

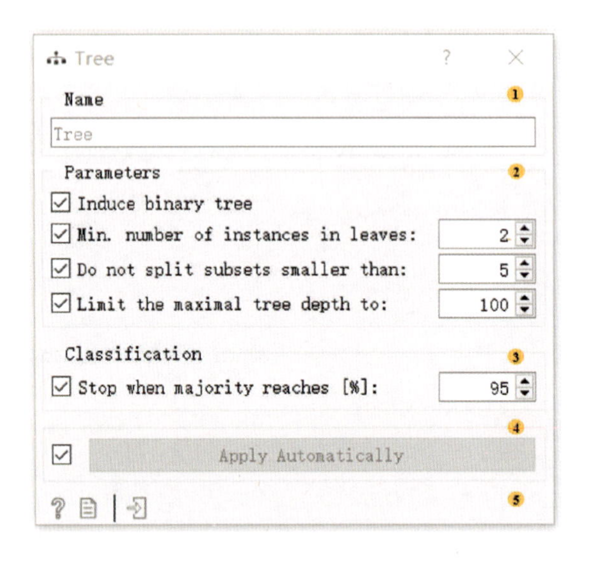


图 2-4-10　Tree 操作框

①模型名称：一般默认为 Tree。

②参数。

■ 引入二叉树：构建二叉树，即有两个子节点的树。

■ 分裂节点的最小实例数：勾选可设置分支中不少于指定数量的实例，再依据算法进行分裂。

■ 不拆分小于以下实例数的子集：禁止算法拆分少于给定实例数的节点。

■ 限制最大树深度：将分类树的深度限制为指定数量的节点级别。

③分类程度设置：当多数达到指定的阈值（百分比）后停止拆分节点。

④自动应用：若需要，则勾选，操作框里的选择和改动即时起效。

⑤状态栏：左侧显示文件图标（单击可生成报告）及部件输入和输出的实例数，若出错，则在右侧显示警告和错误信息。

5. 操作实例

①将 Tree 部件与其他部件构建如图 2-4-11 所示的连接。

②在 File 中导入 Iris. tab 数据，连接 Tree 引入树模型并对数据进行分类，连接 Tree Viewer 查看分类树结果，如图 2-4-12 所示。这是树模型的典型用法一。

③将 File、Tree 及 Logistic Regression 同时连接到 Test and Score 进行 Logistic 回归，

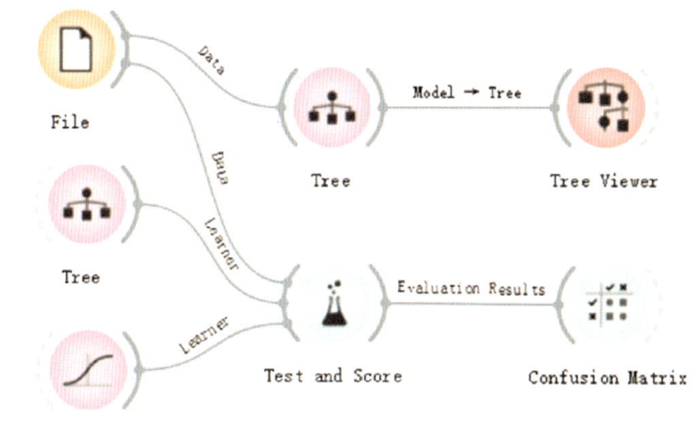


图 2-4-11　Tree 部件连接应用示意图

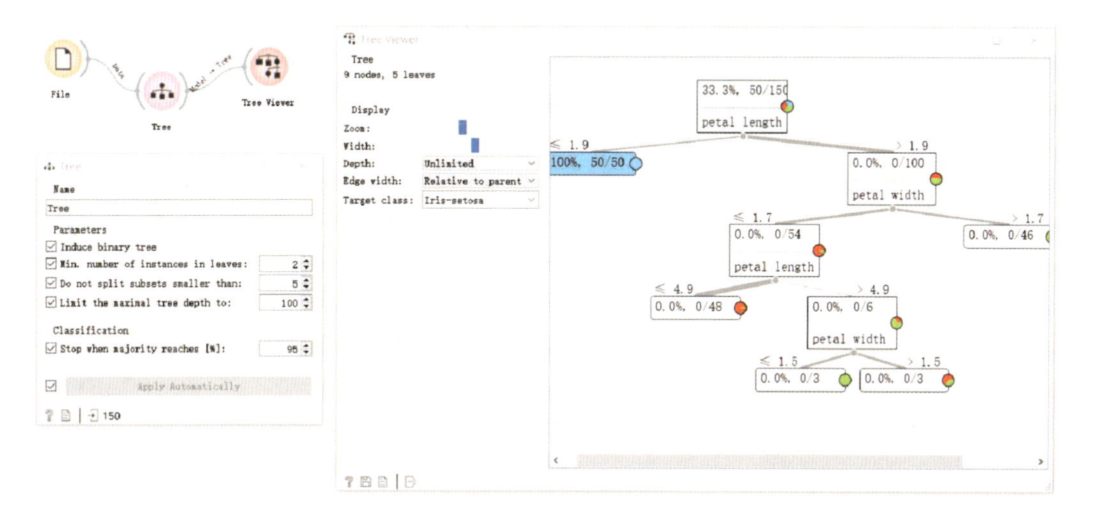


图 2-4-12　Tree 对 Iris 数据进行分类

连接 Confusion Matrix，在混淆矩阵中查看 Logistic 回归结果，如图 2-4-13 所示。这是树模型的典型用法二。

④Tree 同样有回归的功能。在 File 中导入 house.tab 数据，顺次连接 Tree、Tree Viewer、Scatter Plot，Tree Viewer 中选定的树节点实例能够在 Scatter Plot 中显示，所选实例具有相同的功能，如图 2-4-14 所示。

## （六）Random Forest（随机森林）

| 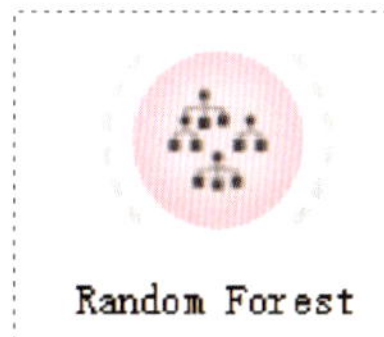<br>Random Forest | 利用 Random Forest 部件，可以对数据集建立一系列决策树，并用模型对数据集进行分类、预测、回归等操作。 |
| --- | --- |

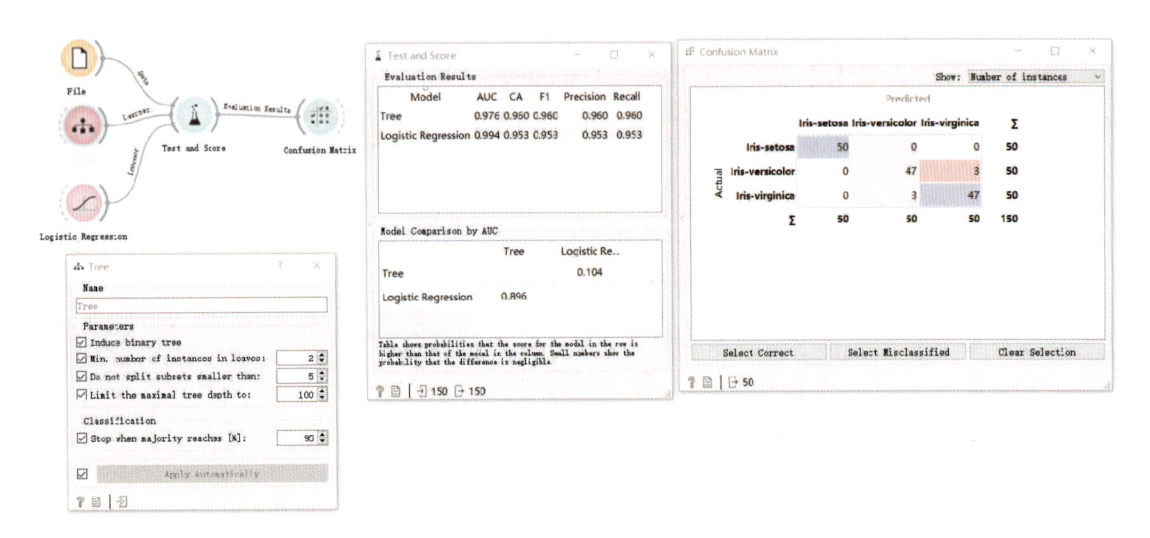


图 2-4-13　Logistic 回归结果

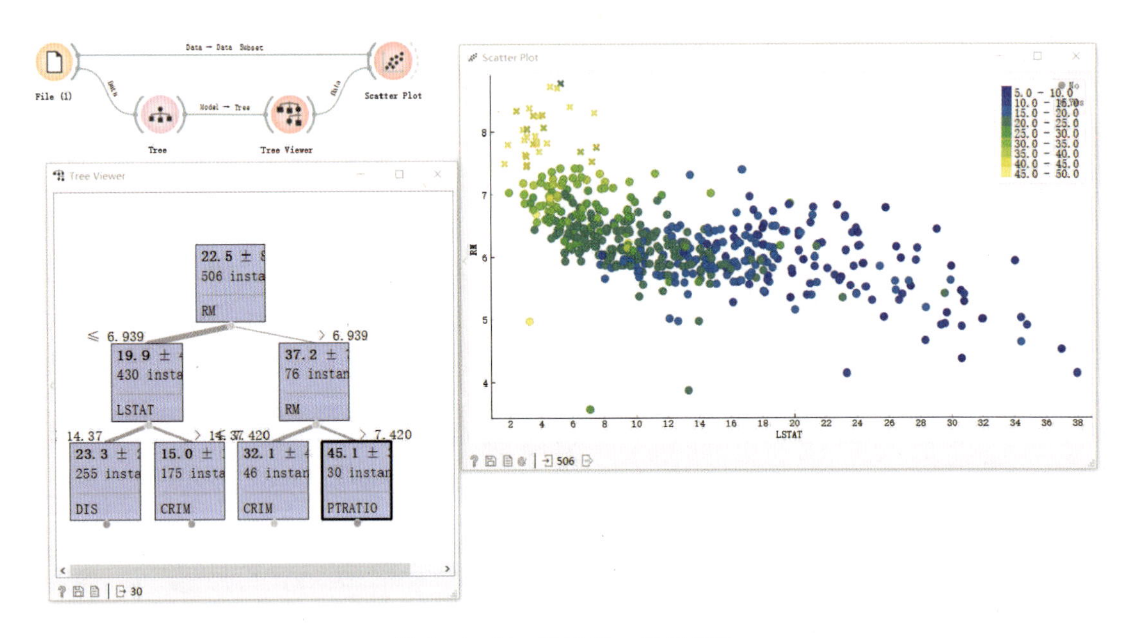


图 2-4-14　使用 Tree 进行回归

## 1. 输入项

任何属性类型的数据集；预处理方法。

## 2. 输出项

决策树学习算法；训练模型。

## 3. 基本介绍

随机森林是一种用于进行分类、回归及其他任务的整体学习方法，最初由田锦镐提出，由莱奥·布雷曼（Breiman，2001）和阿黛尔·卡特勒进一步开发。

该部件通过训练数据的引导样本来构建一组决策树，在开发单个决策树过程时，从数据的任意子集中选择用于拆分的最佳属性，可用于分类和回归操作。该部件的最终模型是基于所开发的决策树的多数而设定的。

4. 操作界面

Random Forest 部件的操作界面如图 2-4-15 所示。根据图中编号，对各处操作介绍如下。

图 2-4-15 Random Forest 操作框

①模型名称：一般默认为 Random Forest。

②基本属性。

■ 指定森林中决策树的数目。

■ 每次拆分时的属性数量：若未勾选，则此数字等于数据中属性数的平方根。

■ 结果是否可复制：指定单棵树的最大深度。

③决策树控制：布雷曼的原始设计不对预修剪进行控制，但预修剪的结果较好，因此给出深度和最小拆分子集以追求更高准确度。

■ 限制单棵树的深度：指定单棵树的最大深度。

■ 不拆分小于以下内容的子集：指定可以拆分的最小子集。

④自动应用：若需要，则勾选，操作框里的选择和改动即时起效。

⑤状态栏：左侧显示文件图标（单击可生成报告）及部件输入和输出的实例数，若出错，则在右侧显示警告和错误信息。

5. 操作实例

在 File 中导入 Iris. tab 数据，连接 Tree、Random Forest，并将三者同时连接到 Predictions，在预测中查看树模型和随机森林模型的预测结果，如图 2-4-16 所示。从图中可知，两模型的预测准确度分别为 0.980 和 0.973，预测准确度差别较小。

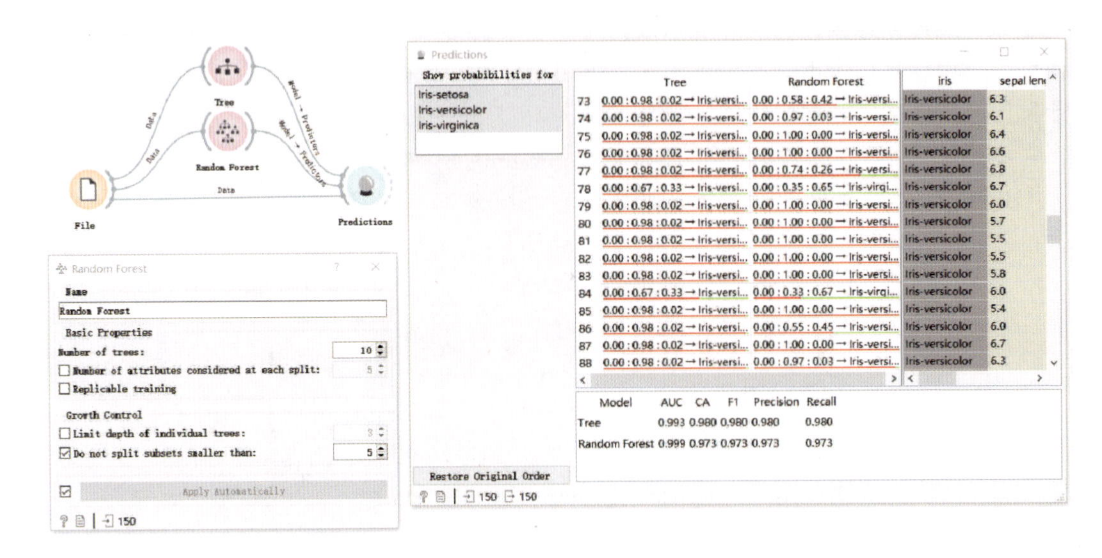

图 2-4-16　使用 Tree 和 Random Forest 对 Iris 数据进行预测

## （七）Gradient Boosting（梯度提升）

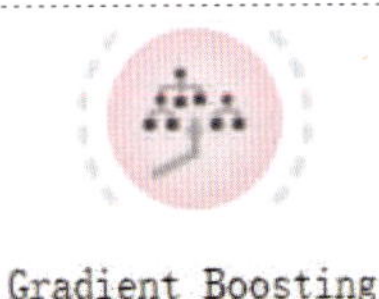


利用 Gradient Boosting 部件，可以在决策树上进行预测。梯度提升是一种用于解决回归和分类问题的机器学习技术，它以弱预测模型（通常是决策树）集合的形式产生预测模型。

### 1. 输入项

输入数据集。

### 2. 输出项

梯度提升学习算法；训练模型。

### 3. 基本介绍

略。

### 4. 操作界面

Gradient Boosting 部件的操作界面如图 2-4-17所示。根据图中编号，对各处操作介绍如下。

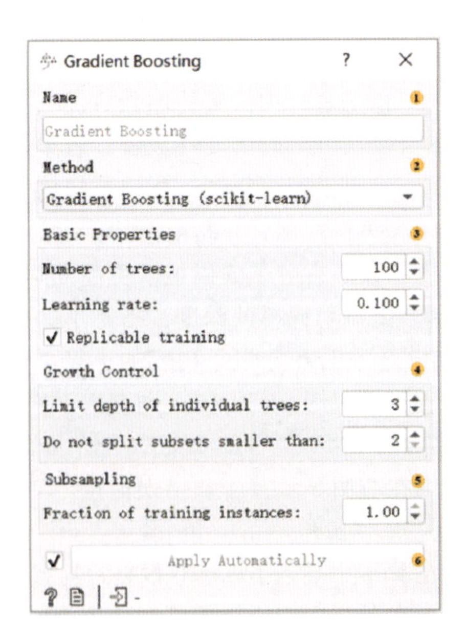


图 2-4-17　Gradient Boosting 操作框

①指定模型的名称，默认为 Gradient Boosting。

②选择梯度提升方法。

■ Gradient Boosting（scikit-learn）：梯度提升（scikit-learn）。

■ Extreme Gradient Boosting：极端梯度提升（xgboost）。

- Extreme Gradient Boosting Random Firest：极端梯度提升增强随机森林。
- Gradient Boosting（catboost）：梯度提升（catboost）。

③基本属性。

- 树的数量：指定将含多少棵梯度提升树。
- 学习速率：加速学习速率。学习速率会缩小每棵树的贡献。
- 可复制训练：修复随机种子，使结果具有可复制性。

④生长控制。

- 限制单棵树的深度：指定单棵树的最大深度。
- 不拆分小于以下内容的子集：指定可以拆分的最小子集。仅适用于 scikit - learn 方法。

⑤二次抽样：指定用于拟合单棵树的训练实例的百分比。可用于 scikit - learn 和 xg-boost 方法。

⑥勾选“Apply Automatically”则自动应用更改。

5. 操作实例

略。

## （八）SVM（支持向量机）

利用 SVM 部件，可以将输入数据映射到高维的特征空间。

1. 输入项

输入数据集；预处理方法。

2. 输出项

线性回归学习算法；训练模型；用作支持向量的实例。

3. 基本介绍

支持向量机（SVM）是一种机器学习技术，它用超平面分隔属性空间将不同类或类值的实例间边距最大化，该技术通常会产生最高的预测性能结果。Orange 从 LIBSVM 软件包中嵌入了 SVM 的一种流行实现方式，该部件是其图形用户界面。对于回归任务，SVM 使用 ε-不敏感损失函数在高维特征空间中执行线性回归，其估计精度取决于 C、ε 和内核参数的良好设置。该部件可同时用于分类和回归任务（Riedwyl，1994）。

4. 操作界面

SVM 部件的操作界面如图 2 - 4 - 18 所示。根据图中编号，对各处操作介绍如下。

①名称。

②支持向量机类型：支持向量机用来测试错误设置，SVM 和 ν - SVM 是基于误差函数的不同最小化。可以在右侧方框设置测试错误范围。

- SVM。
  - C（损失）：损失函数的惩罚因子，适用于分类和回归任务。C 越大，代表 SVM 对错误分类的惩罚越大。
  - ε（回归损失 epsilon）：ε - SVR 模型的参数，适用于回归任务，表示松弛变量，定义与真值的距离，且在这个距离内惩罚与预测值没有相关联。

■ ν - SVM

• C（回归损失）：损失函数的惩罚因子，仅适用于回归任务。

• ν（复杂性界限）：ν - SVR 模型的参数，适用于分类和回归任务，指训练误差分数的上限和支持向量分数的下限。

③核：核是一个将属性空间转换为新的特征空间以适合最大边距超平面的函数，允许算法使用线性核函数（Linear）、多项式核函数（Polynomial）、径向基/高斯核函数（RBF）和 Sigmoid 核函数（Sigmoid）创建模型。

④优化参数

■ 数值公差：设置与期望值的允许偏差。

■ 迭代极限：选中则可以设置允许的最大迭代次数。

⑤自动应用更改。

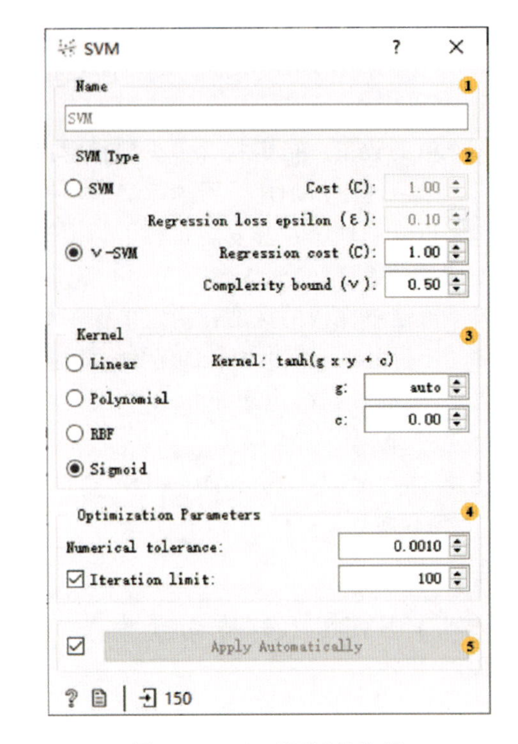


图 2 - 4 - 18 SVM 操作框

### 5. 操作实例

将 SVM 部件与其他部件构建如图 2 - 4 - 19 所示的连接。首先，选择导入 Iris. tab 数据，

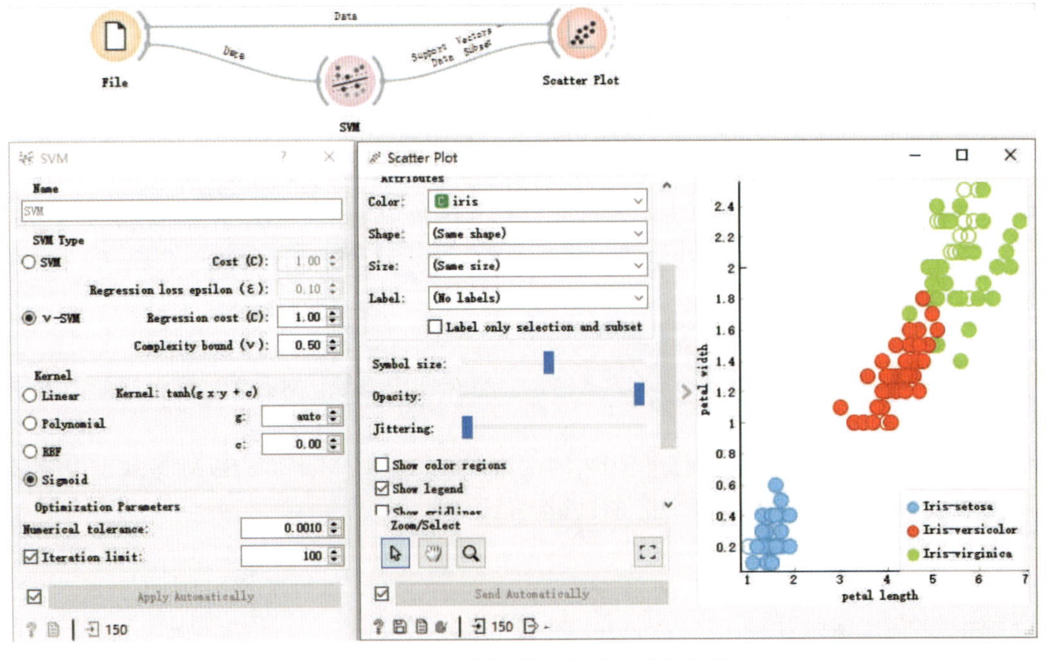


图 2 - 4 - 19 SVM 部件连接应用示意图

在该数据上训练 SVM 模型并输出支持向量，这些向量是在学习阶段用作支持向量的那些数据实例；其次，将 Scatter Plot 连接到 SVM，可以在散点图可视化结果中观察那些数据实例。

## （九）Linear Regression（线性回归）

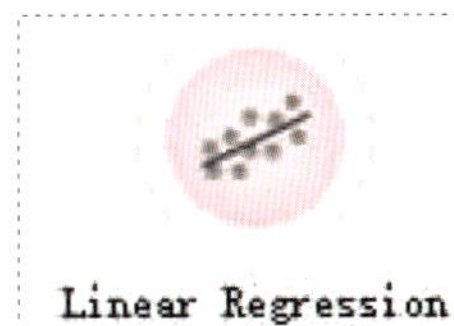


利用 Linear Regression 部件，可以选择套索回归（L1 回归）、岭回归（L2 回归）或可弹性网络回归三种正则化的线性回归算法。

### 1. 输入项

输入数据集；预处理方法。

### 2. 输出项

线性回归学习算法；训练模型；线性回归系数。

### 3. 基本介绍

Linear Regression 部件构造了一个可从其输入数据中学习线性函数的学习器/预测器。该模型可以识别预测变量 Xi 和响应变量 Y 之间的关系，也可指定 Lasso 和 Ridge 正则化参数。L1 正则化是使用 L1 范数损失函数来最小化目标值与估计值的绝对差值总和，L2 正则化是使用 L2 范数损失函数来最小化目标值与估计值的差值平方和。

### 4. 操作界面

Linear Regression 部件的操作界面如图 2-4-20 所示。根据图中编号，对各处操作介绍如下。

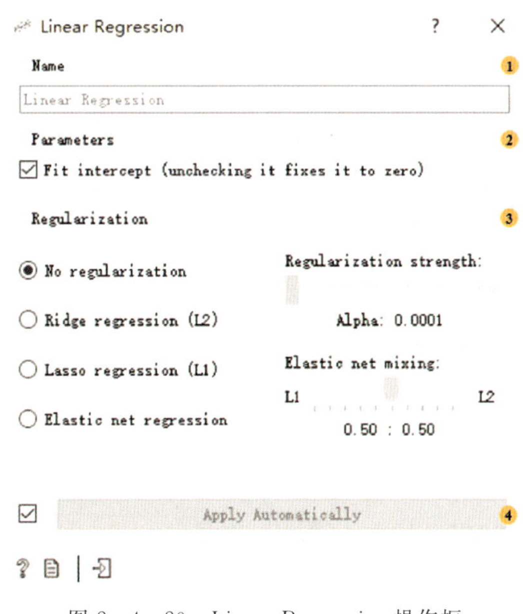


图 2-4-20 Linear Regression 操作框

①学习器/预测器名称。

②参数：合适的截距（取消勾选则将其固定为零）。

③选择要训练的模型，包括无正则化、岭回归、套索回归、弹性网络回归四种模型。可以通过滑块调整正则化强度和弹性网络混合参数（该参数等于 0 时，弹性网络等同于岭回归；该参数等于 1 时，弹性网络等同于套索回归）。

④自动应用更改。

5. 操作实例

将 Linear Regression 部件与其他部件构建如图 2 - 4 - 21 所示的连接。首先，选择导入 housing. tab 数据，并将其传递给 Test and Score；其次，将 Linear Regression 和 Random Forest 分别连接到 Test and Score，我们将训练线性回归和随机森林两种学习算法，并评估它们在 Test and Score 中的表现。

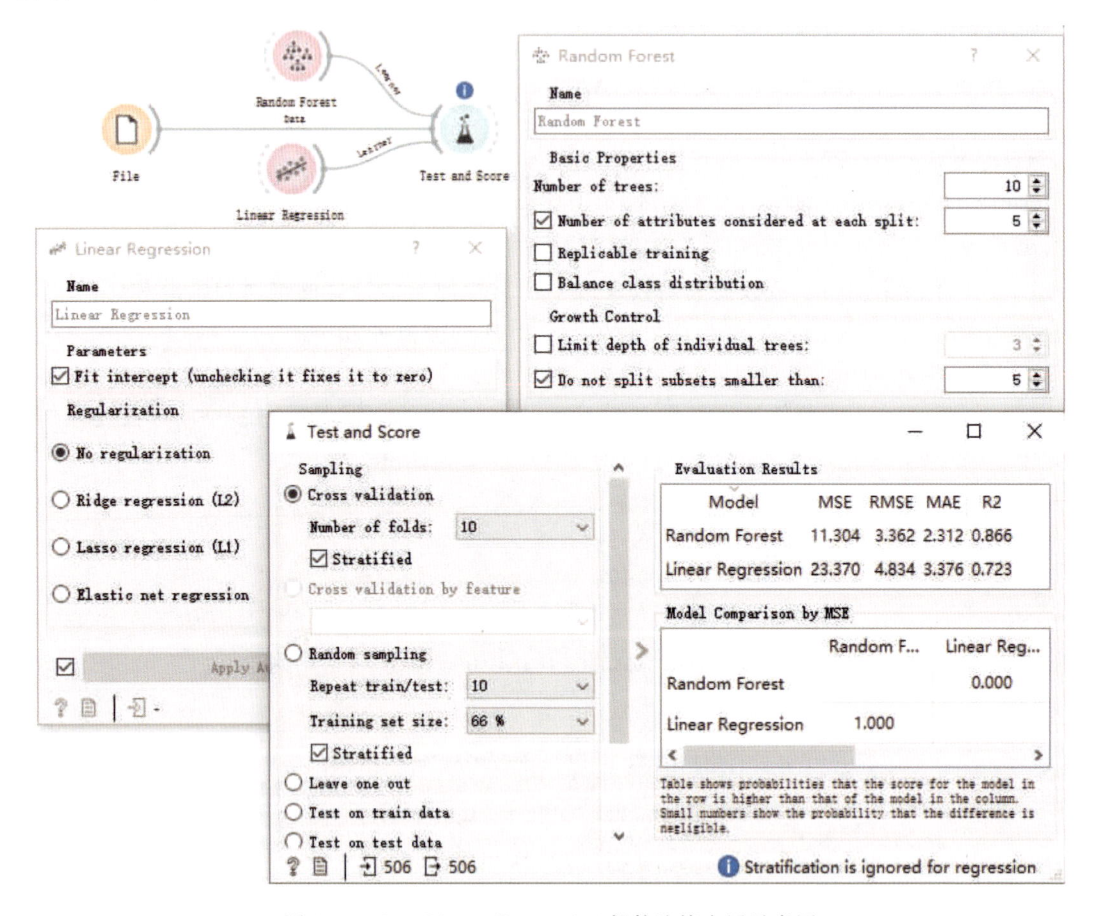


图 2 - 4 - 21　Linear Regression 部件连接应用示意图

## （十）Logistic Regression（逻辑回归）

利用 Logistic Regression 部件，可以采用套索回归（L1 回归）或岭回归（L2 回归）的逻辑回归分类算法，它只适用于分类任务。

1. 输入项

数据集。

2. 输出项

逻辑回归学习算法；训练模型；逻辑回归系数。

3. 基本介绍

略。

4. 操作界面

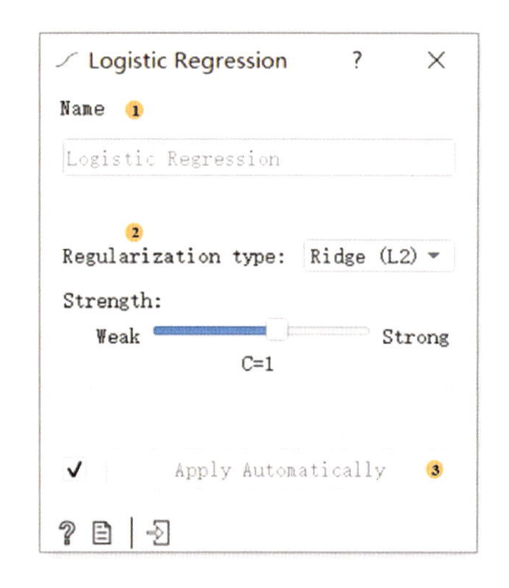


图 2-4-22 Logistic Regression 操作框

Logistic Regression 部件的操作界面如图 2-4-22 所示。根据图中编号，对各处操作介绍如下。

①学习器在其他部件的名称，默认为 Logistic Regression。

②正则化类型及设置损失强度。

③勾选“Apply Automatically”则自动应用更改。

5. 操作实例

使用 Logistic Regression 与其他部件构建如图 2-4-23 所示的工作流。本例选用 Iris. tab数据集。首先，在 File 部件中加载数据集，并将数据传递给 Logistic Regression；然后，把经处理的模型传递给 Predictions。如果想要预测新的数据集上的类值，可以在另一个 File 部件中加载 Iris. tab 数据集，并将它与 Predictions 相连接，可以直接在 Predictions 中观察 Logistic Regression 预测的类值。

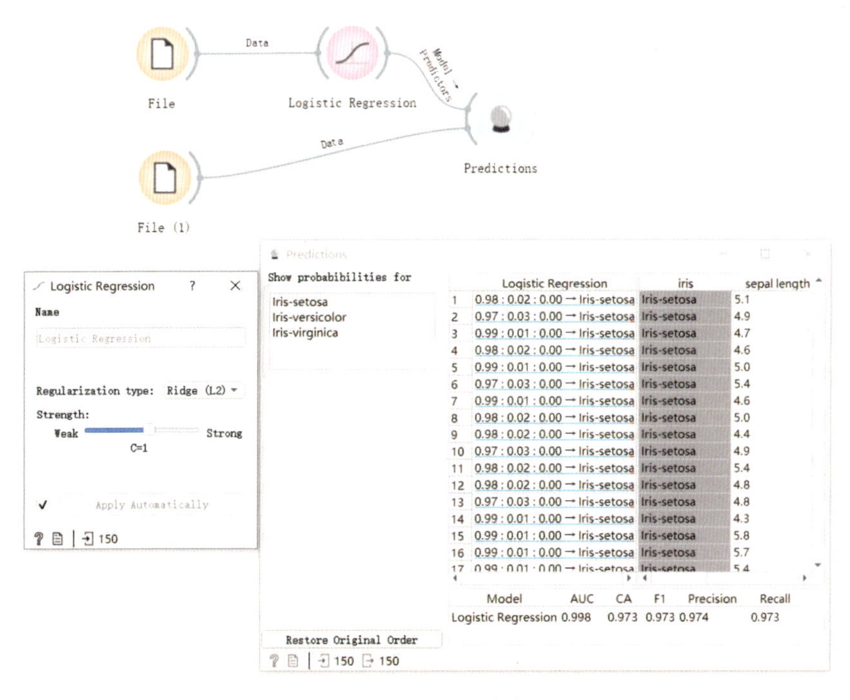


图 2-4-23 Logistic Regression 部件连接应用示意图

## （十一）Naive Bayes（朴素贝叶斯）

利用 Naive Bayes 部件，可以实现基于贝叶斯定理和特征独立假设的快速简单概率分类。它只适用于分类任务。

1. 输入项

数据集。

2. 输出项

朴素贝叶斯学习算法；训练模型。

3. 基本介绍

略。

4. 操作界面

图 2-4-24　Naive Bayes 操作框

Naive Bayes 部件的操作界面如图 2-4-24 所示。根据图中编号，对各处操作介绍如下。

①学习器的名称，默认为 Naive Bayes。

②勾选“Apply Automatically”则自动提交更改。

5. 操作实例

构建如图 2-4-25 所示的工作流，对比 Naive Bayes 模型与 Random Forest 模型的结果，

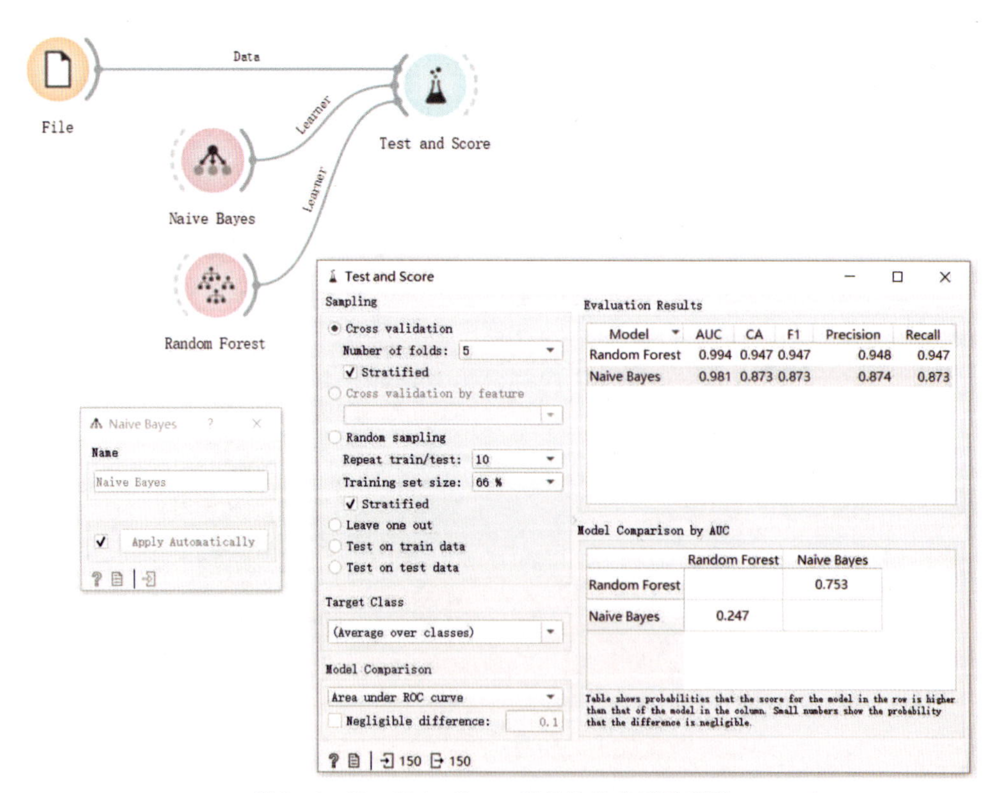


图 2-4-25　Naive Bayes 部件连接应用示意图

本例选用 Iris. tab 数据集。将 Iris. tab 数据集从 File 连接到 Test and Score，然后分别将 Naive Bayes 和 Random Forest 与 Test and Score 连接起来，观察它们的预测得分。

## （十二）AdaBoost（自适应提升算法）

AdaBoost

利用 AdaBoost 部件，可以结合弱学习器并自动适应训练样本的难度，对训练样本进行分类、回归。

### 1. 输入项

任何属性类型的数据集；预处理方法；学习算法。

### 2. 输出项

AdaBoost 学习算法；训练模型。

### 3. 基本介绍

该部件利用约阿夫·弗罗因德和罗伯特·施派尔所制定的机器学习算法对数据集进行分类和回归。该部件通过调整弱学习器来生成结构，也可以与其他学习算法一起使用以提高性能。

### 4. 操作界面

AdaBoost 部件的操作界面如图 2-4-26 所示。根据图中编号，对各处操作介绍如下。

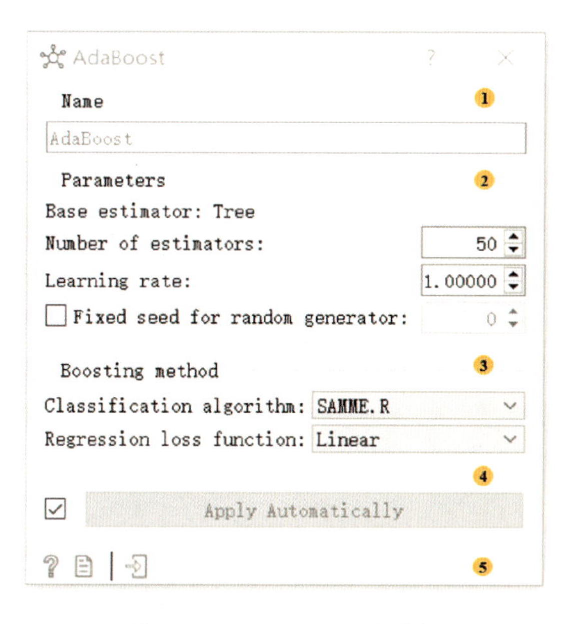


图 2-4-26　AdaBoost 操作框

①模型名称：一般默认为 AdaBoost。

②参数。

- 基本估计器：基本估计器为树模型。
- 估计器数目。

■ 学习速率：确定新获取的信息将在多大程度上覆盖旧信息，“0”表示将不学习任何信息，“1.00000”表示仅考虑最新信息。

■ 随机发生器的固定种子：设置固定种子以重现结果。

③提升方法。

■ 分类算法：即在输入项上进行分类。有 SAMME 和 SAMME.R 两种分类算法，前者使用分类结果更新基本估计器的权重，后者使用概率估计更新基本估计器的权重。

■ 回归损失函数：即选择对输入项进行线性、平方和指数三种回归。

④自动应用：若需要，则勾选，操作框里的选择和改动即时起效。

⑤状态栏：左侧显示文件图标（单击可生成报告）及部件输入和输出的实例数，若出错，则在右侧显示警告和错误信息。

5. 操作实例

①AdaBoost 的一个主要功能是分类。在 File 中导入 Iris.tab 数据，将 AdaBoost、Tree、Logistic Regression 连接到 Test and Scores，在得分中可知，相较于 Tree 和 Logistic Regression，AdaBoost 的分类功能较弱，如图 2-4-27 所示。

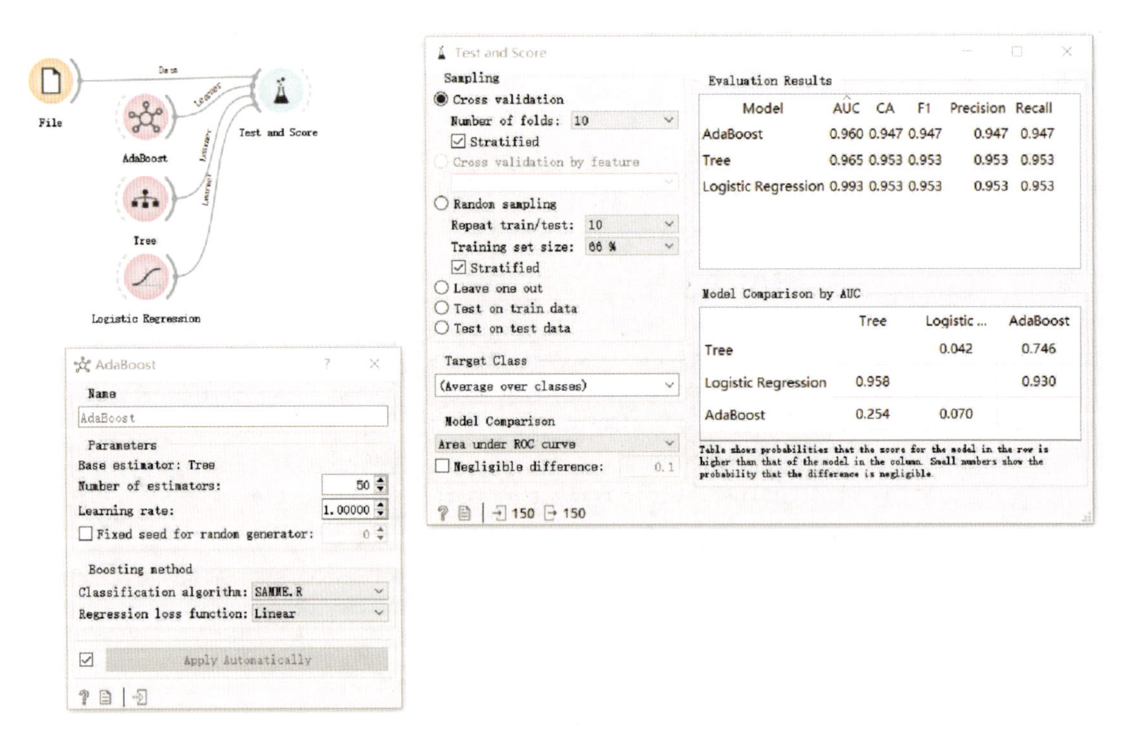


图 2-4-27 AdaBoost 性能评分

②AdaBoost 的另一个功能为回归。在 File 中导入 housing.tab 数据，将数据集发送到 Tree 及 AdaBoost 进行回归分析，连接 Predictions 查看回归结果，如图 2-4-28 所示。

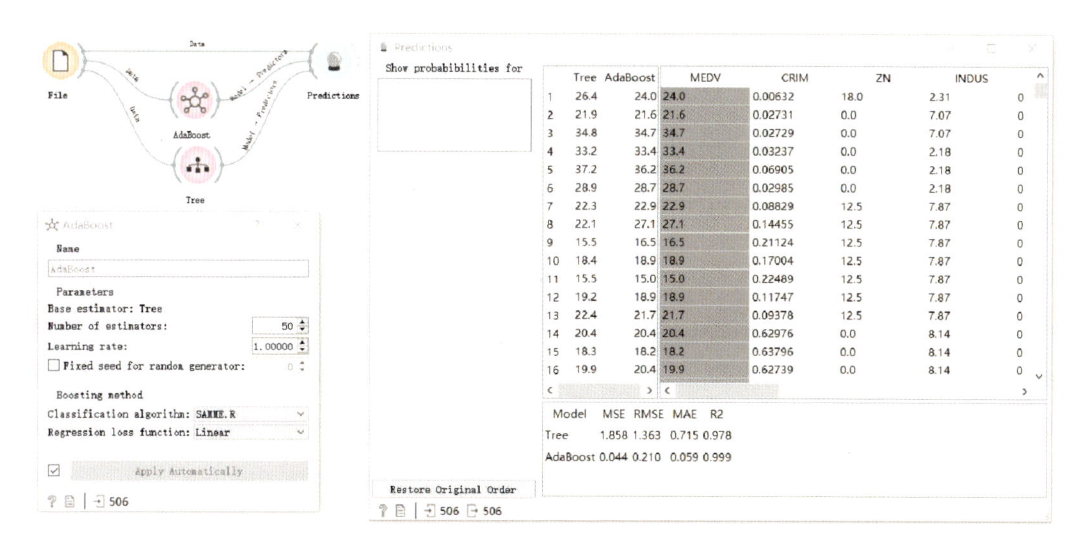

图 2-4-28 AdaBoost 回归结果

## （十三）Neural Network（神经网络）

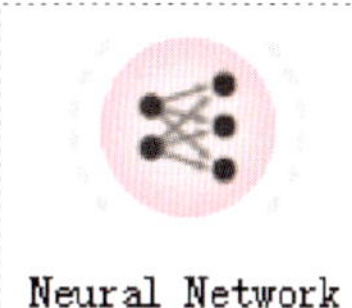

Neural Network

利用 Neural Network 部件，可以借助具有反向传播的多层感知器算法对数据集进行回归等操作。

### 1. 输入项

任何属性类型的数据集；预处理方法。

### 2. 输出项

多层感知器学习算法；训练模型。

### 3. 基本介绍

该部件使用 sklearn 机器算法中的多层感知算法对数据进行回归、预测等操作，具有准确性高、应用性强等特点，适用于学习线性和非线性模型。

### 4. 操作界面

Neural Network 部件的操作界面如图 2-4-29 所示。根据图中编号，对各处操作介绍如下。

①模型名称：一般默认为 Neural Network。

②参数设置。

■ 隐藏层中的神经元：即第 $i$ 个元素表示第 $i$ 个隐藏层中的神经元数量。例如，可以将具有 3 层的神经网络定义为 2、3、2。

■ 隐藏层的激活函数：包含 4 个选项，如图 2-4-30 所示。

- Identity：无操作激活，有助于解决线性瓶颈。
- Logistic：利用 Sigmoid 函数将输出映射在（0，1）之间。
- tanh：双曲正切函数。

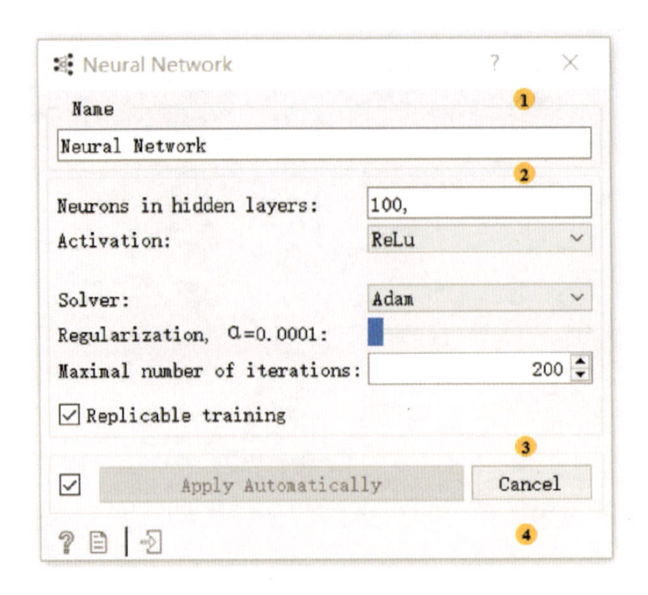


图 2-4-29　Neural Network 操作框（一）

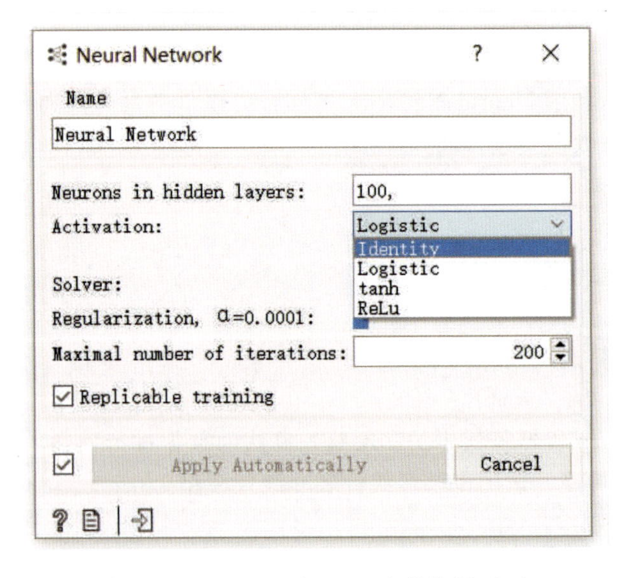


图 2-4-30　Neural Network 操作框（二）

- ReLu：整流线性单位函数，指以斜坡函数及其变种为代表的非线性函数。

■ 优化器。

- L-BFGS-B：拟牛顿方法的优化器，是一种基于梯度的非线性优化方法。
- SGD：随机梯度下降。
- Adam：基于随机梯度的优化器。

■ 正则化参数：滑动滑块可以改变 $\alpha$ 的值。

■ 最大迭代次数。

■ 是否重复训练项目。

③自动应用：若需要，则勾选，操作框里的选择和改动即时起效。

④状态栏：左侧显示文件图标（单击可生成报告）及部件输入和输出的实例数，若出错，则在右侧显示警告和错误信息。

5. 操作实例

①将 Neural Network 部件与其他部件构建如图 2-4-31 所示的连接。

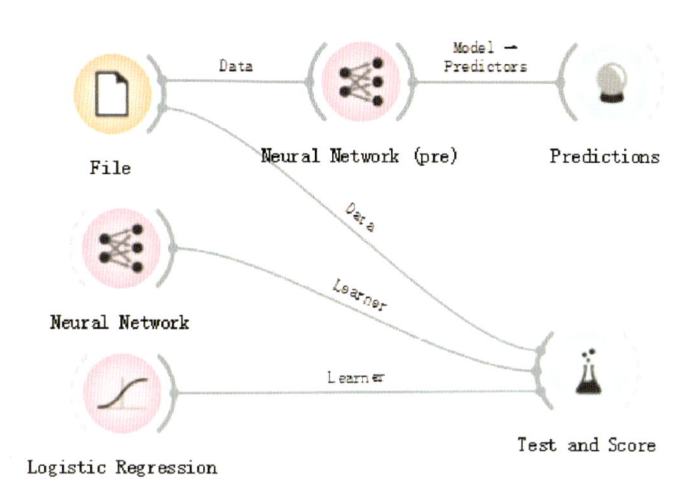


图 2-4-31 Neural Network 部件连接应用示意图

②神经网络的典型用法之一是回归。在 File 中导入 Iris. tab 数据，将 Neural Network 和 Logistic Regression 连接到 Test and Scores 中，对比分析两种方法的回归结果，如图 2-4-32所示。

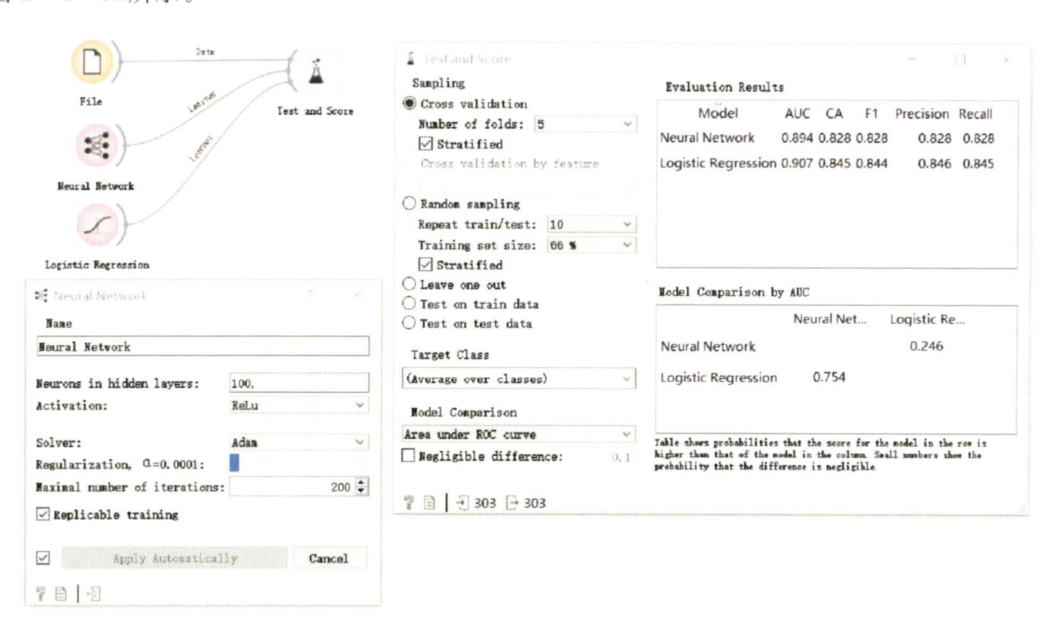


图 2-4-32 利用 Neural Network 对 Iris 数据进行回归

③神经网络的典型用法之二是预测。将 File 连接到 Predictions，通过神经网络对数据集进行预测，结果如图 2-4-33 所示。

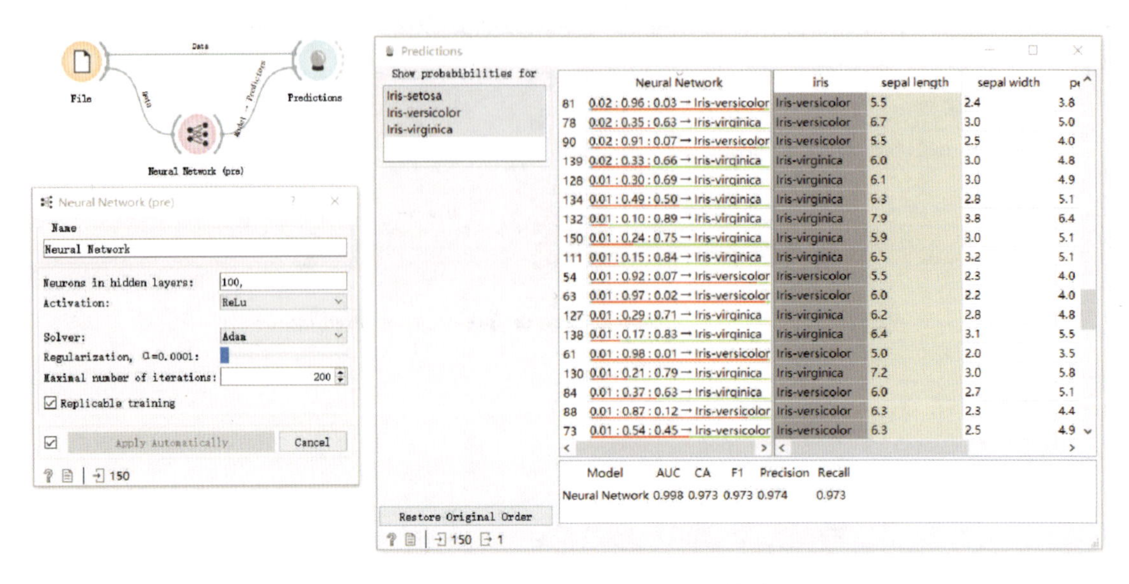


图 2-4-33　Neural Network 预测结果

## （十四）Stochastic Gradient Descent（随机梯度下降法）

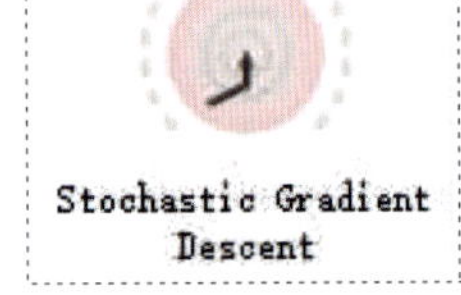


利用 Stochastic Gradient Descent 部件，可以使用梯度下降算法的随机近似来最小化目标函数。

### 1. 输入项

输入数据集；预处理方法。

### 2. 输出项

随机梯度下降学习算法；训练模型。

### 3. 基本介绍

Stochastic Gradient Descent 部件使用随机梯度下降学习算法，通过线性函数将所选的损失函数最小化。该算法通过每次考虑一个样本来逼近真实梯度，同时根据损失函数的梯度更新模型。对于回归，它返回作为总和的最小值的预测器（即 M 估计器），特别适用于大规模和稀疏数据集。

### 4. 操作界面

Stochastic Gradient Descent 部件的操作界面如图 2-4-34 所示。根据图中编号，对各处操作介绍如下。

①名称：默认为 SGD。

②算法：包括分类损失函数和回归损失函数。

③防止过拟合的正则化规范：包括无正则化、套索回归（L1 回归）、岭回归（L2 回归）

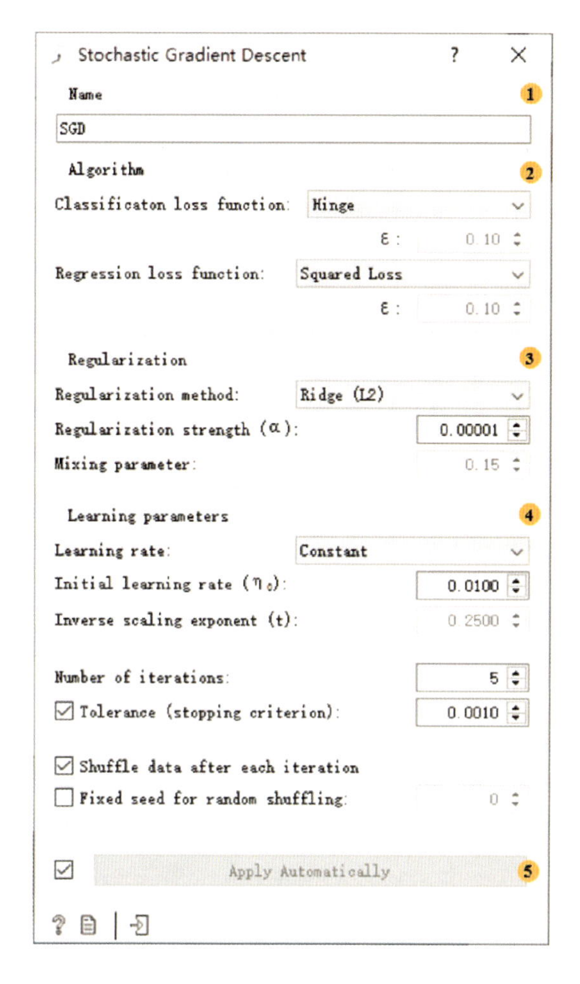


图 2－4－34　Stochastic Gradient Descent 操作框

和弹性网络回归。同时可以调整正则化强度（强度越强，允许模型拟合数据的次数越多）和混合参数（即 L1 和 L2 损失之间的比例，若设置为 0 则为 L2，若设置为 1 则为 L1）改变正则化规范。

④学习参数：包括学习速率、初始学习率、逆缩放指数（降低学习速率）、迭代次数（通过训练数据的次数）。如果每次迭代后对数据进行随机排序，则每次传递后数据实例的顺序将混合；如果打开了用于随机洗牌的固定种子，则算法将使用固定随机种子并启用复制结果。

⑤自动应用更改。

5. 操作实例

将 Stochastic Gradient Descent 部件与其他部件构建如图 2－4－35 所示的连接。首先，选择导入 Iris. tab 数据，并将其传递给 Test and Score；其次，将 Stochastic Gradient Descent 和 Tree 分别连接到 Test and Score，试图训练相对应的模型并评估它们在 Test and Score 中的分类表现。

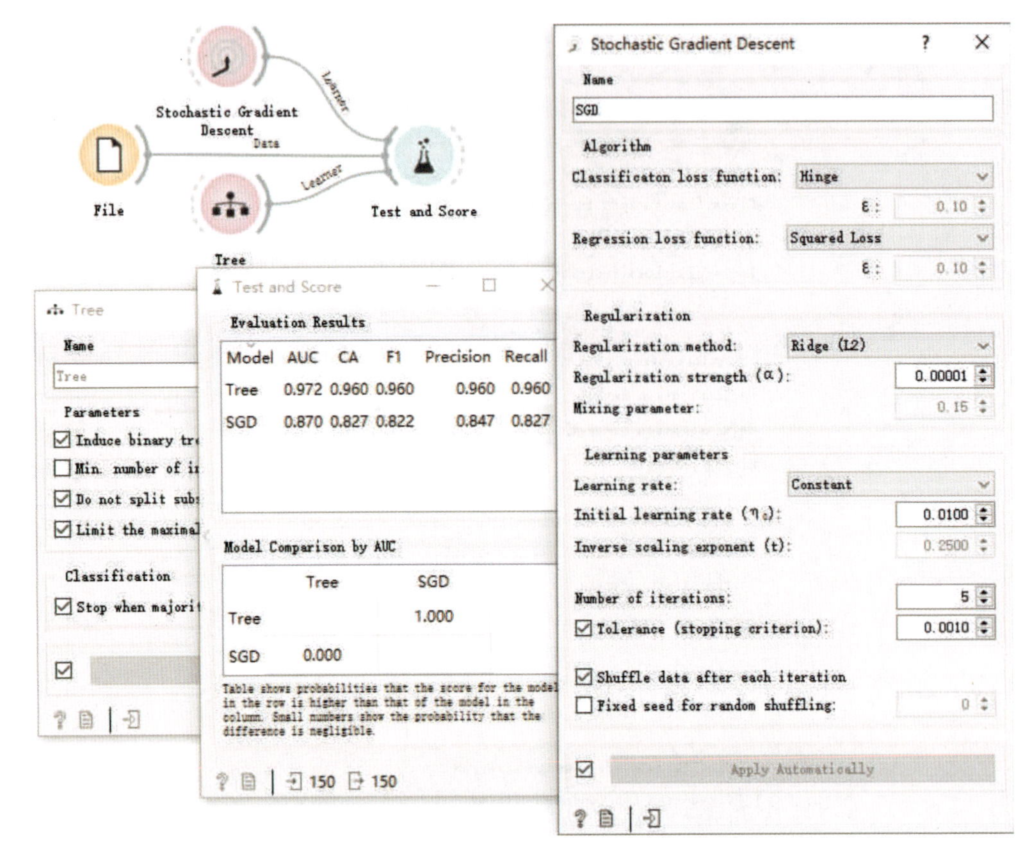


图 2-4-35　Stochastic Gradient Descent 部件连接应用示意图

## （十五）Stacking（堆叠）

|  Stacking | 利用 Stacking 部件可以堆叠多个模型。 |
|---|---|

### 1. 输入项

输入数据集；预处理方法；学习算法；模型聚合方法。

### 2. 输出项

堆叠学习算法训练模型。

### 3. 基本介绍

堆叠是一种从多个基础模型中计算元模型的组合方法，通常适用于复杂的数据集。该部件具有聚合算法输入，为聚合输入模型提供了方法。如果不需要聚合算法输入，则使用默认方法，即用于分类问题的套索回归（L1）和用于回归问题的岭回归（L2）。

### 4. 操作界面

Stacking 部件的操作界面如图 2-4-36 所示。根据图中编号，对各处操作介绍如下。

①名称。

②自动应用更改。

5. 操作实例

①将 Stacking 部件与其他部件构建如图 2-4-37 所示的连接。

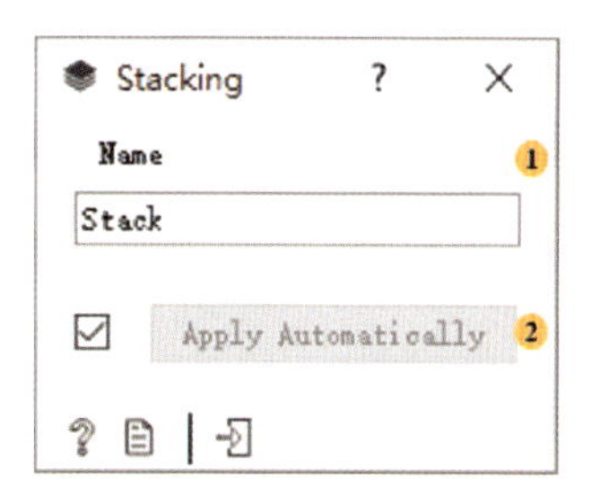


图 2-4-36 Stacking 操作框

②首先，点击 Data 里的 Paint Data，用它画出一个带有 4 类标签的复杂数据集，并将其发送到 Test and Score；其次，选择 3 个 kNN 学习者，为其设置不同的参数（邻居数量为 5、10 或 15），并将这 3 个部件连接到 Test and Score；最后，使用 Stacking 部件，Stacking 需要输入多个学习者和聚合方法，因此我们将 3 个 kNN 学习者和 Lo-

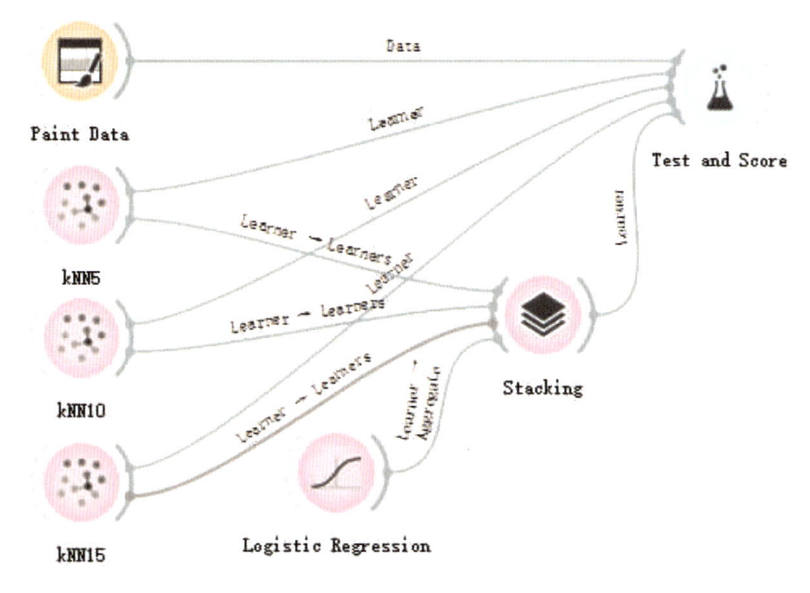


图 2-4-37 Stacking 部件连接应用示意图

gistic Regression 连接到 Stacking，并将其结果发送到 Test and Score，可以看到结果略有改善，如图 2-4-38 所示。

## （十六）Save Model（保存模型）

|  | 利用 Save Model 部件，可以将训练模型保存为文件。 |
| --- | --- |



1. 输入项

训练模型。

2. 输出项

无。

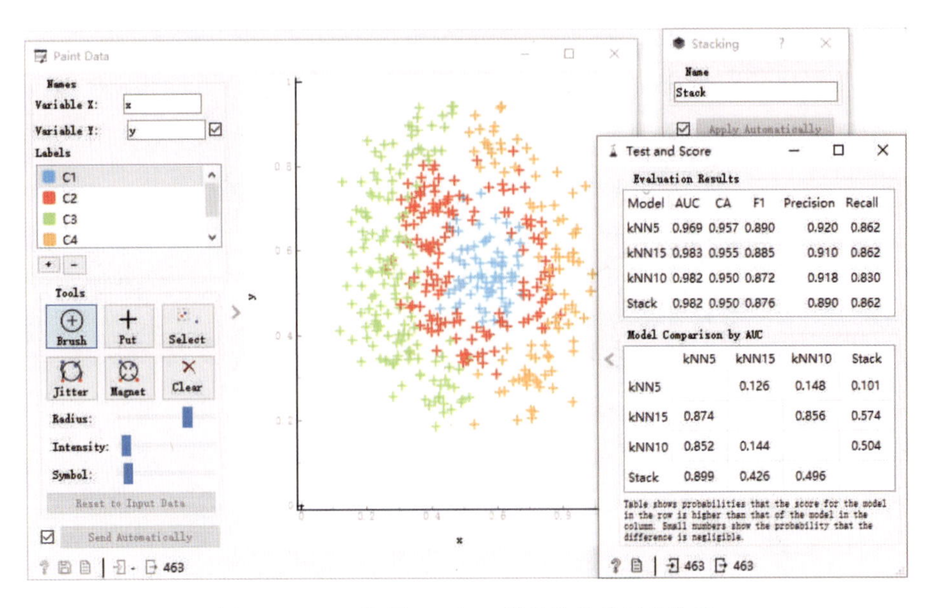


图 2-4-38　使用 Stacking 部件堆叠的评分结果

3. 基本介绍

如果将文件保存到与工作流程相同的目录或该目录的子树中，则该部件会记住相对路径。否则，它将存储一个绝对路径，但出于安全原因禁用自动保存。

4. 操作界面

Save Model 部件的操作界面如图 2-4-39 所示。根据图中编号，对各处操作介绍如下。

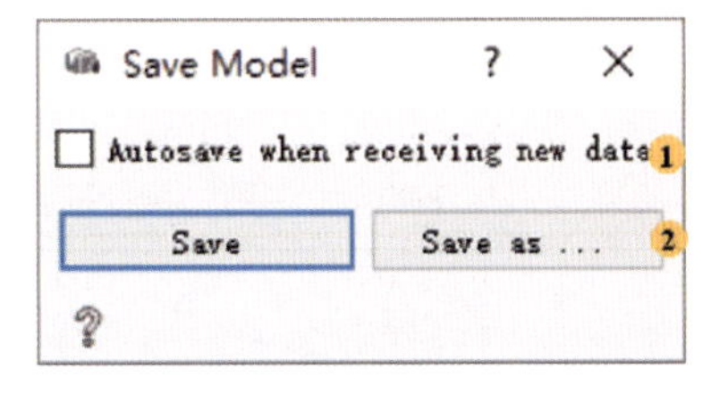


图 2-4-39　Save Model 操作框

①自动保存更新数据。

②保存模型。

5. 操作实例

略。

## （十七）Load Model（加载模型）

利用 Load Model 部件，可以从输入文件加载模型。

1. 输入项

无。

2. 输出项

训练模型。

3. 基本介绍

略。

4. 操作界面

Load Model 部件的操作界面如图 2－4－40 所示。根据图中编号，对各处操作介绍如下。

①从以前使用的模型列表中进行选择。

②浏览已保存的模型。

③重新加载所选模型。

图 2－4－40 Load Model 操作框

5. 操作实例

略。

## 五、Evaluate（评估）

Evaluate 模块共有 6 个部件，主要针对模型效果进行一系列评估。在数据输入方面，支持模型、结果、多种类型的数据输入；在数据处理方面，可以实现模型得分、模型学习效果评估、模型预测等功能，并支持以可视化形式呈现结果。

### （一）Test and Score（测试和评分）

利用 Test and Score 部件，可以测试数据集并学习算法。

1. 输入项

数据集；用于测试的单独数据；学习器。

2. 输出项

测试分类算法的结果。

3. 基本介绍

该部件使用不同的采样方案来学习算法，包括使用单独的测试数据。首先，它会生成一个具有不同分类器性能指标，如分类准确度和 ROC 曲线下面积的表格。然后输出评估结果，该结果可以被其他部件用于分析分类器的性能，例如 ROC 分析或混淆矩阵。

4. 操作界面

Test and Score 部件的操作界面如图 2－5－1 所示。根据图中编号，对各处操作介绍如下。

①采样方法。

- K 折交叉验证法：将数据划分成给定数量（通常为 5 或 10）的折叠数据，通过每一

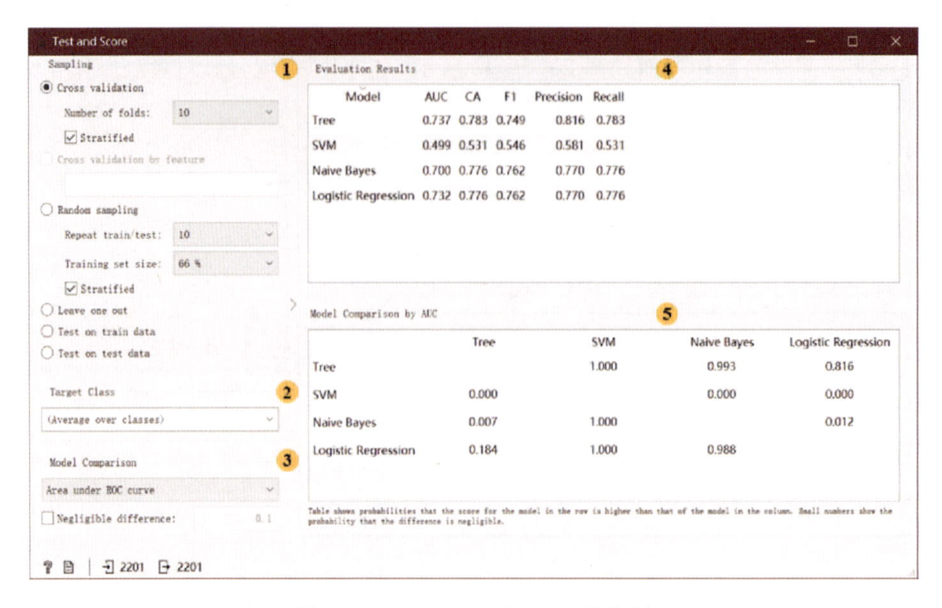


图 2－5－1　Test and Score 操作框

次拿出一个折叠数据作为示例来进行测试。

■　按特征进行交叉验证法：数据的折叠通过从元特征中选择的分类特征来进行定义，并进行交叉验证。

■　随机抽样法：将数据按给定比例随机分为训练集和测试集，并设定整个过程重复指定的次数。

■　留一交叉验证法：一次保留一个实例，从其他所有实例中导出模型，然后对保留的实例进行分类。

■　训练集测试法：使用整个数据集进行训练，然后进行测试。

■　测试集测试法：如果输入带有测试示例的另一个数据集，则要在通信通道中选择“单独的测试数据”信号，然后选择“Test on test data（对测试数据进行测试）”。

②目标类别。

所有类的平均值：所有类的加权平均值。

③模型比较的方法：包括 ROC 曲线下的面积、分类准确度（正确分类示例所占的比例）、F1（精确度和反馈率的加权调和平均值）、精确度（分类为阳性的示例中真实阳性的比例）、召回率（数据中所有阳性示例中真实阳性的比例）、LogLoss（根据与实际标签相差多少来考虑预测的不确定性）、特异性（所有阴性病例中真实阴性的比例）。若勾选了“negligible difference”选项，表示 Test and Score 部件启用了可忽略的差异，那么后面较小的数字表示该对之间的差异可忽略的概率。

④模型性能统计信息。

默认情况下，此处会显示一些比较模型好坏的性能统计信息。如果要查看其他内容，可以用右键单击标题，然后选择所需的统计信息。

⑤成对比较结果表（仅适用于交叉验证）。

表中的数字表示与行相对应的模型比与列对应的模型具有更高分数的概率。对于不同指标而言，分数高低与模型好坏的关系并不一致，如 CA 或 AUC，分数越高，模型越好；RMSE 则相反。

5. 操作实例

①将 Test and Score 部件与其他部件构建如图 2-5-2 所示的连接。

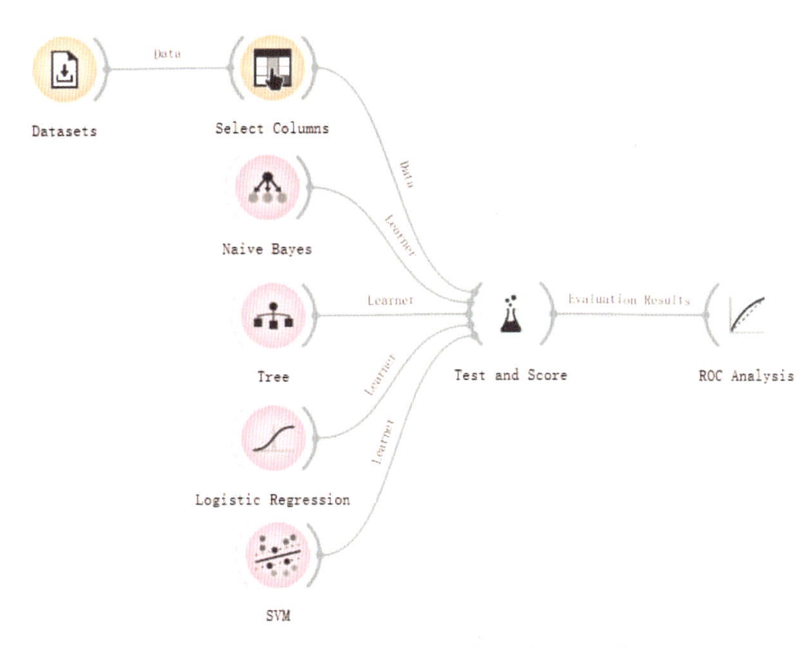


图 2-5-2 Test and Score 部件连接应用示意图

②点击 Datasets，选择导入 titanic 数据，打开 Select Columns 部件，移除“age”（年龄），只考虑幸存者的“status”（状态）和“sex”（性别）。在图 2-5-3 中的 Test and Score，

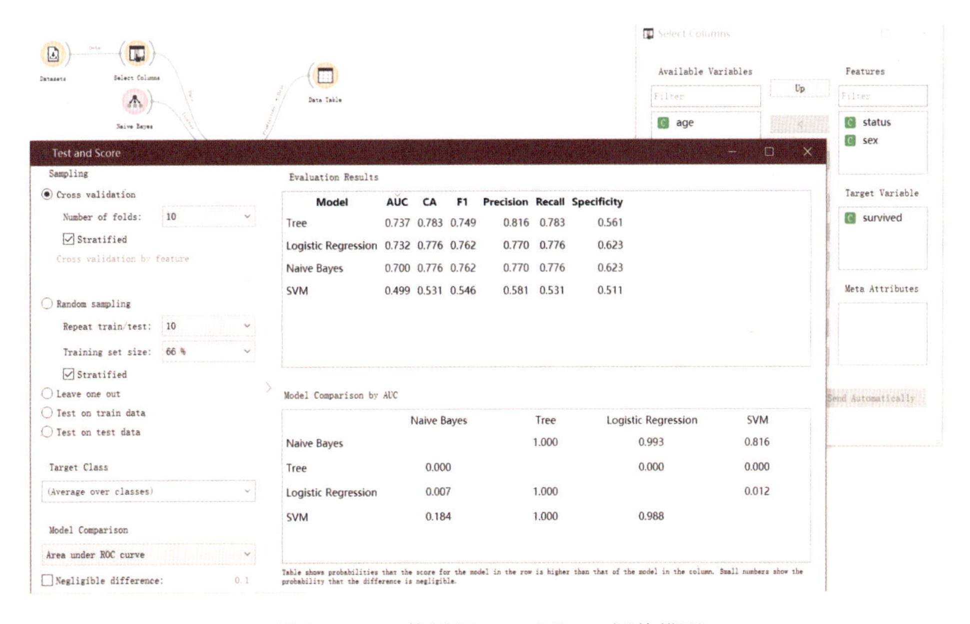


图 2-5-3 使用 Test and Score 评估模型

模型比较方法选择了基于 ROC 曲线下的面积（图 2－5－4），右侧是模型的成对比较结果表格，表中的数字给出了与行相对应的模型优于与列相对应的模型的可能性，我们可以看到 SVM 优于 Tree 的概率为 1，而 SVM 优于 Naïve Bayes 的概率为 0.184。

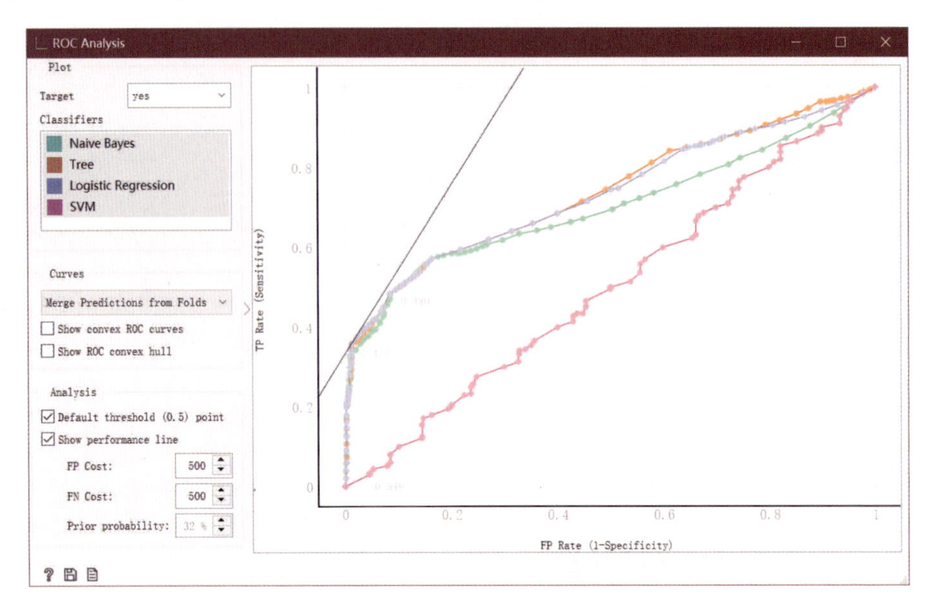


图 2－5－4　通过 ROC 曲线图对模型的对比

## （二）Predictions（预测）

Predictions

利用 Predictions 部件，可以基于一个或多个预测模型预测数据集的信息，也可以此为依据进行分类。

1. 输入项

数据集信息；将在数据上使用的预测变量。

2. 输出项

添加了预测的数据；测试分类算法的结果。

3. 基本介绍

该部件显示了预测模型的概率和最终决策，通过接收一个数据集和一个或多个预测变量（预测模型），进而输出预测结果和相应的数据。同一数据集，可采用不同的预测模型预测，对比分析预测结果。如果预测的数据包括真实的分值，预测的结果也可以在混淆矩阵中观察到。

4. 操作界面

Predictions 部件的操作界面如图 2－5－5 所示。根据图中编号，对各处操作介绍如下。

①预测概率：0 和 1 即代表预测的结果，同时也显示在右侧数据表格中，红、蓝色线条为概率的可视化表达。

②数据列表：可以显示逻辑回归后的结果、预测结果以及原始数据信息。

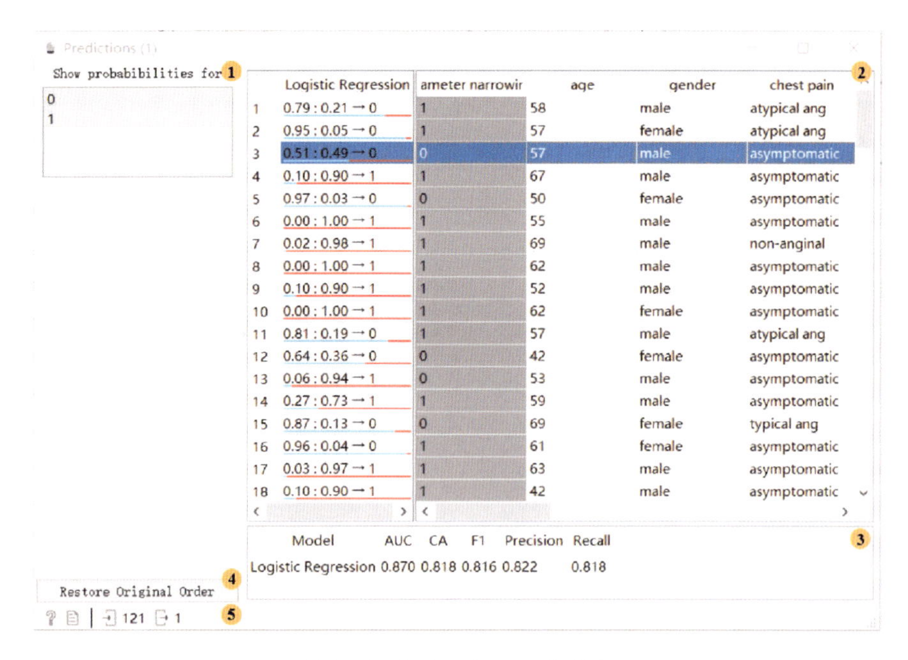


图 2-5-5　Predictions 操作框

③准确度：该表格的列分别显示模型名称（Logistic Regression），以及模型预测准确度的指标统计信息（如 AUG、CA、F1、Precision、Recall 等）。

④恢复原始选择：若需要，则点击，数据信息则恢复原始选项。

⑤状态栏：左侧显示文件图标（单击可生成报告）及部件输入和输出的实例数，若出错，则在右侧显示警告和错误信息。

### 5. 操作实例

①将 Predictions 部件与其他部件构建如图 2-5-6 所示的连接。

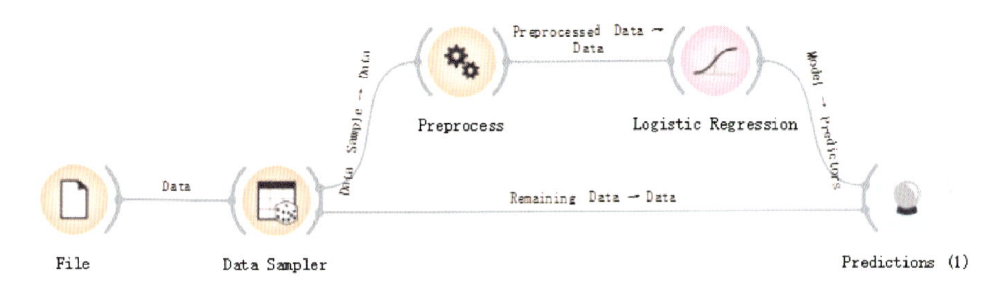


图 2-5-6　Predictions 部件连接应用示意图

②点击 Data 模块里的 File 部件，选择导入 heart _ disease. tab 数据，该数据包含 303 名胸痛患者的信息，分类变量为 “diameter narrowing”，即观察患者经过测试后是否有直径变窄现象。连接 Data Sampler，将数据集分为训练数据和预测数据，将训练数据发送到 Preprocess，选择 “Impute Missing Values” 填充空值，接着将预处理后的数据发送给 Logistic Regression 进行模型训练，如图 2-5-7 所示。

③将构建的模型发送给 Predictions，并对 Data Sampler 输出的剩余数据（即预测数据）

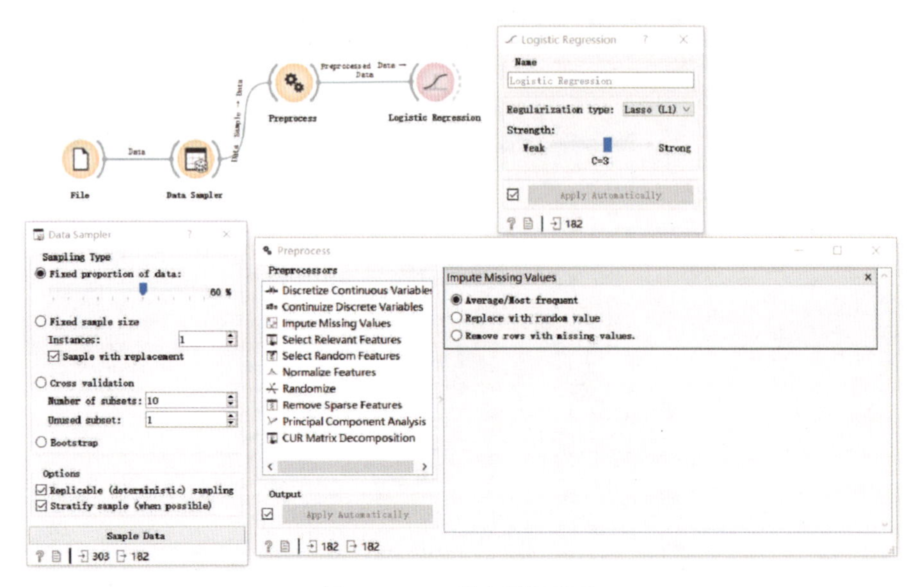


图 2-5-7　设定预测模型

进行预测，如图 2-5-8 所示。请注意，将预测数据直接发送到 Predictions 即可，而不必进行任何预处理，因为 Orange 会在内部对新数据进行预处理，以防止模型构建中的任何错误。同样，也可以通过 Test and Score 对各个模型进行对比和准确性评价。

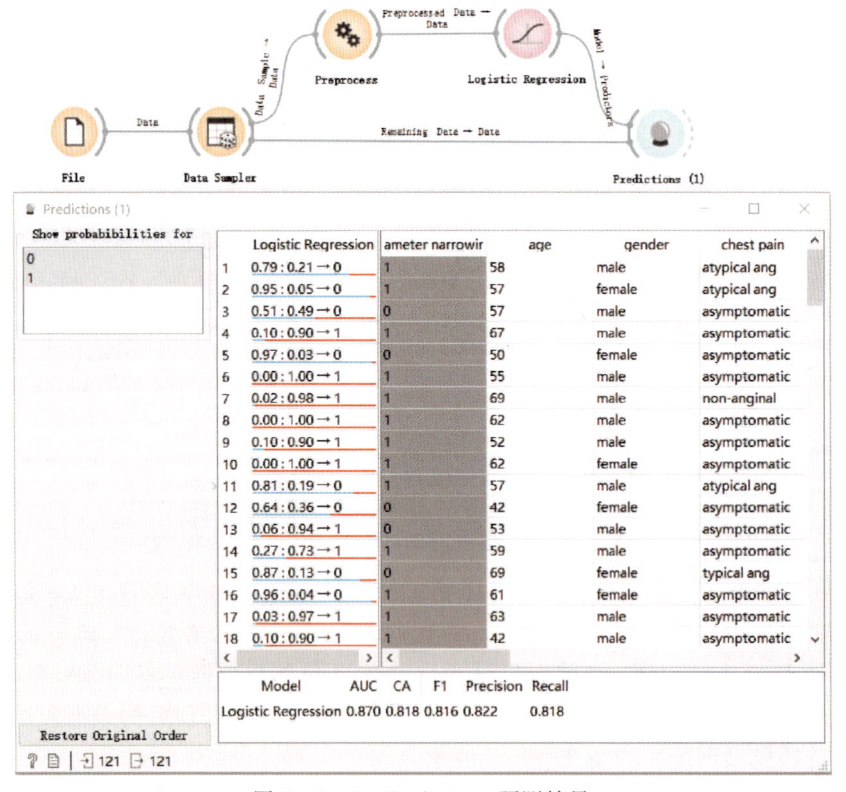


图 2-5-8　Predictions 预测结果

## （三）Confusion Matrix（混淆矩阵）

Confusion Matrix 部件可以用于显示预测数量和实际数量之间的比例。

1. 输入项

测试分类算法的结果。

2. 输出项

从混淆矩阵中选择的数据子集；带有附加信息的所有数据实例。

3. 基本介绍

该部件给出了预测为某类别的实例数和实际上某类别实例数之间的比例。选择矩阵中的数字元素，会将相应的实例输送到输出通道中。这样，就可以观察到学习器将哪些实例进行了错误分类。该部件通常从 Test and Score 中获取评估结果。

4. 操作界面

Confusion Matrix 部件的操作界面如图 2－5－9 所示。根据图中编号，对各处操作介绍如下。

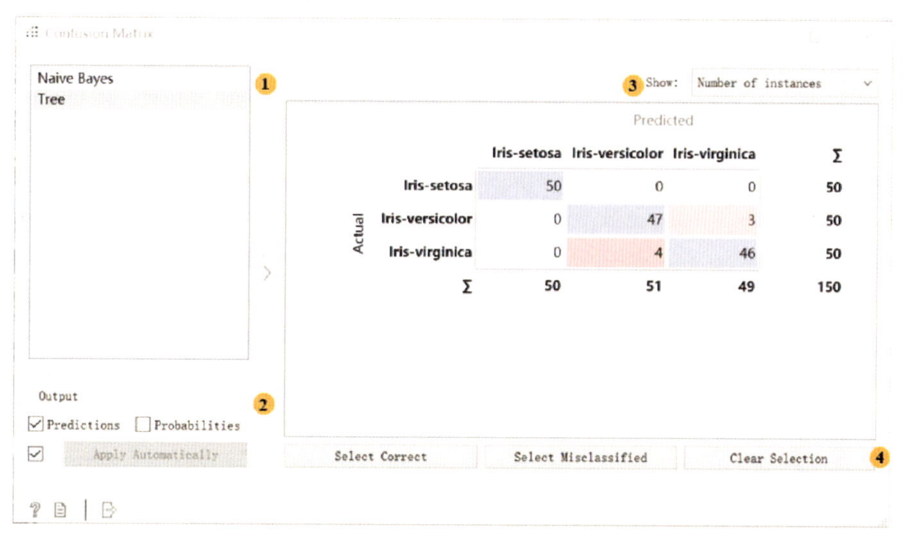


图 2－5－9　Confusion Matrix 操作框

①当评估结果包含多种学习算法的数据时，必须在框中选择一种算法。图中显示了针对 Iris 数据进行训练和测试的 Naive Bayes 和 Tree 模型的混淆矩阵。部件的右侧包含 Tree 模型的矩阵，行对应正确的类别，列则代表预测的类别。例如，4 个 Iris－virginica 实例被错误地分类为 Iris－versicolor。最右边的列给出了每个类别的实际实例数，最下面的行给出了每个类别的预测实例数。

②选择输出数据：包括添加预测属性、添加概率属性和自动应用更改选项。

③选择矩阵中显示的数据：该表中包括显示实例数量的数字、预测正确的实例（紫色）

和预测错误的实例（粉色），选择任意一个数字都能连接到 Data Table 部件并在其中观察具体的实例信息。

④选择所需的输出数据：可以选择输出正确分类的实例、输出错误分类的实例或点击表格中的单元格以选择输出特定的分类实例。

5. 操作实例

①将 Confusion Matrix 部件与其他部件构建如图 2-5-10 所示的连接。

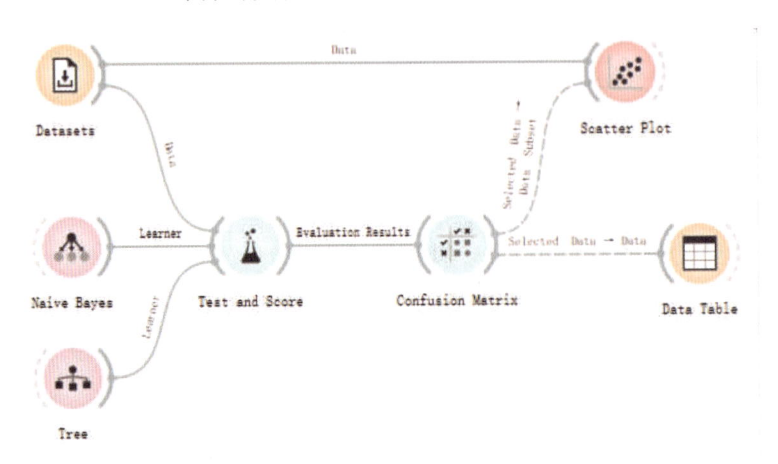


图 2-5-10　Confusion Matrix 部件连接应用示意图

②点击 Datasets，选择导入 Iris 数据，并选择使用 Naive Bayes 和 Tree 两种学习算法，测试结果被输入到 Confusion Matrix 中，如图 2-5-11 所示，从图中可以观察到有多少实例被错误地分类以及是通过哪种算法被错误分类的。随后通过使用 Data Table，可查看矩阵中选择的实例。

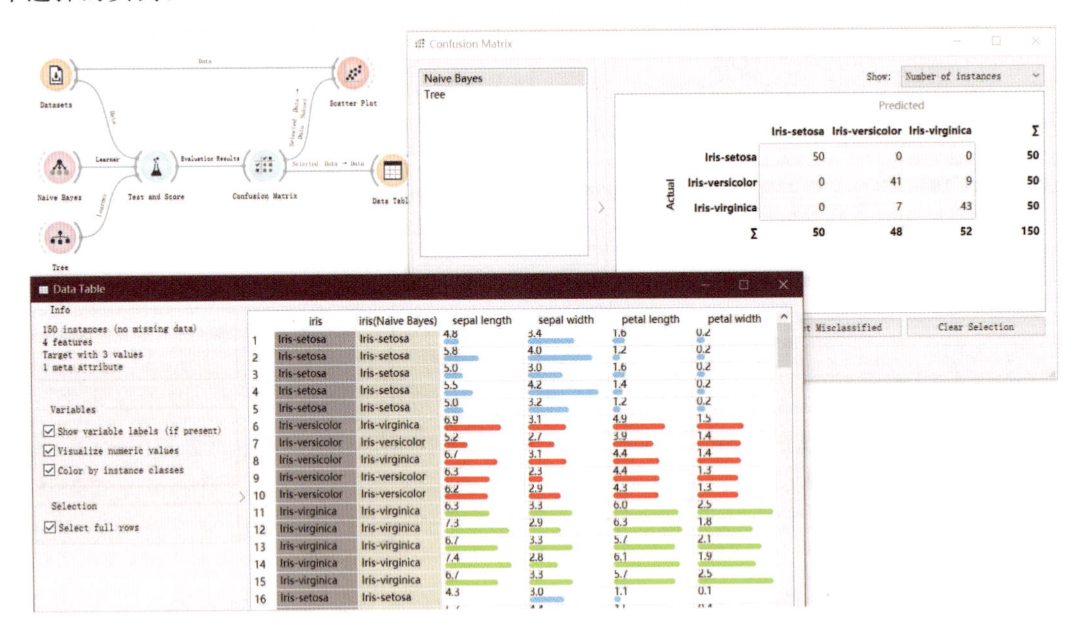


图 2-5-11　有关测试结果的 Confusion Matrix 以及详细的 Data Table

③在 Scatter Plot 中，可以观察到两组数据，一组是从 Datasets 里获取的完整数据，另一组是从 Confusion Matrix 中获取的所选数据，如图 2-5-12 所示。

图 2-5-12　散点图

## （四）ROC Analysis（ROC 分析）

ROC Analysis

利用 ROC Analysis 部件，可以根据不同分类算法评估结果，以真阳性率（准确率）和假阳性率（误报率）绘制曲线图。

### 1. 输入项

测试分类算法的结果。

### 2. 输出项

ROC 曲线图。

### 3. 基本介绍

该部件显示了测试模型的 ROC 曲线和相应凸包线。作为比较分类模型的一种手段，ROC 曲线反映敏感性和特异性之间的关系，它以假阳性率（1—特异性；预测类别时实际为 0 而预测为 1 的概率）为 $x$ 轴，以真阳性率（敏感性；预测类别时实际为 1 预测为 1 的概率）为 $y$ 轴进行绘制。曲线越接近 ROC 空间的左边界和上边界，分类器就越精确。考虑到误报和漏报的成本代价，部件还可以确定最佳分类器和阈值。

### 4. 操作界面

ROC Analysis 部件的操作界面如图 2-5-13 所示。根据图中编号，对各处操作介绍如下。

①目标类别：默认是按字母顺序选定。

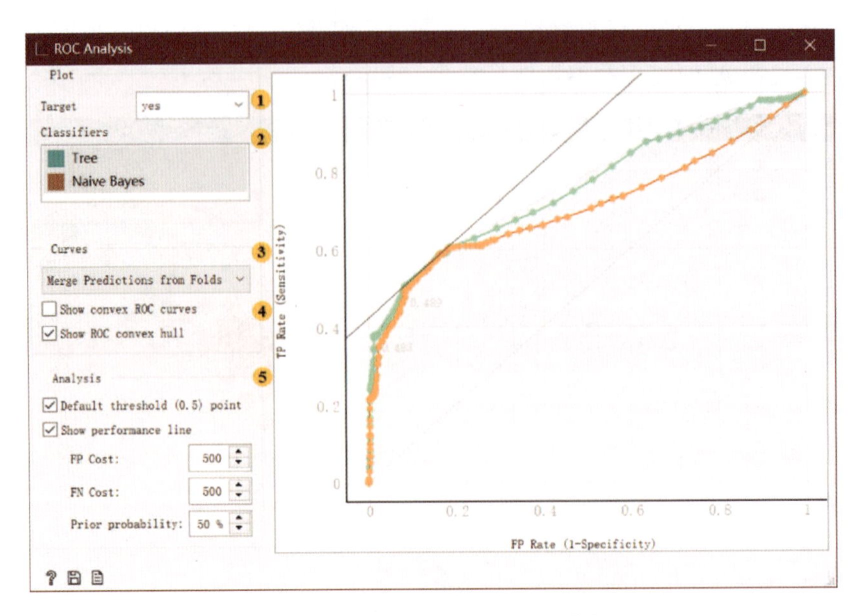


图 2-5-13　ROC Analysis 操作框

②分类算法：如果测试结果包含多个分类算法，用户可以单击选择或取消选择来查看曲线。

③曲线调整。

■　合并预测：将所有测试数据视为来自一次迭代。

■　平均 TP 速率：在垂直方向上平均曲线，并显示相应的置信区间。

■　在阈值处平均 TP 和 FP：显示超过阈值的部分，并对曲线位置进行平均，同时显示水平和垂直的置信区间。

■　显示单个曲线：显示所有曲线，而非取平均值。

④显示凸 ROC 曲线：显示每个分类器上的凸曲线。显示 ROC 曲线及相应凸包线：绘制结合所有分类器的凸包，即曲线下方的灰色区域。

⑤曲线分析。

■　默认阈值为 0.5。

■　显示性能线。

■　成本值：重要的是 FP（误报率）和 FN（假阴性）两个成本之间的比例，调整区间为 1 到 1000。

■　先验目标类别概率依数据而定。

5. 操作实例

①将 ROC Analysis 部件与其他部件构建如图 2-5-14 所示的连接。

②点击 Datasets，选择导入 titanic 数据。目前，唯一能为 ROC Analysis 提供所需的正确信

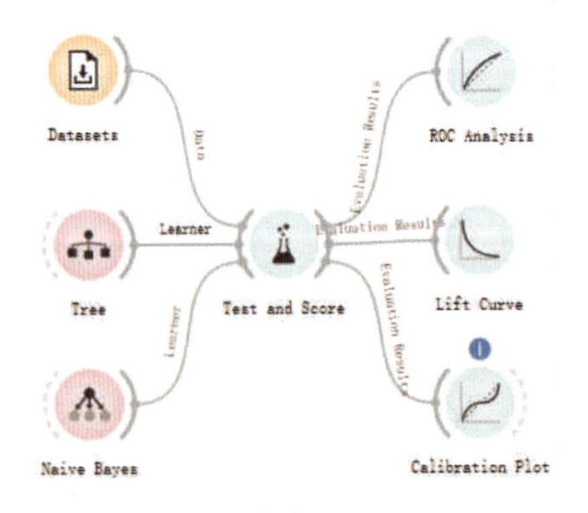


图 2-5-14　ROC Analysis 部件连接应用示意图

号类型的部件是 Test and Score。如图 2-5-15 所示，在 Test and Score 中比较 Tree 和 Navie Bayes 这两个分类器。

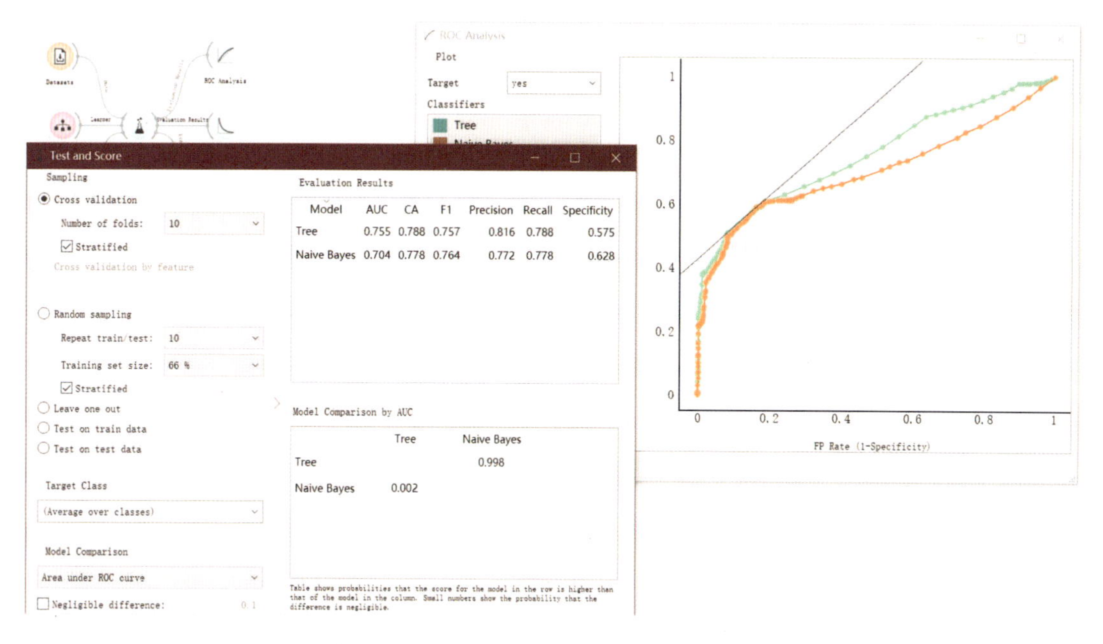


图 2-5-15 Test and Score 和 ROC Analysis

③结合图 2-5-16，在 ROC Analysis、Life Curve 和 Calibration Plot 中比较两种分类算法的性能。

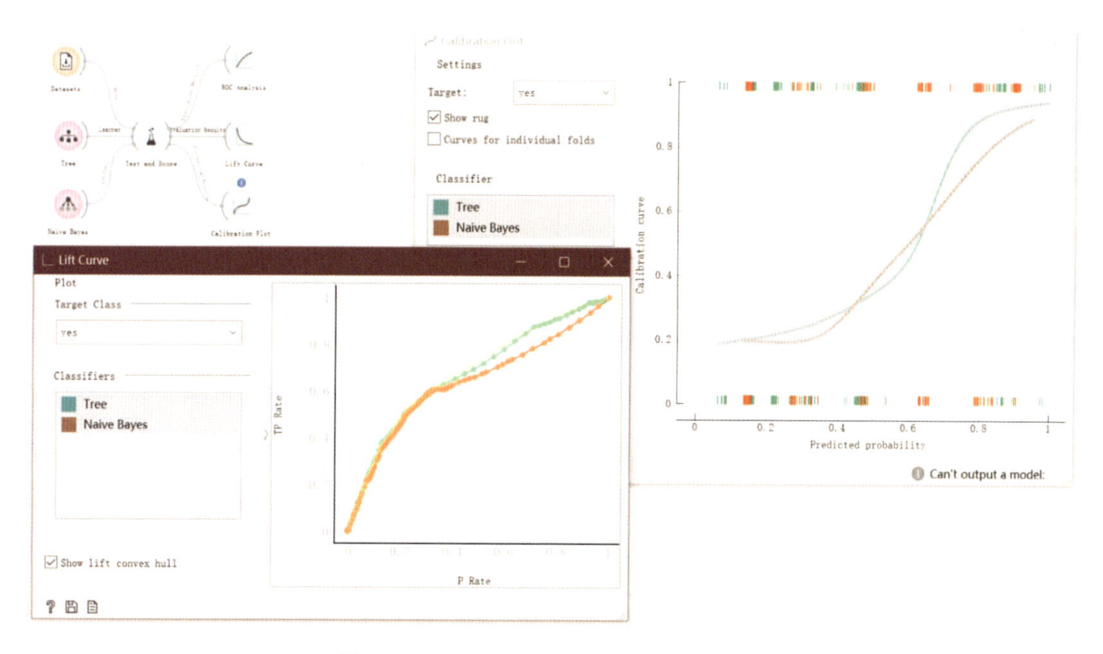


图 2-5-16 Life Curve 和 Calibration Plot

## （五）Lift Curve（提升曲线）

利用 Lift Curve 部件，可以衡量所选分类器相对于随机分类器的性能。

### 1. 输入项

测试分类算法的结果。

### 2. 输出项

无。

### 3. 基本介绍

该部件显示了在分类算法中，真阳性数据实例相对于分类器阈值或分类为阳性实例数的比例曲线。累积收益图显示了真阳性数据的比例作为阳性实例数量的函数，假设实例是根据模型的阳性概率进行排序的。

### 4. 操作界面

Lift Curve 部件的操作界面如图 2－5－17 所示。根据图中编号，对各处操作介绍如下。

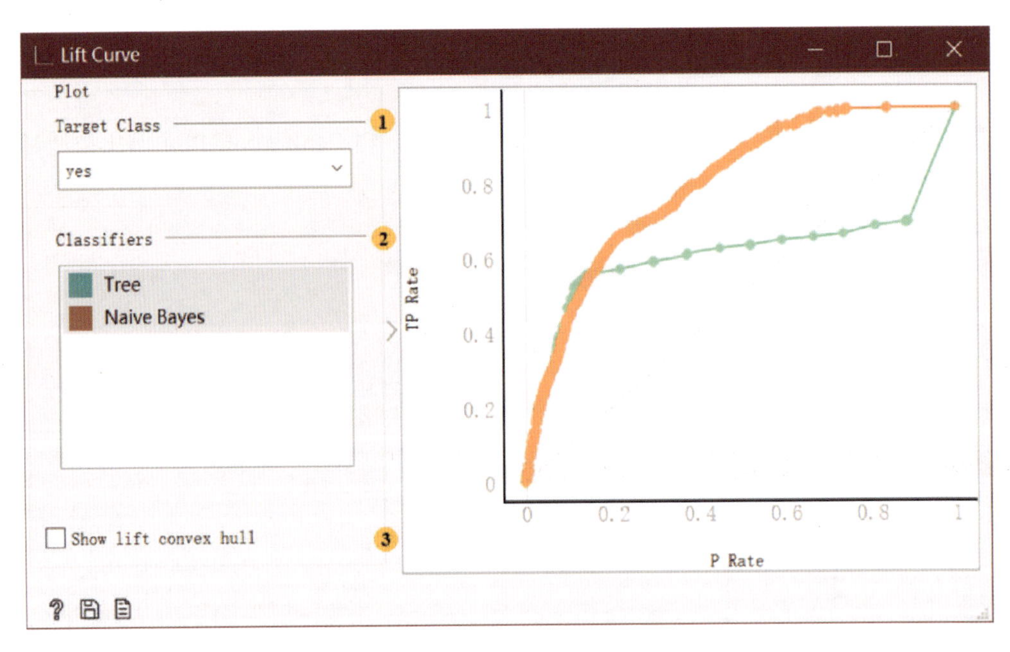


图 2－5－17　Lift Curve 操作框

①目标类别：默认是按字母顺序选定。

②分类器：如果测试结果包含多个分类器，用户可以单击选择或取消选择来查看曲线。

③显示提升曲线及相应凸包线。

### 5. 操作实例

略。

## （六）Calibration Plot（校准图）

Calibration Plot

利用 Calibration Plot 部件，可以显示分类器预测的概率和实际分类概率之间的匹配程度。

### 1. 输入项

测试分类算法的结果。

### 2. 输出项

展现分类器预测概率准确性的曲线图。

### 3. 基本介绍

略。

### 4. 操作界面

Calibration Plot 部件的操作界面如图 2－5－18 所示。根据图中编号，对各处操作介绍如下。

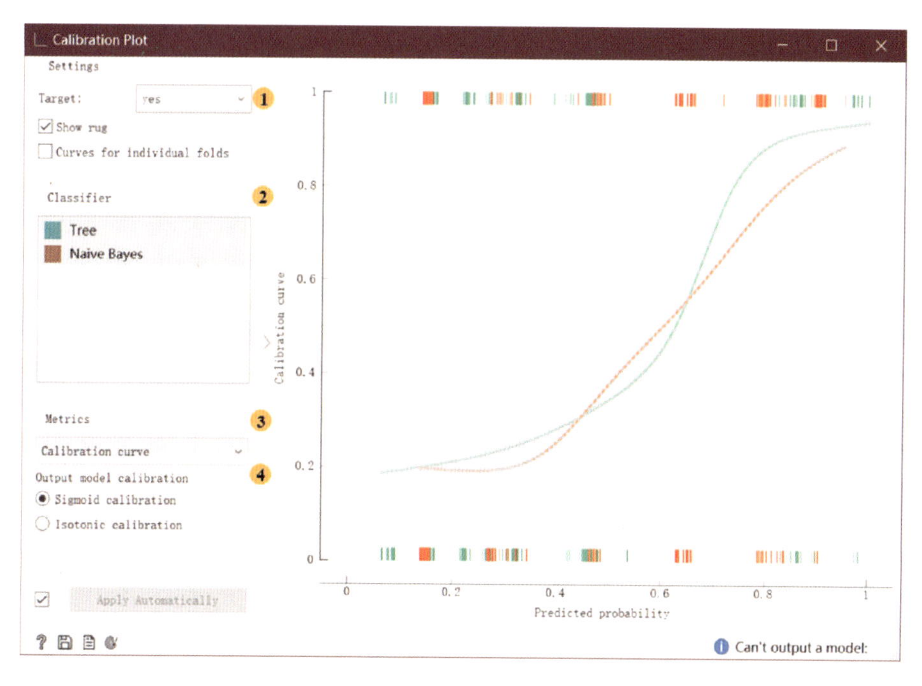


图 2－5－18　Calibration Plot 操作框

①目标类别：默认按字母顺序选定。

■ 如果启用了 Show rug，则颜色记号将显示在图形的底部和顶部，分别表示负示例和正示例，它们的位置对应于分类器的预测概率，不同的颜色代表不同的分类器。在图的底部，左边的点被正确地分配了低概率，右边的点被错误地分配了高概率。在图的顶部，右边的点被正确地分配了高概率，反之亦然。

■ 显示单个褶皱曲线。

②分类器：如果测试结果包含多个分类器，用户可以单击选择或取消选择来查看曲线。对角线为参考线，代表预测值等于实际值的情况，即最佳分类情况，分类算法的曲线越接近对角线，其准确的预测概率越大。

③度量方法。

④输出模型校准：包括“S”形校准和等分校准 2 个选项。

5. 操作实例

略。

## 六、Unsupervised（无监督）

Unsupervised 模块共有 16 个部件，主要针对数据进行一系列无监督机器学习。在数据输入方面，支持已有距离文件和自定义距离文件的输入；在数据处理方面，可以实现距离计算、多种形式的距离可视化、多种类型的聚类分组和降维分析等功能。

### （一）Distance File（距离文件）

Distance File

Distance File 部件可以用于加载现有距离文件。

1. 输入项

无。

2. 输出项

距离文件（距离矩阵）。

3. 基本介绍

Distance File 部件作为其他距离处理的输入端，一般为工作流的开端。

4. 操作界面

Distance File 部件的操作界面如图 2－6－1 所示。根据图中编号，对各处操作介绍如下。

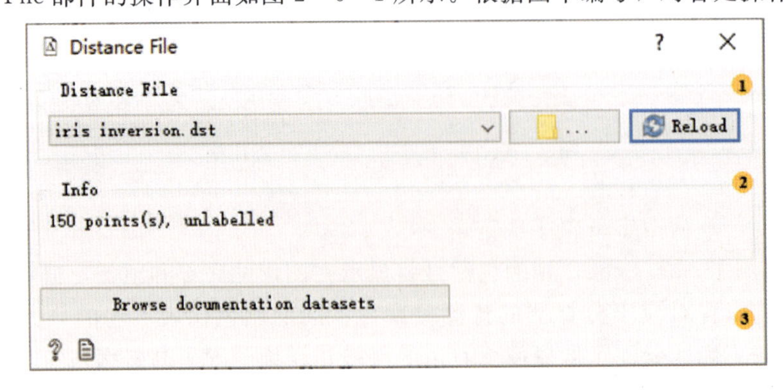


图 2－6－1 Distance File 操作框

①距离文件：显示输入数据集的数据名称，从文件夹输入数据，以及重新加载数据。

②有关距离文件的信息。

③浏览文档数据集并生成报告。

5. 操作实例

将 Distance File 部件与其他部件构建如图 2－6－2 所示的连接。点击 Unsupervised 模块里的 Distance File 部件，选择导入从 Save Distance Matrix 中加载的 Iris inversion. dst，将 Distance Map 连接到 Distance File，输出距离图。

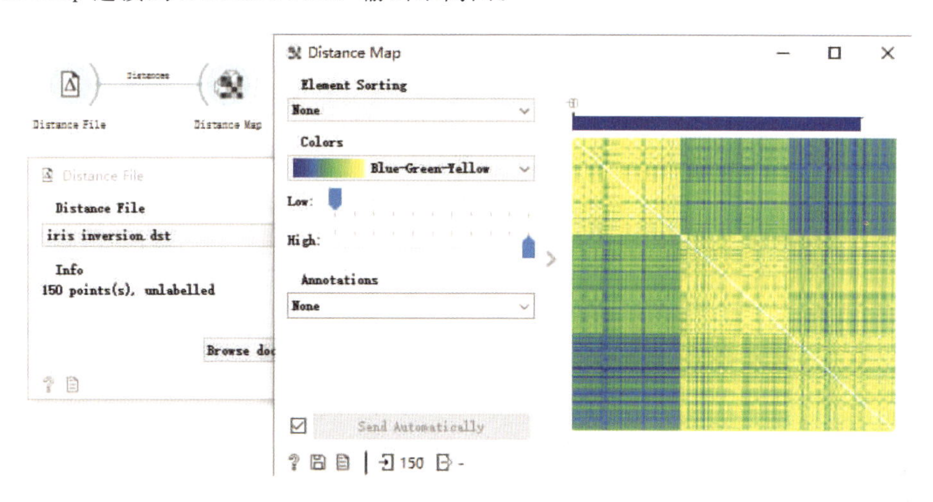


图 2－6－2　Distance File 部件连接应用示意图

## （二）Distance Matrix（距离矩阵）

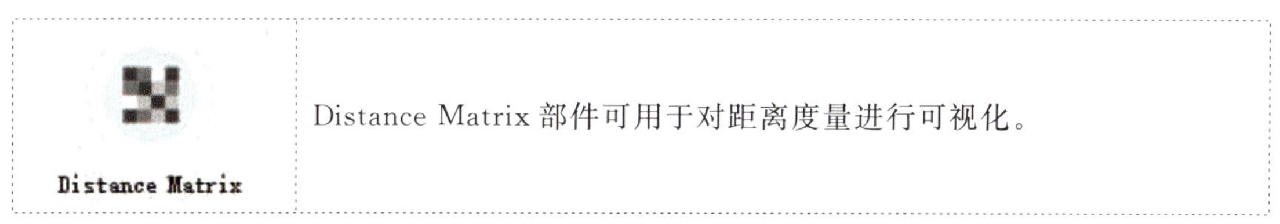


Distance Matrix 部件可用于对距离度量进行可视化。

1. 输入项

距离矩阵。

2. 输出项

距离矩阵中的距离度量。

3. 基本介绍

该部件创建一个二维数组的距离矩阵，包含集合两两元素之间的距离，数据集中的元素数定义矩阵的大小。数据矩阵对于分层聚类至关重要，在生物信息学中也非常有用，它们以独立于坐标的方式表示蛋白质结构。

4. 操作界面

Distance Matrix 部件的操作界面如图 2－6－3 所示。根据图中编号，对各处操作介绍如下。

①数据集中的元素及其之间的距离。

②标记表及自动发送更改。

Distance Matrix

| ① | Iris-setosa | Iris-setosa | Iris-setosa | Iris-setosa | Iris-versicolor | Iris-versicolor | Iris-versicolor |
|---|---|---|---|---|---|---|---|
| Iris-versicolor | 2.452 | 1.995 | 2.302 | 1.934 | 1.461 | 1.160 | 1.329 |
| Iris-versicolor | 2.656 | 1.850 | 2.528 | 1.953 | 2.358 | 2.014 | 2.235 |
| Iris-versicolor | 2.358 | 1.928 | 2.229 | 1.882 | 1.469 | 1.090 | 1.335 |
| Iris-versicolor | 1.984 | 1.768 | 1.863 | 1.653 | 1.193 | 0.748 | 1.114 |
| Iris-versicolor | 2.138 | 1.855 | 2.014 | 1.761 | 1.237 | 0.806 | 1.130 |
| Iris-versicolor | 2.298 | 2.127 | 2.150 | 1.973 | 0.863 | 0.558 | 0.748 |
| Iris-versicolor | 2.354 | 1.615 | 2.225 | 1.684 | 2.123 | 1.748 | 2.016 |
| Iris-versicolor | 2.236 | 1.882 | 2.104 | 1.804 | 1.318 | 0.921 | 1.198 |
| Iris-virginica | 3.071 | 3.185 | 3.001 | 3.039 | 1.306 | 1.123 | 1.196 |
| Iris-virginica | 2.842 | 2.537 | 2.730 | 2.479 | 1.403 | 1.063 | 1.209 |
| Iris-virginica | 3.280 | 3.330 | 3.153 | 3.142 | 0.878 | 1.046 | 0.727 |
| Iris-virginica | 2.833 | 2.725 | 2.716 | 2.595 | 0.933 | 0.722 | 0.727 |
| Iris-virginica | 3.076 | 3.057 | 2.969 | 2.912 | 1.019 | 0.901 | 0.836 |
| Iris-virginica | 3.669 | 3.769 | 3.538 | 3.563 | 1.174 | 1.479 | 1.079 |

Labels: iris　　Send Automatically ②

③

图 2-6-3　Distance Matrix 操作框

③生成报告。

5. 操作实例

将 Distance Matrix 部件与其他部件构建如图 2-6-4 所示的连接。首先，选择导入 Iris. tab数据；其次，将 Distances 连接到 File，选择计算 Iris 数据集中的行之间的距离；最后，将 Distance Matrix 连接到 Distances，选择 Iris 标签，从矩阵表中可以看出 Iris-virginica 和 Iris-setosa 相距最远。

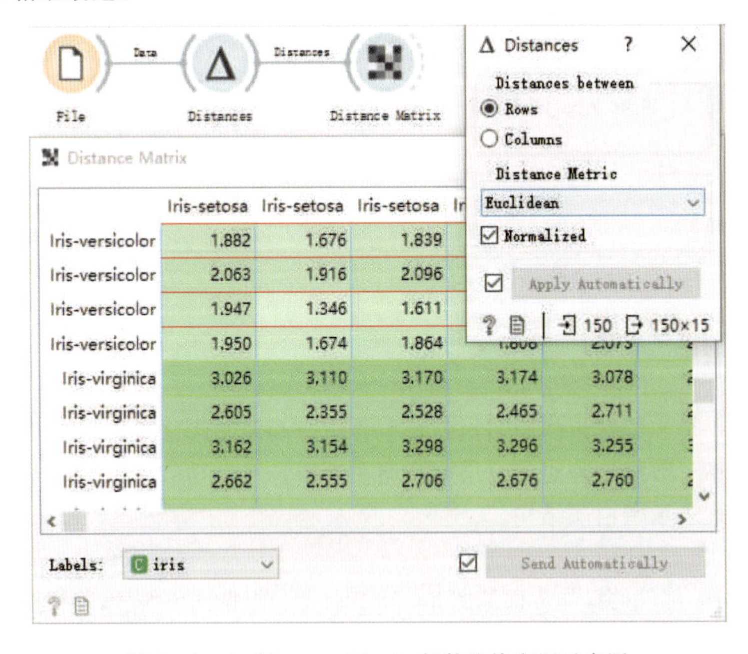


图 2-6-4　Distance Matrix 部件连接应用示意图

## （三）t－SNE（t分布邻域嵌入算法）

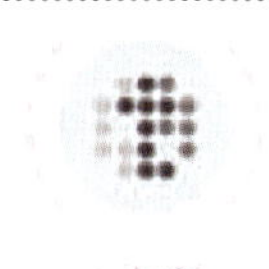

t-SNE

利用 t－SNE 部件可以进行二维数据投影。

1. 输入项

输入数据集；实例的子集。

2. 输出项

从图中选择的实例；带有附加列的数据，显示是否选择了一个点。

3. 基本介绍

该部件使用 t 分布随机邻域嵌入法绘制数据。t－SNE 是一种降维技术，类似于 MDS，具体通过概率分布将点映射到二维空间中。

4. 操作界面

t－SNE 部件的操作界面如图 2－6－5 所示。根据图中编号，对各处操作介绍如下。

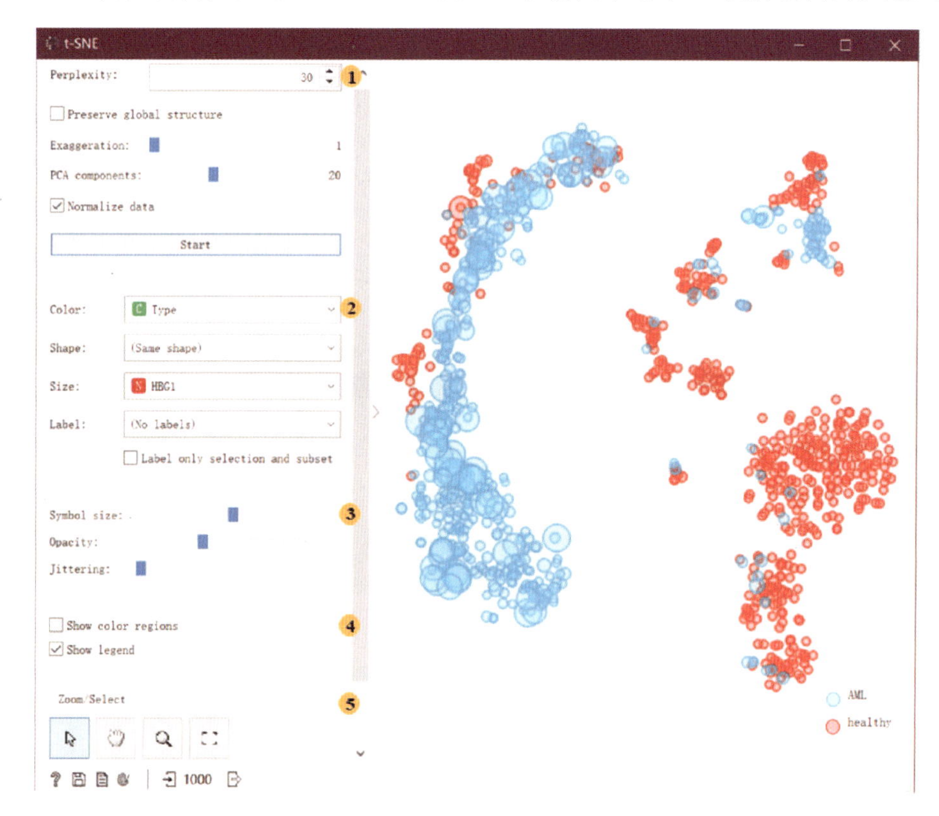


图 2－6－5　t－SNE 界面

①t－SNE 有关设置。

■ 调整困惑度大小，或者勾选“Preserve globel structure”（保持全局结构）。

■ 调整图的夸张程度。

■ 选择用于投影的 PCA 组件数，同时可以勾选“Normalize data”。

■ 点击“Start”开始（重新）运行优化。

②数据点的设置：可对颜色、形状、大小和标签进行设置。关于颜色，离散型数据由不同颜色表示，数值型数据由颜色深浅表示数值大小。仅对选择的数据和子集设置标签。

③数据点的其他调整。

■ 符号大小。

■ 透明度。

■ 设置分散程度以防止点重叠，尤其是对于离散型数据。

④调整图属性。

■ 显示颜色区域：根据实例的颜色对区域着色。

■ 显示图例：位于图片右下方，单击可拖动。

⑤选择、平移、缩放和还原图像。

5. 操作实例

使用 Single Cell Datasets 部件加载 Bone marrow mononuclear cells with AML（sample）数据，然后通过 k-Means 算法，选择两个聚类，看来可能有两个不同的集群。为了找到其中的亚群，将 Bone marrow mononuclear cells with AML 数据传递到 Data Table 中，然后从列表中选择一个数据。随后将标记数据和 k-Means 结果传递到 Score Cells 部件，最后添加 t-SNE 部件以使结果可视化。在 t-SNE 中，使用 Score 属性为点着色并设置其大小，可以看到哪些数据聚集在一起，也就找到了亚群，如图 2-6-6 所示。

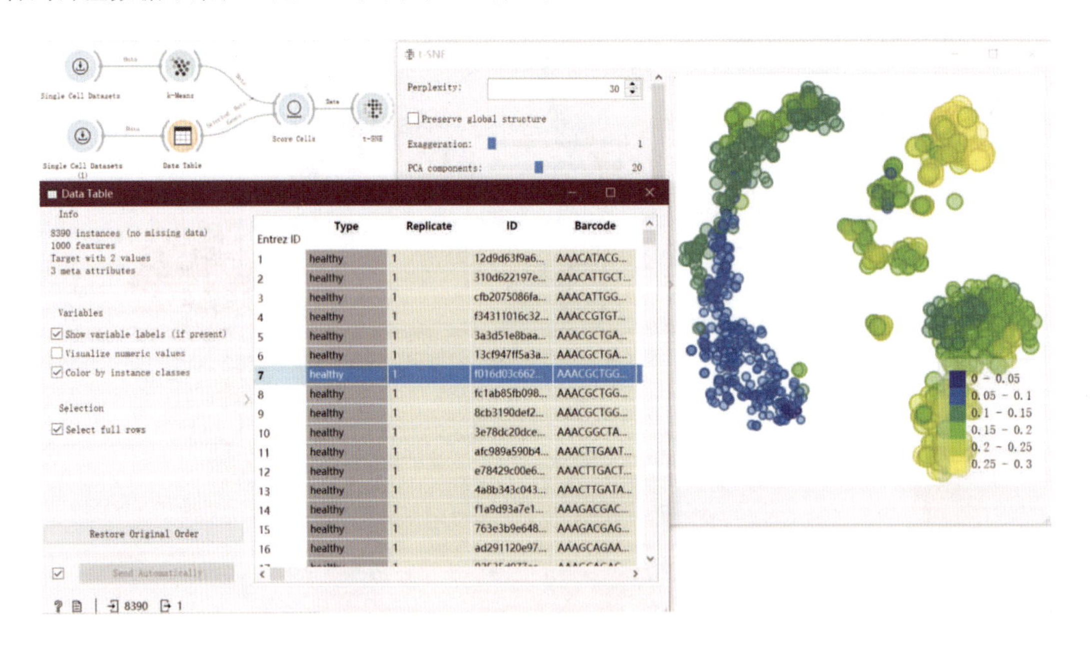


图 2-6-6　t-SNE 部件连接应用示意图

## （四）Distance Map（距离图）

Distance Map 部件可以用于对两个项目间的距离进行可视化。

1. 输入项

距离矩阵。

2. 输出项

数据（从矩阵中选择的实例）；特征（从矩阵中选择的属性）。

3. 基本介绍

该部件可以对所选对象之间的距离进行可视化，这种可视化与我们打印出一个数字表是一样的，只是数字被彩色的斑点所取代。距离通常是指实例之间的距离或属性之间的距离。当选中一片区域时，该部件可以输出选中单元格的所有项。需要注意的是，该部件主要用于数值型数据的可视化。

4. 操作界面

Distance Map 部件的操作界面如图 2－6－7 所示。根据图中编号，对各处操作介绍如下。

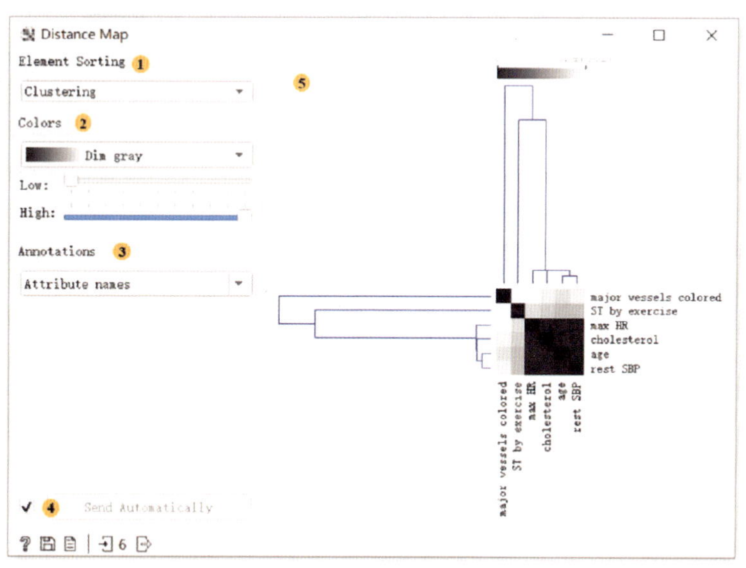


图 2－6－7 Distance Map 操作框

①元素排序：对映射中的元素进行排序。

- 无：列出数据集中找到的实例。
- 聚类：根据相似性对数据进行聚类。
- 使用有序叶子聚类：使相邻元素的相似性之和最大化。

②颜色：可以选择距离地图的色带以及色带的阈值（对于距离较短的实例或属性，可选

低值；对于距离较长的实例或属性，则选高值）。

③选择注释。

④勾选“Send Automatically”则自动发送更改。

⑤距离地图：图中选择 heart _ disease. tab 数据，显示了数据集中列之间的距离。根据色带的选择，本图中颜色的由浅到深代表了距离的由远到近。由于矩阵是对称的，即对角线上没有属性与自身不同，所以颜色统一为最深。

5. 操作实例

使用 Distance Map 部件查看列距离的工作流，如图 2-6-8 所示，此工作流展示了 Distance Map 的标准用法。选取 70％的 Iris. tab 数据作为样本，在 Distance Map 中查看行间距。

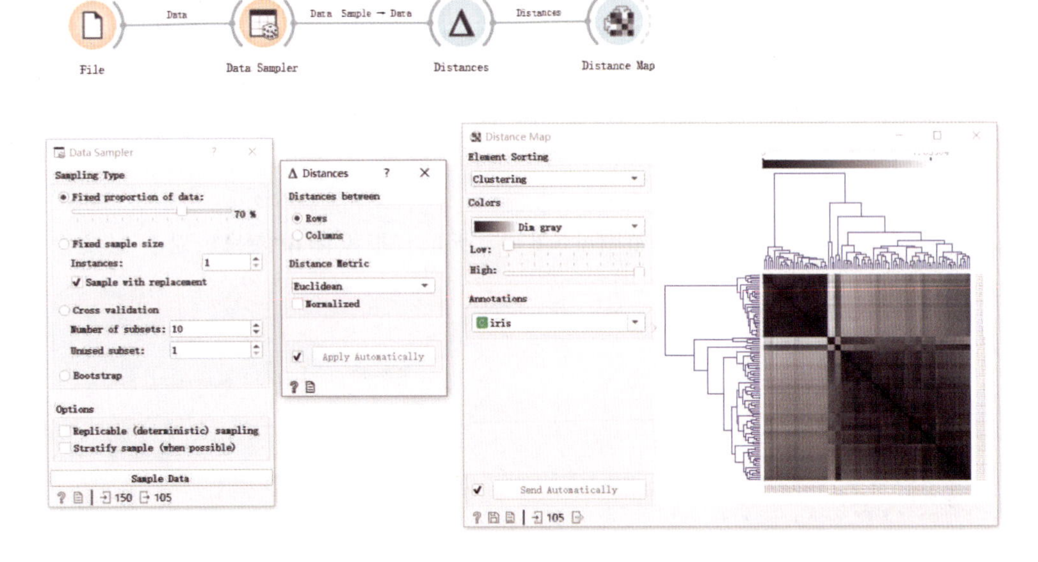


图 2-6-8　Distance Map 部件连接应用示意图

## （五）Hierarchical Clustering（层次聚类）

利用 Hierarchical Clustering 部件，可以按照一定的方法对数据集进行聚类分析并在图表中显示。

1. 输入项

距离矩阵。

2. 输出项

从图中选定的数据；带有附加列的数据，显示是否选择了实例。

3. 基本介绍

该部件根据距离矩阵计算任意类型数据集的层次聚类，并形成相应的树状图，同时可以选定树状图中的特定类别。

### 4. 操作界面

Hierarchical Clustering 部件的操作界面如图 2-6-9 所示。根据图中编号，对各处操作介绍如下。

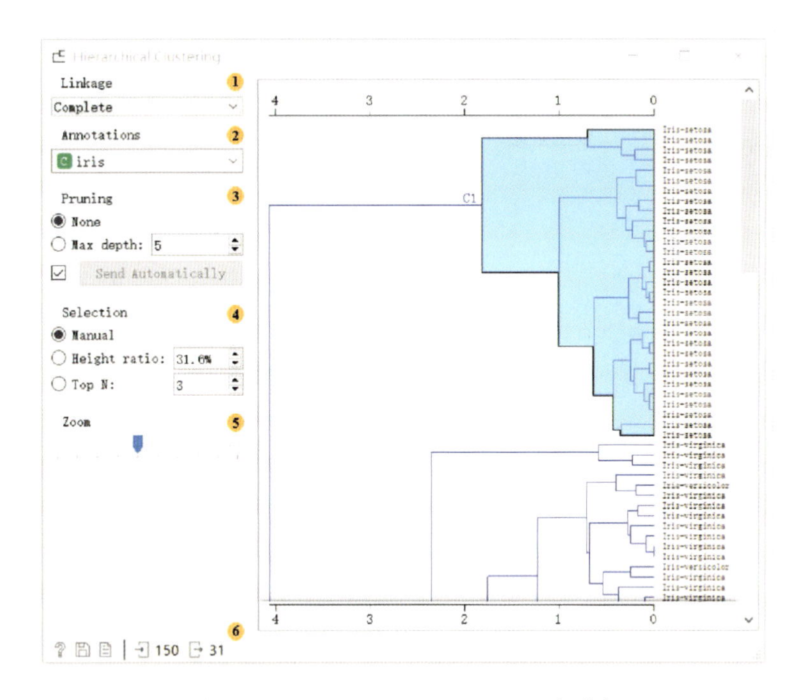


图 2-6-9 Hierarchical Clustering 操作框

①链接方法：测量群集之间的链接方式。

- 单链接：计算两个群集中的最接近元素之间的距离。
- 平均链接：计算两个群集元素之间的平均距离。
- 加权链接：使用 WPGMA 方法。
- 完全链接：计算群集最远元素之间的距离。

②注释：选择树状图中节点的标签。

③修剪：通过选择树状图的最大深度，在修剪框中修剪巨大的树状图。这仅会影响显示，而不会影响实际的群集。

④选择方法。

- 手动：在树状图内单击将选择一个群集，按住 Ctrl/Cmd 可以选择多个群集。每个选定的群集以不同的颜色显示，并在输出中被视为一个单独的群集。
- 高度比：单击树状图的底部或顶部标尺会在图形中形成一条截断线，该线右侧项目为已选择数据，左右移动以改变聚类数量。
- 前 $N$ 个：选择前几个节点的数量。

⑤缩放：放大和缩小树状图。

⑥状态栏：左侧显示文件图标（单击可生成报告）及部件输入和输出的实例数，若出错，则在右侧显示警告和错误信息。

5. 操作实例

①将 Hierarchical Clustering 部件与其他部件构建如图 2－6－10 所示的连接。

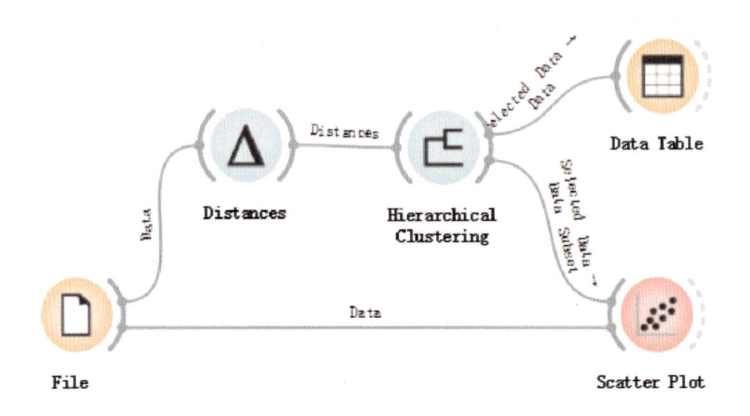


图 2－6－10　Hierarchical Clustering 部件连接应用示意图

②点击 Data 里的 File，选择导入 Iris. tab 数据，顺次连接 Distances、Hierarchical Clustering，选定树状图中的任意数据，连接 Data Table 可以看出所选定的数据属性信息，如图 2－6－11 所示。

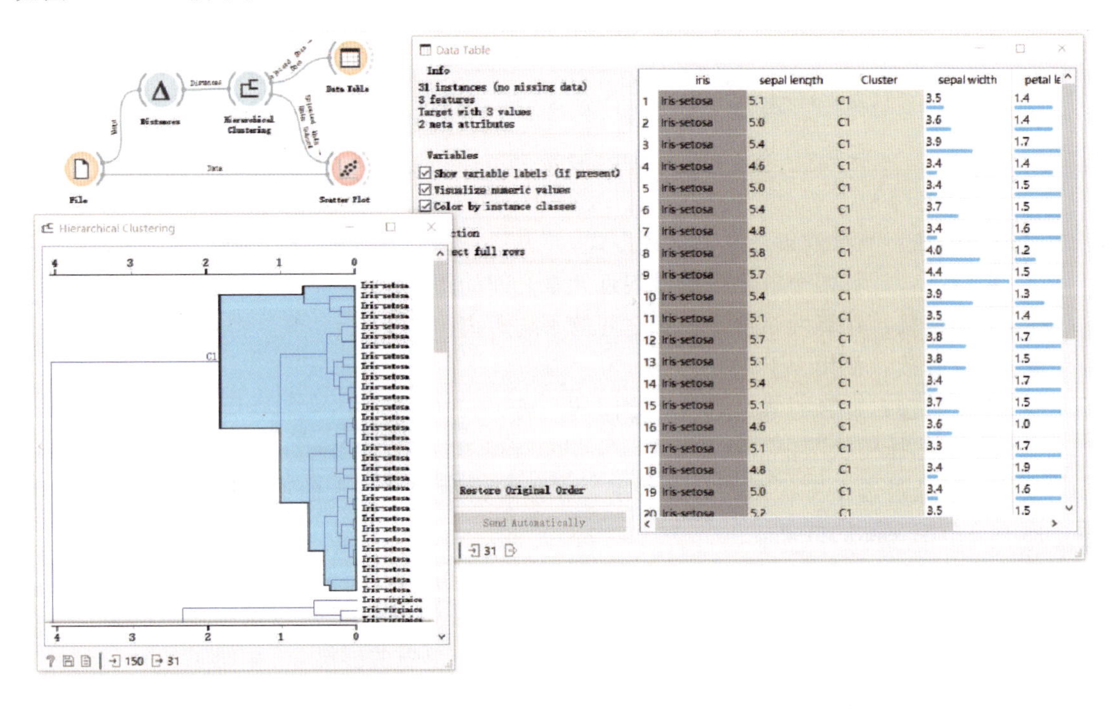


图 2－6－11　层次聚类结果

③将 Hierarchical Clustering、File 连接到 Scatter Plot，即可在散点图中显示聚类分析中选定的结果，也可以在散点图中显示，如图 2－6－12 所示。

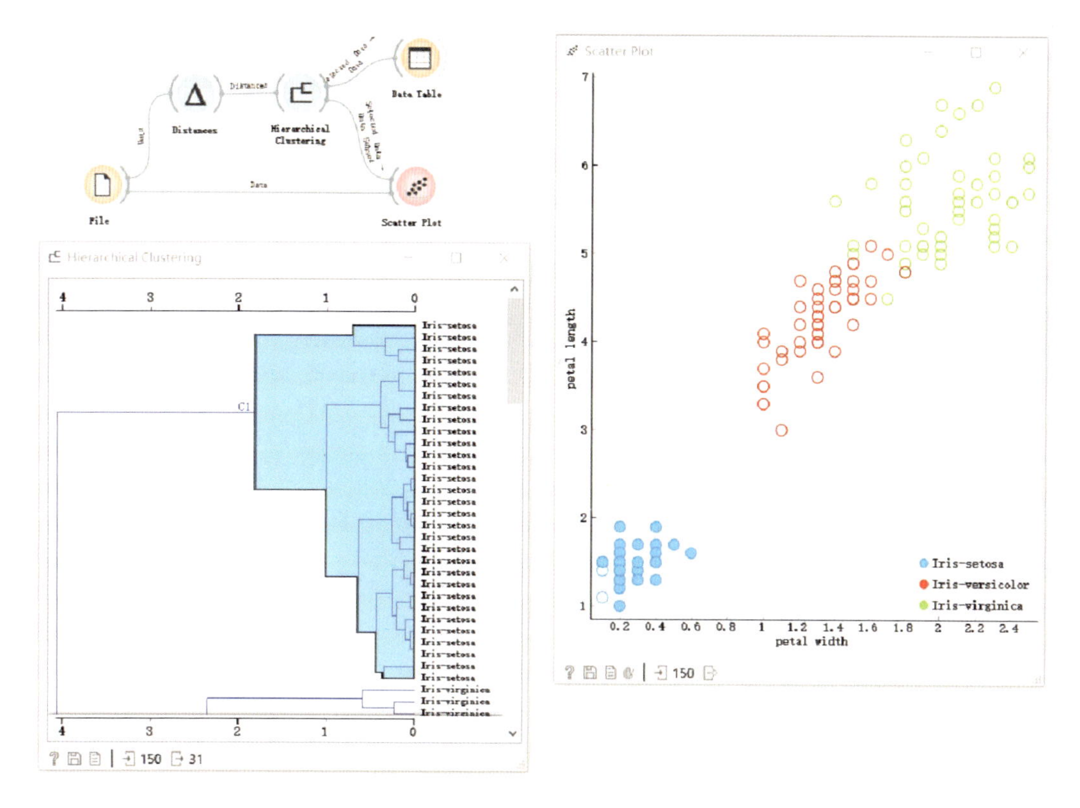


图 2－6－12　Scatter Plot 中显示选定的聚类结果

## （六）k－Means（k 均值）

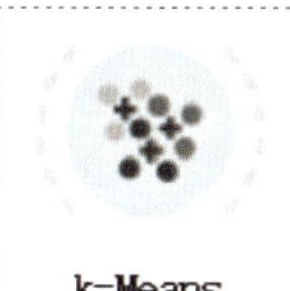


利用 k－Means 部件，可以使用 k 均值聚类算法对数据进行集中分组并在散点图中显示。

### 1. 输入项

任何属性的数据集。

### 2. 输出项

将聚类标签作为元属性的数据集。

### 3. 基本介绍

该部件将 k－Means 聚类算法应用于数据，并输出一个新的数据集，其中将聚类标签用作类属性。原始的类属性将作为元属性添加，右侧显示不同 k 聚类的结果得分，分数越高，聚类效果越好。

### 4. 操作界面

k－Means 部件的操作界面如图 2－6－13 所示。根据图中编号，对各处操作介绍如下。

①设定集群数。

- 固定：将数据聚类到指定数量的聚类中。

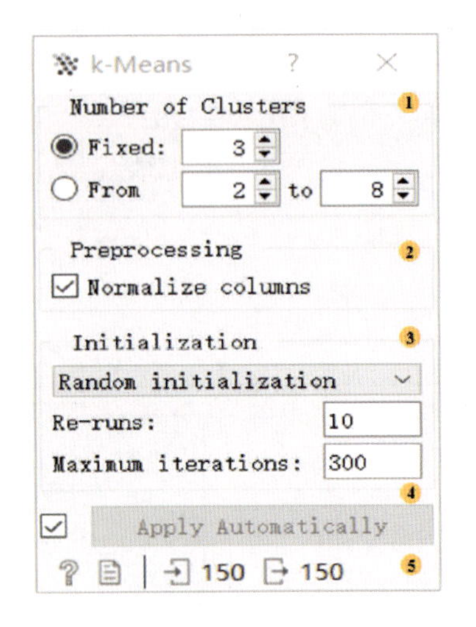

图 2-6-13　k-Means 操作框（一）

■　从 X 到 Y：使用轮廓分数（Silhouette Score），即对比同一聚类中对象的平均距离和其他聚类中对象的平均距离。右侧显示所选聚类范围的聚类得分，如图 2-6-14 所示。

②预处理：若选择该选项，则对列进行标准化。

③初始化方法。

■　包括 k-Means++和随机初始化两种方法。前者指随机选择第一个中心，接着从其余点中选择一个，其概率与距最近中心的距离的平方成正比；后者指随机分配簇并通过进一步的迭代进行更新。

■　设置重新运行：即从随机初始位置运行该算法的次数，将使用簇内平方和最低的结果。

■　最大迭代次数：每个算法运行中的最大迭代次数。

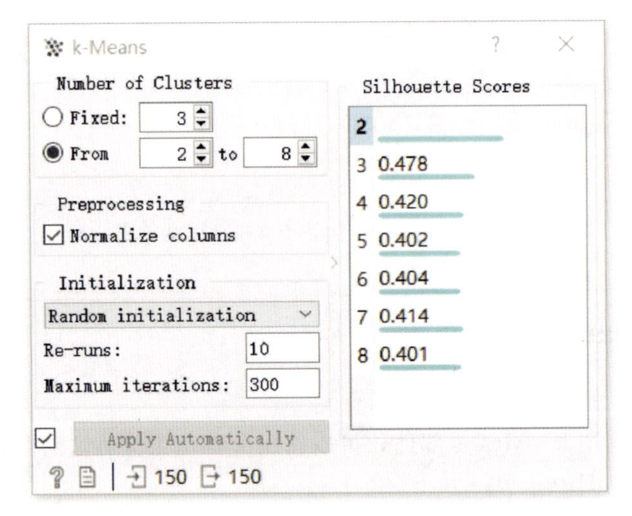

图 2-6-14　k-Means 操作框（二）

④自动应用：若需要，则勾选，操作框里的改动即时起效。

⑤状态栏：左侧显示文件图标（单击可生成报告）及部件输入和输出的实例数，若出错，则在右侧显示警告和错误信息。

### 5. 操作实例

①将 k-Means 部件与其他部件构建如图 2-6-15 所示的连接。

②点击 Data 里的 File，选择导入 Iris. tab 数据，该数据分为 3 个簇，连接 k-Means，在 Data Table 中可以看出聚类分析结果，由于 k-Means 将聚类索引添加为类属性，因此散点图将根据点所在的聚类为点着色，如图 2-6-16 所示。

③将 Select Rows 连接到 k-Means，选择“is Iris-versicolor”，可以选择每个类并在散点图中标记相应的点，由此可查看聚类算法的结果与数据中实际类的匹配程度，如

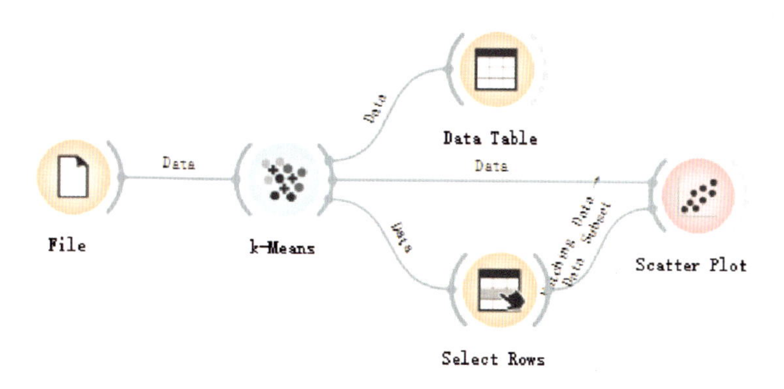


图 2－6－15 k－Means 部件连接应用示意图

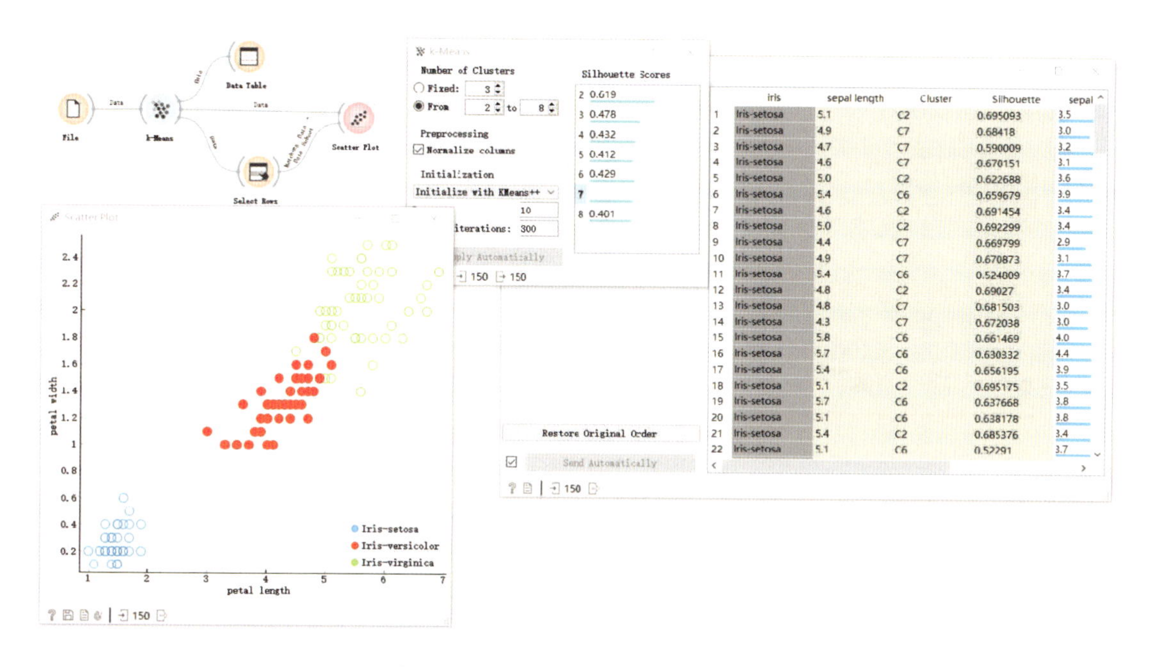

图 2－6－16 k－Means 分析结果

图 2－6－17所示。此处 Select Rows 中若选择“Remove unused features/class”，输出的即为修改实例的列表，此时的散点图无法与原始数据进行对比。

④Distributions 部件同样也能够用来测试群集和原始类之间的匹配程度。点击 Data 模块里的 File 部件，选择导入 Iris. tab 数据，顺次连接 k－Means、Select Columns、Distributions，如图 2－6－18 所示。从图中可以看出，此方式非常适合 setosa 子集，setosa 绝大部分实例都位于第二簇（蓝色），而第一簇（绿色）中包括大部分 virginica 子集实例和少部分 versicolor 子集实例，第三簇（红色）则 3 种子集都包括，较为混乱。

⑤将 Data Table 与 Distributions 连接，即可查看选定的类别中包含的数据实例，如图 2－6－19所示。从图中可以看出，此方式非常适合 setosa 子集，setosa 绝大部分实例都位于第二簇，而第一簇中包括 37 个 virginica 实例和 8 个 versicolor 实例，第三簇则包括1 个

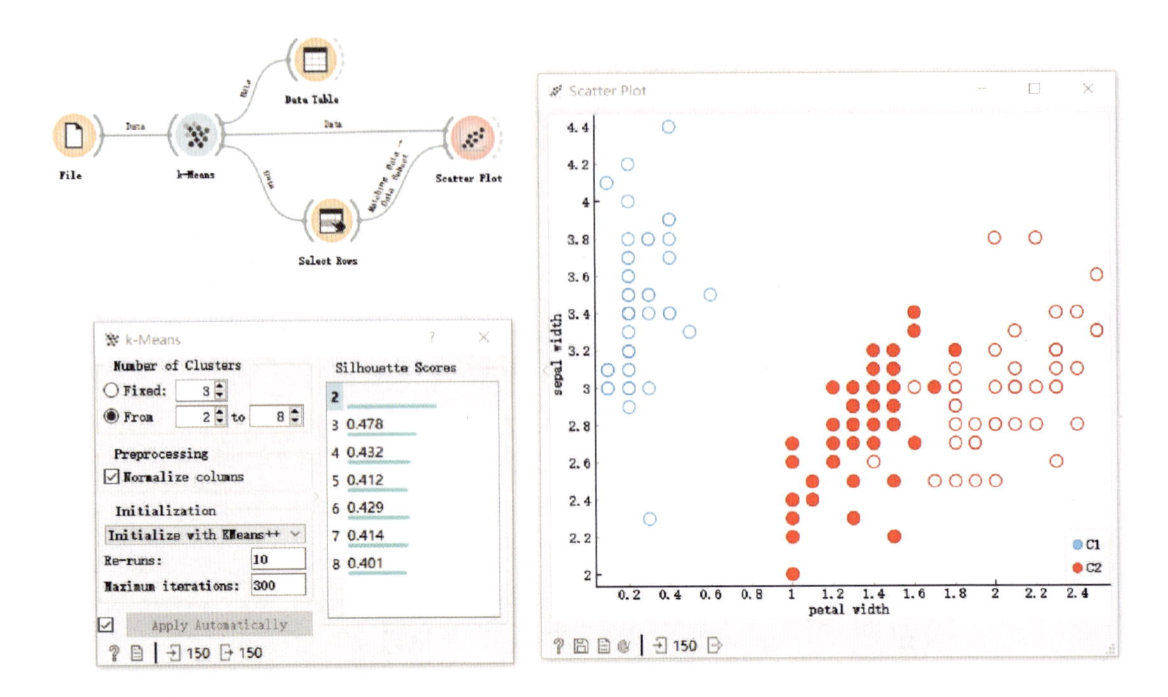


图 2-6-17　k-Means 分析结果

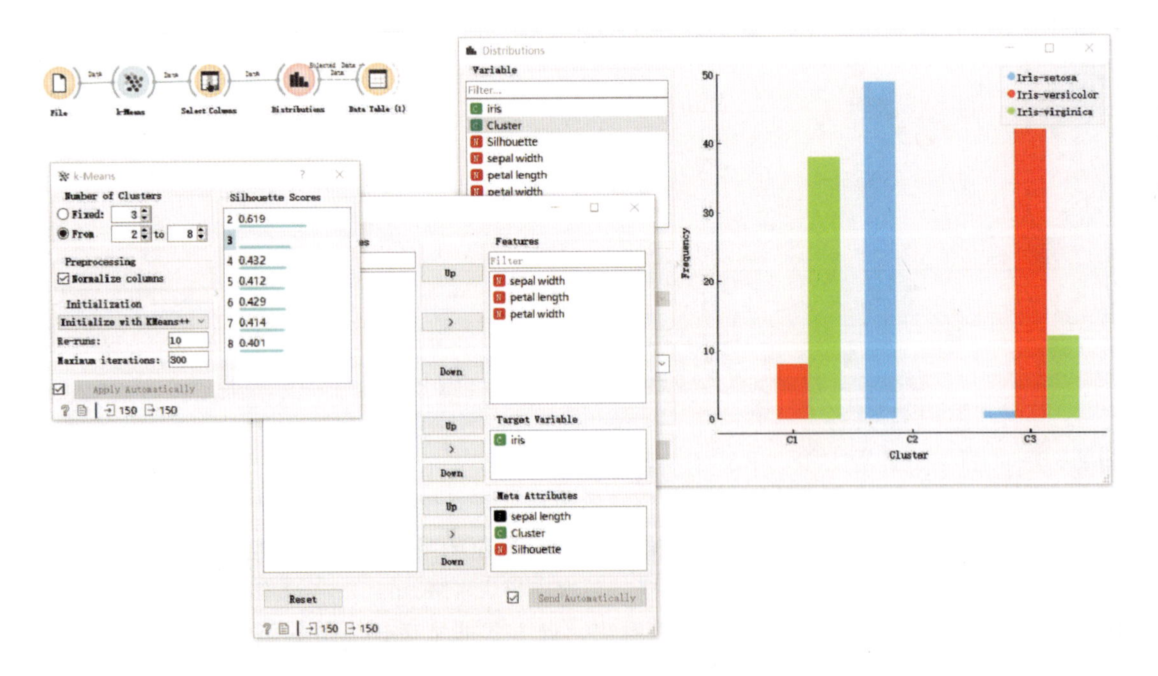


图 2-6-18　Distributions 对比原数据

setosa 实例、42 个 versicolor 实例、11 个 virginica 实例，包含的数据实例较混乱。

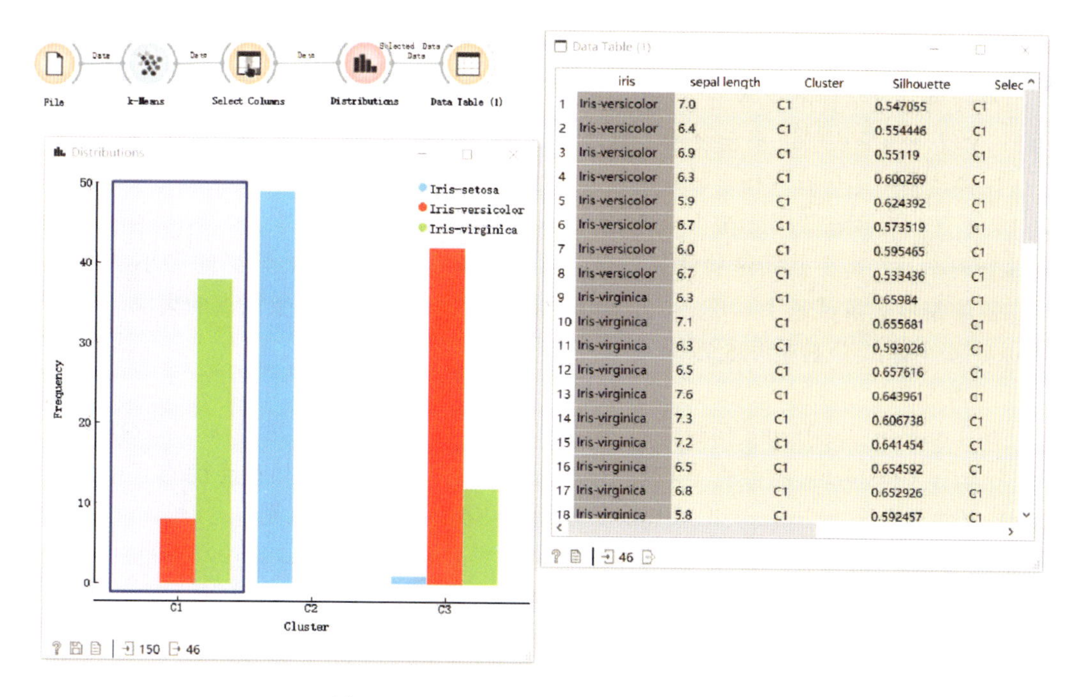


| | iris | sepal length | Cluster | Silhouette | Selec |
|---|---|---|---|---|---|
| 1 | Iris-versicolor | 7.0 | C1 | 0.547055 | C1 |
| 2 | Iris-versicolor | 6.4 | C1 | 0.554446 | C1 |
| 3 | Iris-versicolor | 6.9 | C1 | 0.55119 | C1 |
| 4 | Iris-versicolor | 6.3 | C1 | 0.600269 | C1 |
| 5 | Iris-versicolor | 5.9 | C1 | 0.624392 | C1 |
| 6 | Iris-versicolor | 6.7 | C1 | 0.573519 | C1 |
| 7 | Iris-versicolor | 6.0 | C1 | 0.595465 | C1 |
| 8 | Iris-versicolor | 6.7 | C1 | 0.533436 | C1 |
| 9 | Iris-virginica | 6.3 | C1 | 0.65984 | C1 |
| 10 | Iris-virginica | 7.1 | C1 | 0.655681 | C1 |
| 11 | Iris-virginica | 6.3 | C1 | 0.593026 | C1 |
| 12 | Iris-virginica | 6.5 | C1 | 0.657616 | C1 |
| 13 | Iris-virginica | 7.6 | C1 | 0.643961 | C1 |
| 14 | Iris-virginica | 7.3 | C1 | 0.606738 | C1 |
| 15 | Iris-virginica | 7.2 | C1 | 0.641454 | C1 |
| 16 | Iris-virginica | 6.5 | C1 | 0.654592 | C1 |
| 17 | Iris-virginica | 6.8 | C1 | 0.652926 | C1 |
| 18 | Iris-virginica | 5.8 | C1 | 0.592457 | C1 |

图 2-6-19　Distributions 数据实例分布

## （七）Louvain Clustering（卢万算法聚类）

Louvain Clustering 部件可以用于对项目进行分组。

### 1. 输入项

输入数据集。

### 2. 输出项

以集群索引作为类属性的数据集；加权 k 近邻图。

### 3. 基本介绍

该部件首先将输入的数据集转换为 k 近邻图，为了保持距离的概念，部件使用共享邻居数量的 Jaccard 指数为边缘加权。然后，将基于模块度的卢万社区检测算法应用到图中，检索具有高度关联节点的集群。

### 4. 操作界面

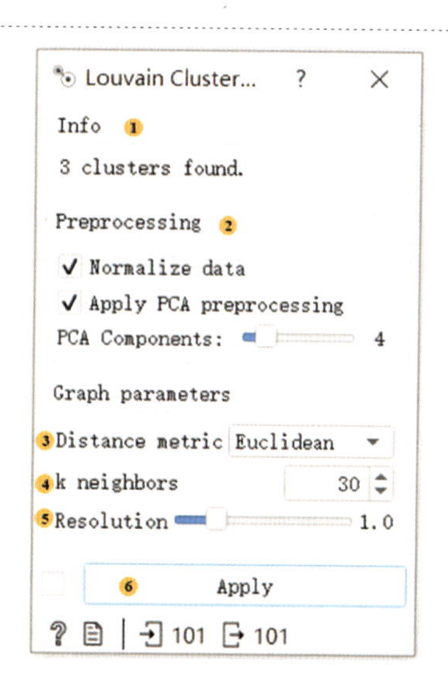


图 2-6-20　Louvain Clustering 操作框

Louvain Clustering 部件的操作界面如图 2-6-20所示。根据图中编号，对各处操作介绍如下。

①输入数据集的信息。

②预处理：包括标准化数据、应用 PCA 预处理（PCA 预处理通常用于原始数据去噪），拖动 PCA 成分的滑块可以手动设置主成分数量。

③距离度量：用于查找指定数量的最近邻居（可选择欧氏、曼哈顿和余弦三种距离）。

④k 个邻居：用于设置形成 k 近邻图（kNN）的最近邻居数目。

⑤分辨率：它是卢万社区检测算法的一个参数，会影响恢复的集群的大小。分辨率越小，恢复的集群数量就越少。反之，分辨率大就可以恢复包含更多数据点的集群。

⑥勾选“Apply”将应用更改。

5. 操作实例

使用 Louvain Clustering 构建如图 2-6-21 所示的工作流。选用 zoo. tab 数据集，本例利用 Louvain Clustering 将数据集转换为一张图，在图中找到高度相互连接的节点。可通过 t-SNE 部件查看经 Louvain Clustering 处理后的数据与原数据的区别。

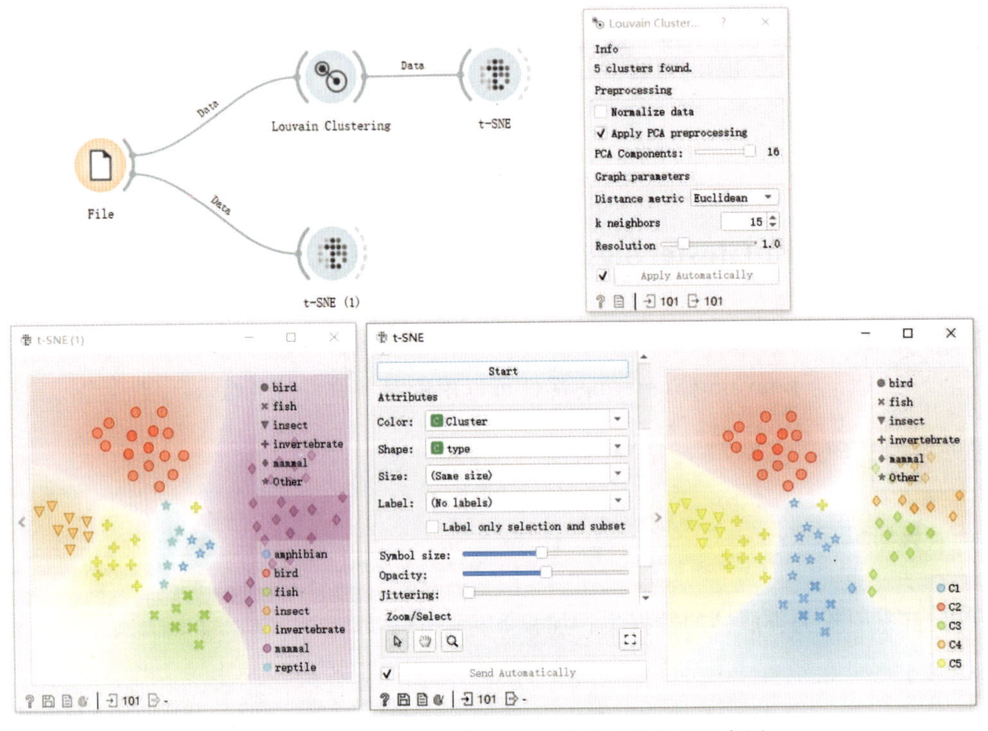


图 2-6-21　Louvain Clustering 部件连接应用示意图

## （八）DBSCAN（DBSCAN 聚类算法）

| 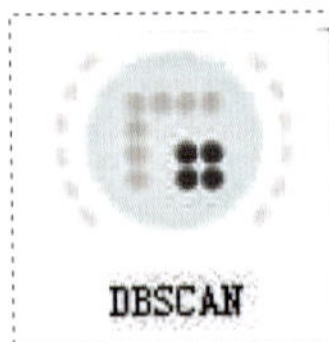 DBSCAN | 利用 DBSCAN 部件，可以使用 DBSCAN 聚类算法对项目进行分组。 |
|---|---|

### 1. 输入项

输入数据集。

### 2. 输出项

以聚类指标为类属性的数据集。

### 3. 基本介绍

该部件将 DBSCAN 聚类算法应用于数据，并输出以聚类指标为元属性的新数据集。窗口部件还显示了到第 $k$ 个最近邻居距离的排序图。将 $k$ 值设置为核心点邻居为用户提供了理想的邻居距离设置选择。

### 4. 操作界面

DBSCAN 部件的操作界面如图 2-6-22 所示。根据图中编号，对各处操作介绍如下。

①参数。

- 设置最小核心邻居数。
- 设置最大邻居距离。

②距离度量。

③自动应用更改。

④图形：该图显示了到第 $k$ 个最近邻居的距离，$k$ 由"Core point neighbors"选项设置。左右移动黑色滑块，可以选择正确的邻域距离。

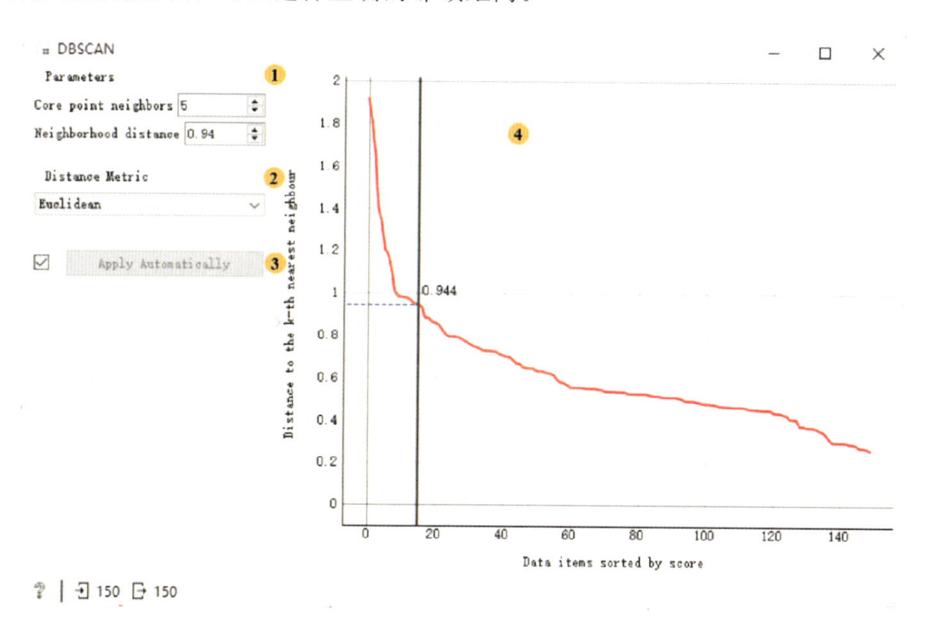


图 2-6-22　DBSCAN 操作框

### 5. 操作实例

将 DBSCAN 部件与其他部件构建如图 2-6-23 所示的连接。首先，选择导入 Iris. tab 数据，并将其传递给 DBSCAN；其次，在运行 DBSCAN 算法时，将"Core point neighbors（核心点邻居）"参数设置为 5，选择"Neighborhood distance（邻居距离）"为图中第一个"谷"中的值；最后将 Scatter Plot 连接到 DBSCAN，可在散点图中显示分组情况。

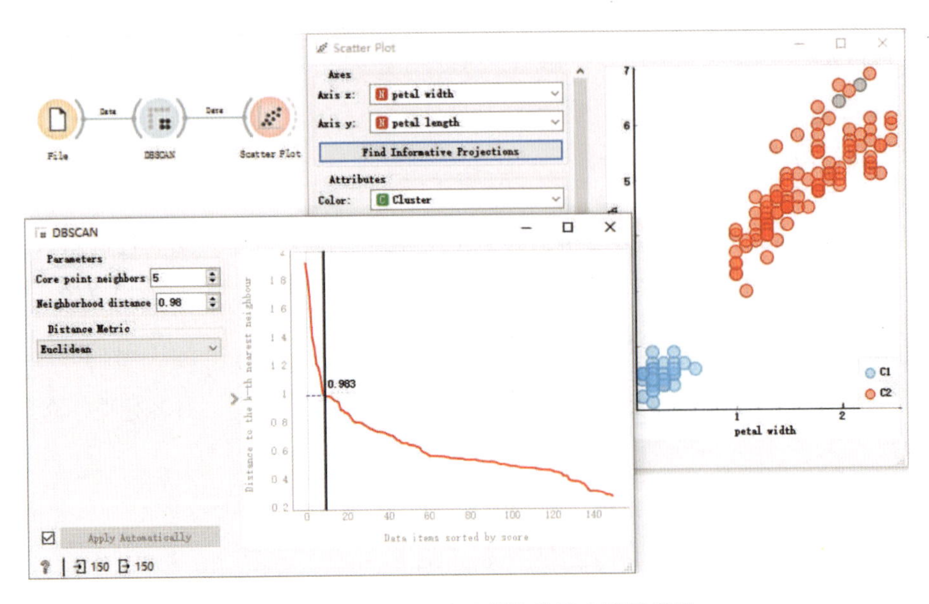


图 2-6-23　DBSCAN 部件连接应用示意图

## （九）Manifold Learning（流形学习）

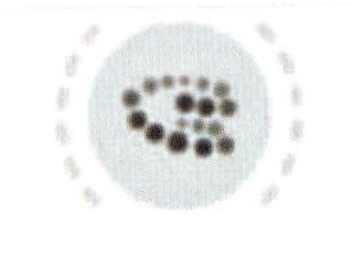


利用 Manifold Learning 部件，可以使数据实现非线性降维。

### 1. 输入项

输入数据集。

### 2. 输出项

转换后的数据：具有简化坐标的数据集。

### 3. 基本介绍

流形学习是一种在高维空间中寻找非线性流形的技术。该部件可以输出相对应的二维空间的新坐标，这些数据可以继续用 Scatter Plot 或其他部件实现可视化。

### 4. 操作界面

Manifold Learning 部件的操作界面如图 2-6-24 所示。根据图中编号，对各处操作介绍如下。

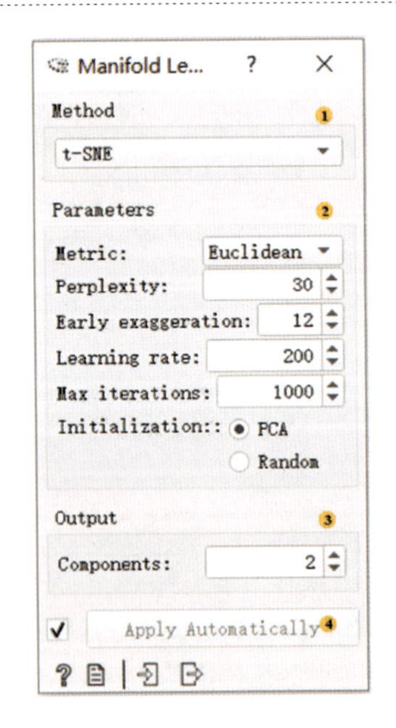


图 2-6-24　Manifold Learning 操作框

①流形学习方法：分为线性流形算法和非线性流形算法，具体包括 t-SNE（t 分布邻域嵌入算法）、MDS（多维尺度变换）、Isomap（等距特征映射）、Locally Linear Embedding（局部线性嵌入）、Spectral Embedding（光谱嵌入）5 种算法。

②设置学习方法的参数：每个流形算法有不同的参数

需要设置，基本参数的介绍如下。

- 距离矩阵：包括欧氏距离、曼哈顿、切比雪夫、杰卡德四种距离度量。
- 困惑度：默认值为 30，较大的数据集通常需要更大的困惑度。
- 学习速率：默认值为 1000，应在 100～1000 之间。
- 最大迭代次数：默认值为 1000，指可选优化的最大迭代次数。
- 邻居数：默认值为 5，邻居样本点对于降维算法进行近似处理非常重要。
- 初始化：算法初始化的方法有 PCA 初始化或随机初始化。

③输出：设定输出项中主成分的数量。

④勾选“Apply Automatically”将自动应用更改。

5. 操作实例

将 Manifold Learning 部件与其他部件构建如图 2－6－25 所示的连接。该部件可以将高维数据转换为近似的低维数据，这使它非常适合用来可视化参数较多的数据集。本例选取 zoo. tab 数据集，将多维数据映射为 2D 图形，结果可在 Scatter Plot 中查看。

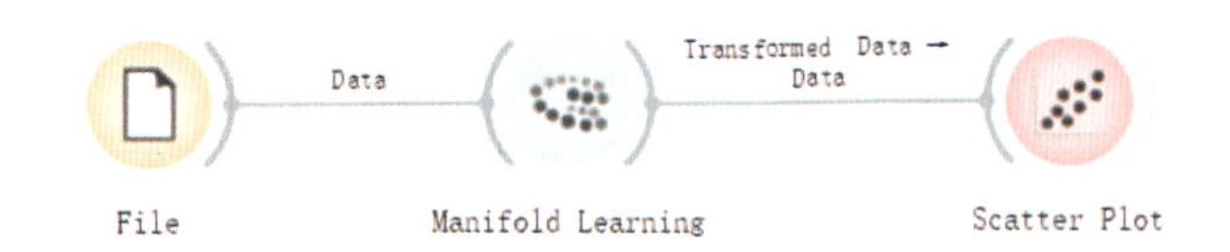


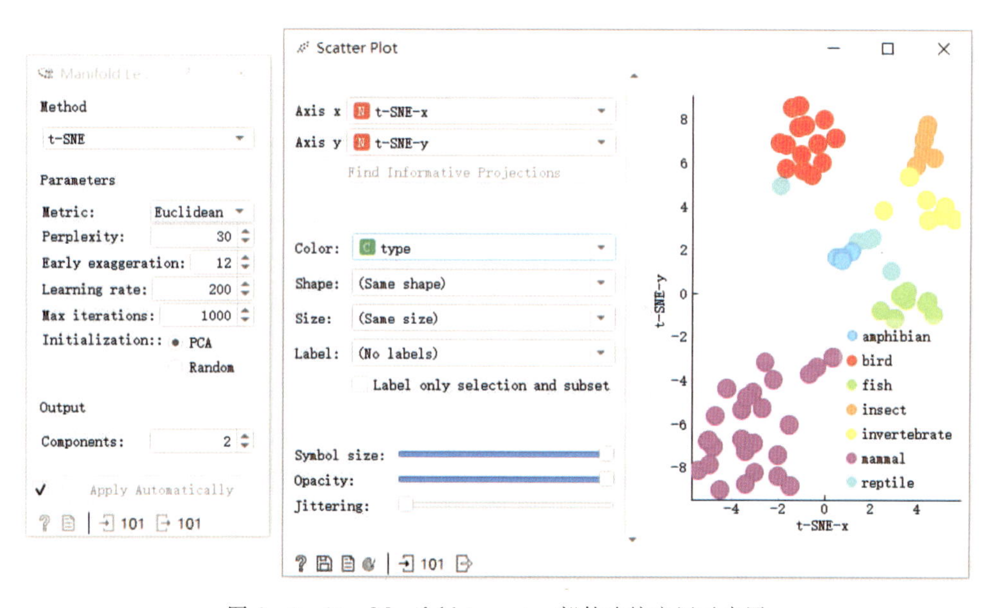


图 2－6－25 Manifold Learning 部件连接应用示意图

## （十）PCA（主成分分析）

利用 PCA 部件，可以对输入数据进行主成分分析转换，使得数据分类更为清晰明确。

1. 输入项

任何属性的数据集。

2. 输出项

完成 PCA 转换后的数据；特征向量。

3. 基本介绍

该部件通过计算对输入数据进行 PCA 线性变换，输出具有单个实例权重或主成分权重的转换数据集，使数据类别区分更明晰，可用于简化大型数据集的可视化结果。

4. 操作界面

PCA 部件的操作界面如图 2-6-26 所示。根据图中编号，对各处操作介绍如下。

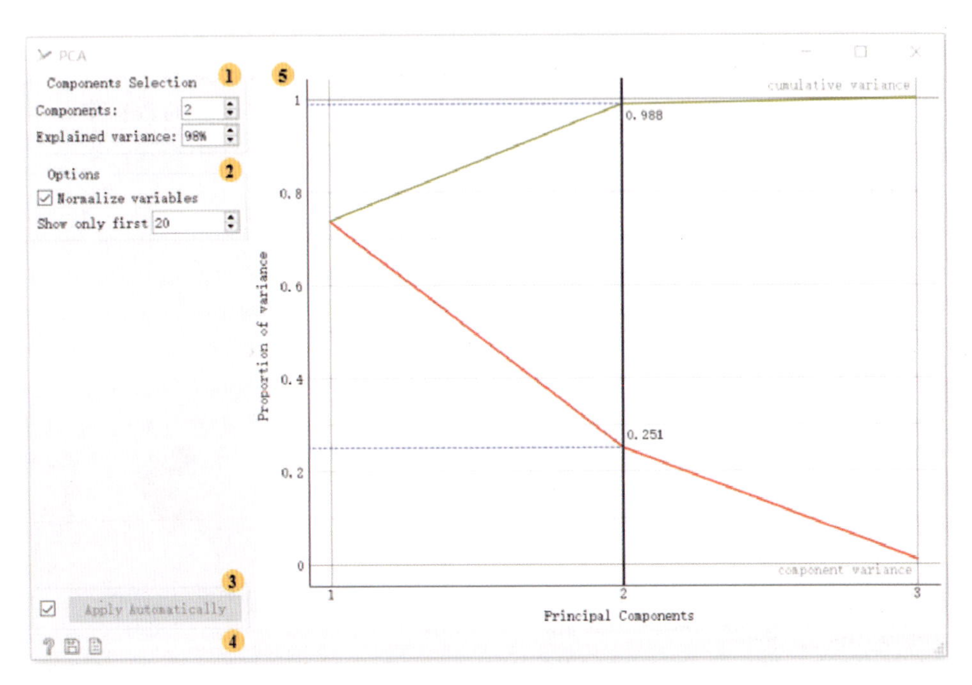


图 2-6-26　PCA 操作框

①主成分选择：既可以设置希望在输出中加入的主成分个数，也可以设置用主成分覆盖的方差。最好选择尽可能少的主成分，并尽可能覆盖最大的方差。

②设置。

- 标准化数据：将不同的单位调整为通用比例。
- 仅显示：设置图像中仅显示的个数。

③自动应用：若需要，则勾选。

④状态栏：左侧显示文件图标（单击可生成报告），若出错，则在右侧显示警告和错误信息。

⑤主成分图：其中红色线反映了每个成分覆盖的方差，绿色线反映了各个成分覆盖的累积方差。

5. 操作实例

①将 PCA 部件与其他部件构建如图 2-6-27 所示的连接。

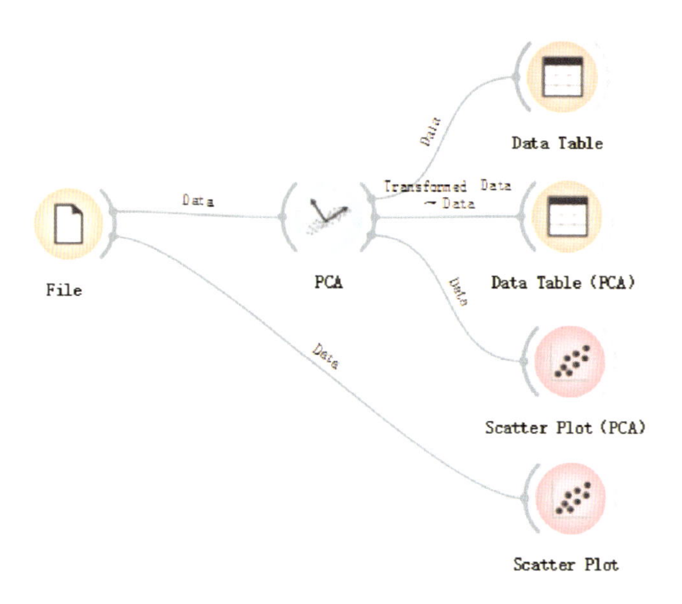


图 2-6-27 PCA 部件连接应用示意图

②在 File 中导入 Iris. tab 数据，连接 PCA 对数据集进行主成分分析转换，并连接 Data Table、Scatter Plot，如图 2-6-28 所示，对比于原数据，进行主成分分析后，结果中类之间的区别更加明显。

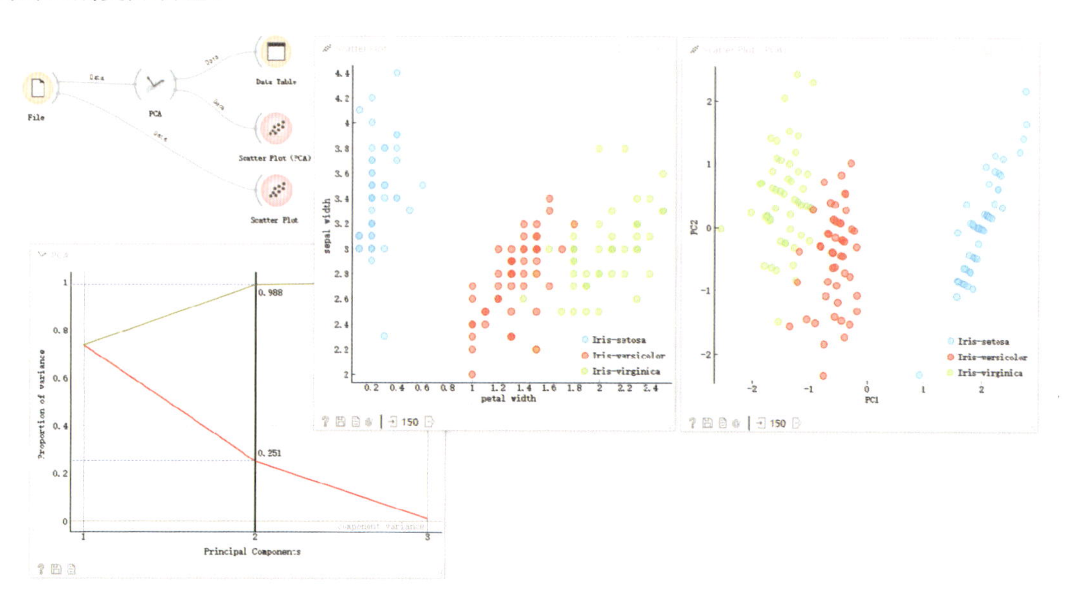


图 2-6-28 PCA 分析结果

③该部件提供两个输出：转换后的数据及主成分。转换后的数据是新坐标系中各个实例的权重，而主成分是指主成分权重。将 PCA 输出端再连接另一个 Data Table，仅显示转换后的主成分数据，如图 2-6-29 所示。同时，也可以选择显示所有数据及在一张表中显示转换后的权重和主成分。

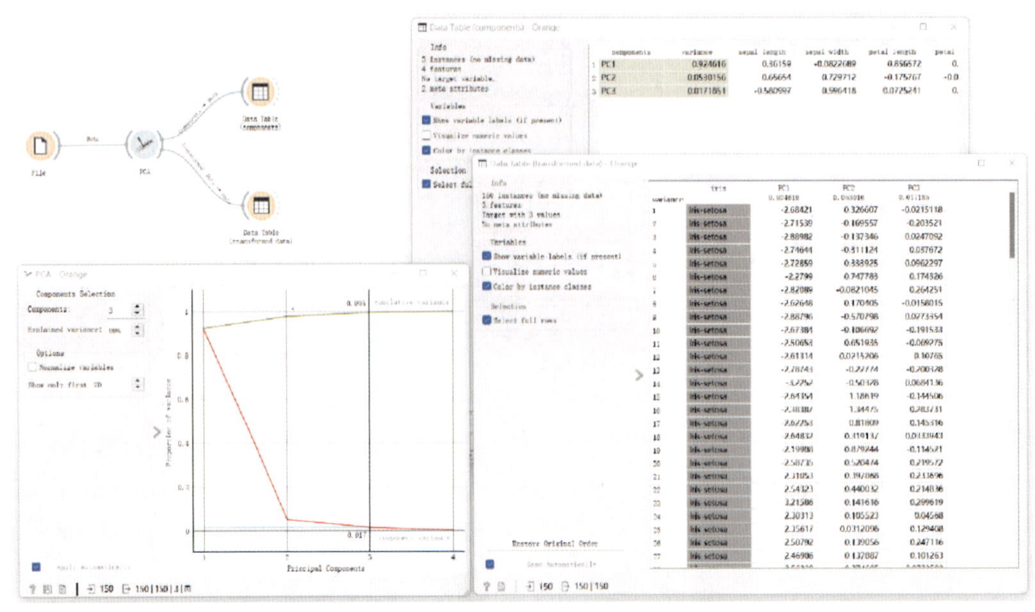

图 2-6-29　PCA 输出结果分析

## （十一）Correspondence Analysis（对应分析）

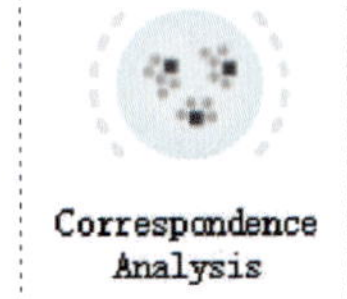


利用 Correspondence Analysis 部件，可以对分类多元数据进行对应分析，生成具有坐标的变量图。

### 1. 输入项

具有任何属性的数据集。

### 2. 输出项

所有组件的坐标。

### 3. 基本介绍

该部件可用于对输入数据进行 CA 线性变换，并在坐标图中显示变量，使研究者轻松查看数据间的关系。虽然它与 PCA 相似，但 CA 是根据离散型变量分析，而 PCA 是根据连续型变量分析。

### 4. 操作界面

Correspondence Analysis 部件的操作界面如图 2-6-30 所示。根据图中编号，对各处操作介绍如下。

①选择要查看的变量。

②坐标轴：选定 $X$、$Y$ 轴所代表的组件。

③惯性值：独立于变换的百分比，即变量在同一维度中。

④自动发送：若需要，则勾选。

⑤状态栏：左侧显示文件图标（单击可生成报告）及部件输入和输出的实例数，若出错，则在右侧显示警告和错误信息。

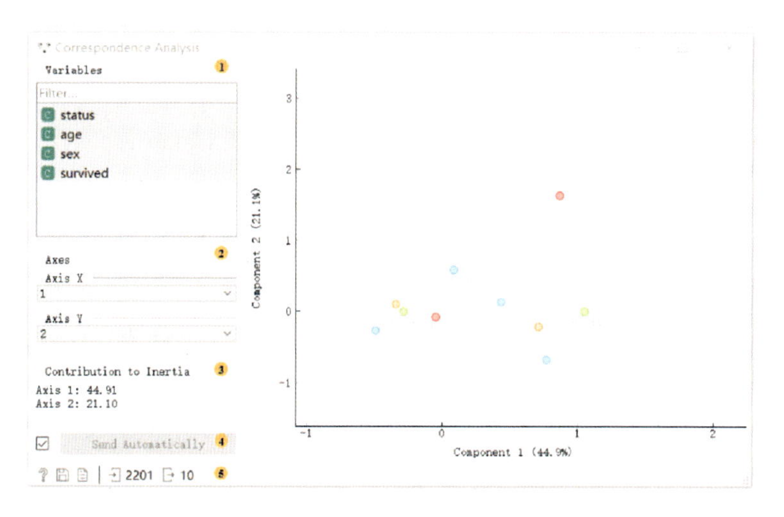


图 2-6-30 Correspondence Analysis 操作框

5. 操作实例

在 File 中导入 titanic. tab 数据，并连接 Correspondence Analysis、Scatter Plot，如图 2-6-31所示。与 Scatter Plot 相比，Correspondence Analysis 可以用于在二维图中绘制多个变量，因此借助此部件可以轻松查看变量值之间的关系，图中显示，“no”“male”和“crew”是相互关联的，“yes”“female”和“first”也是如此。

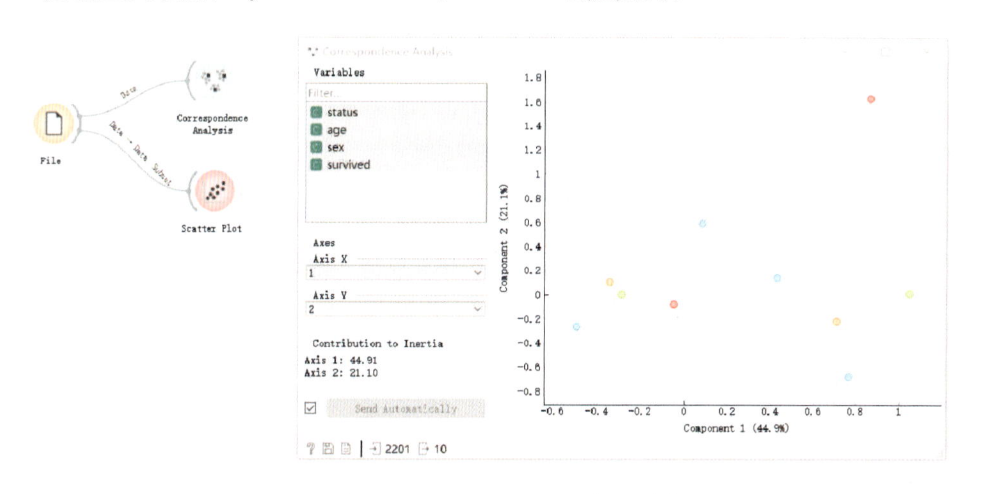


图 2-6-31 Correspondence Analysis 分析结果

## （十二）Distances（距离）

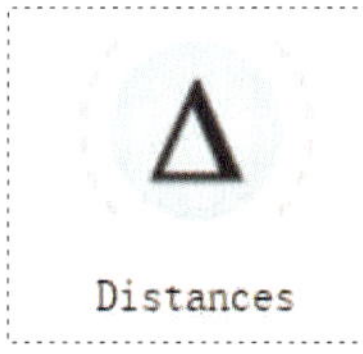


利用 Distances 部件，可以计算数据集中行或列之间的距离。

1. 输入项

输入数据集。

2. 输出项

距离矩阵。

3. 基本介绍

该部件用于计算数据集中行或列之间的距离。默认情况下，数据将会被规范化处理，以确保对每个特征值的平等处理。生成的距离矩阵可以进一步输送到 Hierarchical Clustering 以对数据分类，进一步输送到 Distance Map 或 Distance Matrix 以对距离进行可视化（对于较大的数据集，Distance Matrix 可能非常慢），MDS 用于使用距离矩阵映射数据实例，最后使用 Save Distance Matrix 保存。

4. 操作界面

Distances 部件的操作界面如图 2-6-32 所示。根据图中编号，对各处操作介绍如下。

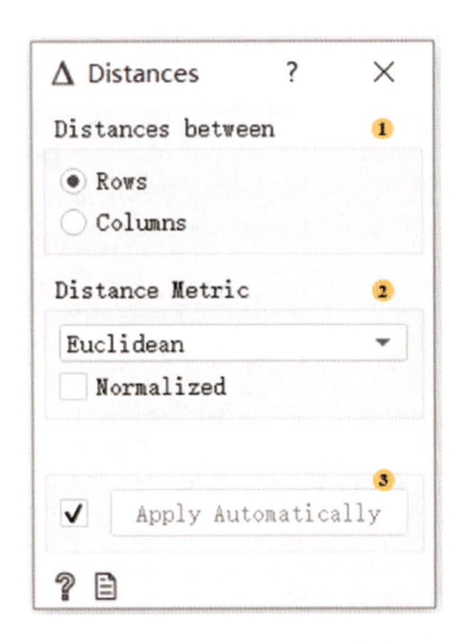


图 2-6-32　Distances 操作框

①选择测量行或列之间的距离。

②选择距离度量：包括欧氏、曼哈顿、余弦、杰卡德、斯皮尔曼、绝对斯皮尔曼、皮尔逊、绝对皮尔逊、汉明和巴氏 10 种距离度量。此外，可以勾选“Normalized”以对数据进行规范。规范化总是按列进行的，如果缺少值，小组件会自动插补行或列的平均值。该部件既适用于数值型数据也适用于离散型数据。对于离散型数据，如果两个值相同，距离为 0，如果不同，则距离为 1。

③勾选“Apply Automatically”则自动应用更改。

5. 操作实例

将 Distances 部件与其他部件构建如图 2-6-33 所示的连接。本例展示了查找数据实例组的简单工作流，选用 Iris. tab 数据集。计算数据实例行之间的距离，并将结果传递给 Hierachical Clustering 部件。

## （十三）Distance Transformation（距离变换）

利用 Distance Transformation 部件能变换数据集中数据间的距离。

1. 输入项

距离矩阵。

2. 输出项

变换后的距离矩阵。

3. 基本介绍

Distances Transformation 部件用于距离矩阵的归一化和反演，必须对数据进行标准化

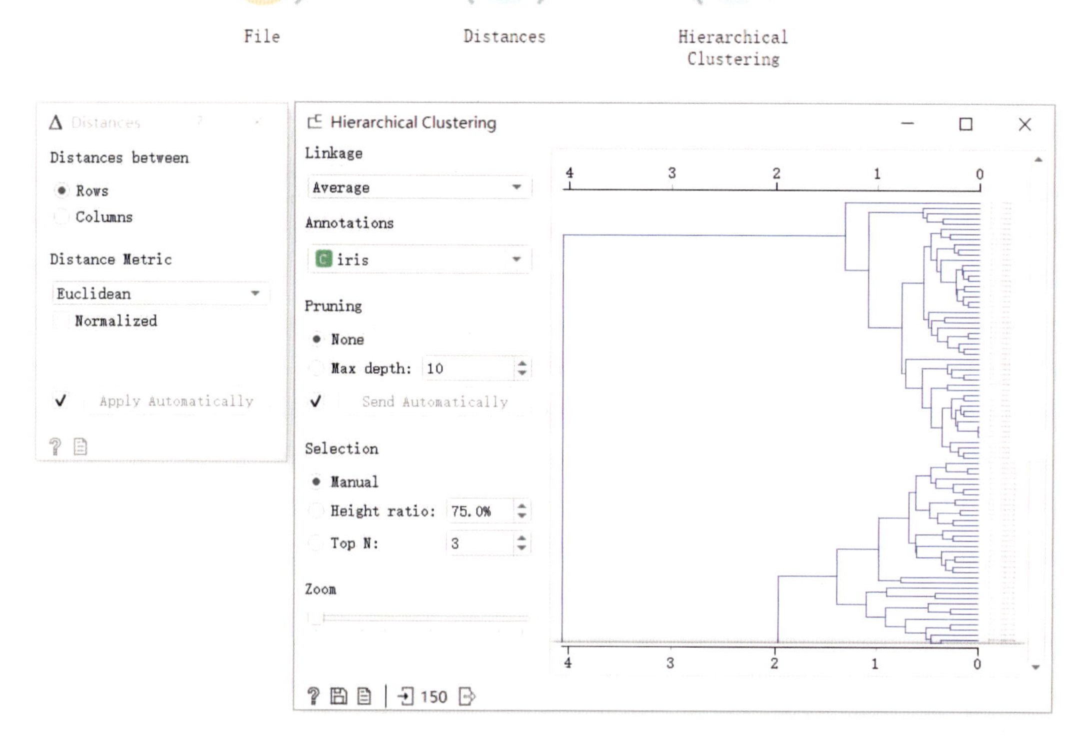


图 2-6-33 Distances 部件连接应用示意图

以使所有变量相互成比例。

4. 操作界面

Distance Transformation 部件的操作界面如图 2-6-34 所示。根据图中编号，对各处操作介绍如下。

①归一化方式：包括无归一化、规范在区间［0，1］、规范在区间［－1，1］和使用 Sigmoid 函数（1/（1＋exp（－X））4 种方式。

②反演方式：包括无反演、－X、1－X、max（X）－X 和 1/X 5 种方式。

③自动应用更改。

5. 操作实例

①将 Distance Transformation 部件与其他部件构建如图 2-6-35 所示的连接。

②为了显示变换如何影响距离矩阵，我们首先选择导入 Iris. tab 数据，将 Distances 和

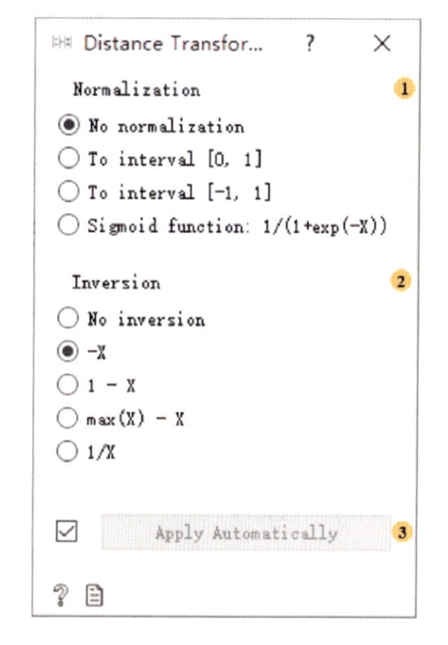


图 2-6-34 Distance Transformation 操作框

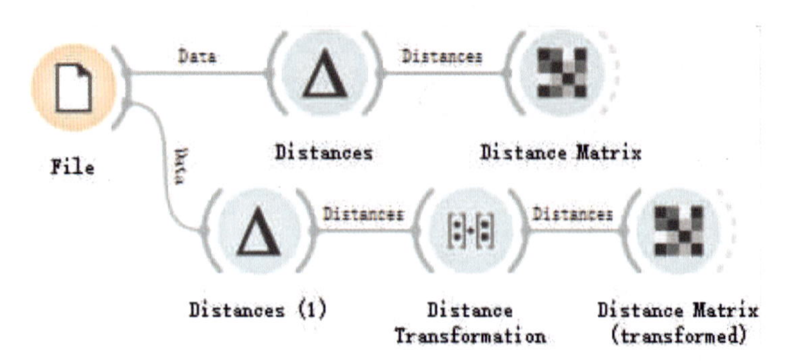


图 2-6-35　Distance Transformation 部件连接应用示意图

Distances（1）分别连接到 File，都选择计算 Iris 数据集中行之间的距离；其次，将 Distance Transformation 连接到 Distances（1），并在选项中设定进行“—X”反演；最后，将 Distance Matrix 连接到未进行变换的 Distances，将 Distance Matrix（transformed）连接到 Distance Transformation，将变换后的距离矩阵与原始距离矩阵进行比较，如图 2-6-36 所示。

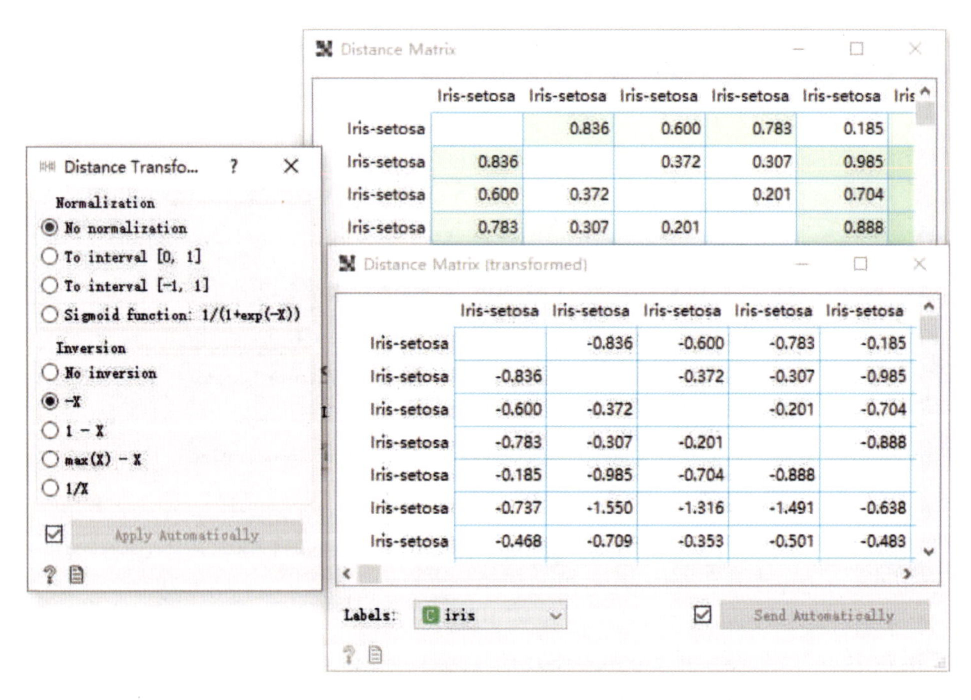


| | Iris-setosa | Iris-setosa | Iris-setosa | Iris-setosa | Iris-setosa |
|---|---|---|---|---|---|
| Iris-setosa | | 0.836 | 0.600 | 0.783 | 0.185 |
| Iris-setosa | 0.836 | | 0.372 | 0.307 | 0.985 |
| Iris-setosa | 0.600 | 0.372 | | 0.201 | 0.704 |
| Iris-setosa | 0.783 | 0.307 | 0.201 | | 0.888 |

| | Iris-setosa | Iris-setosa | Iris-setosa | Iris-setosa | Iris-setosa |
|---|---|---|---|---|---|
| Iris-setosa | | -0.836 | -0.600 | -0.783 | -0.185 |
| Iris-setosa | -0.836 | | -0.372 | -0.307 | -0.985 |
| Iris-setosa | -0.600 | -0.372 | | -0.201 | -0.704 |
| Iris-setosa | -0.783 | -0.307 | -0.201 | | -0.888 |
| Iris-setosa | -0.185 | -0.985 | -0.704 | -0.888 | |
| Iris-setosa | -0.737 | -1.550 | -1.316 | -1.491 | -0.638 |
| Iris-setosa | -0.468 | -0.709 | -0.353 | -0.501 | -0.483 |

图 2-6-36　使用 Iris 数据进行距离变换前后的距离矩阵

## （十四）MDS（多维尺度变换）

| 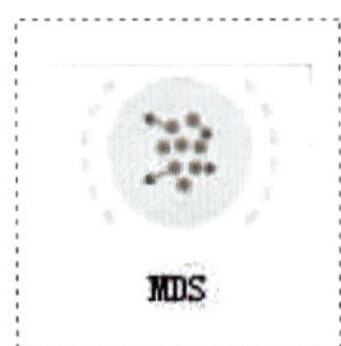 MDS | 利用 MDS 部件，可将项目投影到适合点之间给定距离的平面上。 |
|---|---|

1. 输入项

数据集；距离矩阵；数据实例子集。

2. 输出项

从图中选择的实例；具有 MDS 坐标的数据集。

3. 基本介绍

多维尺度变换是一种将高维坐标中的点投影到低维空间（通常是二维）中，并保持点之间的距离相似性尽可能不变的技术。然而当数据是高维的或距离不是欧氏距离时，通常无法获得完美的拟合（Wickelmaier，2003）。部件需要输入数据集或距离矩阵，当对行之间的距离进行可视化时，可以选择调整点的颜色，更改其形状，对其进行标记并在选择后输出它们。该算法以某种物理模型的模拟方式反复地移动这些点：如果两个点彼此之间太近（或太远），就会有力地将它们分开（或一起），并且该点在每个时间间隔的变化对应着作用在该点上的力的总和。

4. 操作界面

MDS 部件的操作界面如图 2-6-37 所示。根据图中编号，对各处操作介绍如下。

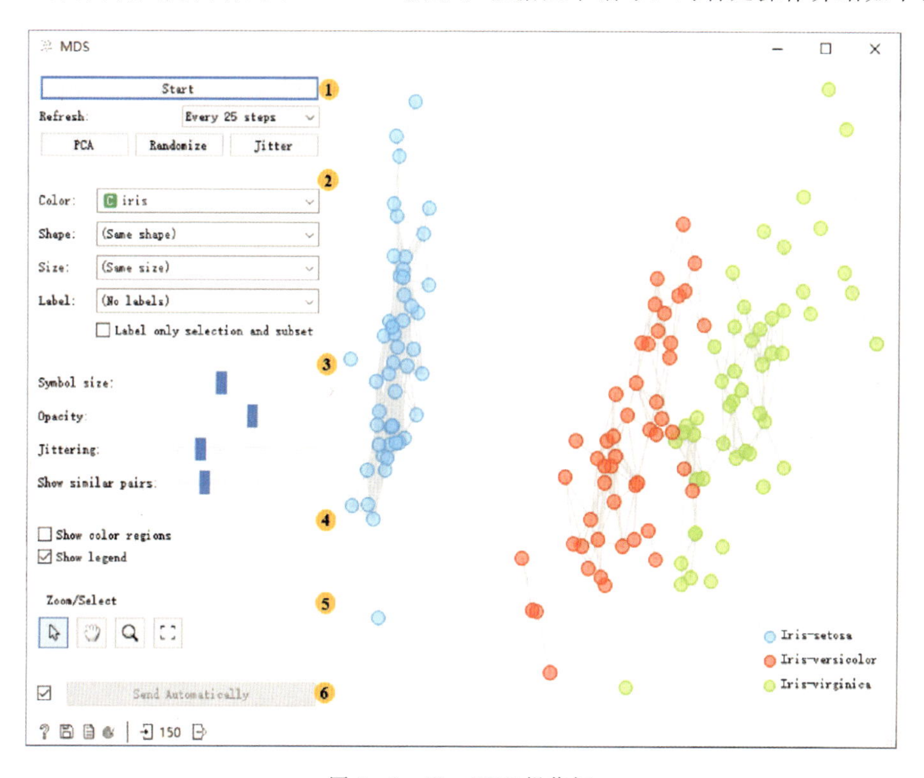


图 2-6-37 MDS 操作框

①开始：在设置好刷新频率、选择初始化方法并调整分散程度后，按“Start”按钮可以实现在优化过程中重新绘制投影。主成分初始化（PCA）是沿主坐标轴定位初始点，而随机初始化（Randomize）是将初始点设置为随机位置。

②显示设置。

■ 颜色：按属性显示点的颜色（灰色表示连续，彩色表示离散）。

- 形状：按属性划分点的形状（仅适用于离散）。
- 大小：设置点的大小。
- 标签：离散属性可以用作标签。

③调整设置。

- 符号大小：调整点的大小。
- 不透明度：调整点的透明度。
- 分散程度：拖动滑块调整分散程度以防止点重叠。
- 显示相似对：调整网络线路的强度。

④图片显示：可以选择显示颜色区域或显示图例。

⑤使用缩放/选择调整图形。

⑥自动发送更改。

### 5. 操作实例

将 MDS 部件与其他部件构建如图 2-6-38 所示的连接。首先，选择导入 Iris. tab 数据，将 MDS 连接到 File，选择相应的设置；其次，将 Data Table 连接到 MDS，选择 MDS 二维图中的某些数据，便可在 Data Table 中看到这些数据以及附加的坐标。

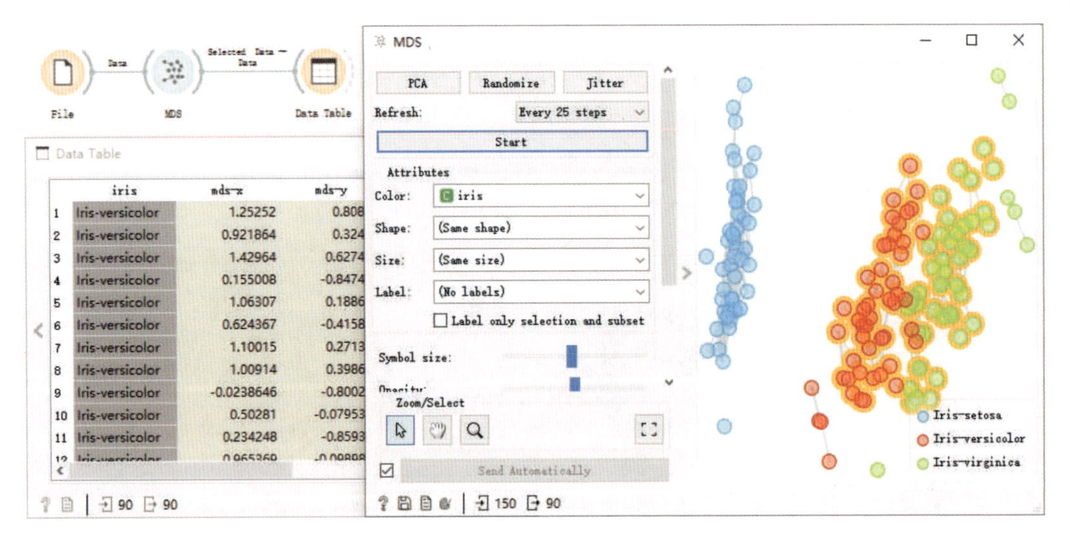


图 2-6-38　MDS 部件连接应用示意图

## （十五）Save Distance Matrix（保存距离矩阵）

Save Distance Matrix 部件可以用于保存距离矩阵。

### 1. 输入项

距离矩阵。

2. 输出项

无。

3. 基本介绍

如果文件被保存到与工作流相同的目录或该目录的子树中，此部件将记住相对路径。否则，它将存储一个绝对路径，但出于安全原因禁用自动保存。

4. 操作界面

Save Distance Matrix 部件的操作界面如图 2－6－39所示。根据图中编号，对各处操作介绍如下。

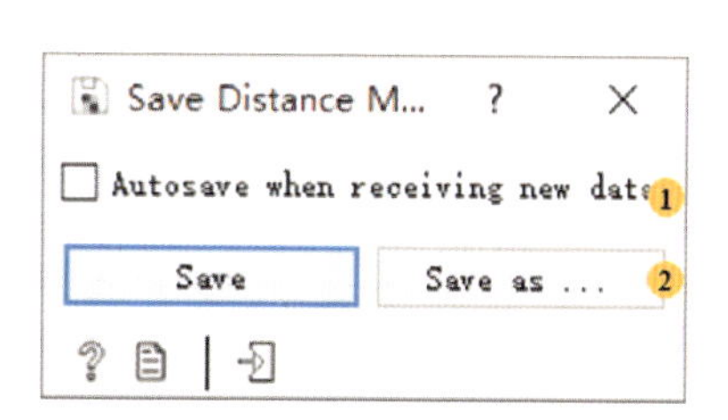


图 2－6－39　Save Distance Matrix 操作框

①自动保存更新数据。

②保存距离矩阵。

5. 操作实例

略。

## （十六）Self－Organizing Map（自组织映射）

| Self-Organizing Map | 利用 Self－Organizing Map（SOM）部件可进行自组织映射的计算。 |
|---|---|

1. 输入项

输入数据集。

2. 输出项

从图中选择的实例；带有附加列的数据，显示点是否被选中。

3. 基本介绍

自组织映射（SOM）是一种利用无监督学习方法产生人工神经网络（ANN），从而将数据二维化、离散化表示的方法，从某种程度上也可以将其看成是一种降维算法。自组织映射使用近邻关系函数来维持输入空间的拓扑结构，网格中的点表示数据实例。在默认情况下，点的大小对应于点所代表的实例数，点按多数类着色（如果有的话），而内部颜色的强度显示了多数类的比例，可选择“Show pie charts（显示饼图）”选项查看类分布。

与其他可视化部件一样，Self－Organizing Map 也支持组的交互式选择。使用 Shift 键选择一个新的组，按 Ctrl ＋Shift 键可以添加到现有的组。

4. 操作界面

Self－Organizing Map 部件的操作界面如图 2－6－40 所示。根据图中编号，对各处操作介绍如下。

①SOM 属性。

■　设置网格类型：可以选择六边形网格或正方形网格。

■　自动设置尺寸：若勾选此选项，该部件将自动设置绘图的大小；若不勾选，可以手动设置绘图大小。

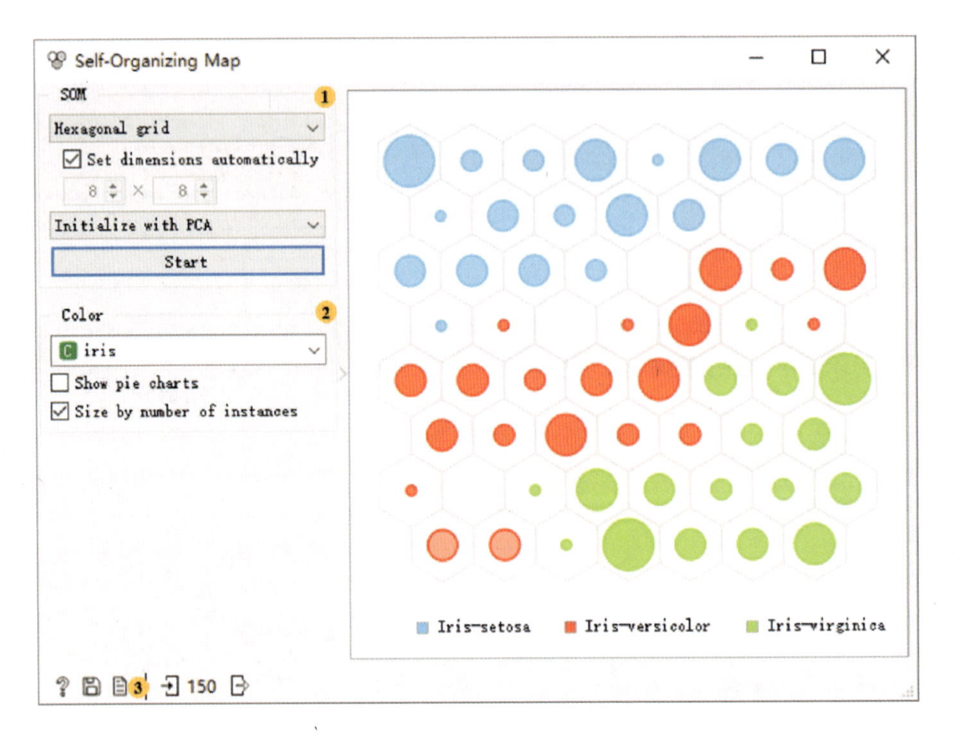


图 2-6-40 Self-Organizing Map 操作框

■ 设置 SOM 映射的初始化类型：包括 PCA 初始化、随机初始化和可复制随机化（random _ seed=0）。

■ 设置好参数，按“Start”开始运行。

②颜色：设置图中实例的颜色。

■ 按类着色。

■ 显示饼图。

■ 根据实例数量的多少来缩放点。

③保存及生成报告。

5. 操作实例

将 Self-Organizing Map 部件与其他部件构建如图 2-6-41 所示的连接。为显示自组织映射如何实现降维分类，首先选择导入 Iris. tab 数据；其次将 Self-Organizing Map 连接到 File，设置好参数并可以在部件中看到很好的显示效果；最后根据交互式选择方式选中映射图中的所有蓝色实例，将 Data Table 连接到 Self-Organizing Map，便可在数据表中详细查看选中的数据。

## 七、Image Analytics（图像分析）

Image Analytics 模块共有 5 个部件，主要针对图像数据进行一系列处理。在数据输入方面，可以导入自定义的图像文件夹；在数据处理方面，可以实现图像查看、图像特征信息自动抓取以及图像对比和分类等功能。

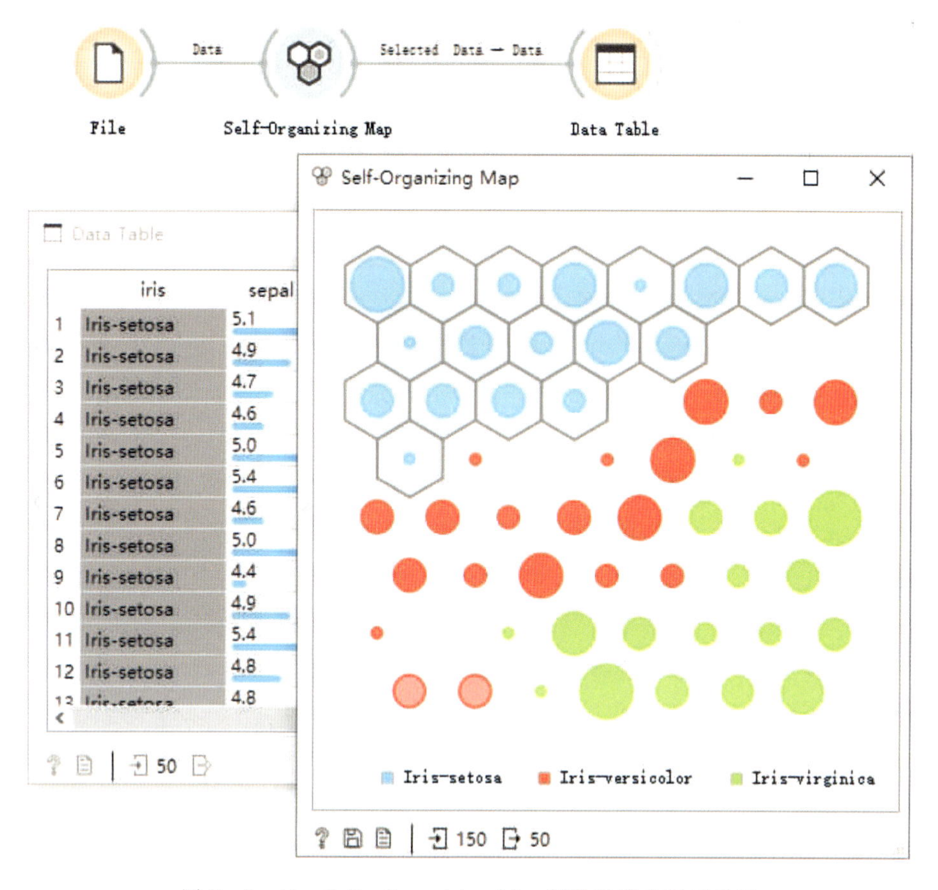


图 2-6-41 Self-Organizing Map 部件连接应用示意图

## （一）Import Images（导入图像）

利用 Import Images 部件，可以从目录中导入图像。

1. 输入项

无。

2. 输出项

描述每一行中图像的数据集。

3. 基本介绍

该部件通过浏览目录，重新处理和定位图像，并为每张图像生成一行信息。每行对应的列信息包括图像名称、图像路径、宽度、高度和图像大小。

4. 操作界面

Import Images 部件的操作界面如图 2-7-1 所示。根据图中编号，对各处操作介绍如下。

①当前已加载的文件夹。

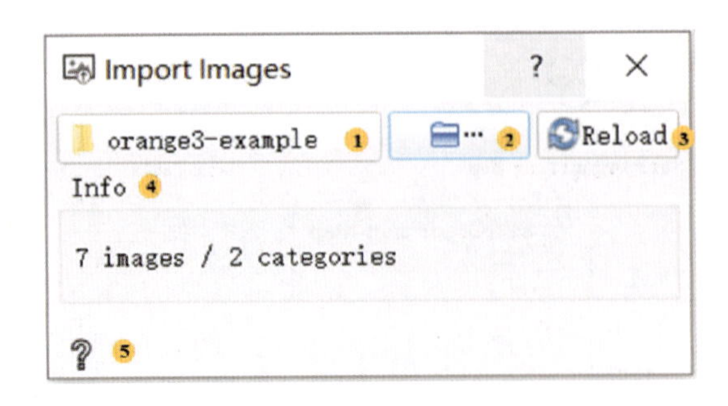


图 2-7-1　Import Image 操作框

②选择要加载的文件夹。

③重新加载数据以更新导入的图像。

④输入数据集的有关信息。

⑤访问帮助。

5. 操作实例

使用 Import Images 与其他部件构建如图 2-7-2 所示的工作流。将图像发送到 Image Embedding，可以选择不同嵌入器来检索图像矢量（此例使用 Painters），以计算输入图像的矢量特征。再与 Test and Score 连接，用以查看测试评价结果。

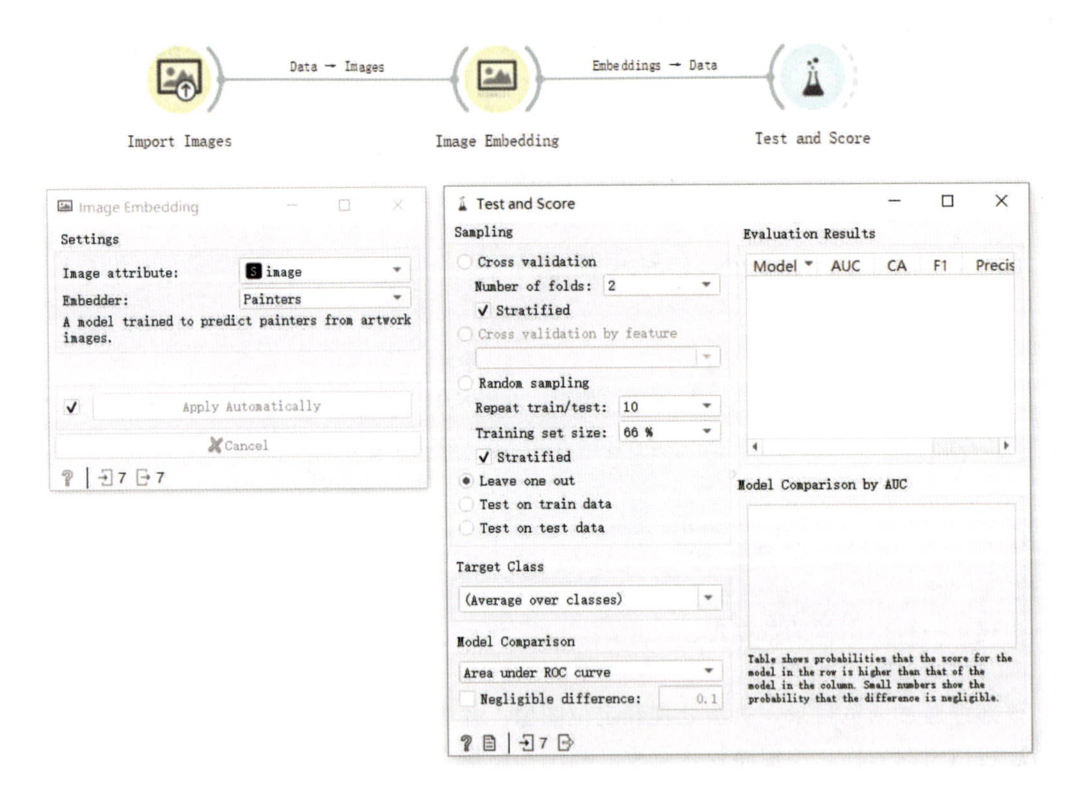


图 2-7-2　Import Images 部件连接应用示意图

## （二）Image Viewer（图像浏览器）

Image Viewer

利用 Image Viewer 部件，可以对数据集附带的图像或部件中选定的图像进行属性查看、图像对比与分类等操作。

1. 输入项

包含图像的数据集。

2. 输出项

数据集附带的图像；在部件中选定的图像。

3. 基本介绍

该部件可以读取存储在本地数据集的图像或互联网上的图像，即在第二标题行（Title Attribute）中查找属性为“image”的数据集。该部件也可用于图像比较，同时查找所选数据实例之间的相似性或差异性。

4. 操作界面

Image Viewer 部件的操作界面如图 2-7-3 所示。根据图中编号，对各处操作介绍如下。

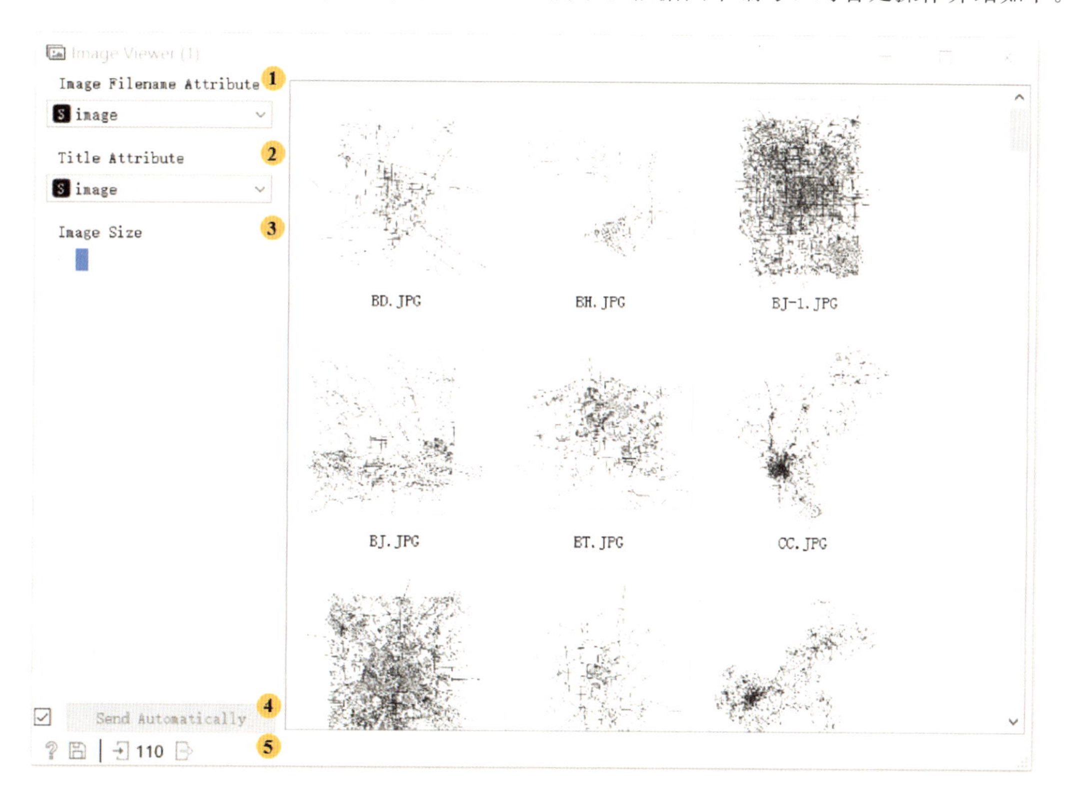


图 2-7-3　Image Viewer 操作框

①图像文件名属性：显示图像或显示名称。

②标题属性：选项包括图像名称、图像、面积、宽度、高度。

③图像尺寸：拖动滑块可放大、缩小图像。

④自动发送：若需要，则勾选，数据信息的更改将自动发送到其他部件中。

⑤状态栏：左侧显示文件图标（单击可生成报告）及部件输入和输出的实例数，若出错，则在右侧显示警告和错误信息。

5. 操作实例

①将 Image Viewer 部件与其他部件构建如图 2-7-4 所示的连接。

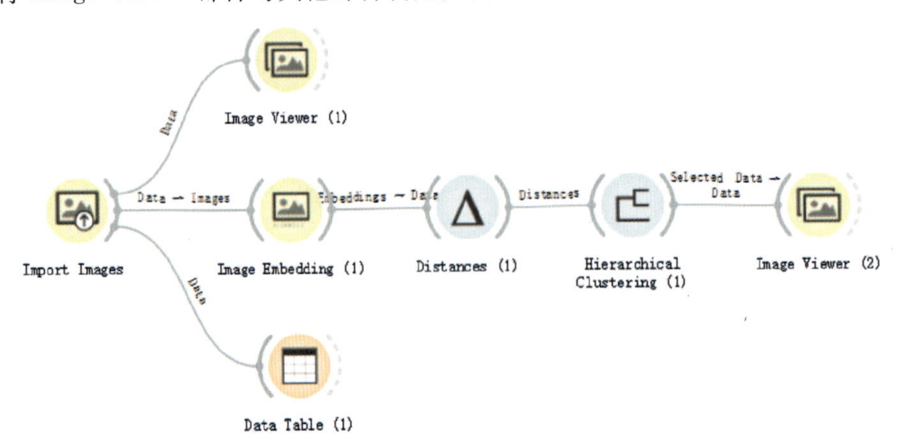


图 2-7-4　Image Viewer 部件连接应用示意图

②在 Import Images 中导入 LOO_CN_RLs_Cities 数据，将 Image Viewer 与其连接，并查看数据集附带的图像。同时，连接 Data Table 可查看数据集的属性信息及附带图像的信息，如图 2-7-5 所示。除此之外，还可以通过连接 File 与 Image Viewer 查看数据附带图像。

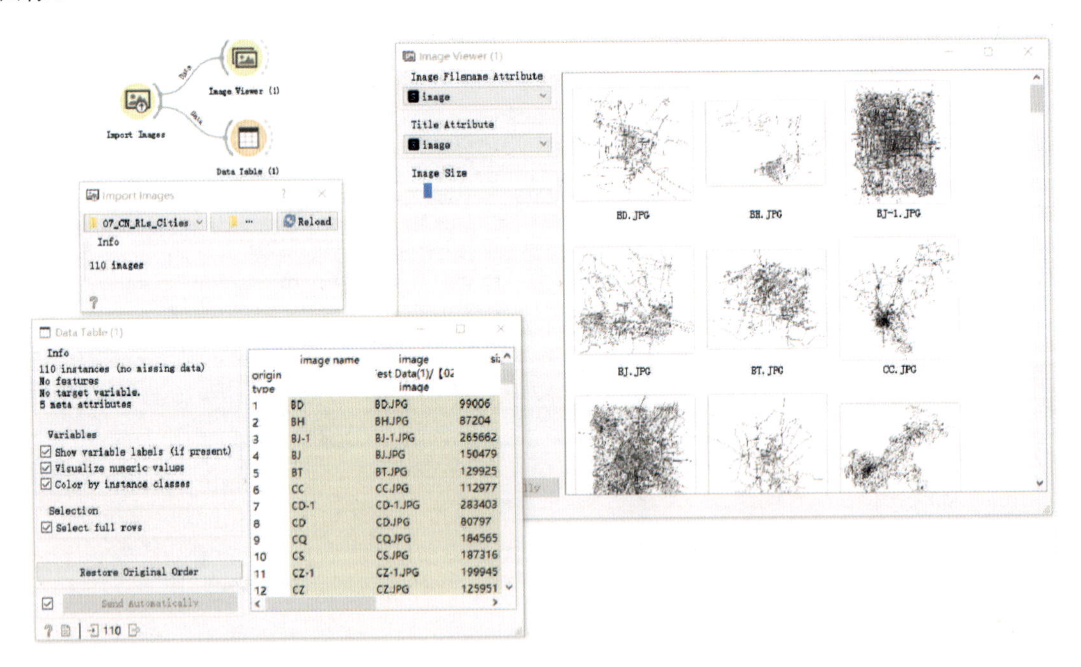


图 2-7-5　在 Image Viewer 中打开 LOO_CN_RLs_Cities 数据

③将其与 Image Embedding 连接并选择“Inception v3”，然后使用 Distances 中的“Cosine”计算距离，将结果发送到 Hierarchical Clustering 构建数据分类树状图。最后，与 Image Viewer 连接，选择其中一个聚类结果，即可在 Image Viewer 中显示选定的图像，如图 2－7－6所示。

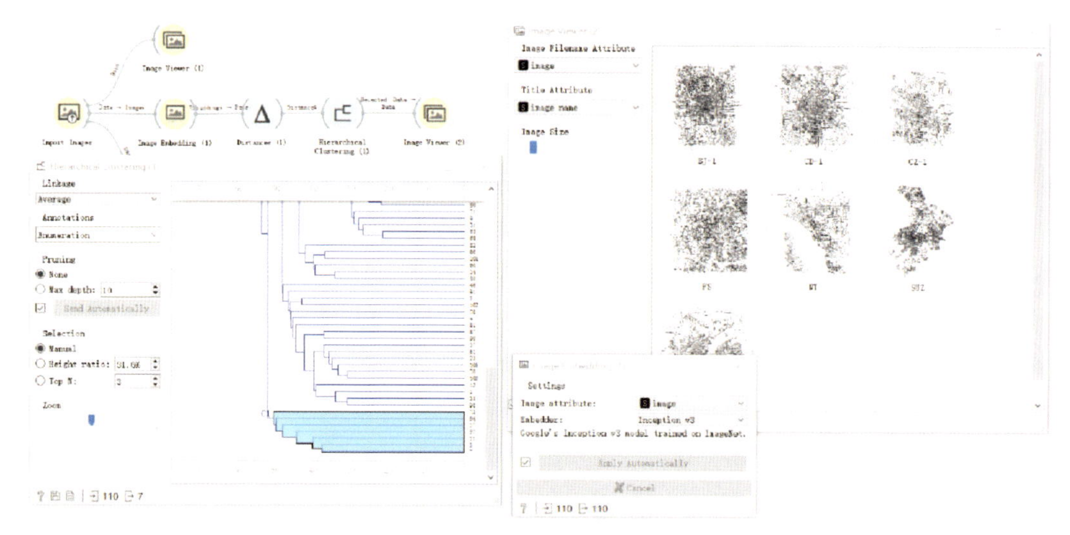

图 2－7－6 在 Image Viewer 中显示选定的分类图像

## （三）Image Embedding（图像嵌入）

利用 Image Embedding 部件，可以通过深度神经网络嵌入图像。

1. 输入项

图像。

2. 输出项

用数字矢量表示的图像。

3. 基本介绍

该部件可用于读取图像并将其上传到远程服务器或在本地对其进行评估，深度学习模型用于计算每个图形的特征向量。可以使用 Import Images 部件导入图像，也可以将电子表格中的图像作为路径导入图像，在这种情况下，包含图像路径的列需要具有类型、图像、标签 3 个标题。

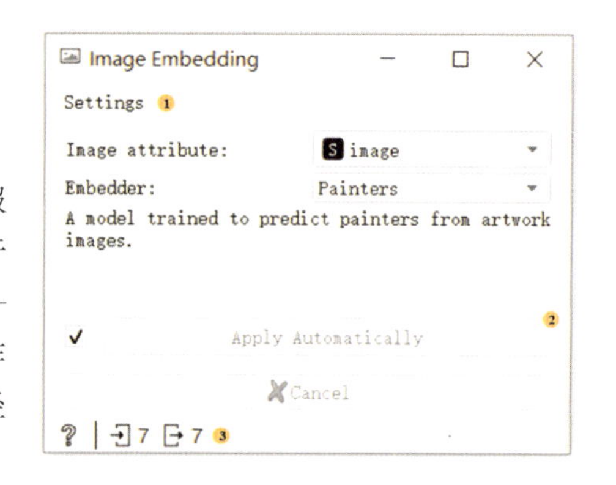


图 2－7－7 Image Embedding 操作框

4. 操作界面

Image Embedding 部件的操作界面如图 2－7－7所示。根据图中编号，对各处操作介绍如下。

①设置：可以对要嵌入的图像的属性（Image attribute）进行设置，并选择合适的嵌入器（Embedder）。嵌入器包括以下 7 种。

- SqueezeNet（local）：图像识别的小型快速模型，在 ImageNet 上实现了 AlexNet 级精度，减少了 50 倍参数。
- Inception v3：该嵌入器在 ImageNet 上训练，是谷歌用于图像识别的深度神经网络。
- VGG-16：在 ImageNet 上训练的 16 层图像识别模型。
- VGG-19：在 ImageNet 上训练的 19 层图像识别模型。
- Painters：从艺术品图像可以预测画家。
- DeepLoc：一个经过训练后用于分析酵母细胞图像的模型。
- openface：一个基于深度神经网络的开源人脸识别模型。

②勾选“Apply Automatically”则自动应用更改。

③获取帮助。

5. 操作实例

使用 Image Embedding 与其他部件构建如图 2-7-8 所示的工作流。首先将包含图像的文件夹输入到 Image Embedding，此处的嵌入器选择默认的“SqueezeNet（local）”，部件将自动从服务器开始检索矢量图像。接着，将 Image Embedding 与 Data Table 相连接，一个包含图像路径、名称、大小、高度、宽度的数据表将被发送到 Data Table 中。嵌入器计算完成后，可以在 Data Table 中观察加强的数据。

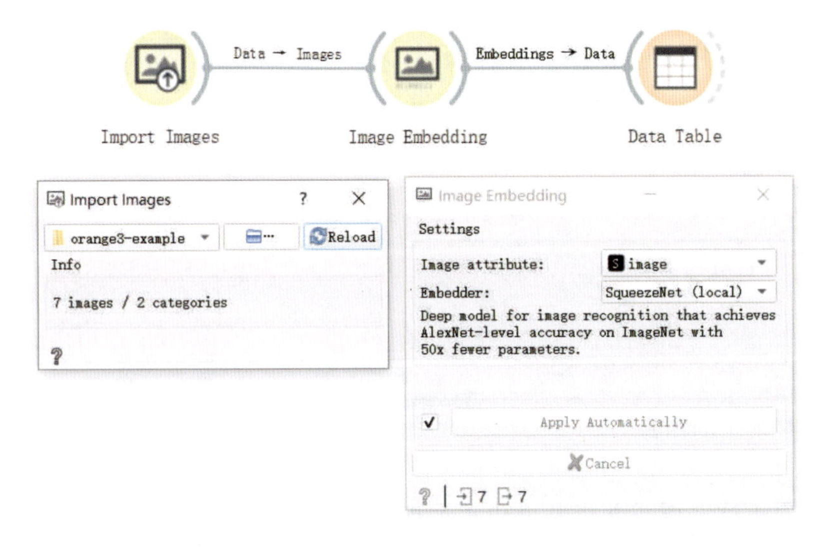


图 2-7-8　Image Embedding 部件连接应用示意图

## （四）Image Grid（图像网格）

利用 Image Grid 部件，可以在图像网格中将图像的相似程度与差异程度可视化，便于快速地对图像进行分类。

1. 输入项

嵌入信息（由图像嵌入部件计算得到的图像信息）；数据子集（嵌入信息子集或图像子集）。

2. 输出项

数据集中所有的图像（带有附加列，该列用于表示选择图像还是组图像）；选定的图像（带有附加列，用于指定组）。

3. 基本介绍

该部件可以在相似性网格中显示数据集图像的相似程度与差异程度，即内容越相似的图像，彼此距离越近；反之，则距离越远。同时它也可用于图像比较，查找所选数据实例之间的相似度与差异度。

4. 操作界面

Image Grid 部件的操作界面如图 2-7-9 所示。根据图中编号，对各处操作介绍如下。

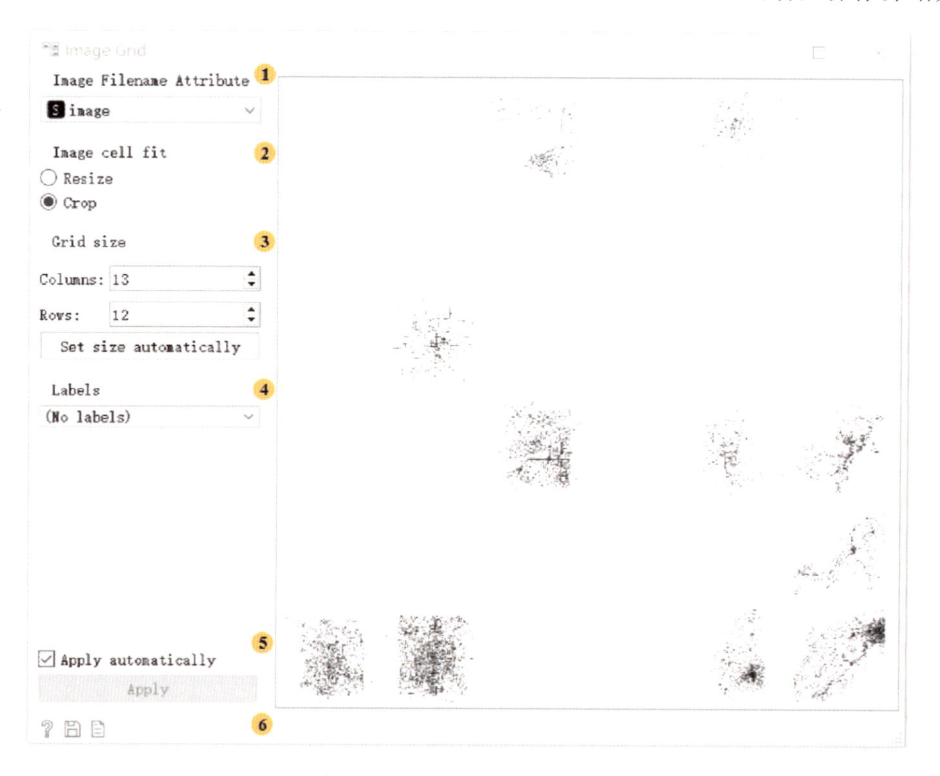


图 2-7-9　Image Grid 操作框

①图像文件名属性：包含图像的路径属性。

②图像单元格适合度。

- 调整大小：将图像缩放为网格。
- 裁剪：将图像裁剪为正方形。

③网格尺寸。

- 列（行）：按需求设定列（行）数。
- 自动设置尺寸：软件按照图像数据的数量、大小等自动设置以优化投影。

④标签。

⑤自动应用：若需要，则勾选，图像信息的更改将自动应用。

⑥状态栏：左侧显示文件图标（单击可生成报告），若出错，则在右侧显示警告和错误信息。

5. 操作实例

在 Import Images 中导入 LOO _ CN _ RLs _ Cities 数据，该数据包括 110 个图像，随后与 Image Embedding 连接，并选择嵌入器“Inception v3”，再与 Image Grid 连接，即可显示图像可视化分类结果。其中，图像越相似，其图像间距离就越接近；反之，图像间距离就越远，如图 2 - 7 - 10 所示。

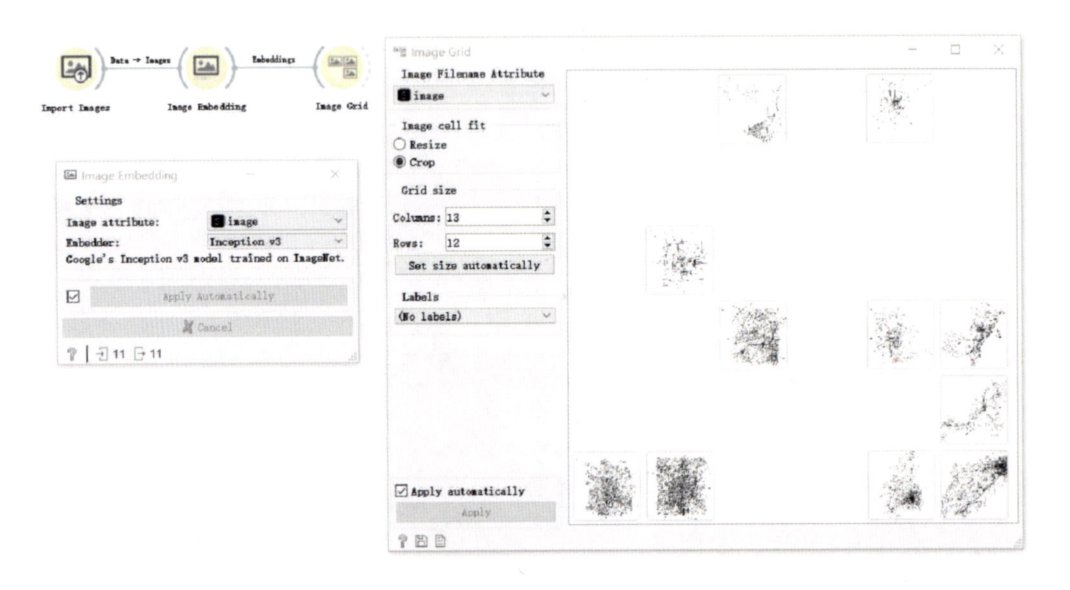


图 2 - 7 - 10　在 Image Grid 中可视化 LOO _ CN _ RLs _ Cities 数据图像相似度

## （五）Save Images（保存图像）

Save Images

利用 Save Images 部件，可以保存原始输入图像信息或者选定的图像信息，同时可以设定保存路径与名称。

1. 输入项

任何需要保存的图像数据或图像数据集。

2. 输出项

另存为单独的包含图像信息的文件。

3. 基本介绍

该部件用于保存原始输入图像或者其他部件中选定的图像，图像将另存为单独的文件，存储于原始目录中，可自主选择存储路径、存储文件名、存储格式。当数据中存在类时，图像将基于类变量保存在其子目录中。

4. 操作界面

Save Images 部件的操作界面如图 2-7-11 所示。根据图中编号，对各处操作介绍如下。

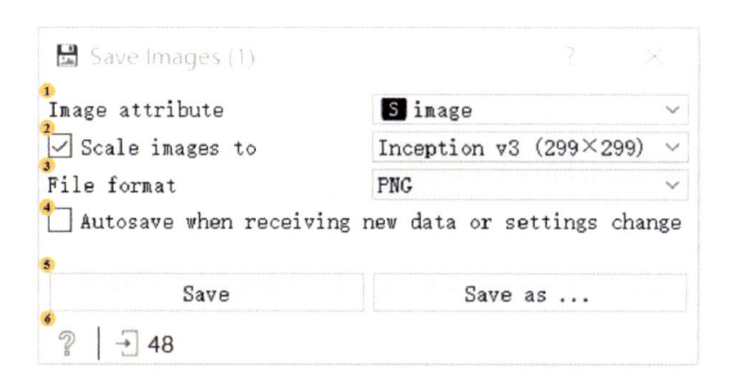


图 2-7-11　Save Images 操作框（一）

①图像属性：包含图像路径。

②图像缩放：若勾选，则图像被调整为所选择的嵌入器中使用的尺寸，可自主选择图 2-7-12 中 7 种类型的尺寸。

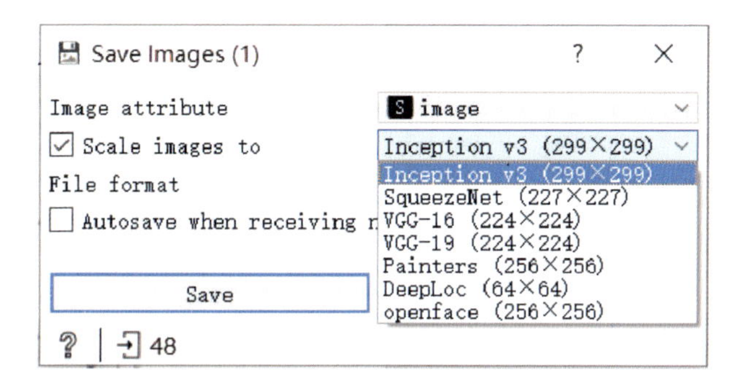


图 2-7-12　Save Images 操作框（二）

③保存图像的文件格式：支持 PNG、JPEG、GIF 等 8 种类型的图像格式，如图 2-7-13 所示。

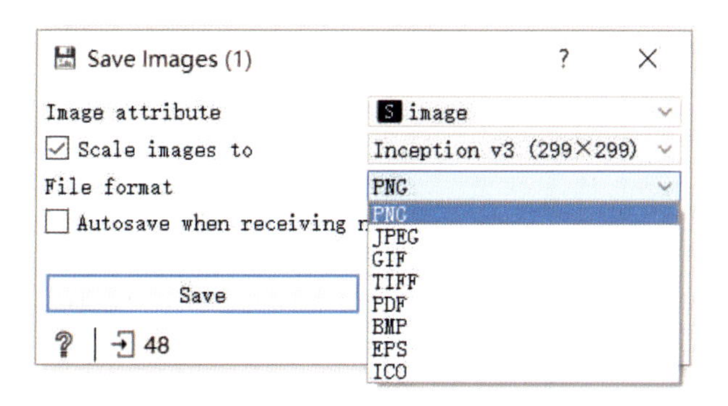


图 2-7-13　Save Images 操作框（三）

④在接收新数据或设置改变时自动保存：勾选此项后，每一次的修改都会自动保存。

⑤“Save（保存）”或“Save as（另存为）”按钮可用于设置图像存储路径、文件夹名称、存储格式。

⑥状态栏：左侧显示文件图标（单击可生成报告）及部件输入的实例数，若出错，则在右侧显示警告和错误信息。

5. 操作实例

①将 Save Images 部件与其他部件构建如图 2－7－14 所示的连接。

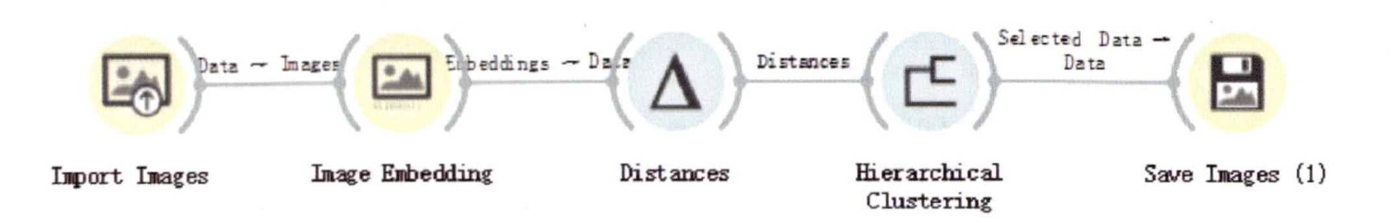


图 2－7－14　Save Images 部件连接应用示意图

②点击 Import Images，选择导入 LOO _ CN _ RLs _ Cities 数据，数据包含城市路网图像，将其与 Image Embedding 连接并选择嵌入器“Inception v3”，然后在 Distances 中使用“Cosine”度量图像间距离，如图 2－7－15 所示。

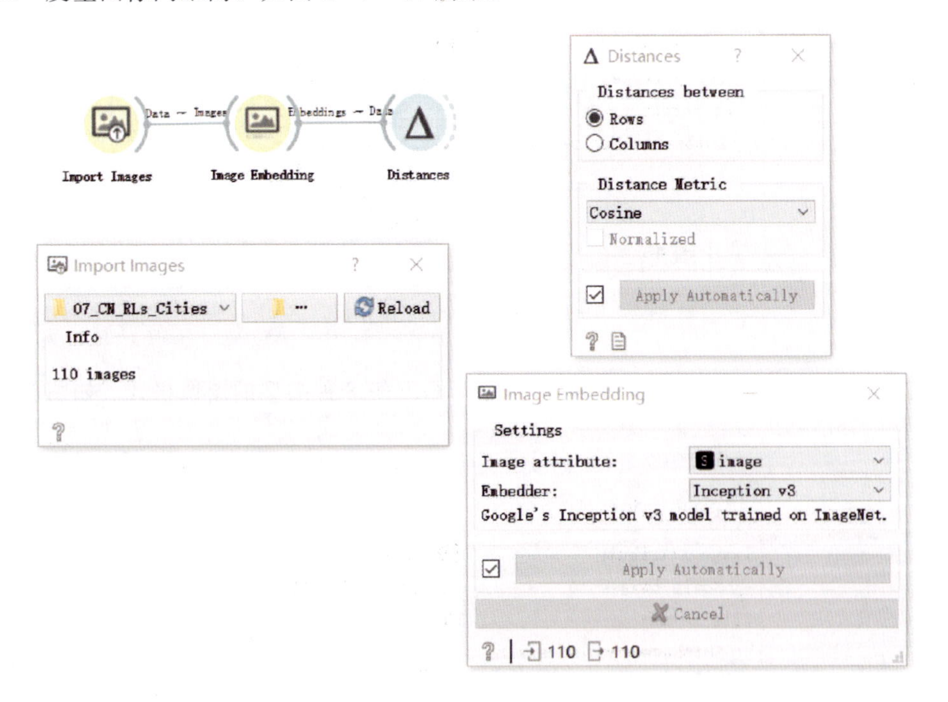


图 2－7－15　使用 LOO _ CN _ RLs _ Cities 数据进行 Diatances

③将 Distances 结果发送到 Hierarchical Clustering 构建分类树状图。最后，与 Save Images 连接，选择其中一个聚类结果，即可在 Save Images 中保存选定的图像，如图 2－7－16 所示。

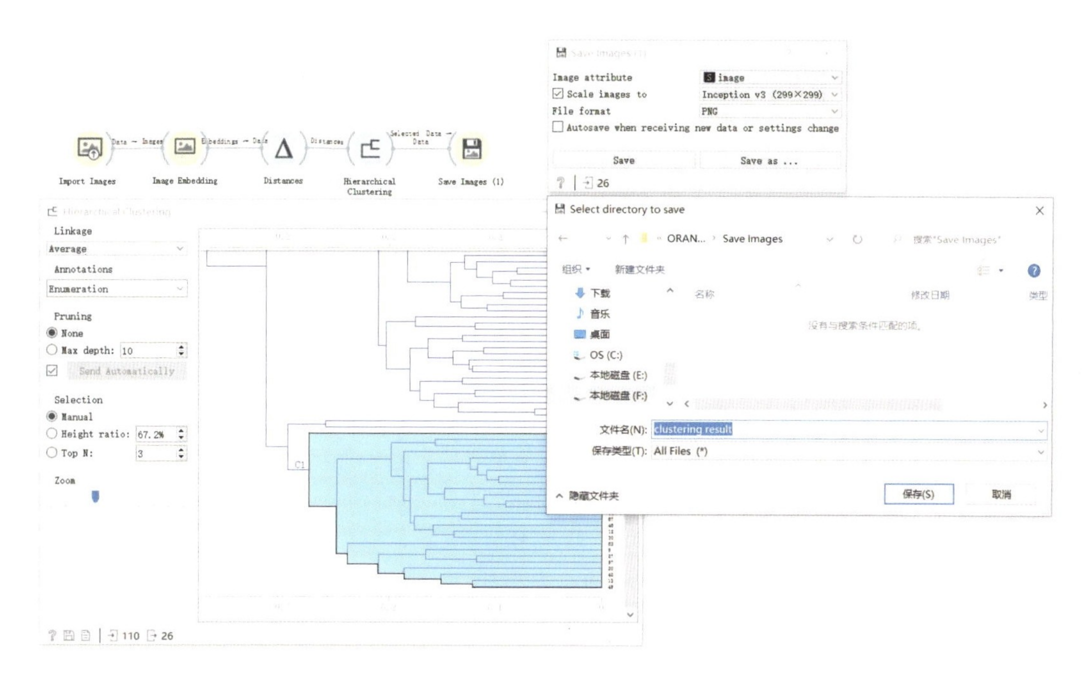


图 2-7-16 将选定的聚类结果通过 Save Images 保存

## 八、Time Series（时间序列）

Time Series 模块共有 16 个部件，主要针对时间序列数据进行一系列处理。在数据输入方面，既能通过开放平台获取数据，也可导入自定义数据集；在数据处理方面，可以实现数据转换为时间序列、用不同的插值法填补缺失值、生成多种可视化表达、拟合多种模型以及针对时间序列对象的时间切片、差分、聚合等处理的多种功能。

### （一）Yahoo Finance（雅虎财经）

Yahoo Finance

利用 Yahoo Finance 部件，可以下载各股票市场数据信息，生成时间序列数据，可直接使用或进行分析。

1. 输入项

雅虎财经网上的数据信息。

2. 输出项

时间序列：包括开盘价、最高价、最低价、收盘价、数量和调整后的收盘价在内的数据表。

3. 基本介绍

该部件可用于搜索、下载雅虎财经网上的历史股票市场数据信息，并将其以时间序列数据表的形式输出。输出数据可以直接应用，也可以通过其他部件进行检查分析。

4. 操作界面

Yahoo Finance 部件的操作界面如图 2-8-1所示。根据图中编号，对各处操作介绍如下。

①股票或指数选择：下拉选择或自行输入，下拉选项中通常保存近期输入的 7 种股票。

②日期范围：起止日期。

③下载数据。

④状态栏：左侧显示帮助选项，若出错，则在右侧显示警告和错误信息。

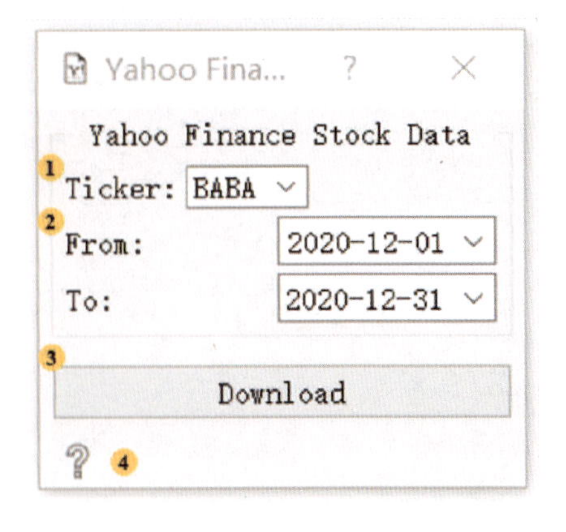


图 2-8-1 Yahoo Finance 操作框

5. 操作实例

在 Yahoo Finance 中下载“AMZN”（亚马逊）日期为“2020-01-01”至“2020-12-31”的股票数据，并连接 Data Table、Distributions、Box Plot，如图 2-8-2 所示。由于输出数据类型本质上是数据表，因此可以将其连接到需要数据表的任何位置，同时也可以连接其他部件观察数据属性——Data Table 可以直观显示下载数据的属性信息，Distributions 可以显示股票数据的分布趋势，Box Plot 可以显示数据的均值、中位数等信息。

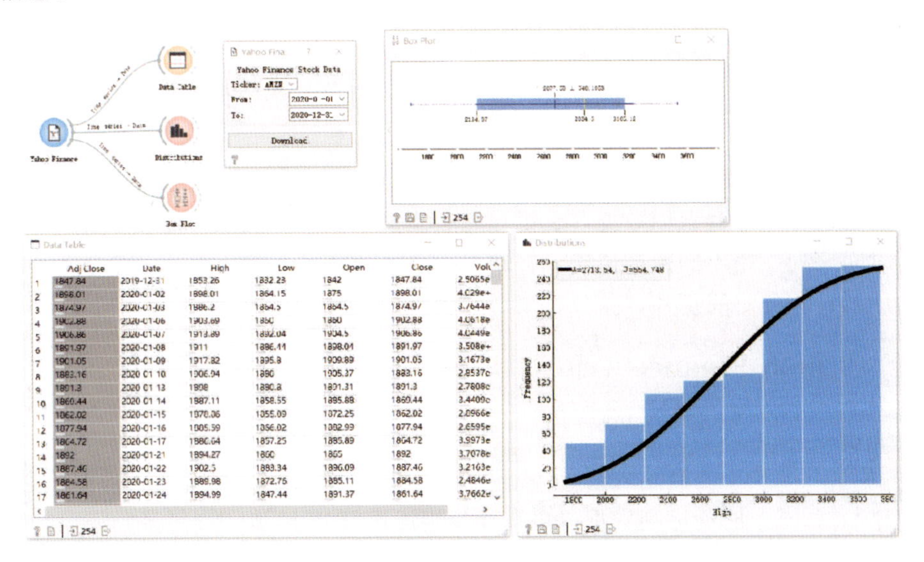

图 2-8-2 Yahoo Finance 所下载数据的信息

## （二）As Timeseries（转换时间序列）

利用 As Timeseries 部件，可以将任何部件输出数据表中的对象重新解释为时间序列对象。

1. 输入项

任何数据表。

2. 输出项

时间序列。

3. 基本介绍

该部件将任何输入为数据表的对象重新解释为时间序列对象，输入方可为软件中具有数据输出功能的任何部件，可通过数据表观察输出数据的属性。在该部件中，可以自行选择属性作为时间变量。

4. 操作界面

As Timeseries 部件的操作界面如图 2-8-3所示。根据图中编号，对各处操作介绍如下。

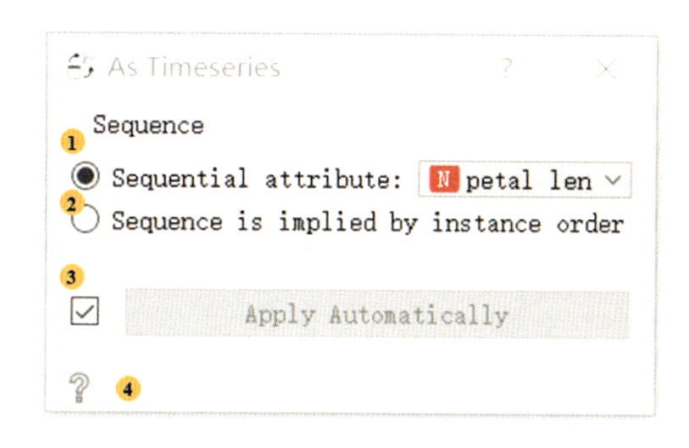


图 2-8-3 As Timeseries 操作框

①时间属性：其值表示测量的顺序和间隔，可以是任何连续属性。

②指定实例顺序隐含时间序列。

③自动应用：若需要，则勾选，操作框里的选择和改动即时应用。

④状态栏：左侧为帮助选项，若出错，则在右侧显示警告和错误信息。

5. 操作实例

在 File 中导入 Iris. tab 数据，顺次连接 Select Columns、As Timeseries、Data Table，用“Select Columns”部件对数据进行处理，将转换后的数据表重新应用到 As Timeseries 部件中，如图 2-8-4 所示。

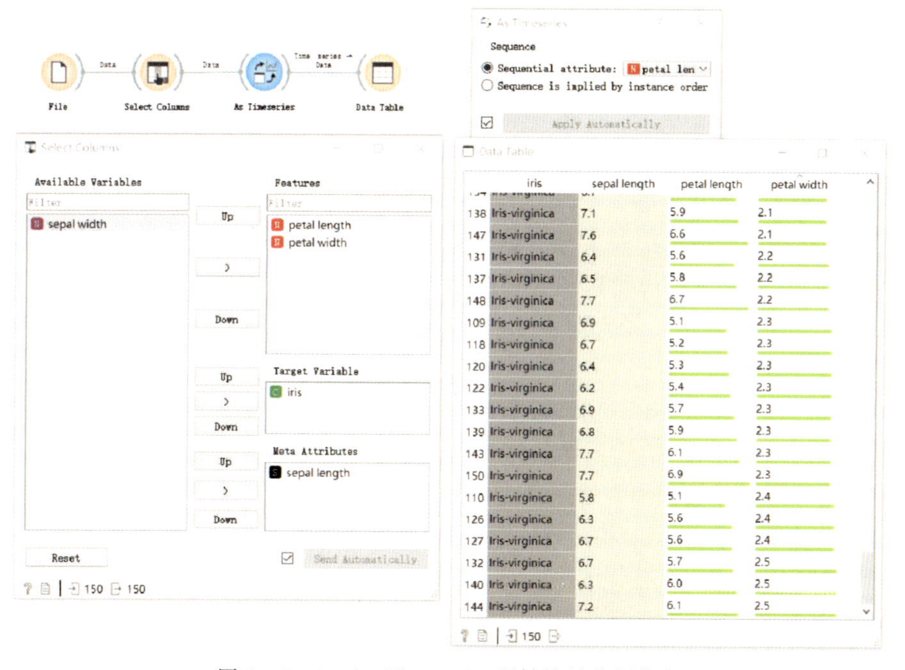


图 2-8-4 As Timeseries 所转换的数据信息

## （三）Interpolate（插值）

利用 Interpolate 部件，可以通过选择插值方法来输入缺失值，默认方法为线性插值。

### 1. 输入项

由 As Timeseries 部件输出的时间序列。

### 2. 输出项

插值后的时间序列。

### 3. 基本介绍

略。

### 4. 操作界面

Interpolate 部件的操作界面如图 2－8－5 所示。根据图中编号，对各处操作介绍如下。

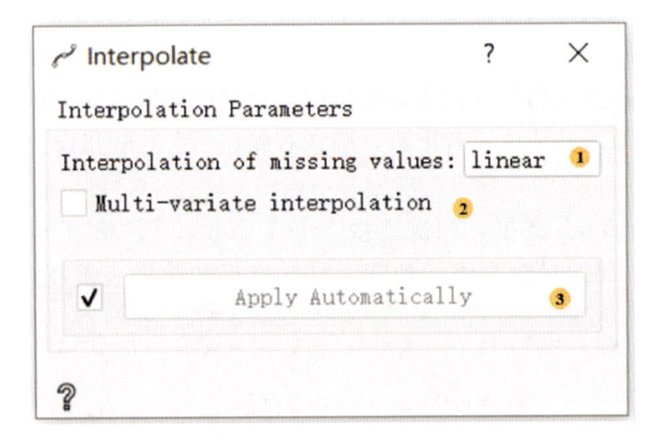


图 2－8－5　Interpolate 操作框

①插值类型。

- Linear：线性插值，用两个最近数据点之间的间隔值替换缺失值。
- Spline：样条插值，用三次多项式拟合缺失值周围的点。
- Nearest：最近插值，用先前定义的值替换缺失值。序列端点上的缺失值总是使用此方法进行插值。
- Mean：均值插值，用时间序列的均值替代缺失值。

②多变量插值：将整个序列表作为一个二维平面进行插值，而不是作为单维时间序列（即单变量时间序列）进行插值。

③勾选“Apply Automatically”则自动应用更改。

### 5. 操作实例

将 Interpolate 部件与其他部件构建如图 2－8－6 所示的连接，本例选择 housing. tab 数据集。输入一个带有缺失值的时间序列，该工作流将输出内插的时间序列。

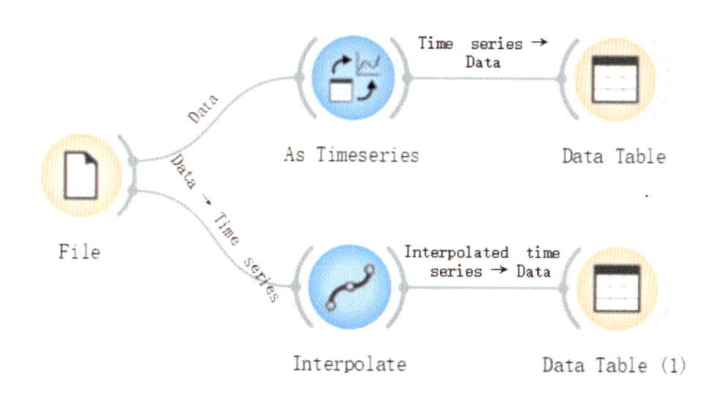


Data Table

| | MEDV | CRIM | ZN |
|---|---|---|---|
| 1 | 24.0 | 0.00632 | 18.0 |
| 2 | 32.2 | 0.00906 | 90.0 |
| 3 | 22.0 | 0.01096 | 55.0 |
| 4 | 32.7 | 0.01301 | 35.0 |
| 5 | 35.4 | 0.01311 | 90.0 |
| 6 | 18.9 | 0.01360 | 75.0 |
| 7 | 50.0 | 0.01381 | 80.0 |
| 8 | 31.6 | 0.01432 | 100.0 |
| 9 | 29.1 | 0.01439 | 60.0 |
| 10 | 24.5 | 0.01501 | 80.0 |
| 11 | 50.0 | 0.01501 | 90.0 |
| 12 | 44.0 | 0.01538 | 90.0 |
| 13 | 30.1 | 0.01709 | 90.0 |
| 14 | 32.9 | 0.01778 | 95.0 |
| 15 | 23.1 | 0.01870 | 85.0 |

506

Data Table (1)

| | MEDV | CRIM | ZN |
|---|---|---|---|
| 1 | 24.0 | 0.00632 | 18.0 |
| 2 | 21.6 | 0.02731 | 0.0 |
| 3 | 34.7 | 0.02729 | 0.0 |
| 4 | 33.4 | 0.03237 | 0.0 |
| 5 | 36.2 | 0.06905 | 0.0 |
| 6 | 28.7 | 0.02985 | 0.0 |
| 7 | 22.9 | 0.08829 | 12.5 |
| 8 | 27.1 | 0.14455 | 12.5 |
| 9 | 16.5 | 0.21124 | 12.5 |
| 10 | 18.9 | 0.17004 | 12.5 |
| 11 | 15.0 | 0.22489 | 12.5 |
| 12 | 18.9 | 0.11747 | 12.5 |
| 13 | 21.7 | 0.09378 | 12.5 |
| 14 | 20.4 | 0.62976 | 0.0 |
| 15 | 18.2 | 0.63796 | 0.0 |
| 16 | 19.9 | 0.62739 | 0.0 |
| 17 | 23.1 | 1.05393 | 0.0 |

506

图 2-8-6 Interpolate 部件连接应用示意图

## （四）Moving Transform（移动变换）

利用 Moving Transform 部件，可以通过选择聚合函数来获得一个序列的平均值。

### 1. 输入项

由 As Timeseries 部件输出的时间序列。

### 2. 输出项

时间序列。

### 3. 基本介绍

略。

### 4. 操作界面

Moving Transform 部件的操作界面如图 2-8-7 所示。根据图中编号，对各处操作介绍如下。

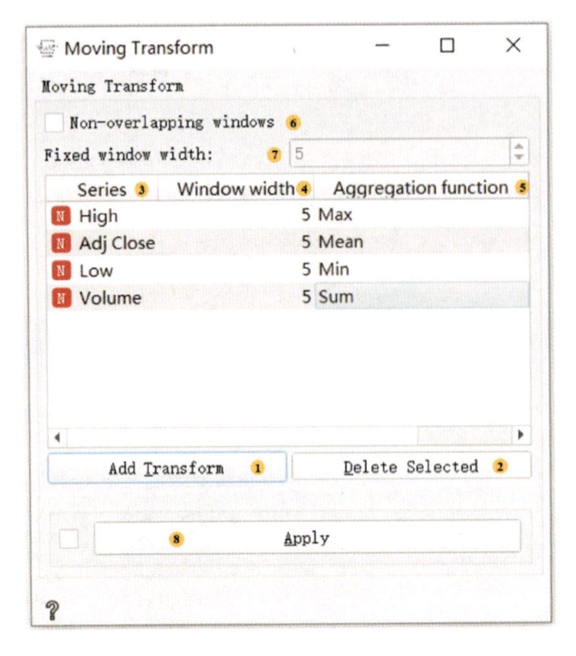


图 2-8-7　Moving Transform 操作框

①添加一个新的转换。

②删除所选转换。

③要进行转换的时间序列。

④窗口大小。

⑤聚合函数：用于聚合窗口中的值，包括平均值、和、最大值、最小值、中值、模式、标准差、方差、乘积、线性加权移动平均、指数移动平均、谐波平均值、几何平均值、非零计数、累积和、累积积。

⑥非重叠窗口：勾选后窗口不会重叠，而是在没有交集的情况下左右放置。

⑦在非重叠窗口的情况下，定义固定的窗口宽度。

⑧单击“Apply”即提交修改，若勾选“Apply”即提交修改。

5. 操作实例

将 Moving Transform 与其他部件构建如图 2-8-8 所示的连接。为了得到一个 5 天移动平均线，我们可以使用有平均聚合的滚动窗口。

## （五）Line Chart（折线图）

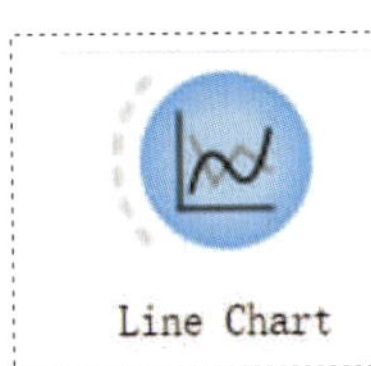


利用 Line Chart 部件，可以在最基本的时间序列可视化图像中查看时间序列和进程。

1. 输入项

时间序列。

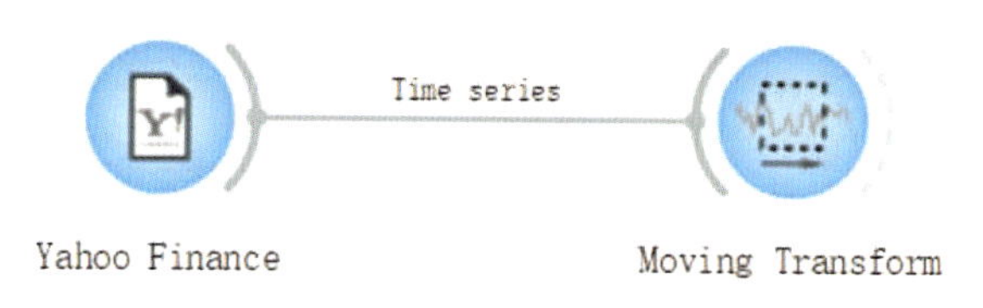


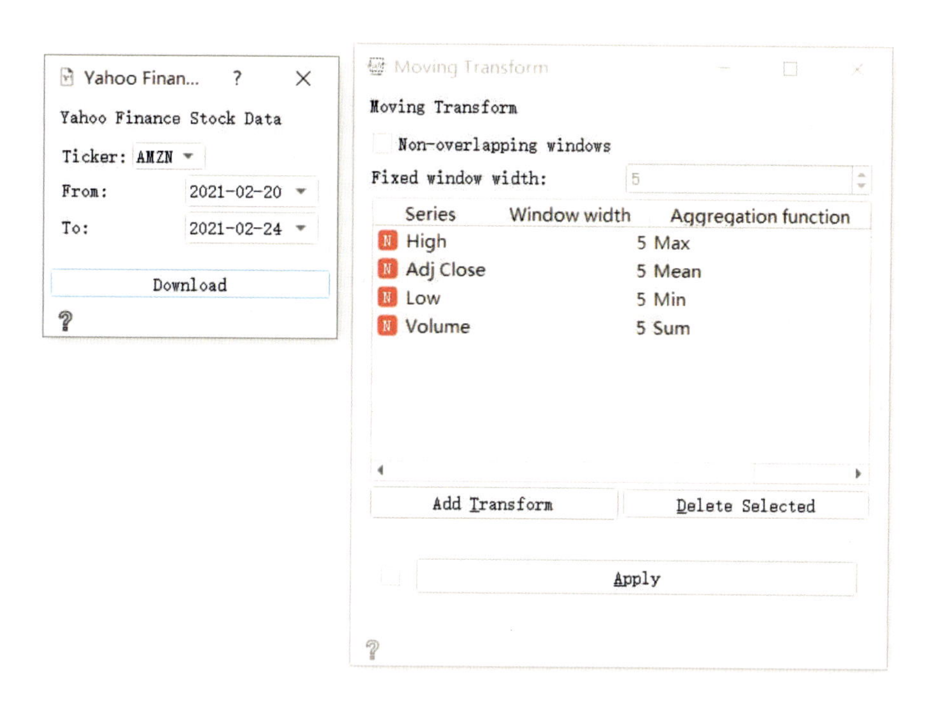


图 2-8-8 Moving Transform 部件连接应用示意图

### 2. 输出项

无。

### 3. 基本介绍

该部件将时间序列可视化至线性图中，“line”（线）会将数据显示为连接线。若缺少日期，则将最后一个已知值与下一个已知值连接绘制线条。若存在缺失值，则不会在缺失值位置绘制线条，图表将断开连接，可以使用“Type=column”来寻找缺失值。

### 4. 操作界面

Line Chart 部件的操作界面如图 2-8-9 所示。根据图中编号，对各处操作介绍如下。

①在当前图表下选择一个新的折线图。该部件最多显示 5 组并行图表。

②设置绘制的图表类型：包括线、步进线、列、面积、样条。

③在线性和对数 $y$ 轴之间切换。

④选择要预览的时间序列（使用 Crtl 键可选择多个序列）。

⑤参阅该区域中选定的序列。

### 5. 操作实例

略。

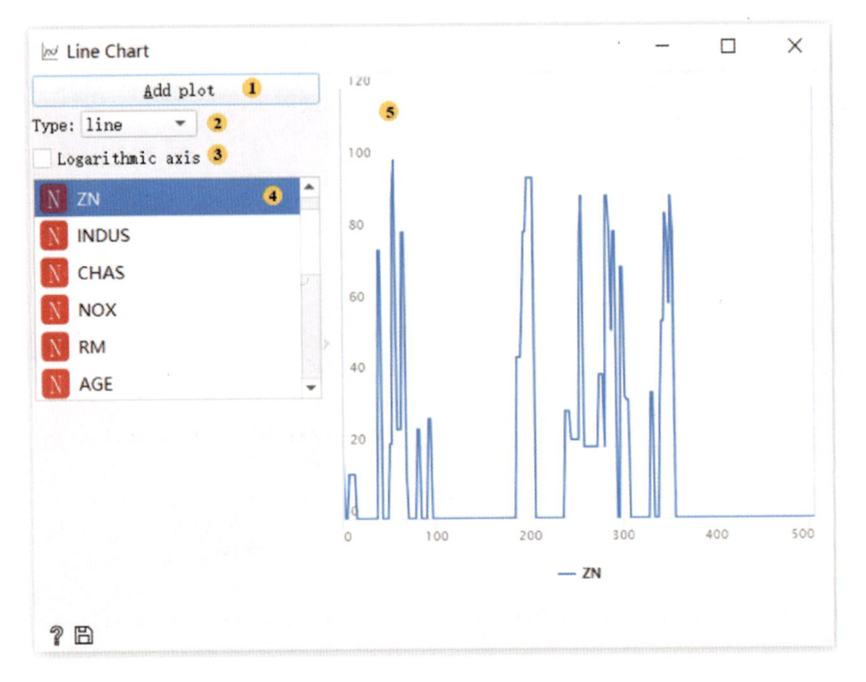


图 2-8-9　Line Chart 操作框

## （六）Periodogram（周期图）

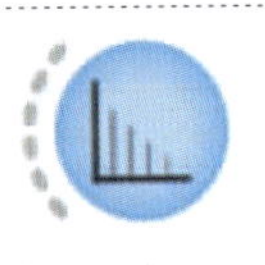


利用 Periodogram 部件，可以对时间序列的周期、季节性，包括最重要的周期进行可视化。

1. 输入项

时间序列。

2. 输出项

无。

3. 基本介绍

略。

4. 操作界面

Periodogram 部件的操作界面如图 2-8-10 所示。根据图中编号，对各处操作介绍如下。

①选择要计算的周期的级数。

②参阅时间序列的周期和它们各自的相对功率谱密度估计数。

5. 操作实例

略。

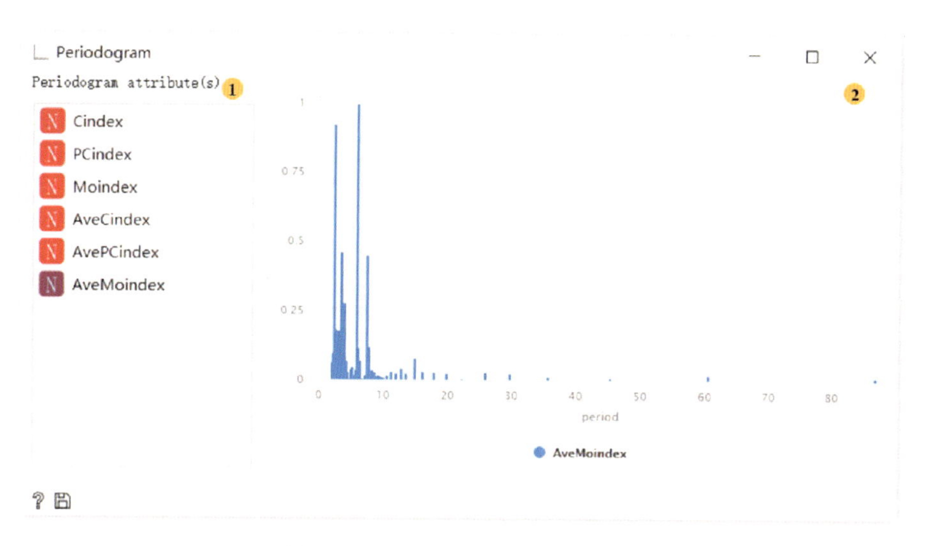


图 2-8-10 Periodogram 操作框

## （七）Correlogram（相关图）

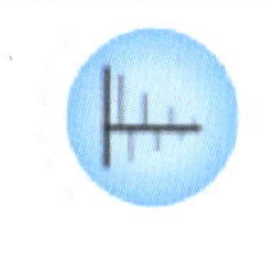


利用 Correlogram 部件，可以在选定相关条件的基础上对数据自相关系数进行可视化。

1. 输入项

时间序列：As Timeseries 输出的时间序列数据。

2. 输出项

无。

3. 基本介绍

该部件通过自相关函数或者显著性区间对所选时间序列的自相关系数进行可视化，并以图表示。

4. 操作界面

Correlogram 部件的操作界面如图 2-8-11 所示。根据图中编号，对各处操作介绍如下。

①选择要计算自相关的序列。

②相关性图像显示区域，参阅自相关系数。

③选择使用偏自相关函数（PACF）计算系数。

④选择绘制 95%的显著性区间（显示为水平虚线），超出此间隔的系数显著性较强。

⑤状态栏：左侧为帮助选项及保存图标，若出错，则在右侧显示运行警告和错误信息。

5. 操作实例

在 File 中导入 Iris. tab 数据，顺次连接 As Timeseries、Correlogram，通过 Correlogram 部件中的相关图显示转换为时间序列的数据信息，移动鼠标显示各具体相关系数值，如图 2-8-12 所示。

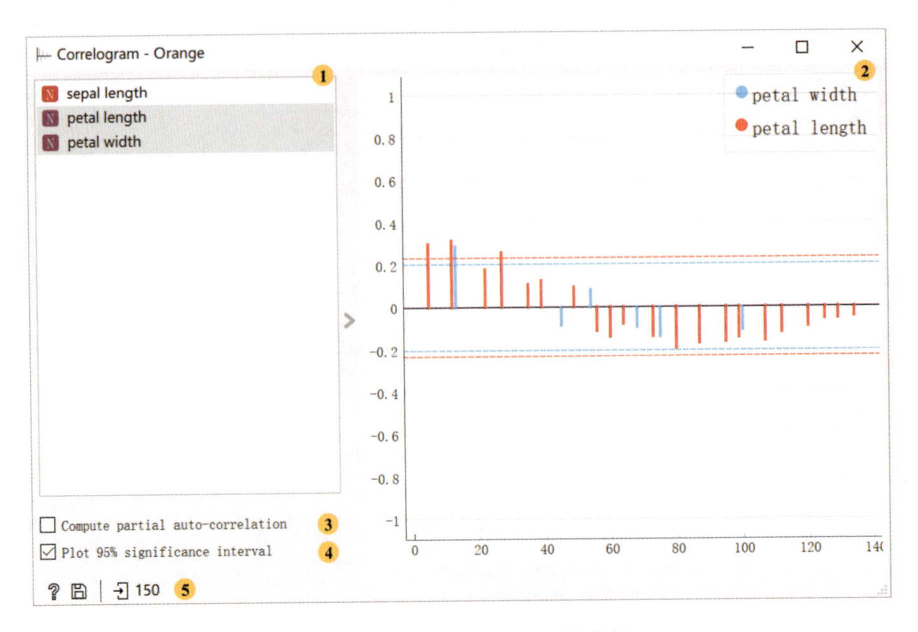


图 2-8-11 Correlogram 操作框

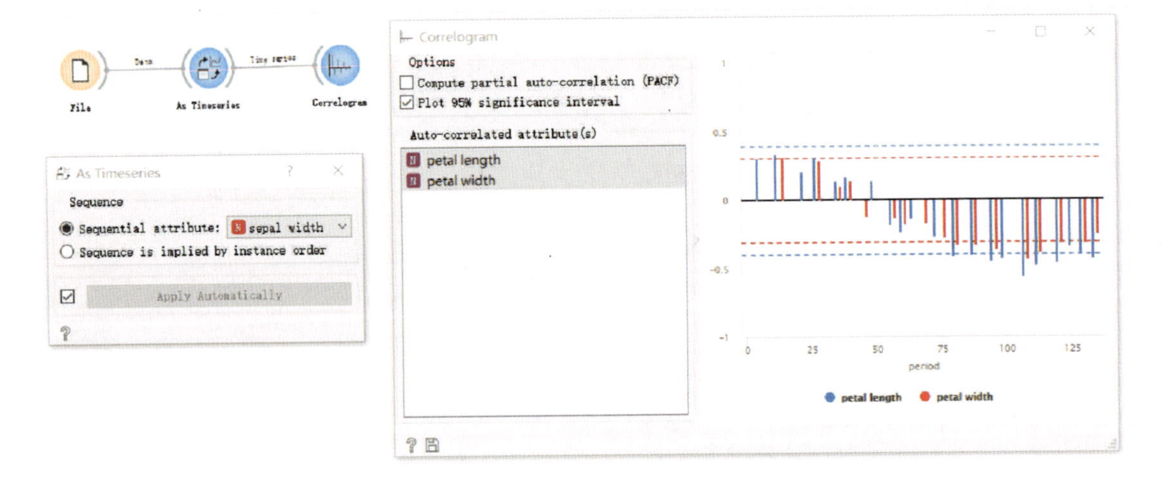


图 2-8-12 Correlogram 显示数据相关信息

## （八）Spiralogram（螺旋图）

利用 Spiralogram 部件，可以螺旋图的形式对变量的周期性进行可视化。

### 1. 输入项

As Timeseries 输出的时间序列数据。

## 2. 输出项

螺旋图。

## 3. 基本介绍

该部件通过设定 Y 轴与径向轴对所选时间序列的周期性进行可视化并以螺旋图示之。

## 4. 操作界面

Spiralogram 部件的操作界面如图 2－8－13 所示。根据图中编号，对各处操作介绍如下。

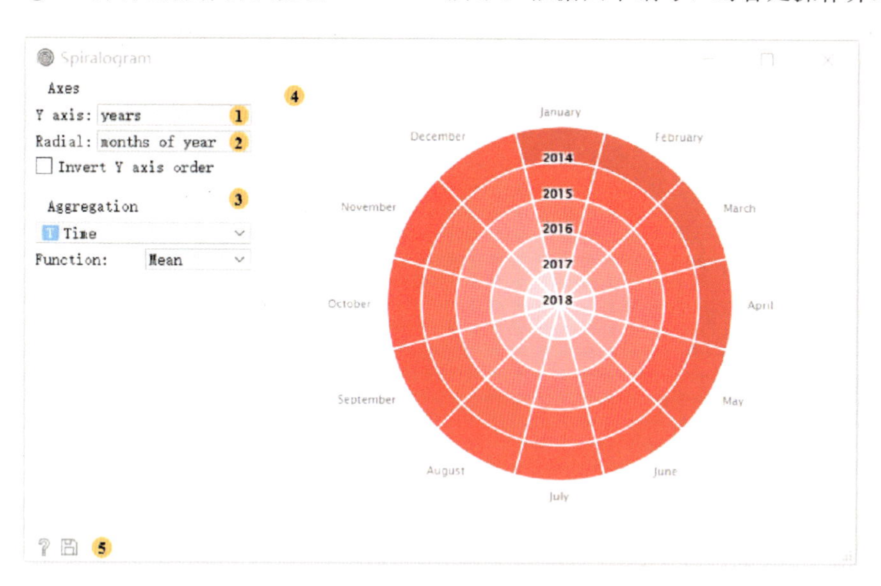


图 2－8－13　Spiralogram 操作框

①Y 轴的单位：环绕圆周的单位，即每个扇形代表的时间段，包括一年中的月份（12 个单位）、一周中的几天（7 个单位）、一月中的某天（30 个单位）、一年中的某天（365 个单位）、一天中的小时（24 个单位）。

②径向轴的单位：与 Y 轴单位相同。

■　将 Y 轴反转：从内向外反转或从外向内反转。

③聚合功能。

■　选择对象。

■　按在 Y 轴和径向轴中选择的间隔进行汇总。

④螺旋图显示区域。

⑤状态栏：左侧为帮助选项及保存图标，若出错，则在右侧显示警告和错误信息。

## 5. 操作实例

在 File 中导入 LOO _ CN _ BDHPindex _ Time. xlsx 数据，顺次连接 As Timeseries、Spiralogram，通过 Spiralogram 部件将原数据转换为含有时间序列的数据信息，移动鼠标显示各具体相关系数值，如图 2－8－14 所示。

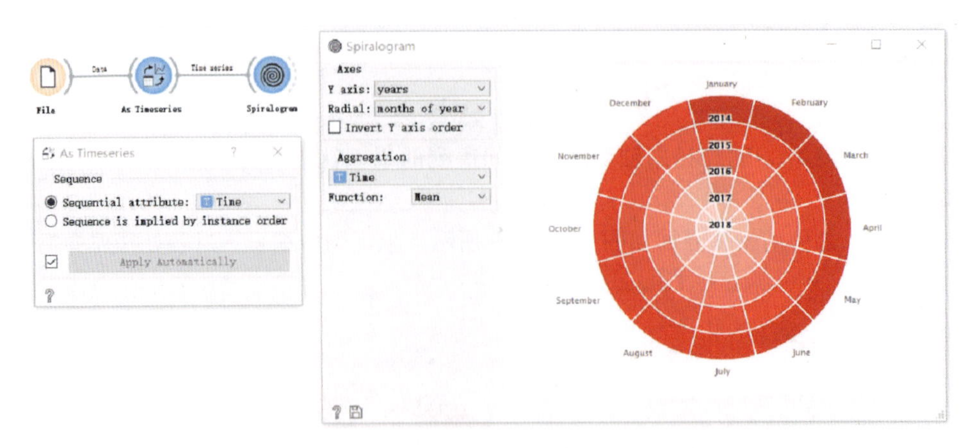


图 2-8-14　Spiralogram 显示数据相关信息

## （九）Granger Causality（格兰杰因果关系）

利用 Granger Causality 部件，可以测试一个时间序列是否是导致另一个时间序列的格兰杰原因（即可以作为另一个时间序列的指示器）。

### 1. 输入项

As Timeseries 部件输出的时间序列。

### 2. 输出项

时间序列的可视化表达。

### 3. 基本介绍

该部件执行一系列统计测试，以确定影响其他序列的原因序列，这样我们就可以使用前者来预测后者。但是要注意的是，即使一个系列被认为影响了另一个系列，也并不意味着真的存在因果关系。

### 4. 操作界面

Granger Causality 部件的操作界面如图 2-8-15 所示。

①格兰杰测试：可以分别设置置信区间、最大延迟数并运行。

②右侧结果栏：包括最小滞后、显著性 $p$ 值、原因系列和结果系列。

③自动应用更改。

### 5. 操作实例

略。

## （十）ARIMA Model（ARIMA 模型）

利用 ARIMA Model 部件，可以使用 ARMA 模型（自回归滑动平均模型）、ARIMA 模型（差分自回归移动平均模型）或 ARIMAX 模型（动态回归模型）对时间序列建模。

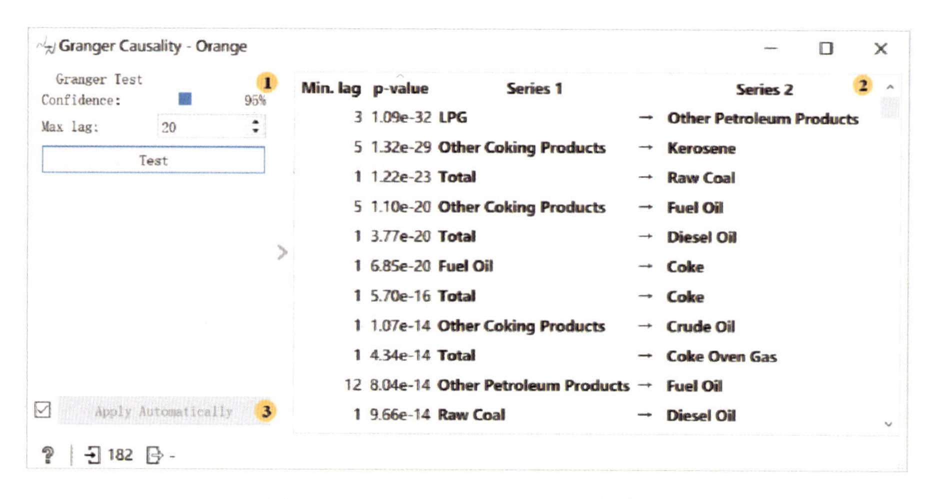


图 2-8-15　Granger Causality 操作框

1. 输入项

■　时间序列：As Timeseries 部件输出的时间序列。

■　外生数据：可用于 ARIMAX 模型的附加自变量的时间序列。

2. 输出项

■　时间序列模型：拟合输入时间序列的 ARIMA 模型。

■　预测结果：预测时间序列。

■　拟合值：模型实际拟合的值。

■　残差：模型每一步所产生的误差，等于观察值与拟合值之间的差。

3. 基本介绍

略。

4. 操作界面

ARIMA Model 部件的操作界面如图 2-8-16所示。对照图中编号，对各处介绍如下。

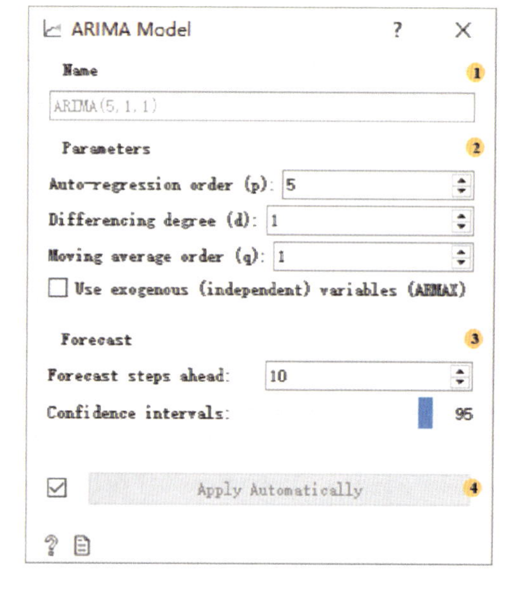


图 2-8-16　ARIMA Model 操作框

①模型名称。

②参数：可分别对自回归项数 $p$、差分次数 $d$、滑动平均项数 $q$ 进行设置。

③预测：此处需设置应输出的预测步骤数和每一步所需的置信区间。

④自动应用更改。

5. 操作实例

将 ARIMA Model 部件与其他部件构建如图 2-8-17 所示的连接。首先，选择导入 housing. tab 数据，并传递给 As Timeseries；其次，将 ARIMA Model 连接到 As Timeseries，并在前者操作框里调整好模型参数，可在 Data Table 中观察到预测的时间序列。

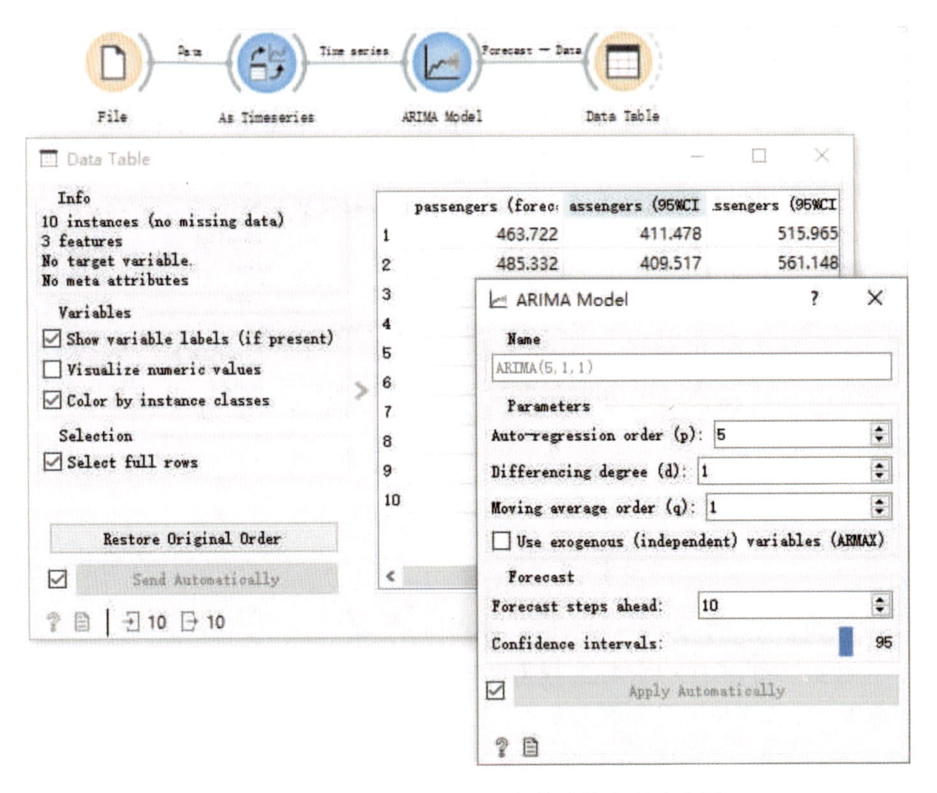


图 2-8-17　ARIMA Model 部件连接应用示意图

## （十一）VAR Model（向量自回归模型）

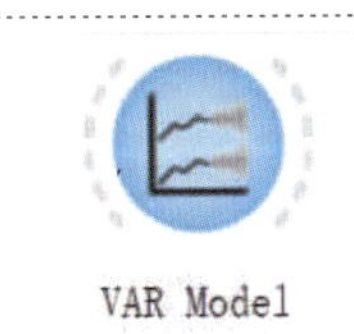


利用 VAR Model 部件，可以用向量自回归模型对时间序列进行建模。

### 1. 输入项

时间序列：As Timeseries 部件输出的时间序列。

### 2. 输出项

- 时间序列模型：拟合输入时间序列的 VAR 模型。
- Forecast：预测时间序列。
- 拟合值：模型实际拟合的值。
- 残差：模型每一步所产生的残差。

### 3. 基本介绍

略。

### 4. 操作界面

VAR Model 部件的操作界面如图 2-8-18 所示。根据图中编号，对各处操作介绍如下。

①模型名称：默认情况下，名称是从模型及其参数中派生的。

②所需的模型顺序（参数数量）。

③若手动选择的不是“None”，则使用所选的信息准则（AIC、BIC、Hannan－Quinn、FPE之一或Average of the above）优化模型的参数数量。

④在数据中添加额外的“Trend”列。

■ Constant：添加一列常量。

■ Constant and linear：添加一列常量和一列线性递增的数字。

■ Constant，linear and quadratic：添加一列二次方程式。

⑤模型应输出的预测步骤数，以及每一步所需的置信区间值。

⑥勾选“Apply Automatically”则自动应用更改。

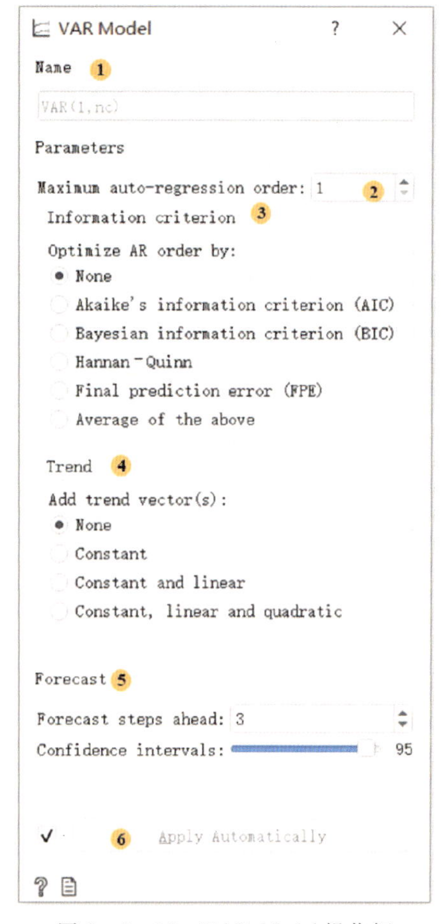


图2－8－18 VAR Model操作框

5. 操作实例

使用VAR Model与其他部件构建如图2－8－19所示的工作流。本例选用housing.tab数据集。File部件中加载housing.tab数据集，并连接到As Timeseries部件，通过VAR Model部件对时间序列进行建模，最后连接到Line Chart查看时间序列的折线图。

## （十二）Model Evaluation（模型评价）

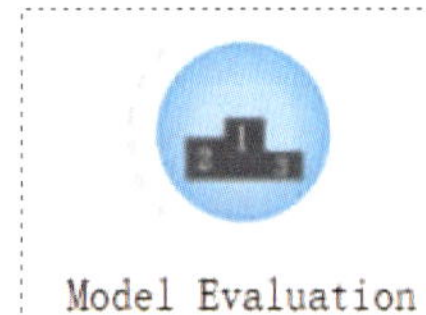


利用Model Evaluation部件，可以评估不同时间序列的模型。

1. 输入项

As Timeseries部件输出的时间序列；评估的时间序列模型（如VAR或ARIMA）。

2. 输出项

无。

3. 基本介绍

该部件通过比较均方根误差（RMSE）、中位数绝对误差（MAE）、平均绝对百分比误差（MAPE）、方向变化预测（POCID）、决定系数（$R^2$）、赤池信息准则（AIC）和贝叶斯信息准则（BIC）等方面的误差，可以评估不同时间序列模型。

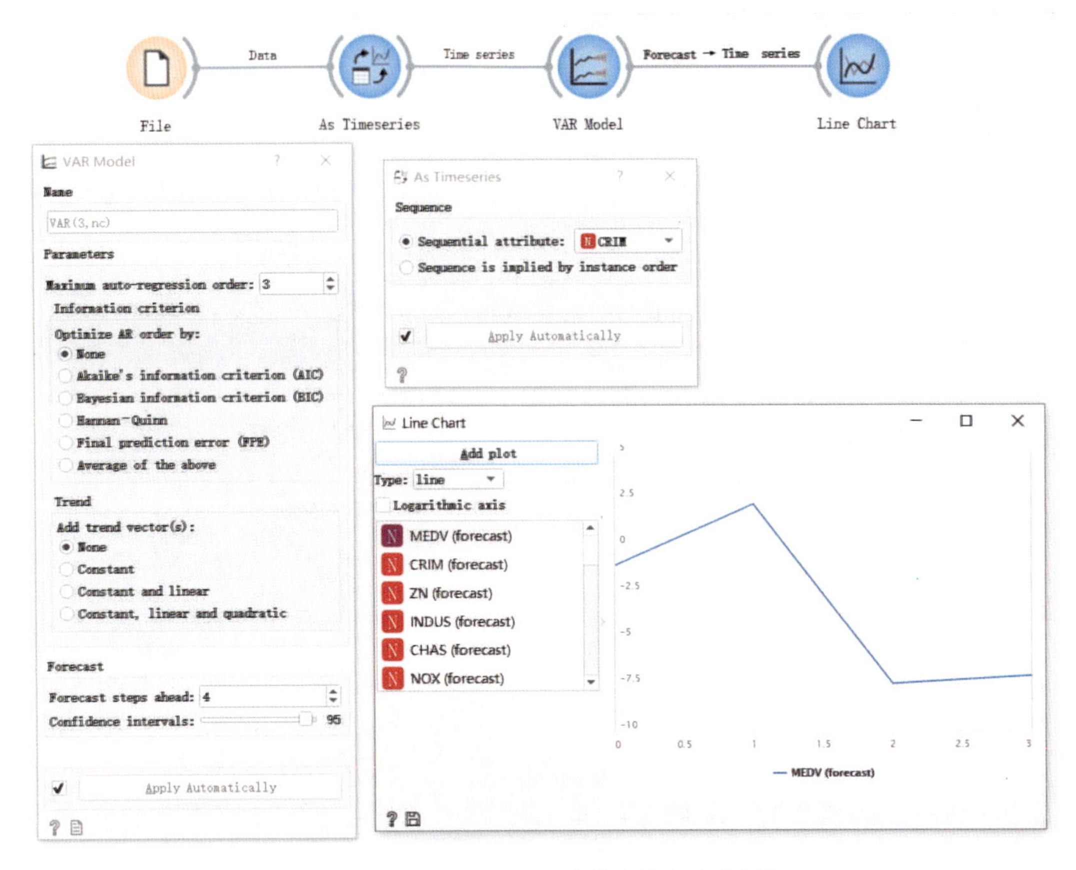


图 2-8-19　VAR Model 部件连接应用示意图

### 4. 操作界面

Model Evaluation 部件的操作界面如图 2-8-20 所示。根据图中编号，对各处操作介绍如下。

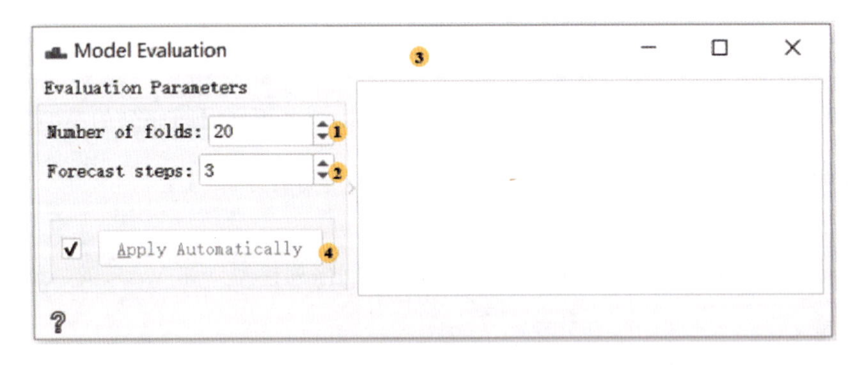


图 2-8-20　Model Evaluation 操作框

①时间序列交叉验证的折叠次数。

②在每次折叠中产生的预测步骤数量。

③对交叉验证和样本内数据的各种误差和信息标准的测量结果。

④勾选“Apply Automatically”则自动应用更改。

5. 操作实例

略。

## （十三）Time Slice（时间切片）

利用 Time Slice 部件，可以选择一个时间间隔上的一部分进行测量。

1. 输入项

数据：As Timeseries 部件输出的时间序列。

2. 输出项

子集：从时间序列中选择的时间切片。

3. 基本介绍

该部件是专门为时间序列和交互式可视化设计的选择子集的部件。它可以按日期/小时选择数据的子集，而且可以从滑动窗口输出数据，并带有时间长度和输出变化速度的选项。

4. 操作界面

Time Slice 部件的操作界面如图 2－8－21 所示。根据图中编号，对各处操作介绍如下。

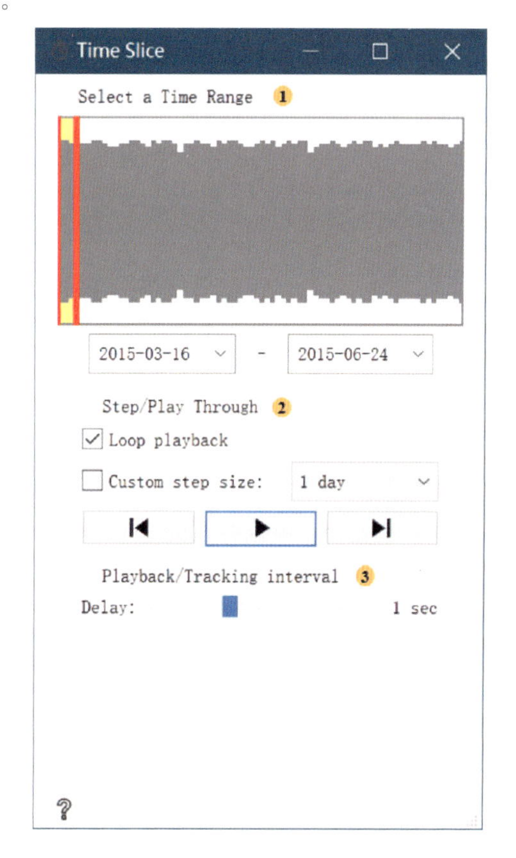


图 2－8－21　Time Slice 操作框

①选择时间范围：单击并拖动红线进行调整，也可以单击拖动黄色框将其移动，或者在下方点击设置具体日期。

②时长和播放设置。

■　循环播放。

■　自定义时间长度：如果将其设置为 1 天，则窗口移动后将输出 $n+1$ 天。如果未定义时长，则切片将移动到相同大小的下一帧，而不会出现任何重叠。

■　操作按钮：包括播放（停止）、向后和向前按钮，点击后两者将时间切片按指定步长移动。

③设置滑动窗口的速度。

5. 操作实例

使用 Time Slice 与其他部件构建如图 2－8－22 所示的工作流。首先，使用 Yahoo Finance 从 Yahoo 检索财务数据，即 2015 年至 2021 年的 AMNZ 股票指数。其次，使用 Time Slice 来观察数据如何随时间变化，同样也可以在 Line Chart 中观察 Time Slice 的输出数据。在 Time Slice 中点击播放，就可以查看折线图的交互变化。

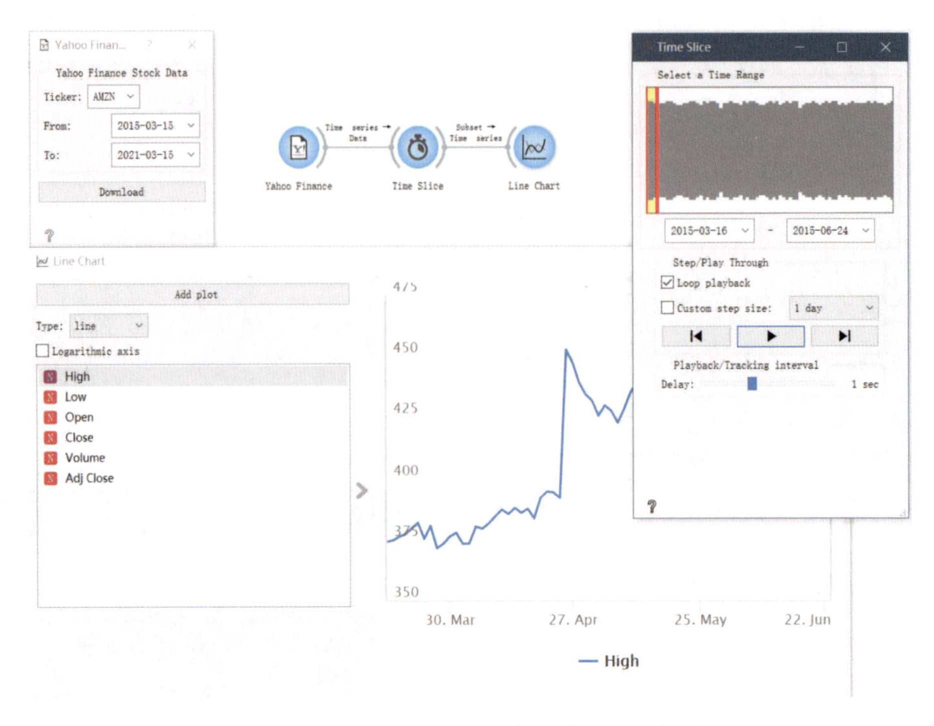


图 2-8-22　Time Slice 部件连接应用示意图

## （十四）Aggregate（聚合）

利用 Aggregate 部件，可以对时间序列数据按秒、分、时等时间间隔进行汇总。

### 1. 输入项

As Timeseries 部件输出的时间序列数据。

### 2. 输出项

汇总的时间序列数据。

### 3. 基本介绍

该部件以相同的粒度级别将数据实例连接在一起进行聚合，即若间隔为“天”，则同一天的所有数据实例将合并为一个，也可以依据属性类型选择不同的聚合函数。

### 4. 操作界面

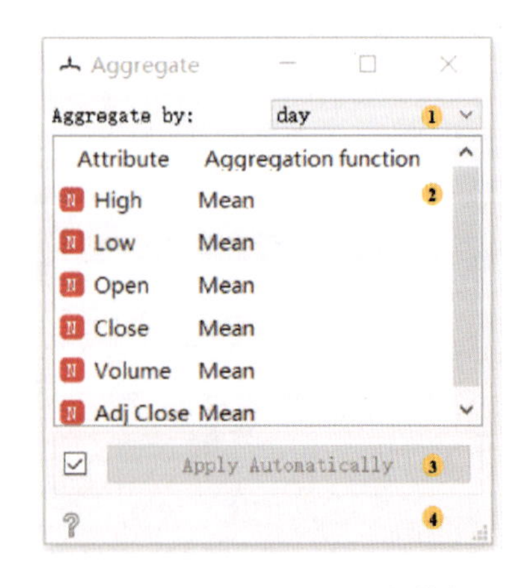


图 2-8-23　Aggregate 操作框

Aggregate 部件的操作界面如图 2-8-23 所示。根据图中编号，对各处操作介绍如下。

①间隔：汇总时间序列所依据的间隔，选项包括秒、分、时、天、周、月、年。

②表格中每个时间序列的汇总函数：离散型数据只能用众数进行汇总，而字符型数据只能用字符串联进行汇总。

③自动应用：若需要，则勾选，操作框里的选择和改动即时应用。

④状态栏：左侧为帮助选项，若出错，则在右侧显示警告和错误信息。

5. 操作实例

略。

## （十五）Difference（差分）

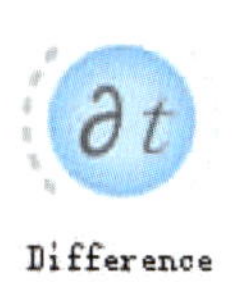


利用 Difference 部件，可以用沿其值方向的一阶或二阶离散差分替换时间序列，使其平稳。

1. 输入项

As Timeseries 部件输出的时间序列。

2. 输出项

输出时间序列之差。

3. 基本介绍

略。

4. 操作界面

Difference 部件的操作界面如图 2-8-24 所示。根据图中编号，对各处操作介绍如下。

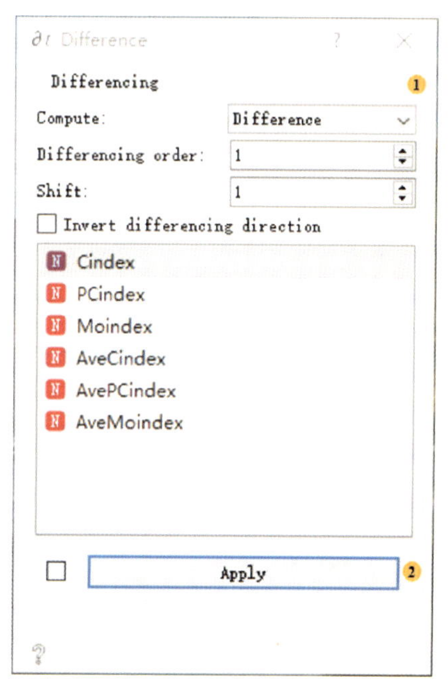


图 2-8-24 Difference 操作框

①差分。

■ 计算：差分、差商、变化的百分比。

■ 差分顺序：一阶差分或二阶差分。

■ 差分前的转变：值为 1 时表示区间是离散化的，也可以用更大的值计算当前步骤与之前步骤的差异。

■ 反向差分：调转差分方向。

■ 选择差分系列。

②自动应用更改。

5. 操作实例

略。

## （十六）Seasonal Adjustment（季节性调整）

利用 Seasonal Adjustment 部件，可以将时间序列分解为季节性序列、趋势和剩余分量。

1. 输入项

As Timeseries 部件输出的时间序列。

2. 输出项

带有附加列（如季节成分、趋势成分、剩余成分）的原始时间序列和季节性调整的时间序列。

3. 基本介绍

略。

4. 操作界面

Seasonal Adjustment 部件的操作界面如图 2-8-25 所示。根据图中编号，对各处操作介绍如下。

①季节性调整。

■ 季节周期。

■ 分解模型：包括加法模型和乘法模型，前者适合于季节波动的幅度不随水平变化的序列，后者适合于经济时间序列。

■ 选择进行季节调整的系列。

②自动应用更改。

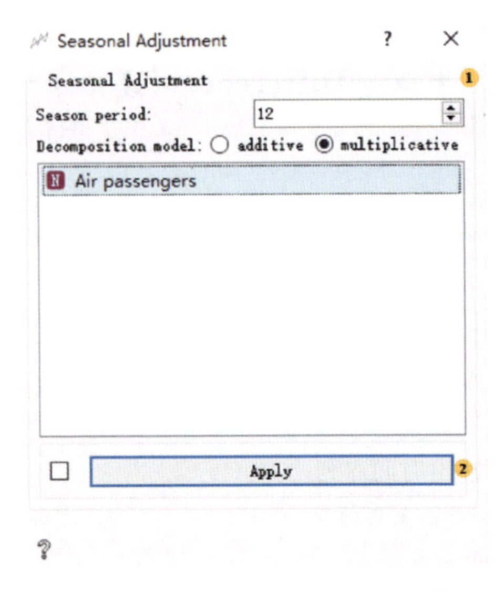


图 2-8-25 Seasonal Adjustment 操作框

5. 操作实例

将 Seasonal Adjustment 部件与其他部件构建如图 2-8-26 所示的连接。首先，选择导

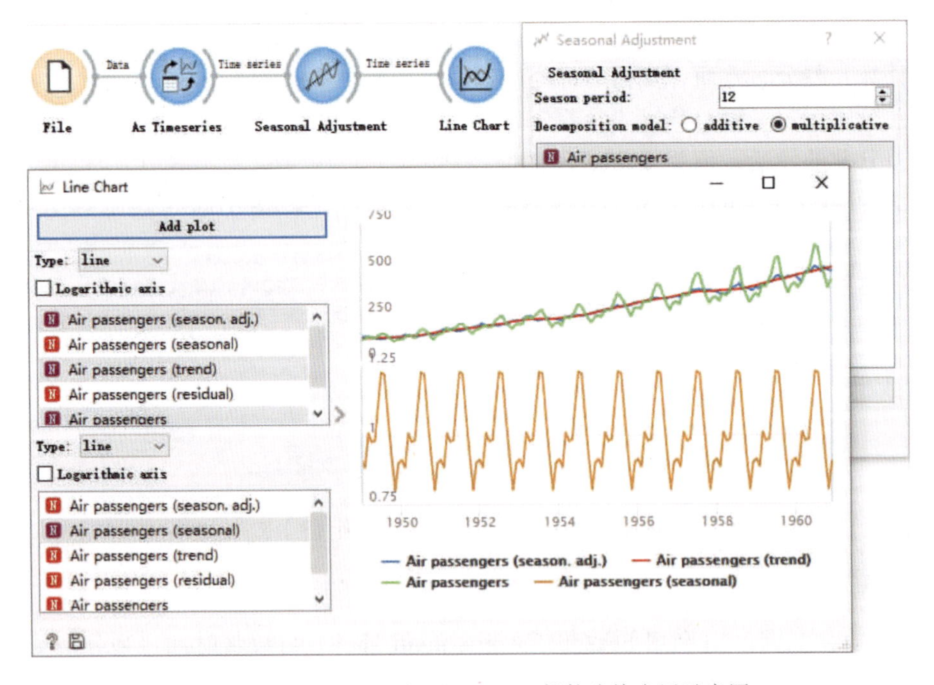


图 2-8-26 Seasonal Adjustment 部件连接应用示意图

入 airpassengers. csv 数据，将其传递给 As Timeseries，并选择“Month”作为时间序列；其次，将其连接到 Seasonal Adjustment，选择“multiplicative（乘法模型）”；最后，将进行季节性调整后的结果连接至 Line Chart 部件，可以观察到带有季节成分、趋势成分、剩余成分的原始时间序列和季节性调整后的时间序列。

## 九、Text Mining（文本挖掘）

Text Mining 模块共有 22 个部件，主要针对文本数据进行一系列处理。在数据输入方面，既能通过开放平台获取数据，也可导入自定义的文本或文件夹；在数据处理方面，可以实现文本预处理、词频统计、词云绘制、情感分析、主题词建模以及文本到网络分析和文本到地图分析等多种功能。

### （一）Corpus（语料库）

利用 Corpus 部件，可以加载文本文档的语料库，可选用类别标记，或者将数据输入标签更改为语料库。

1. 输入项

输入数据集。

2. 输出项

语料库：文件的集合。

3. 基本介绍

该部件可以在两种模式下工作：当输入通道没有数据时，它从文件中读取文本语料库，并将语料库实例发送到输出通道。最近打开文件的历史记录保存在部件中，还包括一个目录，列出了与附加组件一起预装的示例语料库。该部件可以从 Excel（. xlsx）、逗号分隔值文件（. csv）和本机制表符分隔文件（. tab）中读取数据。当用户向输入通道提供数据时，该部件将数据转换为语料库。用户可以选择将哪些功能用作文本功能。

4. 操作界面

Corpus 部件的操作界面如图 2 - 9 - 1 所示。根据图中编号，对各处操作介绍如下。

①浏览以前打开的数据文件，或重新加载当前选择的数据文件。

②选择在 Corpus Viewer 中显示为文档标题的变量。

③将在文本分析中使用的功能。

④文本分析中不会使用的功能。

⑤浏览与附件一起被提供的数据集。

5. 操作实例

将 Corpus 部件与其他部件构建如图 2 - 9 - 2 所示的连接。首先使用 Corpus 导入 book - excerpts. tab 数据，随后使用 Preprocess Text 进行预处理，将所有文本转换为小写，分割为单词，过滤掉英语停用词并选择 100 个最常用的词。最后连接到 Word Cloud 进行快速可视化。

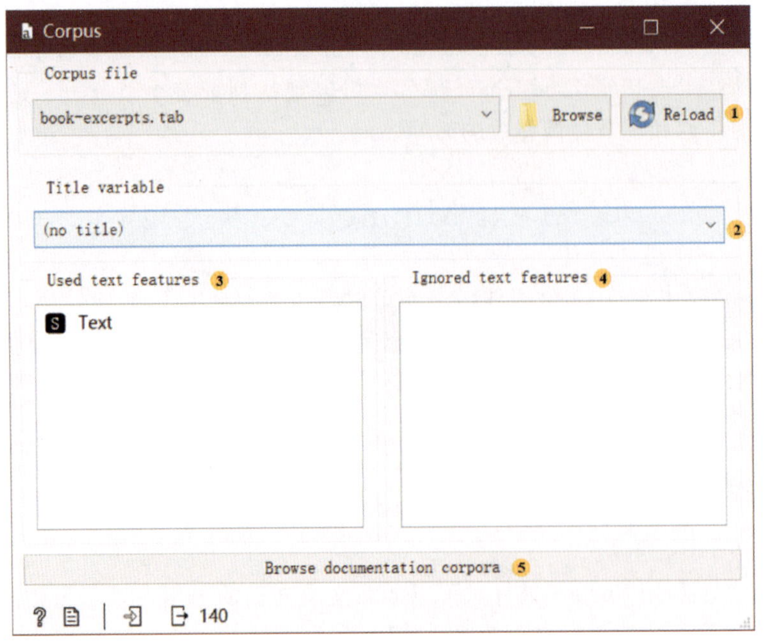


图 2-9-1　Corpus 操作框

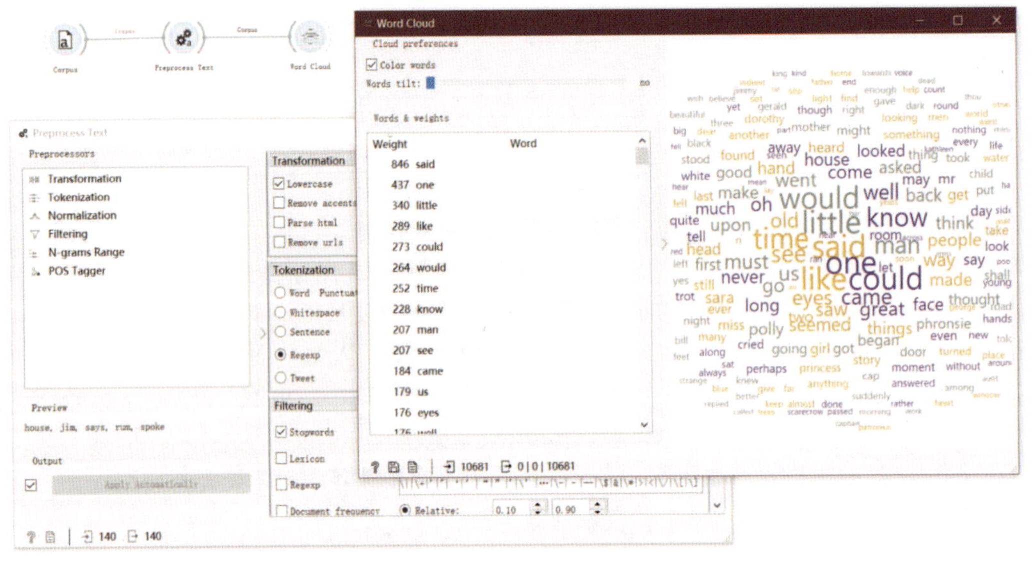


图 2-9-2　Corpus 部件连接应用示意图

## （二）Import Documents（导入文件）

|  Import Documents | 利用 Import Documents 部件，可以从文件夹导入文本文档。 |
|---|---|

1. 输入项

无。

2. 输出项

语料库：来自本地计算机的文档集合。

3. 基本介绍

该部件从文件夹中检索文本文件并创建语料库，可以读取的文件类型有.txt、.docx、.odt、.pdf 和.xml。如果文件夹包含子文件夹，则子文件夹将用作类标签。

4. 操作界面

Import Documents 部件的操作界面如图 2-9-3 所示。根据图中编号，对各处操作介绍如下。

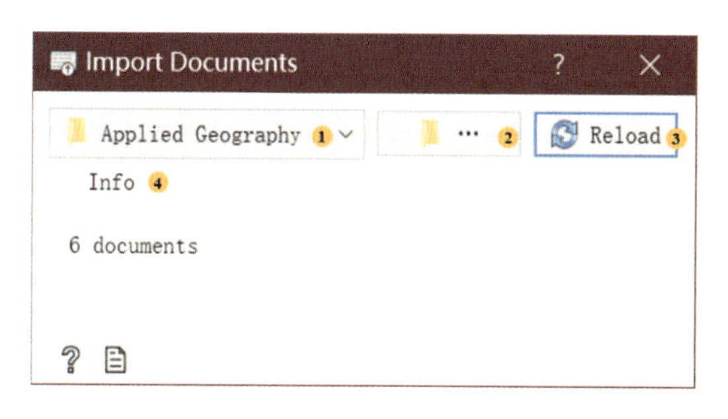


图 2-9-3 Import Documents 操作框

①正在加载的文件夹。

②从本地计算机加载文件夹。

③重新加载数据。

④检索到的文档数。

5. 操作实例

略。

## （三）The Guardian（卫报）

The Guardian

利用 The Guardian 部件，可以从《卫报》开放平台获取数据。

1. 输入项

从《卫报》搜索得到的文章数据。

2. 输出项

语料库：《卫报》报纸的文件集。

3. 基本介绍

该部件通过 API 从《卫报》中检索文章，为了使其正常工作，需要提供 API 密钥，可以在《卫报》的访问平台上获得。

4. 操作界面

The Guardian 工具的操作界面如图 2－9－4 所示。根据图中编号，对各处操作介绍如下。

①API 密钥。

②点击查询并设置检索文章的时间范围。

③定义输出：可自定义输出文本是否包括标题、HTML、正文、标签、注释、网址。

④输出信息。

⑤点击“Search”开始检索文章，或点击“Stop”来终止检索。

5. 操作实例

将 The Guardian 部件与其他部件构建如图 2－9－5所示的连接。如图检索了 2020 年 2 月 18 日至 2021 年 2 月 17 日之间提及“Paris”的 3747 篇文章，连接到 Corpus Viewer 后，就可以查看搜索结果。

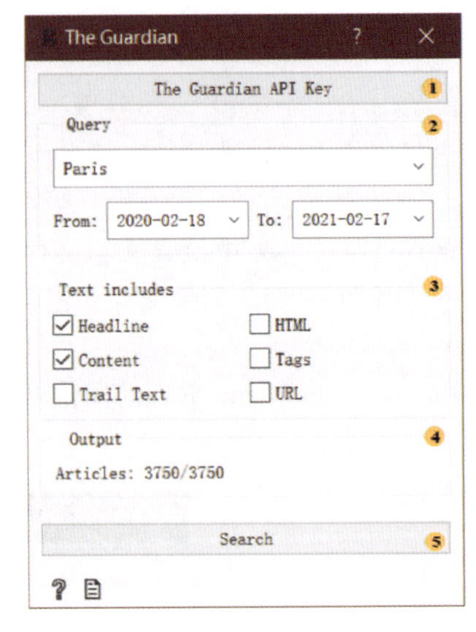


图 2－9－4　The Guardian 操作框

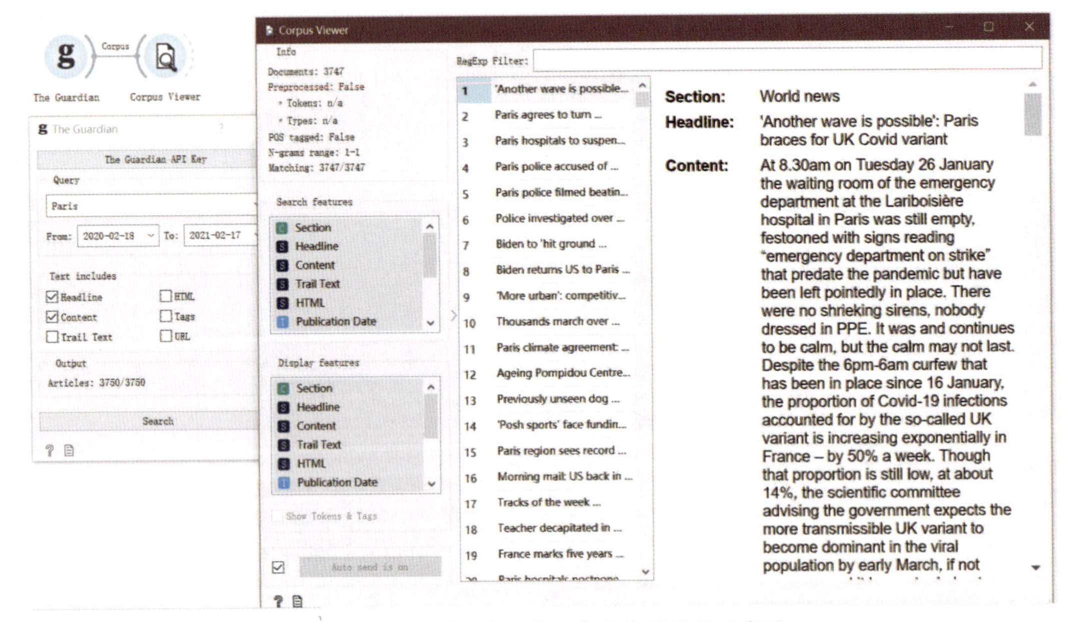


图 2－9－5　The Guardian 部件连接应用示意图

## （四）NY Times（纽约时报）

利用 NY Times 部件，可以加载从《纽约时报》搜索的文章数据。

1. 输入项

根据 API 密钥搜索得到的《纽约时报》文章。

2. 输出项

语料库：《纽约时报》报纸的文件集。

3. 基本介绍

该部件从《纽约时报》的文章搜索 API 加载数据，要使用该部件，必须输入自己的 API 密钥，可以查询从 1851 年 9 月 18 日至今的文章，但 API 限制每次只能检索 1000 个文档。

4. 操作界面

NY Times 部件的操作界面如图 2-9-6 所示。根据图中编号，对各处操作介绍如下。

①API 密钥。

②点击查询并设置检索文章的时间范围。

③定义输出：可自定义输出文本是否包括标题、网址、摘要、地点、片段、人物、首段、结构、主题关键词、创意作品。

④输出信息。

⑤点击“Search”开始检索文章，或点击“Stop”来终止检索。

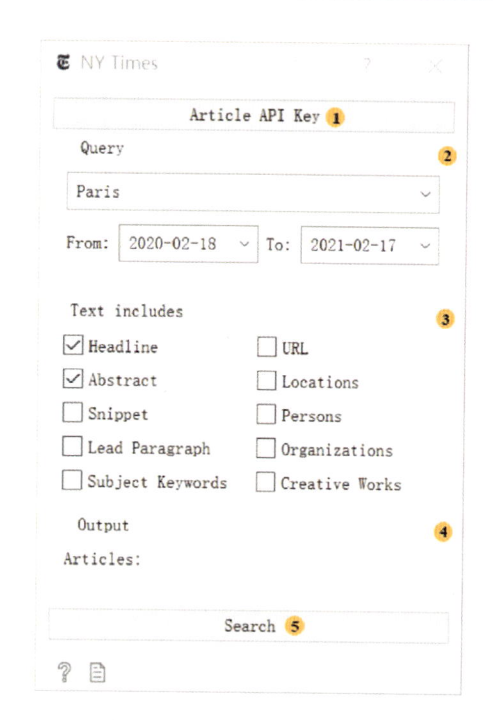


图 2-9-6 NY Times 操作框

5. 操作实例

略。

## （五）Pubmed（已发布数据库）

利用 Pubmed 部件，可以通过设定筛选条件从已发布的期刊中获取数据。

1. 输入项

搜索得到的 Pubmed 数据的文章。

2. 输出项

语料库：Pubmed 在线数据库的文档集合。

3. 基本介绍

该部件可用于在已发布数据库中筛选出符合设定条件的对象，数据库中包括美国国立医学图书馆、生命科学期刊和在线书籍中超过 2600 万篇生物医学文献引文。可以使用常规搜索或高级搜索对条目进行筛选。

4. 操作界面

Pubmed 部件的操作界面如图 2-9-7 所示。根据图中编号，对各处操作介绍如下。

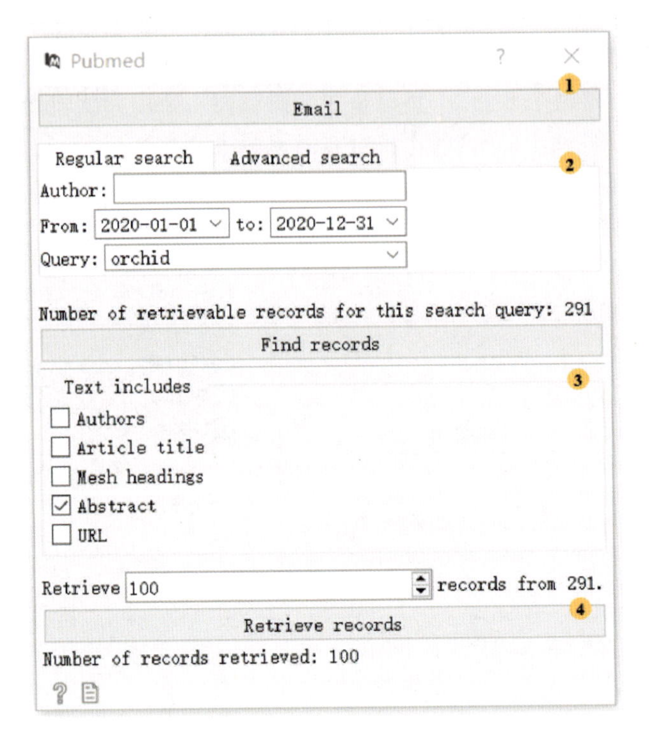


图 2-9-7　PubMed 操作框

①输入有效的电子邮件以检索查询。

②搜索选项：包括常规搜索和高级搜索两类。

■ 常规搜索：可以查询所有作者或特定作者、选定时间范围、输入查询对象。

■ 高级搜索：能够构建复杂的查询条件，可以访问 PubMed 网站学习如何构建高级检索条件，也可以从网站复制粘贴已构建的查询条件。

■ 查找记录：显示从 Pubmed 数据库中查询匹配的可用数据，已找到的记录数将显示在按钮上方。

③定义输出：可自定义输出文本是否包括作者、文章名称、网格标题、摘要、网址。

④设置检索的记录数：按检索记录可在输出中获取查询结果，按钮下方为有关输出中记录数的信息。

### 5. 操作实例

在 Pubmed 中选择有效的电子邮件，在数据库中查询“2020-01-01”至“2020-12-31”期间“Orchid”的论文记录，在输出元特征中设定仅导出“Abstract”，选定 100 条数据导出。连接 Select Columns 和 Word Cloud 按频率显示所涉及的单词，以便于快速检查，如图 2-9-8 所示。同时也可以通过 Preprocess Text 部件来筛选及删除不符合要求的单词，能够过滤一些表示化学物质的字眼。

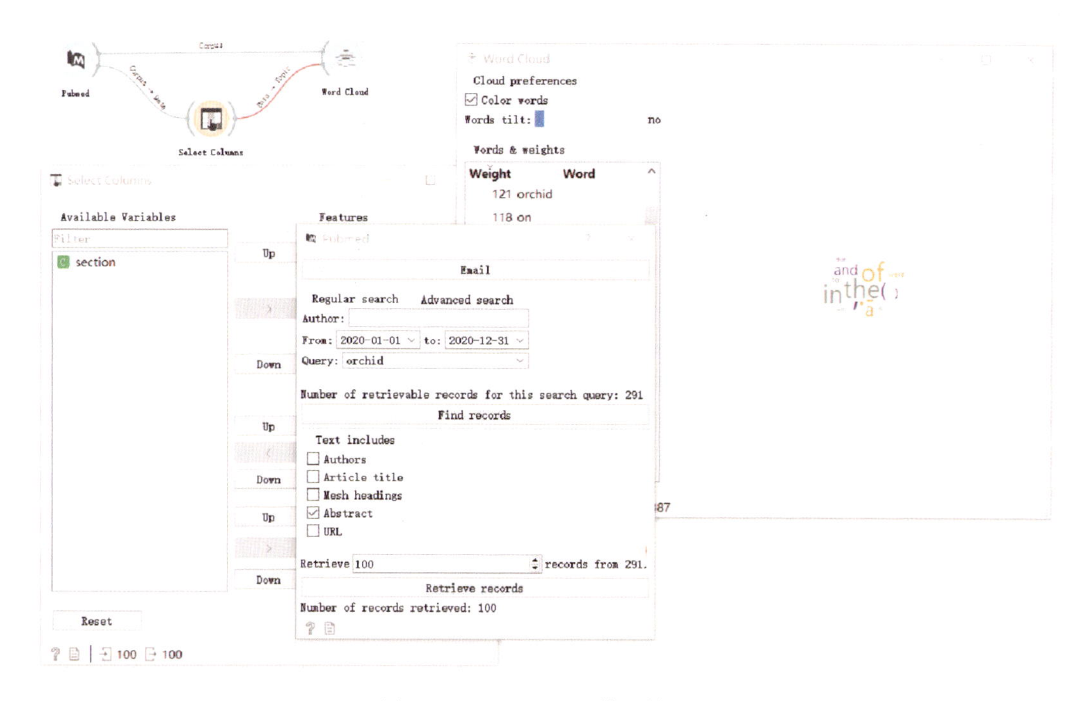

图 2-9-8 Pubmed 筛选结果图

## （六）Twitter（推特）

Twitter

利用 Twitter 部件，可以从推特 API 中检索并提取符合所设定筛选条件的数据集。

### 1. 输入项

根据 API 密钥搜索得到的推特上的推文。

### 2. 输出项

语料库：来自推特数据库的系列推文。

### 3. 基本介绍

该部件可通过推特 API 检索并提取符合条件的推文。若要创建更大的数据集，则可以按内容、作者或两者同时包含进行查询并累积结果。该部件仅支持 REST API，查询期限最多为两周。

### 4. 操作界面

Twitter 部件的操作界面如图 2-9-9 所示。根据图中编号，对各处操作介绍如下。

①输入有效的推特 API Key 以检索查询，之后登录信息会被安全地保存在系统密钥环服务中，并且在清除部件设置时不会被删除。

②参数设置。

- 查询词列表：列出所需查询的词，每行一个。

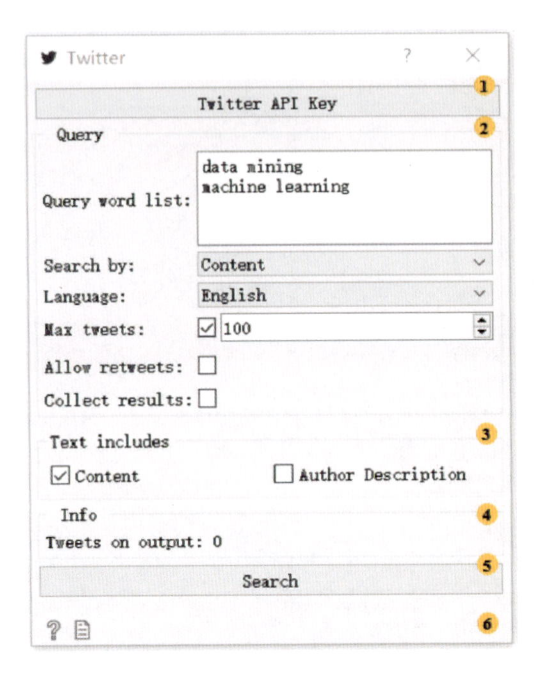


图 2-9-9　Twitter 操作框

■ 搜索依据：指定要按照内容、作者或者是两者同时包含进行搜索。若按作者搜索，则必须在查询列表中输入正确的推特账号（不加@）。

■ 语言：设置检索到的推文的语言，可以检索任何语言的推文。

■ 最大上限：设置检索到的推文的上限。若未勾选，则不会设置上限，该部件将检索所有可用的推文。

■ 允许转发：若勾选，则转发的推文也将出现在输出中，可能会导致结果重复。

■ 收集结果：若勾选，则该部件会将新查询结果追加到先前的查询结果中。输入新查询对象，运行“Search”，新结果将被附加到先前的查询结果中。

③定义输出：可自定义输出文本是否包括内容简介、作者。

④输出的推文数量。

⑤运行查询。

⑥状态栏：左侧显示帮助选项和文件图标，若出错，则在右侧显示警告和错误信息。

5. 操作实例

略。

## （七）Wikipedia（维基百科）

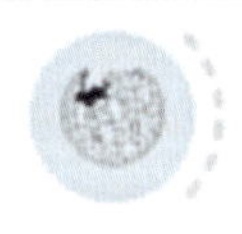

Wikipedia

利用 Wikipedia 部件，可以从 Wikipedia API 中检索文本，它主要用于教学和演示。

1. 输入项

从 Wikipedia 搜索得到的文本数据。

2. 输出项

来自维基百科的文档集合。

3. 基本介绍

略。

4. 操作界面

Wikipedia 部件的操作界面如图 2-9-10 所示。根据图中编号，对各处操作介绍如下。

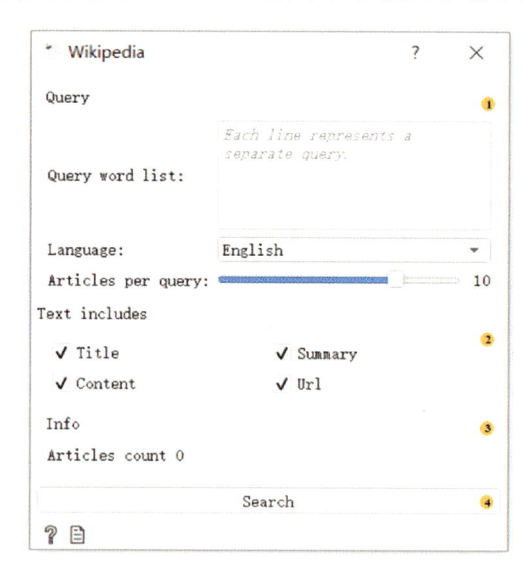


图 2-9-10 Wikipedia 操作框

①查询参数。

- 查询词列表：每个查询词在新的行中列出。
- 查询的语言：默认为英语。
- 查询要检索的文章数。

②定义输出：可自定义输出文本是否包括标题、摘要、内容、网址。

③输出的文本数量。

④运行查询。

5. 操作实例

略。

## （八）Preprocess Text（预处理文本）

| <br>Preprocess Text | 利用 Preprocess Text 部件，可以用选定的方法对语料库进行预处理。 |
|---|---|

### 1. 输入项

语料库：文档的集合。

### 2. 输出项

预处理语料库。

### 3. 基本介绍

该部件可以将文本分割成更小的单元，过滤它们，并进行规范化（词干提取、引理化），创建“N-grams”和带有词性标签的标记。需要注意的是，该部件按照列出的顺序运行预处理步骤，较好的顺序应该是首先转换文本，然后应用标记化、词性标记、规范化、过滤，最后基于给定的标记构建“N-grams”。

### 4. 操作界面

Preprocess Text 部件的操作界面如图 2-9-11 所示。根据图中编号，对各处操作介绍如下。

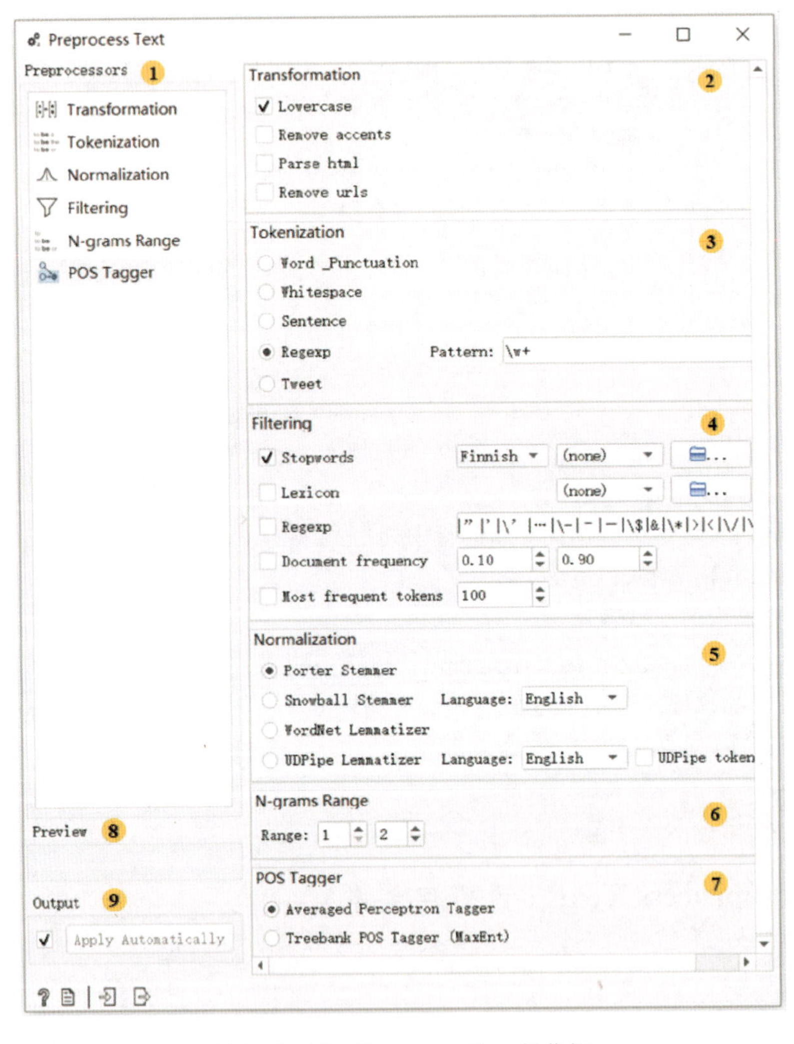


图 2-9-11　Preprocess Text 操作框

①可用的预处理器。

②转换。

■ Lowercase：把所有文本都变成小写。

■ Remove accents：删除文本中所有的变音符。

■ Parse html：监测 html 标签并解析出文本。

■ Remove urls：从文本中删除 urls。

③标记化：将文本分解成更小的成分。

■ Word _ Punctuation：以单词分隔文本，并保留标点符号。

■ Whitespace：仅通过空格分隔文本。

■ Sentence：以句号分隔文本。

■ Regexp：通过提供的正则表达式分割文本。

■ Tweet：通过预先训练的推特模型来分割文本，该模型保留了话题标签、表情符号和其他特殊符号。

④过滤：删除或保留所选单词。

■ Stopwords：从文本中移除停止词（例如“and”“or ”“in”）。选择过滤语言，默认为英文。

■ Lexicon：只保存文件中提供的单词。

■ Regexp：删除与正则表达式匹配的单词。默认设置为删除标点符号。

■ Document frequency：保留出现在不少于且不超过指定文档数量/百分比的标记。

■ Most frequent tokens：只保留指定数量的最频繁符号。默认值是 100 个最常见的符号。

⑤规范化。

■ Porter Stemmer：沿用了原版的 Porter Stemmer。

■ Snowball Stemmer：应用 Porter Stemmer 的改进版本。默认为英语。

■ WordNet Lemmatizer：将一个认知同义词网络应用到基于大型英语词汇数据库的符号上。

■ UDPipe Lemmatizer：应用预先训练的模型来规范化数据。

⑥字格范围：从符号创建 N - grams，用数字指定字格范围。

⑦词性标注器。

■ Averaged Perceptron Tagger：使用 Matthew Honnibal 的平均感知器标记器运行 POS 标记。

■ Treebank POS Tagger (MaxEnt)：使用训练过的 Penn Treebank 模型运行 POS 标记。

⑧预览预处理数据。

⑨勾选“Apply Automatically”则自动应用更改。

5. 操作实例

将 Preprocess Text 部件与其他部件构建如图 2 - 9 - 12 所示的连接，选用 book - excerpts. tab 数据集，在此例中可以观察该部件对文本的影响。通过 Corpus 部件将 Preprocess Text 连接到语料库，并保留了默认的预处理方法（小写、每个单词的标记化）。设置为只输出前 100 个高频词。然后将 Preprocess Text 与 Word Cloud 连接起来，即可观察在文本中的高频词。

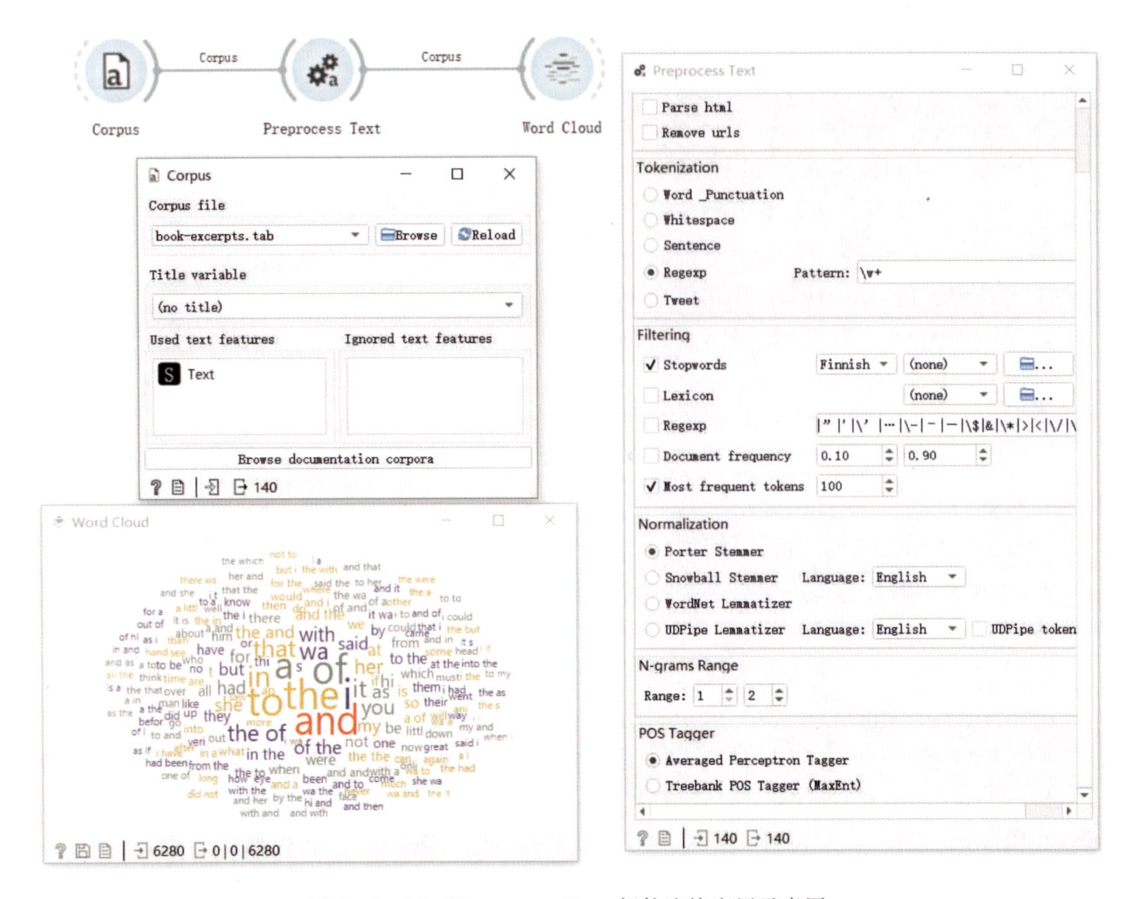


图 2-9-12　Preprocess Text 部件连接应用示意图

## （九）Corpus to Network（语料库到网络）

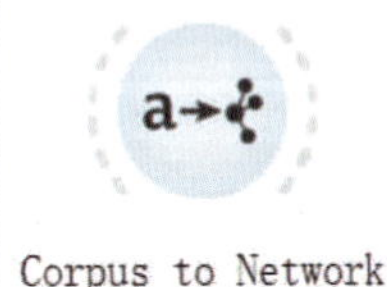


利用 Corpus to Network 部件，可以从给定的语料库创建网络。网络节点可以是文档，也可以是词语。

1. 输入项

语料库：文件的集合。

2. 输出项

网络（从输入语料库生成的网络）；节点数据（有关节点的其他数据）。

3. 基本介绍

该部件的输入项既可以是文档，也可以是单词（N-grams）。如果节点是文档，两个文档中出现的单词（N-grams）数量至少为阈值，则两个文档之间存在一条边。如果节点是单词（N-grams），两个单词出现在一个窗口中的次数（大小为 2×窗口大小+1）至少是阈值，那么两个单词之间就有一条边。只有频率高于阈值的单词才会被包含为节点，共同组成单词共现网络。

4. 操作界面

Corpus to Network 部件的操作界面如图 2－9－13 所示。根据图中编号，对各处操作介绍如下。

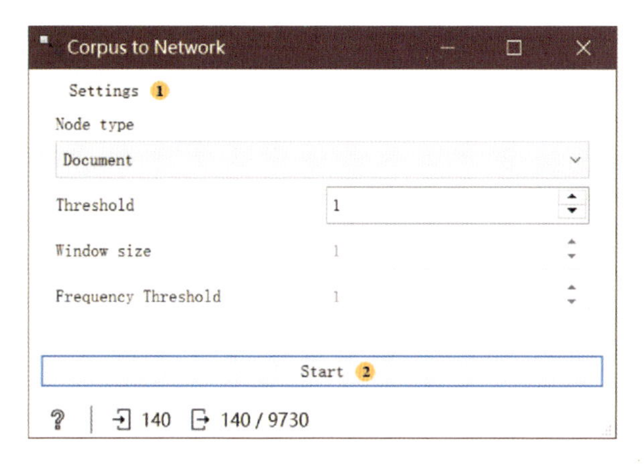


图 2－9－13　Corpus to Network 操作框

①参数设置：节点可选择文档（Document）或单词（Word），也可以设置改变阈值、窗口尺寸、频率阈值。

②用于在部件运行时停止计算或更改后开始计算的按钮。如果单击“Start”，它将被替换为“Stop”按钮用于停止计算。

5. 操作实例

使用 Corpus 部件加载 book－excerpts. tab 数据，并将其连接到 Preprocess Text 预处理文本数据，使用默认参数，随后连接到 Corpus to Network，将节点类型设置为“Word”，将阈值设置为 10，将窗口大小设置为 3，将频率阈值设置为 200，然后点击“Start”。最后的输出网络仅包含频率超过 200 的单词（N－grams），如果单词同时出现在宽度至少为 7 的 10 个窗口中，则会在这些单词之间创建边。最后将 Corpus to Network 部件连接到 Network Explorer，调整节点大小与其频率相对应，就可以可视化 Corpus 中最常见的单词及其连接（图 2－9－14）。

## （十）Bag of Words（词袋）

利用 Bag of Words 部件，可以从输入语料库中生成词的集合。

1. 输入项

语料库：文件的集合。

2. 输出项

语料库：附有词语特征的语料库。

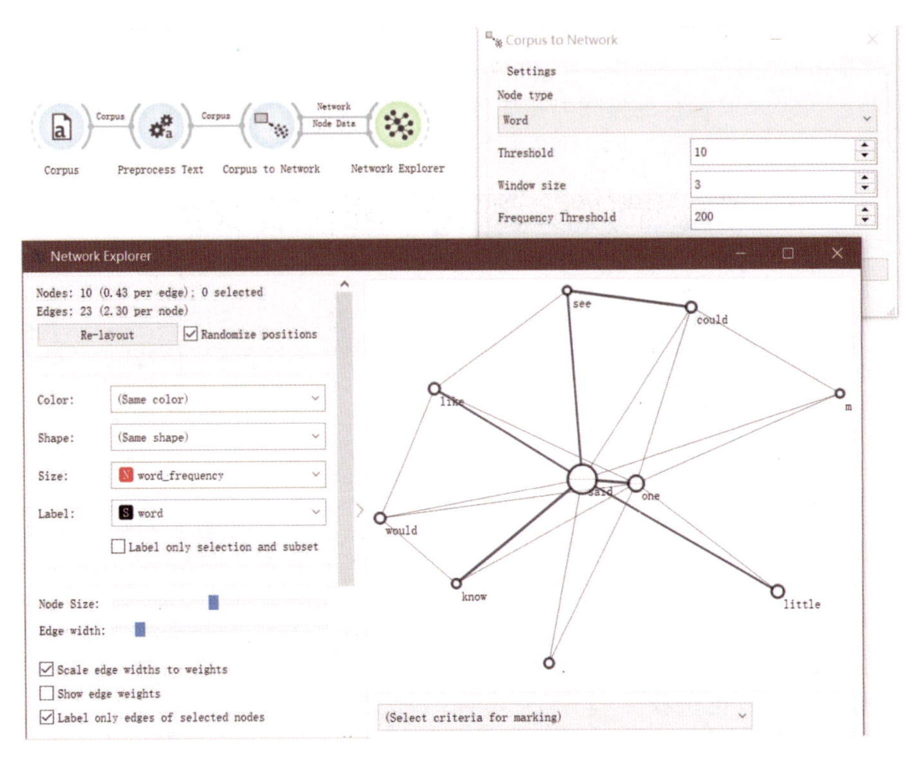


图 2-9-14　Corpus to Network 部件连接应用示意图

3. 基本介绍

该部件为每个数据实例（文档）创建一个带有单词计数的语料库计算方式，可以是绝对计数、二进制计数或次线性计数。此外，该部件与 Word Enrichment 结合使用可以用于预测建模。

4. 操作界面

Bag of Words 部件的操作界面如图 2-9-15所示。根据图中编号，对各处操作介绍如下。

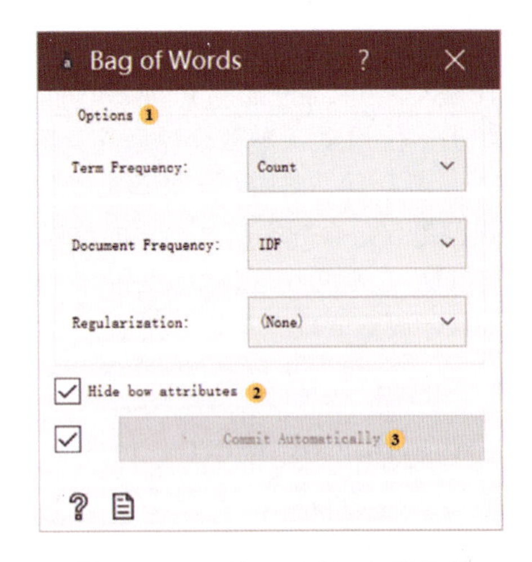


图 2-9-15　Bag of Words 操作框

①参数设置。

■ 词频：计数方法包括 3 种，“Count”表示文档中单词出现的数量，“Binary”表示文档中出现或不出现单词，“Sublinear”表示文档中单词词频的对数。

■ 文件频率：包括 None（不计频率）、IDF（反文档频率）和 Smoth IDF（在文档频率上加 1 以防止零分频）。

■ 正则化：包括 None（不正则化）、L1（将向量长度归一化为元素和）和 L2（将向量长度归一化为平方和）。

②隐藏弓形属性。

③自动提交。

5. 操作实例

①将 Bag of Words 部件与其他部件构建如图 2-9-16 所示的连接。

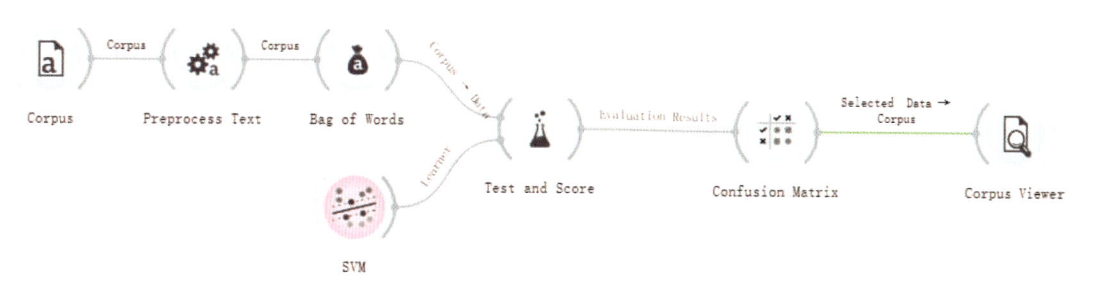


图 2-9-16　Bag of Words 部件连接应用示意图

②使用 Corpus 部件载入 book-excerpts.tab 数据集，该数据集通过带有默认参数的 Preprocess Text 部件处理后，连接到 Bag of Words 以获得用于计算模型的词频。随后连接到 Test and Score 以进行预测建模，同时将 SVM 或任何其他分类器也一同连接到 Test and Score，这样就可以计算输入到 Test and Score 部件中每个学习模型的表现分数，如图 2-9-17 所示。

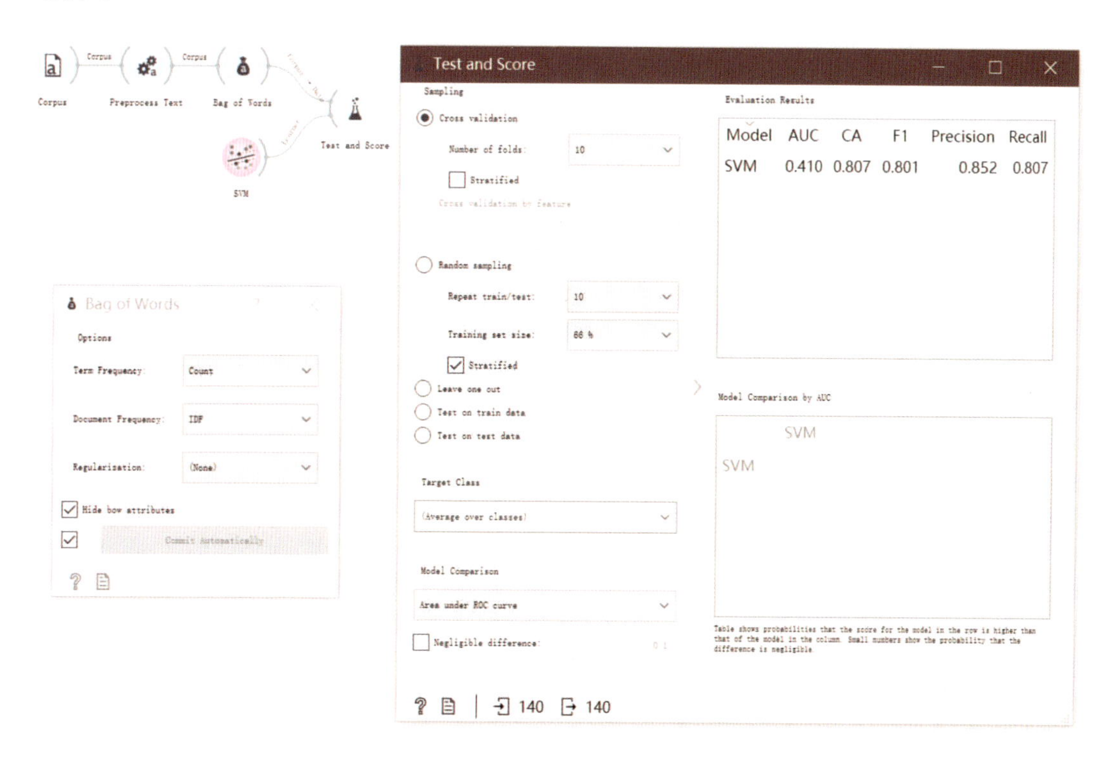


图 2-9-17　Bag of Words 和 Test and Score

③将 Confusion Matrix 添加到 Test and Score 中，矩阵显示了正确和错误分类的文档，同样地，可以使用 Corpus Viewer 进行检查，如图 2-9-18 所示。

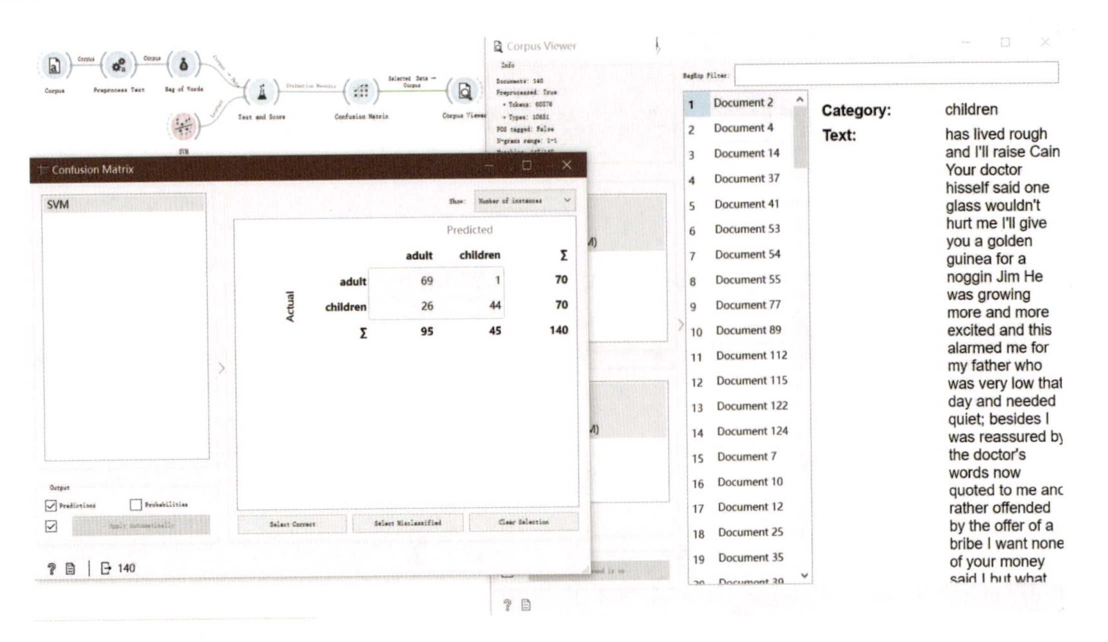


图 2-9-18　Confusion Matrix 和 Corpus Viewer

## （十一）Document Embedding（文档嵌入）

Document Embedding

利用 Document Embedding 部件，可以将输入语料库中的文档嵌入向量空间中。

### 1. 输入项

语料库：文档的集合。

### 2. 输出项

语料库：附加了新特征的语料库。

### 3. 基本介绍

该部件可对语料库中每个文档的 N-grams 进行解析，使用所选语言的预训练模型对每个 N-grams 进行嵌入，并使用一个聚合器对 N-grams 嵌入进行聚合，为每一个文档获取一个向量。

### 4. 操作界面

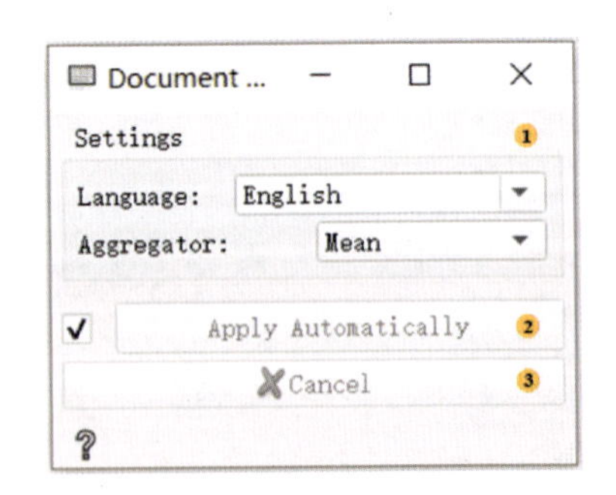


图 2-9-19　Document Embedding 操作框

Document Embedding 部件的操作界面如图 2-9-19 所示。根据图中编号，对各处操作介绍如下。

①设置参数。

- 语言：部件将使用在选定语言的文档上训练模型。
- 聚合器：对 N-grams 嵌入执行的操作，将它们聚合到单个文档向量中。

②勾选“Apply Automatically”则自动应用更改。

③取消当前的操作。

5. 操作实例

使用 Document Embedding 与其他部件构建如图 2－9－20 所示的工作流。本例选用 book－excerpts. tab数据集。Corpus 部件中加载 book－excerpts. tab 数据集，并连接到 Document Embedding 部件，通过 Data Table 检查输出数据，可以发现部件附加了 300 个额外的特性。

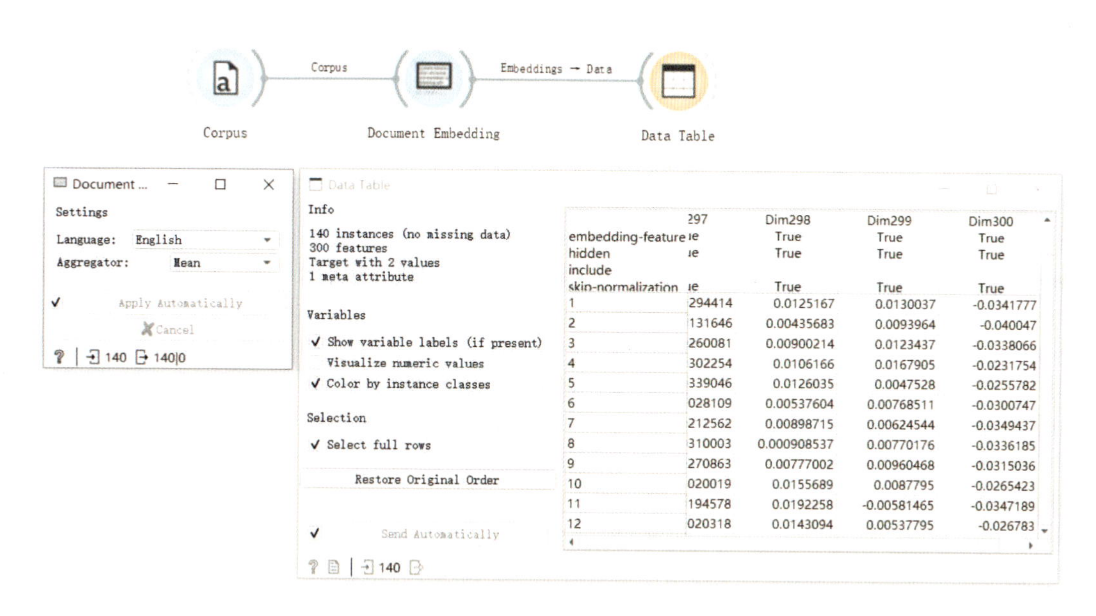


图 2－9－20　Document Embedding 部件连接应用示意图

## （十二）Similarity Hashing（相似散列）

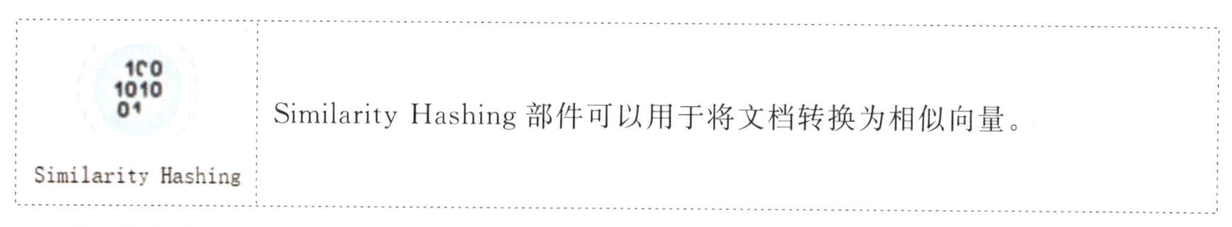


Similarity Hashing 部件可以用于将文档转换为相似向量。

1. 输入项

语料库：文档的集合。

2. 输出项

语料库：属性为 Simhash 值的语料库。

3. 基本介绍

该部件通过利用 Moses Charikar 创造的 Simhash 方法将文档转换为相似向量。

4. 操作界面

Similarity Hashing 部件的操作界面如图 2－9－21 所示。根据图中编号，对各处操作介绍如下。

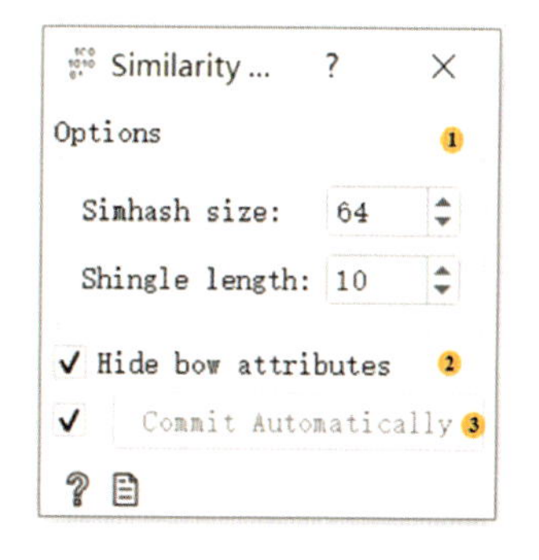


图 2－9－21　Similarity Hashing 操作框

①设置参数。

■ Simhash 大小：输出项中属性的数量，对应着信息的位数。

■ Shingle 长度：一个 Shingle 中字符的数量。

②隐藏首行属性。

③选“Commit Automatically”自动提交更改，否则手动勾选“Commit”。

5. 操作实例

略。

## （十三）Sentiment Analysis（情感分析）

Sentiment Analysis

利用 Sentiment Analysis 部件，可以根据文字预测语料库中每个文档的情感。

1. 输入项

语料库：文件的集合。

2. 输出项

语料库：包含有关每个文档的情感信息的语料库。

3. 基本介绍

该部件通过使用来自 NLTK 的 Liu Hu 和 Vader 情感模块，以及数据科学实验室的多语言情感词典，对语料库中的文档情绪进行预测，也可以用于根据语料库的情感预测来构建其他特征。对于 Liu Hu 方法，可以选择英语或斯洛文尼亚语；而 Vader 方法仅适用于英语，多语言情感支持多种语言（具体支持哪些语言可于该部件的官方解释网页中查找）。

4. 操作界面

Sentiment Analysis 部件的操作界面如图 2-9-22 所示。根据图中编号，对各处操作介绍如下。

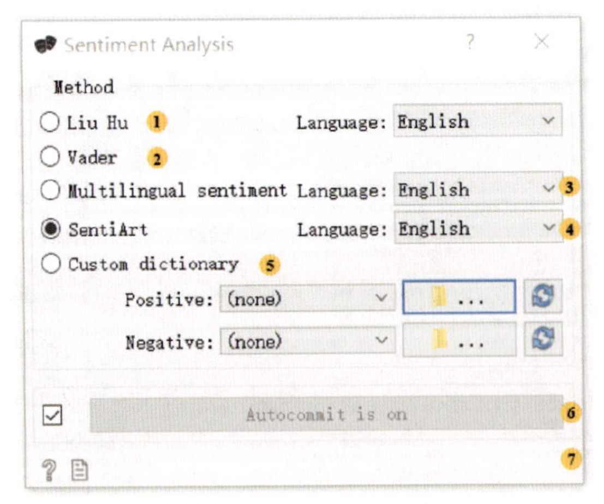


图 2-9-22　Sentiment Analysis 操作框

①Liu Hu：基于词典的情感分析（支持英语和斯洛文尼亚语）。最终分数是肯定词之和与否定词之和的差值，以文档长度为标准，乘以100，它反映了文档中情感差异的百分比。

②Vader：一种基于词库和语法规则来进行文本情感识别的方法。

③Mutilingual sentiment：多语言情感词典，支持多种语言的基于词典的情感分析。

④SentiArt：该工具基于公共可用的向量空间模型，无须情感词典。

⑤Custom dictionary：自定义词典，可添加自定义的积极和消极情感词典。可接受的源类型是.txt格式，每个单词在各自的行中，最终得分的计算方法与Liu Hu相同。

⑥自动提交：若需要，则勾选，操作框里的选择和改动即时提交。

⑦状态栏：左侧显示帮助选项和文件图标，若出错，则在右侧显示警告和错误信息。

5. 操作实例

①将Sentiment Analysis部件与其他部件构建如图2-9-23所示的连接。

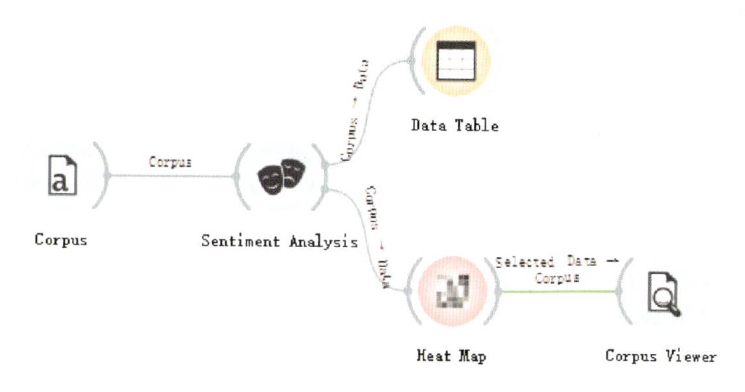


图2-9-23 Sentiment Analysis部件连接应用示意图

②在Corups中加载friends-transcripts.tab数据集，连接Sentiment Analysis对文本进行情感分析，连接Data Table从中查看文本信息以及情感赋值，如图2-9-24所示。

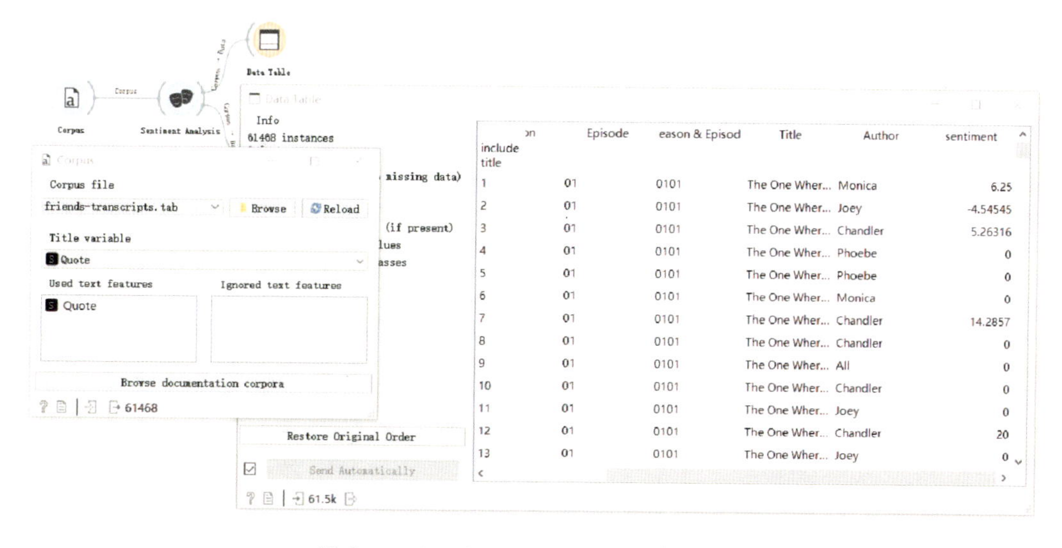


| | Episode | eason & Episod | Title | Author | sentiment |
|---|---|---|---|---|---|
| 1 | 01 | 0101 | The One Wher... | Monica | 6.25 |
| 2 | 01 | 0101 | The One Wher... | Joey | -4.54545 |
| 3 | 01 | 0101 | The One Wher... | Chandler | 5.26316 |
| 4 | 01 | 0101 | The One Wher... | Phoebe | 0 |
| 5 | 01 | 0101 | The One Wher... | Phoebe | 0 |
| 6 | 01 | 0101 | The One Wher... | Monica | 0 |
| 7 | 01 | 0101 | The One Wher... | Chandler | 14.2857 |
| 8 | 01 | 0101 | The One Wher... | Chandler | 0 |
| 9 | 01 | 0101 | The One Wher... | All | 0 |
| 10 | 01 | 0101 | The One Wher... | Chandler | 0 |
| 11 | 01 | 0101 | The One Wher... | Joey | 0 |
| 12 | 01 | 0101 | The One Wher... | Chandler | 20 |
| 13 | 01 | 0101 | The One Wher... | Joey | 0 |

图2-9-24 Sentiment Analysis情绪分值

③将 Heat Map 连接到 Sentiment Analysis，选择“Merge by k－Means”将具有相同极性的推文合并为一行，以“Rows：Clustering”来创建聚类的可视化文件将类似的推文分在一组，连接 Corpus Viewer 查看选定的推文信息，如图 2－9－25 所示。

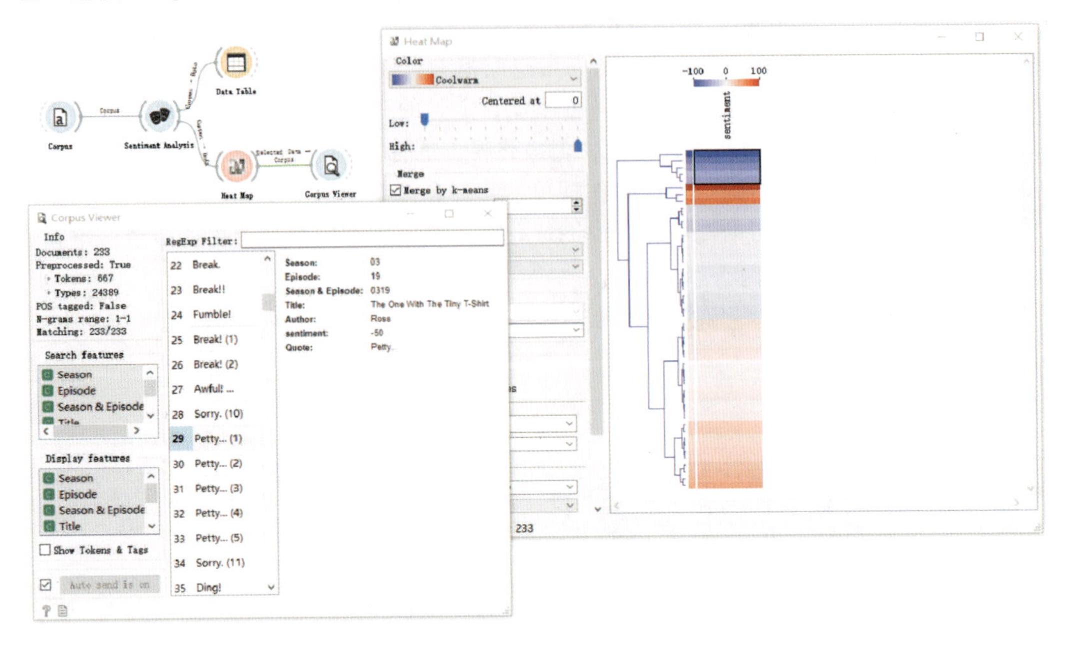


图 2－9－25　Sentiment Analysis 分析结果

## （十四）Tweet Profiler（推文探查器）

利用 Tweet Profiler 部件，可以在推文中检测 Ekman、Plutchik 或 POMS 情感。

### 1. 输入项

语料库：推文（或文档）的集合。

### 2. 输出项

语料库：包含有关每个文档的情感信息的语料库。

### 3. 基本介绍

该部件从服务器检索每个给定推文（或文档）的情绪信息，并将数据发送到服务器，以模型计算情绪概率或分数（Colneric & Demsar，2019）。该部件支持 3 种情感分类，分别为埃克曼（Ekman）、普鲁奇克（Plutchik）、心境状态量表（POMS）。

### 4. 操作界面

Tweet Profiler 部件的操作界面如图 2－9－26 所示。根据图中编号，对各处操作介绍如下。

①选项。

■ 用作内容的属性。

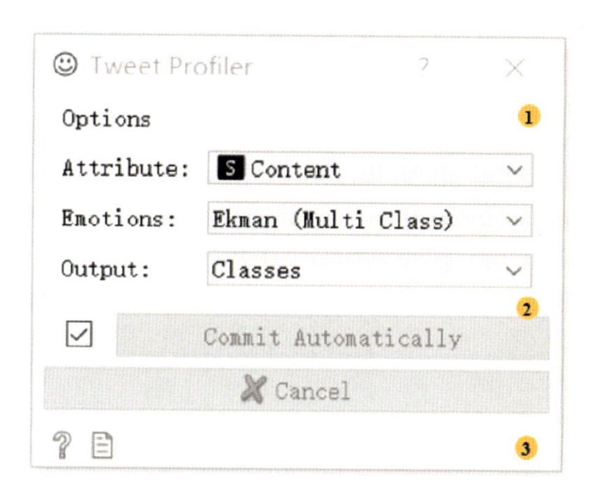


图 2-9-26 Tweet Profiler 操作框

■ 情绪分类：包括埃克曼（Ekman）、普鲁奇克（Plutchik）和心境状态量表（POMS）。“Multi Class”（多类别）将为每个文档输出一种最可能的情感，而“Multi Label”（多标签）将为每种情感以列的形式输出值。

■ 输出：包括情感的类别（Classes）、概率（Probabilities）或文档的情感特征向量（Embeddings）。

②自动提交：若需要，则勾选，操作框里的选择和改动即时提交。单击“Cancel”即取消前面的操作。

③状态栏：左侧显示帮助选项和文件图标，若出错，则在右侧显示警告和错误信息。

5. 操作实例

在 Corups 中加载 book-excerpts. tab 数据集，连接 Tweet Profiler，使用“text”属性进行分析，选择“Ekman”对情感进行分类并使用多类别选项，将情感结果作为类别（Classes）输出，连接 Box Plot，选择“Emotion”变量从中观察结果，如图 2-9-27 所示。

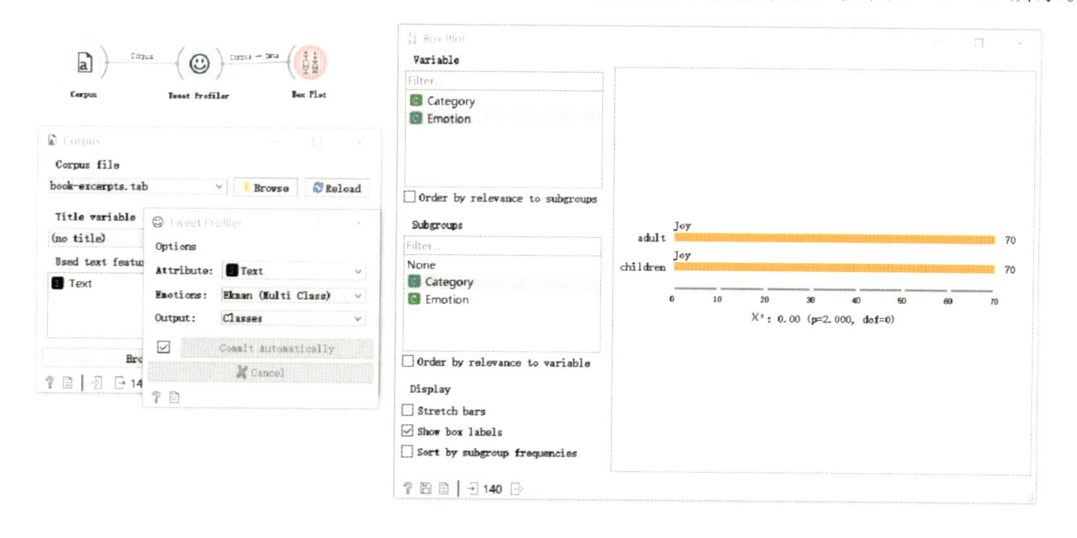


图 2-9-27 Tweet Profiler 结果显示

## （十五）Topic Modelling（主题建模）

Topic Modelling

利用 Topic Modelling 部件，可以使用潜在语义索引模型（Latent Semantic Indexing，简称 LSI）、潜在狄利克雷模型（Latent Dirichlet Allocation，简称 LDA）或分层狄利克雷模型（Hierarchical Dirichlet Process，简称 HDP）的主题建模。

### 1. 输入项

语料库：文件的集合。

### 2. 输出项

语料库（附有主题权重的语料库）；主题（选定主题包含单词的权重）；所有主题（每个主题的权重）。

### 3. 基本介绍

该部件根据每个文档的单词簇及其各自的频率来找出语料库的抽象主题。一个文档通常包含占比不同的多个主题，因此部件还会报告每个文档的主题权重。这个部件包含了 gensim 的主题模型（LSI、LDA、HDP）。

LSI 可以同时返回正词（存在于主题中的词）和负词（主题中不存在的词）以及主题权重，结果可以是正数，也可以是负数。正如 gensim 的主要开发者 RadimŘehůřek 所说：“LSI 主题应该是无意义的，因为 LSI 允许负数，它归结为主题之间微妙的抵消，没有直接的方法来解释主题。”相比起来，LDA 更容易解释主题，但速度比 LSI 慢。HDP 有许多参数，其中对应主题数量的参数是顶级截断级别（T），可以检索到的最小主题数是 10 个。

### 4. 操作界面

Topic Modelling 部件的操作界面如图 2－9－28 所示。根据图中编号，对各处操作介绍如下。

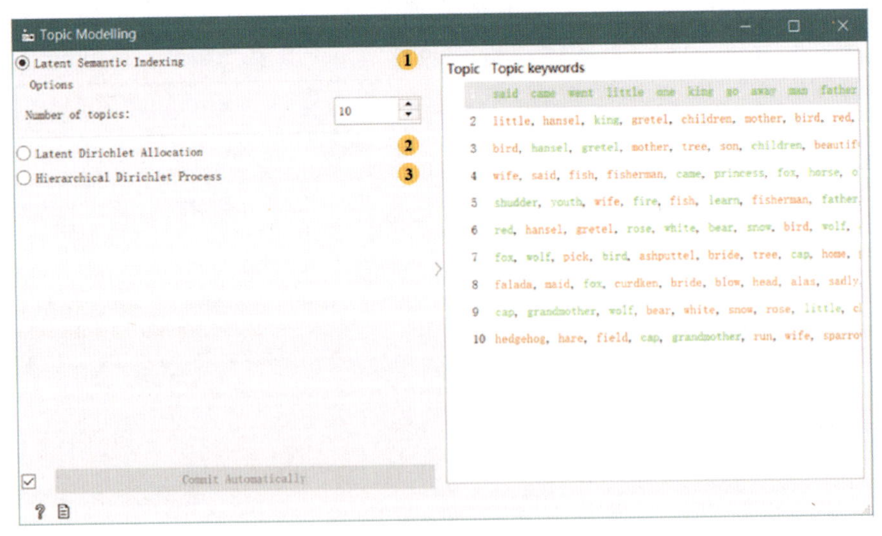


图 2－9－28　Topic Modelling 操作框

①LSI 算法：设置需建模的主题数量，默认为 10，结果返回正词、负词以及主题权重。

②LDA 算法：设置需建模的主题数量，默认为 10。

③HDP 算法：此算法对计算的要求较高，因此适合在一个子集上尝试该算法或预先设置所有必需的参数，然后再点击运行，参数如下。

- 一级浓度：一级语料库的分布。
- 二级浓度：二级文档的分布。
- 主题 Dirichlet：用于主题绘制的浓度参数。
- 顶级截断：语料库一级的截断。
- 二级截断：文档一级的截断。
- 学习速率：步长。
- 减速参数。

5. 操作实例

①将 Topic Modelling 部件与其他部件构建如图 2-9-29 所示的连接。

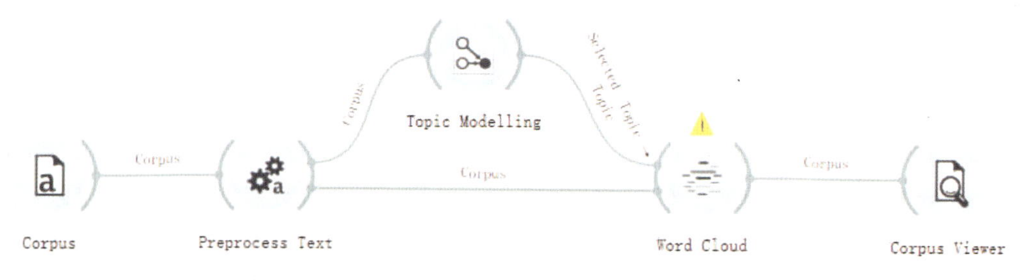


图 2-9-29 Topic Modelling 部件连接应用示意图

②使用 Corpus 部件加载 grimm-tales-selected.tab 数据集，并使用 Preprocess Text 仅标记单词并删除停用词。然后，连接到 Topic Modelling，使用 LSI 模型在文本中找到 10 个主题词，正词为绿色，负词为红色。随后，选择第一个主题，并在 Word Cloud 中显示该主题中出现频率较高的单词，将 Preprocess Text 也连接到 Word Cloud 以便输出选定的文档。在词云中，选定一个词，例如“little”，它会变成红色，并在左侧的单词列表中突出显示，如图 2-9-30 所示。

③现在就可以在 Corpus Viewer 中观察所有包含“little”的文档，如图 2-9-31 所示。

## （十六）Corpus Viewer（语料库查看器）

|  Corpus Viewer | Corpus Viewer 部件可以用于显示语料库内容。 |
| --- | --- |

1. 输入项

语料库：文件的集合。

2. 输出项

语料库：包含查询词的文档。

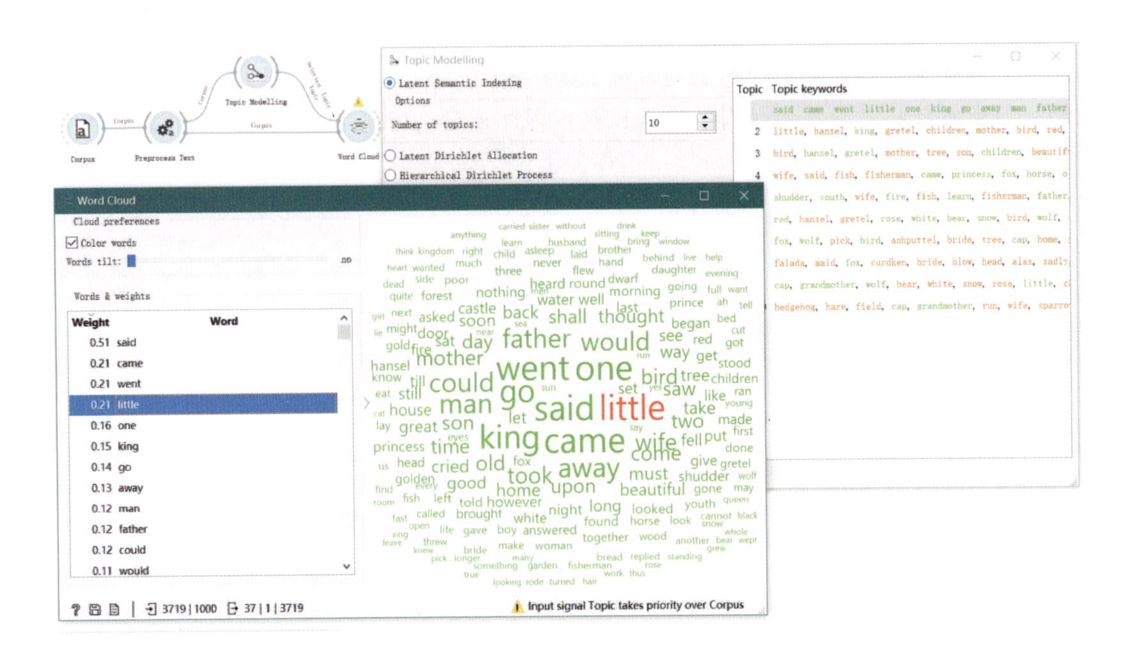


图 2-9-30　Topic Modelling 和 Word Cloud

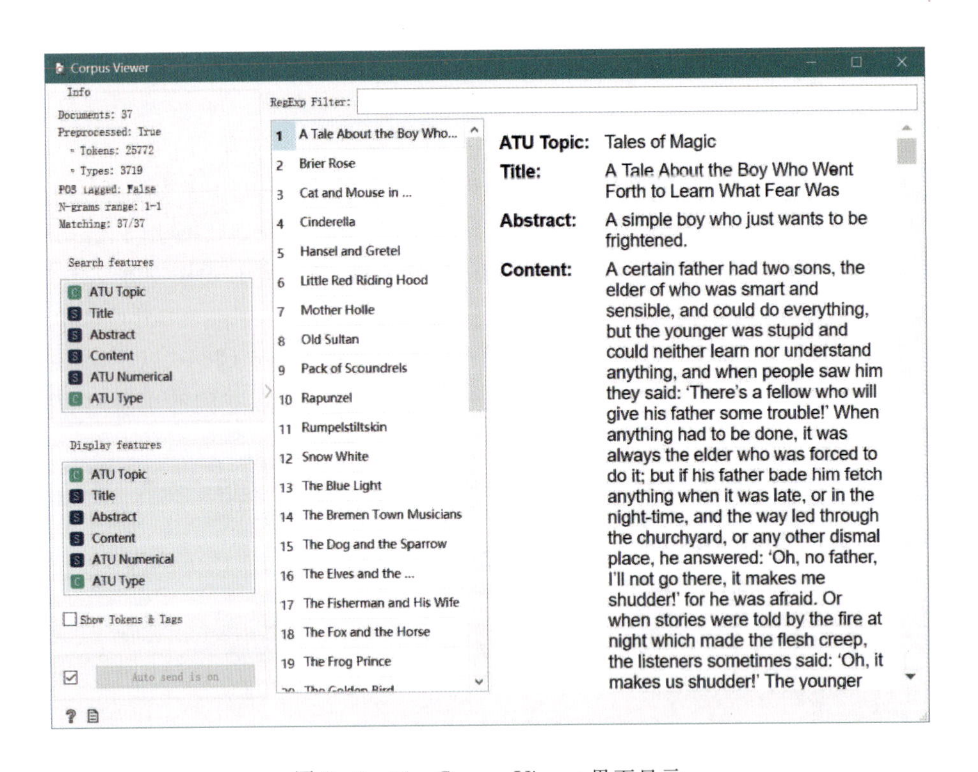


图 2-9-31　Corpus Viewer 界面显示

### 3. 基本介绍

该部件用于查看文本文件，即语料库实例。一般情况下，始终输出一个语料库实例，如果使用 RegExp 过滤，该部件将仅输出匹配的文档。

4. 操作界面

Corpus Viewer 部件的操作界面如图 2-9-32 所示。根据图中编号，对各处操作介绍如下。

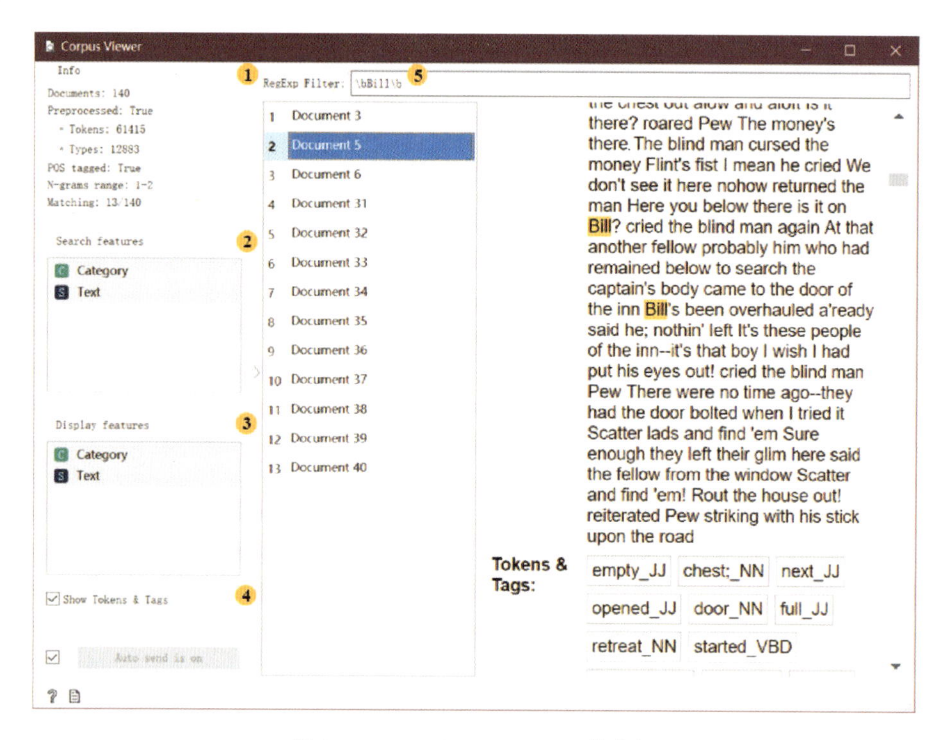


图 2-9-32　Corpus Viewer 操作框

①信息。

■ 文档：输入的文件数。

■ 预处理：若使用预处理器，则结果为 True，否则为 False；还报告了字符的类型和数量。

■ POS 标签：如果输入中包括 POS 标签，则结果为 True，否则为 False。

■ N-grams 范围：如果在 Preprocess Text 中设置了 N-grams，则报告结果，默认值为 1-1（one-grams）。

■ 匹配：与 RegExp 筛选器（正则表达式筛选器）匹配的文档数，默认情况下输出所有文档。

②搜索功能：RegExp 筛选器用来过滤的功能，使用 Ctrl（Cmd）可以选择多个要素。

③显示功能：在查看器中显示的功能，使用 Ctrl（Cmd）可以选择多个要素。

④显示字符数量和标签类型。

⑤RegExp 筛选器：用于过滤文档的 Python 表达式，默认情况下不过滤任何文档。

5. 操作实例

Corpus Viewer 可用于显示语料库中的全部或部分文档。在本例中，使用 Corpus 部件加载 book-excerpts. tab 数据集，然后使用 Preprocess Text 进行预处理，过滤掉停止词，创建二元语法，并添加 POS 标签。在 Corpus Viewer 中，可以查看预处理的结果，勾选“Show Tokens & Tags”可以显示标签的数量及其含义。同时也使用了 POS 标记器来显示词性标签，它们将与标签一起显示在文本下方。

随后，使用 Python 表达式“\ bBill \ b”查找只包含单词“Bill”的文档，可以输出匹配或不匹配的文档（图 2－9－33）。

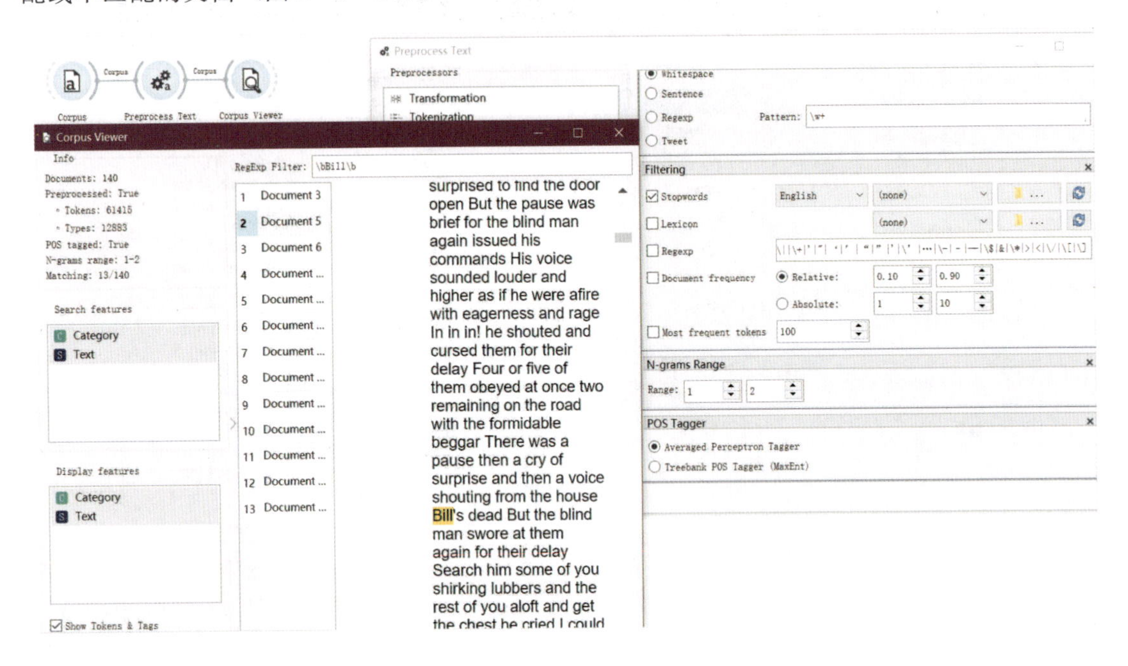

图 2－9－33　Corpus Viewer 部件连接应用示意图

## （十七）Word Cloud（词云）

利用 Word Cloud 部件，可以从语料库生成词云，且按出现频率列出单词。

### 1. 输入项

语料库：文档的集合。

### 2. 输出项

语料库：与所选内容匹配的文档。

### 3. 基本介绍

略。

### 4. 操作界面

Word Cloud 部件的操作界面如图 2－9－34 所示。根据图中编号，对各处操作介绍如下。

①参数调整。

■ Color words：若勾选，则右框中的单词都为彩色，否则只有选中的单词为彩色。

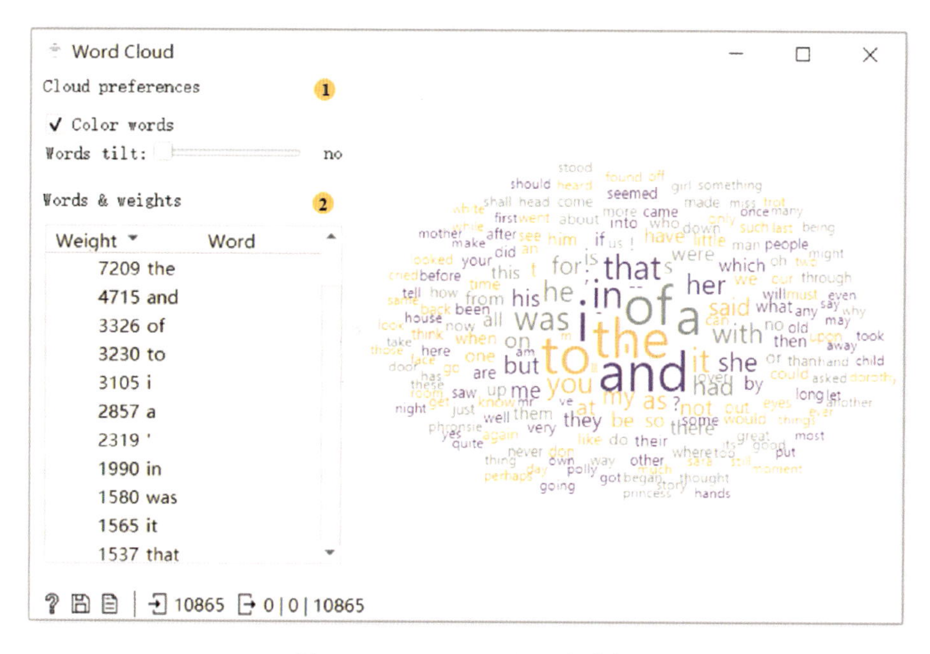


图 2-9-34 Word Cloud 操作框

■ Word tilt：调整单词的倾斜程度，默认为 0。

②Words & weights：根据单词在语料库中的频率显示排序的单词列表。点击一个单词，将在右框中选中相同的单词并输出匹配的文档。使用 Ctrl 键可选择多个单词。

5. 操作实例

使用 Word Cloud 与其他部件构建如图 2-9-35 所示的工作流。本例选用 book-excerpts. tab 数据集。在 Corpus 部件中加载 book-excerpts. tab 数据集，并分别连接到 Word Cloud (1) 和 Preprocess Text 部件，再将 Preprocess Text 与另一 Word Cloud 相连，对比查看 Word Cloud 部件中的词云图在预处理前后的区别。

## （十八）Concordance（索引）

| 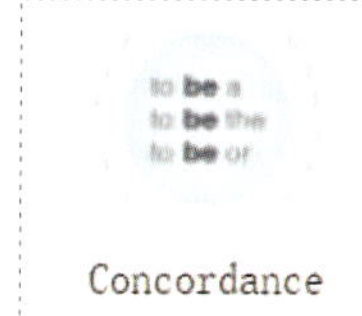 | 利用 Concordance 部件，可以显示单词的上下文。 |
| --- | --- |

1. 输入项

语料库：文档的集合。

2. 输出项

■ 选定文档：包含查询词的文档。

■ 索引表。

3. 基本介绍

该部件在文本中查找待查询的词，并显示该词的上下文。同一颜色的结果来自同一个文

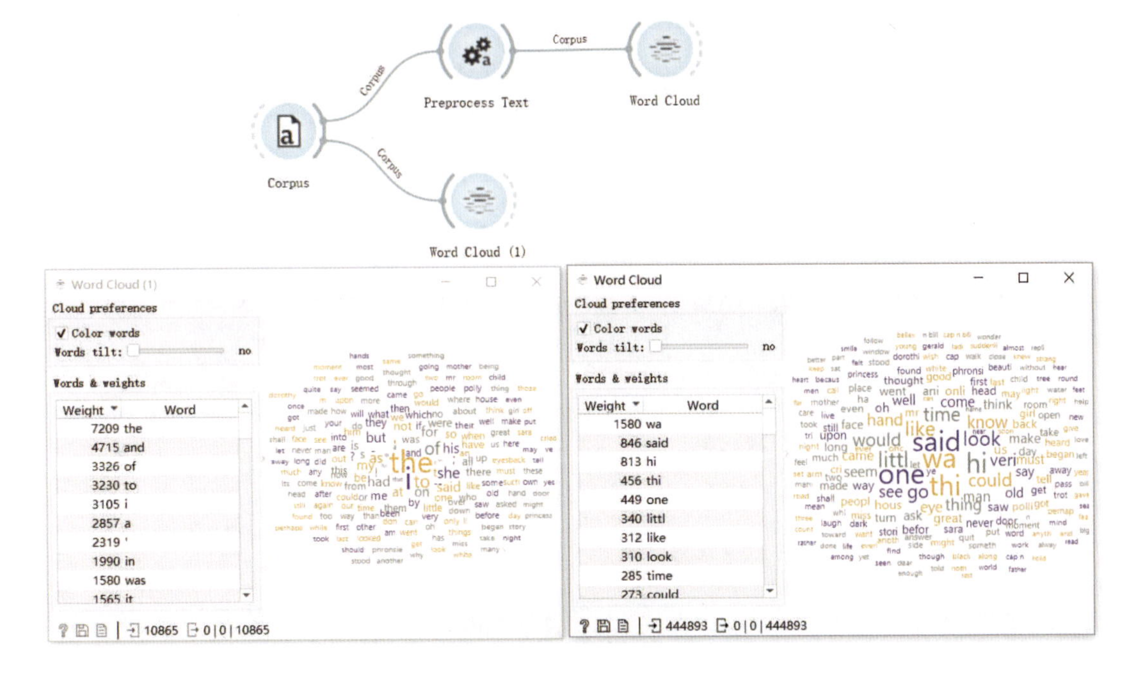


图 2-9-35　Word Cloud 部件连接应用示意图

档。它可以输出选定的文档以作进一步分析，也可以输出查询词的索引表。需要注意的是，该部件只会查找精确匹配的单词，例如，查询的单词是“do”，则“doctor”将不会出现在结果中。

4. 操作界面

Concordance 部件的操作界面如图 2-9-36 所示。根据图中编号，对各处操作介绍如下。

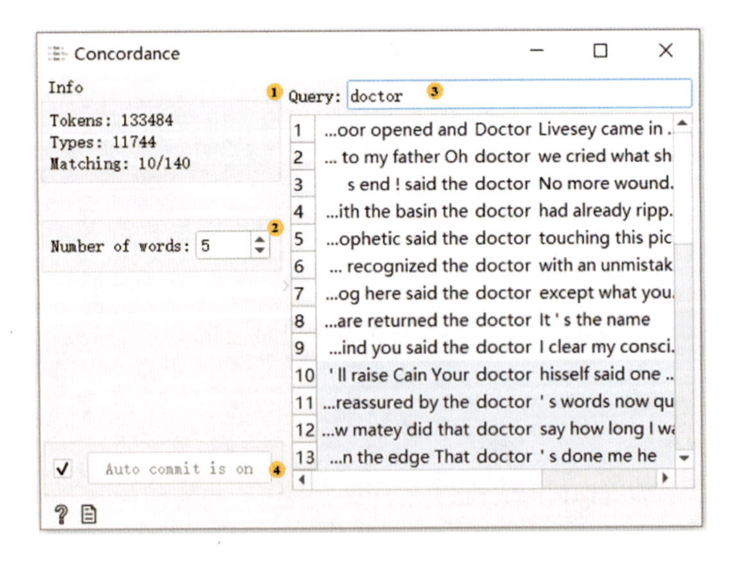


图 2-9-36　Concordance 操作框

①信息。

- Tokens：输入的字符总数。
- Types：输入中不重复的字符的数量。
- Matching：包含查询词的文档数量。

②查询单词前后显示的单词数量。

③查询词。

④勾选“Auto commit is on”则自动提交更改，否则手动勾选“Commit”。

### 5. 操作实例

使用 Concordance 与其他部件构建如图 2－9－37 所示的工作流。本例选用 book－excerpts. tab 数据集。在 Corpus 部件中加载 book－excerpts. tab 数据集，并连接到 Concordance 部件，搜索“doctor”，则该部件会显示包含“doctor”及其前后单词的所有文档，然后可以选择其中的文档，将其输出到 Corpus Viewer 以进一步检验它们。

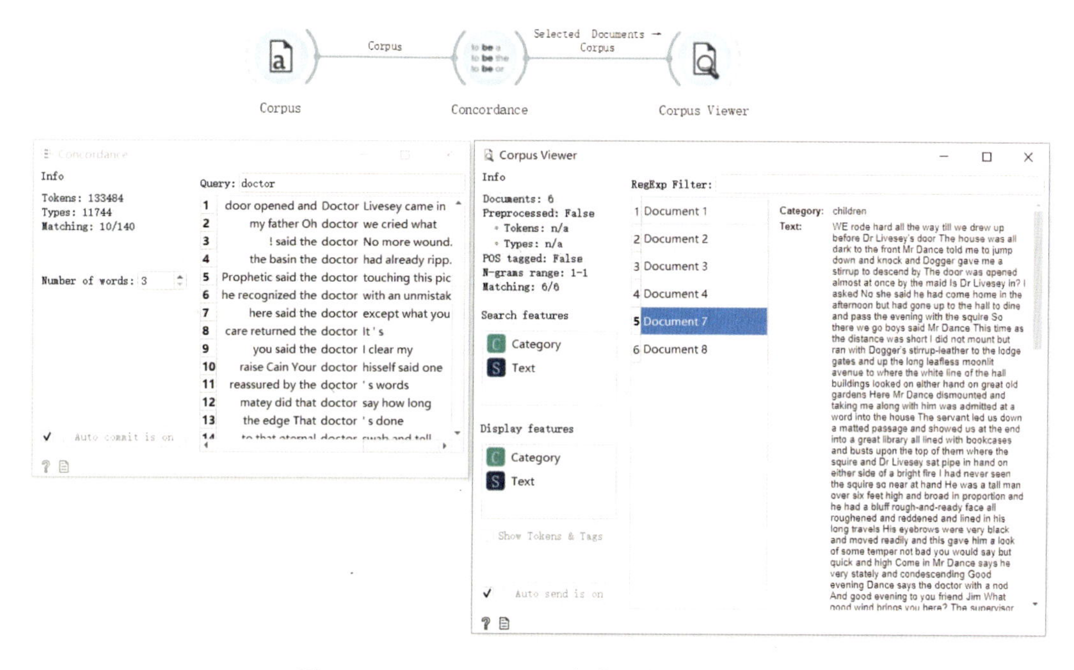


图 2－9－37　Concordance 部件连接应用示意图

## （十九）Document Map（文件地图）

Document Map

利用 Document Map 部件，可以简单地对文本中提及的地理位置进行可视化或进行更复杂的交互式数据分析。

### 1. 输入项

具有任何属性的数据集。

2. 输出项

语料库：包含文本涉及的地理区域的文档。

3. 基本介绍

该部件能够查找文本数据提及的地理名称（国家和首都），并在地图上显示这些名称的分布和出现频率，可与任何可输出的数据表部件一起使用，且数据表至少包含一个字符串属性，输出为选定的数据实例，即所有提及选定国家的文档。

4. 操作界面

Document Map 部件的操作界面如图 2-9-38 所示。根据图中编号，对各处操作介绍如下。

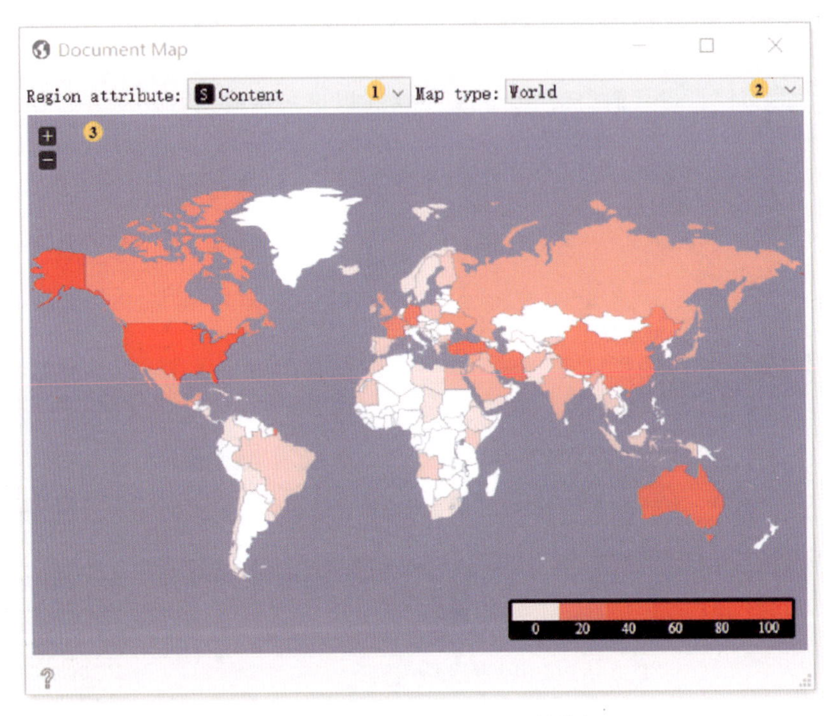


图 2-9-38　Document Map 操作框

①地理位置元属性：选择要搜索的地理位置的元属性，该部件将找到在文本中提及的所有地理位置，并在地图上显示分布。

②地图类型：选择要显示的地图类型，选项包括世界、欧洲、美国。

③图像显示区域。

- 显示文档中所有的地理位置。
- 放大和缩小：通过点击地图上的“+”“-”符号或者滚动鼠标来放大和缩小地图。
- 图例：在所选区域属性中，最常提及的国家或地区颜色最深。
- 单击即可选定特定的国家或地区，按住 Ctrl 或 Cmd 键可同时选定多个国家或地区，选定的文档将进行输出。

5. 操作实例

①将 Document Map 部件与其他部件构建如图 2-9-39 所示的连接。

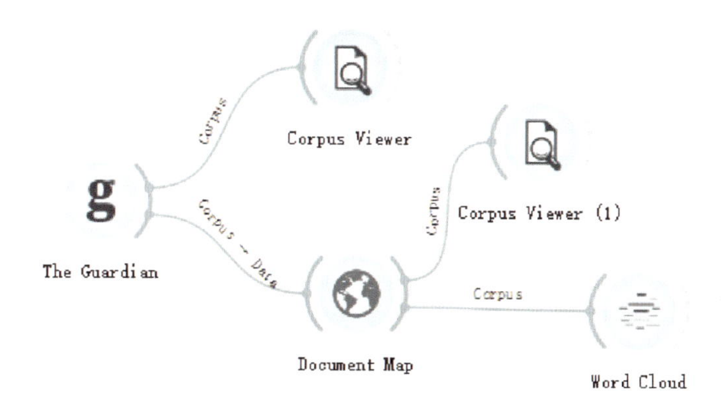


图 2-9-39　Document Map 部件连接应用示意图

②在 The Guardian 中下载日期为 2019-09-20 至 2019-10-20 之间有关 Donald Trump 的所有推文，连接 Corpus Viewer 检查所检索文本的信息，将 Document Map 连接至 The Guardian，以按内容属性查看地理位置的分布，如图 2-9-40 所示。

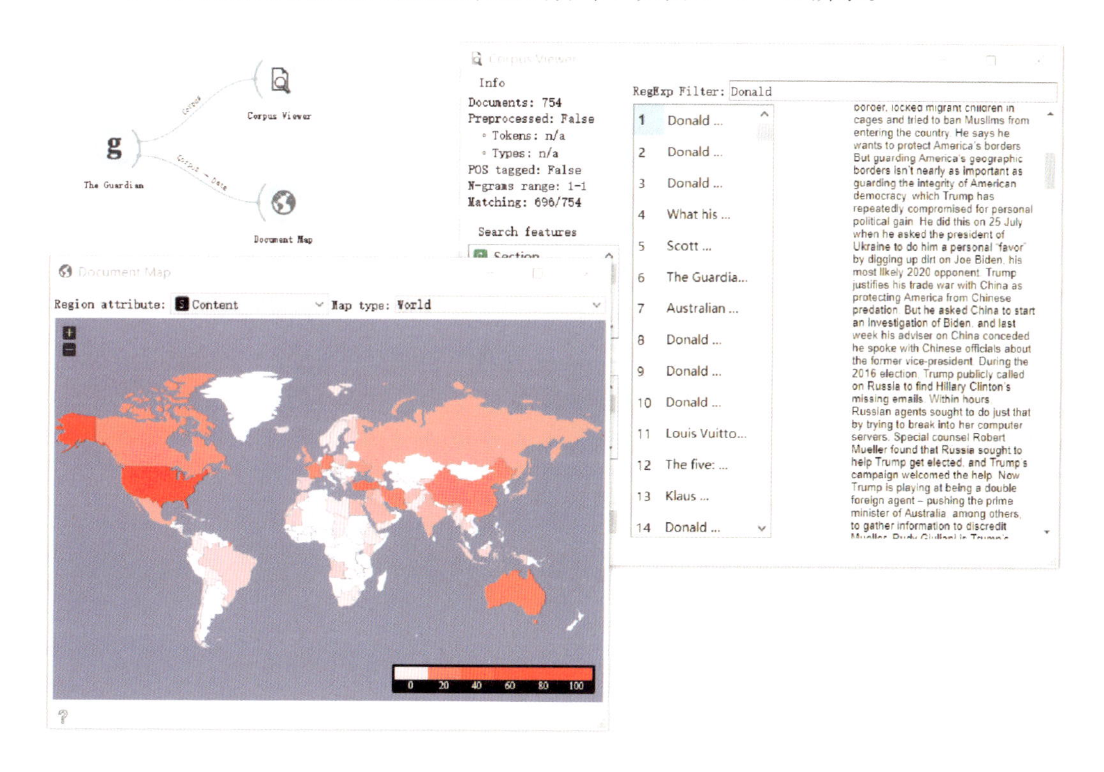


图 2-9-40　Document Map 所显示的文本数据地理位置分布

③在 Document Map 中地图类型选择“USA”，连接 Corpus Viewer 和 Word Cloud，可以查看涉及美国的文本数据信息，除此之外，也可以通过文本预处理删除停用词再进行输出，如图 2-9-41 所示。

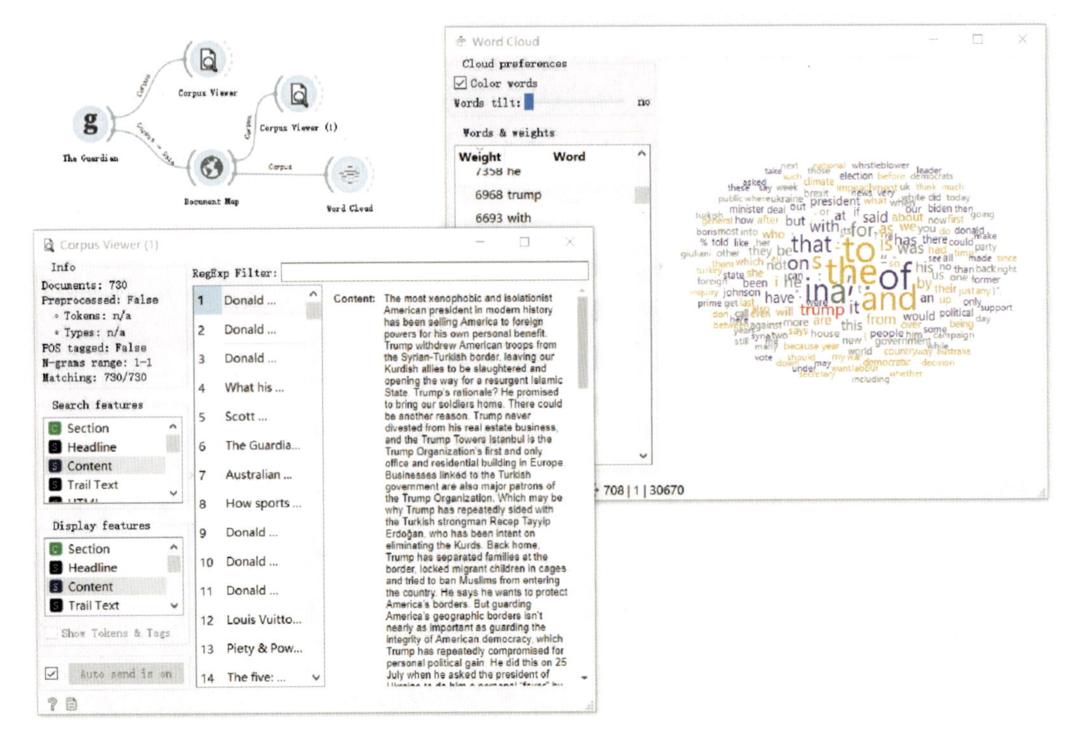

图 2-9-41 Document Map 选定的文本信息

## （二十）Word Enrichment（文字丰富）

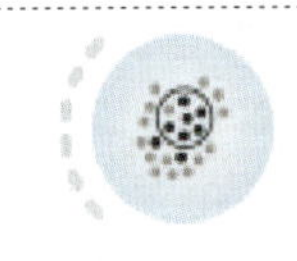
Word Enrichment

利用 Word Enrichment 部件，可以以不同过滤方式从选定文档中筛选出对子集有显著意义的单词。

1. 输入项

- 语料库：文件的集合。
- 选定数据：从语料库中选择的实例。

2. 输出项

无。

3. 基本介绍

该部件通过选定过滤方式来显示所选子集具有较低显著性 $p$ 值的单词列表。$p$ 值越小，表示该单词对所选子集越有意义。FDR 与 $p$ 值相关联，是报告一组预测中错误预测的预期百分比，它能够在低 $p$ 值列表中解释误报的情况。

4. 操作界面

Word Enrichment 部件的操作界面如图 2-9-42 所示。根据图中编号，对各处操作介绍如下。

①信息：显示经过滤后在右侧结果栏显示的单词数。

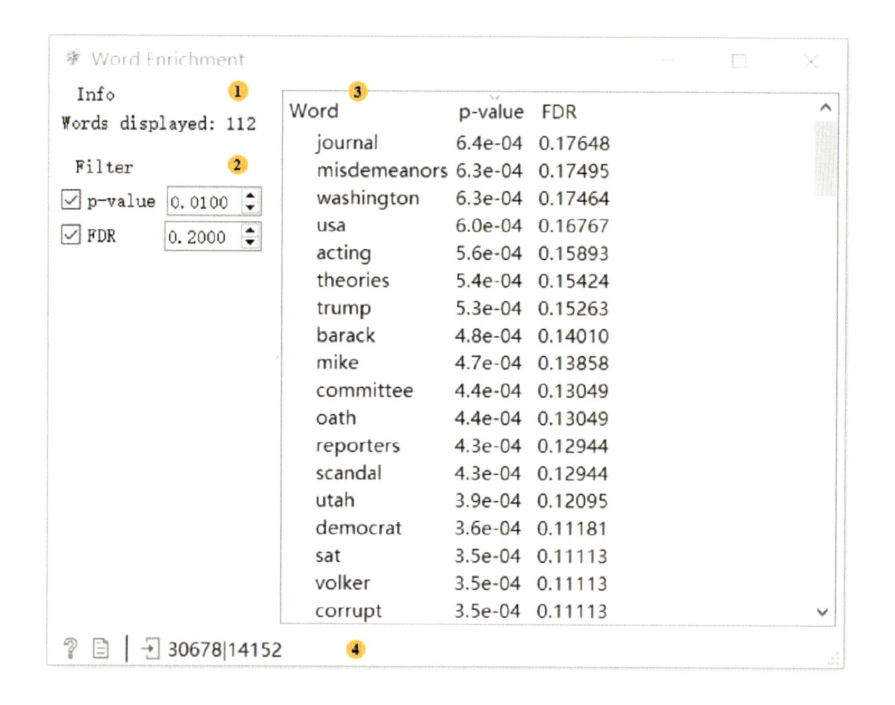


图 2-9-42 Word Enrichment 操作框

②过滤方式：包括显著性 $p$ 值和 FDR（错误发现率）。

③显示单词过滤后的 $p$ 值和 FDR 值。

④状态栏：左侧显示文件图标（单击可生成报告）及部件输入和输出的实例数，若出错，则在右侧显示警告和错误信息。

5. 操作实例

①在 The Guardian 中下载 2019 年 9 月 20 日至 2019 年 10 月 20 日之间有关 Donald Trump 的最新推文，连接 Preprocess Text 对文本数据进行预处理，连接 Bag of Words 以获取包含语料库单词计数的表格，如图 2-9-43 所示。

②将 Corpus Viewer 连接到 Bag of Words，选择“Content”作为筛选条件进行搜索，连接 Word Enrichment（Matching Docs - Selected Data），随后将 Word of Bag 和 Word Enrichment 连接（Corpus - Data），即可查看每个单词中丰富的信息，如图 2-9-44 所示。

## （二十一）Duplicate Detection（重复检测）

利用 Duplicate Detection 部件，可以在语料库中检测并删除重复的数据。

1. 输入项

距离：一个距离矩阵。

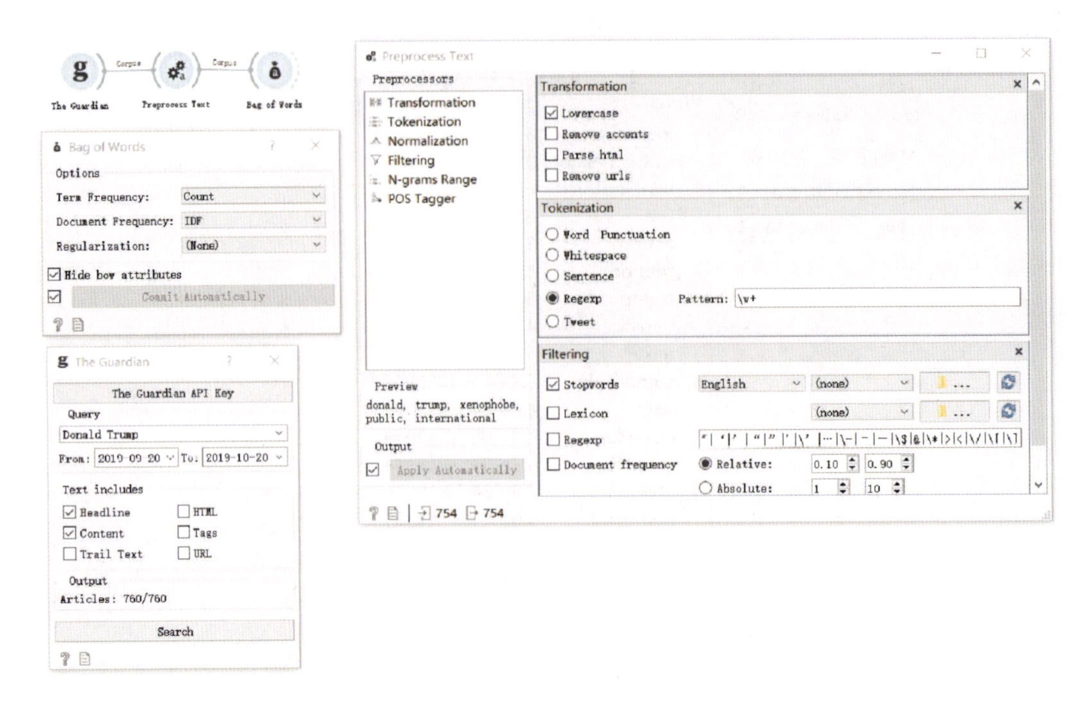


图 2-9-43　The Guardian 所下载的推文信息（一）

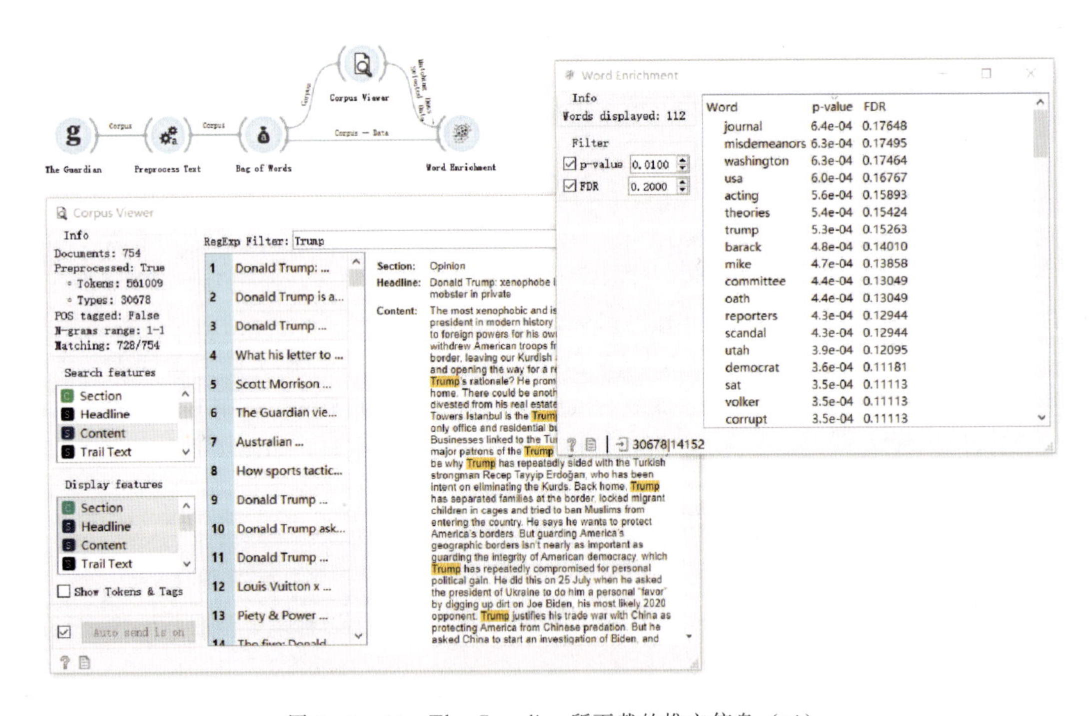


图 2-9-44　The Guardian 所下载的推文信息（二）

### 2. 输出项

无重复的语料库；副本集群（属于所选集群的文档）；语料库（附有集群标签的语料库）。

### 3. 基本介绍

Duplicate Detection 部件利用聚类的方法来发现语料库中的重复项。它非常适合与 Twitter 部件连接，可以删除因转发而出现的类似文档。若要设置相似程度，可以在可视化（集群观察表）中将黄色垂直线向左或向右拖动，间距越大，则说明这些文件越相似（也被认为是重复的）。此外，也可以在控制区域中手动设置阈值。

### 4. 操作界面

Duplicate Detection 部件的操作界面如图 2－9－45 所示。根据图中编号，对各处操作介绍如下。

①输入信息。

②链接方式：可以从单链接、平均链接、加权链接、完全链接和离差平方和链接中任选一种。

③距离：当距离阈值越小时，属于同一集群的数据实例就越相似。

④输出。

聚类标签：可附加为属性、类别或元属性。

⑤集群观察表。

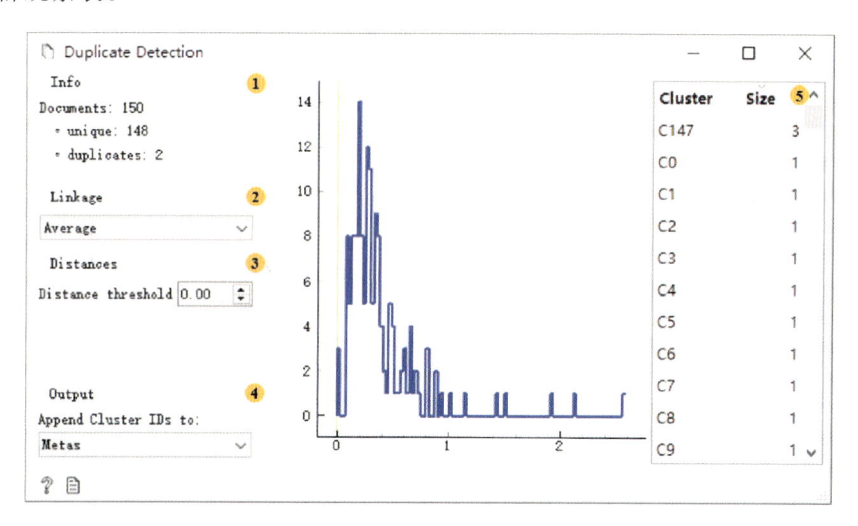


图 2－9－45　Duplicate Detection 操作框

### 5. 操作实例

将 Duplicate Detection 部件与其他部件构建如图 2－9－46 所示的连接。首先，选择导入Iris. tab数据，并将其传递给 Distances，选择用“Euclidean”算法计算行之间的距离；其次，将 Distances 输出的距离矩阵传递给 Duplicate Detection，可以看到集群“C147”包含 3 个重复条目；最后，若要观察具体数据，可将输出连接至 Data Table，并将输出设置为 Duplicates Cluster→Data。若要使用没有重复的数据集，使用第一个输出则会输出无重复的语料库。同样的程序也可以用于语料库，需要在 Corpus 和 Distances 之间使用 Bag of Words。

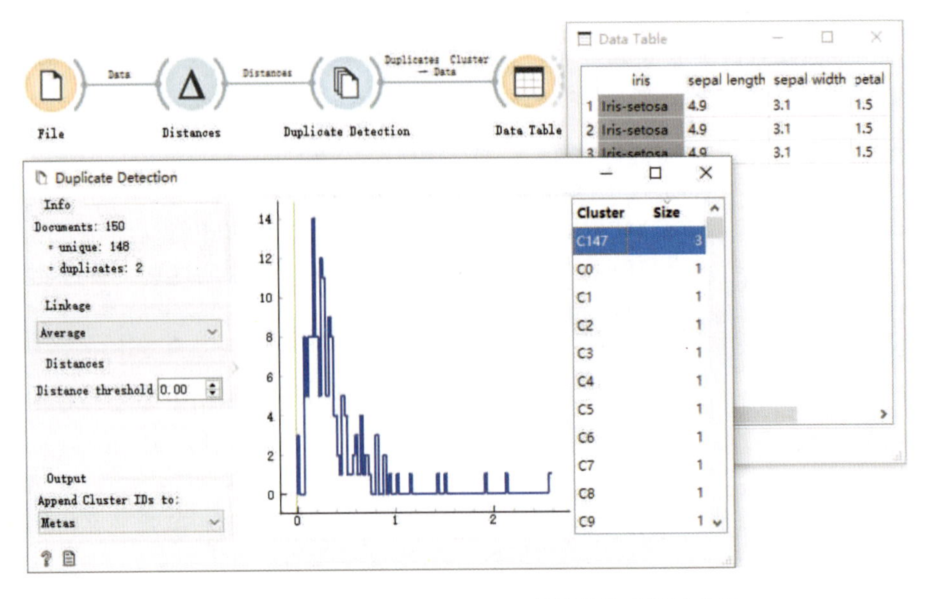


图 2-9-46　Duplicate Detection 部件连接应用示意图

## （二十二）Statistics（统计）

Statistics

利用 Statistics 部件，可以为文档创建新的统计变量。

### 1. 输入项

语料库：文档的集合。

### 2. 输出项

语料库：带有附加属性的语料库。

### 3. 基本介绍

Statistics 是一个特征构造部件，可以直接连接在 Corpus 部件之后，也可将简单的文档统计信息添加到语料库中，它既支持标准的统计度量，也支持用户定义的变量。

### 4. 操作界面

Statistics 部件的操作界面如图 2-9-47 所示。根据图中编号，对各处操作介绍如下。

①统计特征：“×”“+”分别表示删除或添加统计特征，统计特征包括以下 14 种。

- 字数统计：文档中的字数。
- 字符数：文档中字符的数量，字符的类型数。
- N-grams 计数：字符串中按长度 N 切分得到的词段数量，需要在 Preprocess Text 部件中提前定义 N-grams，否则只输出 unigrams。
- 平均字长：字符数和字数之间的比率。
- 标点计数：标点的数量。
- 大写计数量：大写字母的数量。

- 元音计数：元音字母的数量。
- 辅音计数：辅音字母的数量。
- 不重复单词的百分比：不重复的单词与所有单词（类型/标记）的比率。
- 开始：以指定序列开始的次数，在 pattern 中指定。
- 结束：以指定序列结束的次数，在 pattern 中指定。
- 包含：指定序列的次数，在 pattern 中指定。
- 正则表达式：与 pattern 中指定的正则表达式匹配的次数。
- POS 标签：指定的 POS 标签的数量，需要在 Preprocess Text 部件中提前标记。

②按“Apply”以输出应用新统计特征的语料库。

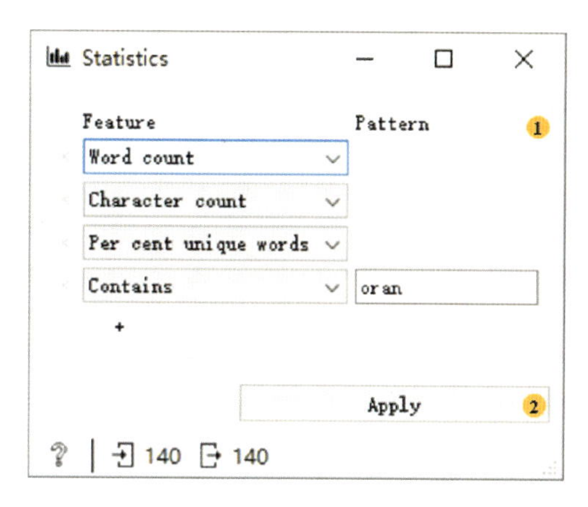


图 2-9-47　Statistics 操作框

5. 操作实例

将 Statistics 部件与其他部件构建如图 2-9-48 所示的连接。首先，选择导入 Corpus 里

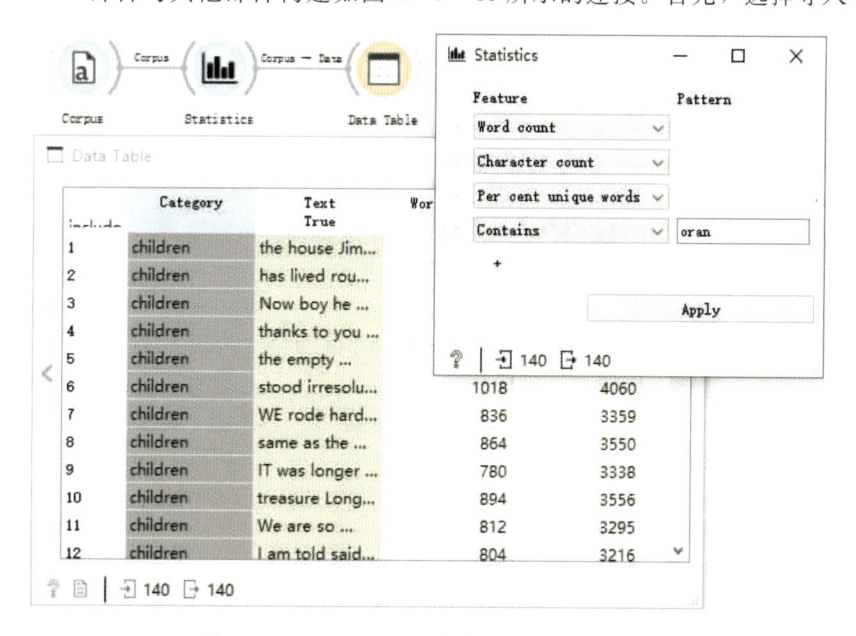


图 2-9-48　Statistics 部件连接应用示意图

的 book - excerpts. tab 数据，并将其传递给 Statistics；其次，在统计部件操作框中，选择添加单词计数、字符计数、不重复单词百分比和包含“oran”的单词数量这几个功能；最后，将统计结果输出至 Data Table，便可以在数据表中观察带有附加列的表。

## 十、Networks（网络）

Networks 模块共有 9 个部件，主要针对网络数据进行一系列处理。在数据输入方面，既可导入网络文件和补充节点信息的不同格式数据集，也可自定义生成网络；在数据处理方面，可以实现多种网络特征信息的查看、网络集群分析、网络聚类分组、距离矩阵转化为网络等功能。

### （一）Network File（网络文件）

利用 Network File 部件，可以读取 . pajek、. net 格式的网络图文件。

1. 输入项

网络文件。

2. 输出项

- 网络：网络图的某一实例，为网络格式。
- 项目：网络文件的属性。

3. 基本介绍

该部件可以读取网络文件并将输入数据发送到其输出通道，支持的文件格式有 . net 和 . pajek，还可以提供 . tab、. tsv 或 . csv 数据集补充节点信息。该部件中有最近打开文件的历史记录，此外还包含与附加组件一起预装的示例数据集。

4. 操作界面

Network File 部件的操作界面如图 2 - 10 - 1 所示。根据图中编号，对各处操作介绍如下。

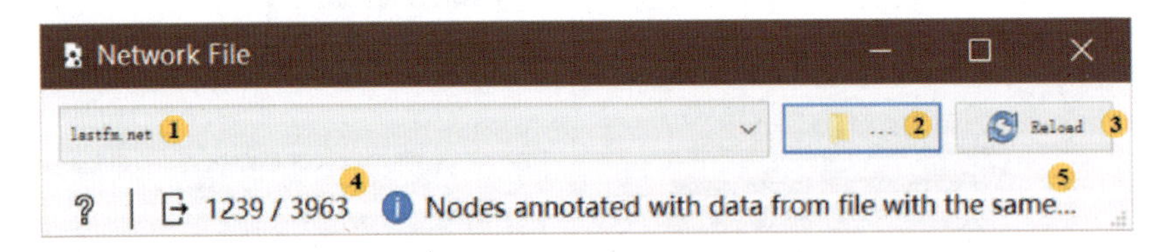


图 2 - 10 - 1　Network File 操作框

①加载网络文件。

②文件夹图标提供对本地数据文件的访问。

③重新加载数据文件。

④状态栏报告节点和边的数量以及图形的类型。

⑤显示警告和错误信息，将鼠标悬停在消息上可阅读所有内容。

### 5. 操作实例

首先从文档数据集中加载 lastfm. net 数据，随后使用 Network Explorer 观察网络数据。Network File 会自动匹配相应的数据文件（lastfm. net 和 lastfm. tab），因此节点属性在窗口部件中可用（图 2-10-2）。

图 2-10-2　Network File 部件连接应用示意图

## （二）Network Explorer（网络资源管理器）

利用 Network Explorer 部件，可以直观地浏览数据网络及其属性。

### 1. 输入项

- 网络：网络图的某一实例，为网络格式。
- 节点子集：顶点构成的子集。
- 节点数据：有关顶点的数据信息。
- 节点距离：节点之间的距离数据。

2. 输出项

- 选定节点的网络。
- 距离矩阵。
- 有关选定顶点的数据信息。
- 有关突出显示的顶点信息。
- 剩余项目的信息（未选中或未突出显示）。

3. 基本介绍

该部件是用于可视化网络图的主要部件。它可以显示一个带有 Fruchterman Reingold 算法优化的图形，并允许设置节点的颜色、大小和标签，还可以高亮显示并输出特定属性的节点。

该部件中的可视化效果与 Scatter Plot 一样。要选择节点的子集，需先围绕该子集绘制一个矩形。按 Shift 键可以添加新组，按 Shift+Ctrl 键将添加到现有组，按 Alt 键将从组中删除，在网络外部空白处单击将恢复到网络中所有节点没有被选中的状态。

4. 操作界面

Network Explorer 部件的操作界面如图 2-10-3 所示。根据图中编号，对各处操作介绍如下。

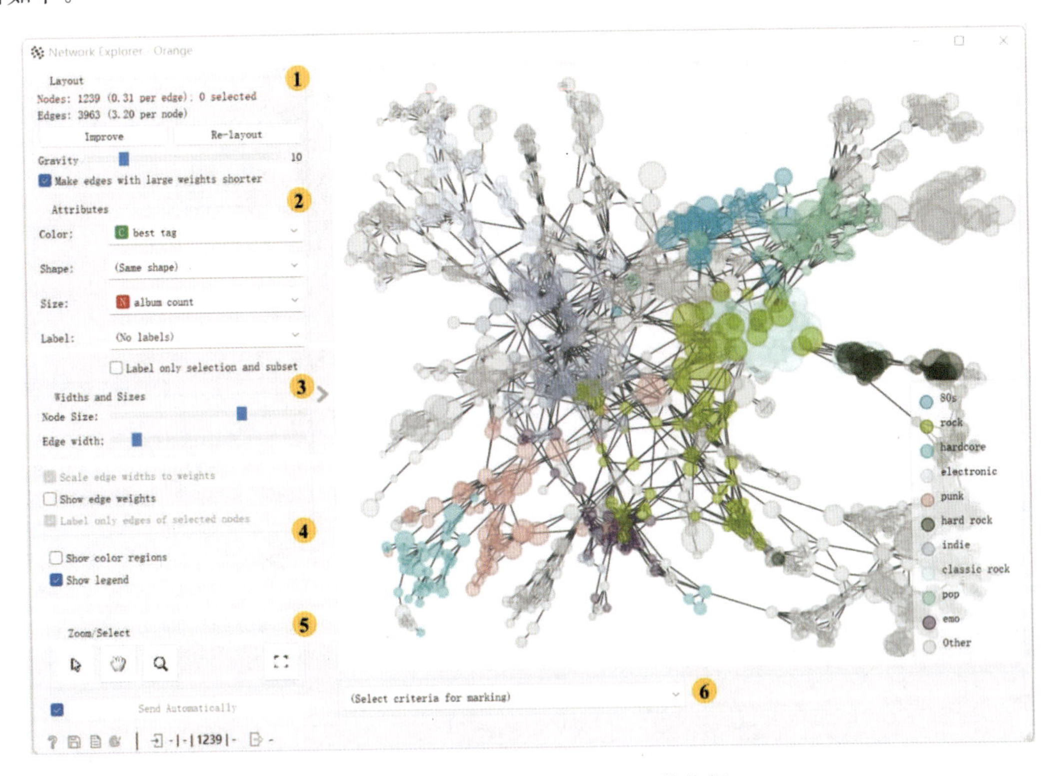


图 2-10-3　Network Explorer 操作框

①网络信息：报告节点和连接线的数量及比例，点击“Re-layout”可以使用 Fruchterman Reingold 算法重新计算节点，勾选“Randomize positions”可以随机化节点的位置。

②数据点的设置：不同数据类型的颜色设置不同，离散型数据由不同颜色表示，数值型

数据由颜色深浅表示数值大小，还可以对特定属性设置形状、大小和标签。

③数据点的其他调整：拖动滑块可以改变节点大小和连接线的宽度，在默认情况下线的宽度与其权重对应，且仅标记选定节点的连接线。

④调整图属性：颜色区域和图例的设置，默认图例位于右下方，可通过单击拖动改变位置。

⑤选择、平移、缩放和还原图像，用鼠标点击 Select 图标可以将选中的节点突出显示并进行手动拖动，可以突出显示，按 Shift 键可以添加新组，按 Shift＋Ctrl 键将添加到现有组，按 Alt 键将从组中删除，在网络外部点击将删除选择。

⑥通过指定的条件选择节点。

- 标记其标签开头的节点：设置条件以突出显示其标签，以指定文本开头的节点。
- 标记其标签包含的节点：设置条件以突出显示其标签，包含指定文本的节点。
- 标记其数据包含的节点：设置条件以突出显示其属性，包含指定文本的节点。
- 标记可访问的选定节点：突出显示可以从所选节点中进行访问的节点，必须至少选择一个节点才能突出显示。
- 在选择区域附近标记节点。
- 从子集信号中标记节点：从输入的节点子集中突出显示与节点相邻的节点。
- 标记有很少连接的节点：突出显示连接数等于或少于设置数量的节点。
- 标记有许多连接的节点：突出显示连接数等于或大于设置数的节点。
- 标记有大多数连接的节点：突出显示连接次数最多的节点（指定了标记的节点数量，并按照排名来标记）。
- 标记有比任何邻居点更多连接数的节点：突出显示连接最多的节点。
- 标记有比邻居点的平均连接数更多的节点：突出显示连接程度高于平均水平的节点。

### 5. 操作实例

将 Network Explorer 部件与其他部件构建如图 2－10－4 所示的连接。使用 Network File

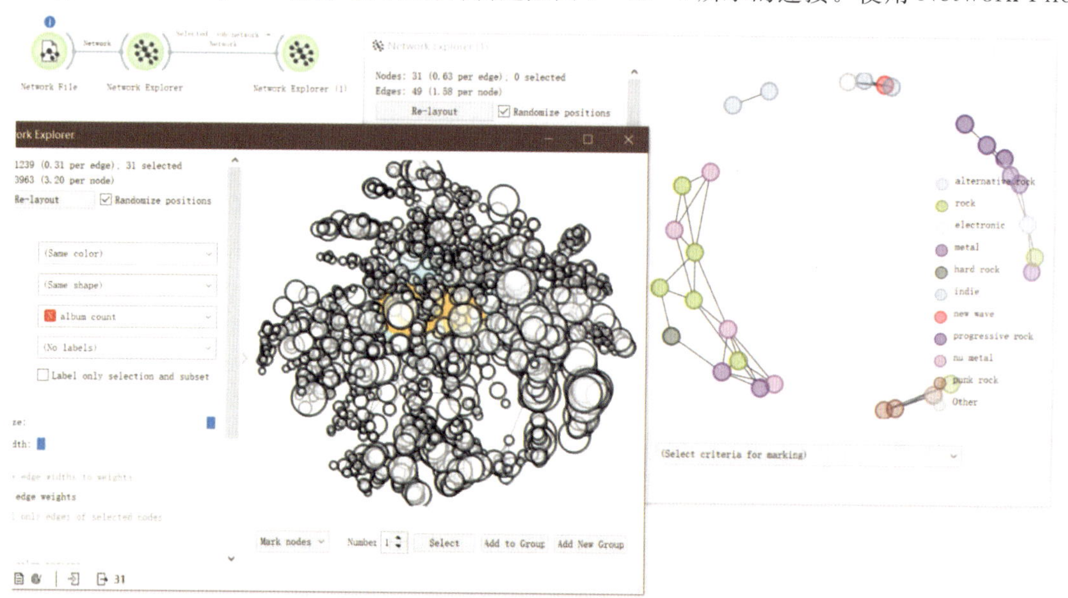


图 2－10－4　Network Explorer 部件连接应用示意图

导入 lastfm. net 数据集，该数据网络的节点是音乐家，其特征是演奏者的演奏风格、制作的专辑数量等，连接线是侦听器的数量。随后，将数据集在 Network Explorer 中进行可视化，删除了颜色，并设置了与专辑数量相对应的节点大小。最后，从网络中选择了一些节点，可以在 Network Explorer (1) 中进行观察。

## （三）Network Generator（网络生成器）

|  Network Generator | Network Generator 部件可以用来构建示例图。 |
| --- | --- |

### 1. 输入项

无。

### 2. 输出项

生成的网络图实例。

### 3. 基本介绍

略。

### 4. 操作界面

Network Generator 部件的操作界面如图 2-10-5所示。根据图中编号，对各处操作介绍如下。

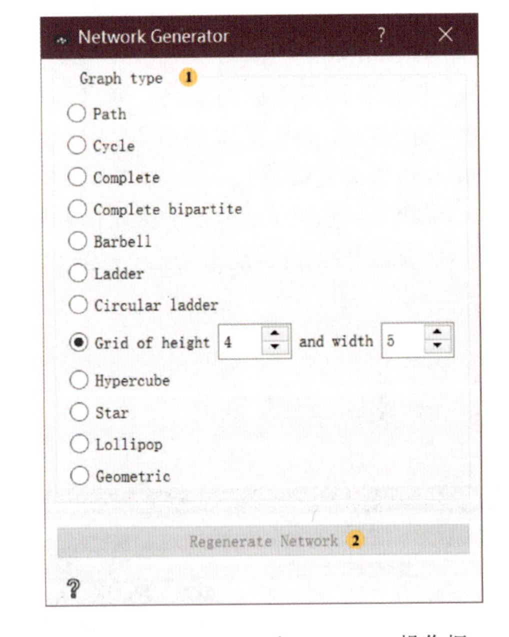


图 2-10-5　Network Generator 操作框

①图形选项。

■ 路径图：绘制顶点和边位于一条直线上的网络图形。

■ 循环图：由单个循环组成的图，即一定数量的顶点（至少 3 个）以闭合链连接。

■ 完全图：简单的无向图，其中每对不同的顶点通过唯一的边连接。

■ 完全二分图：其顶点可以分为两个不相交的集合和独立集合。

■ 杠铃图：通过路径连接的两个完整图形。

■ 梯形图：具有 $2n$ 个顶点和 $3n-2$ 个边的平面无向图。

■ 圆梯图：两个路径图的笛卡尔积。

■ 网格图：图形嵌入欧几里得空间中，形成规则的平铺。

■ 超立方体图：由 $n$ 维超立方体的顶点和边缘组成的图形。

■ 星图：具有 $n+1$ 个节点的星图，即一个中心节点，连接到 $n$ 个外部节点。

■ 棒棒糖图：与桥相连的完整图形，如斜线图和路径图。

■ 几何图：通过在某个度量空间中随机放置 $n$ 个节点而构成的无向图。

②重新生成网络。

5. 操作实例

在本例中，利用 Network Generator 生成了一个高度为 4 个单位、宽度为 5 个单位的网格图，并将其发送到 Network Analysis，计算了节点度后，将数据发送到 Network Explorer，最后观察可视化的图，同时将节点的大小和颜色设置为“Degree”（图 2-10-6）。

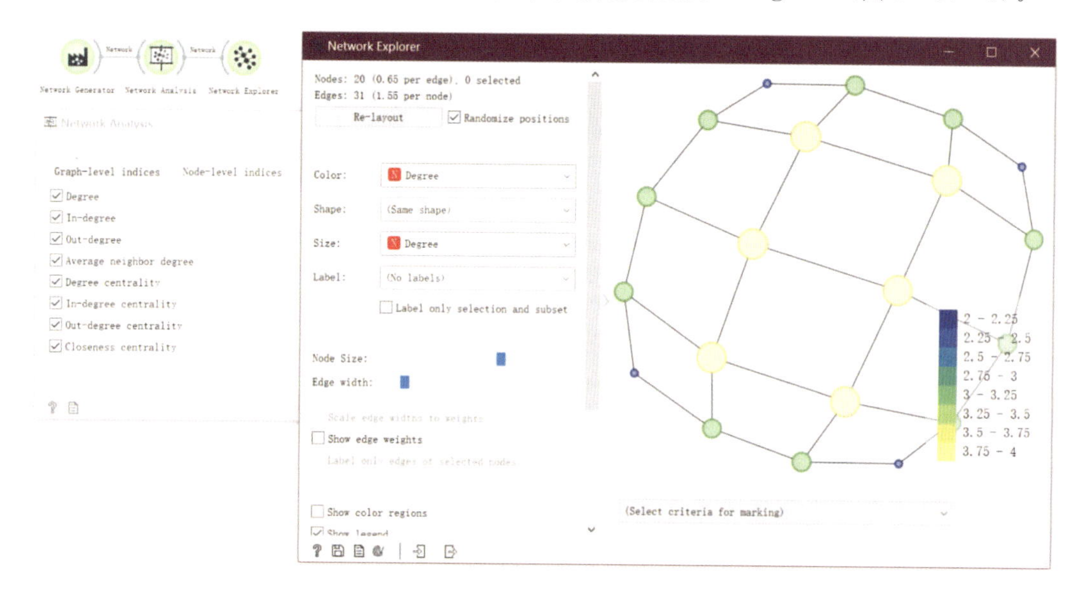


图 2-10-6 Network Explorer 部件连接应用示意图

## （四）Network Analysis（网络分析）

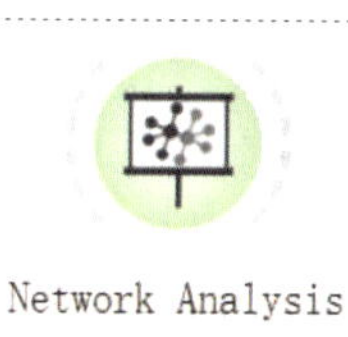


Network Analysis 部件可以用于网络数据的统计分析。

1. 输入项

网络（网络图的某一实例，为网络格式）；项目（网络文件的属性）。

2. 输出项

网络（带有附加信息的网络图实例）；项目（网络文件的新属性）。

3. 基本介绍

该部件可计算网络的节点级和图形级的摘要统计信息，再输出具有新的统计信息和扩展项目数据表（仅节点级索引）的网络。

4. 操作界面

Network Analysis 部件的操作界面如图 2-10-7、图 2-10-8 所示。

①图形索引（图 2-10-7）。

- 节点数：网络中节点的数量。
- 边数：网络中节点之间的连接数。

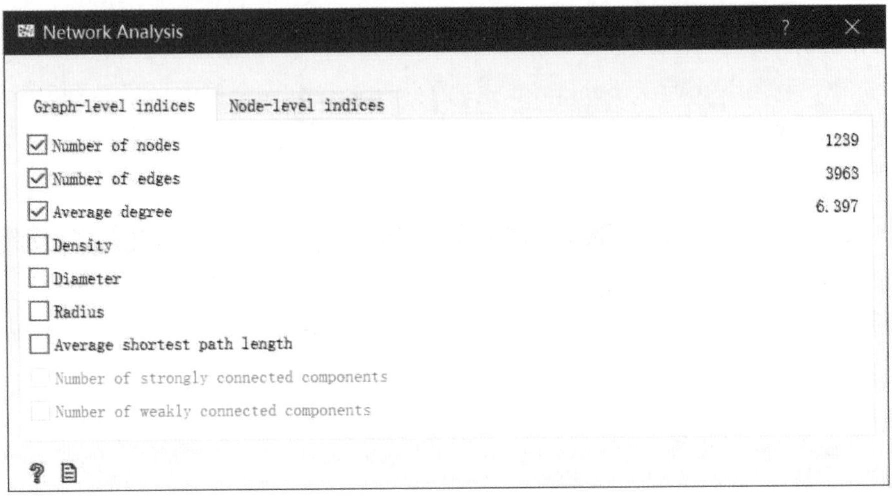

图 2-10-7　Network Analysis 操作框（一）

■ 平均度：每个节点的平均连接数。

■ 密度：实际边数与最大边数之间的比率（完全连接的图形）。

■ 直径：图形的最大偏心率。

■ 半径：图形的最小偏心率。

■ 平均最短路径长度：图形中两个节点之间的预期距离。

■ 牢固连接的组件数：每个顶点都可以从其他顶点到达的网络部分（仅针对有向图）。

■ 弱连接组件的数量：仅对于有向图，用无向边替换其他有向边，从而生成一个连接（无向）图。

② 节点索引（图 2-10-8）。

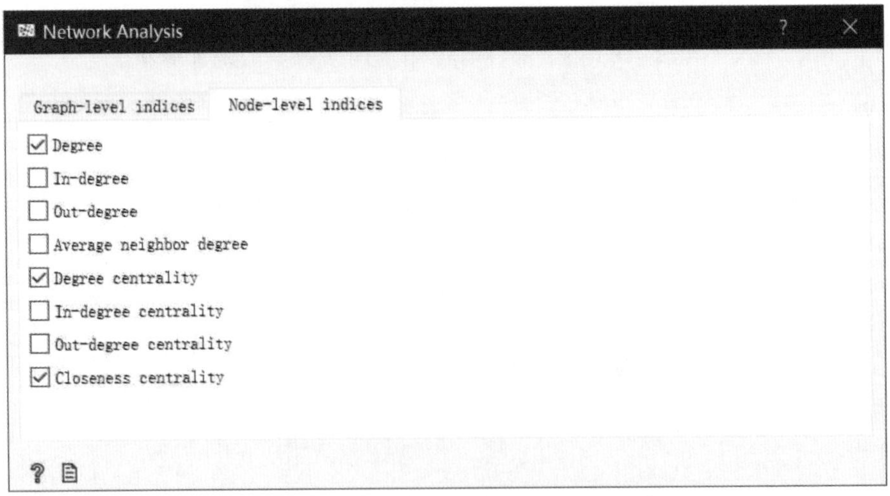

图 2-10-8　Network Analysis 操作框（二）

■ 度：每个节点的边数。

- 输入度：有向图中输入边的数量。
- 输出度：有向图中输出边的数量。
- 平均邻居度：邻居节点的平均度。
- 中心度：连接到该节点的其他节点的比率。
- 输入中心度：有向图中输入边与节点的比率。
- 输出中心度：有向图中输出边与节点的比率。
- 紧密中心度：到所有其他节点的距离。

5. 操作实例

使用 Network File 导入 lastfm. net 数据集作为输入网络，并将其发送到 Network Analysis，在节点级别计算度、中心度和紧密中心度。随后在 Network Explorer 中可视化网络，使用“best tag”进行着色，此外将节点的大小设置为与计算的中心度相对应，如图 2-10-9所示。

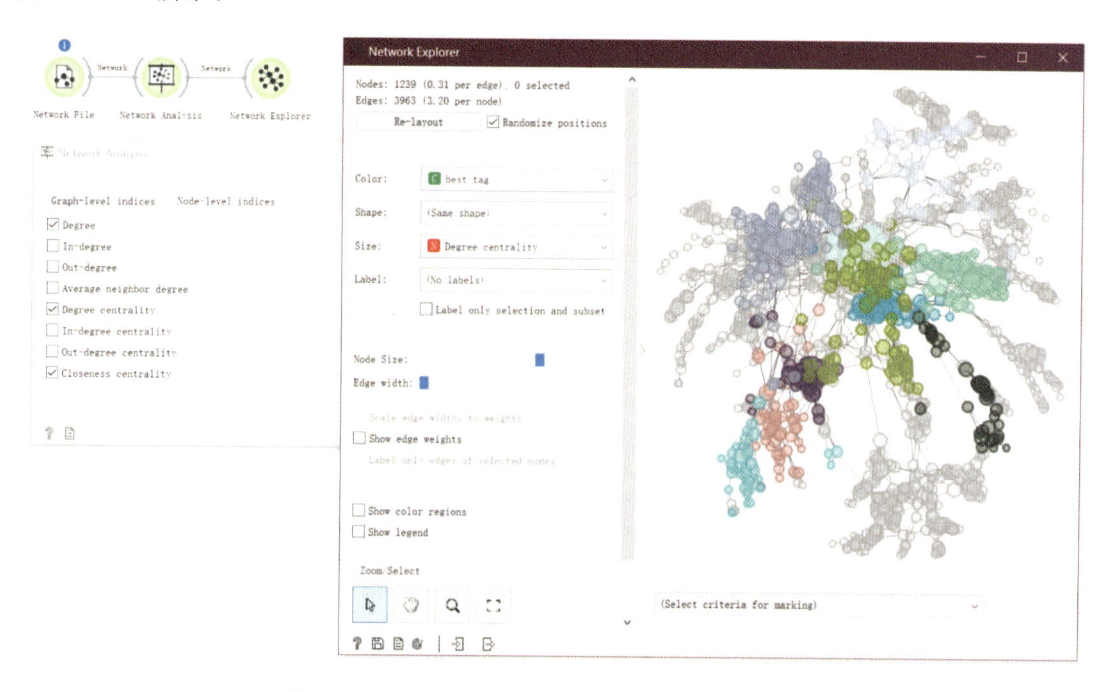


图 2-10-9 Network Analysis 部件连接应用示意图

## （五）Network Clustering（网络集群）

利用 Network Clustering 部件，可以检测网络中的集群。

1. 输入项

网络：网络图的某一实例，为网络格式。

2. 输出项

网络：网络图的实例，其中附加了聚类信息。

3. 基本介绍

该部件可用于在网络中查找聚类集群。聚类使用两种算法，一种来自 Raghavan (2007)，它使用标签传播来找到合适的聚类，另一种来自 Leung (2009)，它建立在 Raghavan 的方法基础之上，并将跳数衰减作为聚类形成的参数。

4. 操作界面

Network Clustering 部件的操作界面如图 2-10-10 所示。根据图中编号，对各处操作介绍如下。

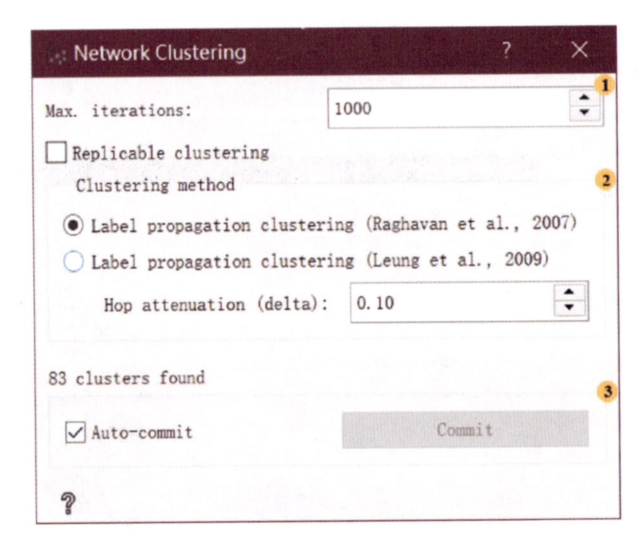


图 2-10-10 Network Clustering 界面

①最大限度：算法允许运行的最大迭代次数（可以在达到最大值之前收敛），可以勾选“Replicable method”（可复制聚类）。

②聚类方法。

■ 标签传播聚类。

■ 具有跳数衰减的标签传播聚类，可调节跃点衰减的程度。

③显示找到的群集数量，可以勾选“自动提交”。

5. 操作实例

Network Clustering 可以帮助用户发现网络中的集群和有高度联系的群体。首先，使用 Network File 加载 lastfm.net 数据集。然后，通过 Network Clustering 传递网络，可以看到，该部件在网络中找到了 83 个群集。要可视化结果，需要使用 Network Explorer 并将“Color”属性设置为“Cluster”，这将使用相应的集群颜色为网络节点着色。Network Explorer 仅能为 10 个最大的集群着色，并将其余的着色设置为“Other”，如图 2-10-11 所示。

图 2-10-11　Network Clustering 部件连接应用示意图

## （六）Network of Groups（群组网络）

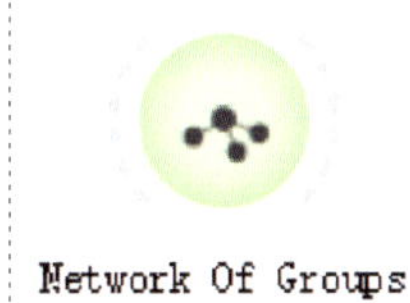


利用 Network of Groups 部件，可以按属性特征对实例进行分组并连接相关的组。

### 1. 输入项

网络图的实例；网络图的属性。

### 2. 输出项

分组的网络图；分组网络图的属性。

### 3. 基本介绍

该部件通过在下拉列表中选择属性，将具有相同属性值的节点表示为单个节点，是分组依据操作的网络版本。

### 4. 操作界面

Network of Groups 部件的操作界面如图 2-10-12 所示。根据图中编号，对各处操作介绍如下。

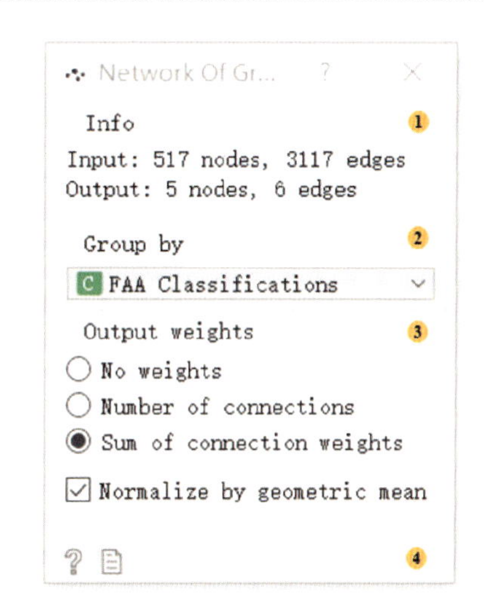


图 2-10-12　Network of Groups 操作框

①输入和输出网络上的信息。

②分组依据：选择分组所要依据的属性。

③输出权重。

■　无权重：所有权重均设置为 1。

- 连接数：按组之间的连接数对边进行加权。
- 连接权重之和：按组间连接权值的和对边进行加权。
- 几何均值归一化：将权重除以两组之间连接数的几何均值。

④状态栏：左侧显示帮助选项和文件图标，若出错，则在右侧显示警告和错误信息。

5. 操作实例

在 Network File 加载 airtraffic. net 数据，连接 Network Explorer 可以看到整个数据集。连接 Network of Groups，选择“FAA Classifications”对网络进行分组，具有该属性的节点在输出中表示为单个节点。如果两个节点共享原始网络中的连接，则这两个节点之间会有一条边，连接 Network Explorer 即可查看分组网络的结果，如图 2-10-13 所示。

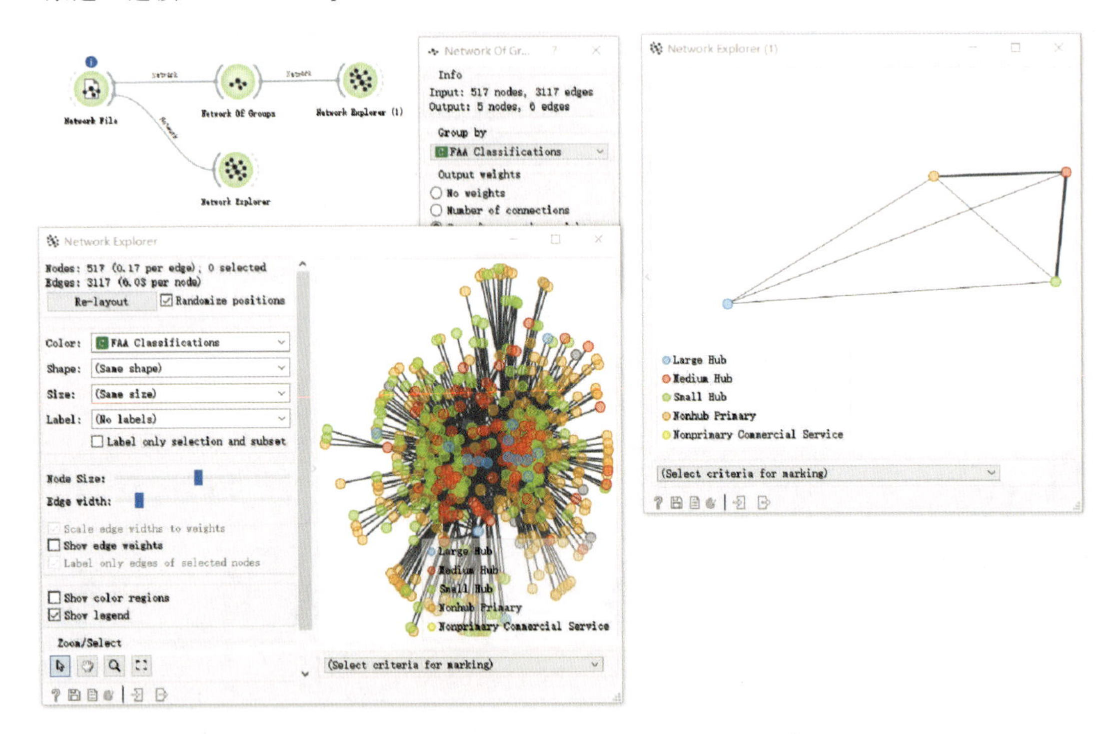


图 2-10-13　Network of Groups 显示数据相关信息

## （七）Network form Distances（距离网络）

利用 Network form Distances 部件，可以根据实例之间的距离构建网络。它能使数据集通过距离矩阵转化成网络图，适用于将实例相似性可视化为连接的实例图。

1. 输入项

距离矩阵。

2. 输出项

网络图中的一个实例；属性值数据集；距离矩阵。

### 3. 基本介绍

该部件是从矩阵连接节点来构造网络图，其中节点之间的距离低于给定阈值，即距离低于所选阈值的所有实例都将被连接。

### 4. 操作界面

Network form Distances 部件的操作界面如图 2-10-14 所示。根据图中编号，对各处操作介绍如下。

图 2-10-14　Network form Distances 操作框

①边缘。

■　距离阈值：形成边缘的阈值。

■　百分位数：要连接的数据实例的百分位数。

■　包含最近邻居：若勾选此项，则表示边缘包含与所选实例最近的 *X* 个邻居。

②节点选择。

■　保留所有节点：输出整个网络。

■　至少有 *X* 个节点的组件：过滤掉节点数小于设定数量的节点。

■　最大的连接组件：只保留最大的集群。

③边缘权重。

■　与距离成比例：设置权重来反映距离（接近度）。

■　反向距离：设置权重来反映反向距离（差异度）。

④所建网络的信息。

■　输入的实例数。

■　网络中节点的数量（原始数据的百分比）。

■　构建的边连接数（每个节点的平均连接数）。

### 5. 操作实例

使用 Network form Distances 与其他部件构建如图 2-10-15 所示的工作流。本例选用 Iris. tab数据集。首先，将 Iris. tab 数据集通过 File 发送到 Distance，并计算行（实例）之间的欧氏距离；其次，将距离矩阵输出到 Network form Distances，同时将距离阈值设置为 0.222，保留所有节点，并将边缘权重设置为与距离成比例；最后，连接到 Network Explorer，在该部件中查看所构成的网络图。

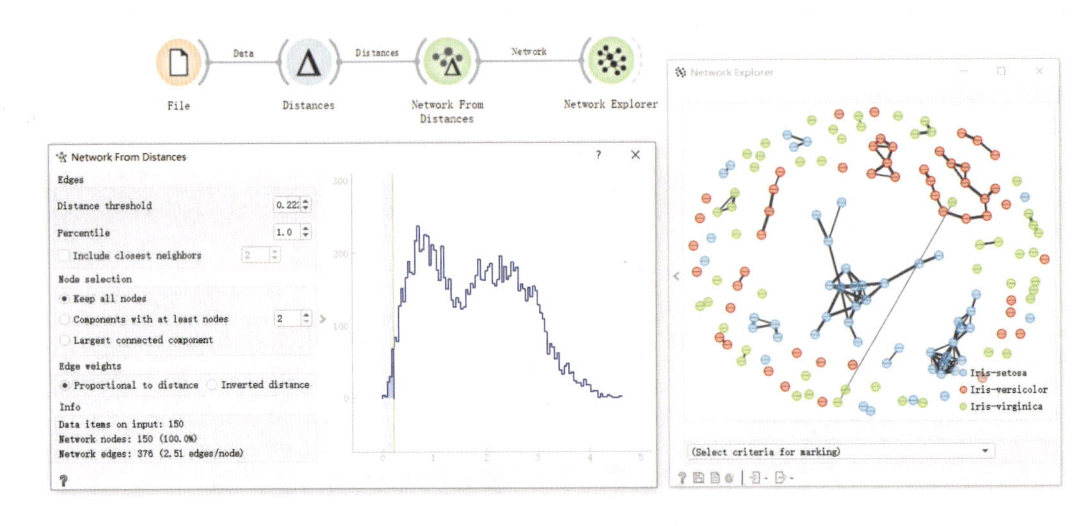


图 2-10-15　Network form Distances 部件连接应用示意图

## （八）Single Mode（单一模式）

Single Mode

利用 Single Mode 部件，可以通过设定节点的属性将多模式图转换为单模式图。

### 1. 输入项

双向网络图的实例。

### 2. 输出项

单个网络图的实例。

### 3. 基本介绍

该部件通过创建一个新网络，来显示原始网络节点中选定属性的节点。若在创建的新网络中，两个节点共享第二个选定组中的共同邻居数据，则将其连接。该部件适用于两部分或多部分网络，其中不同部分通过所选离散变量的值来区分。

### 4. 操作界面

Single Mode 部件的操作界面如图 2-10-16 所示。根据图中编号，对各处操作介绍如下。

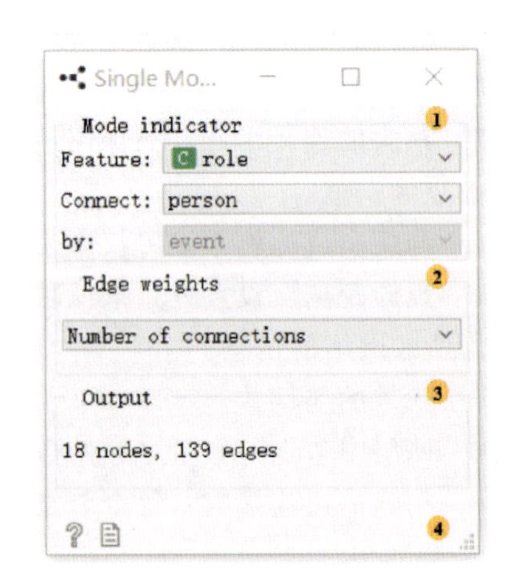


图 2-10-16　Single Mode 操作框（一）

①模式指标。

■　特征：离散特征标记网络子集。

■ 连接：用作节点的值。

■ 通过：用作边缘的值。

②边缘权重：计算输出网络的权重，计算方式如图 2 - 10 - 17所示。

■ 无权重：所有权重均设置为 1。

■ 连接数：权重对应于公共连接数。

■ 加权连接数：权重对应于将每个人与事件连接起来的原始边缘权重的乘积之和。

■ 几何归一化。

■ 按度进行几何归一化。

■ 通过输入或输出权重之和进行归一化。

■ 通过最小或最大权重之和进行归一化。

③输出网络上的信息。

④状态栏：左侧显示帮助选项和文件图标，若出错，则右侧显示警告和错误信息。

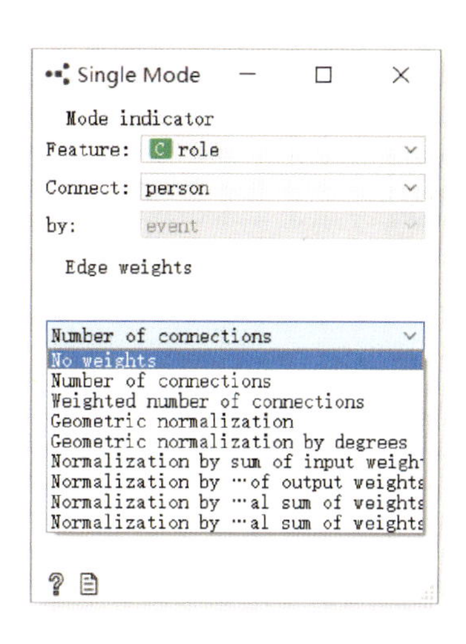


图 2 - 10 - 17 Single Mode 操作框（二）

## 5. 操作实例

在 Network File 中加载 davis. net 数据，该数据集描述了美国南部的女士及其参加的活动，网络由人或事件的节点组成。连接 Network Explorer，可以看到原始文件，红色节点表示人，蓝色节点表示事件。某人参加了某项活动，那么两个节点便会连接起来，因此可以明显观察出同一人参加的活动数量或者同一活动参加的人数。连接 Single Mode，选择“role”作为连接特征，通过人员（节点）参加的活动（边缘）将人员联系起来，边缘权重为两人都参加的事件的数量，连接 Network Explorer（1）显示最终结果，如图 2 - 10 - 18 所示。

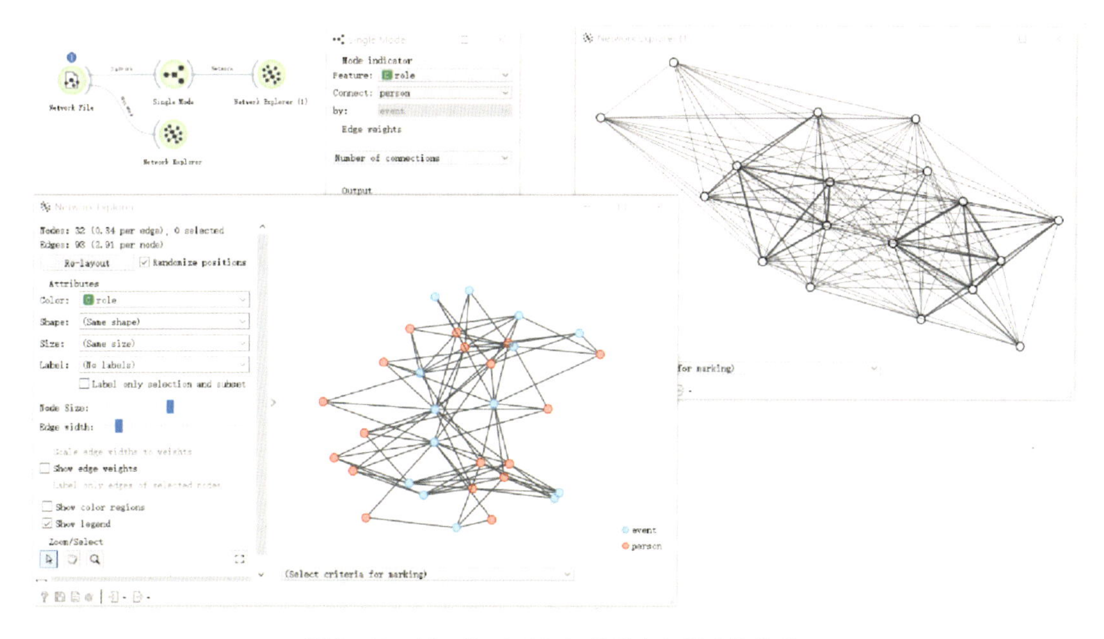


图 2 - 10 - 18 Single Mode 显示人与活动的关系

## （九）Save Network（保存网络）

Save Network

Save Network 部件可以用于保存网络。

1. 输入项

网络图的实例。

2. 输出项

无。

3. 基本介绍

如果文件被保存到与工作流相同的目录或该目录的子树中，该部件将记住相对路径。否则，它将存储一个绝对路径，但出于安全原因禁用自动保存。

4. 操作界面

Save Network 部件的操作界面如图 2-10-19 所示。根据图中编号，对各处操作介绍如下。

图 2-10-19　Save Network 操作框

①节点标签。

②自动保存更新数据。

③保存网络。

5. 操作实例

略。

# 十一、Geo（地理）

Geo 模块共有 3 个部件，主要针对地理数据进行一系列处理。在数据输入方面，需要导入带有经纬度变量或地理区域名称的数据集；在数据处理方面，可以实现地理空间数据的可视化以及特征值在地理区域内的变化情况分析等功能。

## （一）Geocoding（地理编码）

Geocoding

利用 Geocoding 部件，可以将地区名称编码为地理坐标，或将经纬度编码到地理区域中，方便在地图上呈现数据。

1. 输入项

带有经纬度变量或地理区域名称的数据集。

2. 输出项

具有新的附加属性的数据集。

3. 基本介绍

该部件从地理区域名称中提取经纬度组合，或者在合成经纬度后，与原地理区域名称相匹配。如果区域很大，如一个国家，地理编码器就会用返回几何中心的方法来获得经纬度。

4. 操作界面

Geocoding 部件的操作界面如图 2－11－1 所示。根据图中编号，对各处操作介绍如下。

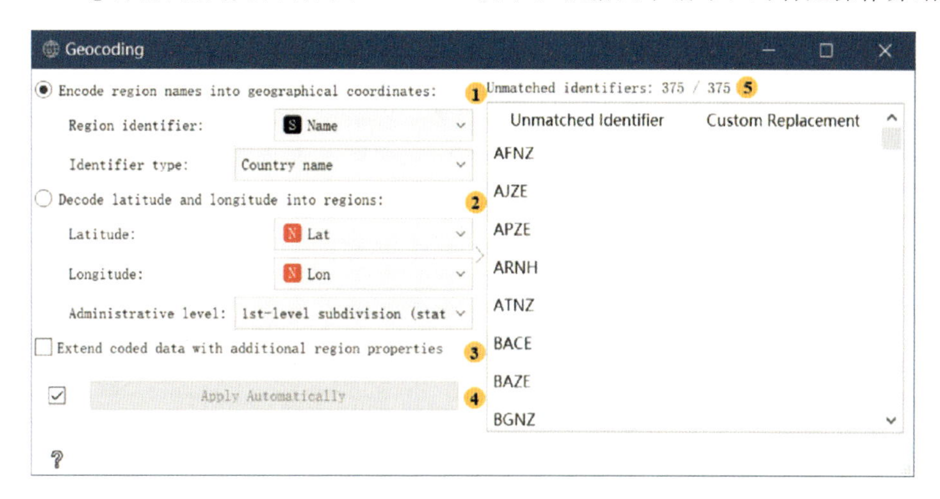


图 2－11－1 Geocoding 操作框

①使用区域名称提取相应的经纬度。

■ 区域标识符：带有区域名称信息的属性，数据类型可以是离散型或字符串。

■ 标识符类型：定义数据的编码方式，支持 10 种方式，如主要城市和国家、ISO 代码等。

②使用经纬度检索地理区域的名称。

■ 纬度。

■ 经度。

■ 需要提取的地理区域的行政级别，有主要国家及其一级行政单位。

③扩展编码数据：可添加有关地理区域的其他信息，例如国家或地区的经济、所属大洲等，对数据进行扩展编码。

④自动应用：若需要，则勾选，操作框里的选择和改动即时起效。

⑤不匹配的标识符：地理编码器无法自动匹配到相应地理区域时，右侧空白区域会列出匹配不成功的字符数据，方便使用者直接编辑配对。

5. 操作实例

①将 Geocoding 部件与其他部件构建如图 2－11－2 所示的连接。

②点击 Data 里的 File，选择导入 LOO _ CN _ CTowns _ Geo 数据，如图 2－11－3 所示，数据有经纬度，但缺少相应地理区域。

③将 Geocoding 连接到 File，在编码框中选择第二种方式，即“Decode latitude and longitude into regions”（使用经纬度检索地理区域的名称），“Administrative level”（行政级别）选择“1st－level subdivision”（省级单位），默认勾选“Apply Automatically”（自动

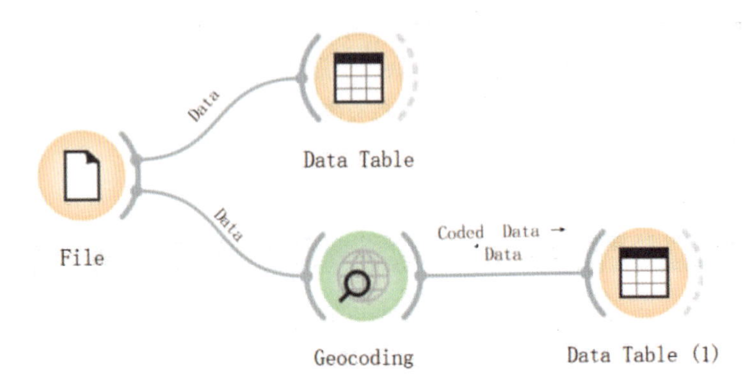


图 2-11-2　Geocoding 部件连接应用示意图

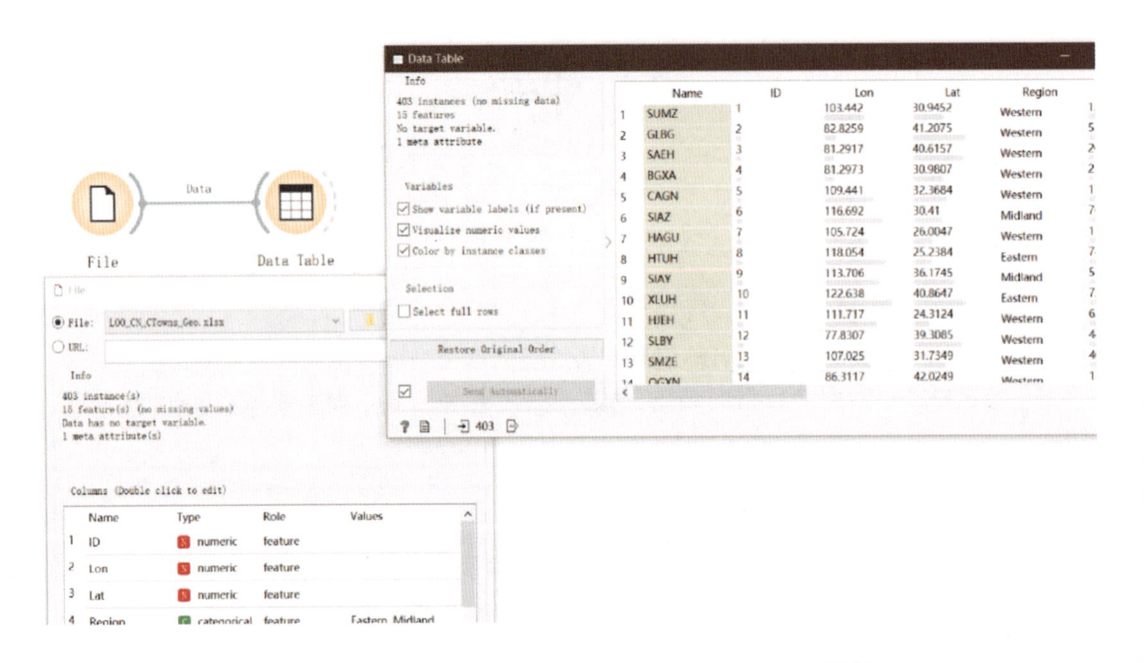


图 2-11-3　使用 File 导入 LOO _ CN _ CTowns _ Geo 数据

应用)。

④观察第二个 Data Table 的信息，如图 2-11-4 所示，在原数据的基础上增添了一个省级单位名称的附加属性。

## (二) Geo Map (地理地图)

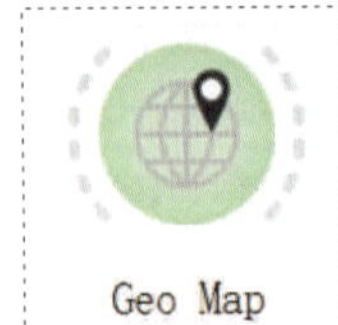


利用 Geo Map 部件，可以在地图上呈现数据点。

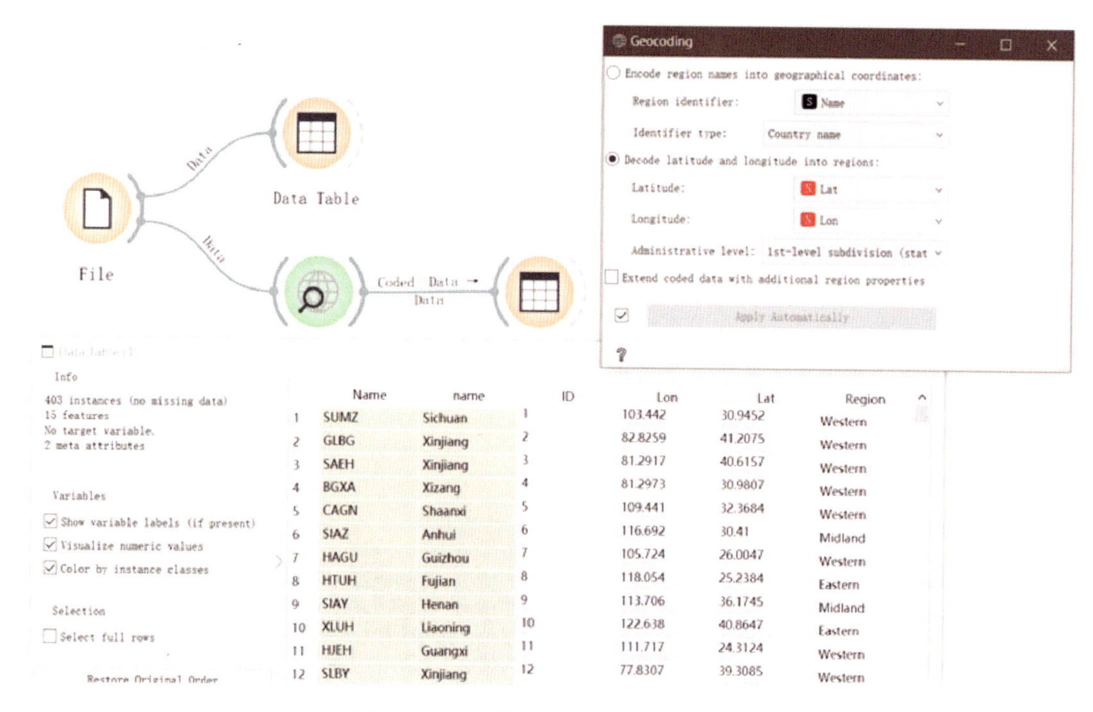


图 2-11-4　使用 Geocoding 进行编码

### 1. 输入项

数据集。

### 2. 输出项

图中选择的实例；带有附加列的数据，显示是否选择了一个点。

### 3. 基本介绍

该部件适用于包含 WGS 84（EPSG：4326）格式的经纬度变量的数据集，就像使用散点图部件一样，可以在地图上通过它将地理空间数据进行可视化。

### 4. 操作界面

Geo Map 部件的操作界面如图 2-11-5 所示。根据图中编号，对各处操作介绍如下。

①地图类型：包括 OpenStreetMap、黑白图、地形图、卫星图、打印图、深色图。

②经纬度设置：若部件无法自动识别经纬度，则手动进行设置。纬度值应介于 −85.0511（S）和 85.0511（N）之间（对平面地图的投影限制），而经度值应介于 −180（W）和 180（E）之间。

③数据点的颜色、形状、大小、标签设置。

④数据点的符号大小、不透明度和分散程度调节。

⑤调整图的属性。

- 根据类别实例的不同颜色对区域着色（必须选择颜色）。
- 地图右侧显示图例，单击并拖动图例可将其移动。
- 冻结地图可使数据的更改无法更新图像。

⑤对图像选择、平移、缩放、重置以便浏览。

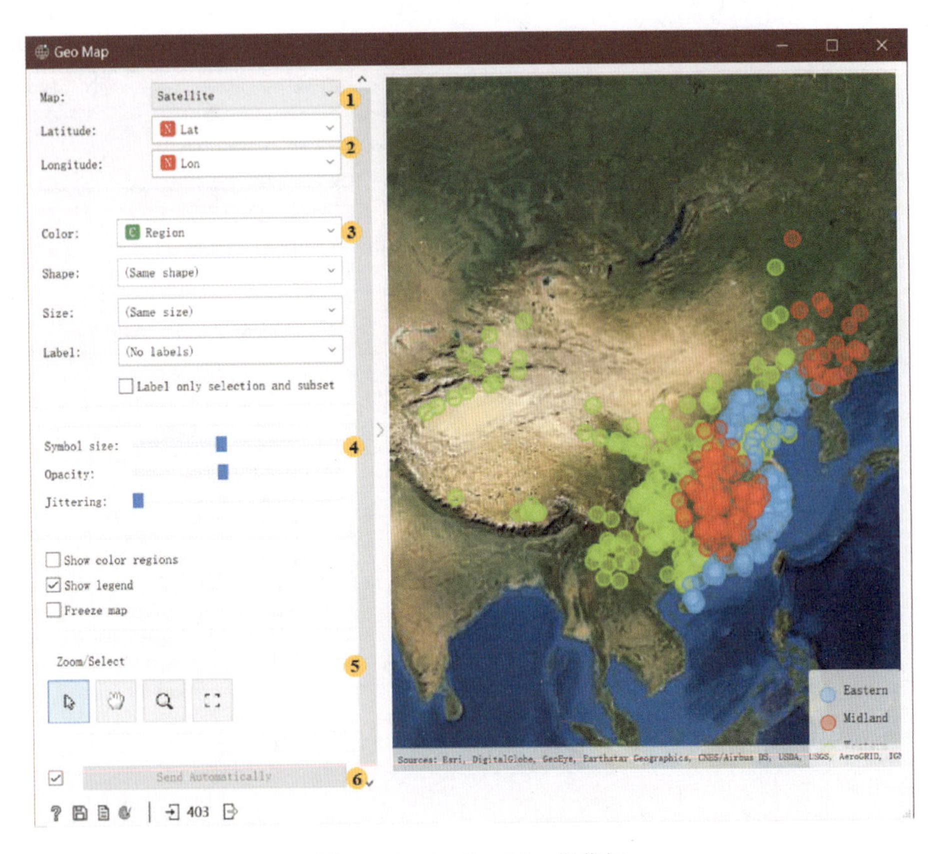


图 2-11-5　Geo Map 操作框

⑥自动应用更改。

5. 操作实例

参见第三章“五、特色小（城）镇的分层聚类”。

## （三）Choropleth Map（Choropleth 地图）

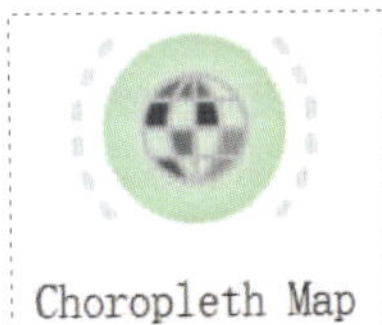

Choropleth Map

利用 Choropleth Map 部件，可以制作专题图，其中区域的阴影与显示的统计变量的测量值成比例。

1. 输入项

数据集。

2. 输出项

图中选择的实例；带有附加列的数据，显示是否选择了一个点。

3. 基本介绍

该部件用于对一个测量值在一个地理区域内的变化情况进行可视化，可用的行政级别包括国家、州、县或市。

4. 操作界面

Choropleth Map 部件的操作界面如图 2-11-6 所示。根据图中编号，对各处操作介绍如下。

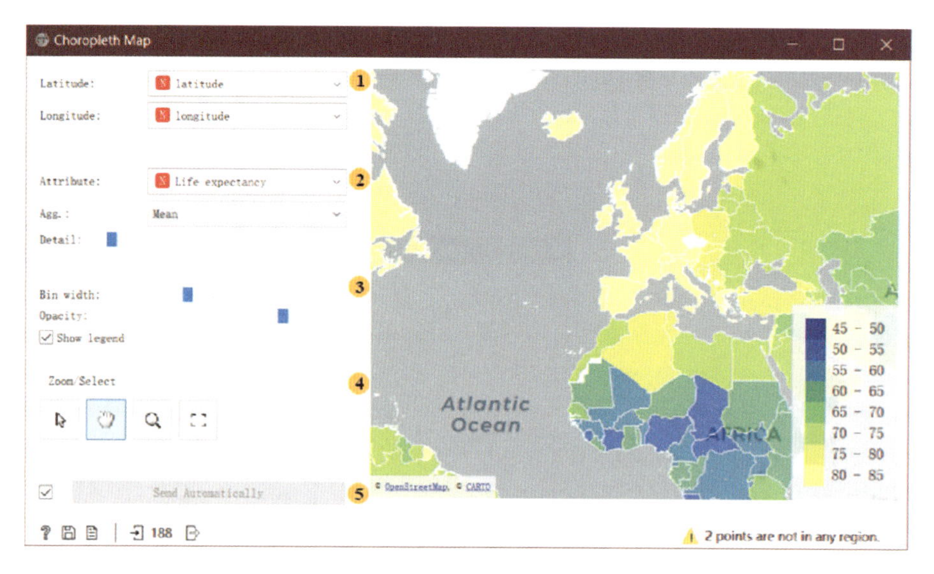


图 2-11-6 Choropleth Map 操作框

①经纬度设置：若部件无法自动识别经纬度，则手动进行设置。

②设置地图细节。

■ 区域着色属性。

■ 设置 Agg.（聚合级别）：具体包括计数、定义的计数、总和、平均值、中位值、最大值、最小值、标准差等。

■ 详细级别可设置为国家/地区、州或省、市、区等。

③调整图的属性。

■ 用于离散化显示颜色的条柱宽度。

■ 透明度。

■ 显示图例。

④对图像进行选择、平移、缩放、重置以便浏览。

⑤自动发送更改。

5. 操作实例

①将 Choropleth Map 部件与其他部件构建如图 2-11-7 所示的连接。

②点击导入 Datasets 里的 HDI 数据，使用 Geocoding 提取数据的经纬度组合，选择“Country”（国家）属性，如图 2-11-8 所示。

③由于 HDI 属性是目标变量，因此它将自动用于着色。同时将 Agg. 设置为 Mean，但是由于每个国家或地区只有一个值，因此也可以使用 Sum 或 Median。

④图 2-11-9 显示了联合国每个国家或地区报告的预期寿命。黄色国家是人口预期寿命较高的国家，蓝色国家是人口预期寿命较低的国家。

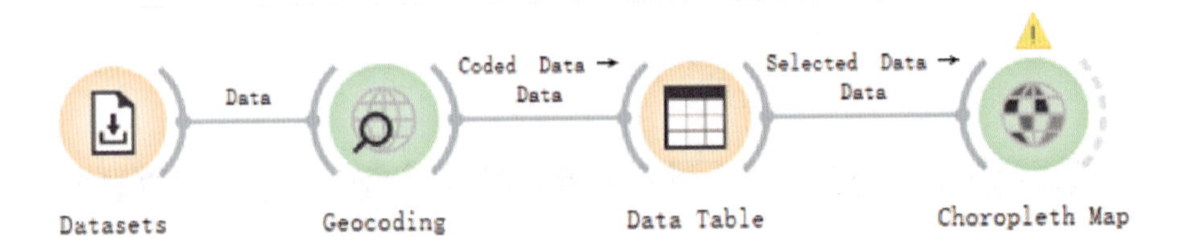


图 2-11-7　Choropleth Map 部件连接应用示意图

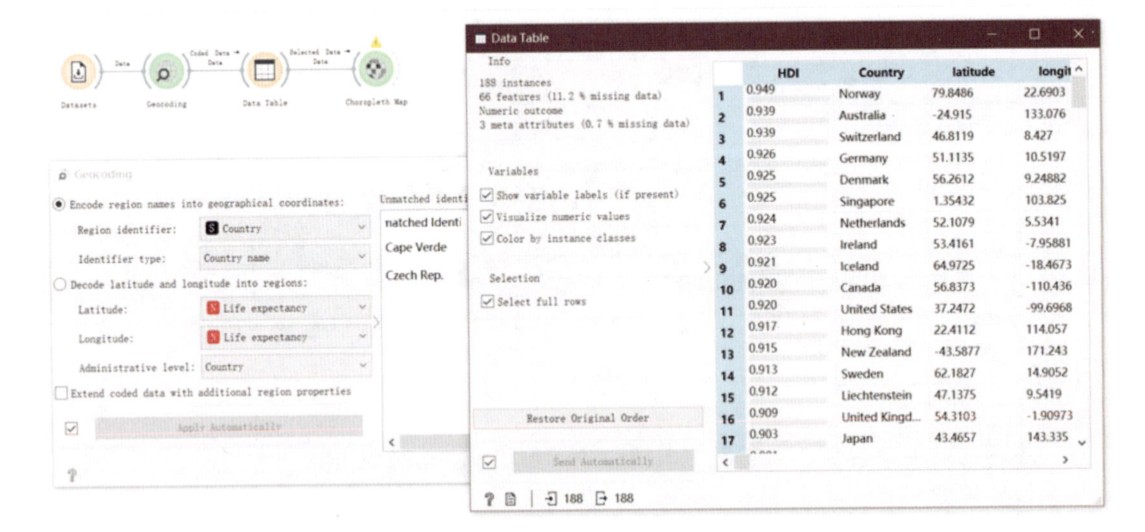


图 2-11-8　使用 Geocoding 进行编码

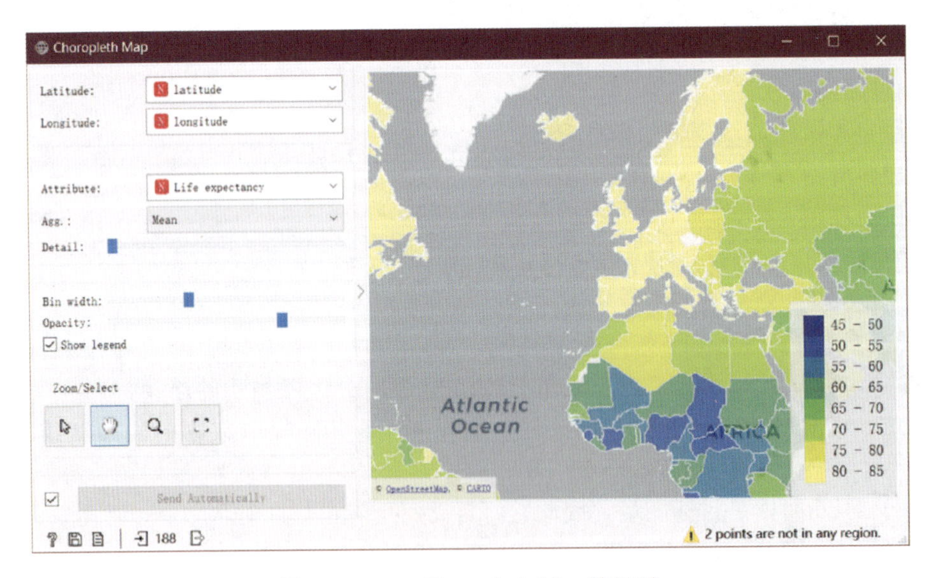


图 2-11-9　Choropleth Map 结果图

# 十二、Explain（解释）

Explain 模块共有 2 个部件，主要针对模型进行解释和预测。在数据输入方面，既需要被解释的数据集，又需要被解释的模型；在数据处理方面，可以实现解释并预测贡献最大的特征属性功能。

## （一）Explain Model（解释模型）

Explain Model

Explain Model 部件可以用于解释分类模型或回归模型，具体可解释哪些特征对特定类的预测贡献最大，以及它们对预测作出的贡献如何。

1. 输入项

- 数据：用于计算解释的数据集。
- 模型：部件解释的模型。

2. 输出项

- 选定数据：绘图中选定点的数据实例。
- 分数：每个属性的得分，对最终预测贡献较大的特征有较高的分数。

3. 基本介绍

该部件使用 SHAP 库来解释分类模型和回归模型，部件获取经过训练的模型和输入的参考数据，然后使用提供的数据来计算每个特征对所选类别预测的贡献。

4. 操作界面

Explain Model 部件的操作界面如图 2-12-1 所示。根据图中编号，对各处操作介绍如下。

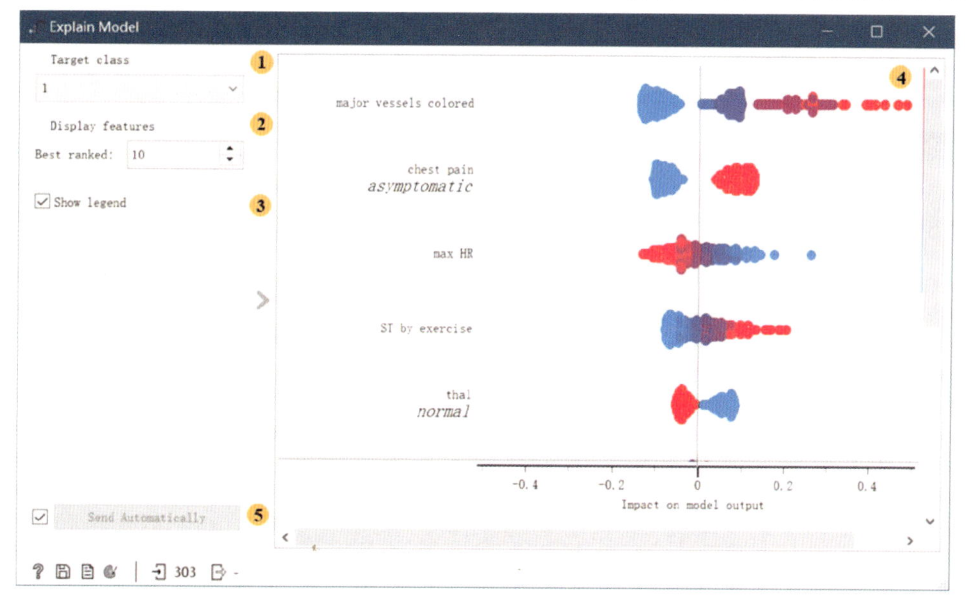


图 2-12-1 Explain Model 操作框

①选择目标类别：图形将显示对该类的解释。

②选择图中显示的特征数量。

③显示或隐藏图例。

④绘图框：显示所选的对模型最重要的特征数量。对于每个特征，图中的点显示数据中每个数据实例（行）的 SHAP 值（横轴）。SHAP 值可用于衡量每个特征对模型输出的影响程度。SHAP 值越高（与图形中心的偏差越大），意味着特征值对所选类的预测影响越大。正的 SHAP 值（从中心向右的点）表示变量对所选模型的预测值有正向影响，负值（从中心向左的点）表示变量对所选模型的预测值有负向影响。对于回归模型，SHAP 值显示了特征值对平均预测值的影响程度。颜色代表每个特征的价值，红色代表较高的特征值，而蓝色是较低的特征值。颜色范围是根据特征在数据集中的所有值来定义的。

⑤选择自动提交或手动提交。

### 5. 操作实例

①在本例中，使用 Explain Model 来解释 Logistic 回归模型，如图 2 - 12 - 2 所示。首先使用 File 打开 heart _ disease. tab 数据集，将它连接到 Logistic Regression 来训练模型。Explain Model 接收用于解释模型的模型和数据，通常使用与训练相同的数据，但也可以在不同的数据上解释模型，将“Target class”（目标类别）设置为 1，这意味着观察到的特征对预测诊断出的心脏病患者贡献最大。

②图中的特征按其与预测的相关性排序。“major vessels colored”对目标类别“1”（诊断出心脏病）的预测最重要，该特征值较高的实例（红色）具有较高的 SHAP 值，这意味着它们对 1 类的预测有贡献，该属性的较低值（蓝色）有助于对该类的预测。第二个最重要的属性是“chest pain (asymptomatic)”，其值为无症状，对患者而言，该类别的存在（红色）有助于预测第 1 类，而该类别的缺失则不利于第 1 类的预测。

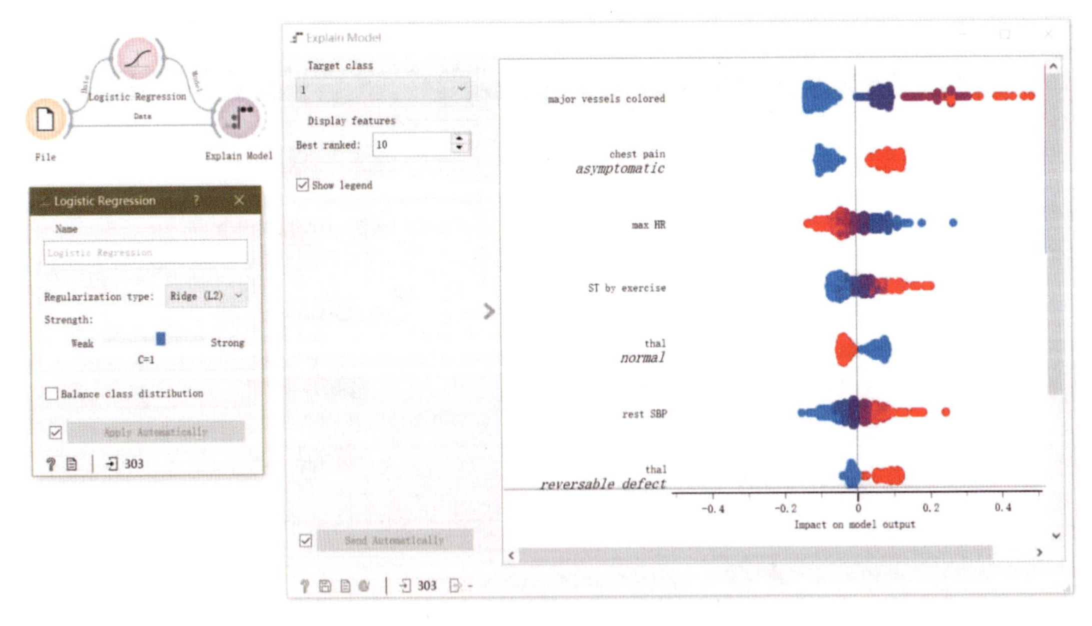


图 2 - 12 - 2　Explain Model 部件连接应用示意图

## （二）Explain Prediction（解释预测）

Explain Prediction

利用 Explain Prediction 部件，可以基于模型进行解释，具体是检测哪些特征对单个实例的预测贡献最大，以及它们是如何贡献的。

### 1. 输入项

- 数据：解释部件预测的单一数据实例。
- 模型：部件解释的模型。
- 背景数据：计算解释所需的数据。

### 2. 输出项

- 选定数据：图形中选定点的数据实例。
- 分数：每个特征值的 SHAP 值，对最终预测贡献较大的特征与 0 的偏差更高。

### 3. 基本介绍

该部件用于解释分类模型或回归模型对所提供数据实例的预测。它显示了哪些特征对所选类别的预测影响最大，以及它们是如何贡献的（对预测的贡献或削减）。主要通过移除特征要素、用背景数据中的不同选项替换要素以及观察预测的变化来计算解释程度。

### 4. 操作界面

Explain Prediction 部件的操作界面如图 2-12-3 所示。根据图中编号，对各处操作介绍如下。

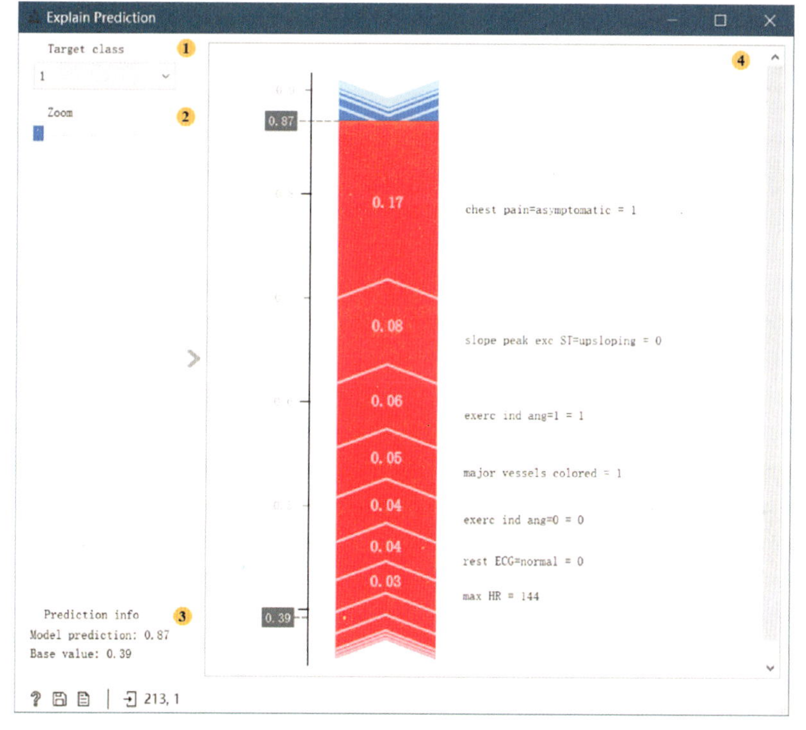


图 2-12-3 Explain Prediction 操作框

①目标类：选择目标类，图形将显示对该类的解释。

②放大或缩小图形。

③预测信息：观察类和基值的预测概率，即数据集中的平均概率。

④图形框：显示对预测影响最大的特征（色带长的特征），以及它们是如何影响的。标记为红色的特征会增加所选类别的概率，而标记为蓝色的特征则会降低概率。在色带的右侧，可以看到所选实例的特征名称及其值。色带段的长度（和色带上的数字）代表特征值贡献的 SHAP 值，也就是特征值对所选类别概率的影响程度。灰色框中的数字表示所选类别的预测概率为 0.87，基线概率（数据中的平均概率）为 0.39。

5. 操作实例

①在本例中，首先在 File 中打开 heart _ disease. tab 数据集，通过 Data Sampler 将数据集分为训练集和测试集。训练集将使用 Logistic Regression 训练逻辑回归模型。随后使用 Predictions 计算数据集的测试部分（Data Sampler 的剩余数据）以实现预测，在左侧窗口中，选择想要解释 Explain Prediction 部件预测的数据实例，如图 2-12-4 所示，选择的行被预测为属于第 1 类（诊断出心脏病）。

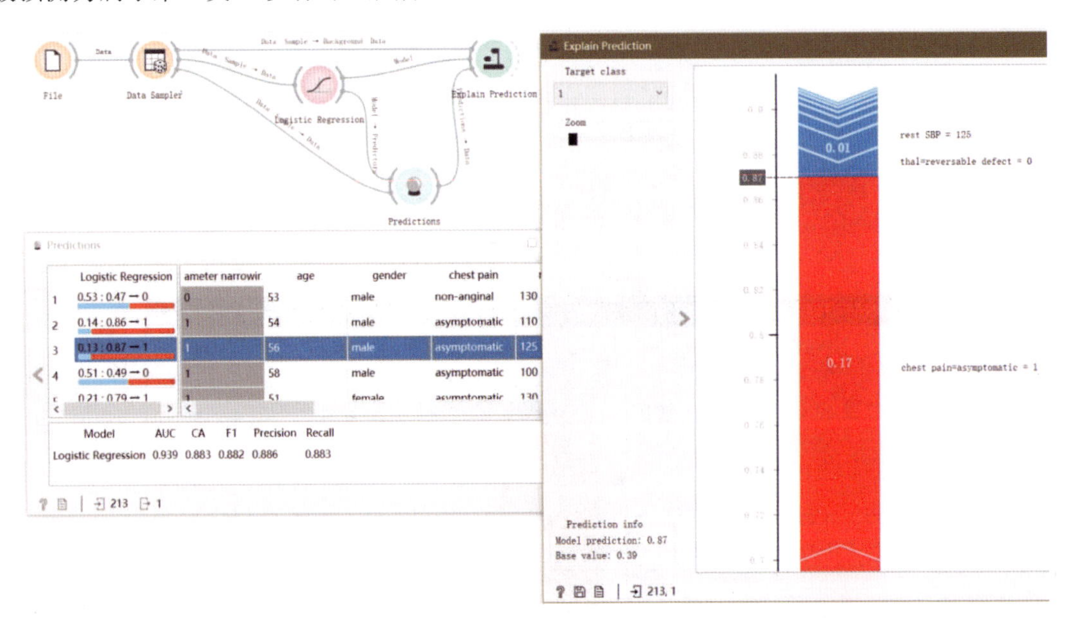


图 2-12-4　Explain Prediction 部件连接应用示意图

②Explain Prediction 接收了 3 个输入部件。首先是 Logistic Regression 模型，来自 Data Sampler 的背景数据（通常使用模型的训练数据作为背景数据），以及想用 Explain Prediction 解释其预测的数据实例。在部件中，我们选择第 1 类作为目标类别，这意味着要解释哪些特征及其如何影响所选第 1 类的预测概率。图中灰色框中的数字表示所选类别的预测概率为 0.87，基线概率为 0.39。

③色带上标记为红色的特征将概率从基线概率推向概率 1（对所选类别的预测），标记为蓝色的特征则对所选类别的预测进行反推。色带上的数字是每个特征的 SHAP 值，即该特征（及其值）对所选类别的概率的影响程度。可以看到，对预测呈正向影响且影响最大的

特征是 chest pain＝asymptomatic＝1，对预测呈负向影响的特征是 thal＝reversable defect＝0 和 rest SBP＝125。

## 十三、Associate（联系）

Associate 模块共有 2 个部件，主要用于挖掘数据集的内在关联，可以实现频繁项集查找和符合自定义规则的数据输出功能。

### （一）Frequent Itemsets（频繁项集）

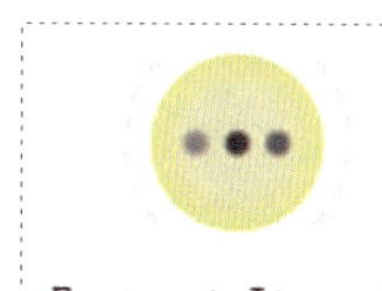

Frequent Itemsets

利用 Frequent Itemsets 部件，可以根据对规则的支持程度在数据集中查找频繁项。

1. 输入项

输入数据集。

2. 输出项

匹配条件的数据实例。

3. 基本介绍

略。

4. 操作界面

Frequent Itemsets 部件的操作界面如图 2－13－1 所示。根据图中编号，对各处操作介绍如下。

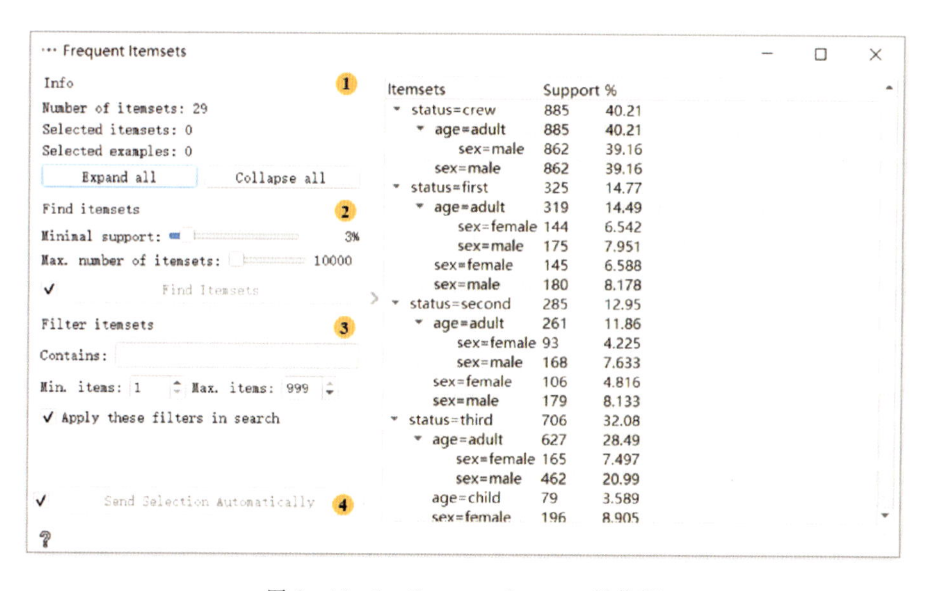


图 2－13－1　Frequent Itemsets 操作框

①有关输入数据的信息。

■ 展开所有项集。

■ 折叠所有项集。

②查找项集依据。

■ 最小支持值：必须支持要生成的项目集的最小数据实例比例。对于大数据集，通常设置较低的最小支持值（例如在 2%～0.01%之间）。

■ 最大项集数：限制生成项集的数量，项集的生成没有特定的顺序。

■ 若勾选“Find Itemsets”，部件将在每次参数更改时自动运行搜索。对于大型数据集，建议在设置好参数以后再运行搜索。

③筛选项集：可以通过正则表达式来寻找一个特定的项目或项集。

■ 包含：将按正则表达式筛选项集。

■ 最小项目数：必须在项集中显示的最小项目数。如果是 1，则显示所有项集；如果增加到 4，则只会显示包含 4 个或更多项的项集。

■ 最大项目数：项集中出现的最大项数。如果是 5，则只会显示包含 5 项或者少于 5 项的项集。

■ 若勾选“Apply these filters in search”，部件将实时过滤结果。最好不要对大型数据集进行勾选。

④勾选“Send Selection Automatically”则自动提交更改。

### 5. 操作实例

使用 Frequent Itemsets 与其他部件构建如图 2 - 13 - 2 所示的工作流，本例选用 titanic. tab 数据集。借助 Frequent Itemsets 部件，可以查看 titanic. tab 数据集中团队的人数、年龄及性别占比情况。

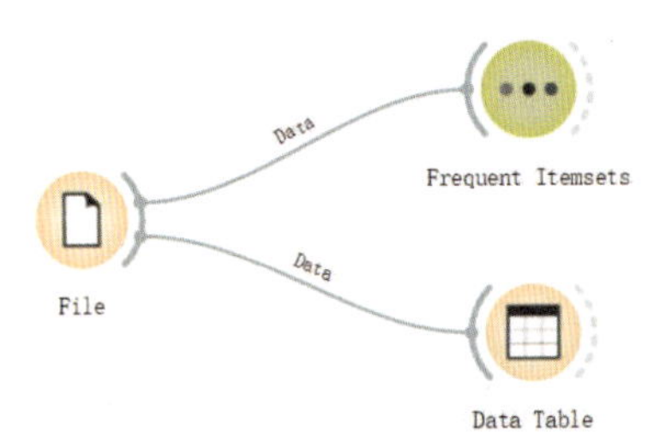


图 2 - 13 - 2 Frequent Itemsets 部件连接应用示意图

## （二）Association Rules（关联规则）

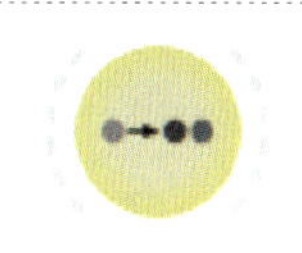


利用 Association Rules 部件，可以通过设定来归纳规则并将其应用于整个数据集。

### 1. 输入项

任何属性类型的数据集。

### 2. 输出项

符合条件的数据实例。

### 3. 基本介绍

该部件通过对少数项目的条件数据库进行高速优化（Han et al.，2004）来实现频繁模式挖掘算法（Agarwal et al.，2000）。为了归纳分类规则，该部件会为整个数据集生成规则，并在结果与类值不匹配的地方跳过这些规则。

### 4. 操作界面

Association Rules 部件的操作界面如图 2－13－3 所示。根据图中编号，对各处操作介绍如下。

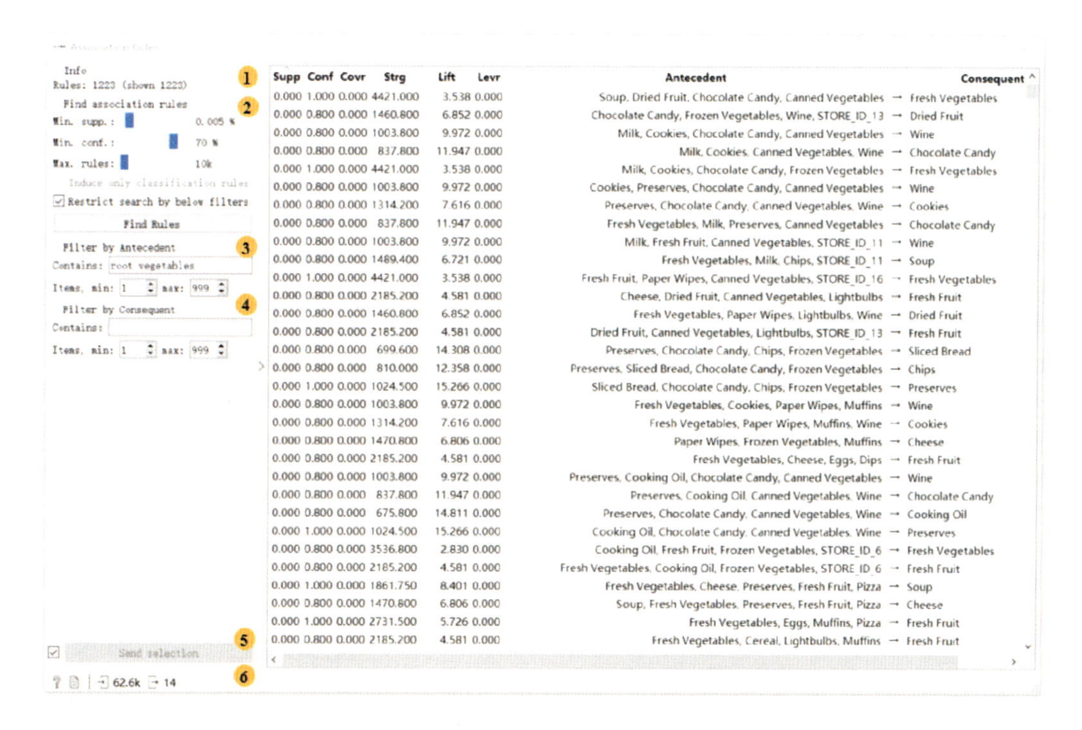


图 2－13－3　Association Rules 操作框

①输入数据的属性信息。

②关联规则：设置规则归纳条件。

■ 最小支持：规则覆盖整个数据集的百分比（包括前提、结果）。

■ 最小置信度：适合右侧（结果）的示例数在适合左侧（前提）的示例中所占的比例。

■ 最大规则数：限制算法生成的规则数量。规则过多则会大大降低该部件的运行速度。

■ 仅限分类规则（项集→类）：勾选此项，则该部件仅生成在规则右侧（结果）具有类值的规则。

■ 通过自定义过滤器限制搜索。

■ 查找规则：对于属性较多的数据集来说，点击“Find Rules”按钮会使运行速度变慢，因此它仅适用于已设置参数的情况下。

③通过前提项过滤。

■ 包含：通过匹配前提项中以空格分隔的正则表达式来过滤的规则。

■ 最小项目数：前提项中出现的最小项目数。

■ 最大项目数：前提项中出现的最大项目数。

④通过结果项过滤。

■ 包含：通过匹配后续项目中以空格分隔的正则表达式来过滤规则。

■ 最小项目数：结果项中出现的最小项目数。

■ 最大项目数：结果项中出现的最大项目数。

⑤自动发送：若需要，则勾选，部件会自动输出与所选关联规则匹配的数据实例。

⑥状态栏：左侧显示文件图标（单击可生成报告）及部件输入和输出的实例数，若出错，则在右侧显示警告和错误信息。

### 5. 操作实例

在 Datasets 中加载 Foodmart2000，数据中包括每笔市场交易的种类、金额和商店 ID。连接 Data Table、Association Rules，在关联规则表中可以看出数据集的属性信息，在前提项中输入“root vegetables”，即可在 Data Table 中看到符合关联条件的输出项，如图 2-13-4 所示。

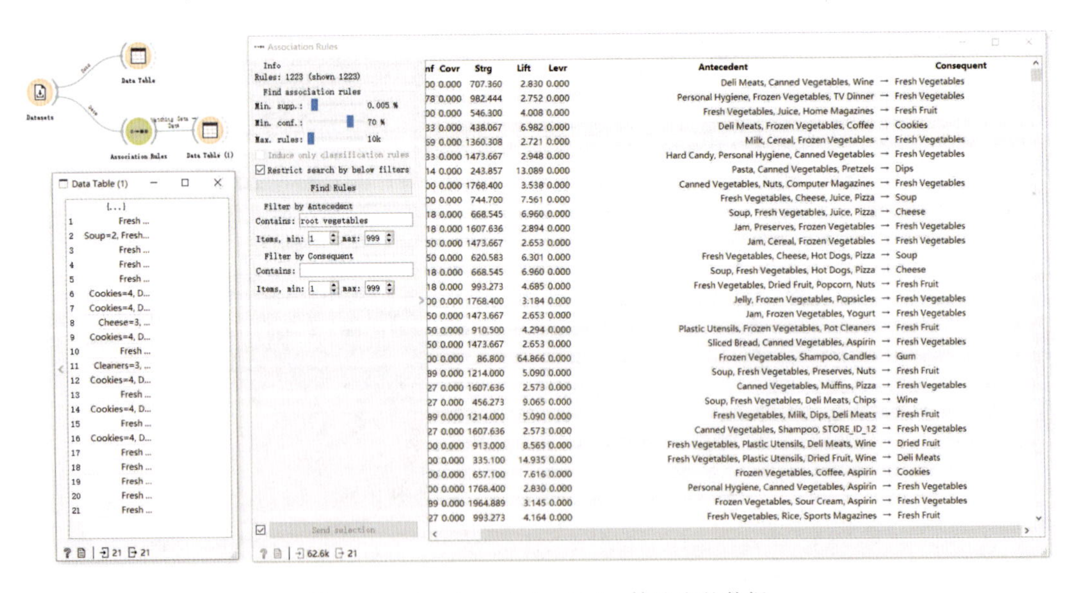


图 2-13-4　Association Rules 筛选出的数据

# 十四、Survival Analysis（生存分析）

Survival Analysis 模块共有 1 个部件，主要研究生存现象和响应时间及其统计规律。在数据输入方面，既需要时间变量也需要事件变量；在数据处理方面，可以实现 Kaplan－Meier 生存曲线的输出。

## Kaplan－Meier Plot（Kaplan－Meier 生存曲线）

|  Kaplan-Meier Plot | Kaplan－Meier Plot 部件可以用于估计生存函数。 |
| --- | --- |

1. 输入项

输入数据集。

2. 输出项

已估计的 Kaplan－Meier 生存曲线。

3. 基本介绍

Kaplan－Meier 生存曲线是以生存时间为横轴、生存率为纵轴绘制而成的阶梯形曲线，用于说明生存时间与生存率之间的关系。它采用了可考察单个因素及分层控制混杂因素的生存分析法，适用于大样本或者小样本（尤其是小样本常用）。

4. 操作界面

可以参看第三章“十五、城市特征与二氧化碳排放量的数据挖掘”。

5. 操作实例

可以参看第三章“十五、城市特征与二氧化碳排放量的数据挖掘”。

# 第三章 Orange“连连看”：数据分析案例

## 一、Orange“连连看”概述

本书前两章的案例中初步展示了 Orange 的工作流构建过程。本章将通过 15 个更加详细的案例来进一步介绍在 Orange 中如何使用各种功能的部件并通过“连连看”的拖曳方式构建工作流，完成数据分析。

首先，Orange 中有如下 3 种拖曳部件来创造工作流的方法：①从左侧部件区单击选中部件，或直接将部件拖曳至右侧工作区；②在右侧工作区的空白处右击，从搜索框中输入需要使用的部件名称以添加部件；③在工作区选中要复制的部件，点击右键后选择“Duplicate”，或选中后直接按 Ctrl+D。

其次，部件之间的连接线可能有多个连接选项，可以通过双击连接线进行选择。例如，图 3-1-1 展示了两个部件间不同数据子集的选择和连接。

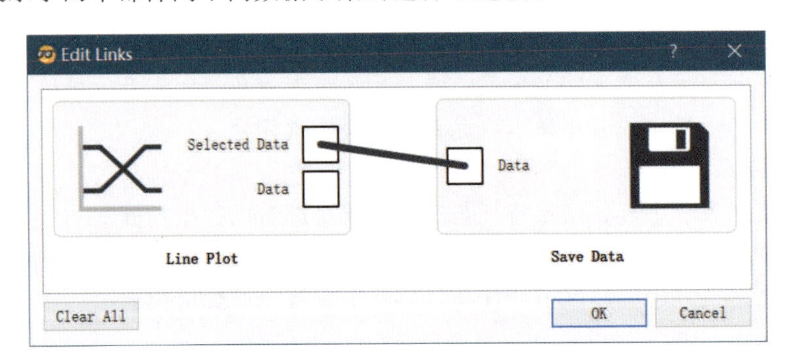


图 3-1-1 部件连接线示意图

最后，如第一章中所述，按照输入和输出功能划分，所有部件可以划分为 A 类（仅有输入功能）、B 类（兼具输入和输出功能）和 C 类（仅有输出功能）。其中，A 类部件仅在其右侧有连线端口，B 类部件的左右两侧都有连线端口，C 类部件仅在其左侧有连线端口。因此，A、B、C 三类部件之间的连接可以划分为如图 3-1-2 所示 3 种基本类型。

- “A—B—C”连接：A 类部件负责输入数据，B 类部件对输入的数据进行分析后再输出，C 类部件负责接收数据进行输出，这是一个比较完整的工作流样式。
- “A—B”连接：可以在使用 A 类部件输入数据后，仅利用 B 类部件对数据进行查看或分析，不输出结果。
- “A—C”连接：可以在输入数据后，直接进行数据的输出。

由此可见，3 种连接类型的工作流都离不开数据的输入。表 3-1-1 显示了“连连看”15 个案例中所用数据的名称列表，以及每个案例用到的部件数量。

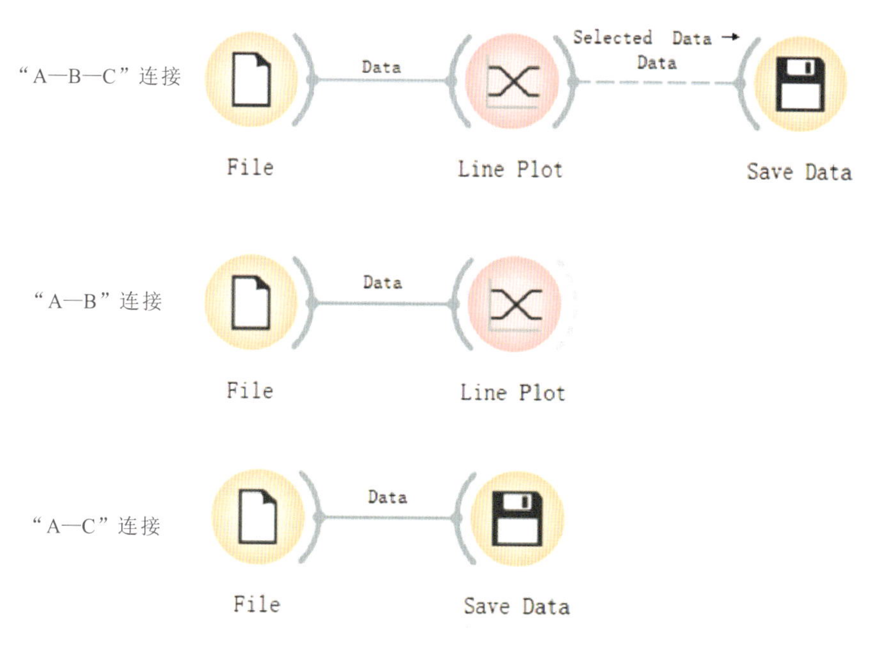


图 3-1-2　工作流连接的 3 种基本类型

**表 3-1-1　案例中对应数据名称**

| 序号 | 案例名称 | 数据来源 | 部件数 |
| --- | --- | --- | --- |
| 1 | 企业员工自然离职中的发现 | Attrition-Train. tab、Attrition-Predict. tab | 7 |
| 2 | 热点关注度的多维度分析 | LOO _ CN _ BDHPindex _ Time. xlsx | 11 |
| 3 | 中国高校校徽设计间的关联 | LOO _ CN _ School badges _ Image | 12 |
| 4 | 特色小（城）镇的分层聚类 | LOO _ CN _ CTowns _ Geo _ Time. xlsx | 14 |
| 5 | 新冠肺炎疫情数据的获取与处理 | time _ series _ covid19 _ confirmed _ global. csv | 17 |
| 6 | 新冠肺炎疫情的地图可视化分析 | time _ series _ covid19 _ confirmed _ global. csv | 15 |
| 7 | 不同区域的新冠肺炎疫情变化趋势 | time _ series _ covid19 _ confirmed _ global. csv | 14 |
| 8 | 动物园里动物类别的推测与验证 | Zoo. tab | 17 |
| 9 | 缺失值的填充与离群值的筛选 | Iris. tab | 21 |
| 10 | 美国公众人物的推文透露了什么？ | elect-tweets-2016. tab | 19 |
| 11 | 什么是引发心脏病的“元凶”？ | heart _ disease. tab | 20 |
| 12 | 谁是泰坦尼克号的幸存者？ | Titanic. csv | 20 |
| 13 | 跨国航空流的网络分析 | airtraffic. net | 20 |
| 14 | 城市特征与二氧化碳排放量的数据挖掘 | LOO _ CN _ BMCities _ Pan. xlsx、LOO _ CN _ Energy _ Emission _ Cities _ Total. xlsx | 22 |
| 15 | 是“魔法故事”还是“动物故事”？ | grimm-tales-selected. tab | 23 |

## 二、企业员工自然离职中的发现

**案例简介**

本案例主要使用 Attrition - Train. tab 和 Attrition - Predict. tab 数据集，实现对某公司员工离职或留下的解释预测功能。它可以应用于某国家、某行业或某单位的自然离职情况统计分析，或具有解决某企业员工离职问题、提出对策建议等的潜在应用价值。该案例主要涉及 Data、Model 和 Explain 模块，具体运用的部件有 Datasets、Data Table、Logistic Regression、Explain Model 和 Explain Prediction。

### 1. 模型流程框架

将各模块部件通过拖曳连接的方式组建如图 3 - 2 - 1 所示的流程框架。该框架中 Data、Model 和 Explain 是核心模块，其中，Data 模块主要用来输入和查看数据，Model 模块主要用来进行回归分析并预测，Explain 模块主要用来解释预测。

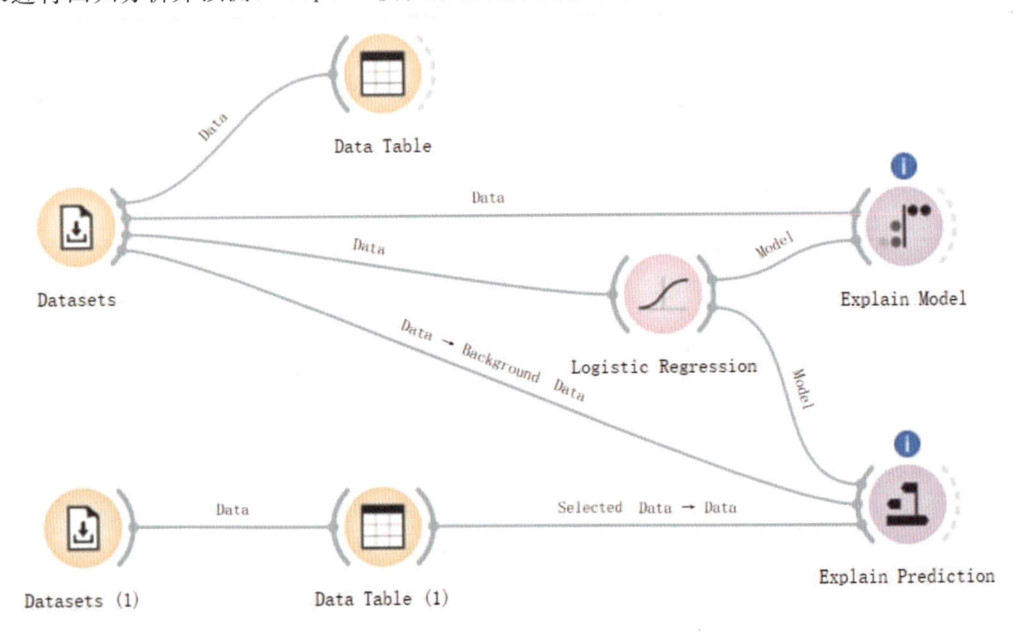


图 3 - 2 - 1 部件连接应用示意图

### 2. 主要操作步骤与分析结果

（1）加载自然离职数据

点击 Datasets 导入加载 Attrition - Train. tab 数据集，该数据集主要罗列了某公司员工是否离职的具体信息，可在 Data Table 部件中观察该数据集（图 3 - 2 - 2）。其中，目标变量“Attrition”表示自然离职，其中“No”表示员工留下来，“Yes”表示员工辞职，还有描述员工通勤距离、受教育程度、部门、距上次晋升年数等的其他属性。

（2）数据的回归分析和模型解释

为了解员工离职的原因，可构建一个简单的 Logistic 回归预测模型。若在 Test and Score 中检查模型，会了解到该模型的准确度（AUC）为 0.797，预测结果有效度为

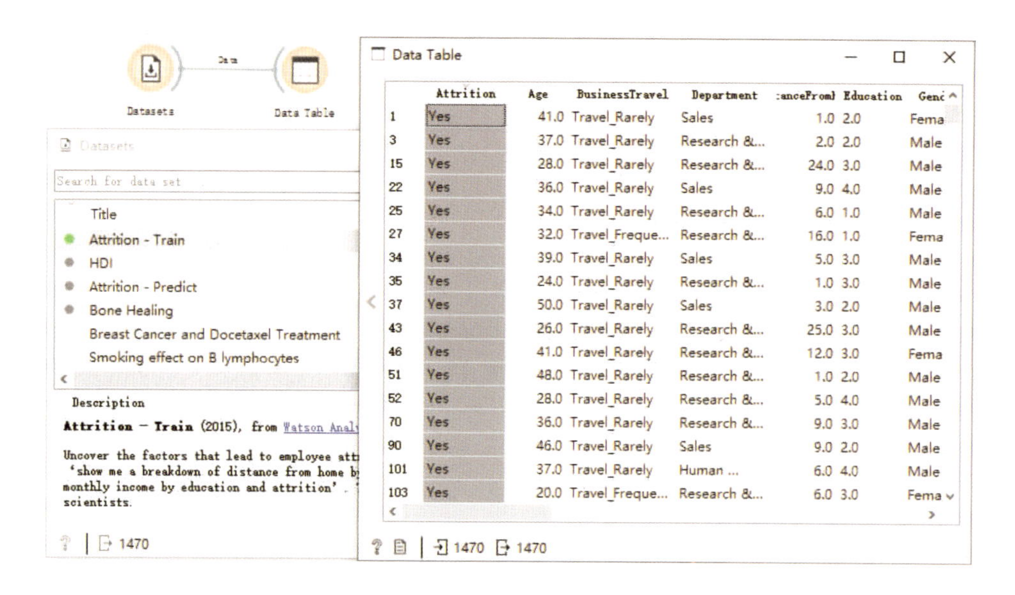


图 3-2-2　加载数据集

84.8%。为进一步观察数据集在模型回归后的结果，在 Logistic Regression 后添加 Explain Model，并使之连接到 Dataset 部件。

在 Explain Model 部件中将目标类别设置为“Yes”，则图 3-2-3 中列出的是造成员工

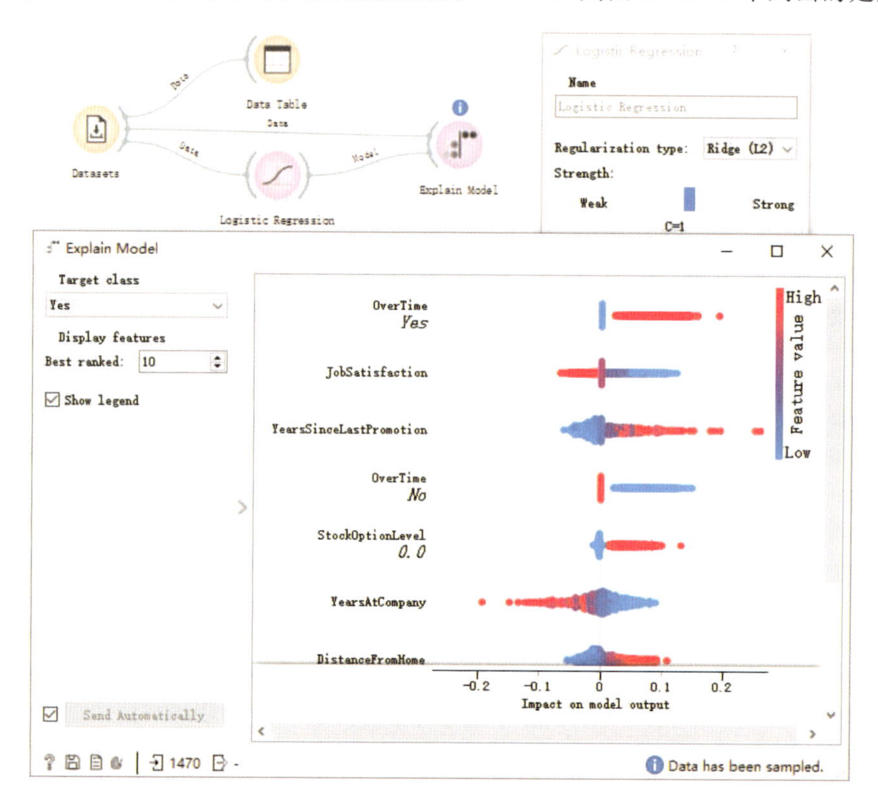


图 3-2-3　Logistic 回归分析与解释模型

离职排名靠前的变量。轴的左边代表不愿离职，轴的右边代表有离职意愿，而点的颜色表示属性的值（红色表示较高值，蓝色表示较低值）。可观察到“Overtime（加班）”是对预测影响最大的变量，在加班（右侧红点）的分类属性中，具有“Yes”值意味着员工可能会辞职；“Job Satisfaction（工作满意度）”低也会导致离职意愿的产生（右侧为蓝色值）；变量“Years at Company（入职年限）”左侧有更多的红点，这意味着在公司工作时间长的员工更有可能留下来。

（3）预测新员工的离职概率

了解模型后可以作出一些预测。加载 Attrition - Predict. tab 数据集，数据集中有 3 名描述属性一致的新员工，现在来预测他们离职的概率。在预测中主要使用 Logistic Regression 和 Explain Prediction 部件。Explain Prediction 部件需要模型、受训练的数据和预测的实例（John）3 个输入项；在输出中依旧将目标类别设置为“Yes”，右侧图中的红色变量会增加目标值的概率（蓝色变量会降低目标值的概率），箭头的大小与 SHAP 值相对应，也就是说，箭头越大，变量对目标值的贡献越大；最后模型还预测员工 John 的离职概率为 76%，离职的最大因素是加班，和本模型的结果非常吻合，如图 3 - 2 - 4 所示。

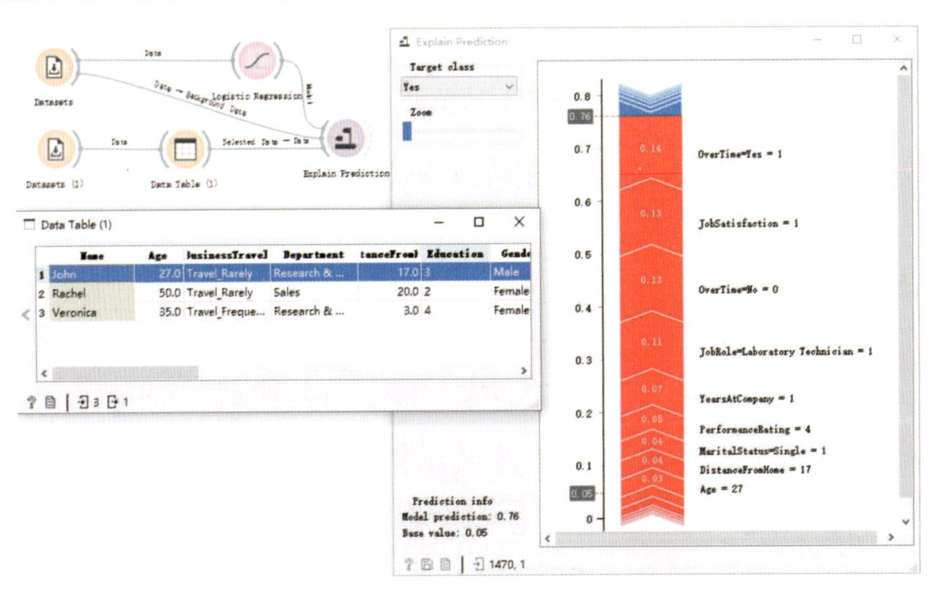


图 3 - 2 - 4　John 的离职概率预测

## 三、热点关注度的多维度分析

**案例简介**

本案例主要使用 LOO _ CN _ BDHPindex _ Time 数据集，即几大城市中人们对热点词汇（如住房）的关注度汇总。该案例实现了对时间序列数据的模型分组与可视化、季节性调整以及数据的转换与对比查看，可以应用于时间序列分析，具有总结挖掘数据特性，并进行对比分析的潜在应用价值。该案例主要涉及 Data、Unsupervised、Visualize、Time Series 模块，主要运用的部件有 Apply Domain、Concatenate、Louvain Clustering、t - SNE、PCA、Seasonal Adjustment 等。

## 1. 模型流程框架

将各模块部件通过拖曳连接的方式组建如图 3-3-1 所示的流程框架。该框架中 Data、Unsupervised、Time Series 是核心模块，其中，Data 模块主要采用多个可以互相连接使用的部件，实现对数据的转换和整理，其中也借助了 Unsupervised 模块，Time Series 模块主要采用季节性调整数据的时间序列，并结合 Visualize 模块对比查看调整前后的数据。

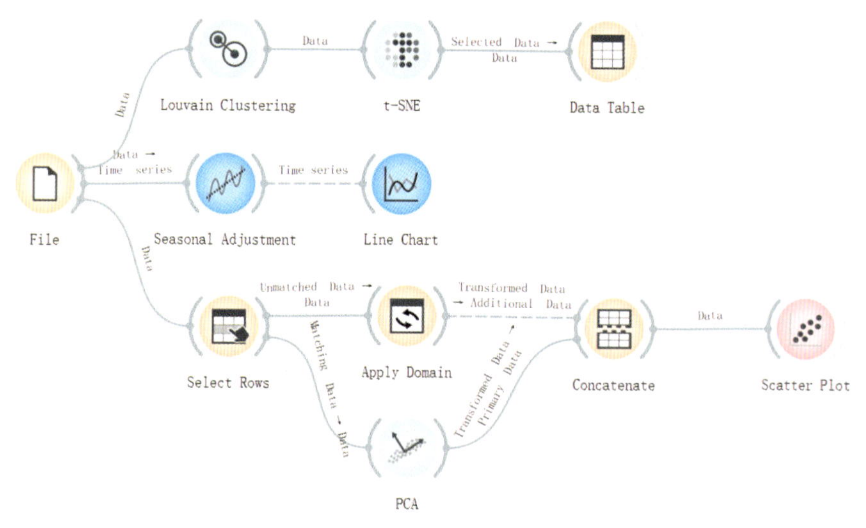


图 3-3-1　部件连接应用示意图

## 2. 主要操作步骤与分析结果

(1) 数据的分组与查看

点击 File，导入 LOO _ CN _ BDHPindex _ Time 数据集（住房关注度），随后使用 Louvain Clustering 对数据进行分组处理，将处理后的数据发送到 t-SNE 进行查看，在图 3-3-2 中选中任意亚群，随后在 Data Table 中可以详细地观察。

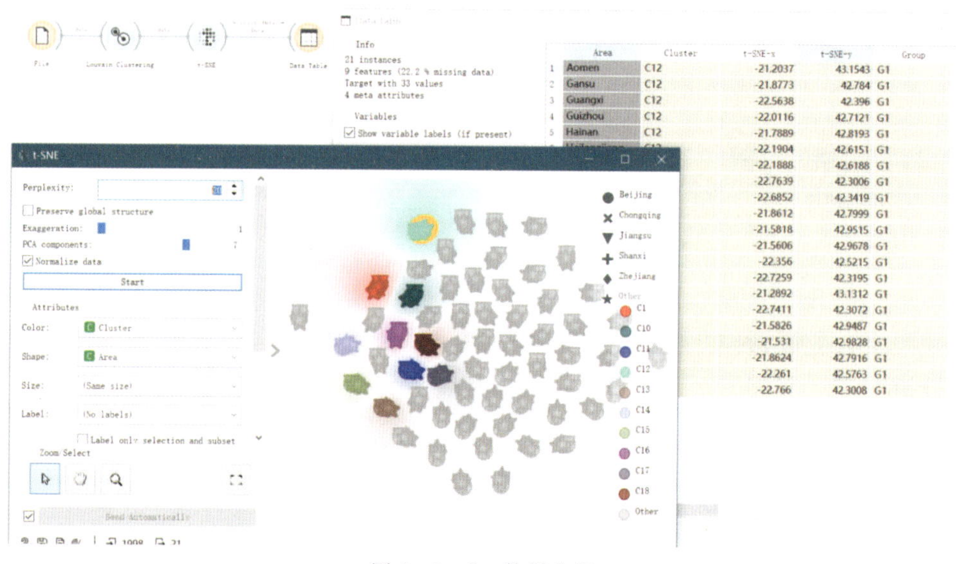


图 3-3-2　数据分组

（2）分类模型的解释与可视化

将 File 连接到 Seasonal Adjustment，数据中的 Time 列作为时间序列，选择加法模型，最后将进行季节性调整后的结果连接至 Line Chart，可以观察到带有原指标数据的原始时间序列和季节性调整后的时间序列的对比，如图 3－3－3 所示。

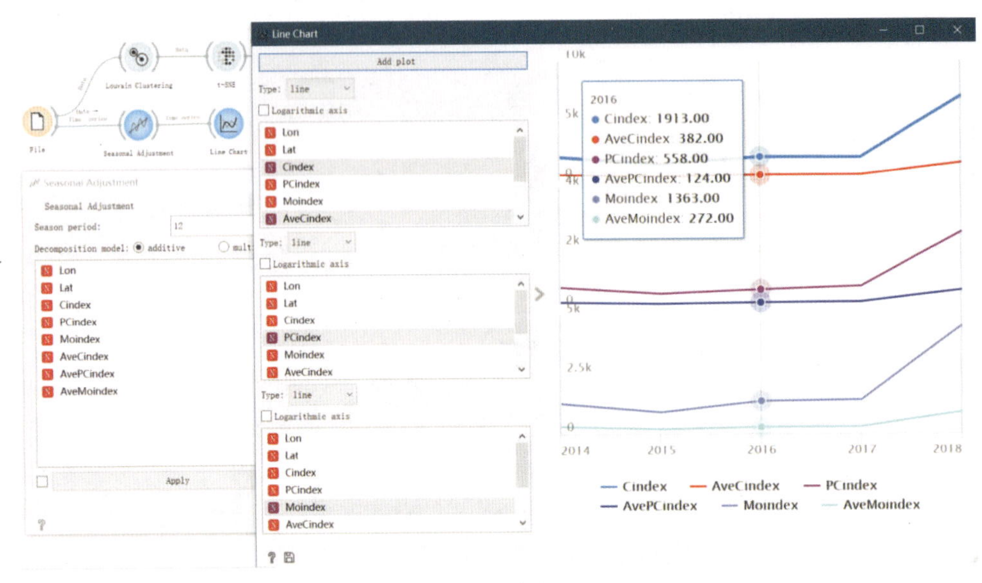


图 3－3－3　季节性调整

（3）数据转换与对比

为了创建两个独立的数据集，使用 Select Rows 将选择行的条件设置为“Cindex is at least 1500”，选择 Cindex≥1500 的数据，其余未使用的数据发送到 Apply Domain，同时利用 PCA 对选中的数据进行转换，并选择解释 99％方差的前 5 个主成分，最后使用 Concatenate 将新旧数据连接在一起，方便在 Scatter Plot 中观察、对比新旧数据之间的变化，如图 3－3－4、图 3－3－5 所示。

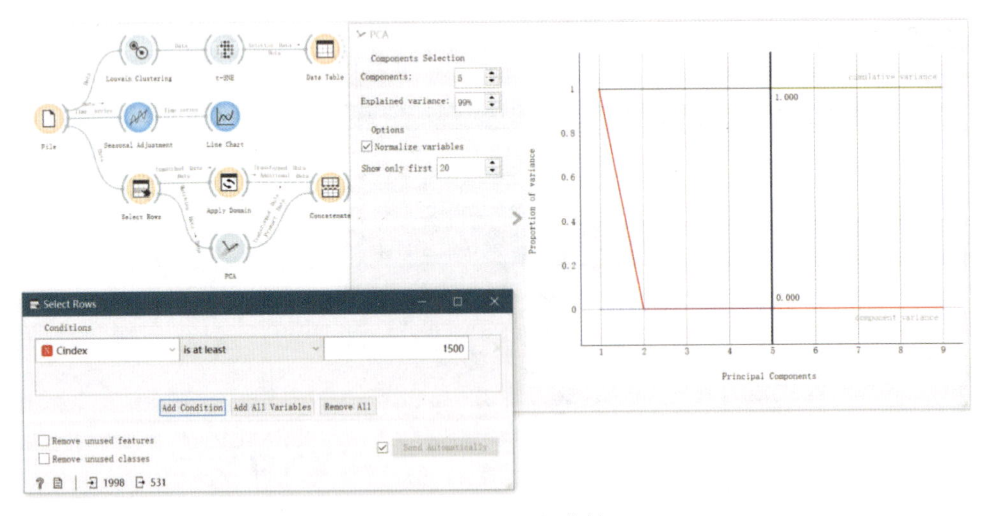


图 3－3－4　PCA 分析

图 3－3－5　转换数据的对比分析

## 四、中国高校校徽设计间的关联

**案例简介**

本案例主要使用中国 120 个高校的校徽数据，实现校徽图像分类和相似度分析，可以应用于校徽构图领域，具有解决校徽构图意义的系统符号学问题的潜在应用价值。该案例主要涉及 Data、Unsupervised 和 Image Analytics 模块，具体运用的部件有 Image Embedding、Image Grid、Neighbors 和 Hierarchical Clustering 等。

1. 模型流程框架

将各模块部件通过拖曳连接的方式组建如图 3－4－1 所示的流程框架。该框架中 Data、Unsupervised 和 Image Analytics 是核心模块，其中，Data 模块主要用来观察图像信息，Unsupervised 模块主要用来计算图像间的距离和分类，Image Analytics 模块主要用来进行图像相似性分析。

2. 主要操作步骤与分析结果

（1）加载图像数据与图像网格

点击 Import Images 导入“LOO _ CN _ School badges _ Image”文件夹，随后使用 Image Embedding 将图像嵌入向量空间，并将它们显示在 Image Viewer 中；既可以在 Data Table 中观察图像的具体信息，也可以在 Image Grid 中将校徽图像的相似及差异程度可视化，在可视化结果中可以观察到有趣的现象，如图 3－4－2 所示。

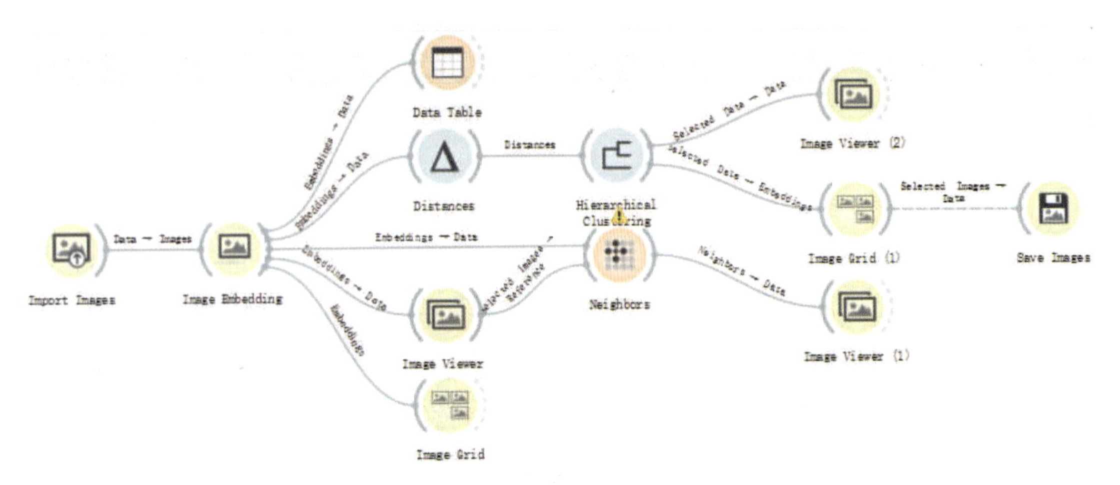


图 3-4-1　部件连接应用示意图

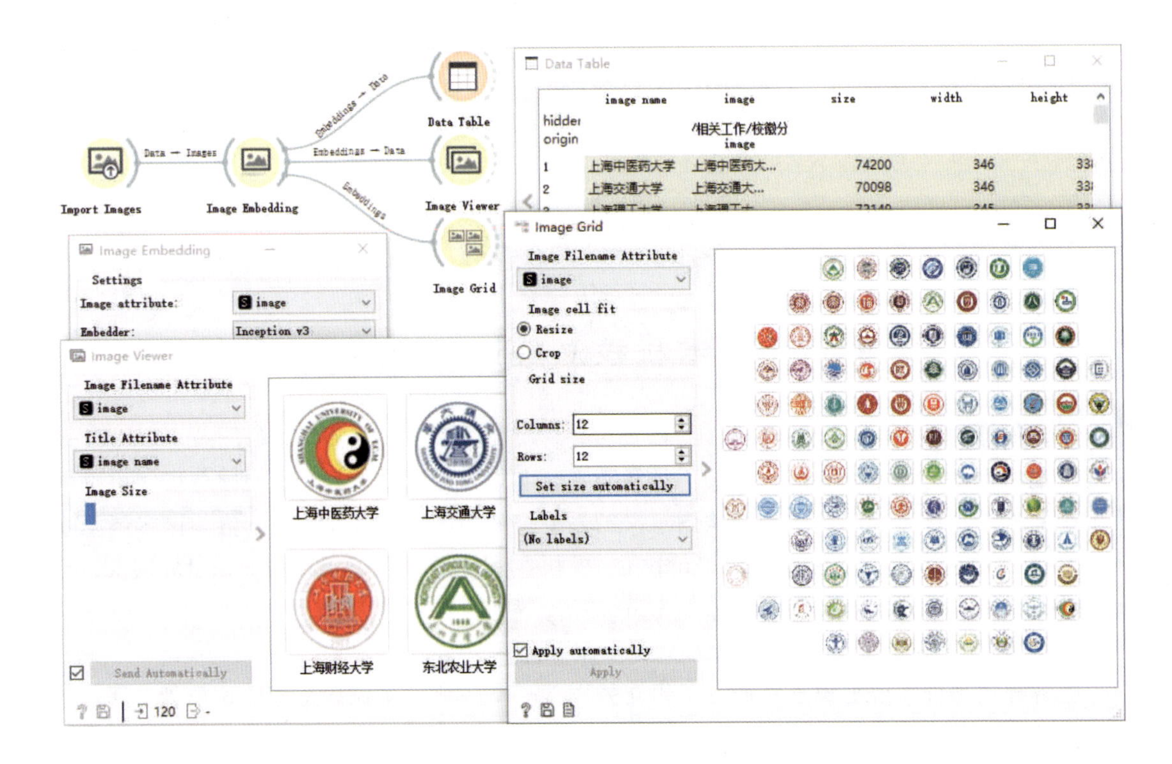


图 3-4-2　图像信息预处理

（2）校徽图像的相似度处理

为了输出一组与选定参考图像最相似的校徽图像，将所有嵌入式图像发送到 Neighbors 部件；在 Image Viewer 中，可以选择任意图像输出（本案例选择中国人民大学校徽）并发送到 Neighbors 部件的参考通道；指示此部件发送 4 个与参考项最相似的数据项，并在输出上排除了参考项，最终可以在 Image Viewer（1）查看 4 个与所选图像最相似的图像，如图 3-4-3所示。

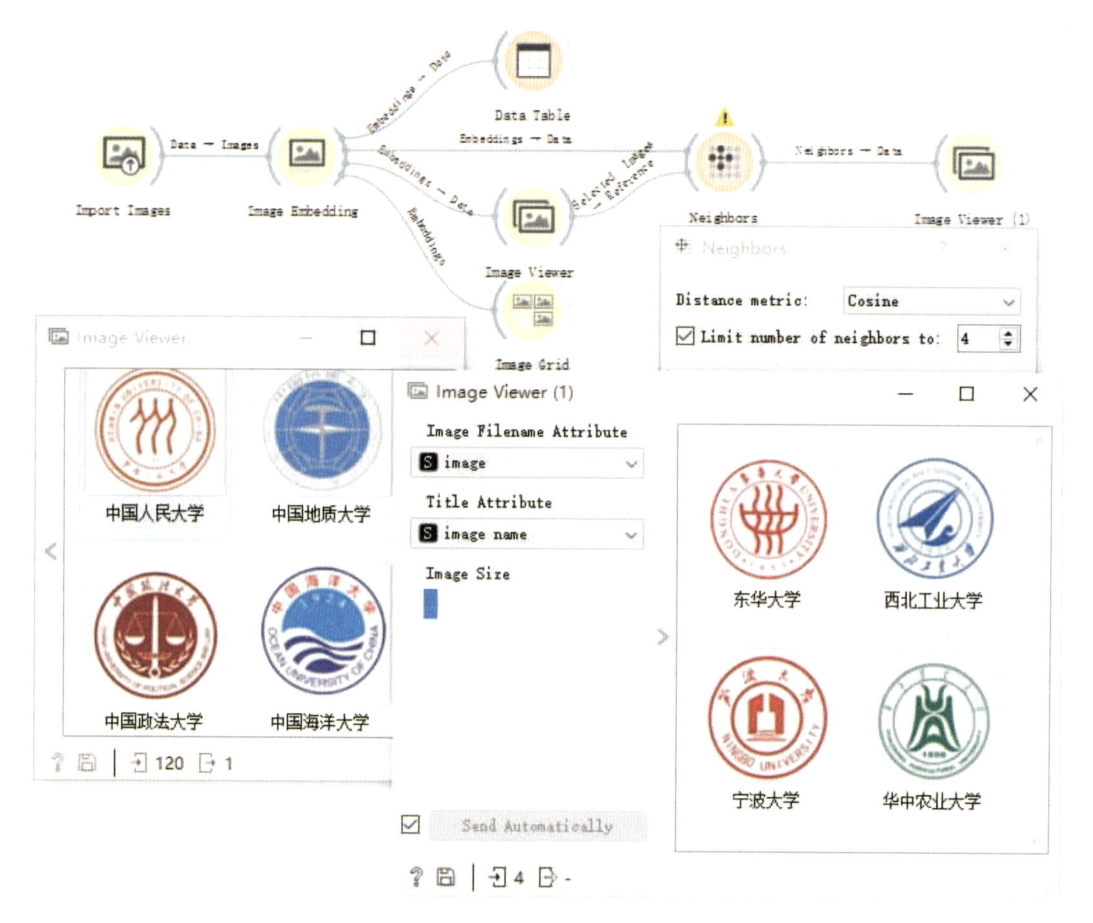


图 3-4-3　输出与参考图像最相似的图像

（3）校徽图像的层次聚类分析

我们还可以用 Unsupervised 模块的部件对校徽图像进行分类分析。使用 Distances 计算校徽行之间的距离，距离越小，表示两个图像越相似。将距离输出到 Hierarchical Clustering 中，可观察树状图中图像的层次结构，在 Hierarchical Clustering 中选择一个簇后，可以进一步查看输出的图像网格并保存图像，也可以观察到 Hierarchical Clustering 和 Image Grid 具有一定程度的相似性，如图 3-4-4 所示。

## 五、特色小（城）镇的分层聚类

### 案例简介

本案例主要使用 LOO_CN_CTowns_Geo_Time. xlsx 数据集，实现对国内部分特色小（城）镇地理数据的分组研究、层次聚类与地图可视化功能。它可以应用于地理信息领域，具有解决地理空间交互感知的潜在应用价值。该案例主要涉及 Time Series、Unsupervised、Geo、Visualize 模块，运用的部件有 Random Forest、Time Slice、Geo Map、Hierarchical Clustering、Mosaic Display、Pythagorean Forest 等。

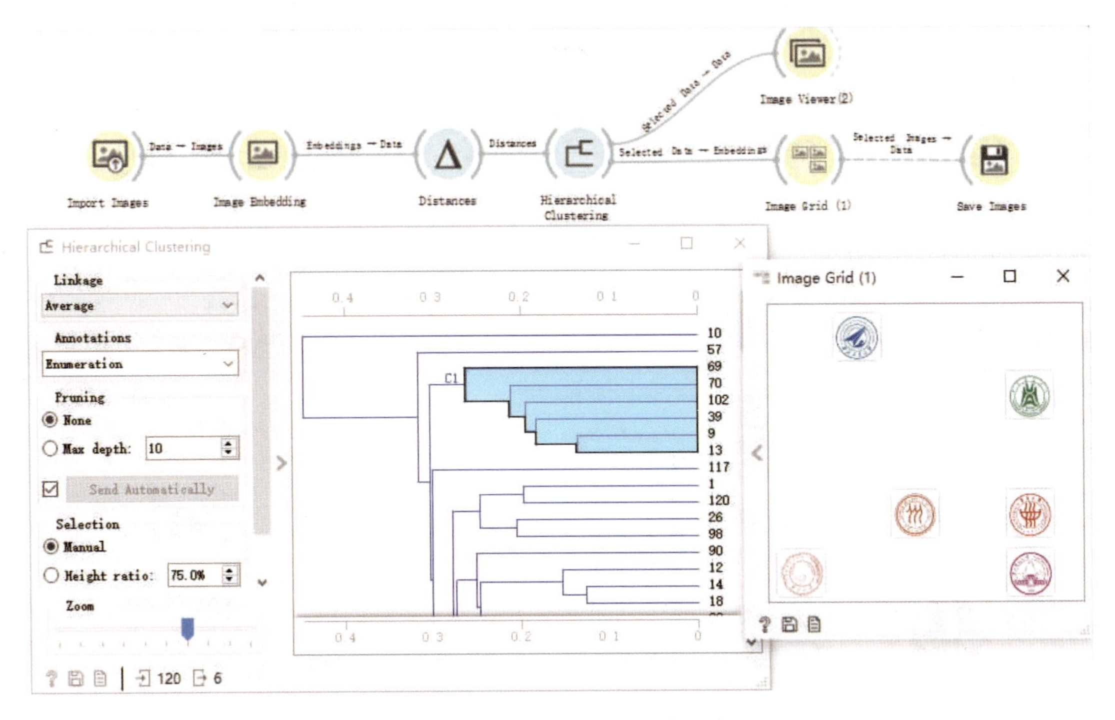


图 3-4-4 距离计算与层次聚类

## 1. 模型流程框架

将各部件通过拖曳连接的方式组建如图 3-5-1 所示的流程框架。该框架中 Time Series、Unsupervised 和 Visualize 是核心模块，其中，Time Series 模块主要与 Geo 模块相结合，进行地理信息与时间切片的交互可视化；Unsupervised 模块主要用来计算距离，并将层

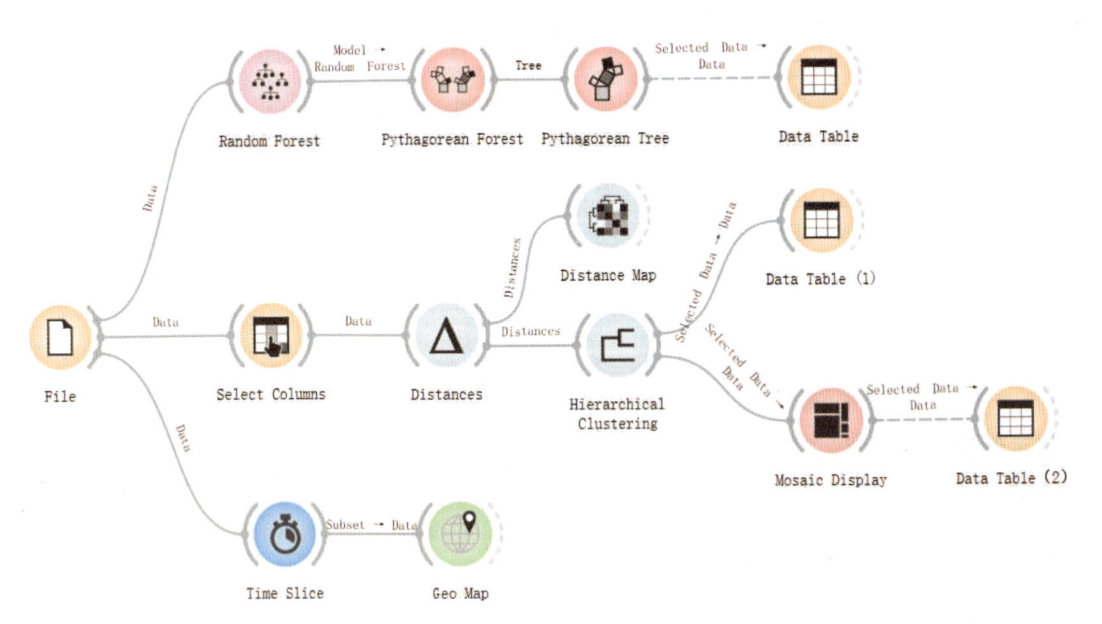


图 3-5-1 部件连接应用示意图

次聚类结果发送到 Mosaic Display 部件，可以查看不同组合的数据之间的差异；Visualize 模块主要与其他模块结合，对数据进行可视化。

2. 主要操作步骤与分析结果

（1）加载特色小镇数据并生成随机森林

点击 File 导入 LOO_CN_CTowns_Geo_Time.xlsx 数据集，随后发送到 Random Forest，建立这一数据的决策树，然后将生成的 10 棵决策树传递到 Pythagorean Forest 中予以显示，最后再使用 Pythagorean Tree 进一步地检查单棵决策树，如图 3-5-2、图 3-5-3 所示。

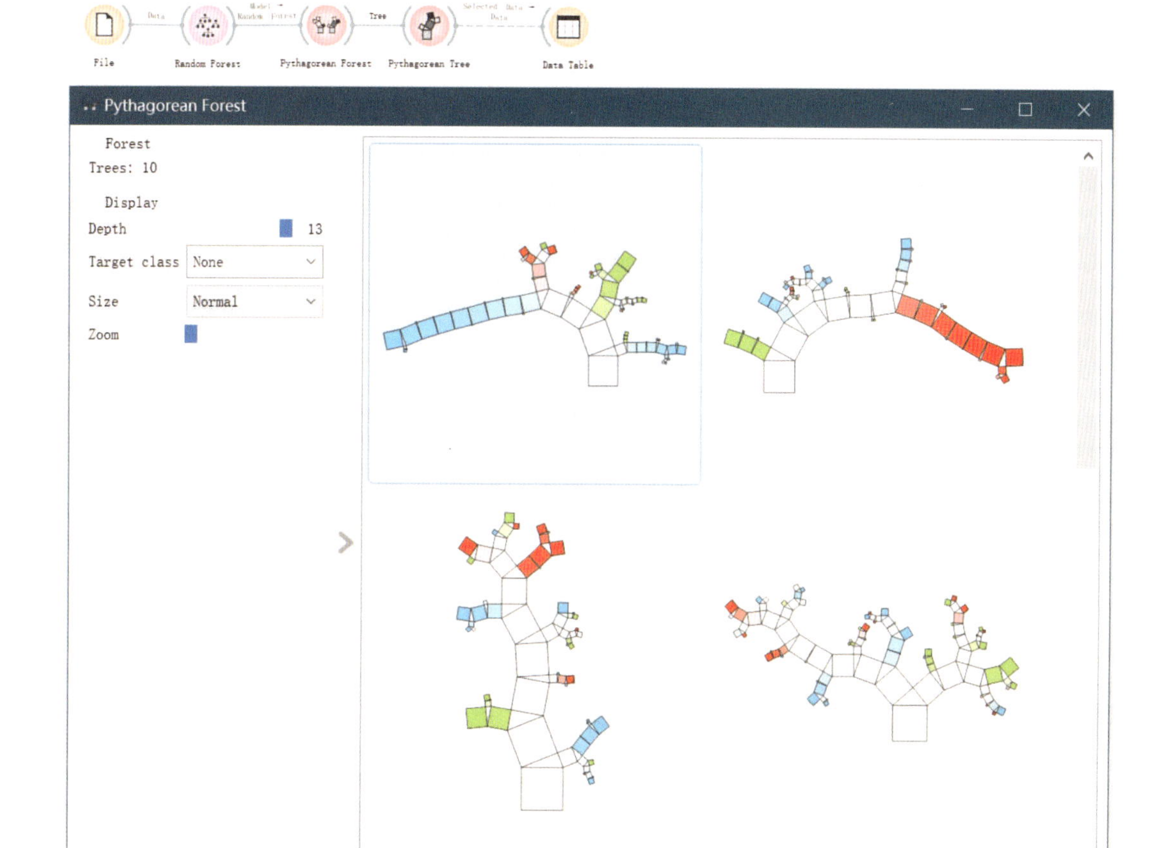


图 3-5-2　Pythagorean Forest 界面

（2）距离计算与分层聚类

使用 Distances 计算数据样本之间的距离，然后利用 Distance Map 对距离进行可视化（图 3-5-4）。也可以使用 Hierarchical Clustering 观察树状图中小镇的层次结构（图 3-5-5），在层次聚类中选择一个簇后，在 Data Table 中观察所选聚类。再将分层聚类的结果绘制成马赛克图，选择合适的参数，如图 3-5-6 所示，选择关注“Cluster”（聚类）、“Region”（区域）、“Discoastline”（到海岸线的距离）、“Hight”（平均高程）4 个变量，并根据 Pearson 残差对内部进行着色，以证明观察值与拟合值之间的差异，最后可以观察到图中有 3 个色块明显偏离了拟合值。

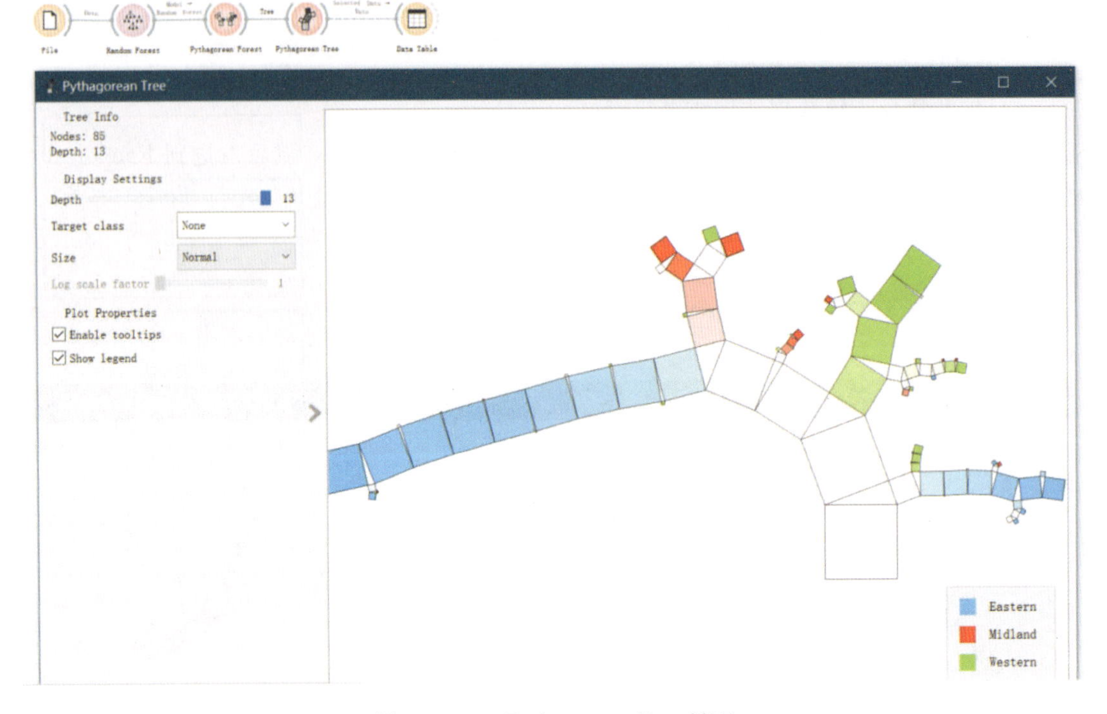


图 3-5-3 Pythagorean Tree 界面

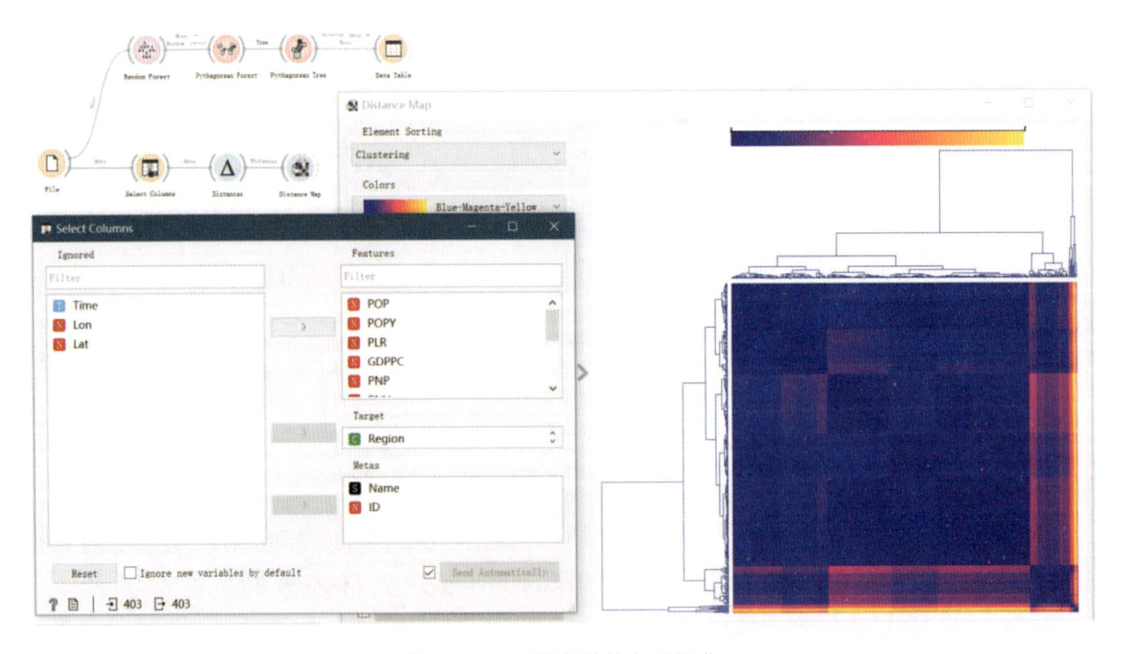


图 3-5-4 距离计算与可视化

（3）地图交互可视化

最后使用 Time Slice 观察特色小镇的建成如何随时间变化，可以在 Geo Map 中观察数

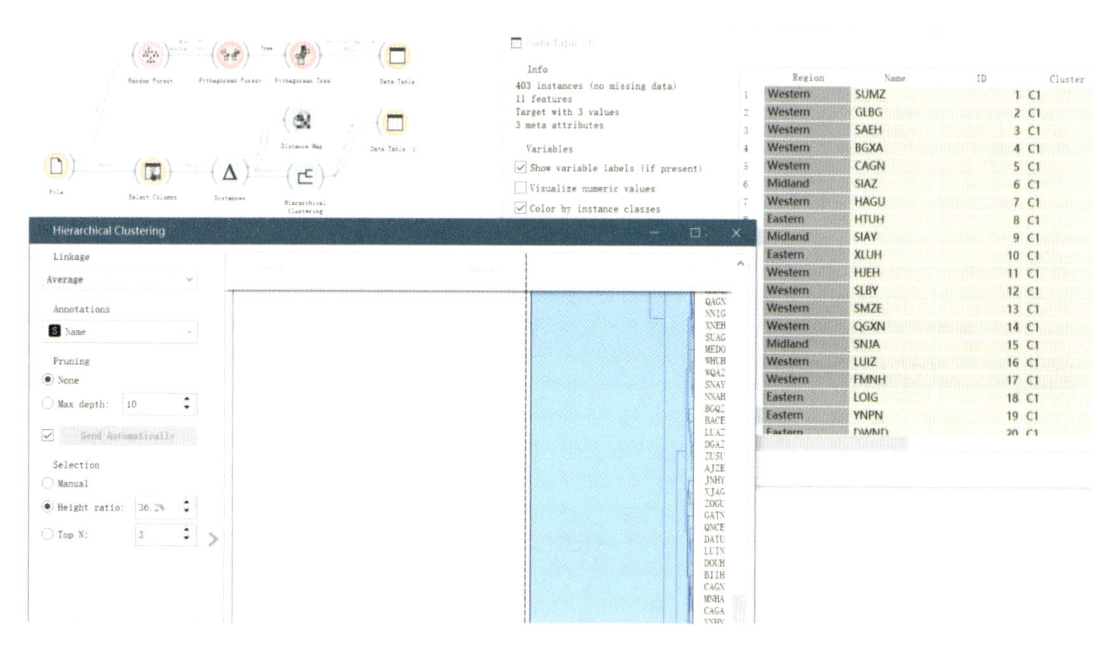


图 3-5-5 分层聚类

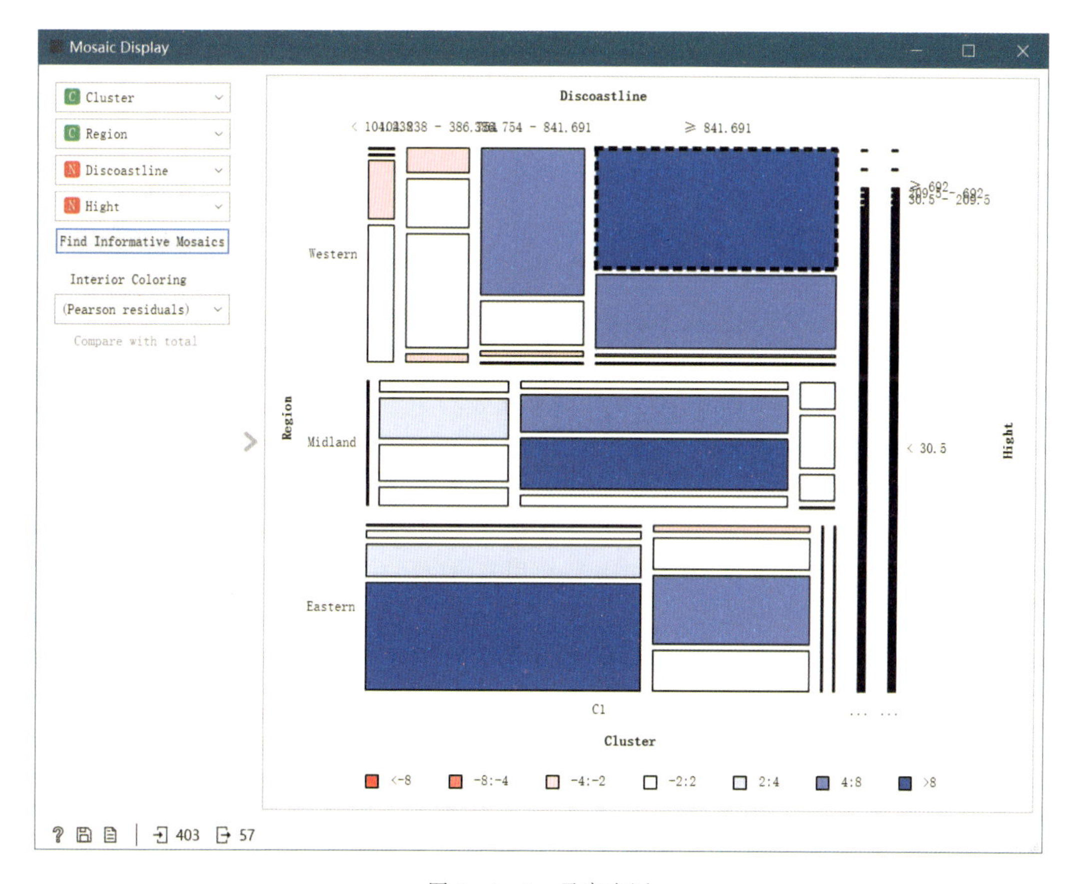


图 3-5-6 马赛克图

据，如图 3－5－7 所示，在 Time Slice 中点击播放按钮，就可以查看与 Geo Map 的交互变化。

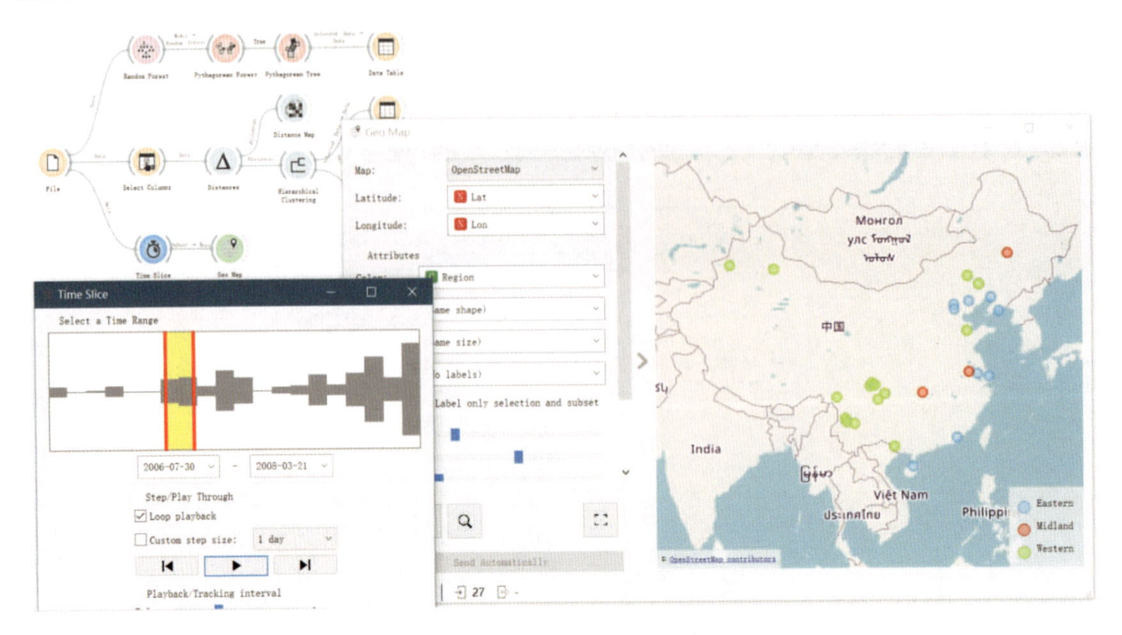


图 3－5－7　地图交互可视化

## 六、新冠肺炎疫情数据的获取与处理

**案例简介**

本案例主要使用新冠肺炎疫情（COVID－19）数据，实现数据合并和数据预测。它可以应用于数据处理领域，具有解决某一数据集缺失相关属性、预测某一股市风险的潜在应用价值。该案例主要涉及 Data、Visualize 和 Time Series 模块，具体运用的部件有 Line Plot、Merge Data、Feature Constructor 和 VAR Model 等。

### 1. 模型流程框架

将各部件通过拖曳连接的方式组建如图 3－6－1 所示的流程框架。该框架中 Data、Visualize 和 Time Series 是核心模块，其中，Data 模块主要用来处理数据，Visualize 模块主要用来对数据进行可视化，Time Series 模块主要用来建模。

### 2. 主要操作步骤与分析结果

（1）获取新冠肺炎疫情数据并用 Line Plot 观察

约翰·霍普金斯大学以机器可读格式整理了一些新冠肺炎疫情数据信息，并在 GitHub 上发表，在该数据中我们将按地区和国家对确诊病例进行审查。

本案例中我们选择导入上述 CSV 文件，并在 Data Table 中观察到该数据表中的行与区域和国家/地区相对应，列与日期相对应，另外两个列详细说明了区域位置（纬度、经度），此外选中任意国家的所有数据并输出到 Line Plot 中，拖动一条曲线便可在 Data Table 中观察到该曲线对应的具体数据。用相同办法也可以观察世界国家/地区具体的数据，并在数据

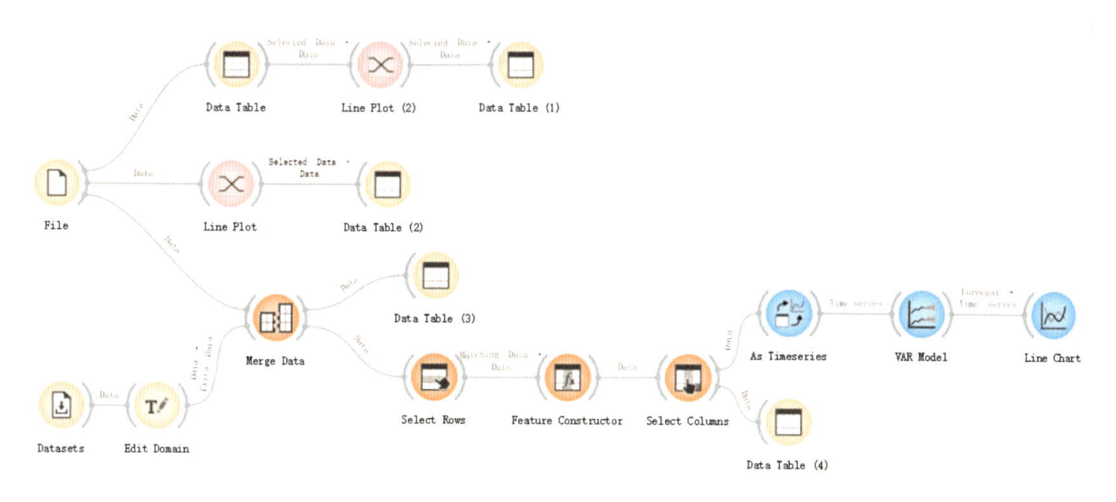


图 3-6-1　部件连接应用示意图

表中具体查看，如图 3-6-2 所示。

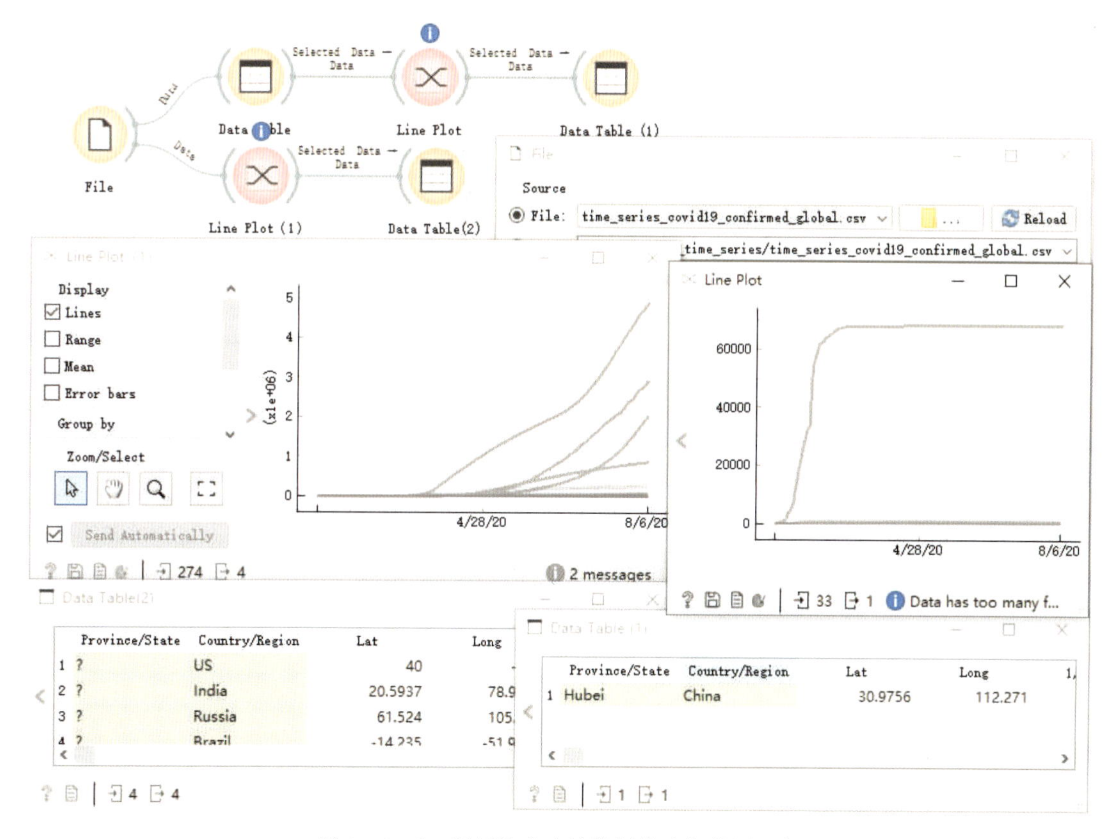


图 3-6-2　新冠肺炎疫情数据获取与线图观察

(2) 合并与修正数据

确诊人数和测试数量有关，后者可以使确诊病例数正常化。有的国家为大量人群测试，而有的国家只为风险较大的群体测试，因此关于测试数量的准确数据并不易于获得，所以可以用每百万居民的病例数量（cases per million）来使之精确化。由于约翰·霍普金斯大学提供的数据中既没有病例数这一点，也没有国家的人口，所以用易于获取的世界银行人类发展指数（HDI）数据来纠正。

让我们使用 Merge Data 部件合并 File 和 Datasets 部件中的数据，其中 File 提供主要数据，Datasets 可通过额外的注释列来增强数据。在合并部件中确保将新冠肺炎疫情数据中的“国家/地区”功能与 HDI 中的“国家/地区”功能相匹配。

但由于合并并不完美，有的国家出现名称不一致的现象，例如约翰·霍普金斯大学的“Russia”与 HDI 的“Russian Federation”不匹配，约翰·霍普金大学的“US”与 HDI 的“United States”不匹配。所以在数据集和合并部件中插入 Edit Domain 部件以对国家名称进行统一。

此外，合并后的数据里还有人口未知或为零的国家/地区，要删除这些地区，需继续使用 Select Rows 部件，在其中设定“2015 年总人口（百万）大于 0”的条件，则可以筛选出人口已知的国家/地区，如图 3－6－3 所示。

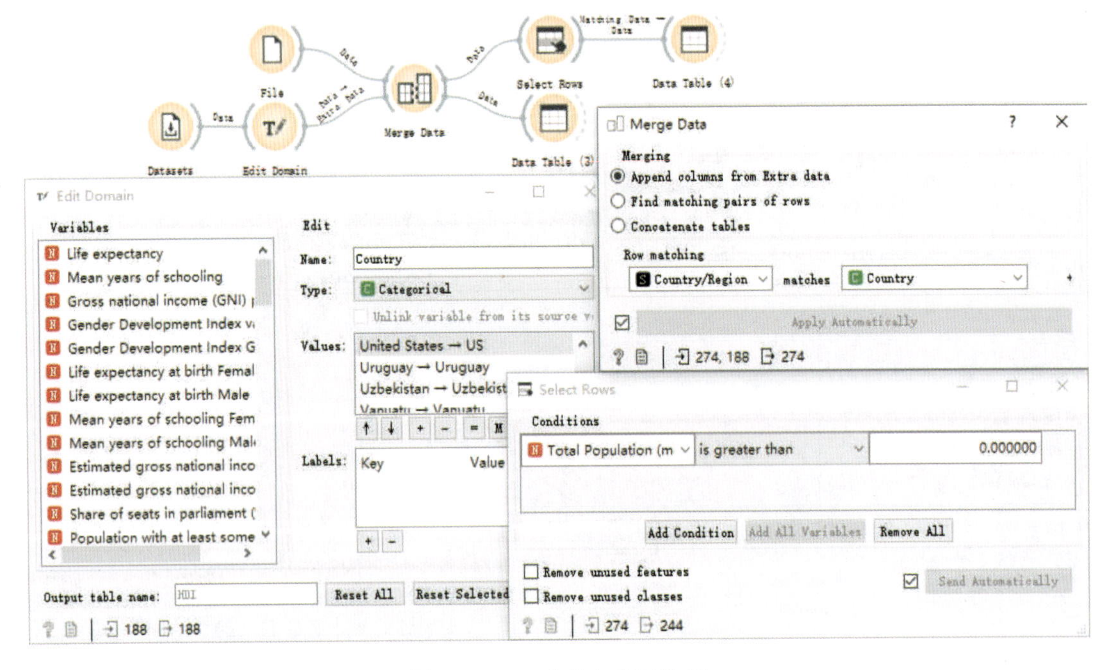

图 3－6－3　合并与修正数据

（3）获取特定日期的病例数量

为了获取特定日期的病例数量，使用 Feature Construction 部件输入一个公式来计算新的数据列。添加一个新的数值型变量并键入其名称“cases per million”，在 Select Feature 中选择“5 _ 1 _ 20”（任何日期），添加“/”，然后选择“Total _ Population _ millions _ 2015”便可获取相应病例。

添加 Select Columns 部件，若要删除现在不需要的所有列，只需选择“Features”中的所有列（Ctrl－A）并将其拖曳到“Ignored”中，然后将“cases per million”拖回到“Features”框中，再添加相应的目标变量和元属性，如图 3-6-4 所示。

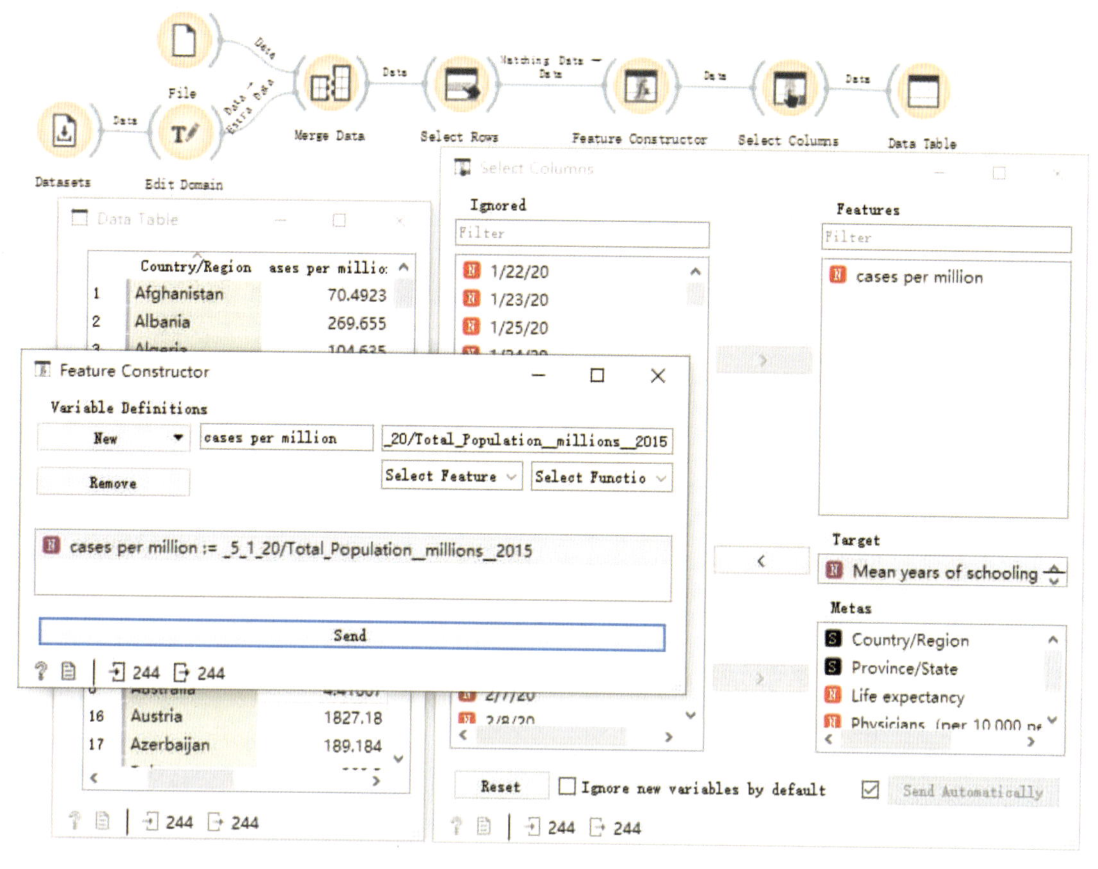


图 3-6-4 获取特定日期的病例数量

（4）用 VAR 模型对时间序列建模

最后做一个简单的向量自回归建模，并将 Line Chart 连接到 VAR Model，在 Line Chart 中观察每百万病例中预测平均受教育年限的折线图，如图 3-6-5 所示。

## 七、新冠肺炎疫情的地图可视化分析

### 案例简介

本案例主要使用新冠肺炎疫情的统计数据，实现地图可视化功能。它可以应用于全球新冠肺炎疫情地图分布研究领域，具有分析全球各区域新冠肺炎疫情病例同该区域新冠肺炎疫情管制政策及措施的相互作用关系等潜在应用价值。该案例主要涉及 Data、Visualize、Geo 和 Time Series 模块，具体运用的部件包括 Scatter Plot、Geo Map、Choropleth Map、Transpose 和 Time Slice 等。

#### 1. 模型流程框架

将各部件通过拖曳连接的方式组建如图 3-7-1 所示的流程框架。该框架中 Data、Geo 和 Time Series 是核心模块，其中，Data 模块主要用于处理数据，Geo 模块主要用于对地图

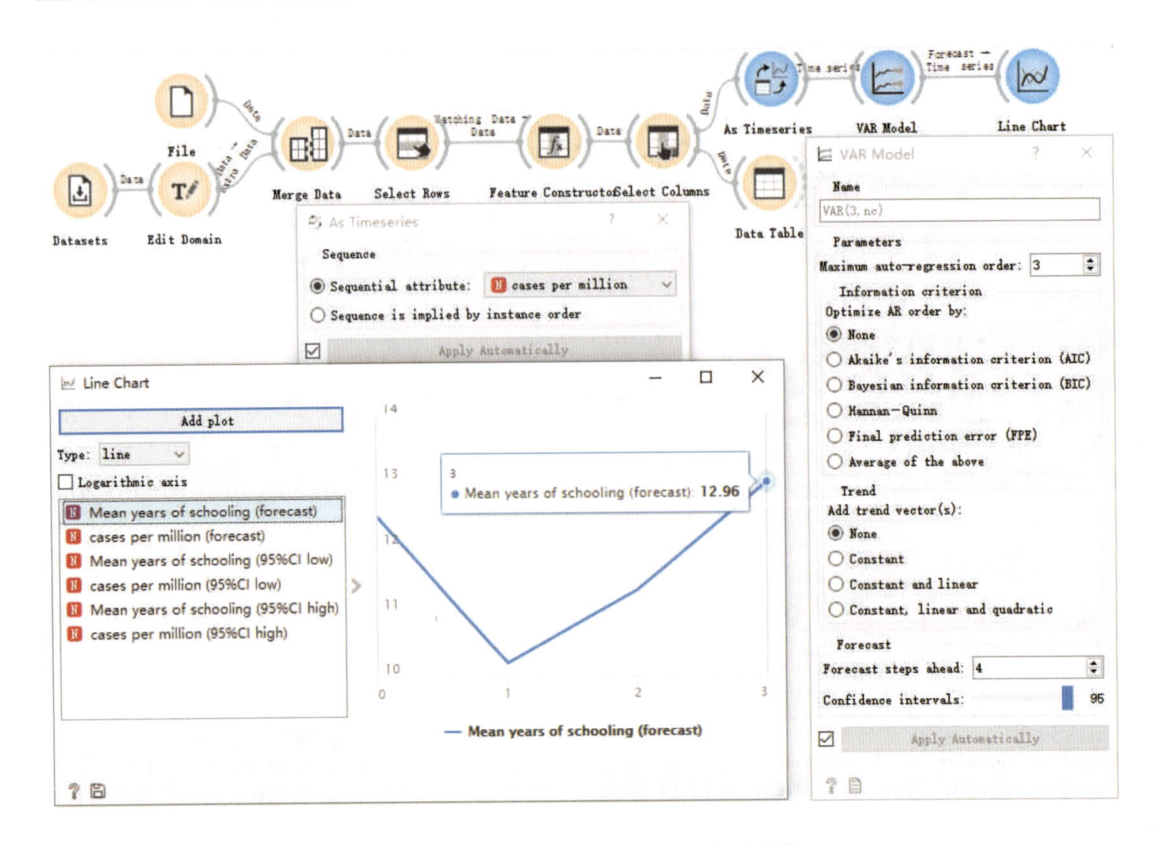


图 3-6-5　用 VAR 模型对时间序列建模

进行可视化，Time Series 部件主要用来演示实时动画。

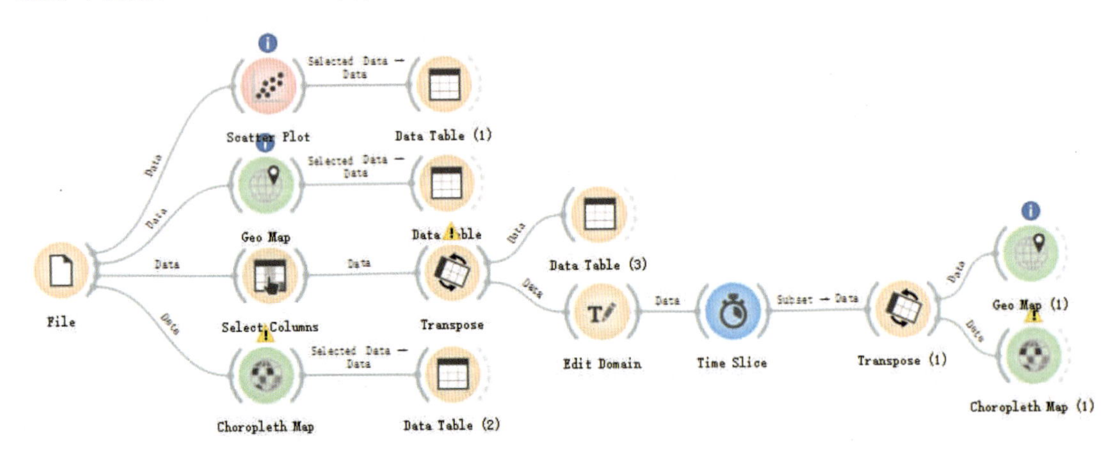


图 3-7-1　部件连接应用示意图

## 2. 主要操作步骤与分析结果

(1) 加载新冠肺炎疫情数据与可视化

首先，使用 File 部件加载新冠肺炎疫情数据集（同案例六）；其次，将其连接至 Scatter

Plot，在轴上放置纬度和经度，便可以看到散点绘制的地图；接着，通过使用提供各种地图作为背景的 Geo Map 部件将点位置关联起来；最后，可以尝试选中同一片区域在数据表中显示，如图 3-7-2所示。

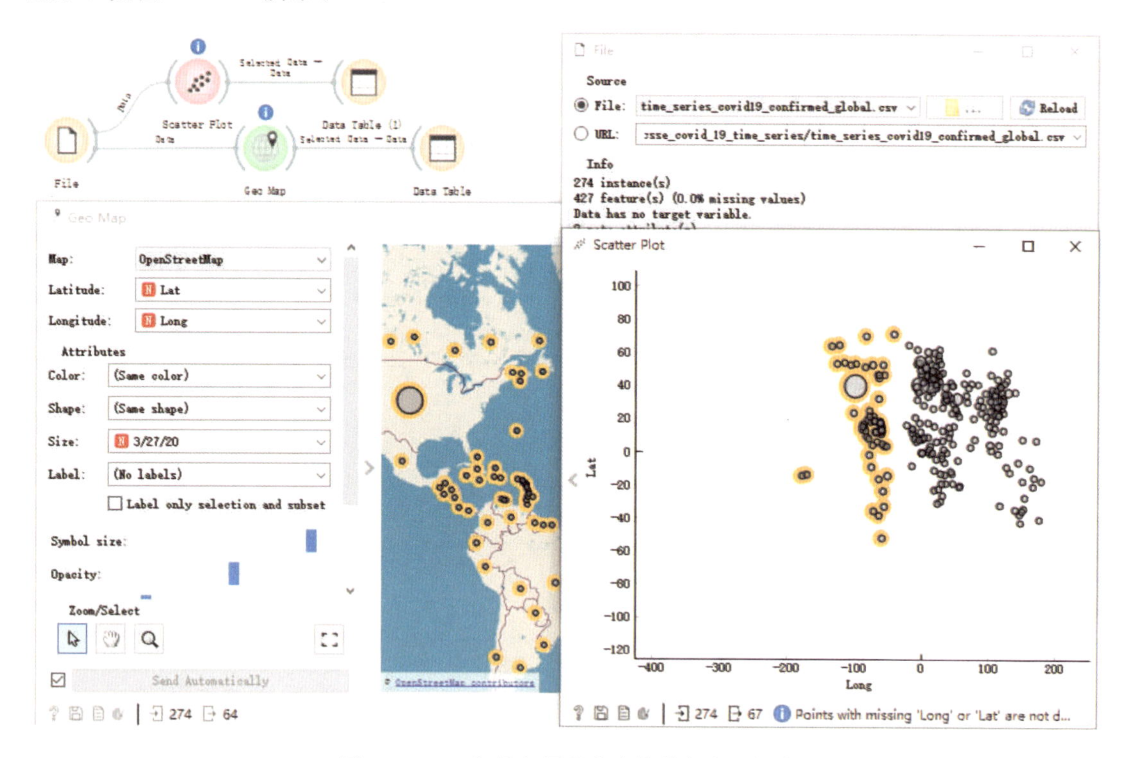


图 3-7-2　加载新冠肺炎疫情数据与可视化

（2）Choropleth 地图显示

Geo Map 部件中用点来代表所在区域的测量值。我们还可以通过 Choropleth Map 部件对区域进行着色，以此来代表该区域测量值的高低。设置地图细节时，选择着色区域 3/21/21，设置 Agg. 为总和，地图区域则显示截至该天每个国家确认的新冠肺炎疫情病例的总和（右下角“8 points are not in any region”的警告是指数据中包含的一些小岛屿和游轮，如图 3-7-3 所示）。

（3）数据的地图动画制作

制作动画时，需要一个使用部件 Time Series，它具有播放功能，可以缓慢地移动时间窗口，同时输出相应的数据。

第一步：数据准备。Time Series 需要输入行为时间实例，列为数据的数据集。首先，在 File 部件后添加 Select Columns，将“Lat”和“Long”两个特征移动到 Metas，将它们排除在数据操作之外；其次，使用 Transpose 部件选择变量“Country/Region”转换行列，可以在数据表中观察到已交换行和列，列以国家或地区命名；最后，使用 Edit Domain 部件调整“Feature name”，使其包含时间序列而不是字符串数据，如图 3-7-4 所示。

第二步：动画制作。将编辑后的数据输入 Time Series 中，设置起始时间和时间间隔，单击播放按钮，切片会移动，数据输出会相应地更新；只需要将数据通过 Transpose（1）转

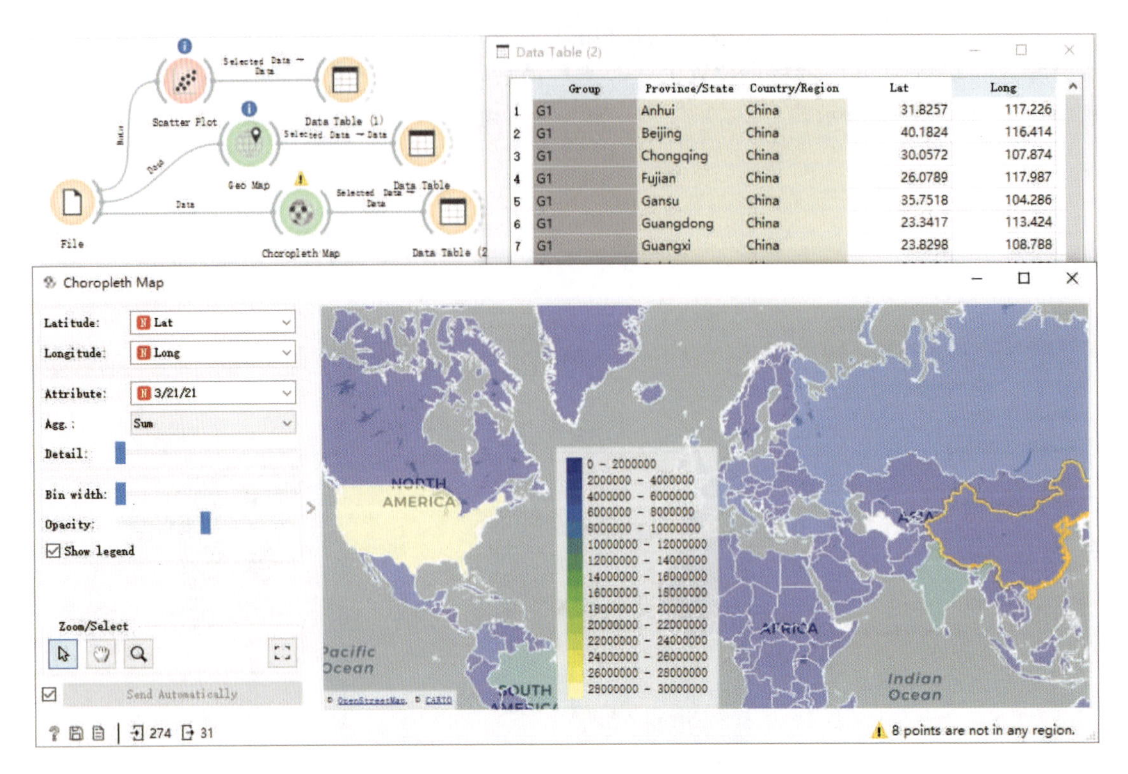


图 3－7－3　Choropleth 地图显示

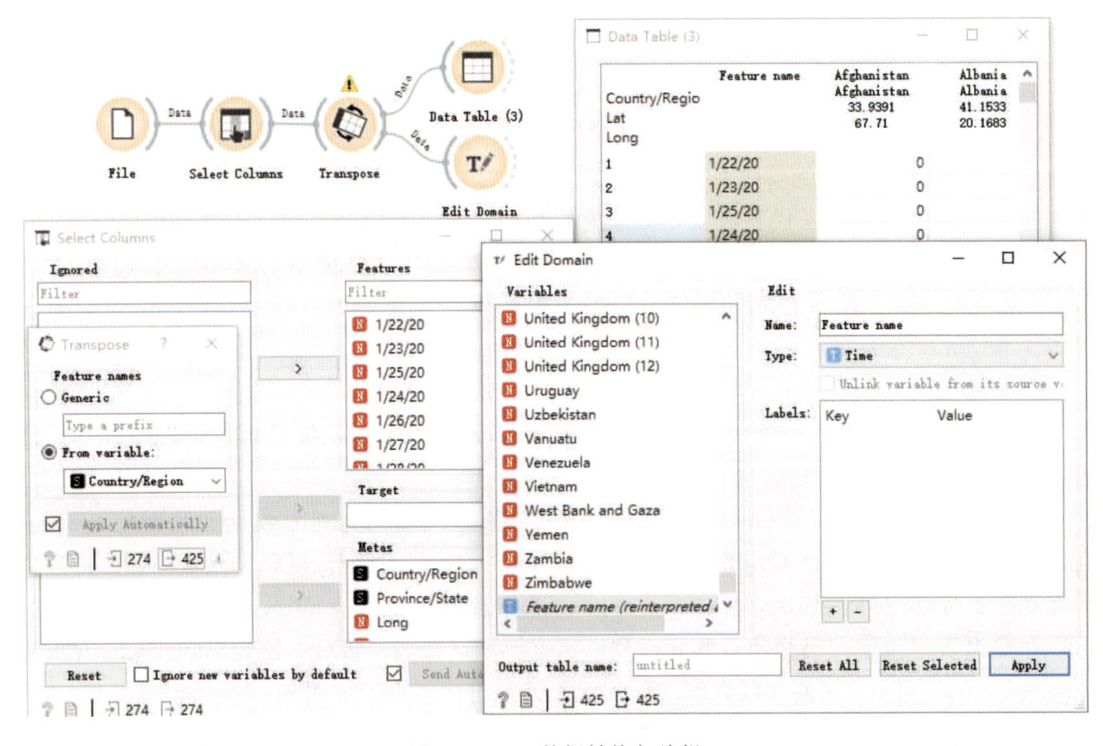


图 3－7－4　数据转换与编辑

换回其原始形式，即选择“Generic”；最后连接到地图可视化部件，将切片和地图部件播放，就会看到随着时间变化全球新冠病例的变化，如图 3-7-5 所示。

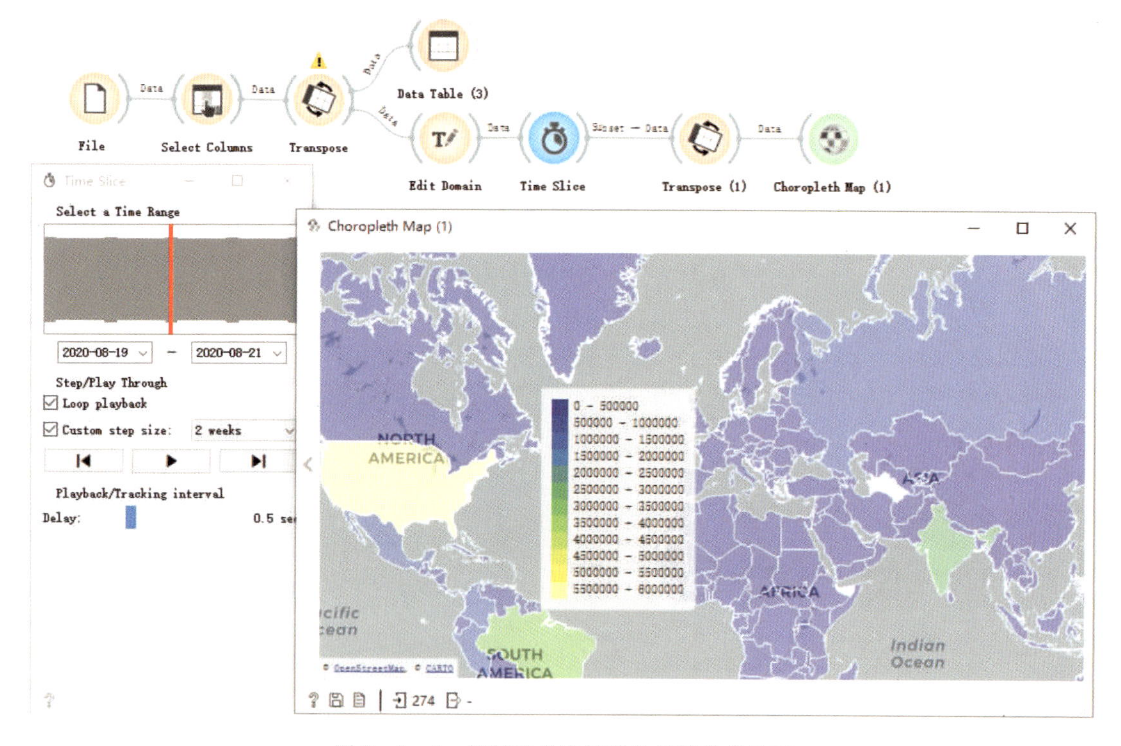


图 3-7-5　新冠肺炎疫情确诊病例分布动画

## 八、不同区域的新冠肺炎疫情变化趋势

**案例简介**

本案例主要使用新冠肺炎疫情数据，比较不同区域新冠肺炎疫情的变化趋势。可以应用于流行病的区域变化趋势分析领域，具有分析区域间经济、技术、社会、环境等指标发展趋势对比问题的潜在应用价值。该案例主要涉及 Data 和 Time Series 模块，具体运用的部件有 Transpose、Python Script、Differences 和 Line Chart 等。

### 1. 模型流程框架

将各部件通过拖曳连接的方式组建如图 3-8-1 所示的流程框架。该框架中 Data 和 Time Series 是核心模块，其中，Data 模块主要用于处理数据，Time Series 主要用折线图对确诊病例进行可视化。

### 2. 主要操作步骤与分析结果

(1) 将数据格式化为时间序列

与案例七相同，Time Series 需要输入行为时间实例及列为数据的数据集。首先，使用 File 部件加载新冠肺炎疫情数据（同案例六），并在其后添加 Select Columns，将经纬度设置为元属性；其次，使用 Transpose 部件选择变量“Country/Region”转换行列；最后，将

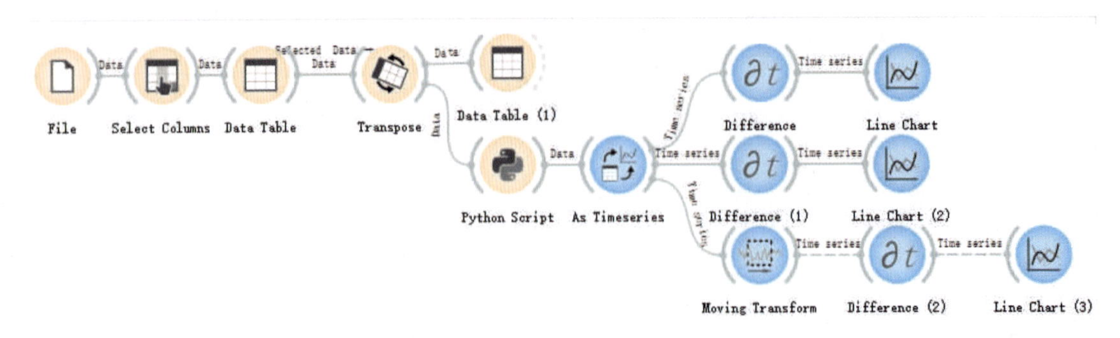


图 3-8-1 部件连接应用示意图

其连接到 As Timeseries 部件（由于“省”字段大部分是空的，所以按实例顺序设定了隐含的序列），也可在 Line Chart 中观察所选中不同国家/地区的数据，用对数轴来更好地观察变化（图 3-8-2）。

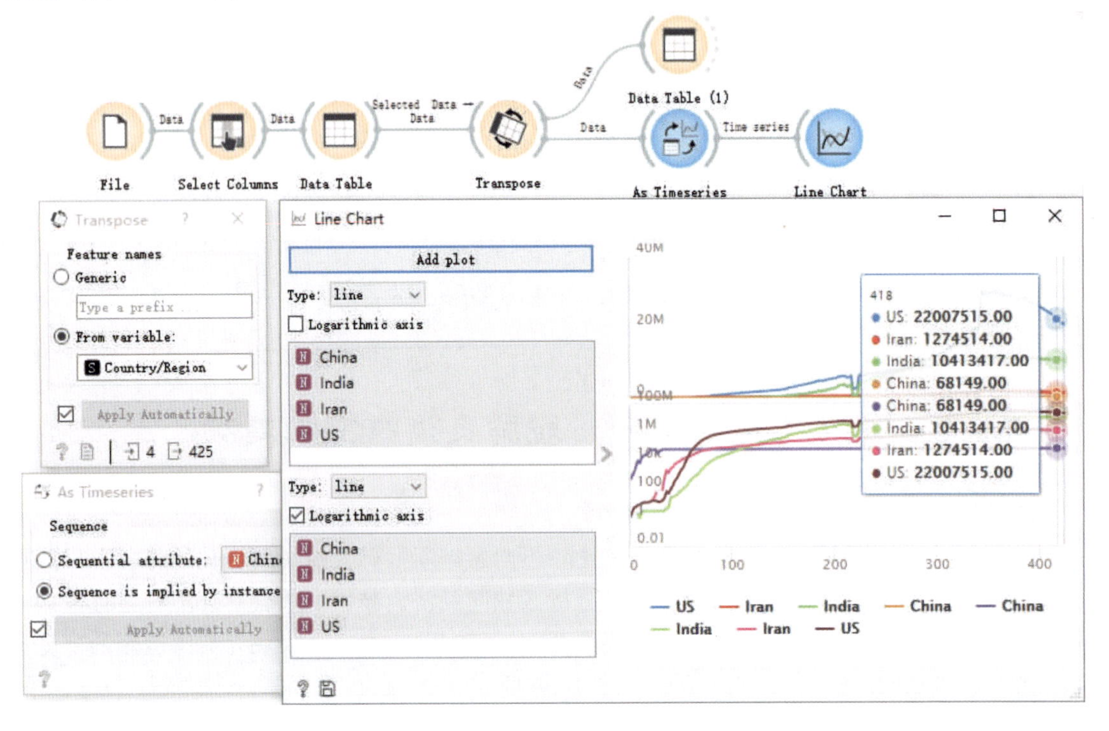


图 3-8-2 将数据格式化为时间序列

从图 3-8-3、图 3-8-4 中可以看出，虽然不同国家新冠肺炎疫情暴发的时间不同，但是如果曲线从同一起点开始爬升的话，比较曲线的趋势似乎要容易得多，可以通过添加 Python Scrip 部件做到。此处的示例将曲线的起点 $n$ 定义为各国 100 例确诊病例，也可以将 $n$ 设置为任何其他（正）数字。

（2）用 Difference 绘制增长曲线

为了观察确诊病例的传播速度，将部件 Difference 与 As Timeseries 连接，可以先选择感兴趣的国家做一阶差分并观察实例的每日变化。在第一个 Line Chart 中可以观察到中国

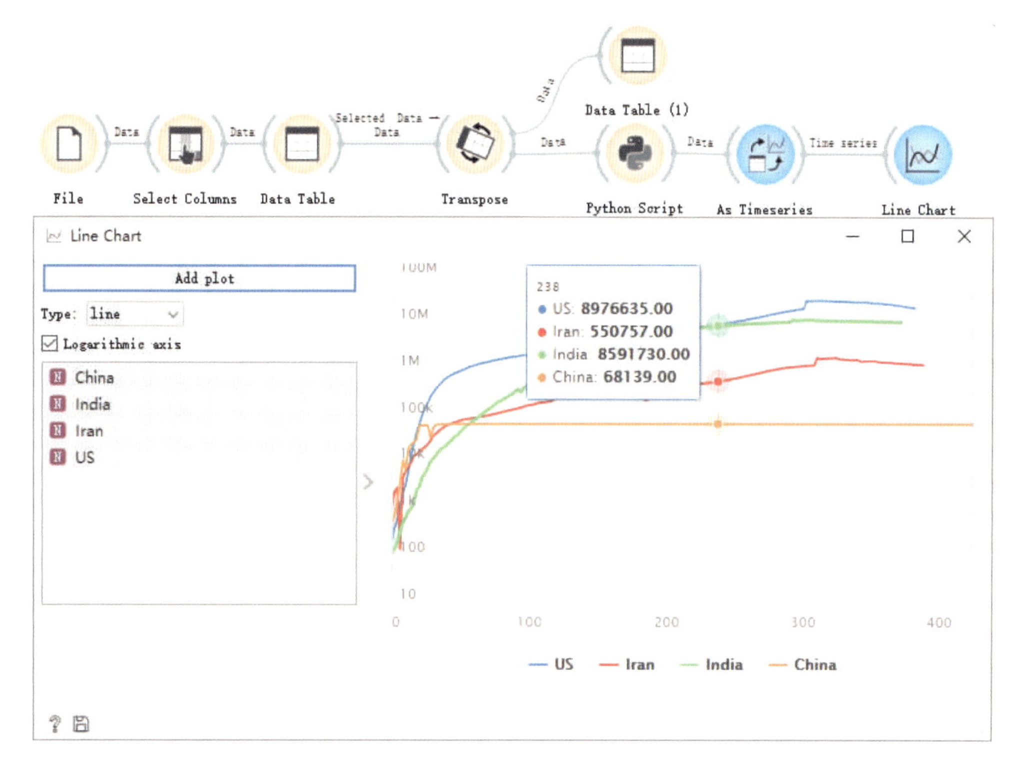


图 3-8-3 使各区域在折线图中的起点相同

```
import numpy as np
from copy import deepcopy

n = 100
out_data = deepcopy(in_data)
out_data.X[out_data.X < n] = 0
ar = np.argwhere(out_data.X)

cols, shifts = np.unique(ar[:, 1], return_counts=True)
out_data.X = np.array([np.roll(out_data.X[:, col], shift) for col, shift in zip(cols, shifts)]).T
out_data.X[out_data.X==0]= np.nan
```

图 3-8-4 Python 脚本

确诊病例曲线为先上升再平缓，其转换后的曲线呈先上升再下降最后趋于 0 的趋势。在第二个折线图中试着对比多个国家，发现美国感染新冠肺炎病毒人数迅速攀升，而中国更成功地遏制了疫情蔓延，如图 3-8-5 所示。

Difference 部件还可以选择输出，这使我们能够观察感染新冠肺炎病毒人数的相对增长情况，并直接比较不同国家的疫情形势。我们选择观察中国和印度在这之前的疫情表现，可以看到印度疫情有段反弹时期（若要使变化趋势更清晰，可以在 As Timeseries 和 Difference 之间插入 Moving Transform 部件）。Orange 以交互性为特点，因此只要将鼠标滑过绘图，就能获得有关天数和计数的确切信息，如图 3-8-6 所示。

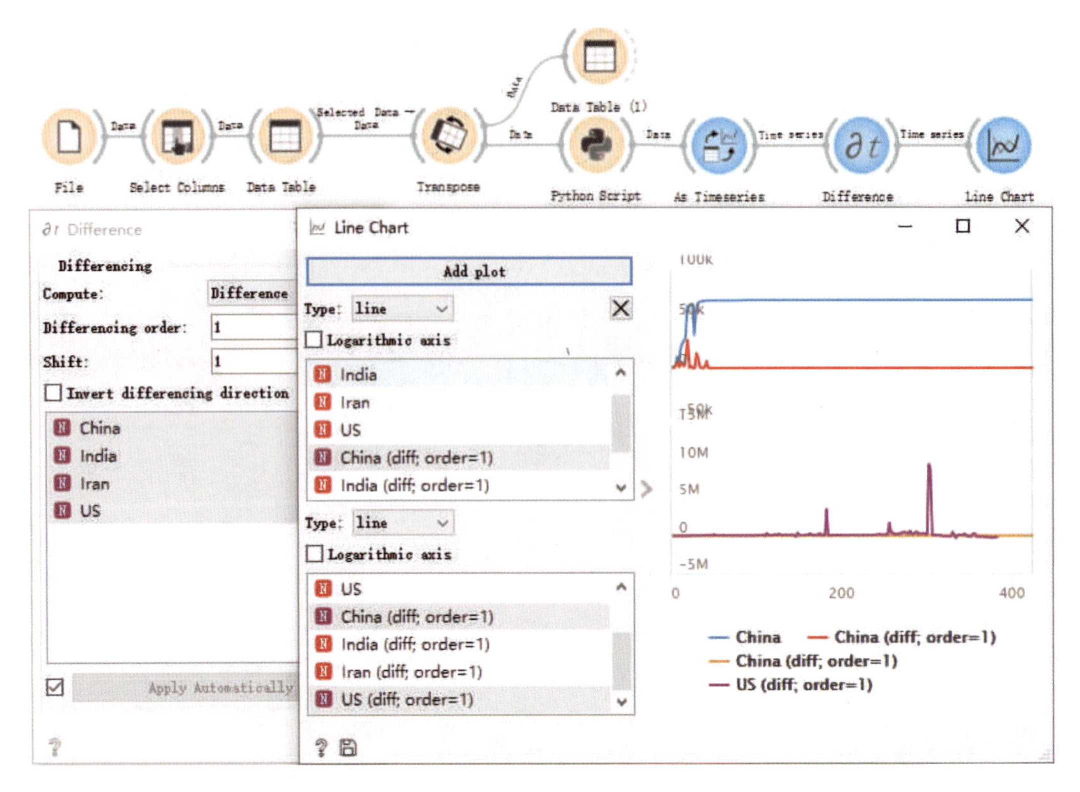


图 3-8-5　一阶差分的增长曲线

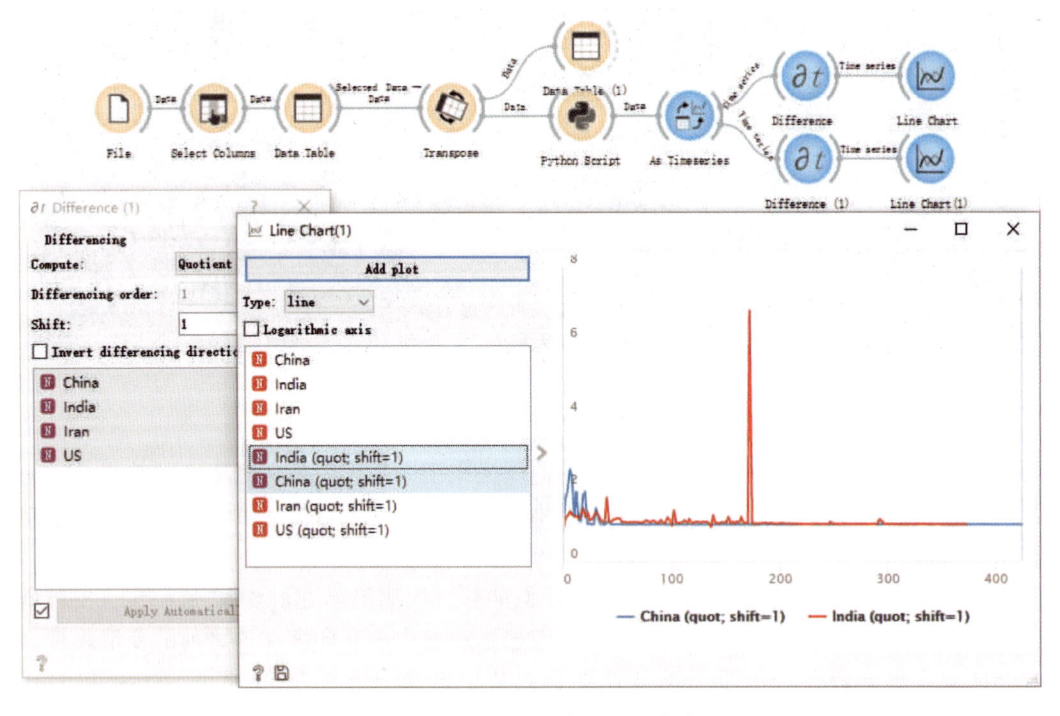


图 3-8-6　一阶差商的增长曲线

# 九、动物园里动物类别的推测与验证

## 案例简介

本案例主要使用 Zoo. tab 数据，包括了动物园中 7 种类型的动物关于羽毛、牙齿、尾巴的属性信息，将数据划分为测试集和预测集，通过模型预测和检验各类型动物的区别及相似性程度，实现多模型的数据预测对比分析及可视化、预测准确度的检测与分析及数据实例相似性分析的功能，可以应用于多模型预测及其准确度对比分析或是数据实例相似性分析方面。该案例主要涉及 Data、Visualize、Evaluate、Explain 模块，具体运用的部件有 Data Sampler、Predictions、Confusion Matrix、Veen Diagram、Explain Model 等。

### 1. 模型流程框架

将各部件通过拖曳连接的方式组建如图 3-9-1 所示的流程框架。该框架中 Data、Model、Evaluate 是核心模块，其中，Data 模块主要用于处理数据，Model 模块主要用于选择模型做预测，Evaluate 模块主要用于检测模型预测的准确度。

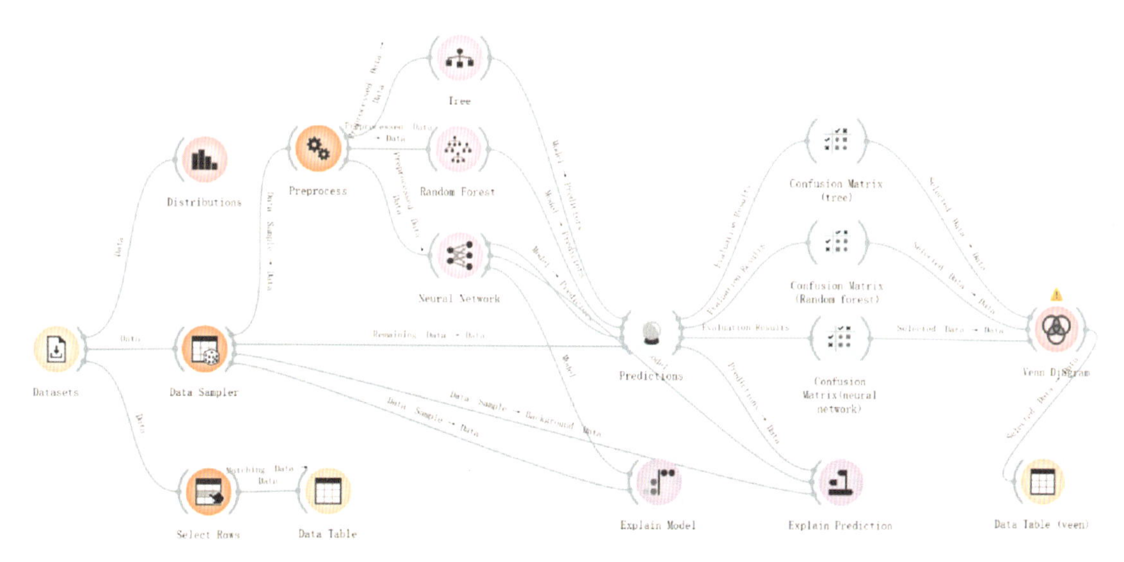


图 3-9-1 部件连接应用示意图

### 2. 主要操作步骤与分析结果

(1) 数据集加载及分类

在 Datasets 中加载 Zoo. tab 数据，该数据包括了 7 种类型、100 只动物关于羽毛、牙齿等属性的信息，并可以在 Data Table 和 Distributions 中查询属性信息，如图 3-9-2 所示。由于预测需要两个输入项——预测依据与待预测实例，因此通过 Data Sampler 将数据集划分为两部分，待预测实例为 10，再连接 Preprocess 进行预处理。

(2) 基于 3 种模型的预测

本案例中使用 Tree、Random Forest、Neural Network 3 种模型分别对上述 10 只动物所属的类型作预测，连接至 Predictions，能够看出每个模型预测的准确度及动物原始所属类型，Data Table 可以对比详细信息。3 个模型的 CA（分类准确度）均为 0.8，说明这 3 个模型预测

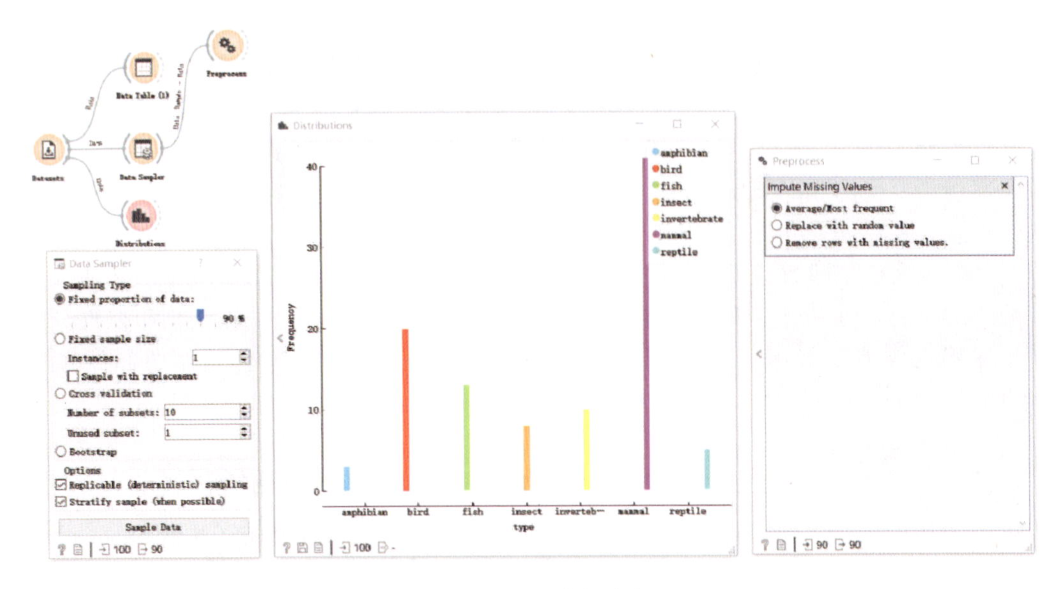


图 3－9－2　数据分类

的准确度相同，AUC（曲线下面积）表示区分正类点和负类点的能力，AUC 越接近 1，表示模型预测的准确性越高，当 AUC 等于 1 时模型能够正确区分所有的正类点和负类点，本案例中 3 个模型 AUC 值分别为 1、0.974、0.934，表示模型预测效果均良好，如图 3－9－3所示。

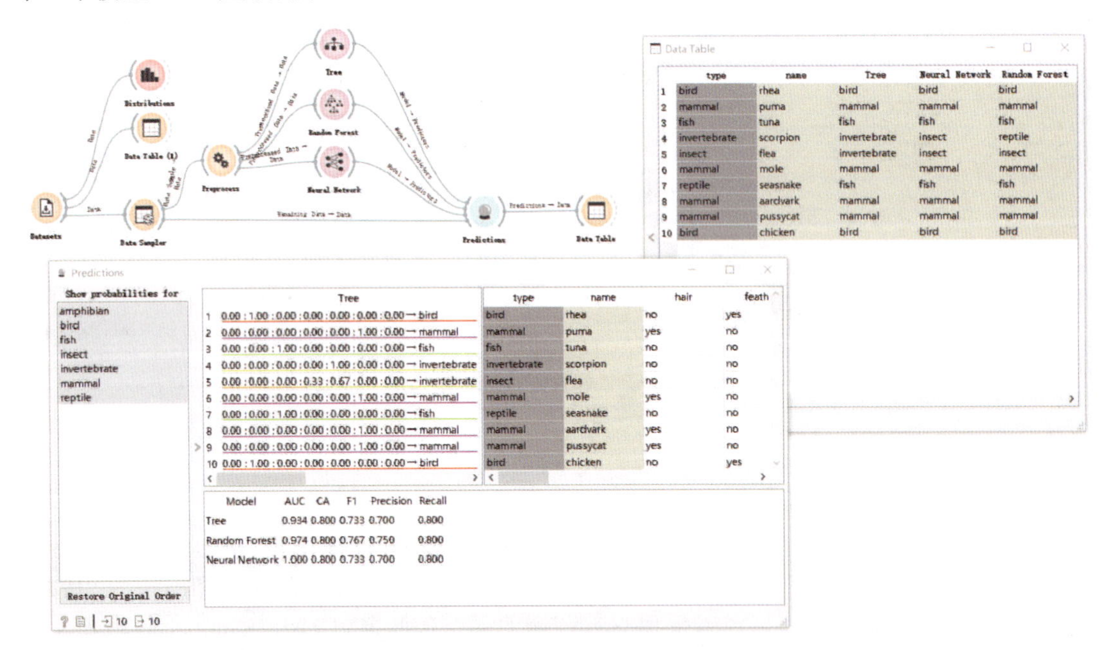


图 3－9－3　预测结果及准确度

（3）模型及预测解释

应用 Explain Model 可以计算模型中每个特征属性对所选类别的预测的贡献，每个点显示对应实例的 SHAP 值，中心向左、向右分别表示负向、正向影响，点距中心越远，

SHAP值越大，表示对所选类的预测影响越大。将Neural Network与Explain Model连接。由图3-9-4可知，当目标类为“fish”时，“fins=yes”“toothed=yes”“feathers=no”“milk=no”均会产生较强正向影响。Explain Prediction也能够发挥同样作用，色带中的红色特征会增加所选类别的概率，而蓝色特征则会降低概率。将Explain Prediction连接至Predictions，当目标类为“reptile”时，“milk=no”“eggs=yes”“toothed=yes”“airborne=yes”会增加预测为“reptile”的概率。由此可以猜测，“fish”与“reptile”的属性十分相似，可能会存在预测错误的情况。

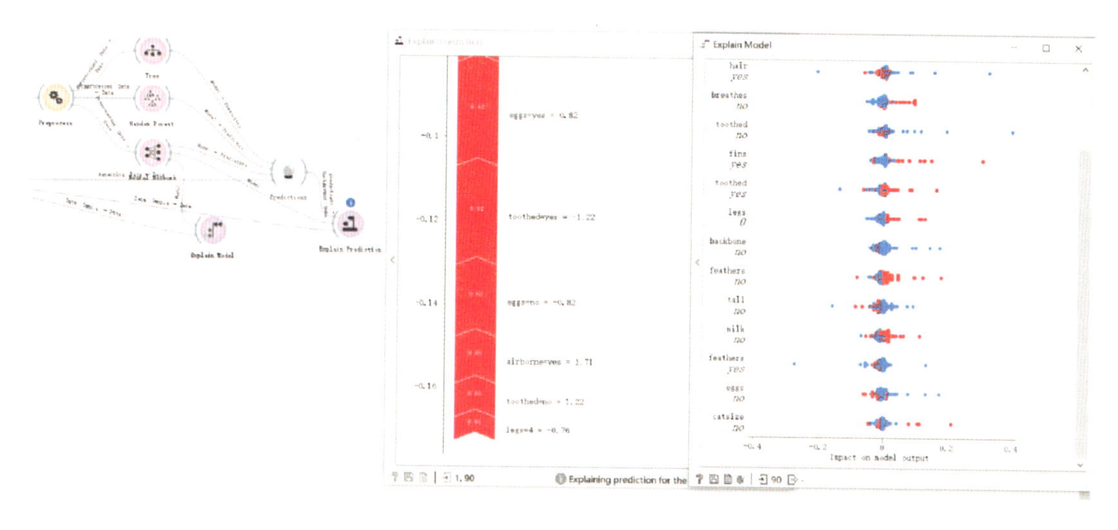


图3-9-4　预测模型解释

（4）检测预测结果

应用Veen Diagram可以以相交圆的形式对两个及以上数据子集的交集部分进行可视化。连接Confusion Matrix，从中可以查看并选择预测正确及错误的实例（图3-9-5）。从混淆

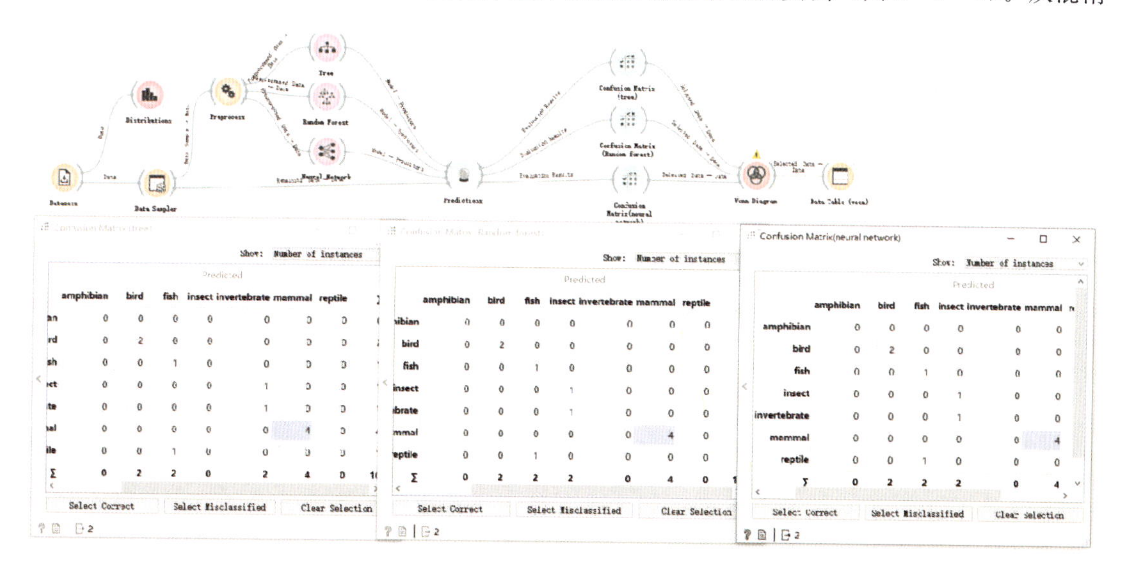


图3-9-5　预测结果监测

矩阵表中可以看出，3 个模型均有 2 个错误实例，进一步同时选中预测错误的实例在 Veen Diagram 中查看，发现其中 1 个实例是 3 个模型同时预测错误的——将“reptile”预测为“fish”（图 3－9－6）。通过 Select Rows 筛选出“reptile”和“fish”，连接 Data Table，能够发现这两种动物在“eggs”“milk”“toothed”等属性上存在高度相似性，证实上述猜测（图 3－9－7）。

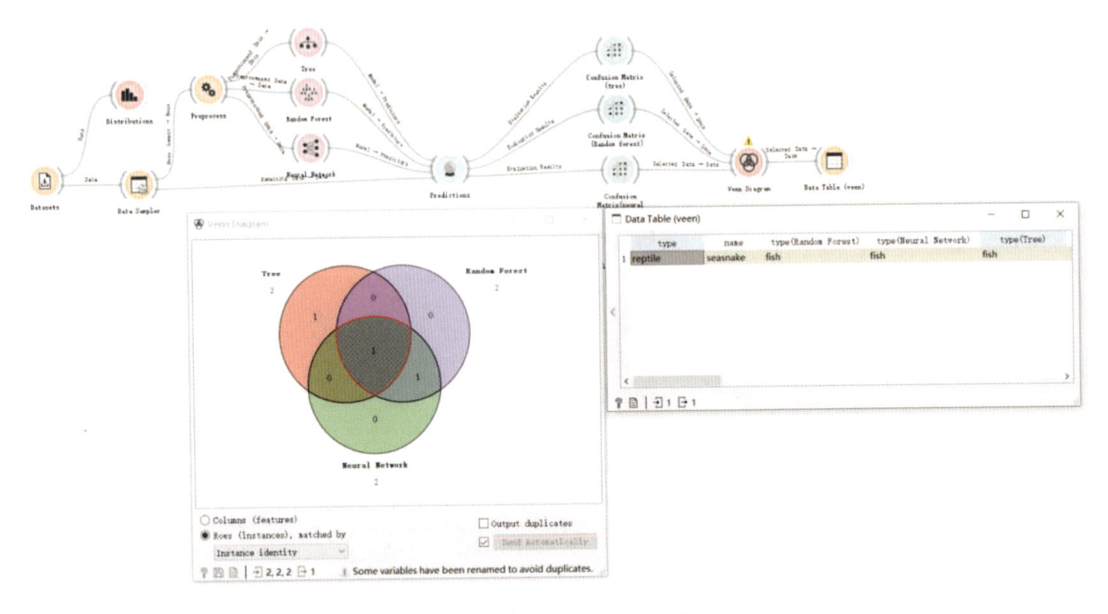


图 3－9－6　同一个错误实例

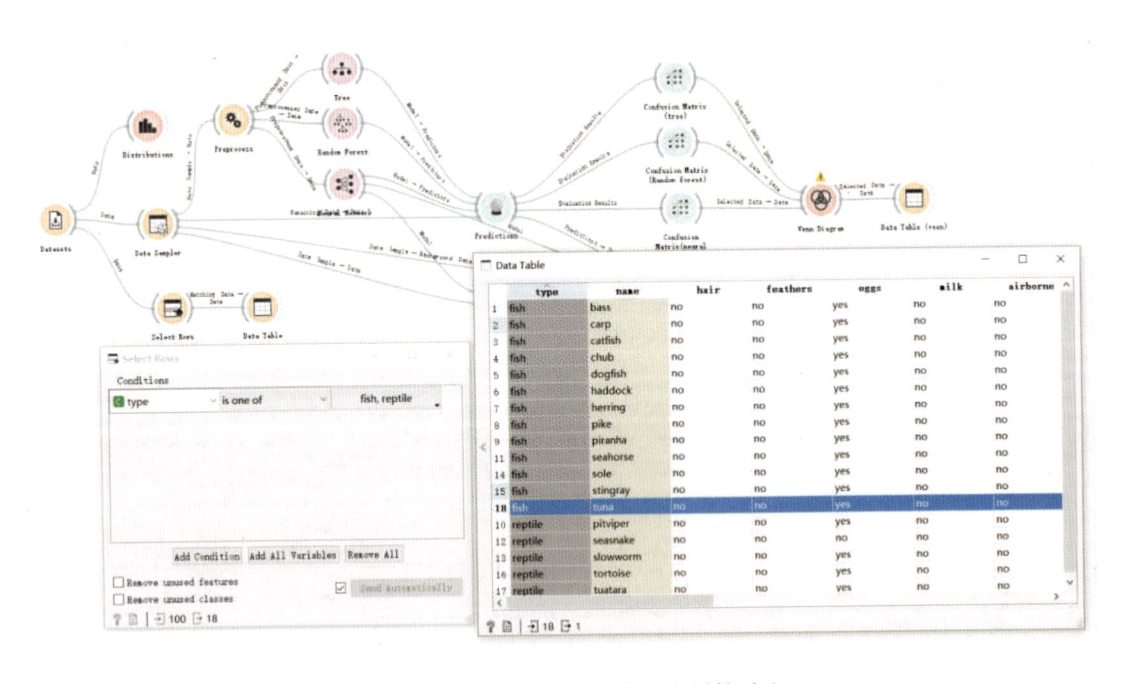


图 3－9－7　“reptile”和“fish”属性对比

# 十、缺失值的填充与离群值的筛选

## 案例简介

本案例主要使用 Iris. tab 数据，通过填充功能填补缺少类型的 10 个实例，并筛选离群值以提升数据的准确度，实现鸢尾花数据的缺失值填充、干扰项的剔除和数据融合方式对比分析的功能，并以可视化的方式展现，从而起到数据清洗的作用。本案例的工作流可以应用于数据填充、净化等数据预处理过程中，提高准确性、规范性等。该案例主要涉及 Data、Visualize、Unsupervised 模块，具体运用的部件有 Impute、k - Means、Distributions、Outliers、PCA、Concatenate 等。

### 1. 模型流程框架

将各部件通过拖曳连接的方式组建如图 3 - 10 - 1 所示的流程框架。该框架中 Data、Visualize、Unsupervised 是核心模块，其中，Data 模块主要用于填充原始数据、进行离群值筛选、数据融合等，Visualize 模块主要用于对离群值进行可视化，Unsupervised 主要用于数据聚类和转换。

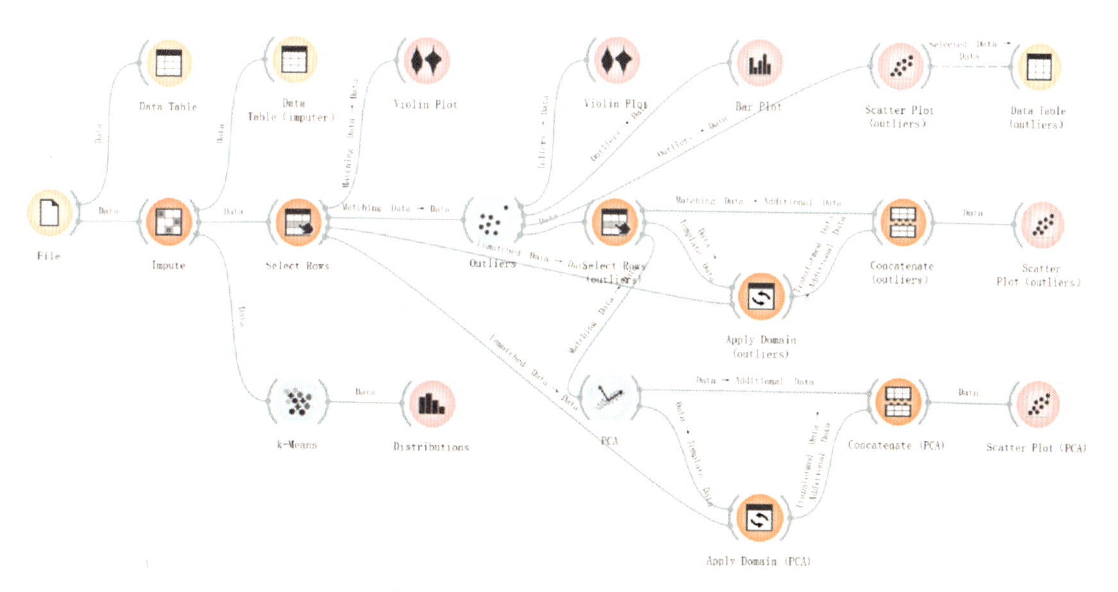


图 3 - 10 - 1　部件连接应用示意图

### 2. 主要操作步骤与分析结果

(1) 填充缺失数据

在 File 中加载 Iris. tab 数据，150 个鸢尾花样本分为 3 种类型：Iris - setosa、Iris - versicolor、Iris - virginica，每个样本包含了“Sepal length”（花萼长度）、“Sepal width”（花萼宽度）、“Petal length”（花瓣长度）、“Petal width”（花瓣宽度）4 个特征，如图 3 - 10 - 2 所示。从 Data Table 中可以看出，该数据存在 1、2、3、51、52、53、101、102、103、104 十处类型缺失。连接 Impute，在默认方法和单个属性设置中选择“Model - based imputer (sample tree)”（基于模型填充），再次查看 Data Table，缺失的数据通过模型得到填充。

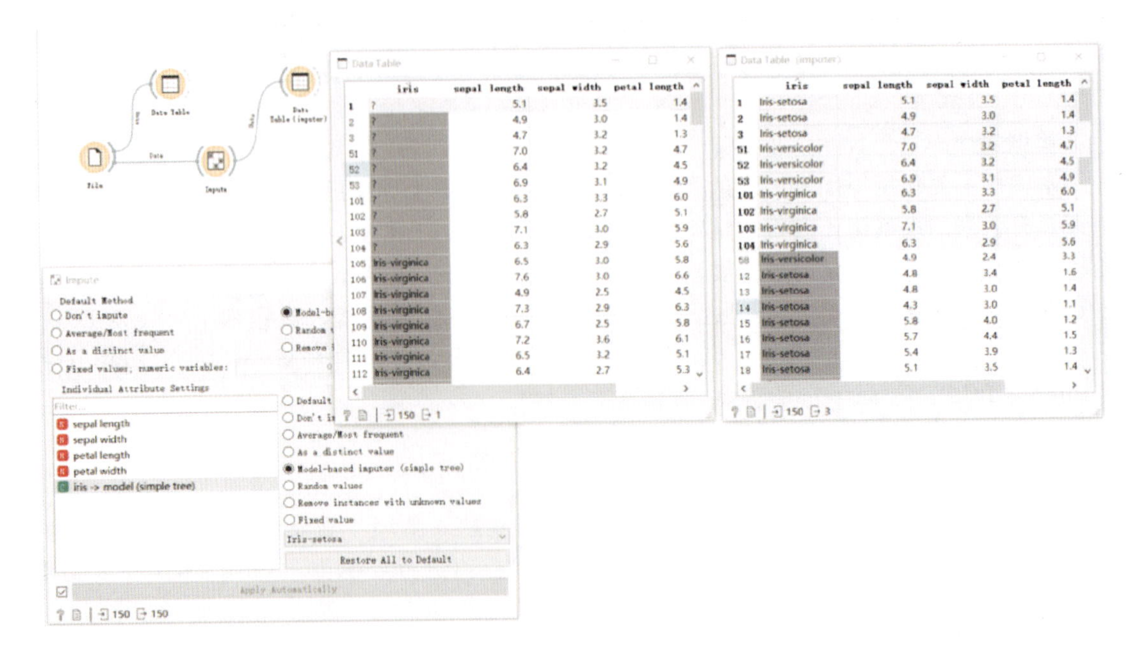

图 3-10-2　Impute 填充缺失数据

(2) 检测是否存在离群值

通过 k-Means 进行聚类分析，将鸢尾花数据集聚类分为 3 类，由图 3-10-3 可知，“setosa”绝大部分实例都位于第二簇（蓝色），而第一簇（绿色）中包括 36 个“virginica”子集实例和 11 个“versicolor”子集实例，第三簇（红色）中包括了 39 个“versicolor”子集实例和 14 个“virginica”子集实例，第一簇和第三簇较为混乱，猜测其中可能存在离群值对数据产生了影响。

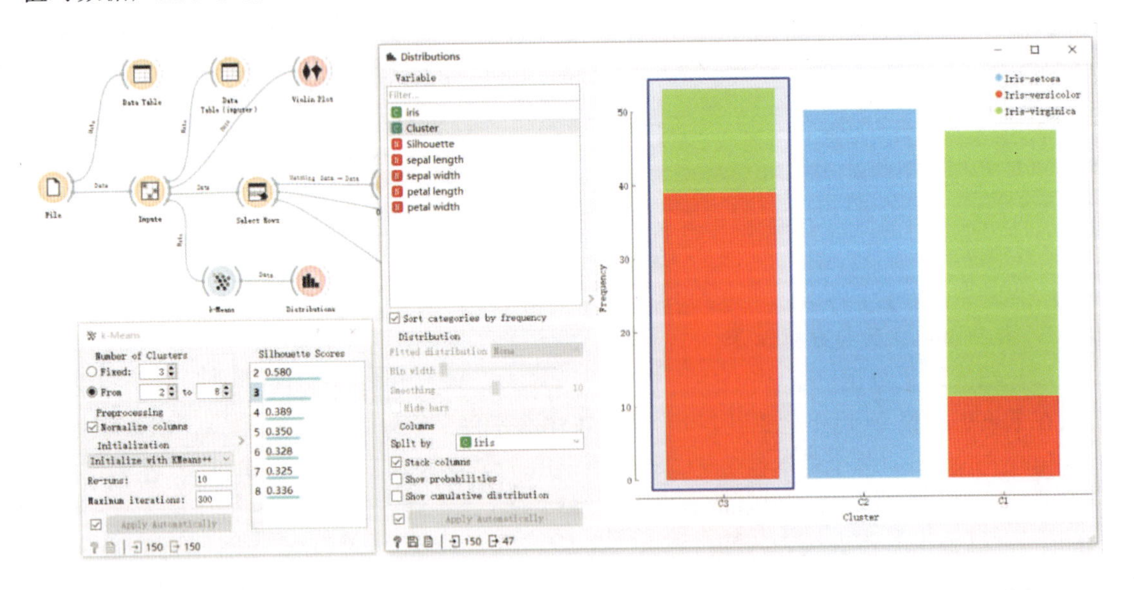

图 3-10-3　k-Means 分类结果

(3) 剔除离群值

在 Impute 部件后连接 Select Rows，设置“iris is one of versicolor and virginica”，将“versicolor”和“virginica”划分为第一类，则第二类为 setosa 子集。要对第一类进行离群值计算，因此连接 Outliers，选择“Local Outlier Factor”，通过 Outliers 可以计算出数据的离群值和异常值，Outliers 部件的输出通道包括 3 种类型——仅离群值、仅异常值、整个数据集。通过 Violin Plot、Bar Plot、Scatter Plot 可视化剔除离群值后的情况，在“petal length”“petal width”“sepal length”“sepal width”4 个方面都体现出变化，在“petal length”属性中变化尤为显著，如图 3-10-4所示。

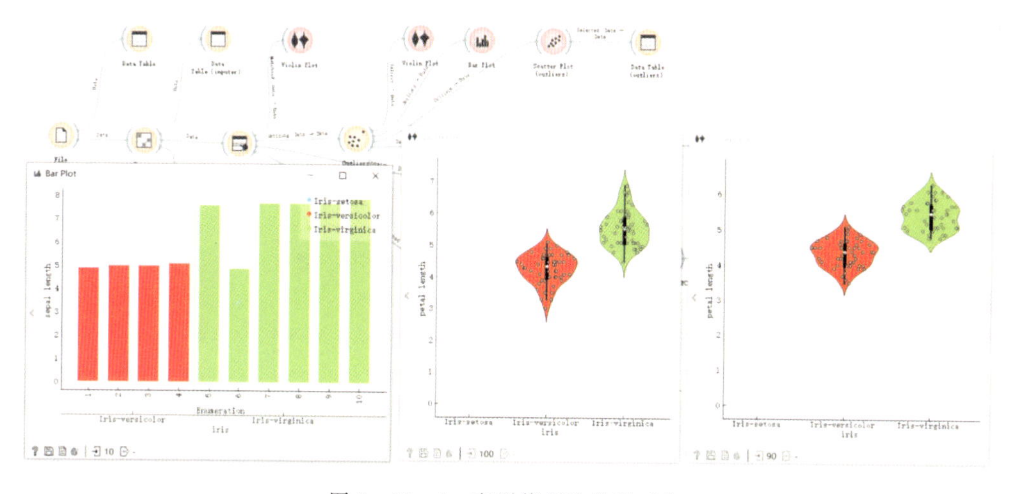

图 3-10-4 离群值剔除前后对比

(4) 数据融合方法一

应用 Select Rows 删除离群值，以第一类数据为基准转换第二类数据的应用域，共同连接到 Apply Domain。Concatenate 能够垂直地将多组实例连接在一起，应用该部件将剔除离群值的第一类数据和经过应用域转换的第二类数据连接在一起，通过 Scatter Plot 对融合后的结果进行可视化，对比于原始数据其分类效果更加明显，如图 3-10-5 所示。

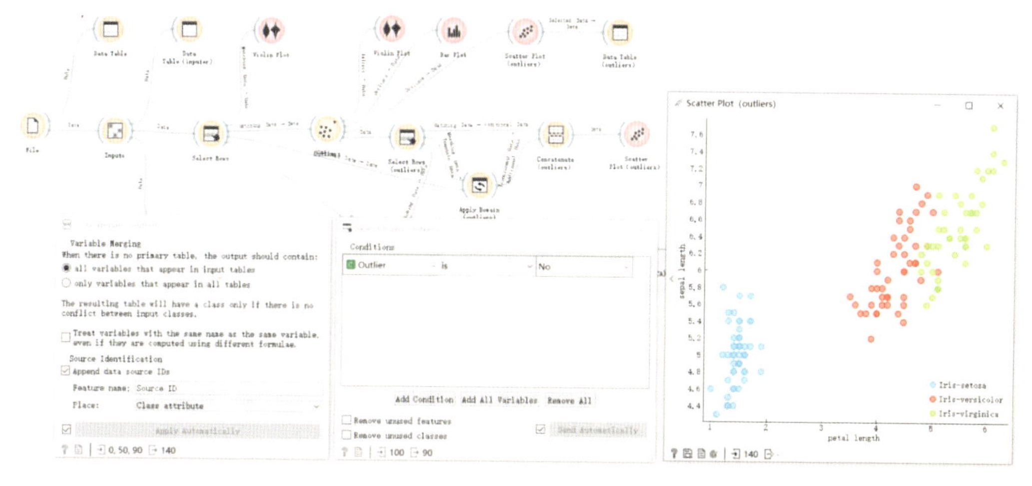

图 3-10-5 应用域转换与数据合并

（5）数据融合方法二

也可以通过 PCA 转换第二类数据的应用域并进行融合，在本案例中设定主成分为 3 个，对各数据实例的方差贡献比达到 97%，以 PCA 结果为基准转换第一类数据的应用域并融合，对比于方法一的散点图可知，方法二的横轴、纵轴分别表示为 PC1、PC3，每个点表示为经主成分转换后的权重而非鸢尾花原本的属性值，同时数据分布也发生了变化，如图 3-10-6所示。

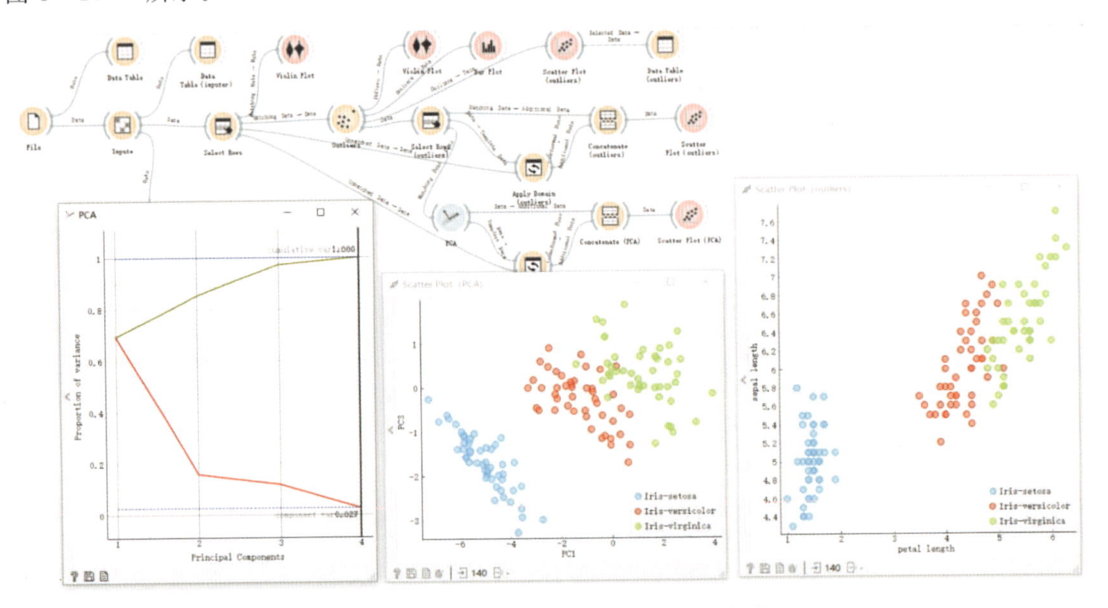


图 3-10-6　PCA 应用域转换与数据合并

## 十一、美国公众人物的推文透露了什么？

**案例简介**

本案例主要使用 elect-tweets-2016.tab 数据，其中包括 2016 年美国公众人物 T 先生和 H 女士在推特上所发表的有关竞选的推文，通过文本挖掘部件的功能来探索推文中到底隐含什么意义。实现推文地理位置可视化、推文情感分析及文字情感丰富的功能，对涉及 2016 年竞选的文本进行探索性的挖掘分析，了解 T 先生和 H 女士所发推文的高频词和对选举的态度。可以应用于反映文本信息情绪、分析词频、丰富文字背后代表的意义等方面。该案例主要涉及 Data、Text Mining、Network、Visualize 模块，具体运用的部件有 Sentiment Analysis、Document Map、Word Cloud、Word Enrichment、Network Explorer 等。

### 1. 模型流程框架

将各部件通过拖曳连接的方式组建如图 3-11-1 所示的流程框架。该框架中 Data、Text Mining 是核心模块，其中，Data 模块主要用于处理文本数据，Text Mining 模块主要用于展现文本提及的地理位置、丰富文字情感。

### 2. 主要操作步骤与分析结果

（1）文字情感分析

在 Corpus 中加载 elect-tweets-2016.tab 数据，该数据包括了 2016 年 T 先生和 H 女

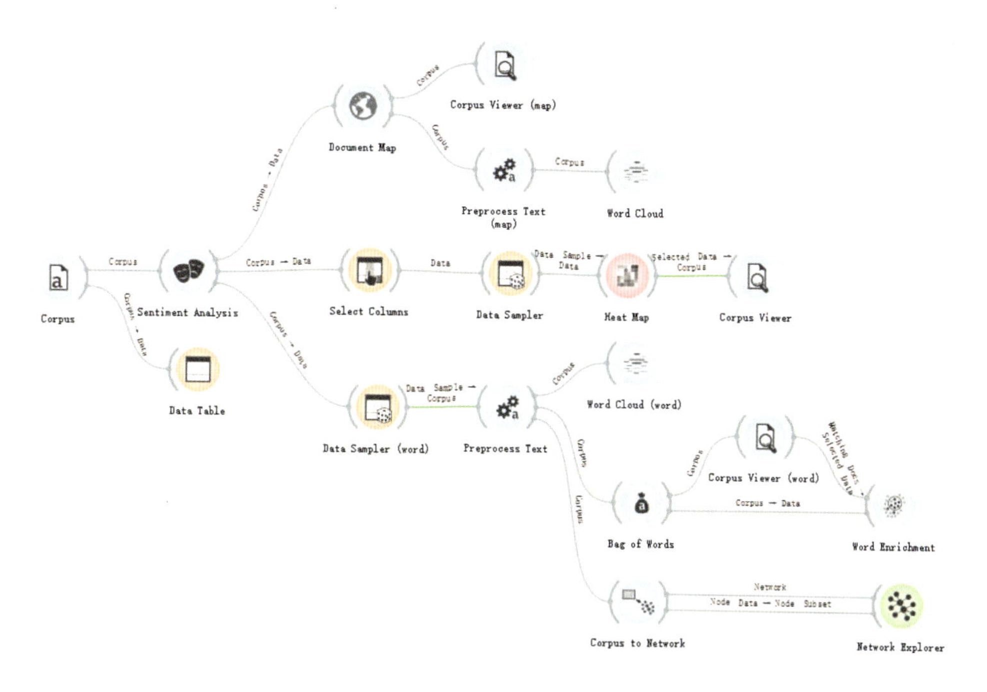


图 3-11-1　部件连接应用示意图

士发表的有关竞选的推文。连接 Sentiment Analysis 选择"Vader"方法，但是由于数据量过大而且包括了其他无须应用的属性，因此在 Select Columns、Data Sampler 中去除多余数据，仅保留原数据的 5%。连接 Heat Map 查看文字情绪，蓝色表示情绪为积极，黄色表示为中立，由图 3-11-2 可知，大部分的推文为积极或中立情绪，只有极少部分为消极情绪。

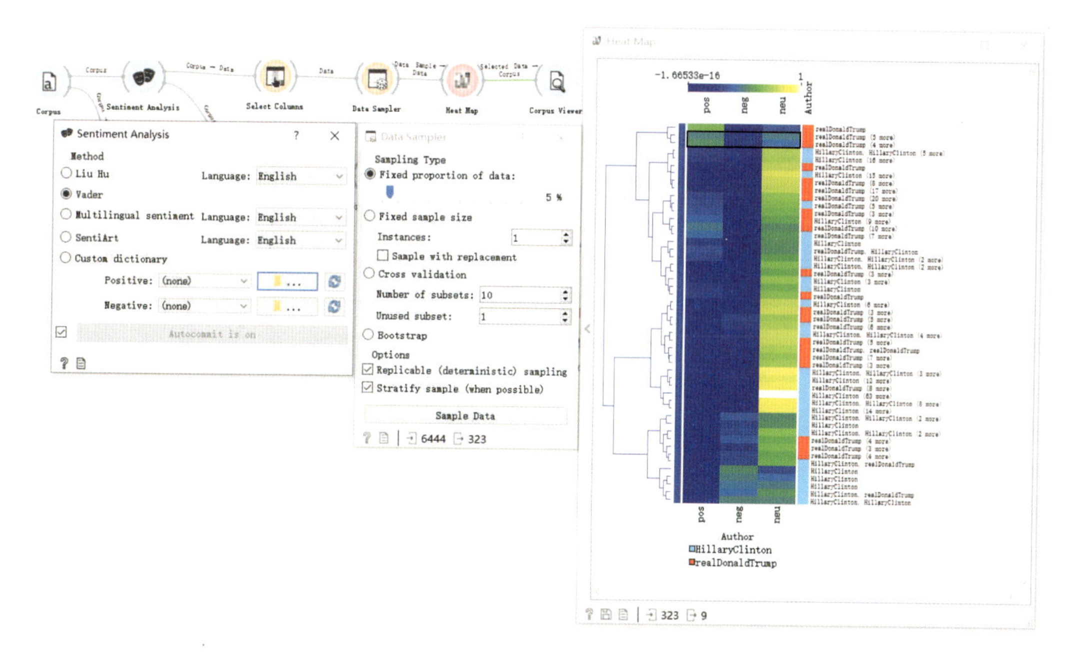


图 3-11-2　推文情感分析

（2）在地图上显示推文涉及的区域

为了查看这些推文都是从哪些地区发出的，可以使用 Document Map 在美国地图上显示，颜色越深表示所发推文数越多，选择推文数量超过 10 的 5 个州数据输出到 Word Cloud 中，从中了解这些推文中出现频率最高的单词。也可以通过 Corpus Viewer 查看 5 个州每一篇推文的详情，如图 3-11-3 所示。

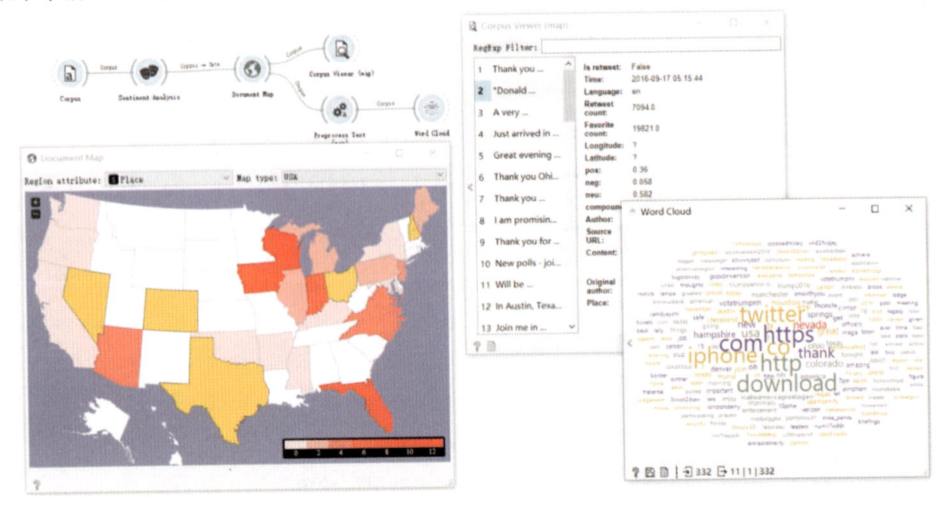

图 3-11-3 推文的地图显示

（3）推文文字丰富

首先通过 Data Sampler 选择仅使用 10%的推文，其次利用 Preprocess Text 剔除掉干扰词。干扰词可以通过在 Word Could 中查看除停止词之外无使用意义的高频词来确定，将这些高频词加入停止词文档中再次进行文本预处理以剔除干扰词。用 Bag of Words 创建一个带有单词计数的语料库计算方式，在 Corpus Viewer 选择发布作者为 T 先生的推文，连接至 Word Enrichment，以 Bag of Words 为依据计算 T 先生发布的推文，P 值越小，表示该单词对 T 先生推文的意义越大，由图 3-11-4 可知，对 T 先生推文意义较大的词包括“journey”

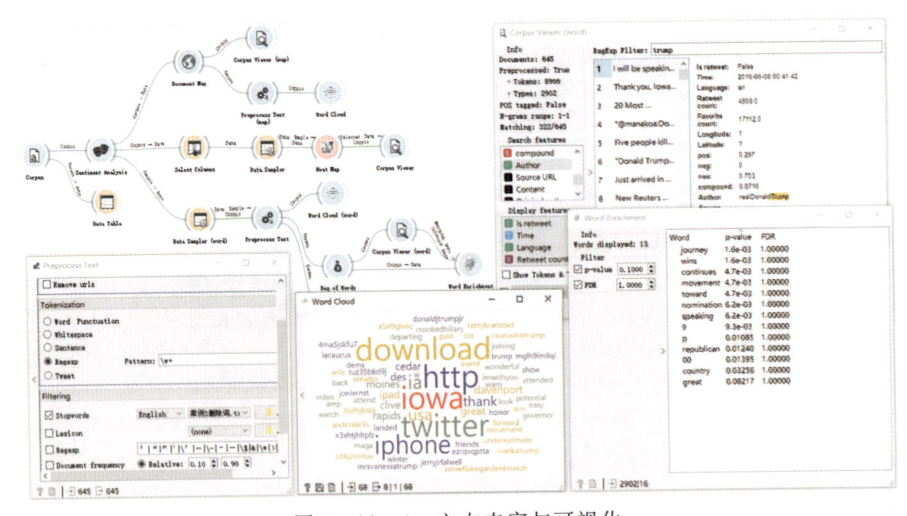

图 3-11-4 文本丰富与可视化

“wins”“continues”“movement”等，这些词均与竞选及美国国家时政信息具有很强的相关性。

（4）单词共现网络

Corpus to Network 能够将单词出现的频率及之间的关系以网络形式展现。连接 Corpus to Network，将 word 设置为点，即“Node type=word”，阈值设置为 3，单词出现的频率阈值设置为 12 次来筛选出频率高且有意义的单词。由图 3-11-5 可知，点之间的连线表示为单词在推文间存在联系的强弱，通过放大可以看出来，“trump”“hillary”“twitter”“iPhone”“trump2016”“makeamericagreatagain”之间存在较强联系。

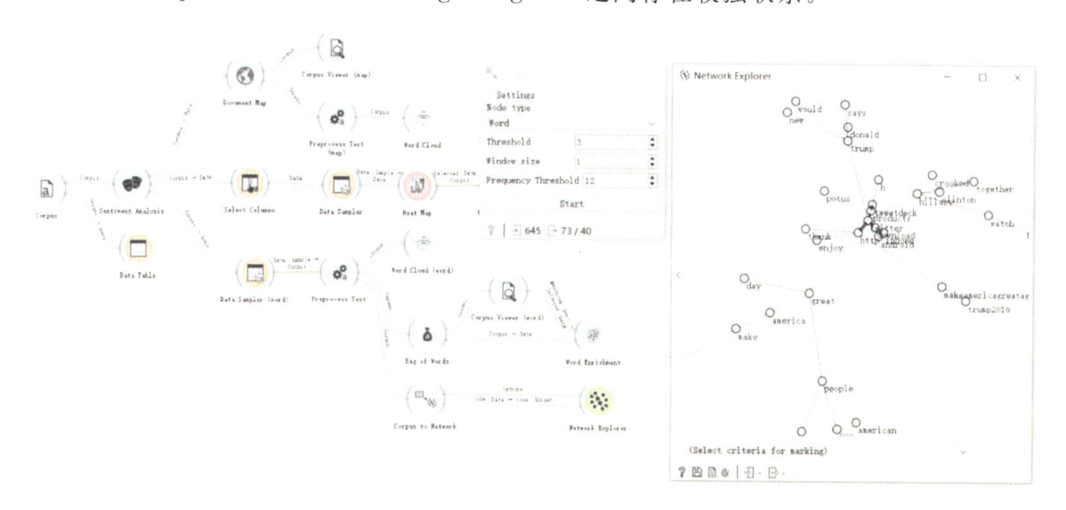

图 3-11-5 单词共现网络

# 十二、什么是引发引发心脏病的“元凶”?

**案例简介**

本案例主要使用 heart _ disease. tab 数据集，实现了对 303 名心脏病患者的信息分类和致病主要因素的分析，并对数据集特征属性的距离进行了计算及可视化，可用于判断及解释某事件的重要影响因素。该案例主要涉及 Data、Unsupervised、Model、Evaluate、Visualize 模块，主要运用的部件有 Heat Map、Distances、Explain Model、Test and Score、Tree Viewer 等。

1. 模型流程框架

将各部件通过拖曳连接的方式组建如图 3-12-1 所示的流程框架。该框架中 Unsupervised、Evaluate 和 Visualize 是核心模块，其中，Unsupervised 模块主要用于计算并对数据集中属性间的距离进行可视化；Evaluate 模块主要结合 Model 模块对数据进行分类、回归，对模型进行评价；Visualize 模块主要是通过各种可视化的方式查看数据集分类结果，使结果更加清晰易懂。

2. 主要操作步骤与分析结果

（1）数据可视化及预处理

在 File 中加载 heart _ disease. tab 数据集，通过 Preprocess 对数据进行预处理，用平均

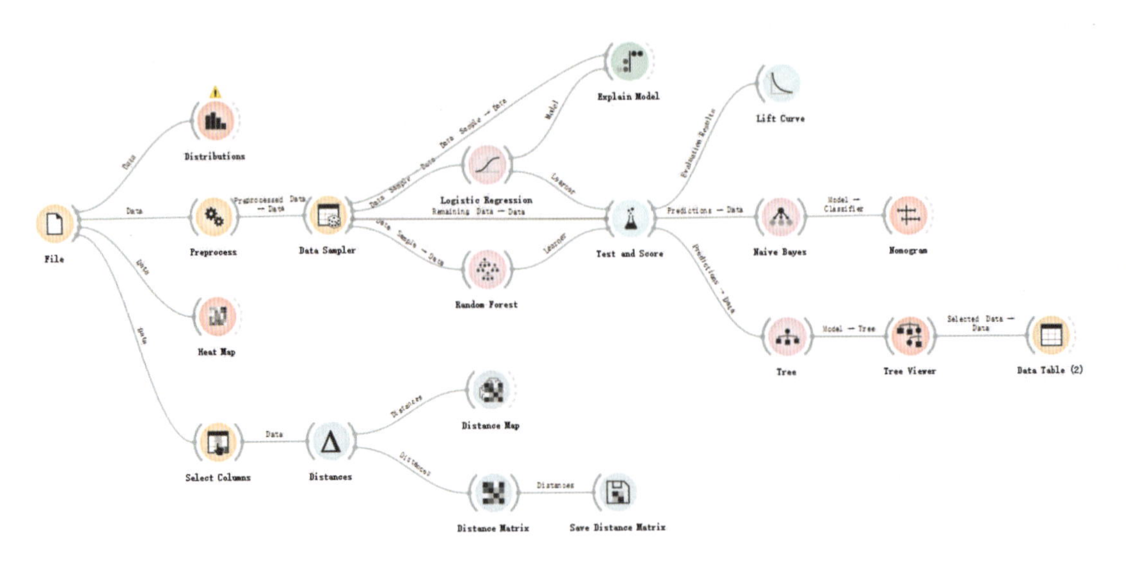


图 3-12-1　部件连接应用示意图

值或众数填充缺失值。利用 Distributions 和 Heat Map 对数据进行可视化，初步了解心脏病患者的相关信息，其中，Distributions 可以显示数据集中单个属性的值分布，Heat Map 可以清晰地显示各个属性值对目标变量影响的强弱，如图 3-12-2 所示。

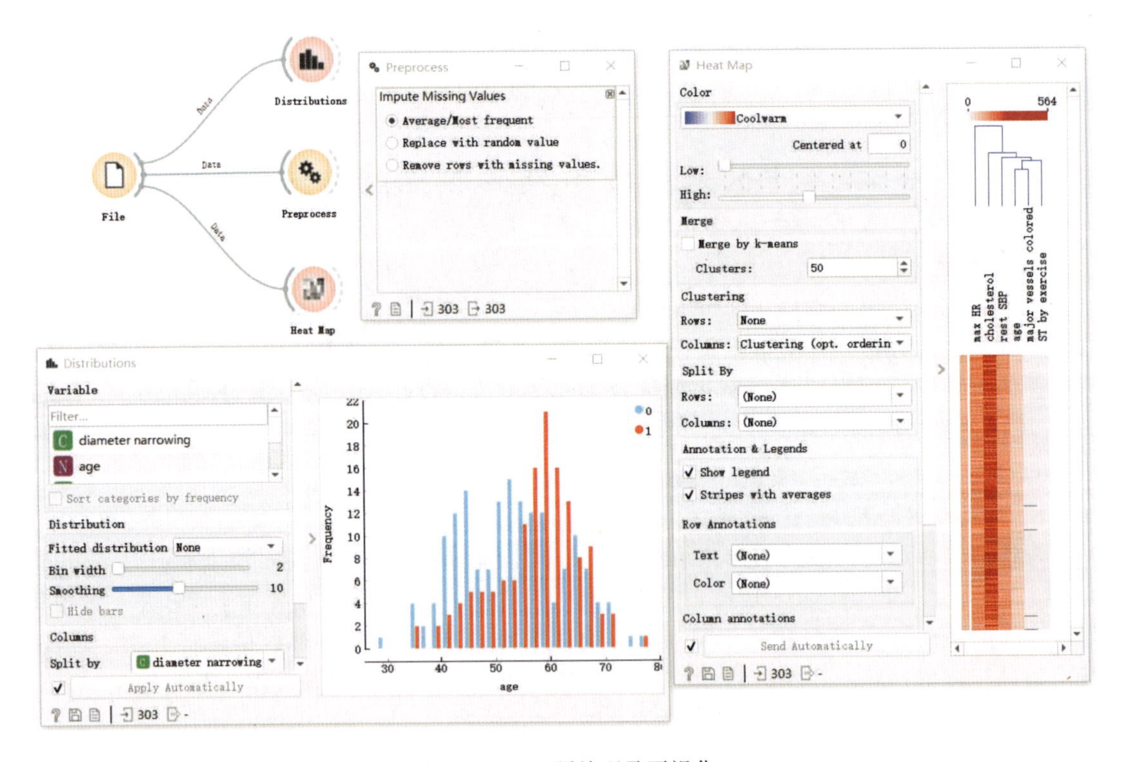


图 3-12-2　预处理及可视化

（2）模型训练及评估

首先选用 Data Sampler 对数据进行抽样，将 70%的数据作为训练数据输送到模型中，剩余的 30%作为预测数据输送到 Test and Score。本案例选用 Logistic Regression、Random Forest 模型进行训练，在 Test and Score 中查看两个模型的得分，将 Life Curve 与其连接，查看两个模型的提升曲线，提升曲线衡量的是评分模型对于样本的预测能力相比随机选择的倍数，大于 1 说明模型表现优于随机选择，结合评分可以判断以上两个模型训练结果较优。另外，通过 Explain Model 可以查看对回归模型的解释结果，如图 3-12-3 所示。

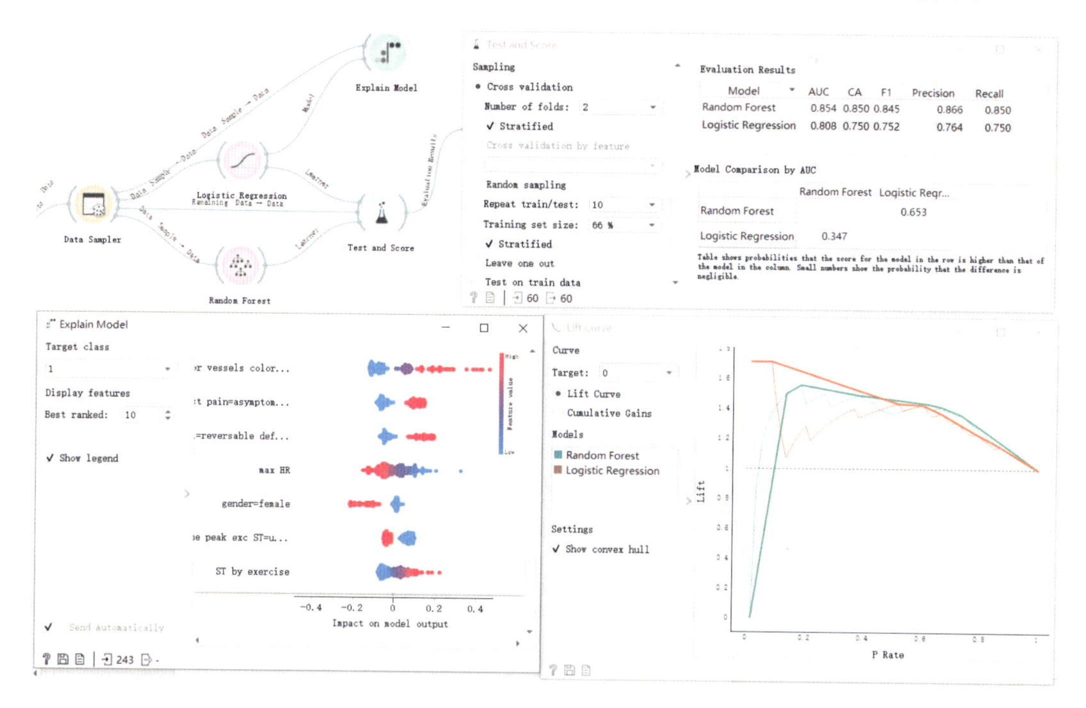

图 3-12-3 可视化及模型评估

（3）模型预测及可视化分析

本案例选用的预测模型是 Tree 和 Naive Bayes 模型，将 Test and Score 与两个预测模型相连接，30%的预测数据将输入模型中。其中，与 Tree 相连的 Tree Viewer 可以清晰地显示对模型结果贡献最大的特征，即对心脏病的形成影响较大的因素。在决策树中，越先分裂的特征越重要。与 Naive Bayes 相连的 Nomogram 可以按照降序排列来显示对目标变量有影响的因素，并显示其概率得分，如图 3-12-4 所示。

（4）计算属性距离及其可视化

将 File 中的数据传输到 Select Columns，由于距离矩阵适用于数值型变量，若输入数据中含有分类变量，则会出现警告，因此需要先将数据集中的分类变量排除，再连接到 Distances，计算数据集中列的距离。输出到 Distance Map 和 Distance Matrix，可以实现数据属性的距离计算和可视化。其中，Distance Map 可以对属性之间的距离进行可视化，Distance Matrix 可以创建一个距离矩阵，其结果可发送到 Save Distance Matrix 进行保存，如图 3-12-5 所示。

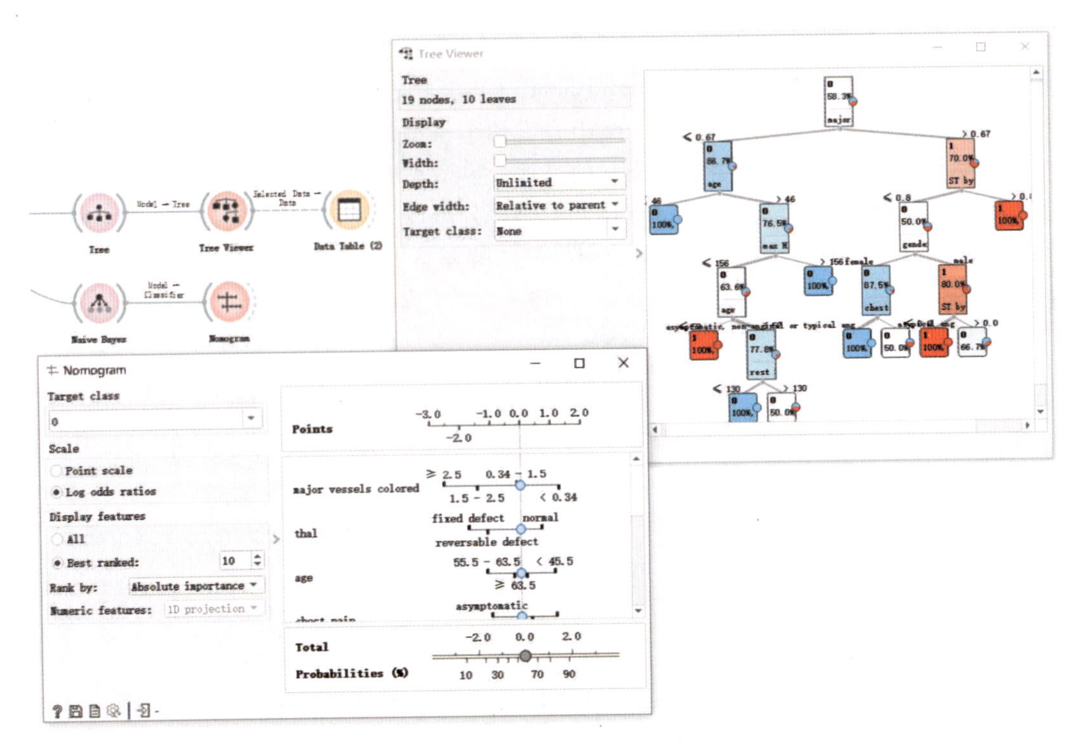


图 3-12-4 决策树与列线图

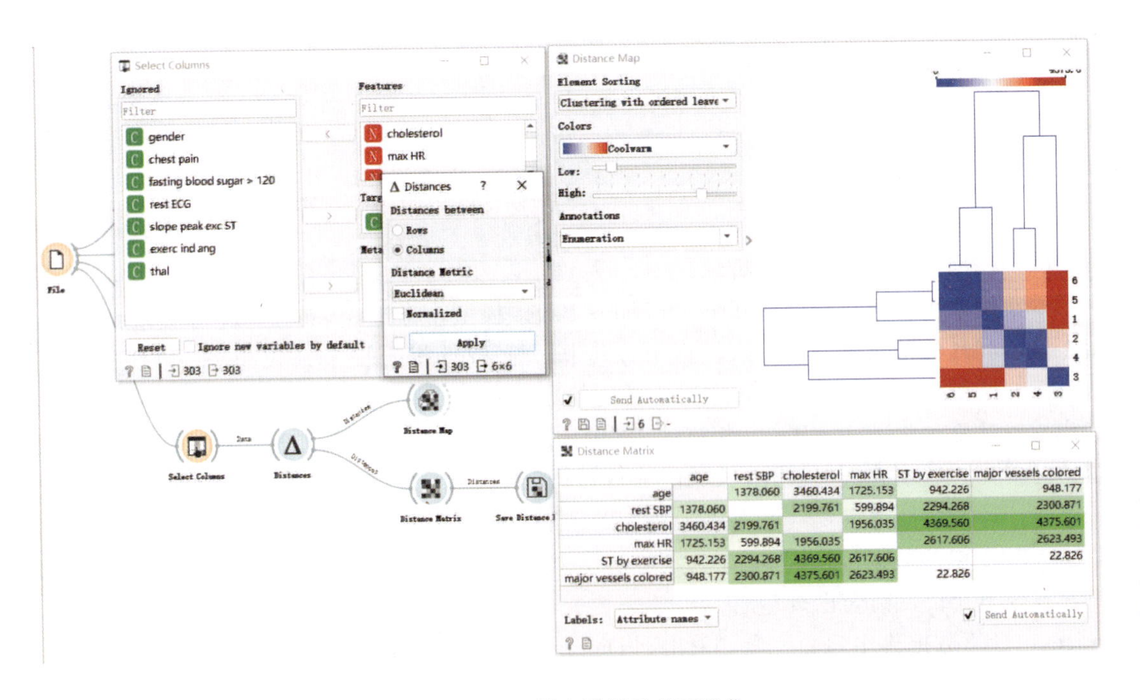


|  | age | rest SBP | cholesterol | max HR | ST by exercise | major vessels colored |
|---|---|---|---|---|---|---|
| age |  | 1378.060 | 3460.434 | 1725.153 | 942.226 | 948.177 |
| rest SBP | 1378.060 |  | 2199.761 | 599.894 | 2294.268 | 2300.871 |
| cholesterol | 3460.434 | 2199.761 |  | 1956.035 | 4369.560 | 4375.601 |
| max HR | 1725.153 | 599.894 | 1956.035 |  | 2617.606 | 2623.493 |
| ST by exercise | 942.226 | 2294.268 | 4369.560 | 2617.606 |  | 22.826 |
| major vessels colored | 948.177 | 2300.871 | 4375.601 | 2623.493 | 22.826 |  |

图 3-12-5 距离计算及其可视化

# 十三、谁是泰坦尼克号的幸存者？

**案例简介**

本案例主要使用 Titanic. csv 数据，其中包含了泰坦尼克号乘客的相关信息，包括票价、年龄、性别等，实现了数据的频繁项集查找、关联规则的查找、数据分类、影响因素分析以及对预测分析的解释等功能。可以运用于安全风险评估领域，对提前预估事件的风险性具有潜在应用价值。该案例主要涉及 Data、Model、Evaluate、Explain、Associate 模块，主要运用的部件有 Association Rules、Frequent Itemsets、Predictions、Feature Constructor、AdaBoost 等。

## 1. 模型流程框架

将各部件通过拖曳连接的方式组建如图 3-13-1 所示的流程框架。通过本案例工作流，可以挖掘出在泰坦尼克事件中幸存者的某些特征。该框架中 Associate、Evaluate 和 Explain 是核心模块，其中，Associate 模块主要用于为整个数据集归纳规则并查找频繁项；Evaluate 模块主要结合 Model 模块对数据进行分类、回归，然后进行预测分析并对模型进行评分；Explain 模块主要用于解释分类或回归模型，对所提供数据实例的预测。

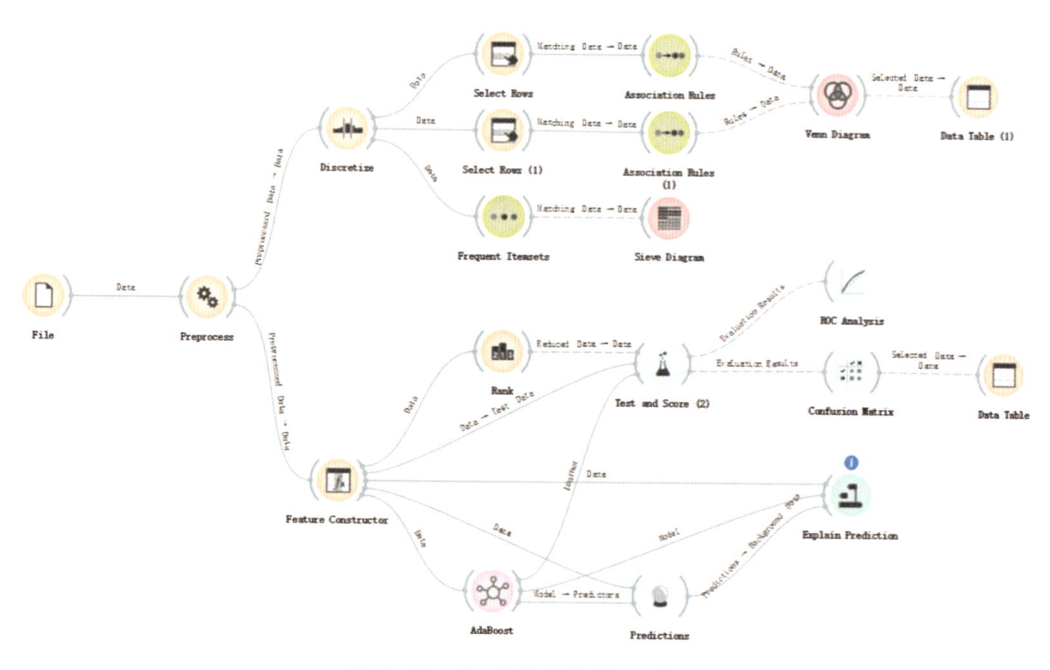


图 3-13-1　部件连接应用示意图

## 2. 主要操作步骤与分析结果

(1) 加载 Titanic 数据并进行预处理和离散化

本例选用 Titanic 数据集，对数据集进行预处理，选择 Impute Missing Values，平均值或最频繁值将填充缺失值。Preprocess 与 Discretize 相连，将 Titanic 数据集中的连续变量离散化，如图 3-13-2 所示。

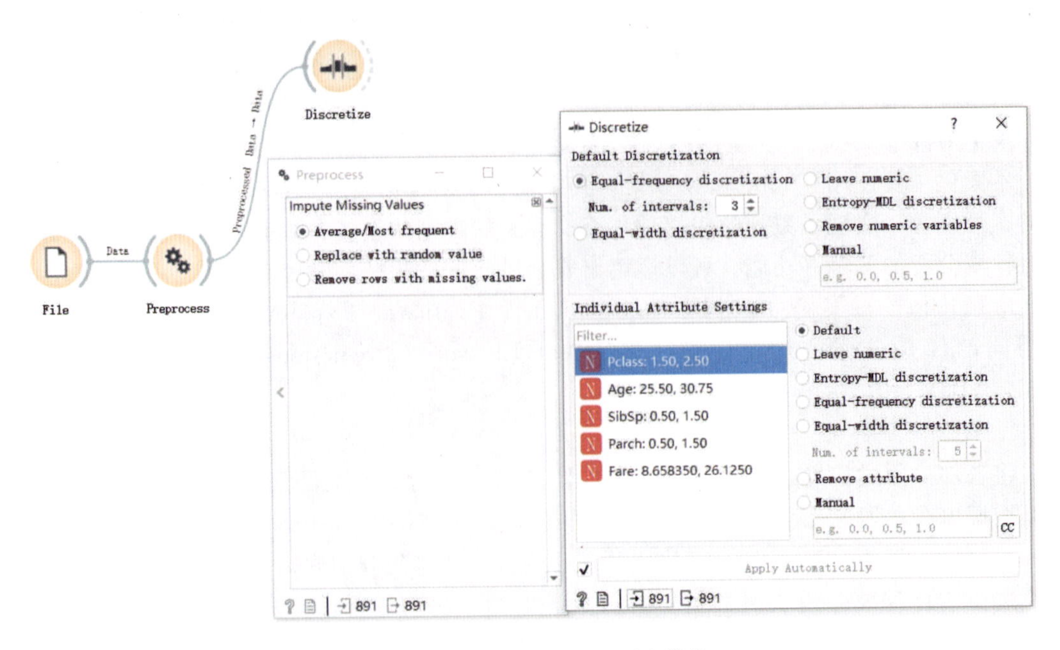


图 3－13－2　数据预处理和离散化

（2）归纳数据规则和查找频繁项集

将 Discretize 与 Select Rows 和 Select Rows（1）相连，分别选择“Survived is 1”和“Survived is 0”，再与 Association Rules 相连，在关联表中可以查看数据集的属性信息；连接到 Venn Diagram，在维恩图中可以看到两个数据规则中相交的部分；输出到 Data Table 中，可以查看具体的数据，如图 3－13－3 所示。将 Frequent Itemsets 与 Discretize 相连，在

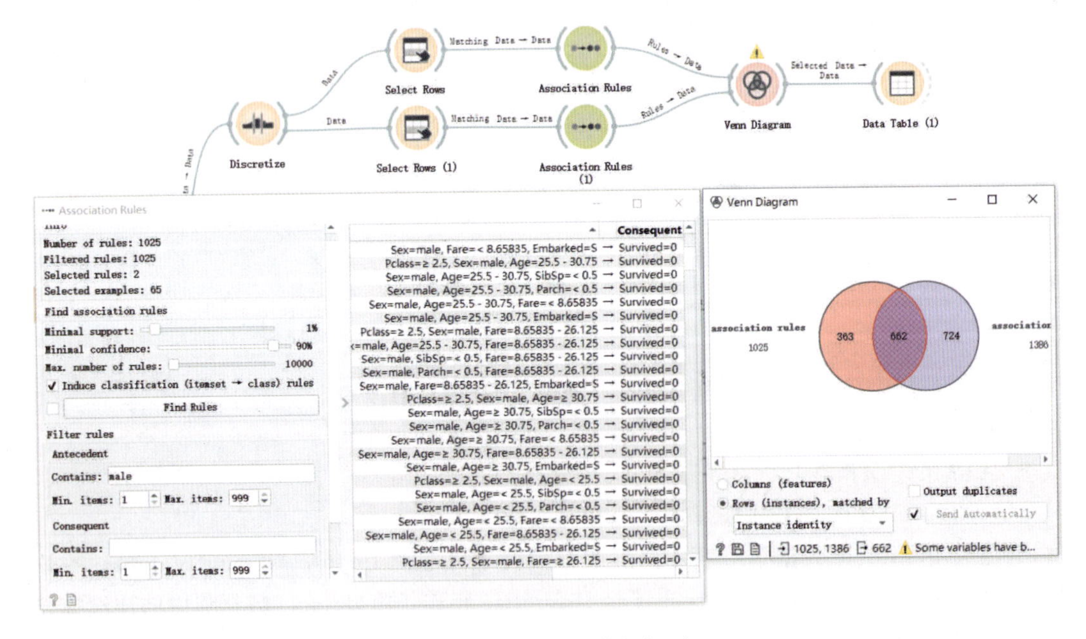


图 3－13－3　归纳数据规则

频繁项集中可以查看 Titanic 数据集中根据各种特征值的分类及各自的占比情况，与 Sieve Diagram 相连接可以将选中的频繁项集输出到 Sieve Diagram 中，如图 3-13-4 所示。

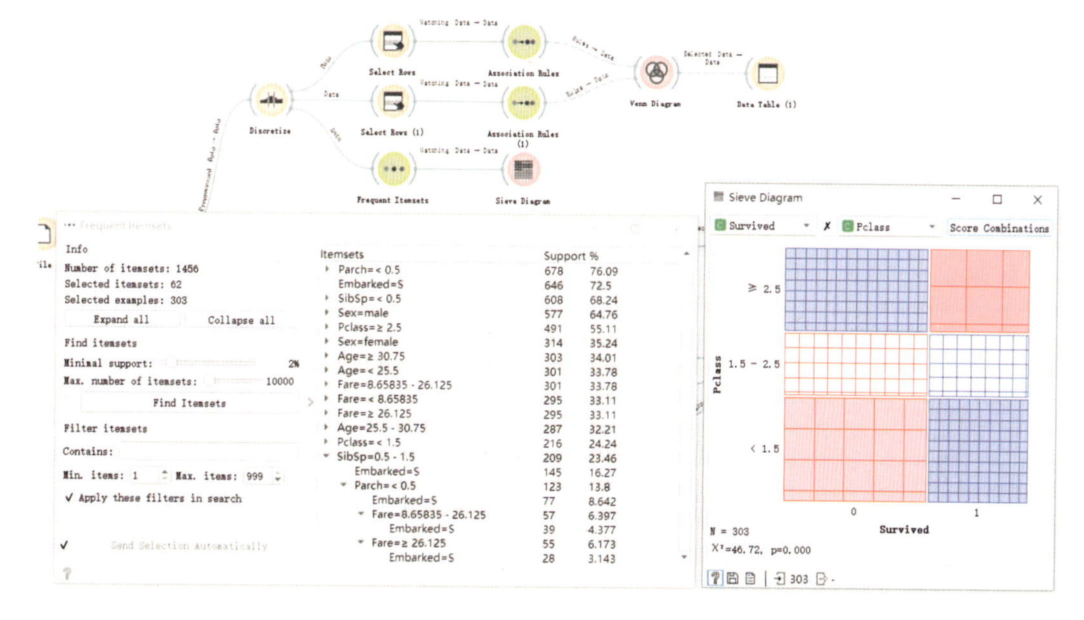


图 3-13-4 归纳数据规则

（3）构建新的特征值

通过观察 Titanic 数据可以发现，乘客家庭人口数、年龄，都与最后幸存与否存在较明显的关系，但原数据中没有这样的特征，因此可以运用 Feature Constructor 构建与家庭人口数、年龄相关的特征，如图 3-13-5 所示，构建了 3 个新的特征值，分别为“family_size”“child”“old”。

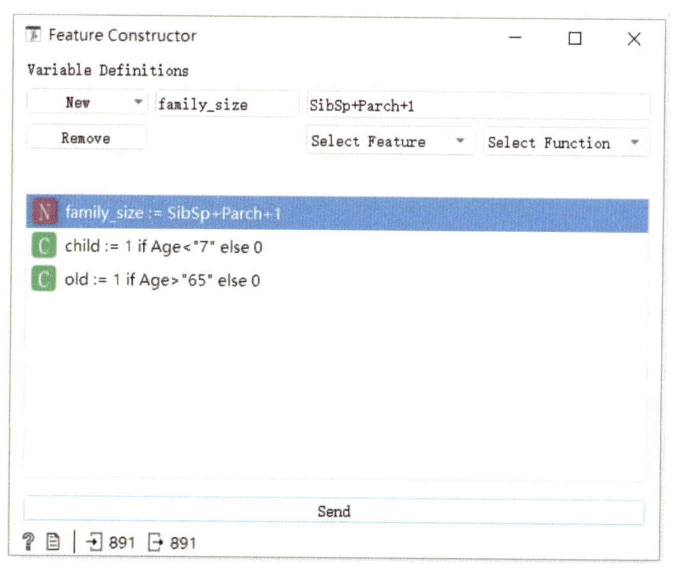


图 3-13-5 利用特征构建器构建新的特征

（4）影响因素排名及模型训练

连接 Rank 与 Feature Constructor，在 Rank 右框中可以看到对目标变量影响大小的特征排名，选中其中影响较大的特征，输出到 Test and Score。再将 AdaBoost 与 Test and Score 相连，将会得到模型的评分。通过选中 Rank 中不同的特征，对比查看评分的变化，最终确定参与预测的特征，如图 3-13-6 所示。将 Test and Score 与 Confusion Matrix 和 ROC Analysis 相连，查看混淆矩阵和 ROC 曲线结果。其中 Confusion Matrix 中对预测正确或预测错误的数据进行分类，输出到 Data Table 中，可以查看具体数据，ROC 曲线可以显示模型的准确度，如图 3-13-7 所示。

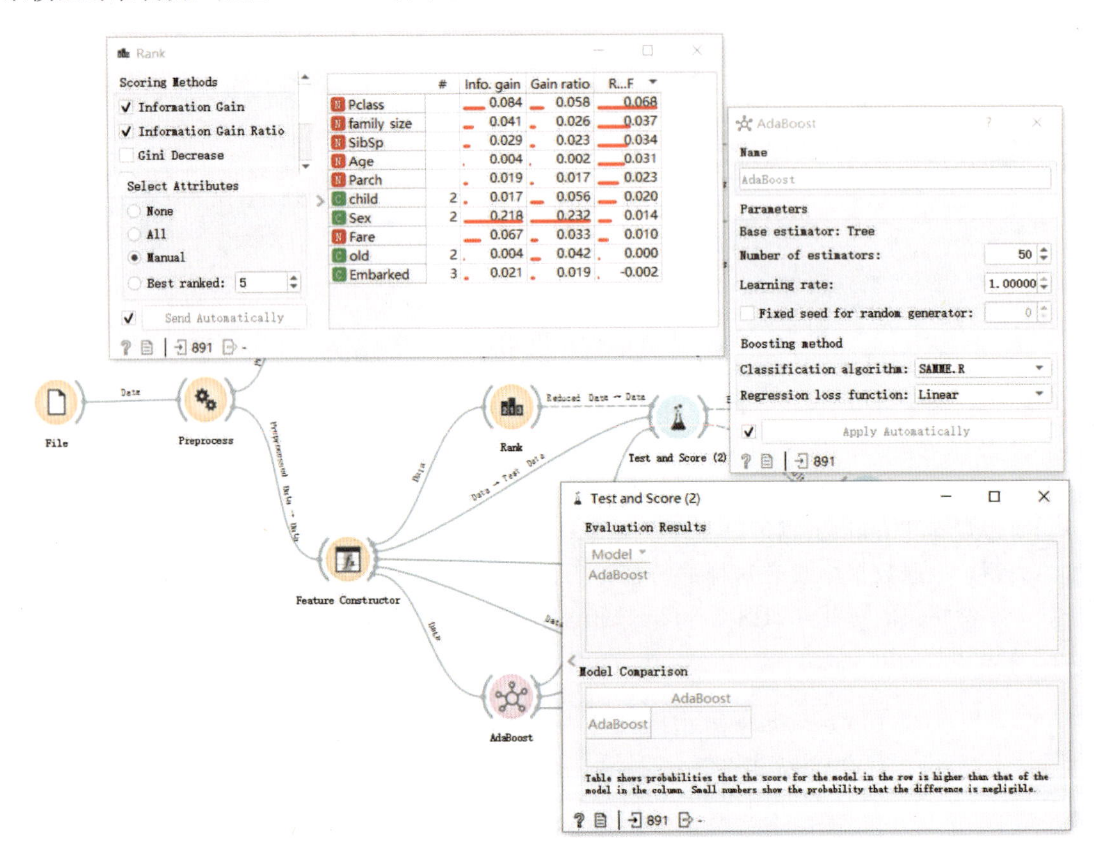


图 3-13-6　排名、模型训练及得分

（5）模型预测及解释分析

将 AdaBoost 与 Feature Constructors 相连接，进行分类、回归，随后利用 Predictions 计算数据集的预测结果，在左侧窗口中，选择想要解释预测结果的数据实例，如图选择的实例被预测为未幸存类，在 Explain Prediction 中，选择未幸存类为目标类别，灰色框中的数字表示所选类别的预测概率为 1.0，基准概率为 0.98。可以看到，对预测影响较大的特征有“Fare=7.25”“SibSp=1”“Pclass=3”“family _ size=2”，不符合未幸存类别的预测特征为“Age=22”，如图 3-13-8 所示。

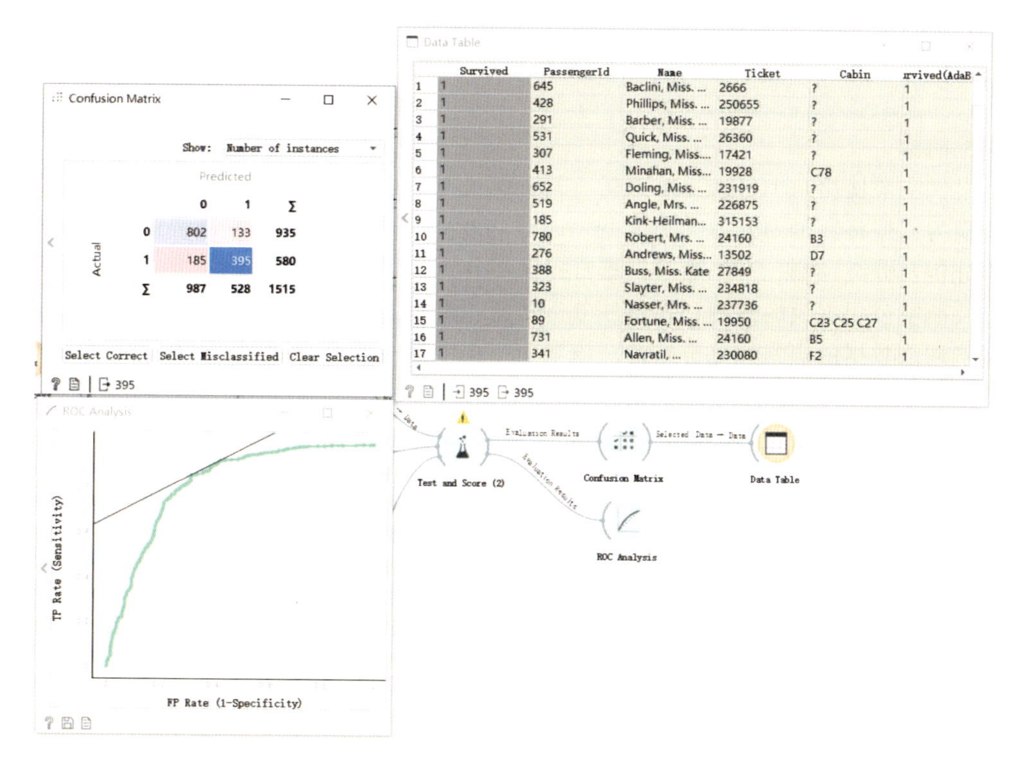

图 3-13-7　查看模型训练结果

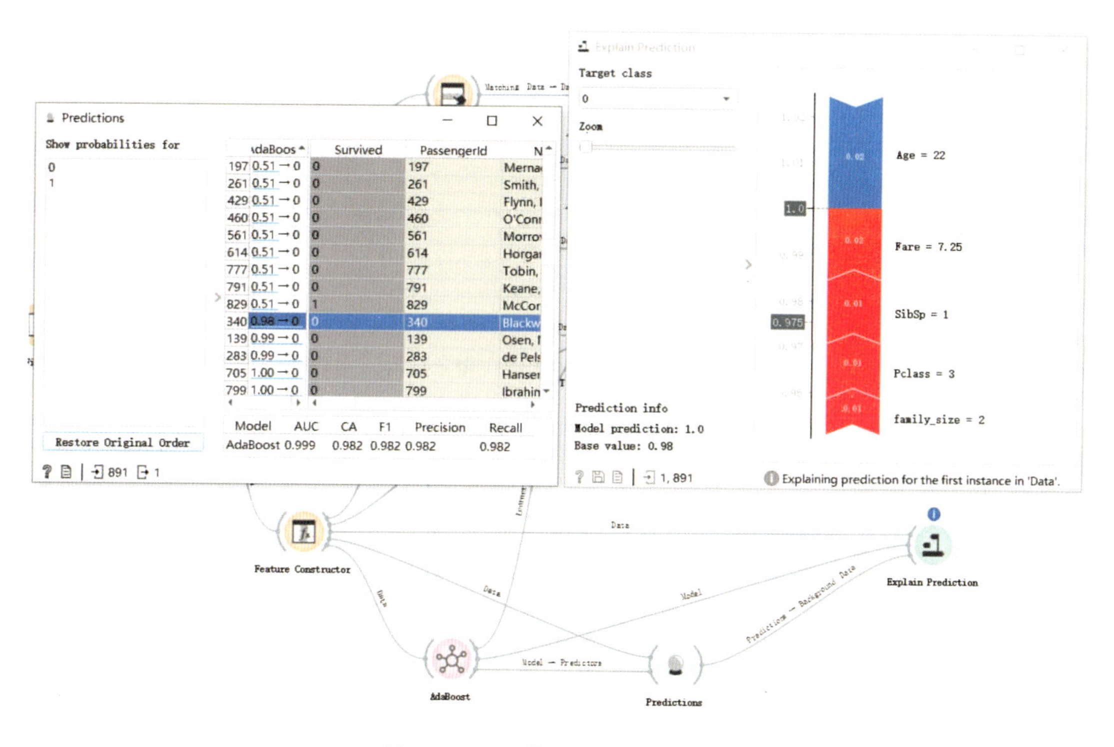

图 3-13-8　模型预测及解释分析

# 十四、跨国航空流的网络分析

**案例简介**

本案例主要使用 airtraffic. net 数据，其中包括美国及欧洲其他国家的航空公司信息。以运输规模为依据将数据划分为 5 种类型，通过 Network 和 Predictions 等部件对航空公司进行网络分析及分类预测。对原始数据进行探索性分析，实现基于功能对实例分组、网络化距离矩阵及航空公司规模的预测和相似性分析功能。增添了数据距离矩阵可视化的新方法，能够应用于网络数据的探索性分析领域。该案例主要涉及 Evaluate、Model、Unsupervised 和 Network 模块，具体运用的部件有 Network of Groups、Distances、Network from Distances、AdaBoost、ROC Analysis 等。

1. 模型流程框架

将各部件通过拖曳连接的方式组建如图 3 - 14 - 1 所示的流程框架。该框架中 Networks、Evaluate、Unsupervised 是核心模块，其中，Networks 模块主要用来基于功能对实例分组、网络化距离矩阵，Evaluate 模块主要用于航空数据预测，Unsupervised 模块主要用于航空数据创建距离矩阵。

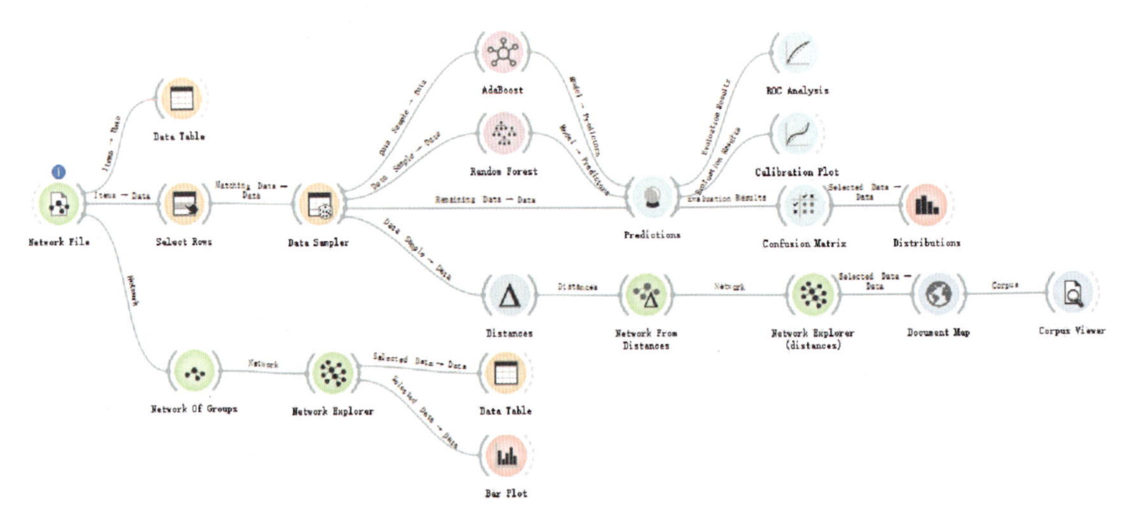


图 3 - 14 - 1　部件连接应用示意图

2. 主要操作步骤与分析结果

（1）基于功能分组

在 Network File 中加载 airtraffic. net 数据，从 Data Table 中可以看出该数据包括航空公司的分类及运输量、载客量等信息。连接 Network of Groups，选择“FAA Classifications”为分类依据，将具有相同属性的实例作为单个点，连接 Network Explorer 可视化结果，每个点会再生成“pro j - x”“pro j - y”两个属性值，除“Nonprimary Commercial Service”之外其他 4 种航空公司均存在联系，Bar Plot 能够可视化以上 4 种航空公司的属性信息，如图 3 - 14 - 2 所示。

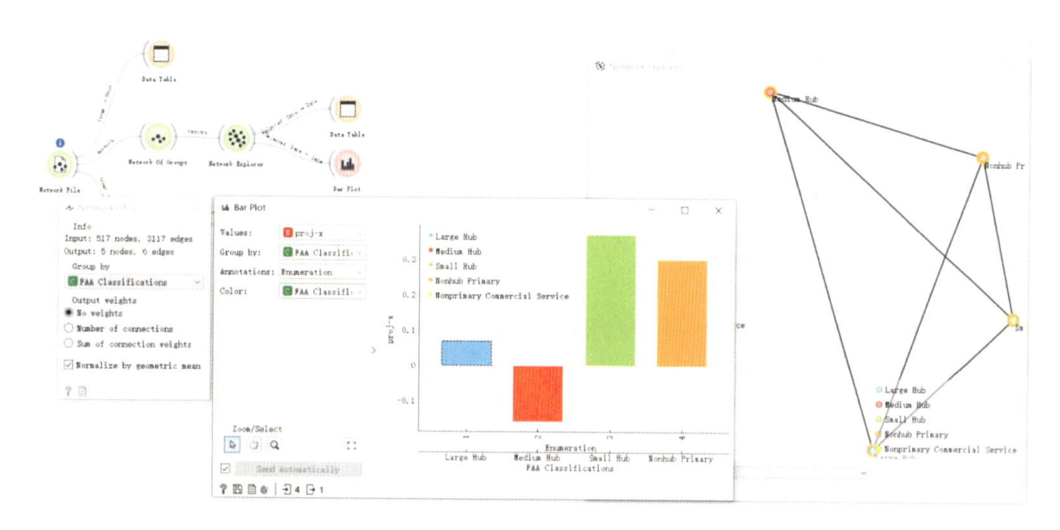

图 3-14-2 分组信息

（2）构建距离网络

观察数据，发现其中 10 个实例未被分类且没有运输量信息和载客量信息，因此利用 Select Rows 将其剔除，连接 Data Sampler、Distances，选取原始数据的 10%计算距离矩阵，通过 Network from Distances 将数据集通过矩阵转化为网络图，连接 Network Explorer 对结果进行可视化。放大图像可知，“Large Hub”之间距离较远且连接较少，“Small Hub”和“Nonhub Primary”之间距离更近且连接更多、更紧密，因此“Small Hub”和“Nonhub Primary”相似性更高。同时，也能够在 Document Map 中查看相似性较高实例的地理分布，大多数集中在北美洲，如图 3-14-3、图 3-14-4 所示。

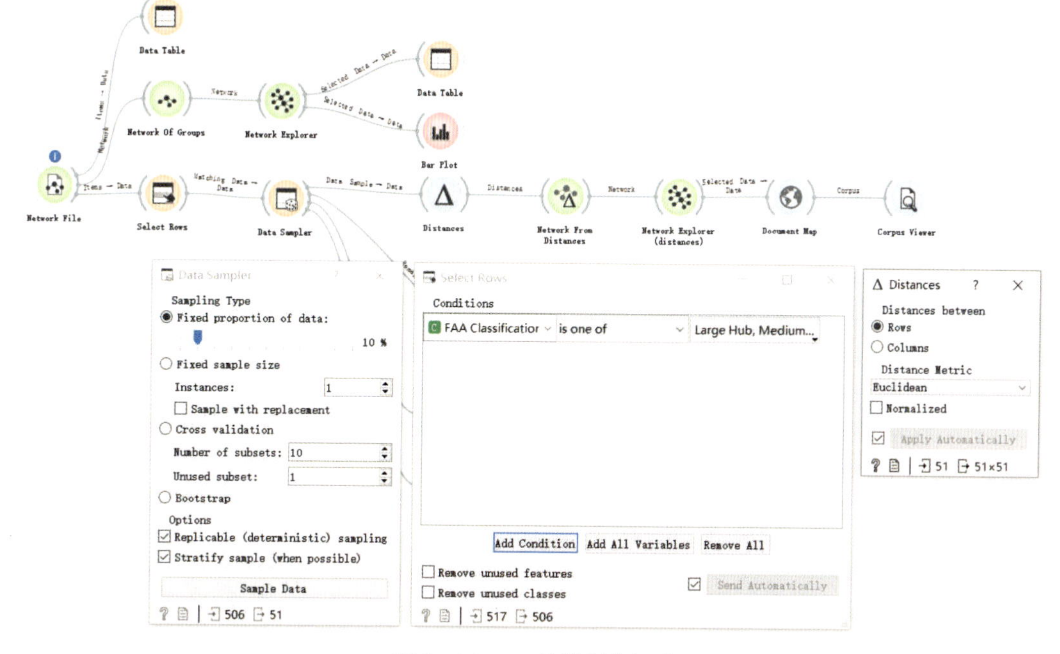

图 3-14-3 计算距离矩阵

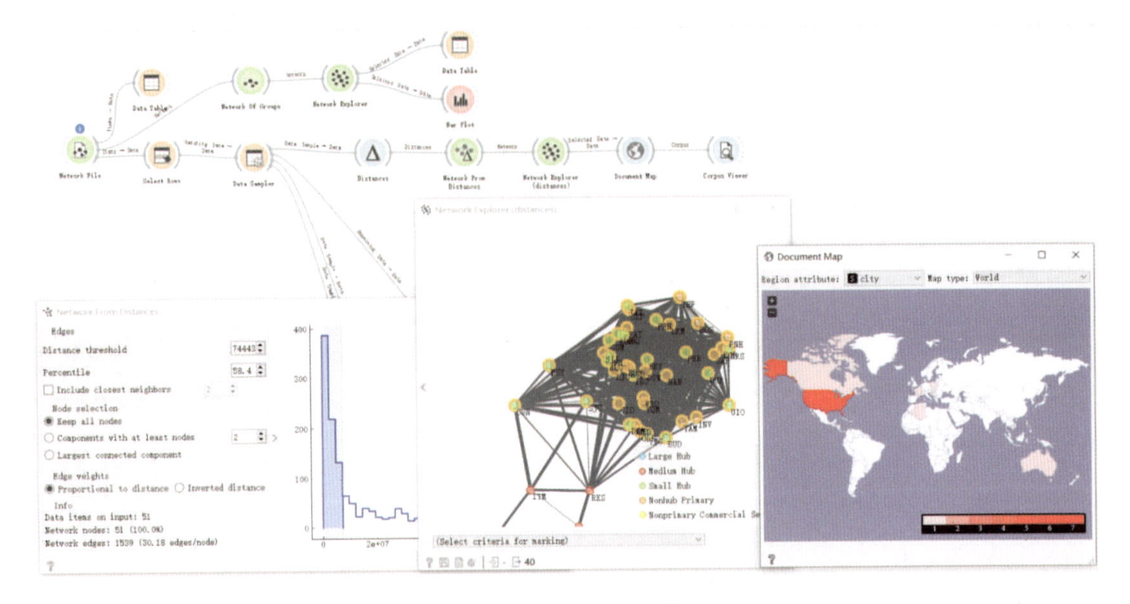


图 3-14-4　距离网络

（3）预测及相似性检验

应用 AdaBoost、Random Forest 对航空公司数据进行预测，连接 Predictions 可知，两个模型的 AUC、CA 值均在 0.9 以上，说明模型具有很好的预测效果。通过 ROC Analysis、Calibretion Plot 绘制评估结果，ROC 曲线非常接近左边界和上边界说明预测效果较好。连接 Confusion Matrix 查看两种模型的具体预测结果，通过选择 Random Forest 模型在 Distributions 中查看预测错误实例的属性信息，发现错误实例分布在“Small Hub”和“Nonhub Primary”之间，说明两者之间存在一定相似性，如图 3-14-5、图 3-14-6 所示。

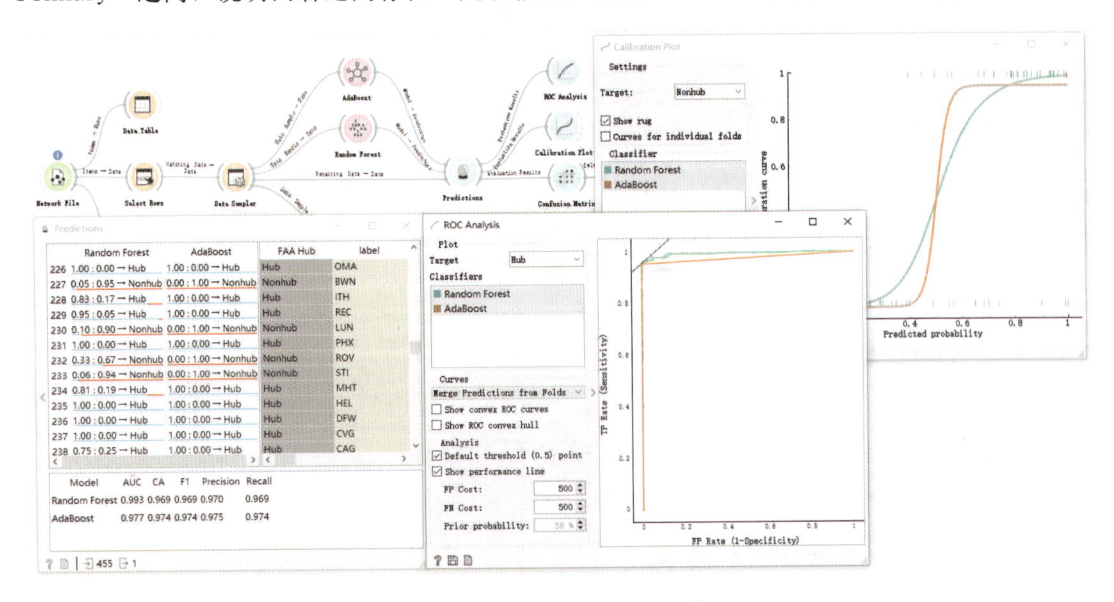


图 3-14-5　模型预测结果

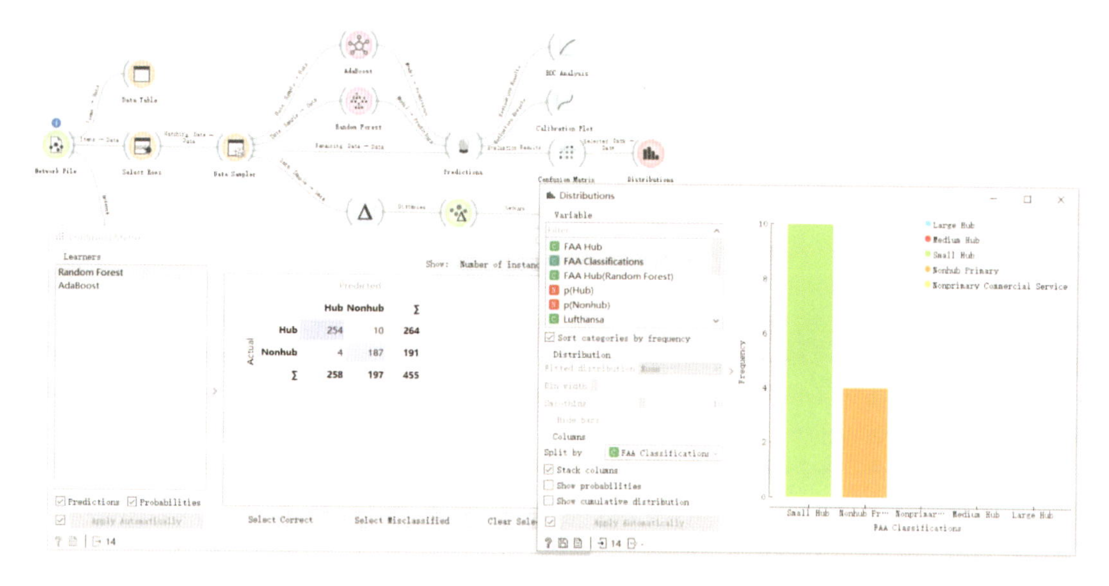

图 3-14-6 预测结果检验

## 十五、城市特征与二氧化碳排放量的数据挖掘

### 案例简介

本案例主要使用 LOO _ CN _ BMCities _ Pan. xlsx 数据，实现了对中国部分大中城市基础数据的时间序列分析和模型堆叠评估。可以应用于面板数据分析领域，具有优化城市建设规划的潜在应用价值。该案例主要涉及 Time Series、Model、Unsupervised 模块，主要运用的部件有 As Timeseries、ARIMA Model、VAR Model、Stacking、Test and Score 等。

1. 模型流程框架

将各部件通过拖曳连接的方式组建如图 3-15-1 所示的流程框架。该框架中 Time Series、Model 和 Unsupervised 是核心模块，其中，Time Series 模块主要将面板数据转换成时间序列数据，并结合 Data 模块与其他数据进行对比分析；Model 模块主要使用多个学习器的堆叠来对数据进行预测评估；Unsupervised 模块主要对模型效果进行评价。

2. 主要操作步骤与分析结果

（1）数据的合并与分析

点击 File 加载 LOO _ CN _ BMCities _ Pan. xlsx 数据后，与 File（1）导入的 LOO _ CN _ Energy _ Emission _ Cities _ Total. xlsx 数据进行合并，可以在 Data Table 中查看大中城市的基本信息与二氧化碳排放情况。将合并后的数据绘制成 Kaplan - Meier 生存曲线，选择合适的 X 轴（Time）、Y 轴（Event），如图 3-15-2 所示，可以看到不同级别的城市之间，其人均 GDP 的增长与二氧化碳排放总量增减之间的关系。

在 Select Columns 中筛除 ID 和 Level 两个变量，并将 Total 作为分析对象，通过 As Timeseries 将数据表重新解释为时间序列，此时可在相关部件中查看所选时间序列的相关系数（图 3-15-3）。随后使用 Moving Transform 选择聚合函数来获得一个或多个序列的 5 天

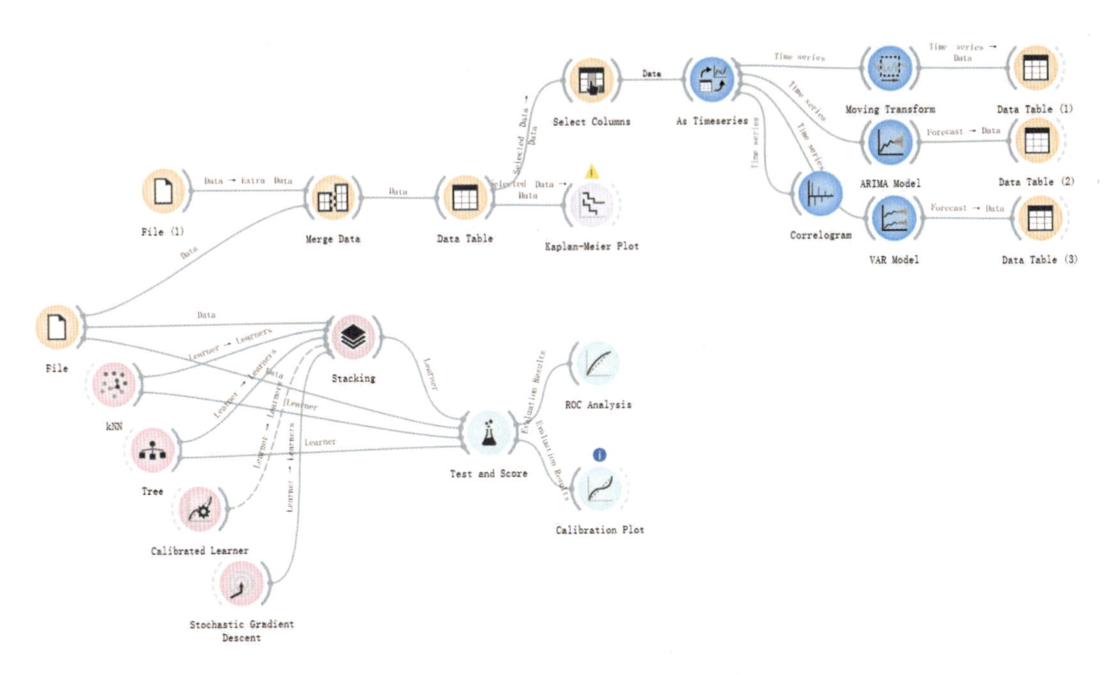


图 3-15-1　部件连接应用示意图

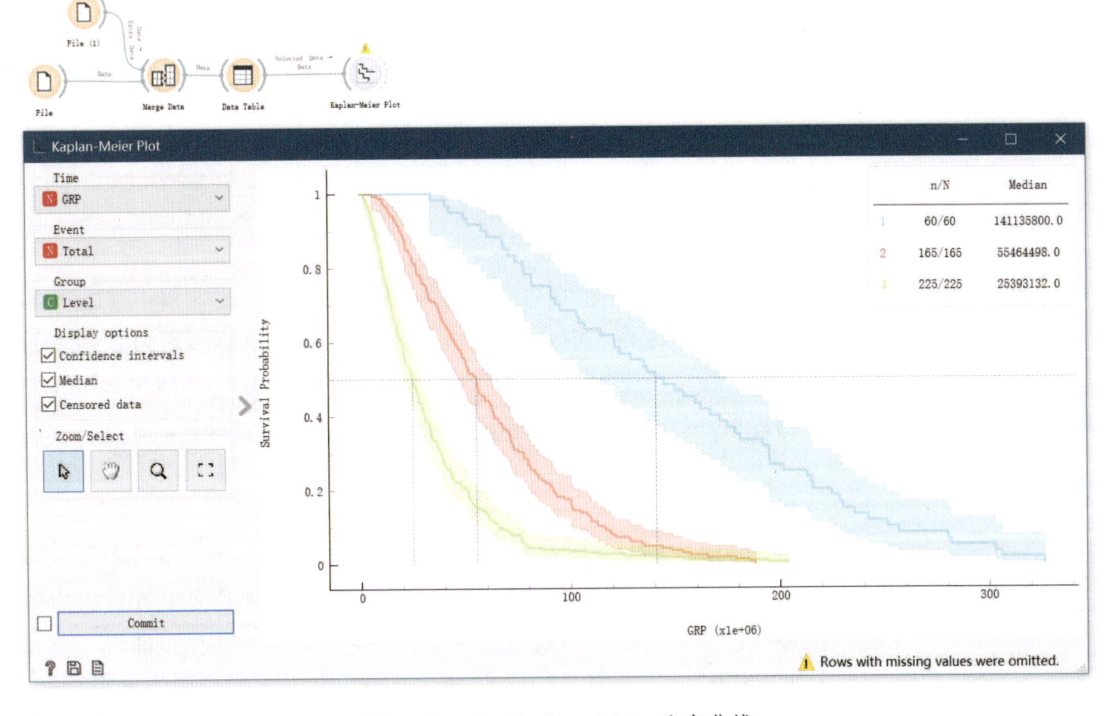


图 3-15-2　Kaplan-Meier 生存曲线

平均值（图 3-15-4）。将 As Timeseries 连接到 ARIMA Model、VAR Model，并在前者操作框里调整好模型参数，可在 Data Table 中观察到预测的时间序列（图 3-15-5、图 3-15-6）。

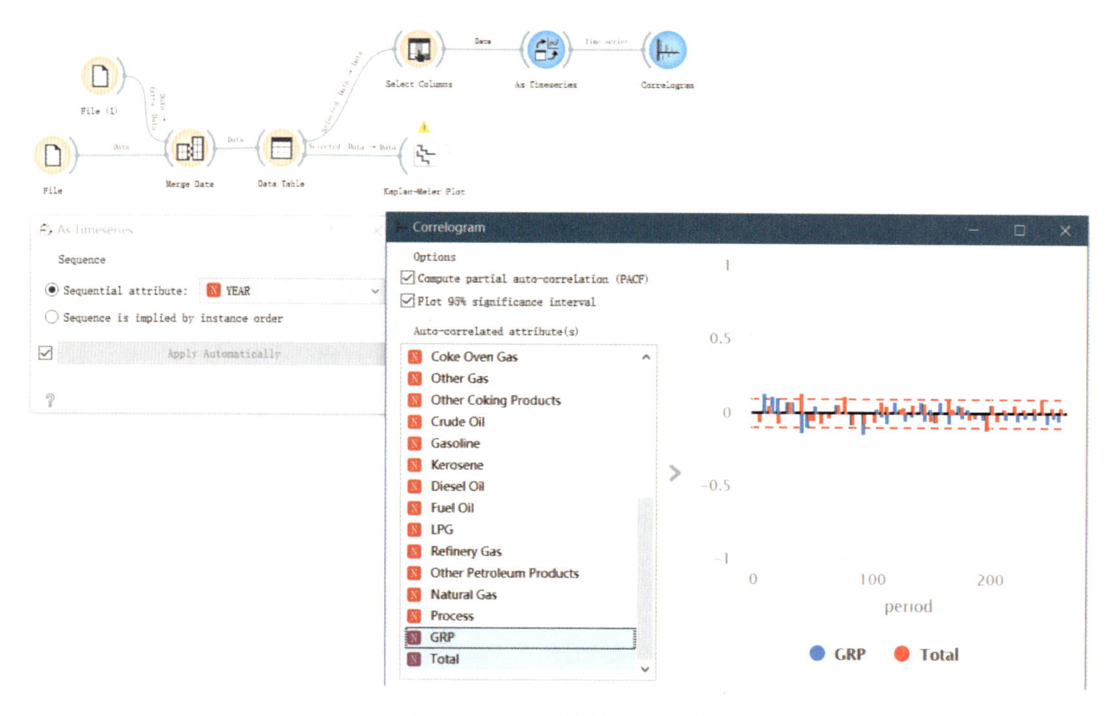


图 3－15－3　时间序列相关图

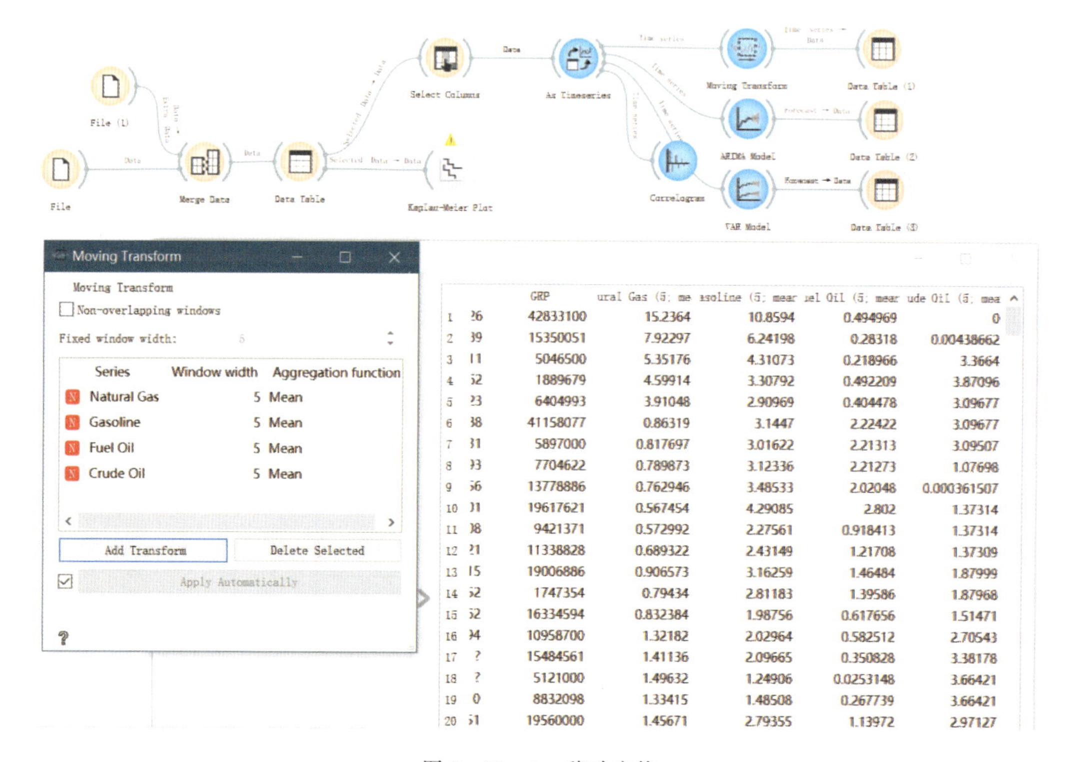


| | | GRP | ural Gas (5; me | asoline (5; mear | uel Oil (5; mear | ude Oil (5; mea |
|---|---|---|---|---|---|---|
| 1 | 26 | 42833100 | 15.2364 | 10.8594 | 0.494969 | 0 |
| 2 | 39 | 15350051 | 7.92297 | 6.24198 | 0.28318 | 0.00438662 |
| 3 | 11 | 5046500 | 5.35176 | 4.31073 | 0.218966 | 3.3664 |
| 4 | 52 | 1889679 | 4.59914 | 3.30792 | 0.492209 | 3.87096 |
| 5 | 23 | 6404993 | 3.91048 | 2.90969 | 0.404478 | 3.09677 |
| 6 | 38 | 41158077 | 0.86319 | 3.1447 | 2.22422 | 3.09677 |
| 7 | 31 | 5897000 | 0.817697 | 3.01622 | 2.21313 | 3.09507 |
| 8 | 33 | 7704622 | 0.789873 | 3.12336 | 2.21273 | 1.07698 |
| 9 | 56 | 13778886 | 0.762946 | 3.48533 | 2.02048 | 0.000361507 |
| 10 | 01 | 19617621 | 0.567454 | 4.29085 | 2.802 | 1.37314 |
| 11 | 08 | 9421371 | 0.572992 | 2.27561 | 0.918413 | 1.37314 |
| 12 | 21 | 11338828 | 0.689322 | 2.43149 | 1.21708 | 1.37309 |
| 13 | 15 | 19006886 | 0.906573 | 3.16259 | 1.46484 | 1.87999 |
| 14 | 52 | 1747354 | 0.79434 | 2.81183 | 1.39586 | 1.87968 |
| 15 | 52 | 16334594 | 0.832384 | 1.98756 | 0.617656 | 1.51471 |
| 16 | 04 | 10958700 | 1.32182 | 2.02964 | 0.582512 | 2.70543 |
| 17 | ? | 15484561 | 1.41136 | 2.09665 | 0.350828 | 3.38178 |
| 18 | ? | 5121000 | 1.49632 | 1.24906 | 0.0253148 | 3.66421 |
| 19 | 0 | 8832098 | 1.33415 | 1.48508 | 0.267739 | 3.66421 |
| 20 | 51 | 19560000 | 1.45671 | 2.79355 | 1.13972 | 2.97127 |

图 3－15－4　移动变换

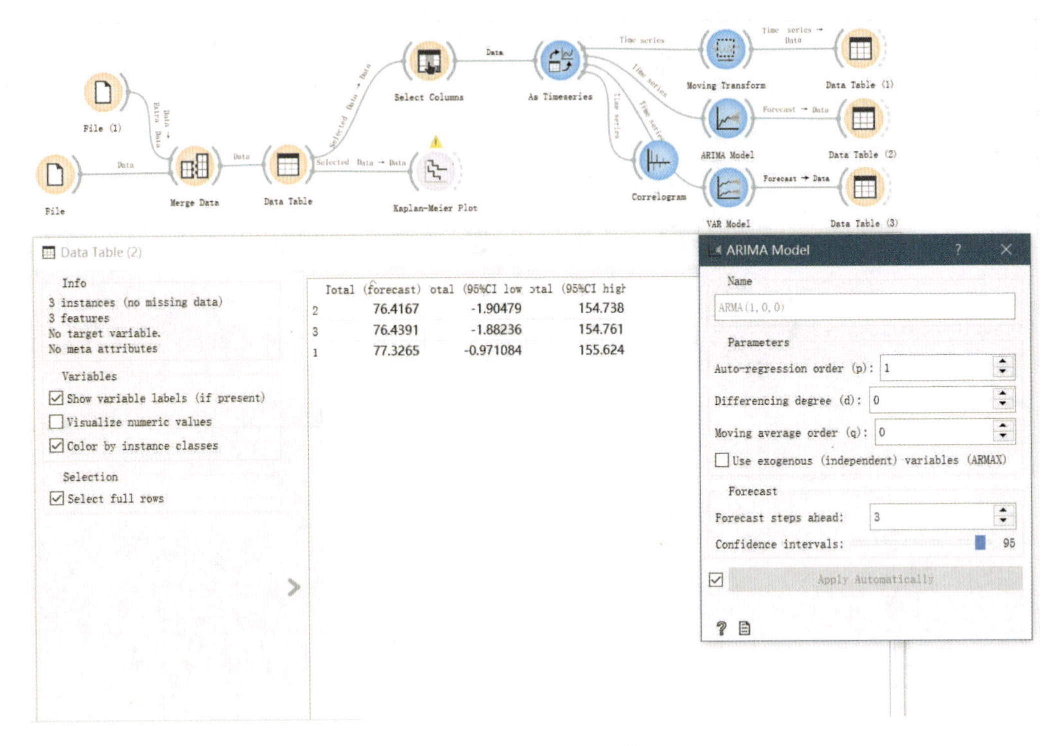


图 3-15-5　ARIMA 模型

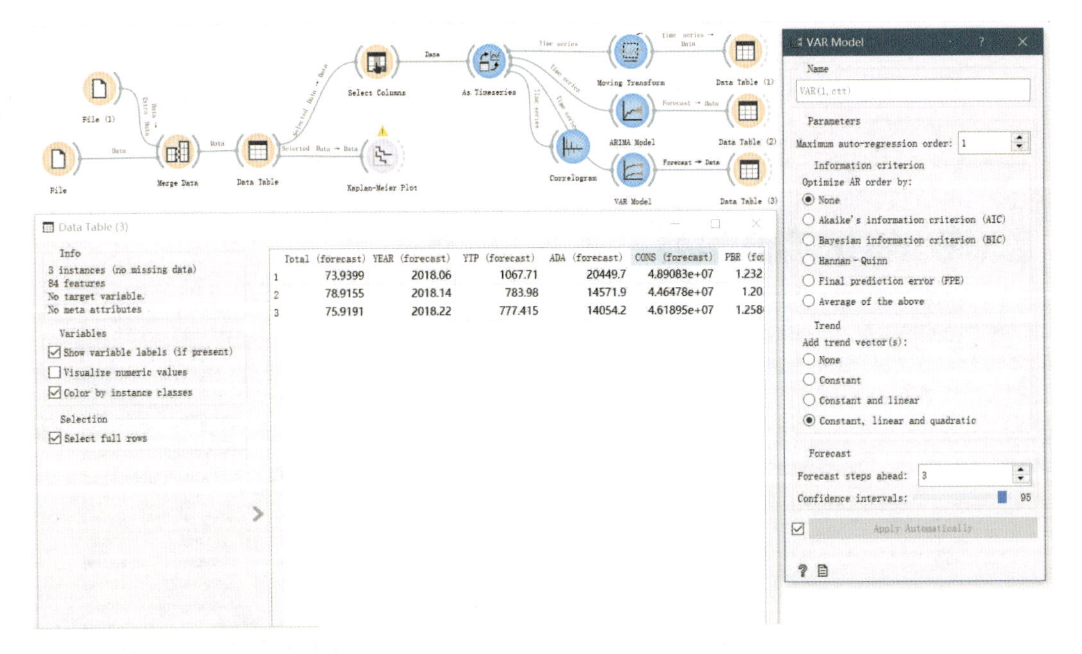


图 3-15-6　VAR 模型

(2) 模型的堆叠与评估

将 File 中的 LOO _ CN _ BMCities _ Pan. xlsx 数据发送到 Test and Score，同时选择 4

个不同的学习器，也连接到 Test and Score，最后使用 Stacking 部件，并将其结果发送到 Test and Score，可以看到模型堆叠后的结果略有改善（图 3－15－7），当然也可以在 ROC Analysis 和 Calibration Plot 中进行查看（图 3－15－8、图 3－15－9）。

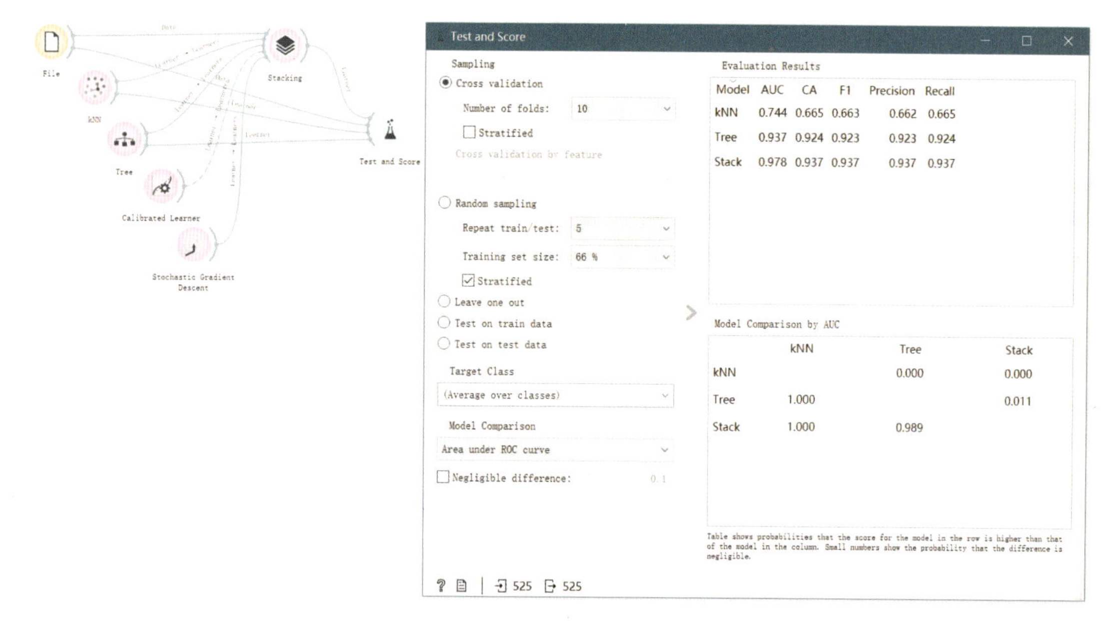


图 3－15－7　模型评分

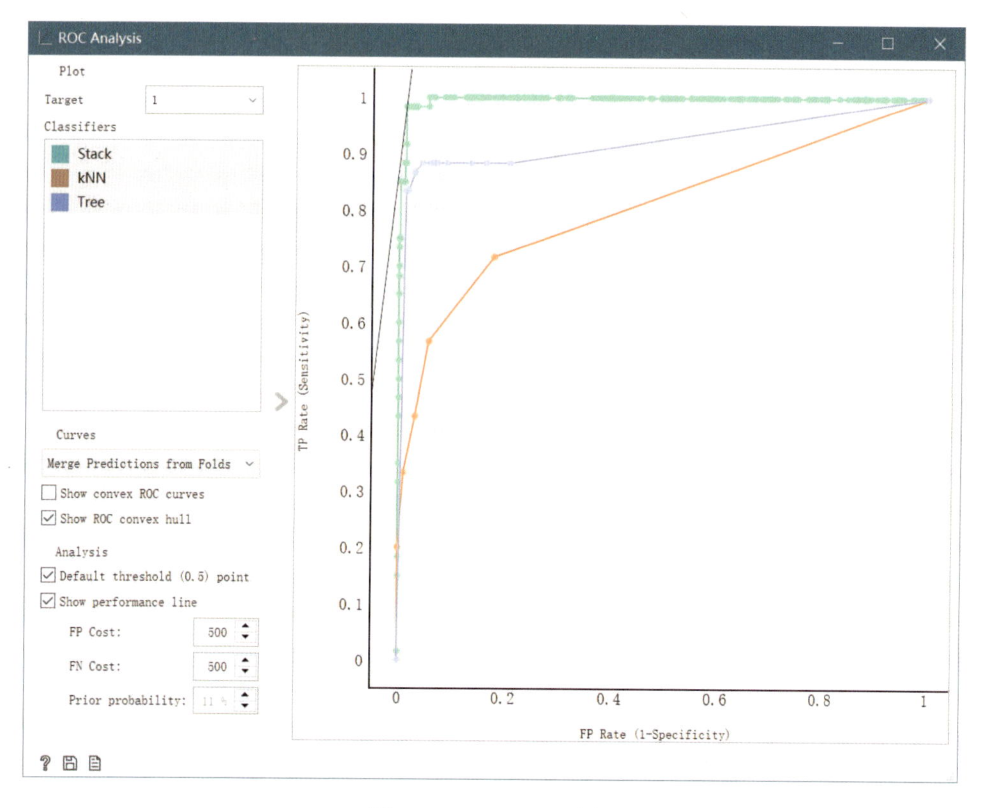


图 3－15－8　ROC 分析

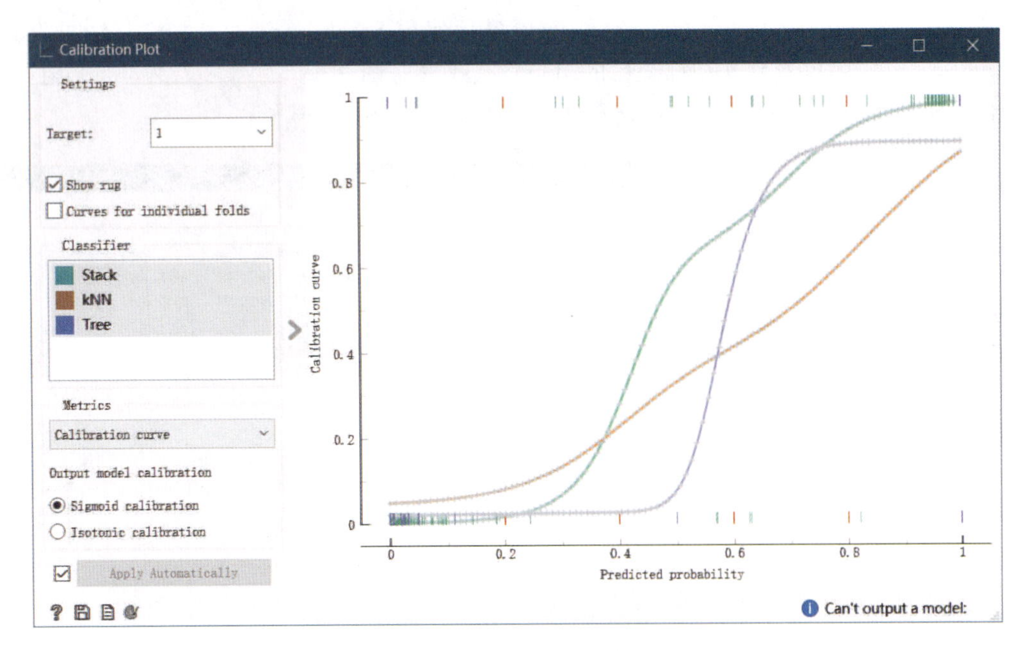


图 3-15-9　校准图

# 十六、是“魔法故事”还是“动物故事”?

**案例简介**

本案例主要使用 grimm-tales-selected. tab 数据，实现文本的预处理和对安徒生童话故事是属于“魔幻故事”还是“动物故事”的分类和预测。可应用于对大量文本进行归纳总结及探索文本中起重要作用的词语。该案例主要涉及 Data、Model、Evaluate、Text Mining、Networks 模块，主要运用的部件有 Corpus、Preprocess Text、Corpus to Network、Network Explorer、Bag of Words、Word Enrichment、Text and Score、Predictions 等。

## 1. 模型流程框架

将各部件通过拖曳连接的方式组建如图 3-16-1 所示的流程框架。该框架中 Text Mining、

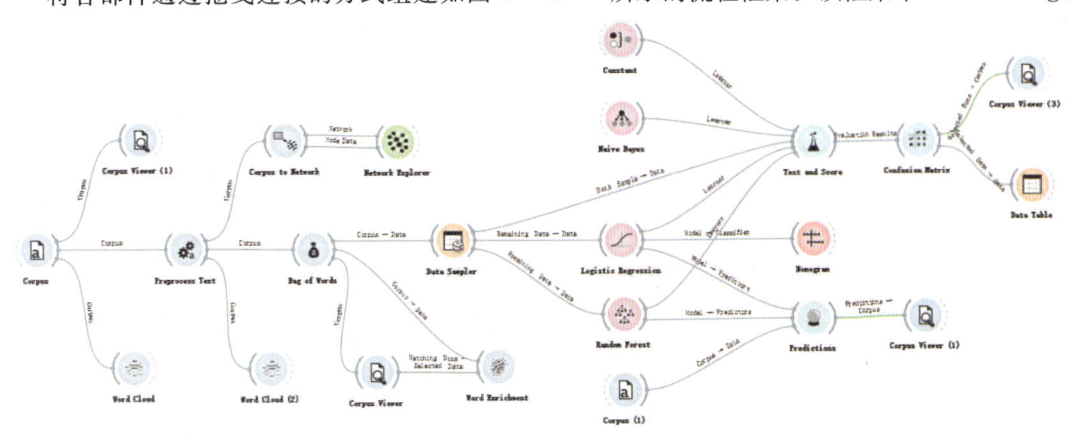

图 3-16-1　部件连接应用示意图

Model、Evaluate 是核心模块，其中，Text Mining 模块主要用于处理文本、进行文本的可视化分析；Model 模块主要用于进行模型训练，使得最终一个或多个合适的模型参与预测；Evaluate 模块主要结合 Model 进行评分，选出最优模型，然后进行预测分析。

2. 主要操作步骤与分析结果

（1）查看数据及文本预处理

在 Corpus 中加载 grimm－tales－selected. tab 数据，可以在 Corpus Viewer 中查看文本中的标题、摘要、类型、正文等信息。打开 Word Cloud，可以对文本中出现频率较高的单词进行可视化，但是其中还包含有标点符号以及一些介词、连词等，因此需要先对文本进行预处理。对此需要新建一个 . txt 文件，在其中输入需要过滤的单词，再把此文件加载进 Preprocess Text 中。再次查看 Word Cloud 可以发现，框中列出的词更能体现童话故事的内容，如图 3－16－2 所示。将 Corpus to Network 与经预处理的数据相连接，利用 Network Explorer 可以查看各高频词之间的网状联系图，如图 3－16－3 所示。

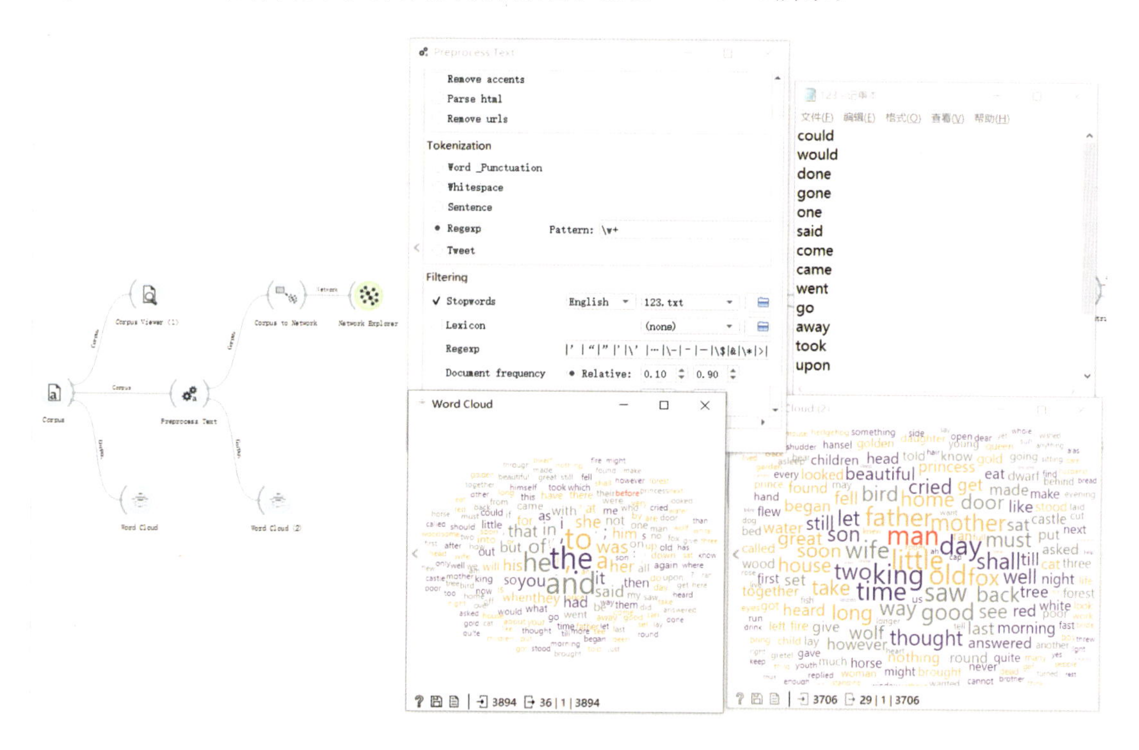


图 3－16－2　文本预处理

（2）模型训练及文本丰富

将经文本预处理后的数据连接到 Bag of Words，从而形成一个词袋。利用 Data Sampler 对数据进行抽样，此例选择抽样 80％的数据作为训练数据，将其连接到 Test and Score，再选用 Constant、Naive Bayes、Random Forest、Logistic Regression 4 个模型进行训练，并观察得分，可以发现逻辑回归模型和随机森林模型对该数据的预测准确性最高。在 Confusion Matrix 中可以查看各个模型依据预测情况形成的混淆矩阵，如图 3－16－4 所示。另外，通过 Word Enrichment 可以丰富单词的信息，如图 3－16－5 所示。

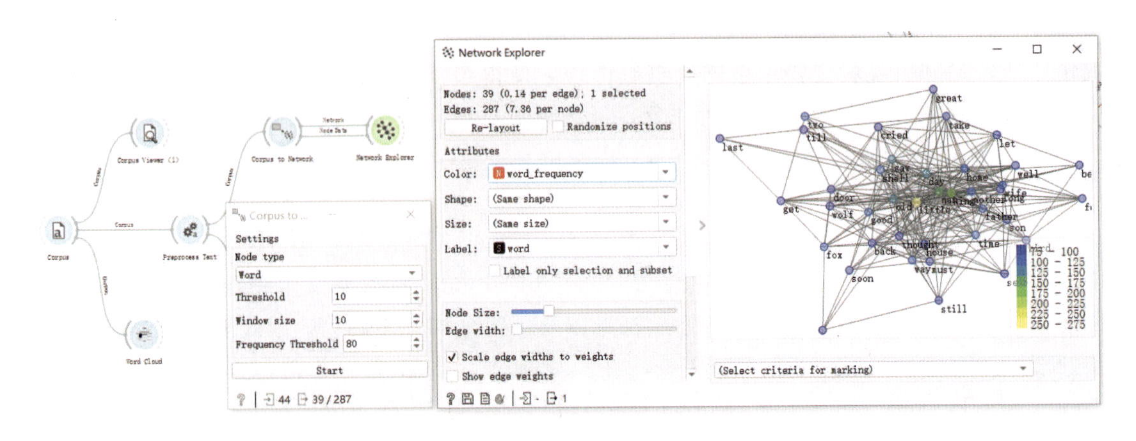


图 3-16-3　语义网络图

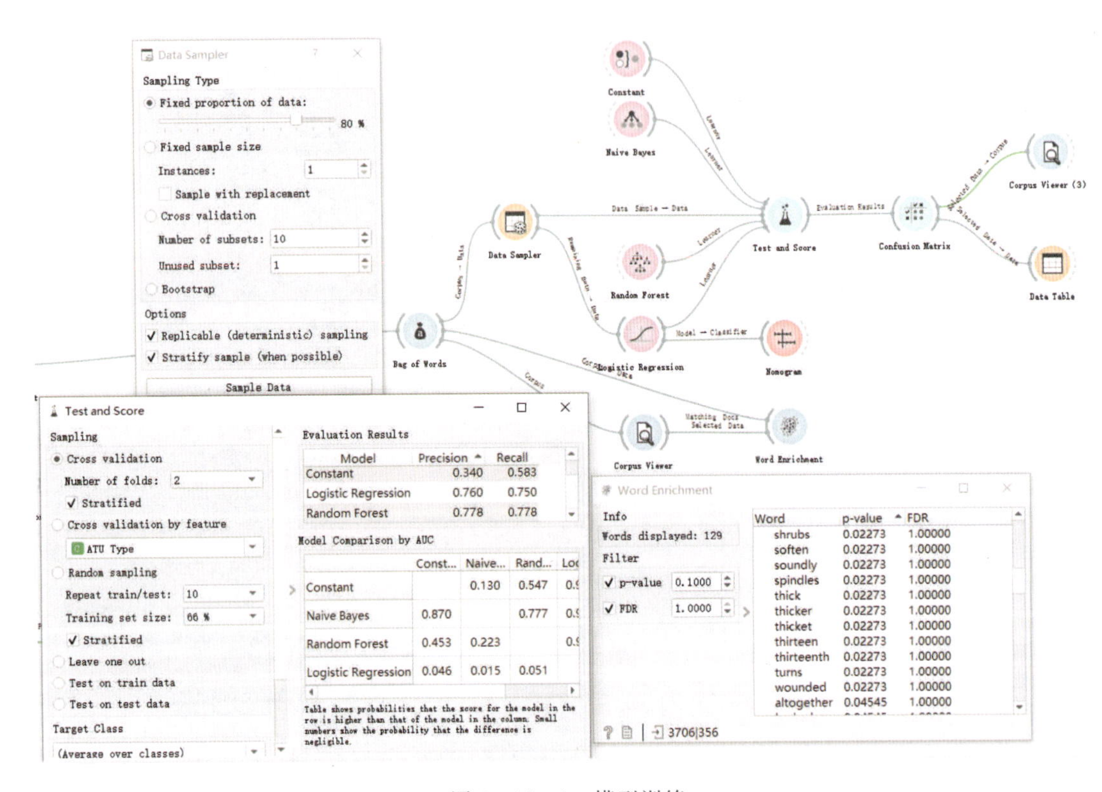


| Model | Precision | Recall |
|---|---|---|
| Constant | 0.340 | 0.583 |
| Logistic Regression | 0.760 | 0.750 |
| Random Forest | 0.778 | 0.778 |

| | Const... | Naive... | Rand... | Log |
|---|---|---|---|---|
| Constant | | 0.130 | 0.547 | 0.( |
| Naive Bayes | 0.870 | | 0.777 | 0.( |
| Random Forest | 0.453 | 0.223 | | 0.( |
| Logistic Regression | 0.046 | 0.015 | 0.051 | |

| Word | p-value | FDR |
|---|---|---|
| shrubs | 0.02273 | 1.00000 |
| soften | 0.02273 | 1.00000 |
| soundly | 0.02273 | 1.00000 |
| spindles | 0.02273 | 1.00000 |
| thick | 0.02273 | 1.00000 |
| thicker | 0.02273 | 1.00000 |
| thicket | 0.02273 | 1.00000 |
| thirteen | 0.02273 | 1.00000 |
| thirteenth | 0.02273 | 1.00000 |
| turns | 0.02273 | 1.00000 |
| wounded | 0.02273 | 1.00000 |
| altogether | 0.04545 | 1.00000 |

图 3-16-4　模型训练

(3) 模型可视化及故事类型预测

利用 Nomogram 可以查看由影响童话故事分类的 10 个词组成的列线图，分别将 Logistic Regression 和 Random Forest 与 Predictions 相连接，新添加一个 Corpus 部件，加载 andersen. tab 数据集，对安徒生童话故事的类型进行预测，并在右框中查看预测结果，可见“卖火柴的小女孩”被预测为“魔幻故事”，“丑小鸭”被预测为“动物故事”，如图 3-16-6所示。

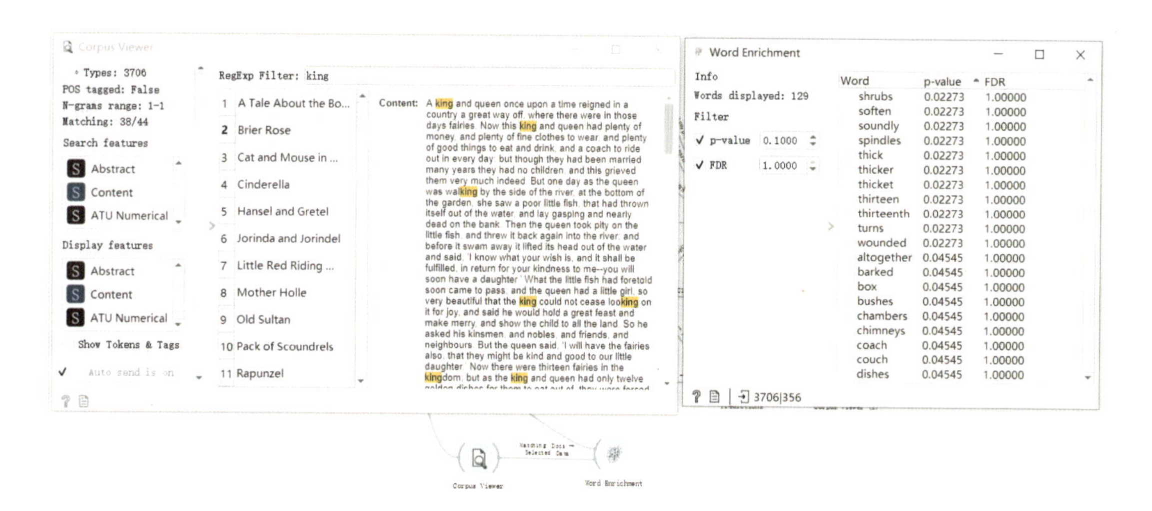

图 3-16-5 文本丰富

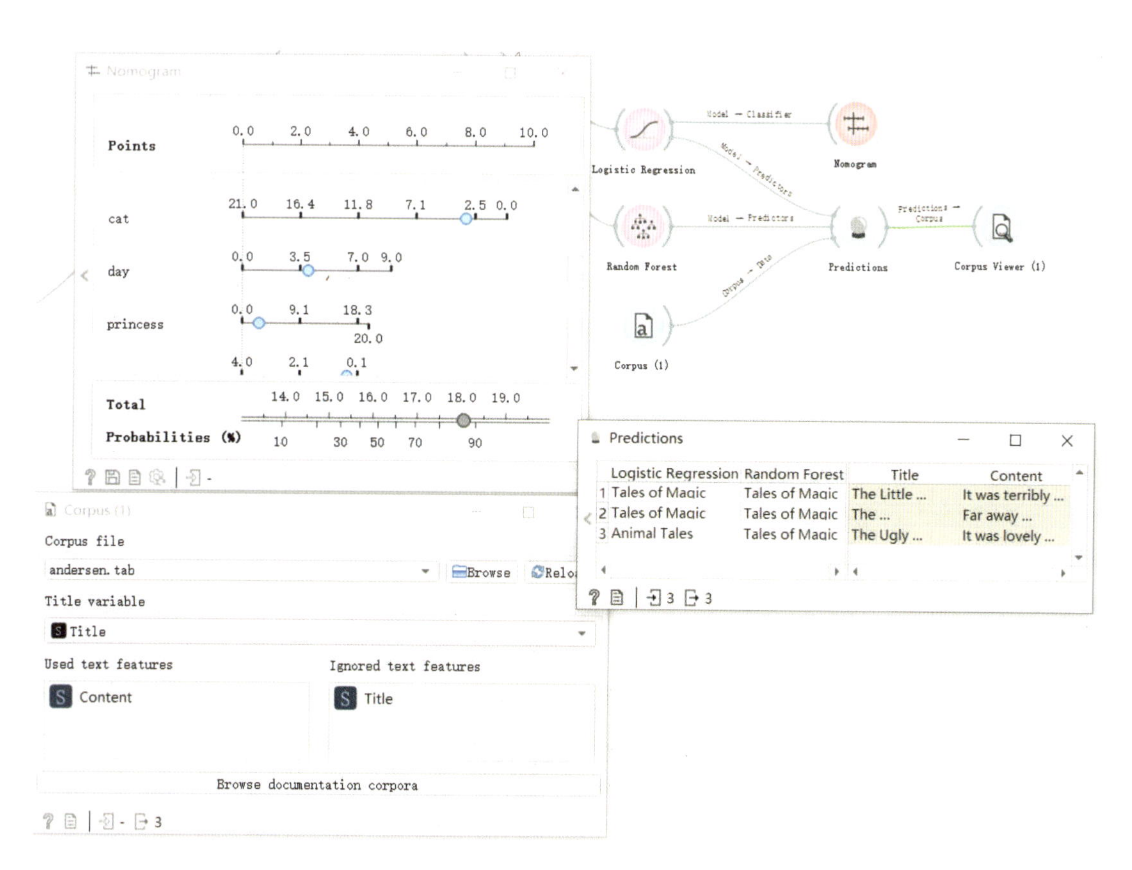

图 3-16-6 可视化及类型预测

# 第四章　Orange 在科学研究中的应用与展望

近年来，Orange 逐渐受到不同学科的研究人员的关注，应用领域得到拓展丰富。Orange 具有强大的数据比较和探索功能，可以通过可视化编程或者 Python 脚本进行数据挖掘（Demsar et al.，2013），为具有大量信息的数据集构建预测模型。其中，生物学家对 Orange 这种可视化编程工具的应用大大扩充了生物学领域的基因数据分析研究，为探索基因表达、基因结构和基因功能中的奥秘提供了便利；深度学习方法在图像分析中的应用为用户开发友好的探索性数据分析工具提供了机会；同时，开发应用者将 Orange 与算法分析方法结合而建构一整套的疾病预测系统，为从庞大的数据库中提取有效决策信息提供便利，这对疾病的诊断与治疗起到了巨大的作用（Mramor et al.，2007）。就具体的应用案例而言，Godec 等（2019）使用 Orange 作为可视化编程工具箱，通过集成深度学习嵌入、机器学习过程和数据可视化来简化图像分析。在如图 4－0－1所示的 Orange 工作流程中，从所选择的目录中加载一组图像，可利用 Image Embedding 部件嵌入特征向量来表示图像，利用 Distances 部件来估计这些向量之间的距离，并从中估计图像之间的距离，还可在 MDS 部件中显示聚类中计算的距离和图像相似性的视觉描绘。

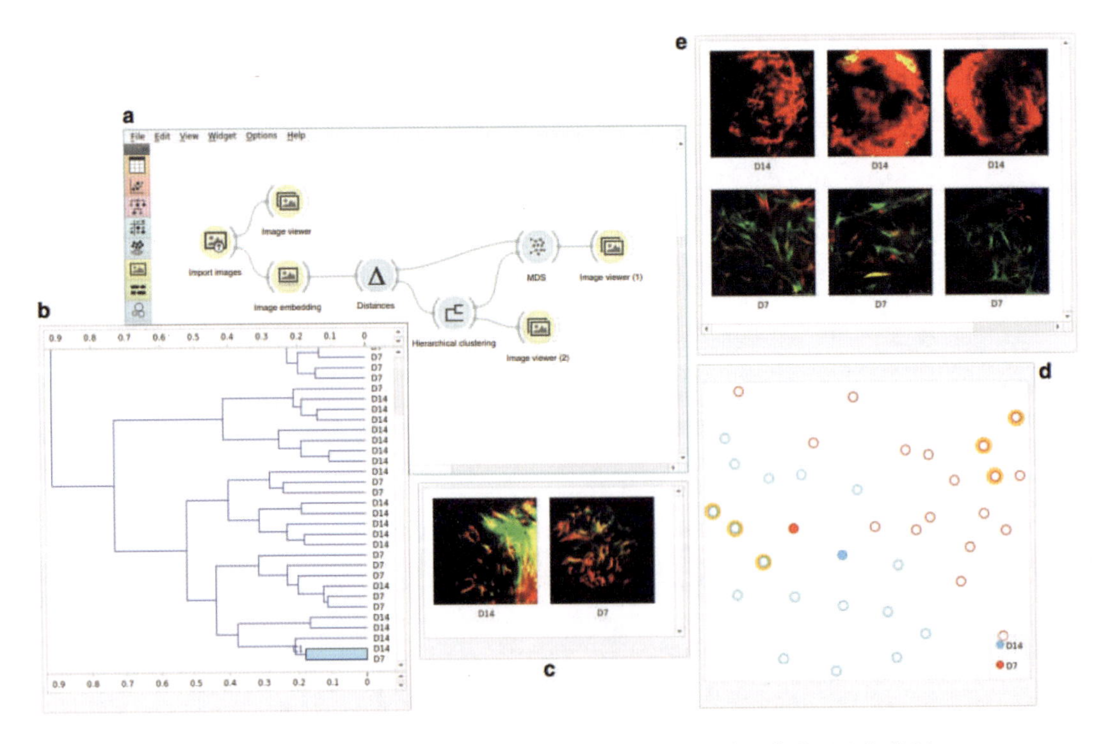


图 4－0－1　Godec 等（2019）通过 Orange 对于骨愈合图像的无监督分析

图 4－0－2 显示了 Godec 等（2019）基于 Orange 利用交叉验证来定量评估机器学习模

型的预期性能，并通过分析交互式混淆矩阵中的错误分类对目标图像（即小鼠卵母细胞图像）作进一步的探索分析。

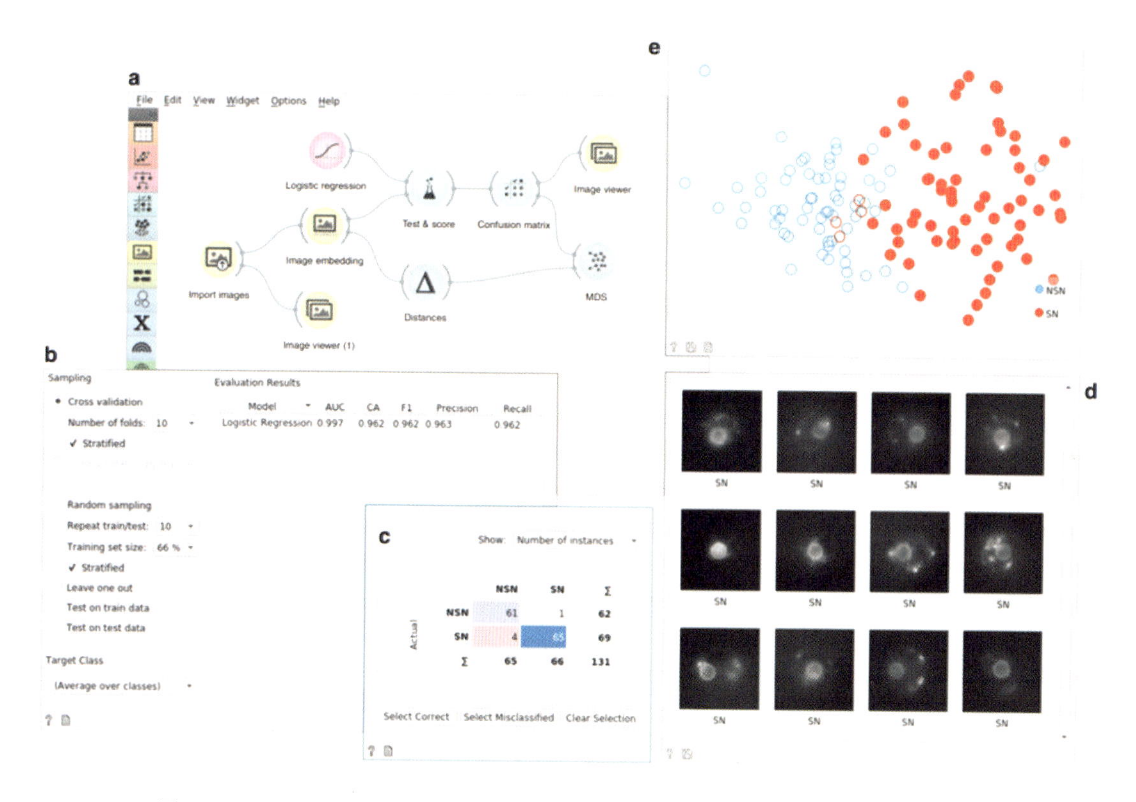


图4-0-2　Godec等（2019）通过Orange对于小鼠卵母细胞图像的无监督分析

利用Orange平台，企业管理者可以开发客户分析平台。它能对客户关系进行个性化处理，并且快速、可靠地检测最具预测性的变量，方便管理者针对可能出现的市场变化，及时提出应变对策（Curk et al.，2005）。Pondel和Korczak（2017）使用Orange数据挖掘平台在RTOM源数据样本上预先验证了营销决策假设。在图4-0-3所示的聚类过程中，借助聚类分析可以通过商店网页关注客户、产品、交易和客户联系人。通过Orange所获得的结果以及聚类可视化不仅有助于管理者更好地理解问题并阐明业务目标，还能对解决方案进行初步验证。

还有学者将数据挖掘技术与可视化编程框架相结合，从交通事故数据中生成数据集，用于预测事故特征，例如事故的原因、易发位置和时间，甚至使用的车辆类型（Hussain et al.，2019）。此外，Orange在教育领域的应用成果也十分引人关注，尤其是Alom和Courtney（2018）将其与教育数据挖掘（EDM）相结合后，回答了关于澳大利亚学生的性别、状态、公平程度、毕业人数在教学过程中的反馈。

与其他常用开源分析工具的交叉探索也是Orange的最常见应用模式之一，例如：Fernandez和Lujan-Mora（2017）基于大学工程项目的学术记录，在教育数据挖掘研究中对比分析了所使用的3种开源分析工具（RapidMiner、Knime和Weka）的技术特征和适用性。Kodati和Vivekanandam（2018）使用Orange和Weka对心脏病数据进行参数分析并预测，

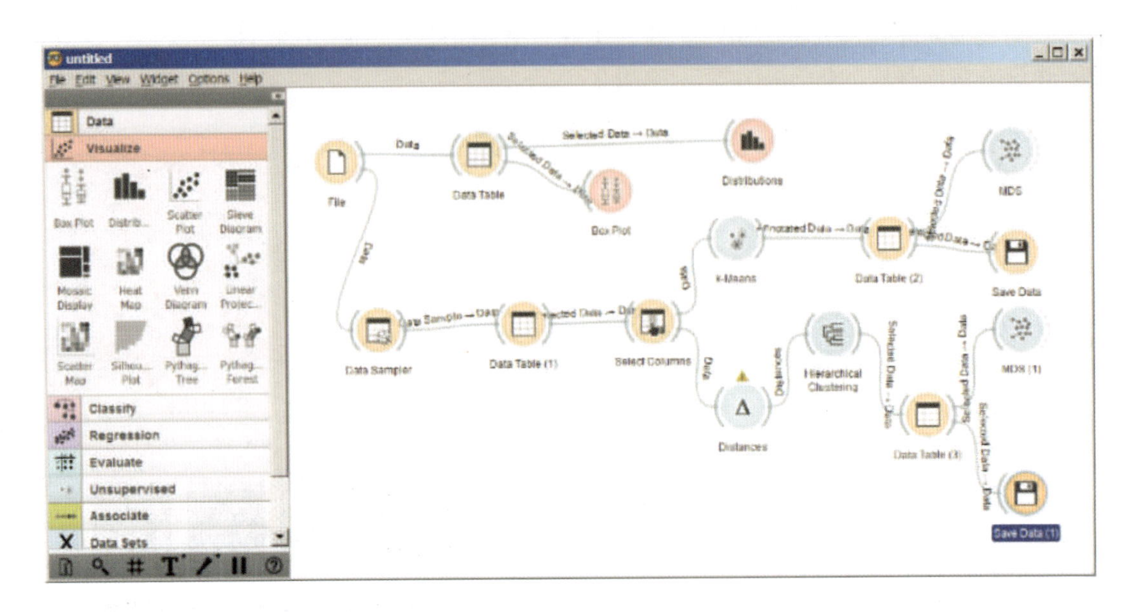


图 4-0-3 Pondel 和 Korczak（2017）通过 Orange 对于客户聚类的可视化分析

提出了一个基于数据挖掘方法的心脏病预测系统（HDPS）。此外，还有一些关于 Orange 与其他数据挖掘软件的比较研究。

综上所述，Orange 以其强大的数据挖掘功能和开源共享优势，在众多学科领域的研究中占有一席之地，并且还在不断地延伸拓展，向更多可能的研究领域迈进。而更重要的是，当需要利用手中拥有的基础数据来进行数据挖掘和可视化分析时，Orange 堪称理想的工具。它的软件界面简洁实用，通过简单地拖曳部件，就可以像“搭积木”一般连接成高质量的工作流，搭配多窗口“连连看”的联动效果，做到用数据讲“故事”。这种充满趣味性和互动性的编程方式具有低门槛的独特优势，且它是免费的，因而对不同层次的人群充满吸引力。

从学科发展角度而言，Orange 显而易见的优势可以帮助各学科的研究者们冲破“代码门槛”，通过挖掘分析数据享受大数据的红利。此外，非计算机专业、少代码或无代码基础的研究人员不但可以快速掌握 Orange 的使用方法，也可以通过 Orange 覆盖多个学科领域的功能模块，在科学研究过程中尝试打破学科藩篱，促进学科间知识与方法的交叉融合，实现进一步的创新。

# 主要参考文献

杨振瑜，王效岳，白如江，2013. 国外主要可视化数据挖掘开源软件的比较分析研究［J］. 图书馆理论与实践，(5)：89－93.

ADEKITAN A I，ABOLADE J，SHOBAYO O，2019. Data mining approach for predicting the daily Internet data traffic of a smart university [J]. Journal of Big Data，6 (1)：1－23.

ALOM B，COURTNEY M，2018. Educational data mining：A case study perspectives from primary to university education in Australia [J]. International Journal of Information Technology and Computer Science，10 (2)：1－9.

ANNE－LAURE B，KORBINIAN S，2007. Partial least squares：a versatile tool for the analysis of high－dimensional genomic data [J]. Briefings in Bioinformatics，8 (1)：32－44.

BREIMAN L，2001. Random Forests [J]. Machine Learning，45 (1)：5－23.

CLARK P，BOSWELL R，1991. Rule induction with $CN_2$：Some recent improvements [J]. Lecture Notes in Computer Science，482 (1)：151－163.

CLARK P，NIBLETT T，1989. The $CN_2$ induction algorithm [J]. Machine Learning，3 (4)：261－283.

COLNERIC N，DEMSAR J，2019. Emotion recognition on twitter：Comparative study and training a unison model [J]. IEEE Transactions on Affective Computin，11 (3)：433－446.

CURK T，DEMSAR J，XU Q，et al.，2005. Microarray data mining with visual programming [J]. Bioinformatics，21 (3)：396－398.

DEMSAR J，CURK T，ERJAVEC A，et al.，2013. Orange：Data mining toolbox in Python [J]. Journal of Machine Learning Research，14 (1)：2349－2353.

FÜRNKRANZ J，1999. Separate－and－conquer rule learning [J]. Artificial Intelligence Review，13 (1)：3－54.

GODEC P，PANUR M，ILENI N，et al.，2019. Democratized image analytics by visual programming through integration of deep models and small－scale machine learning [J]. Nature Communications，10 (1)：1－7.

HAN J，JIAN P，YIN Y，et al.，2004. Mining frequent patterns without candidate generation：A frequent－pattern tree approach [J]. Data Mining & Knowledge Discovery，8 (1)：53－87.

HUSSAIN S，MUHAMMAD L J，ISHAQ F S，et al.，2019. Performance evaluation of various data mining algorithms on road traffic accident dataset [M] //SATAPATHY S，JOSHI A. Information and communication technology for intelligent systems. Singapore：Springer：67－78.

LAVRAC N，KAVSEK B，FLACH P，et al.，2004. Subgroup discovery with $CN_2$－SD [J]. Journal of Machine Learning Research，5：153－188.

LEBAN G，ZUPAN B，VIDMAR G，et al.，2006. VizRank：Data visualization guided by machine learning [J]. Data Mining and Knowledge Discovery，13 (2)：119－136.

MRAMOR M，LEBAN G，DEMŠAR J，et al.，2007. Visualization－based cancer microarray data classification analysis [J]. Bioinformatics, 23 (16): 2147 - 2154.

RIEDWYL H, 1994. Parquet diagram to plot contingency tables [J]. Softstat, 93: 293 - 299.

TAKATSUKA M, GAHEGAN M, 2002. GeoVISTA studio: A codeless visual programming environment for geoscientific data analysis and visualization [J]. Computers and Geosciences, 28 (10): 1131 - 1144.

**图书在版编目（CIP）数据**

Orange教程：用“搭积木”和“连连看”实现数据挖掘与分析/张祚编著.—武汉：中国地质大学出版社，2022.10（2024.4重印）
ISBN 978-7-5625-5311-3

Ⅰ.①O… Ⅱ.①张… Ⅲ.①数据采集-应用软件 Ⅳ.①TP274

中国版本图书馆CIP数据核字（2022）第150661号

**Orange教程**——用“搭积木”和“连连看”实现数据挖掘与分析　　张　祚　**编著**

责任编辑：张玉洁　　选题策划：陈　琪　　责任校对：张咏梅

出版发行：中国地质大学出版社（武汉市洪山区鲁磨路388号）　　邮政编码：430074
电　　话：(027) 67883511　　传　　真：67883580　　E-mail：cbb @ cug. edu. cn
经　　销：全国新华书店　　https：//cugp. cug. edu. cn

开本：787mm×1092mm 1/16　　字数：488千字　　印张：21.75
版次：2022年10月第1版　　印次：2024年4月第2次印刷
印刷：湖北星艺彩数字出版印刷技术有限公司

ISBN 978-7-5625-5311-3　　定价：88.00元